面向21世纪课程教材
普通高等教育农业农村部“十四五”规划教材
普通高等教育农业农村部“十三五”规划教材
全国高等农林院校“十三五”规划教材
全国高等农业院校优秀教材

园艺学概论

第三版

程智慧 主编

中国农业出版社
北 京

内容提要

本教材将果树学、蔬菜学、观赏园艺学和茶学等园艺学科的分支学科有机地融为一体，系统介绍了园艺植物分类、园艺植物生物学、园艺植物品种改良、园田规划和园艺生产设施与机械、园艺生产基本技术、果树园艺、蔬菜园艺、观赏园艺、茶园艺和园艺产品及采后处理。本教材体系结构完整，图文并茂，每章前有提要，章后有思考题，各章还加了二维码拓展知识，书后附有主要园艺植物拉丁文学名和英文名称及参考文献，方便教学和学生自学；教材内容新颖，理论系统，技术实用，园艺文化色彩丰富。

本教材适合高等农业院校非园艺专业本科生园艺学概论课程教学使用，也可作为园艺专业园艺学概论或园艺植物栽培学课程教材，并可供高等农业院校相关专业教学选用。

第三版编写人员

主　编　程智慧

副主编　陈书霞　曹云娥　张青林

编　者（按姓氏拼音排序）

曹云娥（宁夏大学）

陈书霞（西北农林科技大学）

程智慧（西北农林科技大学）

葛永红（渤海大学）

林辰壹（新疆农业大学）

孟焕文（西北农林科技大学）

潘学军（贵州大学）

潘玉朋（西北农林科技大学）

彭福田（山东农业大学）

沈程文（湖南农业大学）

王吉庆（河南农业大学）

张　亮（甘肃农业大学）

张朝红（西北农林科技大学）

张鹏飞（山西农业大学）

张青林（华中农业大学）

赵　妮（西北农林科技大学）

第一版编审人员

主　编　程智慧（西北农林科技大学）

副主编　范崇辉（西北农林科技大学）

　　　　　李建设（宁夏大学）

　　　　　赵祥云（北京农学院）

编　者（按姓氏笔画排序）

　　　　　王吉庆（河南农业大学）

　　　　　朱　旗（湖南农业大学）

　　　　　刘　和（山西农业大学）

　　　　　李建设（宁夏大学）

　　　　　范崇辉（西北农林科技大学）

　　　　　罗正荣（华中农业大学）

　　　　　赵祥云（北京农学院）

　　　　　郭玉蓉（甘肃农业大学）

　　　　　程智慧（西北农林科技大学）

主　审　李嘉瑞（西北农林科技大学）

审　稿　孟焕文（西北农林科技大学）

　　　　　张延龙（西北农林科技大学）

第二版编写人员

主　编　程智慧

副主编　范崇辉　李建设　罗正荣

编　者（按姓氏拼音排序）

陈书霞（西北农林科技大学）
程智慧（西北农林科技大学）
范崇辉（西北农林科技大学）
郭玉蓉（陕西师范大学）
李建设（宁夏大学）
林辰壹（新疆农业大学）
刘　和（山西农业大学）
罗正荣（华中农业大学）
孟焕文（西北农林科技大学）
彭福田（山东农业大学）
王吉庆（河南农业大学）
张恩让（贵州大学）
赵　妮（西北农林科技大学）
朱　旗（湖南农业大学）

第三版前言

园艺科学突飞猛进，园艺产业日新月异，一直是我国农业的主导产业和经济增长点，引领着现代农业的发展。为适应农业科学和产业发展及卓越和复合创新人才培养对园艺知识的要求，我们组织西北农林科技大学、华中农业大学、宁夏大学、贵州大学、山西农业大学、河南农业大学、湖南农业大学、山东农业大学、甘肃农业大学、新疆农业大学、渤海大学的有关专业教师，在《园艺学概论》第二版的基础上，对本教材进行了重编修订。

本次修订工作，我们根据第二版教材使用中各方面的反馈意见，在保持原教材基本结构和特色的基础上，首先进行了内容的全面更新：一是淘汰过时的陈旧技术，展示了学科新的理论和技术；二是强化生产与生态关系新理念，在农用化学品投入方面体现了“双减一增”的要求，保障产品和生态安全；三是针对农业劳动力日渐紧缺和老龄化的问题，突出了生产技术轻简化和机械化；四是适应现代农业要求，尽量体现技术的精准化和标准化。其次，适应教材内容更新需要，进行了部分结构的调整，如在第四章增加了园田规划和园艺生产设施与机械的内容。最后，为了更好地满足学生课后学习的需要，按照新形态教材的编写方式，各章增加了二维码拓展知识。

《园艺学概论》第三版的绪论和第一章由程智慧编写，第二章由王吉庆编写，第三章由张青林编写，第四章由曹云娥、潘玉朋和程智慧编写，第五章由张鹏飞、彭福田和程智慧编写，第六章由张朝红、张青林和潘学军编写，第七章由孟焕文、林辰壹和陈书霞编写，第八章由赵妮和张亮编写，第九章由沈程文编写，第十章由葛永红编写。在教材编写中，各章节的内容由主编进行了反复统稿和返编委修改后再统，最后由主编定稿。这本教材从理论到实践，内容涉及面广，编者尽力按照优秀和精品教材的要求精心编写，但因知识水平有限，教材中尚未发现的疏漏或不妥之处，恳请广大师生和其他读者在使用中随时提出宝贵的意见和建议，以便及时更正和优化。

本教材在编写过程中，参阅了许多同行学者的文献资料，在此向为高等专业教育和人才培养提供知识的贡献者们表示崇高的敬意和最衷心的感谢！

编　者

2020年9月于杨凌

第一版前言

园艺植物是重要的经济植物，园艺植物生产是我国当前农业经济增长的亮点和农业产业结构调整的热点。因而，园艺学课程在我国高等院校，除园艺学科专业作为必修课开设外，还作为农学、植保、食品、资环甚至农业经营管理等学科专业的选修课或必修课。1998年，教育部按照“宽专业、厚基础、重应用”的教育改革方向，根据修订的《普通高等学校本科专业目录》进行了高等院校专业调整和整合，要求培养“厚基础、宽口径、广适应”的复合型高级专业技术人才。学科专业调整后，园艺学成为农学类的一级学科，包括果树学、蔬菜学、茶学及观赏园艺学4个二级学科，本科专业一般按一级学科设置。为了适应学科专业调整后复合型人才培养和园艺学教学的需要，我们组织编写了《园艺学概论》教材，首次将果树学、蔬菜学、观赏园艺学和茶学有机地融为一体，系统介绍了园艺植物的分类、生物学、品种改良、园艺设施及其环境调控、园艺生产基本技术、果树园艺、蔬菜园艺、观赏园艺、茶园艺和园艺产品采后商品处理及贮藏。本教材主要面向高等农业院校非园艺专业本科生使用，对于园艺学概论课程在80学时左右的园艺专业或相关专业也可使用。

本教材由西北农林科技大学、华中农业大学、山西农业大学、宁夏大学农学院、北京农学院、河南农业大学、湖南农业大学、甘肃农业大学的有关专业教师合作编著。绪论和第7章由程智慧编写，第1章由范崇辉和程智慧编写，第2章由王吉庆编写，第3章由罗正荣编写，第4章由李建设编写，第5章由刘和编写，第6章由范崇辉编写，第8章由赵祥云编写，第9章由朱旗编写，第10章由郭玉蓉编写。程智慧和范崇辉负责教材统稿。

编写集果树学、蔬菜学、观赏园艺学及茶学于一体的《园艺学概论》教材，在中国是第一部，对作者来说也是第一次尝试。这样的教材涉及学科多，从理论到实践内容知识面广，加之编者水平有限和编写时间仓促，教材中在所难免有尚未发现的疏漏或不妥之处，恳切希望使用本教材的师生和读者提出宝贵意见，供教材修订时再版参考。

本教材在编写过程中，参阅了许多学者编著的教材、著作和完成的研究资料。西北农林科技大学李嘉瑞教授主审了本教材，孟焕文副教授、张延龙副教授参与了教材审稿。在此教材完成出版之际，谨对以上为本教材编写提供各种支持和帮助的各位表示最衷心的感谢！

编　者

2002年6月于杨凌

第二版前言

园艺科学和产业发展突飞猛进，一直保持着我国农业主导产业和经济增长点的地位。尤其是近年来，园艺产业发展，不仅强调高产、高效，而且重视优质和生态。针对新形势下农业科学和产业发展对人才培养和园艺知识需求的背景，我们组织西北农林科技大学、华中农业大学、宁夏大学、贵州大学、山西农业大学、河南农业大学、湖南农业大学、山东农业大学、陕西师范大学、新疆农业大学的有关专业教师在《园艺学概论》的基础上，对本教材进行了修订。

本次修订的总体思路，一是保持原教材的基本结构体系和特色，并根据学科和产业技术发展对教材结构体系进行微调，力求结构更合理，体系更完善，特色更突出；二是在保留学科基本理论和基本技术的基础上，进行教材内容更新，力求更好地适应新时期复合型创新人才培养的需求。

根据教材修订的总体思路和第一版教材使用中各方面的反馈意见，我们在以下方面进行了调整。在教材体系结构上，一是在每章增加了本章提要和复习思考题；二是全书增加了参考文献，以方便进一步深入学习。在教材内容结构上，一是新增了园田规划的内容，与园艺生产设施合并为一章；二是对各章的内容进行了全面修订，如绪论中关于我国园艺发展现状，引用了最新资料；三是根据园艺产品安全生产对植物生长调节剂使用的新要求，淡化了植物生长调节剂在生产中的应用，删去了原教材第五章的这一节，但将生产中可以使用的一些植物生长调节剂的应用内容融入其他各相关章节中；四是考虑到教材面向全国，南方园艺植物生产中经常面临排水的问题，在第五章肥水管理一节增加了园田排水的内容；五是根据园艺产业的发展，在果树园艺、蔬菜园艺、观赏园艺部分分别增补或调整了作物种类；六是在茶园艺一章增加了茶文化一节。因此，第二版与第一版相比，教材结构更完善，更方便教学；内容更新颖，技术更实用；园艺文化色彩更丰富。

本教材的编写分工如下：绪论和第一章由程智慧编写，第二章由王吉庆编写，第三章由罗正荣编写，第四章由李建设编写，第五章由刘和编写，第六章由范崇辉、罗正荣、彭福田编写，第七章由孟焕文、张恩让、林辰壹、陈书霞编写，第八章由赵妮编写，第九章由朱旗编写，第十章由郭玉蓉编写。教材编写中，各章由编委进行了交叉审稿，最后由主编程智慧统稿定稿。本教材在编写过程中，参阅了许多学者的教材、著作和研究文献，在此向他们对知识传播的贡献表示崇高的敬意和最衷心的感谢！

本教材从理论到实践内容知识面广，加之编者的专业范围和知识水平有限，教材中的疏漏或不妥之处在所难免，恳切希望广大师生和读者提出宝贵意见，以便及时更正。

编　者

2010年5月于杨凌

CONTENTS／目 录

第三版前言
第一版前言
第二版前言

绪论 …… 1
一、园艺产品在人类生活中的作用 …… 1
二、园艺生产的意义 …… 5
三、园艺的历史和发展 …… 7
复习思考题 …… 11

第一章 园艺植物种类与分类 …… 12
第一节 植物学分类 …… 12
一、孢子植物 …… 13
二、种子植物 …… 14
第二节 栽培学分类 …… 19
一、果树栽培学分类 …… 19
二、蔬菜栽培学分类 …… 20
三、观赏植物栽培学分类 …… 21
第三节 生态学分类 …… 22
一、观赏植物生态学分类 …… 22
二、果树生态学分类 …… 24
三、蔬菜生态学分类 …… 25
复习思考题 …… 26

第二章 园艺植物生物学 …… 27
第一节 园艺植物的器官形态与结构 …… 27
一、园艺植物的根系 …… 27
二、园艺植物的茎 …… 30
三、园艺植物的叶 …… 33
四、园艺植物的花 …… 34
五、园艺植物的果实 …… 36
六、园艺植物的种子 …… 36
第二节 园艺植物的生长发育 …… 37
一、光合作用与呼吸作用 …… 37
二、园艺植物器官的生长发育 …… 39
三、园艺植物的生命周期 …… 44
四、园艺植物器官生长的相关性 …… 46
第三节 园艺植物对环境条件的要求 …… 48
一、温度条件 …… 48
二、光照条件 …… 49
三、水分条件 …… 50
四、土壤与营养条件 …… 51
五、空气条件 …… 51
复习思考题 …… 52

第三章 园艺植物品种改良 …… 53
第一节 育种素材 …… 53
一、品种的形成和进化 …… 53
二、种质资源及其管理 …… 54
第二节 引种和选择育种 …… 55
一、引种 …… 55
二、选择育种 …… 56
第三节 杂交育种 …… 58
一、常规杂交育种 …… 58
二、杂种优势育种 …… 60

第四节 其他育种途径 …… 62
一、诱变育种 …… 62
二、倍性育种 …… 64
三、生物技术育种 …… 65
四、现代生物技术育种 …… 66
第五节 品种权保护及品种审定 …… 69
一、品种权保护 …… 69
二、品种审定和登记 …… 69
复习思考题 …… 70

第四章 园田规划和园艺生产设施与机械 …… 71

第一节 园田规划 …… 71
一、园田规划的原则和内容 …… 71
二、主要园田的规划 …… 74
第二节 园艺设施 …… 77
一、园艺设施的类型和结构 …… 77
二、设施内环境及其调控技术 …… 85
三、园艺设施的应用 …… 89
第三节 园艺生产机械 …… 90
一、耕作机械 …… 90
二、生产作业机械 …… 92
三、收获机械 …… 94
四、采后处理机械 …… 95
复习思考题 …… 97

第五章 园艺生产基本技术 …… 98

第一节 园艺植物的繁殖 …… 98
一、实生繁殖 …… 98
二、嫁接繁殖 …… 104
三、自根繁殖 …… 108
四、离体繁殖 …… 111
五、优质种苗繁殖技术 …… 113
第二节 园艺植物的栽植 …… 120
一、栽植密度与栽植方式 …… 120
二、栽植时期与方法 …… 122
第三节 园艺植物的肥水管理 …… 124
一、园艺植物营养与施肥 …… 124
二、园艺植物灌水与排水 …… 129
第四节 园艺植物整形修剪 …… 132
一、果树的整形修剪 …… 132
二、观赏植物的整形修剪 …… 137
三、蔬菜的植株调整 …… 139
第五节 园艺植物有害生物及其防治 …… 141
一、园艺植物的主要病害 …… 141
二、园艺植物的主要虫害 …… 142
三、园艺植物的草害 …… 145
四、园艺植物有害生物综合防治 …… 146
复习思考题 …… 150

第六章 果树园艺 …… 151

第一节 仁果类 …… 151
一、苹果 …… 151
二、梨 …… 157
第二节 核果类 …… 161
一、桃 …… 161
二、杏 …… 165
三、李 …… 168
四、枣 …… 170
第三节 浆果类 …… 174
一、葡萄 …… 174
二、猕猴桃 …… 178
三、柿树 …… 182
第四节 坚果类果树 …… 185
一、核桃 …… 185
二、板栗 …… 188
第五节 常绿果树 …… 192
一、柑橘类 …… 193
二、香蕉 …… 197
三、菠萝 …… 199
四、荔枝 …… 201
复习思考题 …… 204

第七章　蔬菜园艺 …………………………… 205
第一节　茄果类 …………………………… 205
一、番茄 …………………………… 205
二、茄子 …………………………… 211
三、辣椒 …………………………… 215
第二节　瓜类 …………………………… 218
一、黄瓜 …………………………… 218
二、西葫芦 …………………………… 222
三、西瓜 …………………………… 224
第三节　豆类 …………………………… 227
一、菜豆 …………………………… 228
二、豇豆 …………………………… 230
第四节　结球芸薹类 …………………………… 233
一、大白菜 …………………………… 233
二、结球甘蓝 …………………………… 237
三、花椰菜 …………………………… 240
第五节　绿叶嫩茎类 …………………………… 242
一、芹菜 …………………………… 242
二、莴苣 …………………………… 245
第六节　葱蒜类 …………………………… 248
一、韭菜 …………………………… 248
二、大葱 …………………………… 252
三、大蒜 …………………………… 254
四、洋葱 …………………………… 257
第七节　肉质直根类 …………………………… 259
一、萝卜 …………………………… 260
二、胡萝卜 …………………………… 262
第八节　薯芋类 …………………………… 264
一、马铃薯 …………………………… 265
二、姜 …………………………… 268
第九节　水生蔬菜 …………………………… 270
一、莲藕 …………………………… 270
二、茭白 …………………………… 274
第十节　多年生蔬菜和芽苗菜 …………………………… 276
一、芦笋 …………………………… 276
二、金针菜 …………………………… 278
三、芽苗菜 …………………………… 280
复习思考题 …………………………… 282
第八章　观赏园艺 …………………………… 284
第一节　一二年生花卉 …………………………… 284
一、一串红 …………………………… 286
二、矮牵牛 …………………………… 286
三、大花三色堇 …………………………… 287
四、瓜叶菊 …………………………… 288
五、金鱼草 …………………………… 289
第二节　宿根花卉 …………………………… 290
一、菊花 …………………………… 291
二、芍药 …………………………… 292
三、鸢尾 …………………………… 294
四、香石竹 …………………………… 295
五、大花君子兰 …………………………… 295
第三节　球根花卉 …………………………… 296
一、郁金香 …………………………… 297
二、仙客来 …………………………… 299
三、百合 …………………………… 300
四、中国水仙 …………………………… 303
五、朱顶红 …………………………… 304
第四节　室内观叶植物 …………………………… 305
一、花叶万年青 …………………………… 305
二、绿萝 …………………………… 306
三、巴西木 …………………………… 306
四、尖叶肾蕨 …………………………… 306
五、凤梨科 …………………………… 307
第五节　兰科花卉 …………………………… 307
一、兰属 …………………………… 308
二、蝴蝶兰属 …………………………… 308
三、兜兰属 …………………………… 309
四、卡特兰属 …………………………… 310
第六节　水生花卉 …………………………… 310
一、荷花 …………………………… 311
二、睡莲 …………………………… 312
第七节　木本花卉 …………………………… 313

一、牡丹 313
二、杜鹃花 314
三、月季 316
四、梅花 318
五、山茶 319
第八节 多浆植物 320
一、金琥 320
二、蟹爪兰 321
三、昙花 321
四、虎刺梅 322
五、石莲花 322
第九节 花卉装饰与应用 322
一、插花艺术 322
二、盆花在室内的陈设 327
三、艺栽 330
四、花坛 332
复习思考题 335
第九章 茶园艺 336
第一节 茶叶生产简介 336
一、茶树栽培简史 336
二、茶区分布 337
第二节 茶树生物学特性 337
一、植物学特征 338
二、生长发育 339
三、对环境条件的要求 342
第三节 茶园建设 343
一、园地选择和规划 343
二、茶树良种 343
三、茶树繁殖和栽植 344
第四节 茶园管理 346
一、茶园耕作 347
二、茶园施肥 347
三、茶园水分管理 349
四、茶树修剪 350
五、茶树病虫害防治 351
第五节 茶叶采摘与加工 352
一、茶叶采摘 352
二、茶叶加工 354
第六节 茶文化 357
一、茶文化概述 357
二、中国茶道 361
三、茶艺及表演 362
复习思考题 363
第十章 园艺产品及采后处理 364
第一节 园艺产品质量安全 364
一、园艺产品质量构成因素 364
二、基于质量安全的园艺产品类别 365
三、园艺产品质量安全控制体系 366
第二节 园艺产品采后生理和采后病害 367
一、园艺产品采后生理 367
二、园艺产品采后病害 371
第三节 园艺产品商品处理 373
一、分级 373
二、包装 373
三、预冷 374
四、其他采后处理 375
第四节 园艺产品贮藏技术 376
一、自然环境贮藏 376
二、人工环境贮藏 377
三、其他贮藏技术 380
复习思考题 381
附录 382
主要参考文献 391

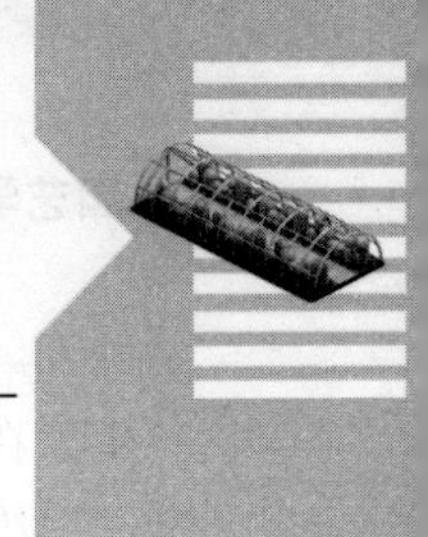

绪论

提要 园艺是指园田作物生产的技能和艺术，园田作物主要包括果树、蔬菜、观赏植物、茶树等。园艺产品或食用，或饮用，或观赏。如蔬菜是人们每日重要的营养餐食，水果是人们日常生活重要的副食品，茶是健康饮品，观赏植物可使人赏心悦目。因而，园艺在人们日常生活中发挥着重要作用。园艺产业在国民经济中占有重要地位，是我国农业领域最活跃的经济增长点之一。我国是世界园艺大国，园艺历史悠久，在世界上具有较强的竞争优势。目前我国园艺呈现向适生区、多元化、集约化、绿色与有机产品和市场国际化的方向发展，正在由园艺大国走向园艺强国。

园艺（horticulture）是指园田作物生产的技能和艺术，园艺学（horticultural science）是研究园艺植物的种质资源及其品种选育、生长发育、栽培管理以及采后处理或造型造景等理论和技术的科学，是一门以应用为主的学科。园艺学在我国一般包括果树学、蔬菜学、观赏园艺学、茶学及设施园艺科学与工程。果树是指能生产供人们食用的水果、干果、种子及其衍生物的木本或多年生草本植物。蔬菜是可供人们佐餐的草本植物的总称，也包括少数木本植物的嫩茎、嫩芽（如香椿、枸杞等），部分真菌、藻类和地衣类植物等。蔬菜的食用器官既有柔嫩的叶子、幼芽、嫩茎及花球，又有新鲜的种子、果实、膨大的肉质根和块茎，还有低等植物的子实体等。观赏植物是指具有一定观赏价值，适用于室内外布置、美化环境并丰富人们生活的植物，包括木本和草本的观花、观叶、观果、观形的植物，以及适合布置园林绿地、风景名胜区和室内装饰用的植物。茶是供人们饮用的一类植物饮品。设施园艺科学与工程是园艺与工程结合的科学，包括园艺设施和设施园艺两个方面。

我国园艺有悠久的历史，园艺在人们日常生活以及农业和国民经济中占有重要地位，也是农业产业结构调整和农民增收的热点产业领域。

一、园艺产品在人类生活中的作用

（一）蔬菜、水果对人体的营养保健和代谢调节功能

1. 营养功能 蔬菜是人们每日必需的餐食，水果是人们日常生活重要的副食品。人类合理的膳食结构是：年人均蔬菜 120～180 kg、果品 75～80 kg、粮食 60 kg、肉类 45～60 kg，保持每天摄取 8.37～11.35 MJ 的热量。所以，园艺产品是人类健康膳食的构成要素，为人体提供各种重要的营养成分。

（1）维生素　维生素是人体必需的一类重要营养物质。维生素的种类很多，按其溶解性分为水溶性维生素和脂溶性维生素两类。不同维生素有不同的生理功能，缺乏时会引起人体生理功能失调，免疫力下降，甚至发病。大多数维生素在人体内不能合成，需靠食物

补充。蔬菜和水果中含有人体需要的各种维生素，尤以水溶性维生素最为丰富。水溶性维生素在人体内不易积累，因而需要经常不间断地补充。

维生素C普遍存在于蔬菜和水果中，蔬菜中的芥菜、绿叶菜类、辣椒、番茄、甘蓝、黄瓜、花椰菜、萝卜等，水果中的枣、猕猴桃、醋栗、山楂、草莓、番石榴、龙眼、柑橘类、余甘、刺梨、沙棘、蔷薇果等都富含维生素C。胡萝卜素丰富的蔬菜有胡萝卜、韭菜、菠菜、白菜、甘蓝、苋菜、蕹菜、叶萘菜、芥菜等，水果有杏、黄肉桃、山楂、猕猴桃、樱桃、柿、柑橘类、枇杷、杧果、香蕉等。维生素 B_1 含量高的蔬菜有金针菜、香椿、芫荽、藕、马铃薯等，果品有甜橙、无花果、核桃、板栗、银杏、沙棘、榛子等。含维生素 B_2 较多的蔬菜有菠菜、芥菜、蕹菜、芦笋等，果品有沙棘、榛子、核桃、板栗等。豆类蔬菜和豆制品中有较多的维生素 B_6 和维生素 B_{12}，豆类和绿叶菜中含有较多的维生素E。鲜枣含有大量的维生素P。

（2）矿质营养　蔬菜和水果中含有各种矿质营养，是人体矿质营养的重要来源，尤其是钙、铁、磷营养较为丰富。钙和铁是人体易缺乏的难移动性矿质营养，儿童和老年人更易缺乏。儿童缺钙易患佝偻病，老人缺钙易患骨质疏松症，缺铁则易引起贫血。含钙较多的蔬菜有结球甘蓝、白菜、芥菜、苋菜、芹菜、蕹菜、菠菜、叶甜菜等，果品有核桃、扁桃、榛子、阿月浑子、杏仁、橄榄、葡萄、枇杷、刺梨、香榧、柑橘类、山楂、无花果等。含铁较多的蔬菜有菠菜、芹菜、豌豆苗、金针菜、大豆、豆薯、白菜、荠菜等，果品有榛子、樱桃、杏仁、扁桃、香榧、核桃、刺梨、柠檬、山楂等。含磷较多的蔬菜有大豆、豌豆、菜豆、甜玉米、青花菜、芥菜、大蒜等，果品有榛子、扁桃、杏仁、核桃、香榧、白果、石榴、椰子、板栗、橄榄、柚子、草莓等。

一些稀有和微量元素对人体健康有重要的作用。如硒具有防癌抗癌功能，锰与长寿有关，锌与儿童智力发育有关，碘对防止碘缺乏性疾病有重要作用。蔬菜中大蒜、胡萝卜、洋葱、大豆及果品中的蒲桃、杏仁、桂圆等富含硒，海带、紫菜中富含碘，萝卜、大豆等富含锰，大白菜、萝卜、扁豆等富含锌。

（3）其他营养　蔬菜、水果中还含有可溶性蛋白质、氨基酸、糖等营养物质。有些蔬菜和果品富含糖分，如马铃薯、山药、芋、藕、魔芋、荸荠、西瓜、甜瓜、南瓜、香蕉、板栗、白果、山楂、香榧、葡萄干、枣等；有些则富含蛋白质和脂肪，如核桃、扁桃、杏仁、榛子、阿月浑子、香榧、椰子、豆类蔬菜等。淀粉、糖、蛋白质等都是容易产生热能的食物，食用后可为人体提供热能。

2. 代谢调节功能　蔬菜、水果对人体代谢有重要的调节功能。

（1）膳食纤维的代谢调节功能　膳食纤维是指纤维素、半纤维素和木质素的总称，虽然不能被人体吸收，但具有良好的清理肠道的作用，因此是营养学家推荐的六大营养素之一，是人体不可缺少的食物成分。人体摄入膳食纤维后，能增加胃肠蠕动，使食物疏松，因而其具有帮助消化、利便、排毒的作用，可降低直肠癌和结肠癌的发病率，并有减少胆固醇吸收、降血脂和维持血糖正常的作用。联合国粮食及农业组织（FAO）建议正常人群膳食纤维日摄入量为27 g，我国营养学会在2000年提出成年人适宜日摄入量为30 g，但目前实际日摄入量仅8～12 g。

蔬菜和水果是人体膳食纤维的重要来源。菌类（干）纤维素含量最高，其中松蘑的纤维素含量接近50%，发菜、香菇、银耳、木耳含量均在30%以上。纤维素含量紫菜为20%，笋干为30%～40%，辣椒为40%以上。纤维素含量较多的蔬菜还有蕨菜、花椰菜、菠菜、南瓜、白菜、油菜等，豆类含6%～15%，马铃薯含3%。

水果中纤维素含量最多的是红果干，接近50%；其次有桑葚干、樱桃、枣、石榴、苹果、鸭梨。坚果含量为3%～14%，含量在10%以上的有松子、杏仁，10%以下的有核桃、榛子等。

（2）平衡酸性体质的功能　人类的食物可分为酸性食物和碱性食物，酸性食物包括肉、鱼、禽、蛋类等动物产品及谷类和花生、榛子、核桃等，一般蛋白质、脂肪和糖类含量较高，并含较多的硫、磷、氯等矿物质，在人体内代谢过程中产生丙酮酸、乳酸、磷酸等酸性物质而呈酸性反应。碱性食物包括蔬菜、水果、茶等，含钾、钠、钙、镁等矿物质较多，有的虽也含有柠檬酸、苹果酸、琥珀酸等，但多与钾、钠、钙、镁等金属离子结合成有机酸盐的形式，进入人体后，有机酸根可代谢为二氧化碳和水，金属离子则增加血液和胃液的碱性。因而，经常食用蔬菜、水果，对中和酸性食物产生的酸性、维持人体内生理上的酸碱平衡有重要作用。

（3）色、香、味的调节功能　蔬菜和果品中含有各种天然色素，如叶绿素、胡萝卜素、番茄红素、辣椒红素、姜黄素等，可给食物添色加彩。蔬菜和水果中含有的柠檬酸、苹果酸、琥珀酸等有机酸和各种糖类，使其食味可口。有些蔬菜，如辣椒、生姜、大葱、大蒜、洋葱等含有特殊的辛辣味；有些蔬菜如茴香、芹菜、芫荽、芥菜、荆芥、薄荷、黄瓜等含有特殊的芳香味，可使食物香味溢散。因此，由多种蔬菜和水果构成的餐桌食物，色、香、味俱佳，可提高食物品质，增进食欲。

3. 食疗保健功能　蔬菜和水果具有多方面的食疗保健功能。

（1）蔬菜的食疗保健功能　许多蔬菜都有特殊的医疗保健功能，被视作保健食品。我国历来有“医食同源、食药同源”之说。如大蒜有广谱的杀菌功能和强心、促进血液循环和延年益寿的功效；大葱有杀菌、通乳、利便功效；韭菜有活血、健胃、提神、散瘀、解毒作用；黄瓜有清热、利尿、解毒、美容、减肥健美功效；番茄富含番茄红素，有抗乳腺癌、胃癌、消化道癌、前列腺癌等癌症的作用；茎用莴苣（莴笋）气味苦、冷，有利五脏、通经脉、开胸膈、利气、强筋骨、清热、利尿、通乳等功效，可用于治疗小便赤热短少、尿血、乳汁不通等症；芹菜性甘凉，具有清热、利尿、降压、祛脂等功效，水煎饮服或捣汁外敷，可辅助治疗早期高血压、高脂血症、支气管炎、肺结核、咳嗽、头痛、失眠、经血过多、功能性子宫出血、小便不利、肺胃积热、小儿痧疹、痄腮等症；蕹菜性微寒，味甘，有清热解毒、凉血止血、润燥滋阴、除湿通便等功效，适用于治疗血热所致的咳血、吐血、便血、痔疮出血、尿血、热淋、小便不利、妇女湿热带下、轻症野菌中毒，以及疮肿、湿疹和毒蛇咬伤；甘蓝对风湿病、哮喘、溃疡、坏血病、痛风、结核病、眼和耳疾病、癌症等有疗效，还是血液的清洁剂和强壮剂；姜有助于治疗肠胃疾病、伤风感冒、风湿痛和恶心呕吐等疾病，并可增强人体免疫力；山药、魔芋有良好的滋补作用；生食萝卜对食道癌、胃癌、鼻咽癌、子宫颈癌等均有预防作用。

（2）果品的食疗保健功能　梨果可清热化痰、滋阴润肺；桃子活血补气、润燥；李子止渴生津；山楂消食解毒、提神醒脑；苹果止泻开胃；柑橘理气润燥、止咳化痰；荔枝健脾养血；核桃仁顺气补血、温肠补肾、止咳润肤；香蕉润肠、降压；葡萄降血脂；大枣补脾胃；石榴润燥收敛；苦杏仁止咳化痰、润肠通便；柿养胃止血、解酒毒、降血压；柿饼清热健脾、止渴补血；猕猴桃因维生素 C 含量高和 SOD 活性很强而对癌细胞的形成有一定的阻遏作用；无花果具有清热润肠、助消化、保肝解毒功效。

（二）茶饮品的营养保健功能

1. 营养功能　茶叶富含各种维生素。维生素含量一般绿茶每 100 g 含 100～250 mg，高级龙井茶含量可达 360 mg 以上。但红茶、乌龙茶因加工中经发酵氧化破坏，每 100 g 茶叶只有几十毫克。100 g 茶叶中含维生素 B_1 0.15～0.60 mg，维生素 B_2 1.3～1.7 mg，维生素 B_3 1.0～2.0 mg，维生素 B_5 5.0～7.5 mg，维生素 B_{11} 0.08 mg，维生素 H 0.05～0.08 mg，肌醇 1.0 mg 左右，茶多酚 10%～20%，芸香苷 0.05%～0.15%。茶叶中脂溶性维生素有维生素 A、维生素 D、维生素 E、维生素 K 等，每 100 g 茶叶中含维生素 A 7～20 mg，维生素 E 50～70 mg，维生素 K 30～50 mg，维生素 U 20～25 mg。

茶叶中含有各种大量元素和微量元素。每 100 g 绿茶平均含锌 7.3 mg，高的可达 25.2 mg；红茶平均含锌 3.2 mg。每 100 g 干茶中平均含铁 12.3 mg，红茶中铁含量高达 19.6 mg。

茶叶中蛋白质含量占干物质量的 20%～30%，但水溶性蛋白质仅占 1%～2%；氨基酸含量占干物质量的 1%～4%。氨基酸种类丰富，多达 25 种以上，其中的异亮氨酸、亮氨酸、赖氨酸、苯丙氨酸、苏氨酸、缬氨酸是人体必需的氨基酸，茶氨酸约占氨基酸总量的 50%。

茶叶中含单糖、双糖和多糖等糖类，含量占干物质总量的 20%～25%，其中可溶性糖占 4%～5%。茶叶中的果胶等物质含量占干物质总量的 4%左右，水溶性果胶是形成茶汤厚度和外表光泽度的主要成分之一。

2. 代谢调节和保健功能　茶叶中化合物达 500 多种，具有多种药理作用。其中，茶多酚能增强微血管壁弹性，调节血管的渗透性，降低血压，杀菌消炎；咖啡碱是一种血管扩张剂，能促进发汗，具有强心、利尿和解毒作用，还能提神醒脑，消除肌肉疲劳；茶色素、茶多糖、茶皂素、氨基丁酸、茶氨酸等，具有抑制脂质过氧化、抗凝、促纤溶、抗血小板凝集、降血压、降血脂、防治动脉粥样硬化、保护心肌等作用。现代医学研究表明，茶多酚能中和 ^{90}Sr 等放射性物质，解除辐射的伤害，还具有抗癌和抗衰老的功能。茶叶在医学上往往作为治疗痢疾、伤寒、霍乱、慢性肝炎、肾炎等病的辅助保健品。因此，饮茶有益思、少卧、利尿、轻身、明目、止渴、消食、防病和治病等多种功能。

（三）园艺植物优化美化环境的功能

花卉、园林树木、草坪甚至果树和蔬菜等园艺植物，都有美化生活环境、增加地面覆盖、保持水土的功能。作为绿色植物，它们能消纳污浊空气、噪声、粉尘，补充大气氧气，为人类创造清新、洁净的空气和安静、舒适的生活环境。各种各样的观赏草木可以美化居室和庭院。生态观光园里的蔬菜树型化栽培、果实造型栽培、果实印字栽培等，不仅给人以自然美和自然潜能的展示，而且为人类创造了赏心悦目的休闲生态环境。

(四) 园艺文化和园艺治疗与园艺福祉

园艺植物蕴含着丰富的园艺文化。自古以来，文人墨客写花、写草、写木、写景，留下了不少美言绝句、花诗、花经，使人在赏花赏景中学习文化，在文化交流中了解园艺。茶景、茶诗、茶画、茶艺、茶道、茶俗，让人在赏茶、品茶中交流文化，在文化交流中了解茶的特征、特性和茶艺、茶道。菜谱厨艺，包含了许多营养美食之道。

适当的家庭园艺活动，如播种育苗、移栽换盆、中耕除草、栽植管理、灌水施肥、整形修剪、嫁接换苗，不仅可以活动筋骨、锻炼身体，还可以修身养性、陶冶情操，习得园艺知识，丰富人们的精神文化生活。

园艺治疗（horticultural therapy）就是一种借由实际接触和运用园艺材料，维护美化植物或盆栽和庭园，接触自然环境而达到纾解压力与复健心灵的辅助性治疗方法，目前在一般疗育和复健医学方面都有应用，如精神病院、教养机构、老人和儿童中心、勒戒中心、医疗院所或社区。美国越来越多的卫生医疗机构，从医院到老年护理院再到精神病院等，都青睐园艺治疗。研究发现，园艺治疗能够减缓心跳速度，改善情绪，减轻疼痛，对病人康复具有很大的帮助作用。

园艺福祉（horticultural well-being）就是通过园艺活动，增加人们的生活幸福感、快乐感，促进人体健康。与园艺治疗的对象不同，园艺福祉的对象是所有人。

二、园艺生产的意义

(一) 园艺产业是我国种植业最活跃的经济增长点

园艺生产是农业生产的重要组成部分。园艺产品中的蔬菜和水果，是人们日常生活必不可少的食品，随着生活水平的改善，蔬菜和水果的食用比例日渐增大，花卉的市场需求与日俱增，饮茶品位也不断升级。市场需求的不断增长，拉动了园艺生产的迅速发展和园艺产业的兴起和壮大。20 世纪 80 年代初，随着农村经济体制改革，种植业经历了一系列的调整和变革。先是粮食生产的突破，解决了温饱问题。继而，蔬菜和以苹果、柑橘、梨为主的果树产业竞相发展。到目前为止，蔬菜、花卉和果树园艺产业已成为农业种植业最活跃的经济增长点。

1980 年，全国蔬菜播种面积为 316.2 万 hm^2，年人均蔬菜 75 kg。2000 年全国蔬菜播种面积 1 367 万 hm^2，占世界面积的 35%，年人均蔬菜 350 kg，比世界平均水平高出近 100 kg；产量 4.40 亿 t，占世界总产量的一半多，总产值达 3 000 亿元。近年来，全国蔬菜栽培面积逐年持续增长，2007 年蔬菜播种面积 1 700 万 hm^2，总产量 5.65 亿 t，总产值 7 200 亿元，人均占有量逾 420 kg，蔬菜播种面积占农作物总播种面积的 12.8%，总产值占种植业的 29%，蔬菜生产对全国农民人均收入的贡献额为 650 元。2013 年蔬菜播种面积 2 053 万 hm^2，总产量 7.05 亿 t，蔬菜总产量和总产值超过粮食作物，成为种植业领域的第一大产业；2014 年蔬菜播种面积 2 128.9 万 hm^2，总产量 7.60 亿 t；2017 年全国蔬菜播种面积 2 232.8 万 hm^2，总产量近 7.98 亿 t。

在园艺产业领域，果树总产值仅次于蔬菜。2000 年全国果树栽培面积 867 万 hm^2，占世界面积的 18%；产量 6 237 万 t，占世界产量的 13%。苹果和梨的产量连续 8 年居世界首位。2006 年全国果树总面积为 1 004.23 万 hm^2。目前，果树种植面积 1 012 万 hm^2，产量 8 065 万 t，生产总值近 1 000 亿元，在种植业中仅次于粮食和蔬菜而居第 3 位。2017 年全国苹果总产量超 4 380 万 t，占全球 56%以上；陕西省以面积 73.3 万 hm^2 和产量 1 100 万t 成为我国苹果栽培面积最大、产量最多的省份。

观赏园艺在我国起步晚，但近年颇受重视，经过 30 多年的恢复和发展，生产规模快速扩大，市场消费稳步增长。全国花卉销售额 1986 年为 71.0 亿元，1990 年为 111.0 亿元，2000 年为 158.6 亿元，2003 年为 353.1 亿元。观赏苗木销售额 2000 年为 65.25 亿元，2003 年达 175.49 亿元；盆栽植物销售额 2000 年为 52.53 亿元，2003 年为 84.96 亿元；鲜切花销售额 2000 年为 19.53 亿元，2003 年达 44.57 亿元。各类花卉苗木的销售以观赏苗木占主导地位，其次是盆栽植物和鲜切花。1994—2003 年，花卉生产面积平均年增长率约 24%，总产值平均年增长率为 38.8%，花卉产值占国内农业总产值的比例从 1993 年的 0.18%增加到 1.5%。2006 年全国花卉生产面积 72.2 万 hm^2，花卉销售额 556.6 亿元，出口额 6.1 亿美元。2016 年，全国花卉面积：鲜切花类 6.456 万 hm^2，盆栽植物类 10.583 万 hm^2，观赏苗木 76.963 万 hm^2，食用与药用花卉 26.553 万 hm^2，草坪 4.944 万 hm^2；鲜切花种植面积、销量、销售额分别较上年增长 2.63%、8.42% 和 12.91%。

茶园艺是我国的优势产业，随着人们对健康饮品的追求，茶消费和茶园艺对国民经济的贡献也不断提升。1949 年全国茶叶生产量仅 5.12 万 t，出口量 2.17 万 t。1979 年全国茶园面积 105 万 hm^2，茶叶产量达 27.72 万 t，出口茶叶量达到 10.68 万 t。20 世纪 80 年代后，我国茶园总面积基本稳定在 110 万 hm^2 左右，但茶园单产不断提高。1997 年全国茶叶产量达 61.3 万 t，出口量为 20.2 万 t，比 1980 年分别增加 101.8%和 87%，年增长率达 6%和 5.1%。据 FAO 统计，2007 年我国茶园面积为 161.33 万 hm^2，茶叶产量为 116.55 万 t，比上年增长 13.36%，超过印度，居世界第一，占世界茶叶总产量的 31%；茶叶总产值约 600 亿美元。2017 年，全国茶园面积超过 305.8 万 hm^2，开采茶园面积超过 251.8 万 hm^2，干毛茶产量为 260.9 万 t，产值 1 907.6 亿元；名优茶产量 127.4 万 t，产值 1 427.8 亿元；大宗茶产量 133.5 万 t，产值 479.8 亿元。2017 年国内茶叶年消费量达到 190.0 万 t，市场销售额达到 2 353 亿元。

园艺产业的发展，为农业结构调整起到了引导示范作用，也为农民增收和乡村振兴发挥了重要作用。

（二）园艺产品是我国重要的优势出口农产品

随着园艺产业的发展壮大，园艺产品出口外贸也迅速增长。由于园艺产业是劳动密集型精细生产产业，而我国劳动力成本较低，因此价格和成本比较优势明显，对外贸易势头良好。据 FAO 统计，1999 年我国水果、蔬菜出口量比 1980 年增长 2.36 倍。据我国海关统计，2000 年我国出口蔬菜 245 万 t，出口额 15.77 亿美元；出口水果 82 万 t，出口额 3.48 亿美元；花卉出口额 3 200 万美元；园艺产品及其加工品总出口额约 38 亿美元，占出口总额的 1.5%。2000 年园艺产品贸易顺差达 32.6 亿美元，占全部贸易顺差的 13.5%。2001 年全国出口水果 135.8 万 t，创汇 7.2 亿美元；出口蔬菜 314.7 万 t，创汇 20 亿美元；蔬菜和水果出口量占世界贸易总量的 4%。加入世界贸易组织（WTO）后，我国蔬菜和水果的出口在没有任何政府补贴的情况下逐年增长。据我国海关统计，2007 年我国累计出口蔬菜 817.59 万 t，出口额 62.14 亿美元；茶叶出口量上升至 28.94 万 t，出口额增加到 6.07 亿美元。2015 年我国出口蔬菜 1 019 万 t，1～11 月出口额 118.2 亿美元；1～11 月水果出口额 59 亿美元。2001 年我国茶叶出口量为 24.97 万 t，出口额 3.42 亿美元；2017 年我国蔬菜出口额为 155.2 亿美元，水果出口额为 70.8 亿美元，茶叶出口额为 16.1 亿美元。

（三）园艺产品是重要的工业原料

园艺产品也是食品工业、饮料与酿造业、医药工业以及许多化工和轻工业的重要原料。如果汁、菜汁、菜饮料、脱水菜、速冻菜、酱菜、果酱、果脯、果酒、果醋、果冻、果菜粉、果茶、茶饮料、茶食品、水果蔬菜罐头等食品工业，都以园艺产品为主要原料。还有利用园艺产品提取食用色素、果胶、医药成分、化妆品成分等，或以园艺产品加工的副产品作饲料添加剂等成分，或制作干花。在经济发达的国家，葡萄、柑橘、豌豆、苹果、菠萝、番茄等园艺产品的加工量均占总产量的 55%～80%。2016 年我国蔬菜加工行业规模以上企业数达 2 274 家，蔬菜加工行业规模总资产达 1 721.15 亿元，行业销售收入 3 736.39 亿元，总利润 278.37 亿元。

我国的园艺产品加工业还比较落后，但消费增长趋势明显。通过产品加工，延伸产业链，可进一步提高园艺产业的效益。

（四）园艺产业是劳动密集型就业热点产业

园艺产业包括生产领域、流通领域和与园艺有关的服务领域 3 大部分。园艺生产主要在设施和园田内进行，手工作业较多，是劳动密集型产业，也是就业热点产业。

我国园艺生产领域的从业人员以农民为主，有的组成专业协会，有的组成专业合作社，有的与企业组成联合体。到 2005 年，全国以园艺为主的农业产业化经营组织发展到 11.4 万个，固定资产总额 8 099 亿元，分别比 2000 年增长 70.9%和 91.7%，产业化组织带动农户 8 454 万户。据不完全统计，2007 年全国从事蔬菜生产的劳动力约 9 000 多万人，从事贮藏、保鲜、加工、销售等蔬菜采后服务的劳动力有 8 000 多万人。2003 年，全国花卉生产面积 43 万 hm^2，产值 353 亿元，花卉企业 5.2 万家，花农 86.4 万户，从业人员 247 万人；茶产业从业人员约 8 000 万人。2016 年全国有花卉企业 5.525 万家，其中大中型企业 8 971 个，花卉从业人员 554.98 万人，其中专业技术人员 32.36 万人。

园艺产业的产后流通和产业服务更是就业的热点领域。如园艺种业、肥料、农药、农膜等园艺生产资料、园艺设施，都是企业云集、吸纳就业最多的农业产业领域。

三、园艺的历史和发展

（一）中国和世界园艺简史

中国享有世界“园艺大国”和“园林之母”的美誉，不仅有丰富的园艺植物资源，而且有悠久的园艺史，园艺史比古印度、古埃及、古巴比伦以及古罗马都早，比欧美诸国早600～800年。

考古学和人类学的许多研究表明，园艺是农业中较早兴起的产业。神农氏时期，在黄河流域就已开始引种驯化芸薹属植物白菜和芥菜等，并栽培桃、李、柑橘等果树；新石器时期（前5000）就有芸薹属菜籽（西安半坡村遗址）和印有清晰花卉图案的陶瓦（浙江河姆渡遗址）；前5000—前3000年，已有种植蔬菜的石制农具。作为栽培植物重要的起源地之一，中国土生或史前栽培的植物就有237种，其中蔬菜46种、果树53种、观赏植物19种、药用植物42种、芳香植物19种。有关植物栽培驯化最早的记载是在殷墟中发掘的甲骨文中，距今已有3 600多年历史。《诗经》中记载了近30种栽培植物的名称及类型，如园艺植物葫芦、韭菜、山药、枣、桃、橙、李、梅、菊、杜鹃、竹、芍药等；《管子·地员篇》（前500—前300）最早提到相当于现代"品种"的概念，其后的《尔雅》《西京杂记》等古籍文献都有品种的记载；《吕氏春秋》（前239）中有作畦、播种、施肥、浇水、收获等栽培技术记载。春秋战国时期，已有大面积的梨、橘、枣、姜、韭菜种植园。汉代，张骞出使西域，引入了葡萄、无花果、苹果、石榴、黄瓜、西瓜等园艺植物，丰富了园艺植物资源。《氾胜之书》记述西汉后期已有种子处理、嫁接和整枝技术。晋代戴凯之的《竹谱》是我国现存最早的一部竹类专著，概括介绍了竹的性质、形态、分类、分布、生育环境、开花生理及寿命，并详细记述了各种竹的名称、形态、生境、产地和用途。北魏时期（386—534）已形成了一整套精细的栽培技术。贾思勰对植物命名已有研究，他在《齐民要术》（533—544）中详细记载了当时的作物品种。唐代（6～9世纪）已有《本草拾遗》《平泉草木记》等理论著作问世，并利用温泉热水进行促成生产。陆羽的《茶经》则是我国乃至世界现存最早、最完整、最全面介绍茶的专著，是一部关于茶叶生产的历史、源流、现状、生产技术以及饮茶技艺、茶道原理的综合性论著，不仅是一部精辟的农学著作，又是一本阐述茶文化的书，将普通茶事升格为一种美妙的文化艺能。宋代至清代（960—1911）园艺学专著更多，如《荔枝谱》《橘颂》《菊名》《芍药谱》《菊谱》《群芳谱》《檇李谱》《救荒本草》和《花镜》等。明代李时珍的《本草纲目》记载了1 089种植物药材；《救荒本草》（1406）记载有草本野菜414种，逐一绘图，并对每一种野菜的产地、形态、性味、可食部位和食用方法做了说明；清代陈淏子的园艺名著《花镜》分6卷分别介绍了花历新栽、课花十八法、花木类考、花果类考、藤蔓类考、花草类考，有很高的学术价值。

我国园艺与世界园艺有广泛的交流。公元前139年，张骞经著名的丝绸之路出使西域，给欧洲带去了我国的桃、梅、杏、茶、芥菜、萝卜、白菜、甜瓜和百合等，大大丰富了欧洲的园艺植物种质资源；给我国带回了葡萄、无花果、苹果、石榴、黄瓜、西瓜和芹菜等，丰富了我国的园艺植物种质资源。明、清时期对外交往日渐增多，如郑和下西洋，也不断有新的园艺植物由海路和陆路引入我国。果树中甜橙是15～16世纪从我国传入葡萄牙、西班牙，后传遍欧美各大洲；宽皮橘12世纪从我国先传到日本，柚从我国传到地中海国家，后传遍世界各国。我国的名花牡丹，于公元724—749年传到日本，1656年传到荷兰，1789年传到英国，1820年以后才传到美国。20世纪极负盛名的美国植物学家亨利·威尔孙（E. H. Wilson）从我国引进 1 000 多种野生植物，主要是很有观赏价值的植物，包括至今闻名世界的珙桐和王百合。他在 1929 年发表专著《中国——园林之母》（*China，Mother of Gardens*）中写道："中国的确是园林的母亲，因为所有其他国家的花园都深深受惠于她。从早春开花的连翘和玉兰，到夏季的牡丹、芍药、蔷薇和月季，直到秋季的菊花，都是中国贡献给这些花园的花卉珍宝。假若中国原产的花卉全部撤离去的话，我们的花园必将为之黯然失色。"英国爱丁堡皇家植物园拥有中国园林植物 1 527 种及变种，该园一直以有这么丰富的中国园林植物为骄傲。

我国现代园艺事业主要兴起于 1949 年中华人民共和国成立以后。20 世纪 70 年代，塑料薄膜覆盖栽培兴起和发展，使北方地区早春和晚秋喜温蔬菜生产和供应得到改善。80 年代，随着农村经济体制的改革，园艺业得到了前所未有的大发展；塑料日光温室的试验成功，使北方地区各季喜温蔬菜生产找到了适宜的发展之路，因而得以大面积推广；同时，苹果、梨、柑橘、香蕉等水果产业迅速发展壮大，花卉产业也随之兴起。90 年代，随着农业结构的调整，园艺产业进一步发展，产业内部结构也更趋合理，设施蔬菜、设施花卉产业稳定增长，并趋向成熟，果树从种类和品种结构上趋向多元化，设施果树也得以发展，设施茶生产也取得成功。21 世纪后，我国园艺处于持续稳定发展的时期，园艺设施类型不断更新，结构和性能不断优化，设施园艺生产中土壤耕作、施肥灌水、设施和栽培管理等不断引入现代设备和机械，园艺作业不断由劳动密集型向轻简化和机械化、智能化方向发展。

园艺业历史悠久，但最初仅作为农业的附属部门，具有自给性生产的性质。19 世纪后半叶起，随着农业生产力的高度发展和农业生产地域分工的加强，园艺业逐渐成为一个独立的种植业门类而得到迅速发展，除经济发达国家外，发展中国家也纷纷兴建以园艺植物为对象的种植园。20 世纪 60 年代以来，园艺业成为创汇农业的重要组成部分。目前，园艺产业不再仅仅是为人们生产食物和饮品，而且提供人们休闲观光的去处。

（二）我国园艺的优势及问题与发展趋势

1. 我国园艺的优势 我国园艺发展具有鲜明的优势。例如，园艺业发展已有数千年历史，有从事园艺生产的经验与技能，有农业精耕细作的传统；有丰富的园艺植物种类和资源，并形成一批园艺业重点发展地区和名特园艺产品；自然条件和地理气候多种多样，适合发展各类园艺作物；人口众多，劳动力较充裕，消费群体大，内需强劲；产品生产成本较低，出口比较优势较突出；目前生产规模大，形成了较好的国内外市场，产业总体比较平稳；设施园艺发展突飞猛进，生产保障性日渐提高；经济、社会和科技稳定发展，园艺产业提升空间大。

2. 我国园艺面临的问题 我国的园艺也面临着许多问题和挑战。例如，生产条件还比较落后，生产主要依赖传统和经验技术；生产体制以农户小面积个体经营为主，未形成整体有效的规模化生产经营主体，因而技术标准化难度大，产量不稳定，产品质量参差不齐，产业化水平低；设施生产虽然发展很快，但绝大多数设施比较简陋，环境可调控能力非常有限，抵御极端恶劣天气和灾害性气候的能力差；与世界发达国家相比，园艺科学研究存在着基础研究较薄弱、应用技术和设施设备不配套等问题，尤其是在温室配套品种及温室设施、环境控制技术方面差距较大；在病虫害防治方面，由于生产体制、设施条件、技术手段、生产者意识等方面的限制，还主要依赖于化学农药防治，产品质量安全问题依然存在；多数产品的国际市场占有率不高和竞争力不强。

3. 我国园艺发展的趋势 面临存在的问题，我国园艺的主要发展趋势有：

（1）由全面发展转向适生区发展的趋势 由于生产的比较效益高，我国园艺发展速度迅猛，但各地自发效仿，全面发展带来了许多问题。在适生区发展是生产高质量园艺产品和降低生产成本的重要手段。因此，研究各种园艺植物生长发育的产量及品质形成的适宜生态条件，进一步规划和调整布局，选择适地种植，不但可以提高产品质量，同时可降低生产成本，实现更高的生产效益。

（2）由单一生产向多元化生产发展的趋势 人类社会由不同消费习惯和不同消费层次的人群构成，对园艺产品的需求也是多元化的。因此，园艺产品生产从总体上需要、也正在向种类和品种的多元化发展。如果树中的苹果、柑橘等大种类与杏、李、柿、桃、枣、樱桃等小杂果的协调发展，蔬菜中的大宗菜与精细稀特菜、果菜与根茎叶菜、设施菜与露地菜的协调发展，水果、蔬菜中鲜食与加工品种的协调发展等。

（3）由分散的个体经营向规模化和产业化经营发展的趋势 由于个体的、分散的经营方式难以适应大市场的产业环境，因而难以保证稳定的效益。目前，我国园艺生产正在向专业化和产业化的方向调整和发展。如通过“公司＋农户”“专业协会＋会员”“专业合作社＋社员”及大型家庭农场等方式，把分散经营的农户组织起来，或通过合理的土地流转，由大户或公司经营，按照规范的、专业化的技术进行生产，公司与农户之间、协会与会员之间、合作社与社员之间，按生产合同或产品订单的方式建立联系，生产者专门从事生产，公司或组织者创品牌、开发市场、负责产品销售。这样，把小农户组织起来，就形成了规模化的大产业，而只有大产业才能应对千变万化的大市场，才能形成规模效益。大的产业链包括生产、采后处理和加工、产品销售等多个环节，产品在产业链中逐步升级、逐步增值。配套产业化生产的还有产业服务体系，它们共同构成高效和高度专业化的园艺产业体系。

（4）由常规产品向绿色和有机产品发展的趋势 随着人们生活水平的改善，健康越来越成为人们关注的焦点。从食物方面，人们越来越注意园艺产品的污染问题，期望更安全的优质园艺产品。因此，控制产品污染也已逐步成为生产者的自觉行动。随着园艺产品市场准入制的实施，规模化的无公害产品生产体系已经形成，绿色和有机产品已逐渐成为人们追求的目标，也引导着生产向绿色和有机园艺产品方向发展，相应的生产体系也不断健全，绿色和有机产品目前是出口和国内高层次消费的主要产品。有的地方名特优园艺产品，在挖掘历史文化资源的基础上，开发地理标志产品，进一步提升产品品格。

（5）生态园艺和休闲园艺的发展 在大城市附近，建立以供城镇居民节假休息日休闲消遣、观光旅游为主，兼顾高档产品生产的生态园艺（ecological horticulture）、休闲园艺（leisure horticulture）、都市园艺（city horticulture）、园艺福祉或康养园艺（therapeutic horticulture）也是现代园艺的一个分支。在我国，由于社会的发展，城镇化的趋势越来越明显，城镇人口的比例越来越大。在紧张繁忙的都市生活之余，更多的城市居民希望利用节假日外出休闲游玩。生态园艺和旅游观光园艺不仅可以给旅游者提供一个清新舒适的大自然环境，而且可以给游客提供亲自播种、管理、收获的机会，并且在园艺生态餐厅品尝美食，在游玩中认识园艺植物，实践园艺产品的生产过程，可获取园艺知识，修身养性，陶冶情操，玩得更开心，赏得更有趣。

（6）国际化大市场的趋势　在加入 WTO 以后，我国园艺市场国际化的趋势越来越明显。由于市场定位国际化，生产过程中的品种选择、栽培方式、栽培管理等要服从产品生产国际化的要求，产品的商品性和安全性更加引人注目，生产技术和经营方式在不断调整和优化。

（7）轻简化和机械化的趋势　随着从业劳动力老龄化和紧缺现象的出现，人力成本不断提升，园艺生产正在向轻简化和机械化方向发展。如果树的树形矮化，修剪简化；蔬菜和花卉田间作业简化，尽量用机械替代人工，尽量节约人工的园艺管理技术，成为必然趋势；设施园艺配套的专用机械及用信息化、智能化装备的设施自动化程度也不断提升。

复习思考题

1. 什么是园艺？园艺学包括哪些二级学科？
2. 为什么说园艺产业在国民经济中占有重要地位？
3. 蔬菜和水果的主要营养价值和对人体健康的作用有哪些？
4. 茶的主要营养价值和对人体健康的作用有哪些？
5. 观赏园艺对人类有何意义？
6. 何谓园艺治疗？何谓园艺福祉？
7. 我国园艺产业具有哪些优势？目前存在哪些主要问题？
8. 我国园艺产业的发展趋势是什么？

第一章 园艺植物种类与分类

本章提要 园艺植物种类繁多，形态和用途各异，分类方法多样。植物学分类是依据形态特征，按界、门、纲、目、科、属、种的分类体系进行分类，反映了植物间的亲缘关系和系统演化关系。园艺植物有孢子植物和种子植物，以种子植物为主；在种子植物中，有裸子植物和被子植物，但以被子植物为主；被子植物有单子叶植物，也有双子叶植物。每种植物有由“属名＋种加词”构成的拉丁学名。栽培学分类是将生物学特性和栽培技术都相似的分为一类，对园艺植物栽培更为适用。按栽培学分类，果树可分为落叶果树和常绿果树两大类，蔬菜可分为茄果类、瓜类、豆类、葱蒜类、结球芸薹类、肉质直根类、绿叶嫩茎类、薯芋类、水生菜类、多年生类、芽苗类、野生菜类、菌藻地衣类等。生态学分类是根据生活型和生态习性进行分类，将果树分为寒带果树、温带果树、亚热带果树和热带果树；观赏植物分为草本、木本、仙人掌与多浆类、草坪与地被类；蔬菜作物可根据对温度、光照、湿度等环境条件的要求进行分类。各类园艺植物既有其共性需求，也有其个性特点。

园艺植物资源丰富，种类繁多。据统计，目前全世界果树约有 60 科 2 800 种，其中比较重要的约 300 种，主要栽培的约 70 种；蔬菜普遍栽培的有 50～60 科 860 多种；观赏植物种类更多，全球 50 万种植物中，有 1/6 具有观赏价值，栽培种至少达 3 000 种。这么多的种类，不论从认识和研究的角度，还是从生产和消费的角度，都需要对其进行归纳和分类。学习园艺学概论，应熟悉园艺植物的分类方法。

第一节　植物学分类

植物学分类（botanical classification）的目的在于确立“种”的概念和命名，建立自然分类系统，而自然分类系统则着眼于反映植物界的亲缘关系和由低级到高级的系统演化关系。植物界的分类是依据各类植物在形态结构上的特征，按照界（kingdom）、门（phylum）、纲（class）、目（order）、科（family）、属（genus）、种（species）的分类体系进行分类。种是植物学分类的基本单位，是具有一定自然分布区和一定生理、形态特征的生物类群。同种的不同个体具有相同的遗传性，彼此间杂交可产生正常的后代。种与种间有明显的界限，除形态特征的差别外，还存在着生殖隔离现象，即异种之间不能杂交产生后代，即使产生后代亦不具有正常的生殖能力，这保证了物种的稳定性，使种与种可以区别。

全世界植物有 50 万余种，其中高等植物有 30 万种以上，归属 300 多科，其中大多数的科中有园艺植物。按照植物学分类，园艺植物都属于植物界，有真菌门、地衣植物门、种子植物门等。每种植物都有一个拉丁学名，由属名、种加词和命名人3部分构成，有的还要加上亚种或变种名。下面介绍一些较重要的科和园艺植物。

一、孢子植物

（一）真菌门

真菌门

1. 木耳科（Auriculariaceae） 约21属，其中木耳属的多数种可作蔬菜食用，常见的如黑木耳。

2. 银耳科（Tremellaceae） 有银耳属蔬菜银耳。

3. 蘑菇科（Agaricaceae） 约28属，大多数种可作蔬菜食用。如蘑菇、双孢蘑菇、大肥菇。

4. 口蘑科（Tricholomataceae） 约90属1 800多种。菌类蔬菜有口蘑、松口蘑（松茸）、雷蘑、香菇（冬菇）、平菇（侧耳）、金针菇、凤尾菇、灵芝、牛肝菌、鸡枞菌等。

5. 光柄菇科（Pluteaceae） 有3属，其中光柄菇属约300种，小包脚菇属种类也较多，有菌类蔬菜草菇。

6. 粪伞科（Bolbitiaceae） 有田蘑属菌类蔬菜茶树菇等。

7. 猴头菌科（Hericiaceae） 有菌类蔬菜猴头菌。

8. 红菇科（Russulaceae） 有红菇属和乳菇属，菌类蔬菜有松乳菇、大红菇等。

9. 侧耳科（Pleurotaceae） 约6属94种。菌类蔬菜有白灵菇、杏鲍菇、亚侧耳等。

10. 鬼伞科（Coprinaceae） 有菌类蔬菜鸡腿蘑。

11. 鬼笔科（Phallaceae） 约21属77种。有竹荪属菌类蔬菜竹荪。

（二）苔藓植物门

目前多数学者认为苔藓植物门分为苔纲（Hepaticae）、角苔纲（Antho-cerotae）和藓纲（Musci）3纲。苔纲含86科386属约7 500种，藓纲含120科862属约13 000种，角苔纲含6科12属约200种。作园艺植物利用的有葫芦藓科（Funariaceae）的葫芦藓、地钱科（Marchantiaceae）的地钱、泥炭藓科（Sphagnaceae）的泥炭藓等。

（三）藻类植物

藻类植物一般分为绿藻门、裸藻门、轮藻门、金藻门、黄藻门、硅藻门、甲藻门、蓝藻门、褐藻门和红藻门，约2 100属27 000种。藻类蔬菜有红藻门红毛菜科（Bangiaceae）的紫菜、石花菜科（Gelidiaceae）的石花菜，褐藻门海带科（Laminariaceae）的海带，蓝藻门念珠藻科（Nostocaceae）的地软。

藻类植物

（四）地衣植物门

约500属25 000余种。松萝科（Usneaceae）的松萝、石蕊科石蕊属（*Cladonia*）的石蕊可作药用和茶用，石耳科的石耳、冰岛衣属（*Cetraria*）的冰岛衣可作蔬菜。

地衣植物

（五）蕨类植物门

1. 卷柏科（Selaginellaceae） 仅卷柏属，约73种，如观赏植物卷柏、翠云草等。

蕨类植物

2. 莲座蕨科（Angiopteridaceae） 有观音座莲属、原始观音座莲属等3属，观音座莲属我国约有50种，观音座莲蕨为观赏植物，食用莲座蕨的根茎亦可食用。

3. 蚌壳蕨科（Dicksoniaceae） 仅有金毛狗属，有观赏植物金毛狗蕨等。

4. 桫椤科（Cyatheaceae） 有桫椤属和白桫椤属，约500种。如观赏植物桫椤、白桫椤等。

5. 铁线蕨科（Adiantaceae） 约60属850种。有观赏植物铁钱蕨、尾状铁线蕨、楔状铁线蕨、团叶铁线蕨等。

6. 铁角蕨科（Aspleniaceae） 约10属700余种。有观赏植物铁角蕨、巢蕨等。

7. 肾蕨科（Nephrolepidaceae） 有3属，我国有肾蕨属、爬树蕨属2属。有观赏植物肾蕨、长叶肾蕨、长叶蜈蚣草等。

8. 槲蕨科（Drynariaceae） 共8属32种。有观赏植物崖姜蕨等。

9. 鹿角蕨科（Platyceriaceae） 为单型科，有观赏植物蝙蝠蕨、三角鹿角蕨等。

10. 凤尾蕨科（Pteridaceae） 共13属约300种，凤尾蕨属的蕨菜可作蔬菜用。

二、种子植物

（一）裸子植物门

1. 苏铁科（Cycadaceae） 共10属约110种。有观赏植物苏铁等。

2. 银杏科（Ginkgoaceae） 单属单种，为观赏兼果树植物银杏等。

3. 松科（Pinaceae） 共10属约230种。有观赏植物雪松、油松、华山松、冷杉、铁杉、云杉等。

4. 杉科（Taxodiaceae） 共10属约15种。有观赏植物水杉、柳杉等。

5. 柏科（Cupressaceae） 共22属约150种。有观赏植物侧柏、桧柏、刺柏等。

6. 紫杉科（Taxaceae） 共5属约23种。有观赏植物紫杉、红豆杉等；果树植物香榧等。

（二）被子植物门

双子叶植物纲

1. 杨柳科（Salicaceae） 共3属540多种。有钻天柳属、杨属和柳属，有观赏植物旱柳、垂柳、杨树等。

2. 杨梅科（Myricaceae） 共3属50余种，有果树植物杨梅、矮杨梅、细叶杨梅等。

3. 核桃科（Juglandaceae） 共9属72种。有果树植物核桃、核桃楸、铁核桃、山核桃、长山核桃、野核桃等；观赏植物枫杨等。

4. 桦木科（Betulaceae） 共6属200多种。有果树植物榛子、欧洲榛、华榛等；观赏植物白桦等。

5. 壳斗科（Fagaceae） 共6～11属约900种。有果树植物板栗、茅栗、锥栗、日本栗等。

6. 桑科（Moraceae） 约53属1 400种。有果树植物无花果、木波罗（波罗蜜）、面包果、果桑等；观赏植物橡皮树、菩提树、柘树等。

7. 山龙眼科（Proteaceae） 共60属约1 050种。有果树植物澳洲坚果、粗壳澳洲坚果等。

8. 蓼科（Polygonaceae） 共40属800种。有蔬菜植物酸模、食用大黄、荞麦（芽菜用）等，观赏植物红蓼、珊瑚藤等。

9. 藜科（Chenopodiaceae） 100余属1 400余种。有蔬菜植物菠菜、地肤（扫帚菜）、叶菾菜、根甜菜、碱蓬等；观赏植物地肤、红头菜等。

10. 苋科（Amaranthaceae） 约65属850余种。有观赏植物鸡冠花、青葙、千日红、锦绣苋、三色苋等；蔬菜植物苋菜、千穗谷等。

11. 番杏科（Aizoaceae） 约120属2 000余种。有观赏植物生石花、佛手掌、松叶冰花等；蔬菜植物番杏等。

12. 石竹科（Caryophyllaceae） 共86属约2 200种。有观赏植物香石竹（康乃馨）、高雪轮、大蔓樱草、五彩石竹、霞草等。

13. 睡莲科（Nymphaeaceae） 共9属约70种。有观赏植物荷花、睡莲、王莲、萍蓬草等；蔬菜植物莲藕、莼菜、芡实等。

14. 毛茛科（Ranunculaceae） 约59属2 000种。有观赏植物牡丹、芍药、飞燕草、白头翁、铁线莲、转子莲、唐松草、花毛茛等。

15. 木通科（Lardizabalaceae） 约7属40多种。有果树植物木通、三叶木通等。

16. 小檗科（Berberidaceae） 约17属650种。有观赏植物小檗、十大功劳、南天竹等。

17. 木兰科（Magnoliaceae） 约18属335种。有观赏植物玉兰（白玉兰）、木兰（紫玉兰）、天女花、含笑、白兰花、黄玉兰、鹅掌楸等。

18. 蜡梅科（Calycanthaceae） 约2属7种。有观赏植物蜡梅等。

19. 番荔枝科（Annonaceae） 120余属2 100种。有果树植物番荔枝、毛叶番荔枝、异叶番荔枝、刺番荔枝等。

20. 樟科（Lauraceae） 约45属2 000～2 500种。有果树植物油梨等；观赏植物樟树、楠木、月桂等。

21. 罂粟科（Papaveraceae） 40多属600多种。有观赏植物虞美人、花菱草等。

22. 十字花科（Cruciferae） 约375属3 200种。有蔬菜植物萝卜、大白菜、结球甘蓝、花椰菜、青花菜、球茎甘蓝、抱子甘蓝、芥菜（雪里蕻、榨菜、大头菜）、芜菁、油菜、瓢儿菜、荠菜、辣根等；观赏植物紫罗兰、羽衣甘蓝、香雪球、桂竹香、二月蓝等。

23. 景天科（Crassulaceae） 约34属1 500多种。有观赏植物燕子掌、燕子海棠、伽蓝菜、落地生根、瓦松、垂盆草、红景天、景天、树莲花、荷花掌、翠花掌、青锁龙、玉米石、松鼠尾等。

24. 虎耳草科（Saxifragaceae） 约80属1 200余种。有观赏植物山梅花、太平花、虎耳草、溲疏、八仙花、岩白茶等；果树植物穗醋栗（茶藨子）、醋栗等。

25. 金缕梅科（Hamamelidaceae） 共27属140种。有观赏植物枫香、金缕梅、蜡瓣花等。

26. 蔷薇科（Rosaceae） 约 124 属 3 300 余种。有果树植物苹果、梨、李、桃、扁桃、杏、山楂、樱桃、草莓、枇杷、木瓜、榅桲、沙果、树莓、悬钩子等；观赏植物月季、西府海棠、贴梗海棠、垂丝海棠、日本樱花、梅、玫瑰、珍珠梅、榆叶梅、棣棠、木香、多花蔷薇、碧桃、紫叶李、李叶绣线菊等。

27. 豆科（Leguminosae） 约 650 属 18 000 种。有蔬菜植物菜豆、豇豆、大豆、刀豆、蚕豆、豌豆、苜蓿菜等；观赏植物合欢、紫荆、香豌豆、含羞草、龙芽花、白三叶、国槐、龙爪槐、凤凰木、紫藤等；果树植物角豆树、酸豆（罗望子）等。

28. 酢浆草科（Oxalidaceae） 共 7 属 1 000 种。有果树植物阳桃、多叶酸阳桃等。

29. 芸香科（Rutaceae） 约 150 属 1 700 种。有果树植物柑、橘、橙、柚、葡萄柚、柠檬、金弹、檬檬、黄皮等；观赏植物金枣、金柑、香橼、枳、佛手等。

30. 橄榄科（Burseraceae） 共 16 属 500 种。有果树植物橄榄、方榄、乌榄等。

31. 楝科（Meliaceae） 约 50 属 1 400 种。有果树植物兰撒、山陀等；蔬菜植物香椿等。

32. 大戟科（Euphorbiaceae） 约 300 属 8 000 多种。有观赏植物一品红、变叶木、龙凤木、重阳木等；果树植物余甘等。

33. 漆树科（Anacardiaceae） 约 60 属 600 余种。有果树植物杧果、腰果、阿月浑子、仁面子、南酸枣、金酸枣、红酸枣等；观赏植物火炬树、黄栌、黄连木等。

34. 无患子科（Sapindaceae） 约150 属 2 000 余种。有果树植物荔枝、龙眼、赤才（山荔枝）、韶子等；观赏植物文冠果、风船葛、栾树等。

35. 鼠李科（Rhamnaceae） 约 58 属 900 种。有果树植物枣、酸枣、毛叶枣、拐枣等。

36. 葡萄科（Vitaceae） 共 16 属约 770 种。有果树植物美洲葡萄、欧洲葡萄、山葡萄等；观赏植物爬山虎（地锦）、青龙藤等。

37. 杜英科（Elaeocarpaceae） 共 12 属约 400 种。有果树植物狭叶杜英（冬桃）、锡兰橄榄等。

38. 锦葵科（Malvaceae） 约 75 属 1 000～1 500 种。有观赏植物锦葵、蜀葵、木槿、朱槿（扶桑）、木芙蓉、吊灯花等；蔬菜植物黄秋葵、冬寒菜等；果树植物玫瑰茄等。

39. 木棉科（Bombacaceae） 有 20 属 180 种。有果树植物榴莲、猴面包、马拉巴栗等；观赏植物木棉等。

40. 猕猴桃科（Actinidiaceae） 共 4 属 370 余种。有果树植物中华猕猴桃、美味猕猴桃、毛花猕猴桃、花蕊猕猴桃等。

41. 山茶科（Theaceae） 约 30 属 750 种。有观赏植物木荷、山茶、茶梅和茶树。

42. 藤黄科（Guttiferae） 约 40 属 1 000 种。有观赏植物金丝桃、金丝梅等；果树植物山竹子等。

43. 堇菜科（Violaceae） 约 22 属 900 种。有观赏植物三色堇、香堇等。

44. 西番莲科（Passifloraceae） 共 16 属 500 余种。有果树植物西番莲、大果西番莲等。

45. 番木瓜科（Caricaceae） 共 6 属 35 种。有果树植物番木瓜等。

46. 秋海棠科（Begoniaceae） 共5属920种。有观赏植物四季秋海棠、球根秋海棠等。

47. 仙人掌科（Cactaceae） 共140属2 000余种。有观赏植物仙人掌、仙人球、仙人指、珊瑚树、仙人镜、蟹爪兰、昙花、令箭荷花、三棱箭、鹿角柱、仙人鞭、山影拳（仙人山）、玉翁、八卦掌等；蔬菜植物食用仙人掌等；水果火龙果等。

48. 胡颓子科（Elaeagnaceae） 共3属80余种。有果树植物沙棘、沙枣、胡颓子等。

49. 千屈菜科（Lythraceae） 约25属550种。有观赏植物千屈菜、紫薇等。

50. 石榴科（Punicaceae） 共1属2种。有果树兼观赏植物石榴等。

51. 玉蕊科（Lecythidaceae） 约20属380种。有果树植物巴西坚果等。

52. 菱科（Trapaceae） 共1属约30种。有蔬菜植物乌菱、二角菱、四角菱、无角菱等。

53. 桃金娘科（Myrtaceae） 共100属约3 000种。有果树植物番石榴、蒲桃、莲雾、桃金娘、费约果、红果子、树葡萄等。

54. 柳叶菜科（Onagraceae） 共19属650余种。有观赏植物送春花、月见草、倒挂金钟等。

55. 伞形科（Umbelliferae） 约275属2 850种。有蔬菜植物胡萝卜、茴香、芹菜、芫荽、莳萝等；观赏植物刺芹等。

56. 山茱萸科（Cornaceae） 共12属100种。有果树植物四照花、毛梾木等。

57. 杜鹃花科（Ericaceae） 共50属约1 300种。有观赏植物杜鹃、吊钟花等；果树植物越橘、蔓越橘、笃斯越橘、乌饭树等。

58. 报春花科（Primulaceae） 约22属800种。有观赏植物仙客来、胭脂花、藏报春、四季报春、报春花、多花报春、樱草等。

59. 山榄科（Sapotaceae） 35～75属800种。有果树兼观赏植物人心果、神秘果、星果、蛋果等。

60. 柿树科（Ebenaceae） 约5属300多种。有果树兼观赏植物柿、油柿、君迁子等。

61. 木犀科（Oleaceae） 共26属600余种。有观赏植物连翘、丁香、桂花、茉莉、素方花、探春、迎春、女贞、金钟花、小蜡、水蜡、雪柳、白蜡、流苏树等；果树植物油橄榄等。

62. 夹竹桃科（Apocynaceae） 共250属2 000余种。有观赏植物夹竹桃、络石、黄蝉、鸡蛋花、盆架树等；果树植物假虎刺等。

63. 旋花科（Convolvulaceae） 约60属1 650种。有观赏植物茑萝、大花牵牛、缠枝牡丹、月光花、田旋花等；蔬菜植物蕹菜（空心菜）、甘薯等。

64. 马鞭草科（Verbenaceae） 90余属2 000余种。有观赏植物美女樱、宝塔花等。

65. 唇形科（Labiatae） 约220属3 500余种。有观赏植物一串红、朱唇、彩叶草、洋薄荷、留兰香、一串蓝、罗肋、岩青蓝、百里香、随意草等；蔬菜植物紫苏、银苗、草石蚕、菜用鼠尾草等。

66. 茄科（Solanaceae） 约 30 属 3 000 种。有蔬菜植物番茄、辣椒、茄子、马铃薯等；观赏植物碧冬茄、夜丁香、朝天椒、珊瑚樱、珊瑚豆、蛾蝶花等；果树植物灯笼果、树番茄等。

67. 玄参科（Scrophulariaceae） 约 200 属 3 000 余种。有观赏植物金鱼草、蒲包花、猴面花、毛地黄等。

68. 紫葳科（Bignoniaceae） 共 110 属约 650 种。有观赏植物炮仗花、凌霄、蓝花楹、楸树等。

69. 忍冬科（Caprifoliaceae） 共 13 属约 500 种。有观赏植物猬实、糯米条、金银花、香探春、木本绣球、天目琼花等。

70. 葫芦科（Cucurbitaceae） 共 118 属 845 种。有蔬菜植物黄瓜、南瓜、西葫芦、冬瓜、苦瓜、丝瓜、佛手瓜、蛇瓜、笋瓜、西瓜、甜瓜等；观赏植物栝楼、葫芦、金瓜等；果树植物油渣果等。

71. 菊科（Compositae） 共 1 300 余属 20 000～25 000 种。有观赏植物菊花、万寿菊、雏菊、翠菊、瓜叶菊、矢车菊、波斯菊、金盏菊、麦秆菊、花环菊、母菊、大丽花、百日草、熊耳草、狗哇花、向日葵、孔雀草等；蔬菜植物茼蒿、莴苣（莴笋）、菊芋（洋姜）、牛蒡、朝鲜蓟、苣荬菜、婆罗门参、甜菊、茵陈蒿、菊花脑等。

单子叶植物纲

72. 泽泻科（Alismataceae） 共 11 属约 100 种。有蔬菜植物慈姑和观赏植物泽泻等。

73. 禾本科（Gramineae） 约 620 多属 10 000 多种。有观赏植物观赏竹类、早熟禾、梯牧草、狗尾草、羊茅、紫羊茅、结缕草、黑麦草、燕麦草、野牛草、芦苇、红顶草、匍匐剪股颖、绒毛剪股颖、假俭草、地毯草、冰草等；蔬菜植物茭白、竹笋、甜玉米等。

74. 莎草科（Cyperaceae） 共 670 属 4 000 种。有观赏植物羊胡子草、黑穗草、扁穗莎草、伞莎草、大伞莎草等；蔬菜植物荸荠等。

75. 棕榈科（Arecaceae） 共 202 属约 2 800 余种。有观赏植物棕竹、蒲葵、棕榈、凤尾棕、散尾葵、鱼尾葵、王棕等；果树植物椰子、枣椰、蛇皮果、糖椰棕等。

76. 天南星科（Araceae） 共 115 属 2 000 余种。有观赏植物菖蒲、花烛、蓬莱蕉、马蹄莲、天南星、独角莲、广东万年青等；蔬菜植物芋（芋头）、魔芋等。

77. 凤梨科（Bromeliaceae） 有 44～46 属 2 000 余种。有果树植物凤梨（菠萝）等；观赏植物水塔花、羞凤梨等。

78. 鸭跖草科（Commelinaceae） 共 40 属 652 种。有观赏植物吊竹梅、白花紫露草等。

79. 雨久花科（Pontederiaceae） 约 9 属 39 种。有观赏植物雨久花、凤眼莲、鸭舌草等。

80. 百合科（Liliaceae） 约 230 属 4 000 多种。有蔬菜植物芦笋、金针菜（黄花菜）、韭菜、洋葱、葱、大蒜、南欧蒜、薤、百合等；观赏植物文竹、萱草、玉簪、风信子、郁金香、万年青、朱蕉、百合、虎尾兰、丝兰、铃兰、吉祥草、吊兰、芦荟、火炬花、一叶兰、百子莲、凤尾兰等。

81. 石蒜科（Amaryllidaceae） 约 90 属 1 300 多种。有观赏植物君子兰、晚香玉、水仙、朱顶红、韭菜莲、石蒜、雪钟花、蜘蛛兰等。

82. 薯蓣科（Dioscoreaceae） 约 9 属 650 种。有蔬菜植物山药、大薯等。

83. 鸢尾科（Iridaceae） 约 60 属 800 种。有观赏植物小苍兰（香雪兰）、射干、唐菖蒲、鸢尾、蝴蝶花、番红花、观音兰等。

84. 芭蕉科（Musaceae） 共 3 属 60 余种。有果树植物香蕉、芭蕉等；观赏植物鹤望兰等。

85. 兰科（Orchidaceae） 750 多属 20 000 多种。有观赏植物蕙兰、春兰、白及、建兰、石斛、杓兰、虎头兰、牛齿兰、蝴蝶兰、卡特兰、墨兰、兜兰等。

第二节　栽培学分类

根据生物学特性和栽培技术要求都基本相似的原则，对园艺植物进行分类的方法为栽培学分类（cultivation classification），在蔬菜栽培学上称农业生物学分类（agrobiological classification）。这种分类方法对园艺植物栽培和研究有一定的指导意义，目前主要用于果树和蔬菜植物的分类。

一、果树栽培学分类

（一）落叶果树

落叶果树（deciduous fruit tree）叶片在秋冬季全部脱落，翌春重新萌芽和抽枝长叶。这类果树具有明显的生长期和休眠期，在我国多分布于北方。

1. 仁果类 仁果类果树（pomaceous fruit tree）的果实是由花托和子房膨大形成的假果，果心有多粒种子（仁），食用部分为肉质的花托。如苹果、沙果、梨、山楂、木瓜等。

2. 核果类 核果类果树（stone fruit tree）的果实是由子房发育形成的真果，外果皮薄、中果皮肉质，是食用部分，内果皮木质化，成为坚硬的核。如桃、杏、李、樱桃、梅、枣等。

3. 坚果类 坚果类果树（nut tree）的果实是由子房发育形成的真果，果实或种子外部有坚硬的外壳，可食部分为种子的子叶或胚乳。如栗、核桃、榛子、阿月浑子、扁桃、银杏等。

4. 浆果类 浆果类果树（berry tree）的果实柔软多汁，并含有多数小型种子。如草本的草莓，藤本（蔓生）的葡萄、猕猴桃，灌木的树莓、醋栗、穗醋栗、无花果、石榴，乔木的果桑和柿子等。

（二）常绿果树

常绿果树（evergreen fruit tree）叶片一年四季常绿，春季新叶长出后老叶逐渐脱落。这类果树一年中无明显的休眠期，在我国多栽培于南方。

1. 柑果类 柑果类果树（hesperidium fruit tree）的果实由子房发育而成，外果皮含有色素和很多油胞，中果皮白色呈海绵状，内果皮形成囊瓣，内含多数柔软多汁的纺锤状小砂囊，是食用部分。如柑、橘、橙、柚、葡萄柚、柠檬、檬檬、金柑、黄皮等。

2. 浆果类 浆果类果树的果实多汁液，如阳桃、蒲桃、莲雾、番木瓜、番石榴、人心果、费约果等。

3. 荔枝类 荔枝类果树（lychee tree）的果实外有果壳，食用部分为白色的假种皮。如荔枝、龙眼、韶子等。

4. 核果类 核果类果树包括橄榄、油橄榄、杧果、仁面子、杨梅、余甘、油梨、枣椰等。

5. 坚果类 坚果类果树包括腰果、椰子、槟榔、香榧、巴西坚果、澳洲坚果、山竹子、榴莲等。

6. 荚果类 荚果类果树（legume fruit tree）包括苹婆、酸豆、角豆树、四棱豆等。

7. 聚复果类 聚复果类果树（aggregate fruit tree）的果实是由多果聚合或心皮合成的复果。如木菠萝、面包果、番荔枝、刺番荔枝等。

8. 草本类 草本类果树（herbaceous fruit plant）具有草质的茎，多年生。如香蕉、菠萝等。

9. 藤本类 藤本（蔓生）类果树（liana fruit tree）的枝干称藤或蔓，树不能直立，依靠缠绕或攀缘在支持物上生长。如西番莲、南胡颓子等。

二、蔬菜栽培学分类

1. 肉质直根类 肉质直根类（taproot vegetable）是指以肥大的肉质直根为食用器官的一类蔬菜，包括萝卜、胡萝卜、根用芥菜、芜菁、芜菁甘蓝、根甜菜、美洲防风等。均用种子繁殖，多为二年生植物，第1年形成产品器官，第2年开花结实，生长期要求冷凉的气候和深厚而疏松的土壤。

2. 结球芸薹类 结球芸薹类（heading cole vegetable）是指十字花科芸薹属中以叶球、花球、球茎等为食用器官的一类蔬菜，包括大白菜、结球甘蓝、球茎甘蓝、紫甘蓝、抱子甘蓝、花椰菜、青花菜、结球芥菜、榨菜等。用种子繁殖，多为二年生植物，第1年形成产品器官，第2年抽薹开花。生长期需要湿润和冷凉的气候。

3. 绿叶嫩茎类 绿叶嫩茎类（green vegetable）是指以幼嫩绿色的叶片、叶柄及嫩茎为食用部分的一类速生蔬菜，如菠菜、芹菜、不结球白菜、菜薹、莴苣、茼蒿、芫荽、茴香、冬寒菜、叶甜菜、苋菜、蕹菜、落葵等，生长期较短，其生长迅速，喜水喜肥，尤其是速效性氮肥。

4. 茄果类 茄果类（solanaceous vegetable）是指茄科主要以浆果为产品器官的一类蔬菜，包括番茄、茄子、辣椒等。为一年生植物，要求肥沃的土壤及较高的温度，不耐寒冷。

5. 瓜类 瓜类（cucurbita vegetable）是指葫芦科主要以瓠果为产品器官的一类蔬菜，包括黄瓜、南瓜、西葫芦、冬瓜、丝瓜、笋瓜、苦瓜、瓠瓜、西瓜、甜瓜、蛇瓜、佛手瓜等。茎蔓性，雌雄异花同株，要求较高的温度和充足的阳光。

6. 豆类　豆类（legume vegetable）是指豆科主要以荚果或嫩豆粒为产品器官的一类蔬菜，包括菜豆、豇豆、豌豆、蚕豆、扁豆、刀豆、菜用大豆等。豌豆和蚕豆要求冷凉气候，为二年生蔬菜；其他都要求温暖的环境，为一年生蔬菜。

7. 葱蒜类　葱蒜类（allium vegetable）是指百合科葱属以叶片、叶鞘、鳞芽或鳞片为主要产品器官的一类蔬菜，包括洋葱、大葱、大蒜、韭菜、细香葱、韭葱、南欧蒜等，具有辛辣味，二年生，性耐寒，用种子繁殖或营养繁殖。

8. 薯芋类　薯芋类（tuber vegetable）是指以富含淀粉的块茎、块根为食用器官的一类蔬菜，如马铃薯、山药、芋、姜、甘薯、豆薯、草石蚕、银条菜等。耐贮藏，行营养繁殖，喜温不耐寒，生长期较长。

9. 水生类　水生蔬菜（aquatic vegetable）是指通常栽培于池塘或沼泽地，在浅水中生长的一类蔬菜，如藕、茭白、慈姑、荸荠、菱、芡实等。除菱和芡实外，均用营养繁殖。生长期要求热的气候及肥沃的土壤。

10. 多年生类　多年生蔬菜（perennial vegetable）是指一次播种或繁殖后，可以连续多年生长和采收产品器官的一类蔬菜。如竹笋、金针菜、芦笋、食用大黄、香椿等。除竹笋外，其他种类的地上部每年枯死，以地下根或茎越冬。

11. 菌藻地衣类　菌藻地衣类（edible fungi，algae and lichene）包括食用菌类、食用藻类和食用地衣类等。食用菌类是指子实体硕大、可供食用的蕈菌（大型真菌），包括蘑菇、香菇、平菇、草菇、木耳、银耳、猴头菌等；食用藻类是指以光合作用产生能量的一类简单的可食用植物，包括海带、紫菜、裙带菜、发菜、地耳（地软）、石莼、浒苔等；食用地衣类是真菌和藻类共生的一类可食用的复合原植体植物，无根、茎、叶的分化，如石耳。菌藻地衣类用孢子或菌丝进行无性繁殖，通常在弱光或黑暗、湿润或水环境下生长或栽培。

12. 芽苗类　芽苗菜（sprouting vegetable）主要是指以农作物种子或营养贮藏器官为主要营养供体，在弱光湿润环境下培育的可供食用的嫩芽、芽苗、芽球、嫩梢或嫩茎等鲜嫩蔬菜。如黄豆芽、绿豆芽、豌豆芽苗、荞麦芽苗、苜蓿芽苗、萝卜芽、香椿芽苗、软化菊苣等。广义的芽苗菜也包括采食嫩梢的蔬菜（体梢菜），如龙须菜（佛手瓜嫩梢）、南瓜梢、辣椒梢等。

13. 其他蔬菜　其他蔬菜类（other vegetable）是指在上述12类蔬菜中未包括的所有蔬菜，有甜玉米、玉米笋、黄秋葵、百合，以及野生蔬菜（wild vegetable，从野生或自然生长的植物上采摘的，如蕨菜、茵陈蒿、槐花）等。其他蔬菜类生物学特性或栽培技术都不一定相似，但作为本分类方法的拾遗，暂归为一类。

三、观赏植物栽培学分类

观赏植物的栽培学分类体系尚未形成，但按栽培学分类原则，观赏植物也可以分为切花类，包括香石竹、菊花、月季、唐菖蒲等；盆花类，包括菊花、一品红、非洲紫罗兰等；地栽类，包括雏菊、三色堇、石竹等。

第三节　生态学分类

由于对某一特定的综合环境条件的长期适应，不同植物在形状、大小、分枝等方面都表现出相似的特征。把这些具有相似外貌特征的不同种植物，称为一个生活型。根据园艺植物的生活型与生态习性进行的分类为生态学分类（ecological classification）。这种分类方法在观赏植物上应用最广泛，在果树和蔬菜植物上也有应用。

一、观赏植物生态学分类

（一）草本观赏植物

1. 一二年生花卉　一年生花卉（annual flower and plant）是指在一个生长季完成其生活史的花卉，即从播种到开花、结实直至枯死均在一个生长季内，一般春季播种，夏季为其主要的生长期，秋季开花结实后死亡。它们往往在长日照下生长，短日照下开花，属短日照植物。这类花卉一般不耐寒，大多原产于热带或亚热带，不能忍受0℃以下低温。如凤仙花、鸡冠花、波斯菊、百日草、半支莲、麦秆菊、万寿菊、翠菊、一串红、矮牵牛、送春花、千日红、秋葵、蒲包花等。

二年生花卉（biennial flower and plant）是指在两个生长季内完成其生活史的花卉，一般在秋季播种，冬季生长，翌年春夏开花，盛夏死亡。它们在秋冬的短日照下生长，春夏长日照下开花，属长日照植物。这类花卉一般原产于温带，可耐0℃以下低温，但不耐炎热，属耐寒性花卉。如金鱼草、雏菊、三色堇、紫罗兰、须苞石竹、美女樱、桂竹香、羽衣甘蓝、虞美人、福禄考、月见草、瓜叶菊、彩叶草、矢车菊、锦葵、风铃草、蛾蝶花等。

2. 宿根花卉　宿根花卉（perennial root flower and plant）为地下部分发育正常的多年生花卉，又分落叶宿根花卉和常绿宿根花卉。落叶宿根花卉耐寒性强，冬季地上部枯死，根系和地下茎宿存，翌年春暖后又重新萌发、生长、开花、结实，如菊花、芍药、蜀葵、耧斗菜、荷包牡丹、玉簪、红秋葵等；常绿宿根花卉冬季地上部不枯死，多在温室栽培，如万年青、君子兰、非洲菊、鹤望兰、虎尾兰、吊兰、一叶兰、四季秋海棠、百子莲、沿阶草、吉祥草、水塔花、吊竹梅等。

3. 球根花卉　球根花卉（bulb flower and plant）是地下部具有肥大变态茎或变态根的多年生花卉。根据变态茎或变态根的形态结构可将其分为球茎、鳞茎、块茎、根茎和块根5类。球茎类花卉有唐菖蒲、番红花、小苍兰、观音兰、秋水仙、三色裂缘莲、狒狒花等；鳞茎类花卉有水仙、郁金香、百合、风信子、朱顶红、鸟乳花、虎耳兰、蜘蛛兰、石蒜、雪滴花、虎皮花、绵枣儿等；块茎类花卉有仙客来、大岩桐、球根秋海棠、马蹄莲、花叶芋等；根茎类花卉有美人蕉、铃兰、射干等；块根类花卉有大丽花、花毛茛、银莲花等。

4. 兰科花卉　兰科花卉（orchid）按生态习性又可分为地生兰、附生兰和腐生兰3大类。地生兰类有春兰、蕙兰、台兰、建兰、墨兰、寒兰等；附生兰类有石斛、兜兰、卡特兰、棒叶万代兰等；腐生兰不含叶绿素，营腐生生活，常有块茎或粗短的根茎，叶退化为鳞片状。

5. 水生花卉 水生花卉（aquatic flower and plant）在水中或沼泽地生长。荷花、千屈菜、香蒲、慈姑等为挺水植物；睡莲、王莲、芡实、萍蓬草、荇菜等为浮叶植物；大藻、槐叶萍、水罂粟等为漂浮植物；苦草、金鱼藻为沉水植物。

6. 蕨类植物 蕨类植物（fern）为高等植物中比较低等的不开花的一个类群，是一大类观叶植物，种类很多，如铁线蕨、肾蕨、长叶蜈蚣草、蝙蝠蕨、观音莲座蕨、巢蕨、树蕨、金毛狗、卷柏、翠云草等。

（二）木本观赏植物

1. 落叶木本观赏植物 落叶木本观赏植物（deciduous woody ornament）如月季、牡丹、玫瑰、樱花、紫叶李、碧桃、山杏、石榴、银杏、贴梗海棠、杜鹃、紫薇、紫荆、八仙花、金缕梅、珍珠梅、榆叶梅、蜡梅、丁香、木槿、木棉、爬山虎、木兰、合欢、柳树、迎春、凤凰木、重阳木、火炬树、七叶树、五角枫、栾树等。

2. 常绿木本观赏植物 常绿木本观赏植物（evergreen woody ornament）如苏铁、山茶、扶桑、朱蕉、蓬莱蕉、橡皮树、常春藤、虾衣花、白兰花、三角花、女贞、变叶木、黄杨、桂花、金丝梅、茉莉、素方花、络石、炮仗花、蒲葵、棕榈、雪松、侧柏、云杉、罗汉松等。

3. 竹类 竹类（bamboo）如毛竹、桂竹、刚竹、早园竹、罗汉竹、紫竹、黄槽竹、方竹、佛肚竹、孝顺竹、黄金间碧玉竹、慈竹、苦竹等。

（三）仙人掌类及多浆类植物

这类植物多数原产于热带、亚热带干旱地区或森林中，其茎、叶具有发达的贮水组织，呈现肥厚多浆变态状。通常包括仙人掌科、景天科、番杏科、大戟科、萝藦科、菊科、百合科等。为栽培管理及分类的方便，常将仙人掌科植物另列一类，称为仙人掌类（cactus），而将仙人掌科之外其他科的这类植物称为多浆植物（pulpy plant）或多肉植物。

1. 仙人掌类植物 如仙人掌、仙人球、金琥、令箭荷花、山影拳、蟹爪兰、仙人指、昙花、三棱箭、叶仙人掌等。

2. 多浆类植物 如芦荟、龙舌兰、生石花、佛手掌、松叶冰花、绿铃、弦月、泥鳅掌、青锁龙、玉海棠、玉米石、龙凤木、松鼠尾等。

（四）草坪植物与地被植物

1. 草坪植物 草坪植物（lawn plant）主要是指园林中覆盖地面的低矮禾草类植物，又称草坪草，可形成较大面积平整或稍有起伏的草坪，将城镇等绿化场所除广场、道路之外的地面全部覆盖起来，是绿化的重要组成部分。草坪植物大多是禾本科和莎草科植物，属地被植物的一部分，但通常单列一类。按地区适应性将我国原产和由国外引进的草坪草分为两类。

（1）适宜温暖地区（长江流域及其以南地区）的种类 如结缕草、沟叶结缕草、细叶结缕草、中华结缕草、大穗结缕草、狗牙根、双穗雀麦、地毯草、近缘地毯草、假俭草、野牛草、竹节草、多花黑麦草、宿根黑麦草、鸭茅、早熟禾等。

（2）适宜寒冷地区（华北、东北、西北）的种类　如红顶草、绒毛剪股颖、细弱剪股颖、匍匐剪股颖、草原看麦娘（狐尾草）、早熟禾、细叶早熟禾、牧场早熟禾、普通早熟禾、林中早熟禾、加拿大早熟禾、泽地早熟禾、异穗薹草、细叶薹草、羊胡子草、紫羊茅、羊茅、硬羊茅、苇状羊茅、梯牧草（猫尾草）、无芒雀麦、扁穗鹅冠草（冰草）、苜蓿、羊草、赖草、偃麦草、狼针草等。

2. 地被植物　地被植物（ground cover plant）是指覆盖在裸露地面上的低矮植物群体。它们的特点是繁殖栽培容易，养护管理粗放，适应能力较强，植物体形成的枝叶层紧密地与地面相接，像被子一样覆盖在地表面，对地面起良好的保护和装饰作用。

按生活型分类，蕨类地被植物有铁线蕨、凤尾蕨、贯众等；草本地被植物中，一二年生地被植物有紫茉莉、二月蓝、鸡眼草等，多年生地被植物有白车轴草（白三叶）、多变小冠花、紫花苜蓿、直立黄芪、百脉根、蛇莓、吉祥草、石菖蒲、铃兰、鸢尾、玉簪、石竹、萱草、石蒜、蝴蝶花、白及、虎耳草、珍珠菜等；木本地被植物中，矮生灌木类有铺地柏、鹿角柏、爬行卫矛、紫穗槐、连翘、蓝雪花、阔叶十大功劳、紫金牛、百里香等，攀缘藤本类有爬山虎、紫藤、凌霄、蔓性蔷薇、葛藤、金银花等，矮竹类有倭竹、箬竹等。

二、果树生态学分类

根据果树生态适应性可分为寒带果树、温带果树、亚热带果树和热带果树 4 类，其中一些热带与亚热带果树的归类较为困难或不明确。

（一）寒带果树

寒带果树（frigid zone fruit tree）能耐－40℃以下低温，一般在高寒地区栽培，如山葡萄、秋子梨、榛子、醋栗、穗醋栗、树莓、越橘等。

（二）温带果树

温带果树（temperate zone fruit tree）多是落叶果树，休眠期需要一定的低温条件，适宜在温带地区栽培，如苹果、沙果、梨、桃、杏、李、枣、核桃、柿、樱桃、板栗、山楂、葡萄、木瓜等。

（三）亚热带果树

亚热带果树（subtropical fruit tree）通常在冬季需要短时间的冷凉气候（10℃左右），又可分为两类：

1. 常绿性亚热带果树　如柑橘类、枇杷、荔枝、龙眼、杨梅、橄榄、油橄榄、苹婆、阳桃、番石榴、西番莲、黄皮、油梨、莲雾、佛手等。

2. 落叶性亚热带果树　如无花果、猕猴桃、扁桃和石榴等。另外，砂梨、中国樱桃、欧洲葡萄、核桃及桃、柿、枣、板栗等树种南方品种群的品种也可在亚热带地区栽培。

（四）热带果树

热带果树（tropical fruit tree）较耐高温高湿，是适宜热带地区栽培的常绿果树。一般热带果树还能在温暖的南亚热带栽培，而柑橘、荔枝、龙眼、橄榄等亚热带果树也可在热带地区栽培。

1. 一般热带果树　如香蕉、菠萝、木菠萝、杧果、番木瓜、人心果、番石榴、椰子、番荔枝、枣椰等。

2. 纯热带果树　如榴莲、山竹、面包果、腰果、可可、槟榔、巴西坚果等。

三、蔬菜生态学分类

（一）温度适应性

按照生长发育对温度的要求和适应性，常将蔬菜分为 4 类：

1. 耐寒蔬菜　耐寒蔬菜（hardy vegetable）包括耐寒性多年生蔬菜和耐寒性叶菜两类。耐寒性多年生蔬菜如金针菜、芦笋、韭菜、茭白、辣根等，其生长适温为 12～24℃，地上部能耐高温，但冬季枯死，以地下宿根越冬，地下部能耐－10～－15℃的低温；耐寒性叶菜如菠菜、葱、蒜、小白菜中的部分耐寒类型，其生长最适温度为 15～20℃，生长期间能耐较长时间－1～－2℃，短期能耐－5～－10℃的低温，在我国黄河以南和长江流域可以露地越冬。

2. 半耐寒蔬菜　半耐寒蔬菜（semi-hardy vegetable）如萝卜、胡萝卜、芹菜、豌豆、蚕豆、莴苣、大白菜、甘蓝类、莴苣、马铃薯等，生长最适温度为 17～20℃，不能耐受长期－1～－2℃的低温。在产品器官形成期，温度超过 20℃时，同化机能减弱，生长不良，超过 30℃时，同化作用所积累的物质几乎全为呼吸作用所消耗。在长江以南均能露地越冬，在华南各地冬季可以露地生长，而且冬季是最主要的生长季节。

3. 喜温蔬菜　喜温蔬菜（warm-season vegetable）生长最适温度 20～30℃，超过 40℃几乎停止生长，低于 10～15℃则由于授粉不良而落花。10℃以下则停止生长，不耐 5℃以下的低温。在我国长江以南可以春、秋两季生产，北方地区则以春播生产为主。如番茄、茄子、辣椒、黄瓜、西葫芦、菜豆等。

4. 耐热蔬菜　耐热蔬菜（heat tolerant vegetable）如冬瓜、南瓜、丝瓜、西瓜、豇豆、苦瓜、蛇瓜、甜瓜、瓠瓜、芋、苋菜等，生长最适温度为 30℃左右，其中西瓜、甜瓜及豇豆等，在 40℃的高温下仍能生长。这类蔬菜生长需要较高的温度，并有较强的耐热力，无论在华南或华北，都是春播夏秋收获，生长在一年中温度最高的季节。

（二）光照强度和光周期适应性

1. 光照强度反应　按照对光照强度的要求，常将蔬菜分为要求强光照的蔬菜，主要包括一些瓜类和茄果类蔬菜，如西瓜、甜瓜、南瓜、番茄、茄子，以及某些耐热的薯芋类蔬菜，如芋、豆薯等；要求中等强度光照的蔬菜，如结球芸薹类、肉质直根类、葱蒜类等；要求弱光照的蔬菜，如绿叶嫩茎类、生姜等；要求极弱光照的蔬菜，如芽苗菜类和菌藻地衣类。

2. 光周期反应　按照蔬菜植物发育对光周期的反应，可将蔬菜分为长日照蔬菜（long day vegetable）、短日照蔬菜（short day vegetable）和日中性蔬菜（neutral day vegetable）。长日照蔬菜是指在 24 h 昼夜周期中，日照长度长于某一个临界日长才能抽薹开花的蔬菜，延长光照时间可促进其开花，而延长黑暗时间则推迟其开花或不能成花，包括白菜类（大白菜和小白菜）、甘蓝类（结球甘蓝、球茎甘蓝、花椰菜等）、芥菜、萝卜、胡萝卜、芹菜、菠菜、莴苣、大葱、大蒜等，在露地自然条件下多在春季长日照下抽薹开花。短日照蔬菜又称长夜蔬菜，是指日照长度短于某一个临界日长才能抽薹开花的蔬菜，如豇豆、扁豆、刀豆、茼蒿、苋菜、蕹菜等。该类蔬菜大多在秋季短日照条件下（抽薹）开花。日中性蔬菜是指对每天日照时数要求不严，只要温度适宜，在长短不同的日照条件下均能正常孕蕾开花的蔬菜，如番茄、甜椒、黄瓜、菜豆等。

（三）湿度适应性

按照对空气湿度的要求，可将蔬菜分为耐干性蔬菜，如西瓜、南瓜、甜瓜等，适宜的空气相对湿度为45%～55%；半耐干性蔬菜，如辣椒、茄子、番茄、菜豆、豇豆等，适宜的空气相对湿度为55%～65%；半湿润性蔬菜，如黄瓜、西葫芦、萝卜、马铃薯、豌豆、蚕豆等，适宜的空气相对湿度为70%～80%；湿润性蔬菜，如白菜类、甘蓝类、绿叶菜类、水生菜类等，适宜的空气相对湿度为85%～90%。

复习思考题

1. 园艺植物分类有何意义？常用的分类方法有哪些？

2. 植物学分类的依据是什么？按什么体系进行分类？

3. 园艺植物种类的拉丁学名是怎样构成的？请分别以2种果树、蔬菜、观赏植物为例进行说明。

4. 什么分类方法可以反映不同种类园艺植物的亲缘关系？什么分类方法可以反映不同种类园艺植物在环境要求上的相似性？什么分类方法可以反映不同种类园艺植物在栽培技术上的相似性？

5. 请分别说明下列园艺植物的植物学分类、栽培学分类和生态学分类地位：番茄、西瓜、大白菜、菠菜、大蒜、香菇、苹果、柑橘、榛子、香蕉、荔枝、板栗、菊花、荷花、仙人掌、早熟禾、月季。

第二章 园艺植物生物学

本章提要 本章介绍了园艺植物根、茎、叶、花、果实和种子的器官形态与结构；根、茎、叶的生长发育，花芽分化特点与调控，开花坐果与果实发育；园艺植物的光合和呼吸生理，一年生、二年生及多年生园艺植物的生命周期和各生育阶段的特点；园艺植物的休眠类型，种子休眠和芽休眠的机制与调控；园艺植物的器官相关性和生长相关性；园艺植物生长发育及产量形成对温度、光照、水分、土壤与营养及空气等环境条件的要求。

生物学特性是植物在长期进化过程中形成的可稳定遗传的特性，是植物的自然属性，也是进行园艺植物种植区划和规划以及制定栽培技术的理论依据。园艺植物生物学特性包括园艺植物的器官形态与结构特性、生命周期和生长发育特性，以及对温度、光照、水分、气体、土壤、生物等生态环境条件要求的特性等。

第一节 园艺植物的器官形态与结构

绝大多数园艺植物是种子植物。种子植物以地面为界，分为地上部分和地下部分。地上部分为枝系，地下部分为根系。其中根、茎、叶为园艺植物的营养器官，花、果实和种子为生殖器官。不同器官在结构和生理功能上各有特点，但作为一个整体，彼此又相互联系、相互影响。只有充分了解园艺植物各器官的构造、功能及其相互间的关系，才能正确运用园艺措施调控园艺植物的生长发育，使其更好地向着产品器官形成的方向发展，以获得最佳的栽培效果。

一、园艺植物的根系

根系（root system）是园艺植物在长期适应陆生生活过程中发展起来的器官，它主要起着固定植株、吸收水分和矿质营养及合成生长调节物质的作用，还具有贮藏养分的功能。落叶木本园艺植物根系能贮藏部分养分，满足次年春季开花和萌芽对营养的需求；根菜类和球根花卉的肥大肉质根或块根是根系贮藏养分的典型形态。有些园艺植物的根易生不定芽（adventitious bud），进而萌发为根蘖，使根系具有繁殖的功能。此外，根系在代谢过程中产生的根际（rhizosphere）分泌物，可直接或通过根际微生物间接提高土壤中某些矿质营养的有效性。同时，根系也可向土壤中分泌化感物质，抑制自身或某些生物，或促进某些生物的生长和繁殖。

（一）根系的类型

根系的形态取决于植物种类、繁殖方法和外界的环境条件。通常将根系分为以下 4 种类型。

实生根系

1. 实生根系 由种子胚根发育而成的根系，称为实生根系（seedling root system）。播种的蔬菜、花卉及嫁接砧木为实生苗的果树均为实生根系。实生根系主根发达，生活力强，对环境的适应能力强。

茎源根系

2. 茎源根系 由茎上的芽、节及节间部位产生的不定根（adventitious root）发育而成的根系，称为茎源根系（cutting root system）。如葡萄、无花果等通过扦插繁殖的果树的根系；月季、橡皮树、山茶花、桂花、天竺葵等通过扦插繁殖的观赏植物的根系。茎源根系无主根，根系分布较浅，对深层土壤水分和养分的吸收能力及抗干旱能力相对较弱。

3. 根蘖根系 由根系不定芽形成的苗木，其根系称为根蘖根系（layering root system）。如枣、山楂等果树和部分宿根花卉的根系。

须根系

4. 须根系 无明显主根和侧根区分或根系全部由不定根及其分支组成，粗细相近，无主次之分，呈现须状的根系，称为须根系（fibrous root system）。如葱蒜类蔬菜、禾本科草坪草及由叶片扦插繁殖的观赏植物的根系。

（二）根系构成

根系通常由主根（axial root）、侧根（lateral root）和须根（fibrous root）组成。主根由种子胚根发育而成，其上产生的粗大分支称为侧根，侧根上形成的细小分支称为须根。主根和侧根构成根系的主要骨架，其先端为生长根（growing root）。生长根伸长和加粗的速度快，可发育成永久性根，成为输导根（conducting root）。须根的先端为吸收根（absorbing root），主要功能是从土壤中吸收水分和矿质营养，吸收根寿命短，一般为15～25 d。须根是植物根系最活跃的部分，植物生长的好坏、产量的高低，主要决定于须根的数量和质量。

根系结构

（三）根的结构

园艺植物的根尖部可分为根冠区、细胞分裂区、细胞伸长区和根毛区4个区。根冠区（zone of root cape）位于根尖的顶部，形似帽状，由许多薄壁细胞组成。细胞分裂区（division zone）位于根冠上方，又称顶端分生组织，细胞分裂活跃，生长旺盛的根系该区长度一般为0.5～1 mm。细胞伸长区（elongation zone）位于细胞分裂区上方，该区细胞分裂逐渐停止，细胞体积明显扩大。根毛区（zone of root hairs）位于细胞伸长区上方，是吸收水分和无机盐的主要部位，一般占根尖总长的3/4，根毛的分化使根系吸收面积增加了20～60倍。

（四）不定根的形成

侧根除从初生根（primary root）的中柱鞘及其邻近组织产生外，由茎（枝）、叶、胚轴上产生的根，称为不定根。利用植物产生不定根和芽的潜在性能，可进行园艺植物优良种苗的无性繁殖。如葡萄、草莓、月季、菊花、无花果等的茎（枝）扦插繁殖；毛叶秋海棠、落地生根、千岁兰等的叶扦插繁殖。在蔬菜、花卉的栽培中，通过深栽、培土等农业措施，促发不定根，对增产有重要作用。

（五）变态根的特性与功能

园艺植物的根系，除具有吸水吸肥、合成和运输的特性外，还以不同的变态起着贮藏

营养和繁殖的功能，根的变态主要包括肥大直根、块根和气生根 3 类。肥大直根（fleshy tap root）是由主根肥大发育而成，为营养贮藏器官，如萝卜、胡萝卜、甜菜等的肉质根。块根（root tuber）是由植物侧根或不定根膨大而形成的肉质根，可作繁殖材料，如豆薯、大丽花的块根。气生根（aerial root）指根系不向土壤中下扎，而暴露在空气中的根。甜玉米的气生根具有辅助支撑功能，称为支柱根（prop root）；常春藤的气生根具有攀缘作用，称为攀缘根（climbing root）；有些植物的气生根具有呼吸作用，称为呼吸根（respiratory root），呼吸根伸向空中吸收氧，可弥补根系供氧不足，是植物对积水或土壤通气不良的一种适应。

变态根

（六）菌根和根瘤

根系与土壤或岩屑颗粒密切结合的实际表面，称为根际（rhizosphere）。根际含有根系分泌物、土壤微生物和脱落的根细胞。根际土壤微生物的活动，不但影响土壤养分的有效性，影响植物对土壤养分的吸收和利用，而且根际土壤微生物还能进入根的组织中，与根共生，这种共生现象又有菌根和根瘤两种类型。

1. 菌根　与真菌共生的根，称为菌根（mycorrhiza）。菌丝不侵入细胞内，只在根皮层细胞间隙中生长的菌根，称为外生菌根（ectotrophic mycorrhiza），松属和栗属植物有外生菌根。菌丝侵入细胞内部的菌根，称为内生菌根（endotrophic mycorrhiza），苹果、葡萄、柑橘、栗、核桃等大多数果树有内生菌根。介于内生菌根和外生菌根之间的菌根称为内外兼生菌根（ectendotrophic mycorrhiza），草莓有内外兼生菌根。菌根对增强根系吸收能力、提高土壤养分有效性、促进根系发育有重要作用，此外，有些真菌还有固氮作用。

2. 根瘤　根瘤（root nodule）是植物根系与根瘤细菌（root nodule bacterium）的共生结构。根瘤菌是一种具有固氮能力的细菌，豆科植物的根系可与根瘤菌共生（图 2－1）。豆科植物与根瘤菌共同生活，一方面根瘤菌从植物体内获得营养物质进行繁殖、生长；另一方面根瘤菌所固定的氮素又为植物所利用。据研究，豆类蔬菜所需的氮素养分，约 1/3 来自土壤，2/3 为根瘤菌从空气中固定的氮素。植物界中，除豆科植物有根瘤外，还有一些非豆科植物也有根瘤。如果树中的杨梅属植物、观赏树木中的桤木属植物等。

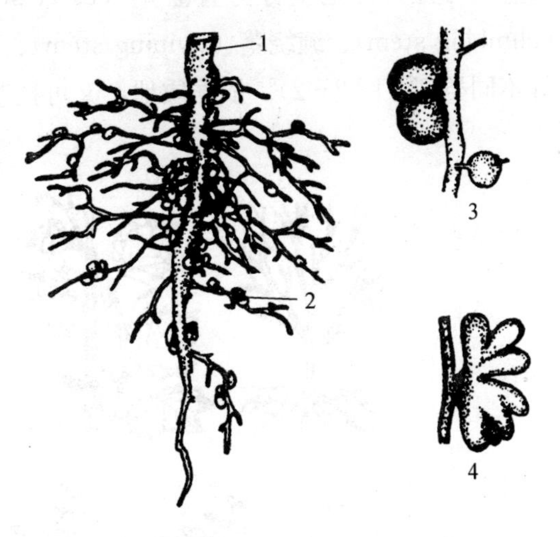

图 2－1　豆类蔬菜的根系和根瘤

1. 根系　2. 根瘤　3. 蚕豆根瘤　4. 豌豆根瘤

（七）根系的分布

园艺植物根系在土壤中的水平分布（horizontal distribution）和垂直分布（vertical distribution）与根系的特性有关。番茄根系比较发达，水平伸展可达 250 cm 左右。果树根系一般分布到树冠投影范围以外，一些根系强大的树种甚至超出树冠投影 4～6 倍，如枣树的根系扩展范围可达树冠投影的5～6倍。根系的水平分布又受土壤质地、肥力水平、水分状况、栽培方式等条件的影响。定植穴周围土壤水分、营养状况良好时，根系密集，水平分布也较近；相反，在土壤干旱和养分贫乏时，根系稀疏，单根伸向更远更深的地方。黄瓜属浅根性蔬菜，主要根群分布在20 cm左右耕层中。深根性蔬菜育苗移栽会限制主根的发展，如育苗移栽的番茄大多数根系分布在30 cm以内的土层中。苹果、核桃等深根性果树实生苗栽培时，根系垂直分布可达4 m左右；而采用砧木嫁接栽培时，根系入土深度取决于砧木种类。葡萄在果树中属浅根系，通常大部分根系分布在20～30 cm的表层土壤中。一般而言，根系分布较深的植物具有较强的抗旱能力。

二、园艺植物的茎

种子萌发后，随着根系发育，上胚轴和胚芽向上生长，成为地上的茎（stem）。茎上叶腋处的芽萌发，形成分枝，而分枝上的芽又不断地形成、萌发、生长，最后形成了繁茂的地上枝系。茎（枝）是植物地上部分的骨架，具有运输营养、贮藏营养和繁殖的功能。

（一）茎的基本类型

茎可分为节和节间两部分。茎上着生叶的部位称为节（node），相邻两个节之间的部分称为节间（internode）。茎的顶端和叶腋处着生芽（bud），芽萌发后抽生为枝。茎（枝）上叶片脱落后留下的疤痕，称为叶痕（leaf scar）。由种子胚芽萌发或无性繁殖芽形成的茎，一般称为主干，其上侧芽萌发形成的茎一般称为侧枝。藤本植物的茎称为蔓或藤（cane or rattan）。按形状，可把茎分为圆柱形茎，如苹果、柑橘的茎；三棱茎，如马铃薯的茎；四棱茎，如草石蚕、薄荷等唇形科植物的茎；多棱茎，如芹菜等伞形科植物的茎。按生长习性，可把茎分为直立茎（erect stem）、半直立茎（semi-erect stem）、攀缘茎（climbing stem）、缠绕茎（twining stem）、匍匐茎（stolon）和短缩茎（condensed stem）等不同类型（图2-2）。依据质地，又可把茎分为草质茎和木质茎。所有草本蔬菜和花卉

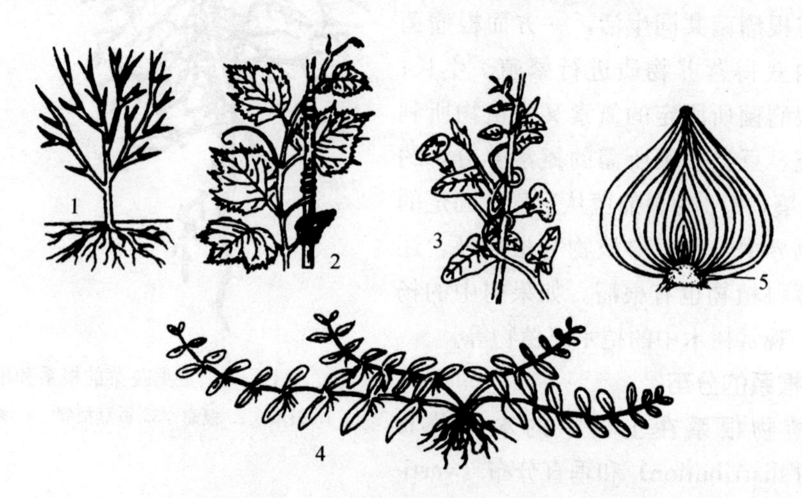

图2-2 园艺植物茎的几种类型

1. 直立茎 2. 攀缘茎 3. 缠绕茎 4. 匍匐茎 5. 短缩茎

的茎多汁、柔软、脆弱，易折断，为草质茎；木本植物的茎坚硬，大部分组织木质化，为木质茎。木质茎按生长年限、生长势及功能又分为不同类型。一般幼芽萌发当年形成带叶的长枝称为新梢（shoot），新梢按形成季节不同又分为春梢、夏梢、秋梢，常绿树木还能形成冬梢。新梢形成后依次成为一年生枝、二年生枝、多年生枝。果树上根据枝条功能不同又分为营养枝（vegetative shoot）和结果枝（bearing shoot），其中营养枝又有发育枝、徒长枝、细弱枝、叶丛枝之分。

（二）茎的变态

常见园艺植物茎的变态可分为地下茎的变态和地上茎的变态。

地下变态茎

1. 地下茎的变态　有些园艺植物的部分茎（枝）生长于土壤中，称为地下茎。其形态结构常发生明显变化，但仍保持茎（枝）的基本特征。常见的地下变态茎有块茎（stem tuber）、根茎（rhizome）和球茎（corm）。马铃薯的产品器官为典型的块茎；莲藕、生姜、菊芋、玉竹、竹等的地下茎为根茎；慈姑、芋、荸荠等的地下茎为球茎（图 2－3）。

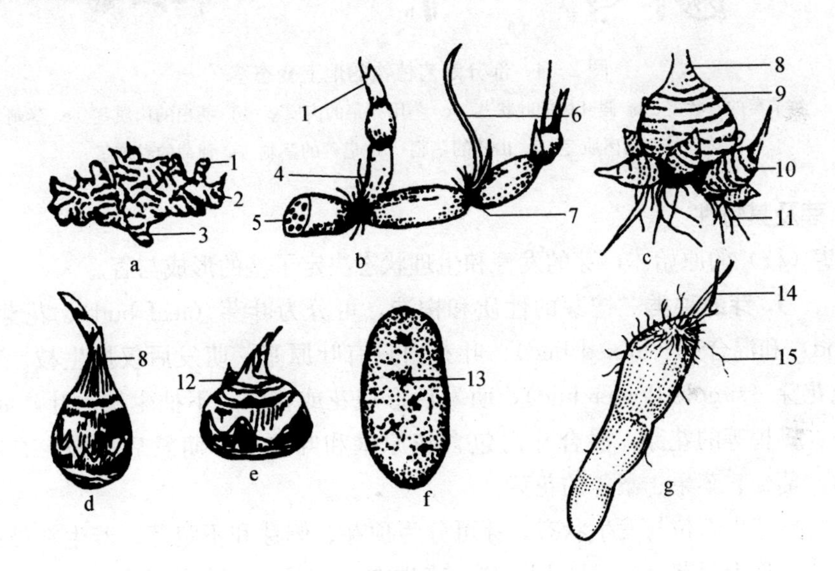

图 2－3　部分园艺植物的地下变态茎

a、b. 姜和藕的根茎　c、d、e. 芋、慈姑和荸荠的球茎　f、g. 马铃薯和薯蓣的块茎

1. 芽　2. 子姜　3. 姜母　4. 子藕　5. 母藕　6. 叶柄　7、11、15. 须根　8. 顶芽　9. 母芽　10. 子芋　12. 侧芽　13. 芽眼　14. 茎

2. 地上茎的变态　园艺植物常见的地上变态茎包括肉质茎（fleshy stem）、叶状茎（leaf stem）、卷须茎（stem tendril）和茎刺（stem thorn）。地上变态茎具有光合作用，卷须茎可帮助植株攀缘向上，茎刺具有保护植物的作用。茎用芥菜（榨菜）、茎用莴苣（莴笋）和球茎甘蓝（苤蓝）的地上茎为肉质茎；竹节蓼、假叶树等为叶状茎；瓜类的卷须是由侧枝变态而成，属于卷须茎；蔷薇、月季、柑橘、山楂、皂荚、石榴等具有茎刺（图 2－4）。

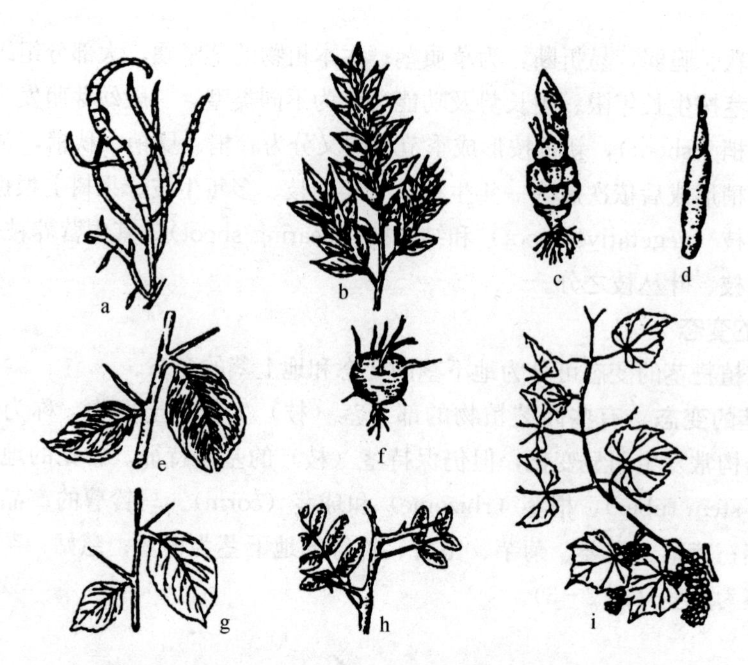

图 2-4　部分园艺植物的地上变态茎

a. 竹节蓼的叶状茎　b. 假叶树的叶状茎　c. 茎用芥菜的肉质茎　d. 茭白的肉质茎　e. 茎刺
f. 球茎甘蓝的肉质茎　g. 山楂的茎刺　h. 皂荚的茎刺　i. 葡萄的卷须茎

（三）芽及其特性

芽是茎（枝）的原始体，芽的发育和生理状态决定了茎的形成与否。

花芽、复芽、混合芽

1. 芽的种类　按芽的性质和构造，可分为叶芽（leaf bud）、花芽（flower bud）和混合芽（mixed bud）。叶芽内只有叶原基，萌发后仅抽生枝。花芽又称纯花芽（simple flower bud），萌发后形成花或花序，不抽生枝、叶，如桃、李、杏、杨梅等的花芽。混合芽内包含花原基和叶原基，萌发后抽枝、开花，如柑橘、葡萄、苹果、梨等的花芽。

按着生部位与发生状态，芽可分为顶芽、侧芽和不定芽。着生在枝或茎顶端的芽，称为顶芽（terminal bud）。着生在叶腋处的芽，称为侧芽（lateral bud），也叫腋芽（axillary bud）。顶芽和侧芽均着生在茎（枝）的一定位置上，统称为定芽（regular bud）。从枝的节、节间、愈伤组织，或从根及叶上发生的芽，称为不定芽（adventitious bud）。

有些园艺植物的叶腋内不止着生一个芽，依据着生多个芽的主次及不同发育状态，可分为主芽和副芽。主芽着生在叶腋的中央，一般个体较大。副芽位于主芽的侧方或上方。如葡萄、胡桃、大蒜均有明显的副芽。

按同一节上着生芽数划分，有单芽（simple bud）和复芽（compound bud）。单芽指同一节上只着生一个明显的芽，如杨梅、枇杷、仁果类果树等的芽。复芽指同一节上常具有两个以上的芽，如桃、李、杏的芽。

依据芽上有无鳞片，可分为鳞芽（scaly bud）和裸芽（naked bud）。鳞芽外面有数层起保护作用的鳞片包裹，如桃、李、杏、苹果、梨、月季等木本园艺植物的芽。裸芽在芽的外面无鳞片，如柑橘、山核桃等的芽。

2. 芽的特性　芽具有异质性、成枝性、不同的熟性和潜伏性等特性。

芽的异质性

（1）芽的异质性　着生在茎（枝）上不同部位的芽，其形成时期的环境因子及营养状况不同，造成芽在生长势及其他特性上存在差异，称为芽的异质性（heterogeneity）。一般而言，木本植物长枝基部的芽发育最差，为瘪芽；中部的芽最饱满，具有萌发早和萌发后长势强的潜力。

（2）萌芽力与成枝力　园艺植物茎（枝）上的芽，次年春季能够萌发的能力，称为萌芽力（sprouting ability）。萌芽力一般用茎（枝）上萌发的芽数占总芽数的百分率表示。萌芽力的强弱因园艺植物种类、品种及栽培技术不同而不同。如葡萄、桃、李、杏的萌芽力较苹果、核桃强。多年生木本植物，芽萌发后抽生为长枝的能力，称为成枝力（branching ability），用萌芽后抽生长枝的数量占萌芽总数的百分率表示。成枝力弱的果树，一般枝条极性强，枝条稀疏，层性明显。萌芽力强的果树，其成枝力不一定强。

（3）芽的早熟性和晚熟性　当年形成的芽当年就萌发抽生为新梢，称为早熟性芽（early maturity bud）。桃、葡萄的芽具有早熟性，当年可抽生2～3次枝梢。芽在当年形成后，需在次年才能萌发生长，称为晚熟性芽。如梨、苹果的大多数品种属于此类。

（4）潜伏芽　潜伏芽又叫休眠芽（dormant bud），指芽形成后经1年或多年才萌发，或始终处于休眠状态或渐渐死去的芽。潜伏芽潜伏期的长短依植物种类不同而不同，如仁果类、柑橘类等潜伏芽寿命长，因而枝条容易更新；而核果类中，桃潜伏芽的寿命短，因而树冠的恢复能力弱。

三、园艺植物的叶

叶是植物进行光合作用（photosynthesis）和蒸腾作用（transpiration）的重要器官，通过光合作用合成和制造有机养分，通过蒸腾作用产生吸收和运输水分与矿质营养的动力，并降低叶片温度，避免灼伤。叶具有吸收矿质营养、农药及植物生长调节物质的功能，还具有贮藏功能，有些植物的叶片能长期贮藏许多养分和水分，使植物表现出耐干旱、耐贫瘠的特性，如玉树、虎尾兰、君子兰等，有些蔬菜的叶称为变态的营养贮藏叶，如大白菜、结球甘蓝的球叶。叶还具有繁殖功能，如秋海棠、落地生根、景天等常采用叶片繁殖。

（一）叶的类型

叶的类型

1. 完全叶和不完全叶　按叶的构成划分，可分为完全叶（complete leaf）和不完全叶。由叶片（leaf blade）、叶柄（petiole）和托叶（stipule）组成的叶为完全叶，缺少叶片、叶柄和托叶任何一部分的叶称为不完全叶。如桃、梨等的叶为完全叶；柑橘的叶缺少托叶，莴苣的叶缺少托叶和叶柄，成龄台湾相思的叶只有叶柄，均为不完全叶。

2. 单叶和复叶　按1个叶柄上着生的叶片数划分，分为单叶（simple leaf）和复叶（compound leaf）。1个叶柄上只着生1个叶片，称为单叶，如苹果、葡萄、桃、茄子、甜椒、黄瓜、菊花、一串红、牵牛花等的叶。1个叶柄上着生2个或2个以上小叶片（leaflet），称为复叶，如香椿、龙眼、核桃、国槐、刺槐、草莓、荔枝、月季、含羞草、醉蝶花等的叶。不同植物复叶类型各异，如蚕豆、核桃、荔枝、阳桃、合欢为羽状复叶，草莓、菜豆为三出复叶；蚕豆为一回羽状复叶，芹菜为二回羽状复叶；马铃薯最先出土的初生叶为单叶，以后长出的叶为奇数羽状复叶，最顶端的叶又为单叶。

3. 子叶和营养叶 按叶发生的先后划分，分为子叶（cotyledon）和营养叶（foliage leaf）。子叶或为发芽期幼苗生长提供营养，或为幼苗最早的光合作用器官；营养叶的主要功能是进行光合作用和蒸腾作用，果菜和果树的总叶片数与总结果数之比，称为叶果比。优质果蔬生产中，应根据作物种类和品种确定适宜的叶果比。

（二）叶的形态和叶序

1. 叶的形态 园艺植物叶的形状、大小、色泽可谓多种多样，丰富多彩，不但是不同种类及品种间区别的标志，也是观赏植物的观赏要素。叶片形状主要有线形、披针形、卵圆形、倒卵圆形、椭圆形；叶尖形态主要有长尖、短尖、圆钝、截状急尖等；叶缘形态主要有全缘、锯齿、波纹、深裂等；叶基的形态主要有楔形、矛形、盾形等。叶片大小因植物种类不同差异很大，棕榈、香蕉叶长达 1 m 以上，王莲叶直径达 2～3 m，天门冬、文竹、芦笋叶片小到几厘米至数毫米。叶片色泽因植物不同而不同，同一植物也有不同的叶色，同一叶片也可能有多种色彩，而且有些植物叶色还随季节变化而变化。

2. 叶序 叶序（phyllotaxy）是指叶在茎上的着生次序，有互生叶序（alternate phyllotaxy）、对生叶序（opposite phyllotaxy）和轮生叶序（verticillate phyllotaxy）。互生叶序指每节上只着生 1 片叶，叶在茎轴上呈螺旋排列，如苹果、梨、黄瓜、番茄、大白菜、月季、菊花的叶序。不同种类的园艺植物 1 个螺旋周上的叶片数不同，如 2/5 叶序表示 5 片叶正好绕茎螺旋排列 2 周，称为 2/5 叶环，8 片叶绕茎螺旋排列 3 周，称为 3/8 叶环。对生叶序指每个茎节上有 2 个叶相互对生，如丁香、薄荷、石榴等的叶序。轮生叶序指每个茎节上着生 3 片或 3 片以上的叶，如夹竹桃、银杏、番木瓜、栀子等。

（三）叶的变态与异形叶性

叶的变态包括叶球（leafy head）、鳞茎（bulb）、苞叶（bracteal leaf）、叶卷须（leaf tendril）和针刺（thorn）。叶球多见于蔬菜植物，为植物营养的贮藏器官，如结球大白菜、结球甘蓝、结球莴苣等。鳞茎一般为食用器官或繁殖器官，如洋葱、水仙、风信子、郁金香、大蒜、百合等。向日葵花序外围的苞叶称为总苞。豌豆的卷须即为叶的变态，属叶卷须。酸枣、刺槐和小檗等具有针刺的变态叶。

异形叶性常指植株先后发生的叶具有各种不同的形态，大白菜的叶即为典型的器官异态现象。慈姑沉在水中的叶为带状，浮在水面上的叶为椭圆形，生长在空气中的叶则为箭形。

四、园艺植物的花

园艺植物生长到一定阶段，就在一定部位上形成花芽，然后开花、结果、产生种子。花是形成果实、种子的前提，花和果实、种子都是重要的园艺产品。

（一）花的形态构造

花是植物的繁殖器官，一般由花柄、花托、花萼、花冠、雌蕊和雄蕊等组成（图 2-5）。

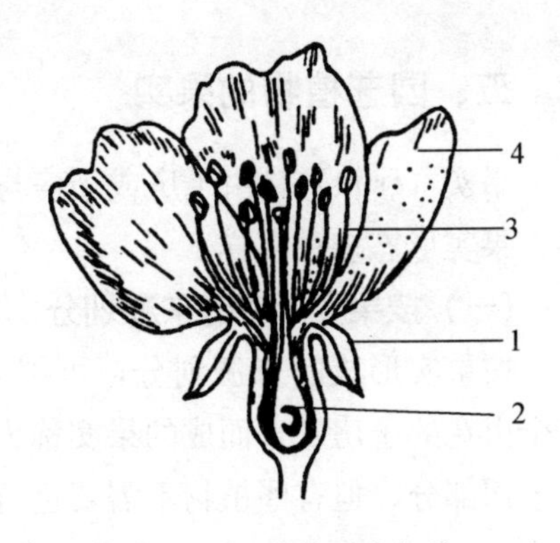

图 2-5　花的组成部分

1. 花萼　2. 雌蕊　3. 雄蕊　4. 花瓣

1. 花柄（pedicel）　花柄即着生每一朵花的小枝。果实形成时，花柄便成为果柄。

2. 花托（receptacle）　花托起支撑作用，其上着生花萼、花冠、雌蕊和雄蕊。有些植物的花托膨大形成果实的主要部分，如草莓、苹果、梨等。

3. 花萼　花萼由若干萼片（sepal）组成。多数植物开花后萼片脱落；有些植物开花后萼片一直留在果实上方，如石榴、山楂、月季等；有些留在果实下方，如茄子、柿子等。

4. 花冠　花冠由若干花瓣（petal）组成，花冠与花萼合称为花被（perianth）。花冠因含有花青素或细胞中含有色体而呈现各种色彩，有些植物的花瓣内有芳香腺能释放出特殊的香味，花冠的色彩与芳香气味有吸引昆虫传粉的作用。花冠还有保护雌雄蕊的作用，植物种类不同其花冠形状也各异。

5. 雌蕊（pistil）　雌蕊位于花的中央，由柱头（stigma）、花柱（style）和子房（ovary）3 部分组成。雌蕊的子房着生在花托上，根据子房和花托的相连形式、子房的位置将子房分为 3 种类型。子房的底部与花托相连，子房在花托的上部称为上位子房（superior ovary），如桃、油菜等；子房与花托完全愈合在一起的称下位子房（inferior ovary），如苹果、梨、黄瓜、南瓜等；子房下半部与花托愈合、上半部独立于花托之上的称为半下位子房（half-inferior ovary），如石楠、虎耳草等。

6. 雄蕊群　一般一朵花中有多个雄蕊（stamen），总称为雄蕊群（androecium）。雄蕊数目常随植物种类不同而异。每个雄蕊由花药囊（anther）和花丝（filament）两部分组成。花药囊是花丝顶端膨大的可产生大量花粉粒的囊状部分。细长的花丝基部着生在花托或贴生在花冠上。

花器官结构

根据一朵花中雌雄蕊是否齐全，把花分为两性花、单性花和无性花。两性花具有发育健全的雌蕊和雄蕊，如苹果、柑橘、梨、葡萄、番茄、白菜、月季、牡丹等。单性花只有雌蕊或只有雄蕊，如核桃、猕猴桃、黄瓜、南瓜、菠菜等。一些观赏植物的花既无雌蕊又无雄蕊，称为无性花。根据植株上雌花和雄花的存在状况，可分为雌雄同株（hermaphroditism）、雌雄异株（dioecism）。同一植株上既有雌花又有雄花，称为雌雄同株异花，如多数瓜类蔬菜、石榴、核桃、松树等；同一植株上或只有雌花或只有雄花，称为雌雄异株。只有雄花的植株称为雄株；只有雌花的植株称为雌株，如猕猴桃、银杏、芦笋、菠菜等。

（二）花序的类型

一朵花单独着生在茎上，称为单花（simple flower），如西瓜、南瓜、玉兰、桃等植物的花。几朵甚至上百朵花按一定顺序排列在花枝上，这样的花枝叫花序（inflorescence）。花序可分为两大类：一类是有限花序（definite inflorescence），包括伞形花序、头状花序、聚伞花序等；另一类是无限花序（indefinite inflorescence），如总状花序、穗状花序等。

五、园艺植物的果实

果实（fruit）是由子房或子房与花的其他部分共同发育而成的器官。园艺植物种类很多，果实形态多种多样。

（一）按果实形成的来源划分

按果实形成的来源划分，可把果实分为真果（true fruit）和假果（spurious fruit）。完全由花的子房发育而成的果实称为真果，如桃、葡萄、甜橙、荔枝等。真果包含果皮及种子两部分，但有些植物不需要进行授粉受精，子房发育成为不含种子的果实，称为单性结实（parthenocarpy），如香蕉、菠萝、温州蜜柑等。有些花通过花粉或植物生长调节剂处理也能形成无籽果实，称为刺激单性结实，如番茄、葡萄等。有些果树能受精结实，但种子不发育，常称为败育型无核果，如无核白葡萄。由子房和花的其他部分（如花托、花被等）共同发育而成的果实称为假果，如苹果、梨、石榴等的果实。假果的果实中，除了子房发育的部分外，还包括了花托、花被发育而成的部分。

（二）按果实的组成划分

按果实的组成划分，可分为单果（simple fruit）、聚合果（aggregate fruit）及复果（multiple fruit）。单果是指由一朵单雌蕊花发育形成的果实，如番茄、茄子、甜椒、苹果、荔枝、桃、枣、橙、柚等。聚合果是指由一朵花内多个离生雌蕊共同发育形成的果实，如草莓、黑莓等。复果也称为聚花果，是由一个花序的许多雌蕊及其他花器共同发育形成的果实，如菠萝、无花果等。

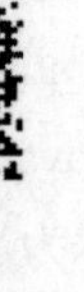
浆果

核果

（三）按果皮的性质划分

果实一般由果皮和种子组成。果皮（peal）分为外果皮（exocarp）、中果皮（mesocarp）和内果皮（endocarp）。果皮的结构、色泽以及果皮层的发达程度因植物种类不同差别很大。根据果实形成过程中果皮是否肉质化，可将果实分为肉质果和干果两大类。肉质果（fleshy fruit）是指果实成熟时，果肉肥厚多汁，果皮亦肉质化。干果（dry fruit）是指果实成熟时，果皮干燥，食用部分为种子，且种子外面多存在坚硬的外壳，如核桃、板栗、椰子、榛子等。肉质果按其果肉结构不同又分浆果、核果、仁果、柑果、荔枝果等类型。浆果是由子房或子房与其他花器共同发育而成的柔软多汁的果实，如番茄、西瓜、甜瓜、茄子、南瓜、葡萄、猕猴桃、柿、香蕉、无花果等。核果是由单心皮上位子房发育形成的真果，具有肉质中果皮和木质化的内果皮硬核，如樱桃、杧果、桃、李、杏、梅、枣等。仁果是由多心皮下位子房与花托、花被发育形成的假果，常见的仁果有苹果、梨、山楂、木瓜、枇杷等。柑果是由多心皮上位子房发育形成的真果，具有肥大多汁的多个瓤囊，如橙、柚、柑橘、柠檬等。荔枝果是由上位子房发育形成的真果，其食用部分是肥大肉质多汁的假种皮，如荔枝、龙眼等。

仁果

柑果

六、园艺植物的种子

种子是由受精胚珠发育而成的，它既是园艺植物栽培的重要繁殖材料，又是重要的园艺产品。

（一）种子的类别

在生产中，园艺植物种子泛指所有的播种材料，总括起来有4类，即由胚珠经受精发育而成的种子，如豆类、茄果类、瓜类等植物的种子；由子房和其他花器官发育而成的果实，如菊科、伞形科、藜科等的果实；无性繁殖器官，包括鳞茎（郁金香、风信子、百合、洋葱、大蒜等）、球茎（唐菖蒲、慈姑、芋头等）、根状茎（美人蕉、香蒲、紫菀、韭菜、生姜、莲藕等）、块茎（马铃薯、山药、菊芋、仙客来）等；真菌的菌丝组织，如蘑菇、草菇、木耳等。《中华人民共和国种子法》把用于嫁接繁殖的接穗、扦插繁殖的插条也归为种子的范畴。本节所述的园艺植物种子，主要指种子和果实两类。

（二）种子的形态与结构

植物种子的形态特征包括种子的外形、大小、色泽、表面光洁度、沟、棱、毛刺、网纹、蜡质、突起物等。成熟的种子色泽较深，具蜡质；幼嫩种子则色泽浅，皱瘪。新种子色泽鲜艳，光洁，具香味；陈种子则色泽灰暗，具霉味。种子形态是鉴别园艺植物种类，判断种子老嫩、新陈的重要依据。

种子的结构包括种皮和胚，一些种子还含有胚乳。种皮是由珠被发育而成的，而属于果实的种子，所谓的种皮实质上是果实的果皮，其真正的种皮有的成为薄膜，如芹菜、菠菜种子；有的因挤压破碎或粘贴于果皮内壁而混为一体，如莴苣的种子。胚处在种子的中心，由子叶、上胚轴、下胚轴、胚根及初生叶或初生叶原基所组成。除种皮和胚外，依据种子中有无胚乳，种子又分为有胚乳种子和无胚乳种子。豆类植物的种子为无胚乳种子，番茄、芹菜、菠菜、韭菜、葱等的种子为有胚乳种子。子叶是无胚乳种子贮存营养的主要器官，胚乳为有胚乳种子贮存营养的主要器官。

第二节 园艺植物的生长发育

在园艺植物的一生中，有两种基本的生命现象，即生长（growth）和发育（development）。生长是指植物个体器官、组织和细胞在体积、重量和数量上的增加。发育是指植物细胞、组织和器官的分化形成过程，也就是植物发生形态、结构和功能上的变化。植物的生长和发育是交织在一起的，没有生长就没有发育，没有发育也不会有进一步的生长。在栽培学中，有时将发育视为生殖器官的形成过程，这与通常将生长与营养生长关联，将发育与生殖生长关联有关。

一、光合作用与呼吸作用

（一）光合作用

1. 光合作用过程 光合作用是指绿色植物吸收光能，把CO_2和水化合成有机物，同时释放O_2的过程，其总反应式为：

$$6CO_2+6H_2O\xrightarrow[\text{绿色植物}]{\text{光}}C_6H_{12}O_6+6O_2$$

光合作用在叶片的叶绿体内进行。高等植物的叶绿体色素包括叶绿素（叶绿素 a 和叶绿素 b）和类胡萝卜素（胡萝卜素和叶黄素），它们分布在光合膜上。叶绿素在光照条件下合成，既受遗传性制约，又受光照、温度、矿质营养、水和O_2等的影响。

光合作用过程包括光反应和暗反应两个相互联系的过程。光反应（light reaction）在叶绿体内的类囊体上进行，实现了水的光解，放出O_2，形成高能物质三磷酸腺苷（ATP）及还原型辅酶Ⅱ（烟酰胺腺嘌呤二核苷磷酸，NADPH）；暗反应（dark reaction）在叶绿体内的基质中进行，把氢和CO_2合成葡萄糖。光反应阶段和暗反应阶段是一个整体，二者是紧密联系、缺一不可的。光合作用合成的有机物不仅构成了植物本身，同时也为人类、动物及其他生物的生存提供了物质和能量来源。

2. 碳同化途径 植物将CO_2转化为碳水化合物的过程，称为CO_2同化或碳同化（carbon assimilation）。根据碳同化过程中最初产物含碳数目及碳同化特点，碳同化分为C_3途径、C_4途径和景天酸代谢途径（crassulacean acid metabolism，CAM）。C_3途径的最初光合产物是三碳化合物（3-磷酸甘油酸），只具有C_3途径的植物称为C_3植物，大部分植物属C_3植物。C_4途径的最初光合产物是四碳化合物（草酰乙酸），具有C_4途径的植物称为C_4植物，如甘蔗、玉米等，现已知被子植物中有 20 多科近 2 000 种植物为C_4植物。景天酸代谢途径的最初光合产物是四碳化合物（苹果酸），具有景天酸代谢途径的植物称为 CAM 植物，该类植物夜间气孔开放吸收CO_2，以苹果酸的形式贮存，白天气孔关闭合成葡萄糖，CAM 植物多起源于热带，生长于干旱环境中，主要分布在景天科、仙人掌科、兰科、凤梨科等植物中。

C_3途径具有合成淀粉等产物的能力，是所有植物光合碳同化的基本途径。C_4植物维管束鞘细胞内的CO_2浓度可比空气中高出 20 倍左右，相当于CO_2泵的作用，使其具有较高的光合效率，特别是在低CO_2浓度、高温和强光条件下表现得更为明显。CAM 植物的光合特点是其在长期进化过程中形成对环境的适应。植物光合作用形成的有机物，或作为自身的能量物质直接利用，或输到产品器官贮藏，或合成复杂的能量物质，如蛋白质、脂肪等运输到根部或正在发育的果实中。

3. 改善光合性能的途径 光合作用的生理指标有光合速率和光合生产率。光合速率（photosynthetic rate）是指单位时间、单位叶面积吸收CO_2的量或放出O_2的量，常用［CO_2，$\mu mol/(m^2 \cdot s)$］和［O_2，$\mu mol/(dm^2 \cdot h)$］表示。表观光合速率（apparent photosynthetic rate）即净光合速率（net photosynthetic rate），是指以光合作用实际利用的CO_2量减去呼吸作用释放的CO_2量之差值所计算的光合速率。表观光合速率加上呼吸速率，即光合作用的真实光合速率。光合生产率（photosynthetic produce rate）又称净同化率（net assimilation rate，NAR），指植物在较长时间（1 d 或 7 d）内，单位叶面积生产的干物质量，常用 $g/(m^2 \cdot d)$ 表示。光合生产率比光合速率低，因为已去掉了呼吸等消耗。光能利用率（efficiency for solar energy utilization，Eu）是指单位土地面积上植物光合作用产生的总干物质所含的能量占同一时期地面接收太阳总辐射或光合有效辐射总量的百分率，理论上作物的光能利用率可达到 6%～8%，实际上绝大多数作物的光能利用率只有 0.5%～1%。

光合性能是决定作物光能利用率高低及能否获得高产的关键。光合性能包括光合能力、光合面积、光合时间、光合产物的消耗和光合产物的分配利用。可具体表述为：

$$经济产量=（光合能力×光合面积×光合时间-呼吸消耗）×经济系数$$

$$经济系数=\frac{经济产量}{生物产量}$$

按照光合作用原理，在园艺作物生产中，选用优良品种，合理调控光、温、水、肥、气、生物因素等，最大限度地提高光合能力；采用合理密植，搭架栽培，适当增加光合面积；增加复种指数，保护地补充人工光照，保温材料早揭晚盖，延长光合时间；利用光呼吸抑制剂，保护地采用昼夜大温差管理，及时摘除老叶，减少呼吸消耗；选用经济系数高的品种，加强肥水管理，防止徒长，温湿度协同管理，提高经济系数等，是实现作物高产的有效途径。

（二）呼吸作用

植物在进行光合作用的同时，还进行着呼吸作用（respiration）。呼吸作用是指生活细胞内的有机物，在一系列酶的参与下，逐步氧化分解成简单物质，并释放能量的过程。呼吸作用包括有氧呼吸（aerobic respiration）和无氧呼吸（anaerobic respiration）两大类型。有氧呼吸是指生活细胞利用分子氧，将某些有机物质彻底氧化分解释放 CO_2，同时将 O_2 还原为 H_2O，并释放能量的过程。无氧呼吸指生活细胞在无氧条件下，把某些有机物分解成为不彻底的氧化产物（酒精、乳酸等），同时释放出部分能量的过程。植物利用呼吸产生的能量和新的物质，为新的细胞和组织形成提供了能量和原料。

呼吸作用影响种子发芽、种子贮藏、根系生长和园艺产品的贮藏保鲜。发芽期缺氧或土壤板结，会导致烂籽、烂芽；种子含水量高、贮藏环境温度高，呼吸强度大，直接影响种子的生活力和贮藏寿命；植物生长期土壤板结或积水，常导致根系发育不良或沤根。创造低温、低氧浓度贮藏环境，有利于延长保鲜期，提高保鲜效果。

二、园艺植物器官的生长发育

（一）种子萌芽

在适宜的环境条件下，种子胚根伸出珠孔突破种皮，称为种子萌芽（seed germination）。种子萌芽时，下胚轴伸长把子叶推出地面，形成子叶出土的幼苗，如白菜、黄瓜、番茄等；有些植物下胚轴不伸长，形成子叶留土的幼苗，如豌豆、蚕豆、荔枝、柑橘等。

种子在萌芽过程中，把贮藏的淀粉、蛋白质和脂肪等大分子物质分解为葡萄糖、氨基酸等小分子物质，为胚的生长提供物质和能量来源。种子只有吸水后，大分子物质才能从凝胶状态转化为溶胶状态，呼吸作用的酶才有可能活动，种子吸水是萌芽的必要条件。

温度、水分和氧气是种子萌芽的重要条件。温度影响呼吸作用酶的活性。不同植物均有其最适的萌芽温度，其萌芽适宜的温度范围也不同。如萝卜在10～35℃的条件下，发芽率均能达到92%以上；莴苣只有在15～20℃条件下发芽较好，达到30℃时就导致种子休眠；芥菜在0～40℃均会萌芽。水分和氧气是呼吸和物质代谢的重要条件，有些植物种子的萌芽还受光照的影响，如光照能促进芹菜、莴苣和胡萝卜等种子的萌芽。

（二）根的生长

种子发芽后，根的向地性使根系迅速下扎吸收水分和矿质营养，一年生蔬菜和花卉的初生根首先垂直向下生长，然后是水平根的生长。多年生木本植物幼树期垂直根优先生长，当树冠达到一定大小时，水平根迅速向外伸展，其一年中根系生长一般呈现两个生长高峰，华北地区第1次高峰出现在5～6月，是全年发根时间长、发根最多、根系生长量最大的时期；第2次生长高峰出现在秋季。一年生植物根系在秋季已进入衰老期。根系断裂后长出新根的能力称为根的再生力（root regeneration ability），与季节、植物种类、砧木种类及生态条件等因素有关，春季和秋季是多年生植物根系再生能力较强的两个季节。

（三）茎的生长发育

幼苗出土后，茎的背地性使嫩芽向上生长，茎的向光性使茎向着光的方向生长，利于叶片接受阳光。刚出土的幼苗下胚轴细弱，光照能够抑制下胚轴和茎的伸长生长，使幼苗变得粗壮。随着植株生长，植物开始呈现不同的分枝方式，有单轴分枝（monopodial branching）、合轴分枝（sympodial branching）、假二叉分枝（false dichotomy）和分蘖（tiller）。从幼苗开始，主茎顶芽的生长始终占优势，形成一个直立的主轴，其侧枝较不发达，称为单轴分枝，如苹果、梨、柿、松、瓜类、豆类等。植株的顶芽活跃生长一段时间后死亡或分化为花芽，由靠近顶芽的上位侧芽萌发的新枝代替主茎生长，新枝的顶芽生长一段时间后同样又停止生长，再由其上位侧芽代替，如此重复，称为合轴分枝，如番茄、葡萄、柑橘类、枣等。植株的顶芽活跃生长一段时间后，由于多种原因而停止发育，其顶端2～3个上位侧芽同时发育为新枝，每一个新枝的顶芽生长一段时间后同样停止发育，再生出2～3个新枝，如此重复，根据上位侧芽同时发育为新枝的数目，分别称为假二叉分枝或假三叉分枝，如辣椒、茄子等。禾本科和百合科等作物的分枝特称为分蘖，如大部分草坪草、韭菜及金针菜等。

（四）叶的生长

生长点在分化茎的同时，也分化形成叶原基（leaf primordium）。叶原基经过顶端生长、边缘生长和居间生长等阶段长成叶，叶片展平后即可进行光合作用。叶片从开始输出光合产物到失去输出能力所持续的时间称为叶的功能期。随着叶龄增长，叶逐渐衰老，最后脱落枯死。叶片正常脱落时，一般先将体内的大部分营养物质降解回流到植物体内，然后在叶柄基部分化形成离层（abscission layer），在离层处断裂脱落，叶片正常脱落是植物对外界环境的一种适应，对植物生长是有利的。不当的农业措施或不适宜的外界环境条件，如肥料浓度高、药害、虫害、干旱、涝害、密度过大、架面郁闭等，均会引起植物的异常落叶，异常落叶多是叶身先落，叶柄后落。早期落叶对所有植物的生长都是不利的。

叶面积指数（leaf area index，LAI）是植物叶面积和与其所占土地面积的比值，即单位土地面积上的叶面积。一般果树叶面积指数在3～6比较合适，茄果类蔬菜3～4合适，叶菜类可以达到8～10以上。叶面积指数过大，下层光照条件差，无效叶多，光合产物积累少；叶面积指数过小，光合产物减少，产量也低。

多年生果树树冠内集中分布并形成一定形状和体积的叶群体，称为叶幕（foliar canopy)。在果树生产中常见叶幕有层形、半圆形、开心形、篱形等。叶幕的形状、体积、厚度和间距等影响冠内光照及无效叶的比例，从而制约果实的产量和质量。

（五）花的发育

在一定营养器官生长基础上，在适宜外界条件下，园艺植物开始分化出生殖器官，进入生殖生长阶段。花芽分化（flower bud differentiation）指植物生长锥由叶芽的生理和组织状态转向分化花芽的生理和组织状态的过程。花芽分化可分为两个阶段，一是生理分化（physiological differentiation），即在植物生长点内部发生成花所必需的一系列生理的和生化的变化；二是形态分化（morphological differentiation 或 morphogenesis），从肉眼识别生长点突起肥大，花芽分化开始，至花芽的各器官出现，即花芽的发育（flower bud development）过程。外界或内部条件作为信号触发植物体细胞发生变化，对花芽分化的促进，称为花诱导（flower induction）。花芽分化是植物由营养生长转向生殖生长的标志，成花诱导具有决定性的作用。

1. 成花诱导 关于花芽分化的内部机制，人们了解的还不是很多，在环境条件对花的诱导方面有一些了解。

（1）低温对成花的诱导 一些二年生园艺植物需通过低温之后才能开花，将低温促使植物开花的作用称为春化作用（vernalization），如白菜、甘蓝、芹菜、萝卜、胡萝卜等。植物感受低温影响的部位是正在进行细胞分裂的生长点，植物经过春化阶段以后，生长点的染色特性发生了变化。

按春化作用进行的时期和部位不同，可分为两大类：一是种子春化类型，即植物能够以萌动的种子接受低温通过春化阶段，如白菜、芥菜、萝卜、菠菜、莴苣等植物，当30%～50%的种子有胚根突破种皮时，放入0～8℃的低温下处理10～30 d，即可通过春化阶段。种子春化型植物在绿色植物体生长的任何时期，均能接受低温而通过春化阶段。二是绿体春化类型，即植物只有在形成一定大小的绿色营养体后，才能接受低温通过春化阶段，如甘蓝、芹菜、大葱、洋葱、大蒜等。甘蓝早熟品种只有在茎粗0.6 cm、叶宽5 cm以上时，才能接受低温感应。

（2）光周期对成花的诱导 达到一定生理年龄的植株，经过一定时间适宜的光周期处理而开花的现象，称为光周期诱导（photoperiodic induction）。植物感应光周期的部位是叶片。不同植物对光周期反应不同，有些植物要求在长日照条件下才能开花，如白菜、萝卜等；有些植物要求在短日照条件下才能开花，如菊花、日本牵牛等。采用短时间的黑暗打断光期，不影响光周期的成花诱导；用闪光处理中断暗期，能诱导长日植物开花，抑制短日植物开花。

（3）碳、氮比（C/N）学说 该学说认为花芽分化的物质基础是植物体内糖类的积累，植物体内碳水化合物与含氮化合物的比例是决定花芽分化的关键。当C/N高时，促进开花；反之，有利于营养生长，延迟开花。C/N学说虽然不能很好地解释植物成花诱导的本质，但是，植物开花过程必须以营养和能量物质作为基础。果菜类蔬菜培育壮苗，可以提高花芽分化质量；果树采用环状剥皮等方法，可以提高上部枝条的糖分含量，促进花芽形成。

本质上，花芽分化取决于控制花芽分化基因的表达与否。外界环境的温度和光照，植物内部赤霉素和生长素水平的降低，细胞分裂素、脱落酸和乙烯水平的升高，结构和能量物质的积累等因素，是刺激控制花芽分化基因表达的信号，从而引起基因活化、信息传递和调节物质的变化，最终导致花芽的形态分化。

2. 花芽分化的调控 针对不同园艺植物花芽分化的特点，采取相应的栽培技术措施，合理调控环境条件、植株营养条件及内源激素水平，协调营养生长与生殖生长，从而达到调控花芽分化的目的。

（1）栽培技术措施 一年生果菜类幼苗期就开始花芽分化，要创造适宜的温、光、水、气及营养条件，防止幼苗徒长或形成“小老苗”，保证花芽分化连续协调进行。多年生果树要选用适宜砧木、适当控水并增施磷、钾肥，对幼树采取轻剪、长放、环剥、刻芽和拉枝等，对生长过旺的树喷施植物生长抑制物质，在果树大年加强疏花和疏果，这些措施均有利于促进花芽分化。

（2）环境调控措施 可以利用春化作用理论和依据春化作用条件，根据栽培目的加速或抑制二年生园艺植物花芽分化的进程。对一年生果菜类，如瓜类、茄果类，其花芽分化不由春化作用等阶段发育控制，而由营养条件（如 C/N）决定，可适当降低夜温，减少呼吸消耗，促进花芽分化。也可运用光周期诱导理论，对长日或短日植物采用补光或遮光措施，诱导或延迟花芽分化。

（3）化学调控措施 瓜类植物，如黄瓜、西葫芦等，在幼苗期喷施 100～200 mg/L 乙烯利能促进雌花分化，喷施 50～100 mg/L 赤霉素能促进雄花分化。

（六）开花坐果与果实发育

1. 开花与授粉受精 当花器官中雄蕊的花粉和（或）雌蕊中的胚囊成熟、花被展至最大时，称为开花。对一个群体而言，一般当 10%的植株开花时，称为开花始期；50%的植株开花时，称为开花期。开花后，花粉从花药散落到雌蕊柱头上的过程，称为授粉（pollination）。授粉方式可分为自花授粉（self pollination）、异花授粉（cross pollination）和常异花授粉（often cross pollination）。开花期要求适宜的温度和充足的阳光，低温和阴雨等不良条件均会影响开花、授粉和受精，造成落花、落果。桃、杏早春花期低温，常导致减产甚至绝收。蔬菜和花卉采种时，对异花授粉和常异花授粉作物要采取隔离措施。

2. 受精与坐果 花粉粒落到柱头上，萌发形成花粉管，并沿着花柱到达胚囊，实现精卵结合的过程，称为受精（fertilization）。不同植物实现这一过程的时间相差很大，一般受精快的品种，其花粉的寿命较短，如黄瓜花粉只能存活几小时，枣 1～2 d，苹果 7 d 左右。授粉受精后，由于花粉的刺激作用，子房中的生长素含量提高，连续不断地吸收叶片制造的光合产物，并进行蛋白质的合成，细胞分裂加速，使幼果能正常发育而不脱落，称为坐果（fruit setting）。多数植物果实的形成需要授粉受精。

一些园艺植物的子房未经受精也能形成果实的现象，称为单性结实（parthenocarpy）。单性结实又分为天然单性结实和刺激性单性结实。如香蕉、蜜柑、菠萝、柿、无花果及黄瓜的一些品种具有天然单性结实的特性。必须给予某种刺激才能产生无籽果实的现象，称为刺激性单性结实。生长素类植物生长调节剂具有刺激单性结实的效果，花期处理番茄、西葫芦等植物的花朵，可产生无籽果实。赤霉素也可以诱导苹果、葡萄、桃的一些品种进行单性结实。

3. 果实的发育 植物开花完成授粉受精后，由于细胞的分裂与膨大，从幼小的子房到果实成熟体积增加 300～300 万倍。果实的生长过程表现为细胞数目的增加和细胞体积的膨大。在生产上，花前改变细胞数目的机会多于花后，当果实细胞数目一定时，果实的大小主要取决于细胞体积，而细胞体积增大主要取决于碳水化合物含量的增长。因此，提高花芽分化质量、保证果实膨大期肥水供应，对取得高产尤为重要。

（1）果实的生长动态　完成授粉受精后，果实的体积或鲜重在不断增加，整个果实生长过程常用果实累加生长曲线表示。果实累加生长曲线（cumulative growth curve）是以果实的体积、直径、鲜重或干重作纵坐标，时间作横坐标绘制的曲线，可分为两种类型：一类是单 S 形（single sigmoid pattern），果实生长特点表现为慢—快—慢，如番茄、茄子、甜椒、草莓、苹果、香蕉、菠萝、甜橙等；另一类是双 S 形（double sigmoid pattern），果实生长特点表现为快—慢—快，果实有 2 个生长高峰，大部分核果类及葡萄、橄榄等均属此类，中期果实体积增加缓慢，主要是内果皮的木质化，也称为硬核期。果实生长过程也可以采用果实生长速率曲线（growth rate curve）表示。

一般果实发育初期，纵径的增长速度大于横径，然后才是横径的快速增长。因此，发育前期环境条件适宜而后期不适宜，则易形成长形果；反之，则易形成扁形果实。

（2）落花落果　从花蕾出现到果实成熟采收的整个过程中，会出现落花落果现象。落花是指未授粉受精子房的脱落；落果是指一部分幼果因授粉受精及营养不良或其他原因而脱落。

植物落花落果受其遗传特性、花芽发育状况、植株生长状况、授粉受精及花期气候条件等因素的影响。苹果、柑橘等的最终坐果率为 8%～15%，桃和杏约 10%，葡萄和枣只有 2%～4%，荔枝和龙眼 1%～5%。蔬菜植物的落花落果多在开花前后，而许多果树的落果持续时间长，落果的次数也多，如仁果类和核果类常发生 4 次落果，生产上应针对不同原因，采取相应的防治措施。

（3）果实的成熟　当果实长到一定大小时，果肉中贮存的有机物质发生一系列生理生化变化，逐渐进入成熟阶段。果树植物的果实在成熟时，酸度下降，涩味消失，果实变甜，果肉变软，果皮中绿色逐渐消退，呈现果品固有的红、橙、黄等色泽。不同园艺植物果实成熟的特征与表现不同，采收标准也各异，但采收的依据均为果实成熟度（maturity），其又分为生理成熟度（physiological maturity）和园艺成熟度（horticultural maturity）。生理成熟度指果实脱离母株后，其种子具有繁殖后代的能力。园艺成熟度则是根据果实的不同用途而划分的标准，分为可采成熟度、食用成熟度和衰老成熟度 3 种。可采成熟度指果实大小已经定型，但外观品质和风味尚未完全表现出来，为贮运及加工果实的采收标准。食用成熟度指果实成熟，充分表现出其应有的色、香、味品质和营养品质，为鲜食、榨汁和酿酒的采收标准。衰老成熟度指果肉质地松绵，风味淡薄，不宜食用，但核桃、板栗等坚果类此时种子充分发育，粒大饱满，品质最佳。

（七）种子的形成

卵细胞完成授粉受精作用形成合子后，合子细胞经过一系列极为复杂的分裂分化阶段，最后发育成种子。授粉并不等于受精，受精所形成的合子也不一定能最后发育成有生命力的种子，这与植株本身的内在因素及环境条件有关。蔬菜和花卉植物采种时，要加强防病防虫，以利形成饱满的种子。

三、园艺植物的生命周期

随着季节和昼夜的周期性变化，植物的生长发育也发生着节奏性的变化，这就是植物生长发育的周期性。植物从生到死生长发育的全过程，称为生命周期（life cycle），植物完成生命周期所需要的时间称为植物的生育期。在园艺植物的生命周期中，外部的形态特征会发生一系列的显著变化，依据外部形态变化可将生命周期划分为若干个生育时期或生育阶段。受遗传和环境因素的影响，根据生命周期的长短，可将植物分为一年生植物、二年生植物和多年生植物3类。

（一）一年生园艺植物的生命周期

当年播种，当年开花结实完成生命周期的园艺植物，称为一年生园艺植物。如蔬菜植物中的茄果类、瓜类、豆类等；花卉植物中的鸡冠花、凤仙花、一串红、万寿菊、百日草等。一年生园艺植物的生命周期可分为4个生育时期，包括发芽期、幼苗期、发棵期、开花结果期。

（二）二年生园艺植物的生命周期

播种当年生长形成营养产品器官或一定大小的营养体，越冬后次年春季抽薹开花的植物为二年生园艺植物，如大白菜、甘蓝、萝卜、瓜叶菊、雏菊、紫罗兰、桂竹香等，其生命周期可明显地分为营养生长和生殖生长2个阶段。播种当年为营养生长阶段，有些植物经发芽期、幼苗期、发棵期和营养积累期，入冬时形成营养贮藏器官，如大白菜、萝卜等；有些植物入冬时处于幼苗期，如洋葱、雏菊等。植物在秋末冬初及早春低温的诱导下通过阶段发育，次年春季长日照条件下抽薹开花，完成生殖生长阶段。

（三）多年生园艺植物的生命周期

多年生园艺植物可分为多年生木本植物和多年生草本植物。在有性繁殖情况下，多年生木本植物的生命周期可分为童期、成年期、衰老期3个阶段。多年生植物的生命周期包括多个年生长周期（annual growth cycle），即一年内随着气候变化，植物表现出有一定规律性的生命活动过程。

植物生长发育过程及活动规律对节候的反应，称为物候，出现各种物候现象的具体日期，称为物候期（phenological period）。多年生落叶果树的年生长周期可分为生长期和休眠期2个生育阶段，生长期主要包括萌芽、营养生长、花芽分化、开花坐果、果实发育和成熟、落叶等物候期，秋末在短日照和低温诱导下，落叶果树进入自然休眠期。常绿木本植物一般无明显的自然休眠，但外界环境变化时，如高温、低温、干旱等，也可导致其短暂的被迫休眠。

童期（juvenile phase）是实生繁殖的多年生木本植物特有的生育阶段，指从种子播种后到实生苗（seedling）具有分化花芽潜力和开花结实能力所经历的时期。童期是实生繁殖的木本园艺植物必须经历的时期，其长短因树种而异。桃、杏、枣、葡萄等童期较短，一般为3～4年；山核桃、荔枝、银杏等的童期则需9～10年或更长时间。处于童期的植株，除不能开花外，还具有许多与成年植株不同的生理和形态特点。如仁果类叶的形状常表现为多缺刻；柑橘类茎上多棘刺；板栗童期的叶序为1/2叶环排列，成年期为2/5叶环排列。处于此期的果树，其根系和树冠生长快，光合产物集中用于根和枝梢的生长。童期的后期可形成少量花芽，但也多发生落花落果。实生树的童期虽然不能消除，但可通过选择育种材料、实生选种、矮化砧嫁接、环剥、倒贴皮、断根、移栽以及植物生长延缓剂处理等措施缩短童期。对以花、果实和种子为产品的木本园艺植物，童期是缩短育种期限和早期丰产的严重障碍。

多年生草本植物的生命周期与多年生木本植物相似，其年生长周期与一年生植物相似，但寿命没有多年生木本植物长，生长几年后需重新栽植，否则对产量影响较大，如韭菜、芦笋等。

（四）园艺植物的休眠

休眠（dormancy）是指植物体或其器官在发育的某个时期生长和代谢暂时停顿的现象，是植物在高温、严寒、干旱的环境条件下保持物种或个体不断生存、发展和进化的一种生物本能。休眠对物种或个体生存、繁衍具有特殊的生物学意义，但给园艺生产也带来了不利影响，导致不能按时播种，贻误生产。园艺植物休眠的器官包括种子、芽、鳞茎和块茎等。

1. 休眠的类型 根据植物休眠的生态和生理表现，休眠可分为自然休眠和被迫休眠。

在休眠期间，即使给予适宜的环境条件也不能萌发生长，称为自然休眠（natural dormancy），又称生理休眠（physiological dormancy）或内休眠。由于一定的环境逆境（如低温、高温、干旱等）而引起的休眠现象，称为被迫休眠（forced dormancy），也叫强迫休眠或外休眠。被迫休眠是由外界环境条件不适宜引起的，一旦环境条件适宜便可立即发芽。

2. 种子休眠 种子休眠（seed dormancy）是指植物种子脱离母体后即使有良好条件也不能萌发的现象。种子休眠包括由种皮（果皮）物理原因引起的休眠，如豆科、锦葵科、藜科、樟科、百合科等植物的一些种子具有坚厚的种（果）皮，因其机械阻力或不透水、不透气的特性而引起休眠；也有因种子含有发芽抑制物质引起休眠，如苹果和番茄的果肉、莴苣和鸢尾的胚乳、酸橙的果皮中含有挥发性的氰氢酸、醛类和酚类的某些化合物，桃和杏的种子内含有苦杏仁苷；还有因胚的原因引起的休眠，如人参、野蔷薇等植物的种子，它们的胚需经后熟才能分化完全，蔷薇科中许多种子的胚必须经湿沙层积，才能完成其生理后熟。种子休眠受不同激素作用的影响，一般认为ABA诱导休眠，参与休眠的保持；GA具有解除休眠、促进萌发的作用。

针对种子休眠的特点，常采取机械破损、清水漂洗、层积处理、化学处理及生长调节剂处理，打破种子休眠。

3. 芽休眠 植物芽生长的暂时停顿现象，称为芽休眠（bud dormancy）。芽休眠不仅指植株的顶芽和侧芽，也包括位于根茎、球茎、鳞茎、块茎上的芽。对多数温带落叶果树，短日照是诱发和控制芽休眠的重要因素，短日照引起伸长生长的停止以及休眠芽的形成，葡萄的芽在华北地区10月中旬就进入了休眠。马铃薯、洋葱和大蒜休眠的主要环境因素是长日照和高温。

落叶果树在自然条件下必须经过一定时间的低温处理才能萌芽。在一定时间内满足自然休眠需求的低温累积值，称为低温需求量（chilling requirement），又称需冷量。一般认为，木本植物通过自然休眠所需的低温范围为0.6～4.4℃，7.2℃是通过自然休眠的最高温度。许多木本植物的休眠芽在0～5℃低温条件下，需经历260～1 000 h才能解除休眠。GA能够打破桃树幼苗、葡萄枝条和马铃薯块茎的芽休眠。

为了延长某些园艺产品的贮藏期、提高保鲜效果，有时需要延长芽的休眠期。把萘乙酸甲酯均匀喷洒在碎纸片上与马铃薯块茎混合贮藏，可以防止马铃薯贮藏期间发芽；洋葱、大蒜等鳞茎类蔬菜多采用低温贮藏方法延长芽的休眠期。

四、园艺植物器官生长的相关性

植物不同器官在生长方面既相互依赖又相互制约的关系，称为生长的相关性（growth interaction）。植物的各器官各部分均处在矛盾的统一体中，矛盾的统一性表现在各器官各部分生长发育的整体性和连贯性。整体性表现为各器官生长发育的密切联系、相互依赖；连贯性表现在前一器官的生长为后一器官的生长奠定基础，后一器官的生长是前一器官的继续和发展。矛盾的对立性表现在，在特定条件下，某些器官的生长抑制其他器官的生长。园艺植物器官生长相关性主要包括地上部与地下部生长相关、营养生长与生殖生长相关、同化器官与营养贮藏器官的生长相关及个体与群体的相关。

（一）地上部与地下部的生长相关性

地上部与地下部的生长相关性，首先表现在生长的相互依赖、相互促进作用。一方面，根吸收水分和矿质元素运输至地上部，供茎、叶、新梢等新生器官的建造或蒸腾消耗，根尖合成的细胞分裂素运到地上部，促进芽的分化和茎的生长，并防止早衰。另一方面，地上部叶片形成的光合产物、茎尖合成的生长素被运往根系，为根系的生长和吸收功能的发挥提供了结构、能量和激素物质。但是，由于地上部和地下部要求的生长条件并不完全相同，当某些条件发生变化时，会使地上部和地下部的统一关系遭到破坏而表现出生长的不均衡。在土壤水分较少时，根系得到了优先生长，地上部的生长受到限制；反之，当土壤水分充足时，地上部可得到充足水分而生长加快，并且消耗大量碳水化合物，供给根系的营养就会减少，限制了根系的生长。氮肥对地上部的促进作用大于地下部；磷肥能增加根的含糖量，促进根系生长；强光有利于促进光合作用，抑制茎的伸长，并且根的发育也好。

强大的根系是地上部旺盛生长的前提，因此生产上常在植物生长的前期（产品器官或果实形成前）采取蹲苗措施，暂时抑制地上部的生长，使根系得到优先发育。当根系得到适当发育后，再加强肥水管理，促进地上部的生长。植物是一个整体，地上部的整枝、摘心、打杈、摘叶、修剪不仅会减少地上部的生长量，而且还会影响地下根系的扩展；地下部的大根受到伤害或伤根过多时，也会影响地上部枝叶的生长。

（二）营养生长与生殖生长的相关性

营养生长是生殖生长的基础，没有良好的营养生长，就没有良好的生殖生长，这是二者协调与统一的一面。但是，由于营养生长和生殖生长所需要的物质基础都是根系吸收的水分、矿质营养和叶片制造的光合产物。因此，二者之间还存在着抑制与竞争的对立关系，这种抑制和竞争关系表现为茎叶的生长与花芽分化和果实发育之间的营养竞争。当营养生长过旺时，植株生长表现为“疯长”，造成花芽分化少、花芽分化质量差、落花落果严重；当生殖生长过旺时，植株生长表现为“坠秧”，植株矮小、叶片少、叶面积小、抽生新枝少。多年生木本植物生殖生长过旺，由于严重抑制了营养生长，造成树体营养差，没有足够营养进行花芽分化，最终又限制了次年的生殖生长。因此，对一二年生植物，营养生长过旺直接影响当年的生殖生长，造成产品器官减产（叶菜类除外）；对多年生木本植物，营养生长过旺不但影响当年果实大小，还影响到次年花芽的数目和质量。因此，采取措施使营养生长与生殖生长相互协调，是获得高产和优质的关键。

（三）同化器官与营养贮藏器官的生长相关性

叶是绝大多数园艺植物的主要同化器官，而贮藏器官则有多种类型，有些植物以果实和种子作为营养贮藏器官，还有许多植物以变态的根、茎、叶为营养贮藏器官。以果实和种子为营养贮藏器官的植物，其同化器官和营养贮藏器官的生长相关性就是前述的营养生长与生殖生长的相关性。而以变态根、茎、叶为营养贮藏器官的植物，其同化器官与营养贮藏器官的生长相关性实质上是营养器官之间养分的竞争。以叶球、块茎、块根、球茎、肉质根、鳞茎作为营养贮藏器官的植物，大量同化器官的形成是贮藏器官形成的前提，营养贮藏器官的形成与生长在一定程度上又可提高同化器官的功能，这是二者间存在的统一性。如大白菜叶球、萝卜肉质根的形成，必须有一定量健壮的莲座叶为前提，叶球和肉质根的重量往往与同化器官的重量成正比。同化器官与贮藏器官也有矛盾对立的一面，茎叶生长过旺往往会推迟营养贮藏器官的形成，降低营养贮藏器官的产量。在某些特定条件下，营养贮藏器官过早形成，会抑制叶片的生长，而最终营养贮藏器官产量也不高。在生产上，协调同化器官与营养贮藏器官生长的关系，首先要培育健壮的功能叶，为营养贮藏器官的生长奠定基础，在大量同化叶形成后，要创造条件和采取措施（如蹲苗）促成营养贮藏器官的形成；营养贮藏器官形成后，要保证肥水供应，防止叶片早衰，以便为营养贮藏器官制造、输送更多的光合产物，促进营养贮藏器官的生长。

（四）个体与群体的相关性

作物的一个单株称为个体，单位土地面积上所有单株的总和称为群体。个体与群体之间相互联系、相互制约。低密度群体个体得到充分发育，随着群体密度增加，个体生长空间缩小、光照强度变弱，水分、养分相对减少，个体生长受到抑制，但个体并不是被动地接受抑制，常通过改变叶面积大小、叶片角度、节间长度和根系空间分布等途径进行“自动调节”，使其环境条件得到最大限度的改善。过稀的群体有利于个体生长，但不能充分利用土地和光能，增加密度虽然个体生长受到一定限制，但群体生长量大，有利于提高单位面积产量。因此，随着新品种培育和栽培环境与措施的变化，栽培密度成为长久不衰的研究课题。

第三节　园艺植物对环境条件的要求

在园艺生产中，要取得最佳的生产效果，一方面应选用具有优良遗传性状的园艺植物品种，另一方面应通过采用先进的栽培技术、栽培设施，为园艺植物的生长发育创造最佳的环境条件。要创造最佳的生长发育条件，就必须了解园艺植物生长的环境条件以及园艺植物的要求，园艺植物生长的主要环境条件包括温度、光照、水分、土壤、空气等。

一、温度条件

（一）园艺植物对温度的要求

温度是园艺植物生长发育最重要的环境条件之一，各种园艺植物对温度都有一定的要求，都有各自的最低温度、最适温度及最高温度，即“三基点”温度。按园艺植物对温度需求的不同，可将园艺植物分为以下4类。

1. 耐寒园艺植物　耐寒园艺植物有木本与草本之分。落叶果树冬季进入休眠期，地下部可耐－10～－20℃的低温；大多数常绿果树、常绿木本观赏植物能忍耐－5～－7℃的低温。金针菜、芦笋、茭白、蜀葵、玉簪、一枝黄花等宿根草本园艺植物，地下越冬的宿根能耐0℃以下，甚至－5～－10℃的低温。金鱼草、蛇目菊、三色堇、菠菜、大蒜等草本植物，短期内可以忍耐－5～－10℃的低温，在黄河下游可以露地越冬。

2. 半耐寒园艺植物　金盏花、紫罗兰、桂竹香、萝卜、芹菜、莴苣、豌豆、蚕豆、甘蓝类、白菜类等作物，同化作用的最适温度为17～20℃，超过30℃时光合积累很少，不能长期忍耐－1～－2℃的低温，在北方冬季越冬需采用防寒保温措施。

3. 喜温园艺植物　这类植物生长发育最适温度为20～30℃，超过40℃生长几乎停止，低于10℃生长不良，如睡莲、筒凤梨、变叶木、黄瓜、番茄、茄子、辣椒、菜豆等。

4. 耐热园艺植物　这类植物在30℃左右同化作用最旺盛，在40℃条件下仍能正常生长，如西瓜、甜瓜、丝瓜、苦瓜、南瓜、豇豆以及热带水果等。

（二）园艺植物的温周期

在自然条件下，环境温度呈现昼夜和季节性周期变化，植物适应这种变化而有节奏地生长发育，通常将植物对季节或昼夜温度节律变化的反应称为温周期现象（thermoperiodism）或温周期。自然界的温度变化明显地呈现出年温周期和昼夜温周期。一天中，白天温度较高，光合作用旺盛；夜间温度较低，可减少呼吸消耗，这种昼高夜低的温度变化即一定的昼夜温差，有利于植物的生长发育。不同植物适宜的昼夜温差范围不同，通常热带植物昼夜温差在3～6℃，温带植物在5～7℃，而沙漠植物则要求相差10℃以上。昼夜温周期也是影响果实品质的一个主要因素，如新疆、甘肃等地，由于昼夜温差大，西瓜、甜瓜含糖量高，品质优良；砀山酥梨在黄河故道地区可溶性固形物仅为10%～12%，在陕北黄土高原则高达15%。保护地栽培时，阴天温室白天气温较低，就要适当降低夜间温度，以保持一定的昼夜温差，对作物生长有利。

（三）高温及低温障碍

当园艺植物所处的环境温度超过其正常生长发育温度的上限时，蒸腾作用加剧、水分平衡失调、植株发生萎蔫（wilt）或永久萎蔫（permanent wilt），同时，植物光合效率下降而呼吸作用增强，同化产物积累减少。气温过高，常导致番茄、甜椒等果实发生日烧病；也会使苹果果肉松绵、成熟期提前、贮藏性能降低；引起番茄果实着色不良等。土壤高温主要引起根系木栓化速度加快，降低根系吸收功能，加速根的老化死亡。此外，由于高温形成低质量的花粉，常导致落花落果。生产上，通过选用抗热品种、高山栽培、间套作栽培、遮阳覆盖等措施，克服高温障碍。

低温对园艺植物的影响有冷害与冻害之分。冷害是指植物受到 0℃以上低温引起的伤害，如我国北方日光温室遇冬春连续阴天，夜间出现较长时间 6℃以下的低温，使温室喜温作物受到冷害，造成大幅度减产，甚至绝收。冻害是指 0℃以下低温引起植物体内细胞结冰产生的伤害。选用抗寒品种、抗寒砧木嫁接栽培、果树秋季控施氮肥、萌动种子低温处理、幼苗低温锻炼等是生产上克服低温障碍的常用方法。

二、光照条件

光是绿色植物生长的必需条件之一，光照时间、光照度（light intensity）和光质等直接影响园艺植物的生长发育、产量和品质形成。

（一）光照度对园艺植物生长的影响

不同种类的园艺植物对光照度的要求也不同，据此可将园艺植物分为以下 3 类。

1. 阳生植物（heliophyte） 这类植物在较强的光照条件下生长良好，如桃、杏、枣、扁桃、苹果等绝大多数落叶果树，许多一二年生花卉及宿根花卉，仙人掌科、景天科植物，茄果类及瓜类蔬菜等均属此类。

2. 阴生植物（sciophyte） 这类植物不能忍受强烈的直射光线，需在适度遮阳条件下才能生长良好，如蕨类植物、兰科、凤梨科、姜科、天南星科及秋海棠等。也有一些园艺植物如菠菜、莴苣、茼蒿等绿叶菜类，在光照充足时生长良好，但对弱光有一定的适应性。

3. 中生植物（mesophyte） 这类植物对光照度的要求介于上述两者之间，通常喜欢充足的阳光，但在适度遮阳条件下也能正常生长，如白菜、萝卜、甘蓝、桔梗、葱蒜类等。

（二）园艺植物对光周期的反应

光周期（photoperiod）指一天中光照时间和黑暗时间长短的交替变化，光照时间为日出至日落的理论日照时数。按照抽薹开花对光周期的反应，常把园艺植物分为 3 类。

1. 长日照植物（long day plant） 在较长日照条件下（12～14 h 甚至更长）促进开花，较短日照下不开花或延迟开花的植物，如白菜、萝卜、莴苣、大葱、满天星、唐菖蒲等。这类植物在露地自然栽培条件下，多在春季抽薹开花。

2. 短日照植物（short day plant） 在较短日照条件下促进开花结实，较长日照下不开花或延迟开花的植物，如菊花、一品红、长寿花、扁豆、蕹菜、黑穗醋栗等。这类植物多在秋季抽薹开花。

3. 日中性植物（day neutral plant） 对每天的日照时数要求不严，只要温度适宜，在长短不同的日照条件下均能正常孕蕾开花的植物，如番茄、辣椒、黄瓜、月季、香石竹、红掌等。这类植物配合保护设施可周年栽培。

光周期在影响植物抽薹开花的同时，也影响许多园艺植物营养产品器官的形成。如马铃薯、芋、菊芋的块茎形成要求短日照，洋葱、大蒜鳞茎的膨大要求长日照。

（三）园艺植物对光质的反应

长光波下，园艺植物的节间较长，茎较细；短光波下，园艺植物的节间短，茎较粗。红光能加速长日照植物的发育，紫光能加速短日照植物的发育；红光利于果实着色，紫光有利于维生素C合成。光合有效辐射在400～700 nm波段，光合色素在该波段的红光区有吸收主峰，在紫、蓝光区还有吸收次峰。

三、水分条件

水是光合作用的原料，是植物体内各种物质运输的介质。充分的水分供应，能显著增大叶面积，延长叶寿命，提高叶片的光合效率。

（一）园艺植物对水分的要求

园艺植物的需水特性，一方面取决于根系是否发达及根系的吸水能力，另一方面取决于植物地上部组织结构特点。根据需水特性，通常可将园艺植物分为以下3类。

1. 旱生植物（xerophyte） 这类植物耐旱性强，能忍受较低的空气湿度和土壤含水量，其地上部具有旱生的形态结构，如叶片小或呈针状、表皮层角质层厚、气孔下陷、气孔少，有利于减少水分蒸腾，如石榴、沙枣、仙人掌、大葱、芦笋等；或具有强大的根系，能吸收深层土壤的水分，如核桃、杏、南瓜、西瓜、甜瓜等。

2. 湿生植物（hygrophyte） 这类植物耐旱性弱，需要较高的空气湿度和土壤含水量才能正常生长发育，其地上部形态特征表现为叶面积较大、组织柔嫩、消耗水分较多；地下部根系入土浅，吸水能力不强。如黄瓜、白菜、甘蓝、芹菜、香蕉、枇杷、杨梅及一些热带兰类、蕨类和凤梨科植物等。此外，藕、茭白、睡莲、王莲等水生植物属于典型的湿生植物。

3. 中生植物（mesophyte） 这类植物对水分的需求介于上述两者之间，有些生态习性偏向旱生植物特征，有些偏向湿生植物特征。如茄子、甜椒、菜豆、萝卜、苹果、梨、柿、李、梅、樱桃及大多数露地花卉均属此类。

（二）不同生育时期对水分的需求

园艺植物不同生育时期对水分需要也不同。种子萌发时，需要充足的水分，以利胚根伸出。幼苗期叶面积小，蒸腾量少，需水不多，但因根系弱小，在土壤中分布较浅，抗旱力较弱，需经常保持土壤湿润。发棵期应保证水分供应，有利于形成较大的光合叶面积，但发棵期后期应适当控水，促使植株转向结果或营养贮藏器官的形成。结果期和营养贮藏器官形成期是植物一生需水、需肥最多的时期。

传统园艺作物生产中，主要依靠调节灌水周期满足园艺植物不同生育期的需水量，存在一次灌水量过大或偏大，难以按照植物需水量精准供水的问题，主要依靠调节灌水周期满足不同生育期的需水量。现代园艺生产中，采用微灌、自动测墒，实现精准灌溉（precision irrigation），可以精准满足园艺植物不同生育期的需水要求。

四、土壤与营养条件

土壤按质地划分，可分为沙质土、壤质土、黏质土、砾质土等。沙质土疏松通气，宜耕范围宽，升降温也快，适宜种植球根花卉、根菜类、西瓜、甜瓜、桃、枣、梨等，因其保水保肥能力差，栽培时应多施农家肥，化肥宜少量多次施用。壤质土质地均匀，黏性适中，通透性好，保水保肥力强，适宜种植各种园艺植物。黏质土适耕期短，但增产潜力大，栽培中应注意改良土壤的通气状况。

土壤中有机质及矿质营养元素含量的高低通常是衡量土壤肥力（soil fertility）的主要指标，土壤有机质含量应在2%以上，才能满足栽培园艺植物的要求。化肥用量过多，忽视有机肥施用，会造成土壤肥力下降。园艺植物最重要的营养元素为氮、磷、钾，其次是钙、镁、硫，微量元素需要量虽少，但也为植物生长所必需。园艺植物种类繁多，对各种营养元素需求也不相同，应根据不同植物、不同品种、不同季节的特点，采取平衡营养的施肥技术。

北方硬质水地区园艺植物有时表现出钙、镁元素缺乏的现象，其与离子拮抗、土壤（介质）pH、土壤温度、土壤通气性等因素有关，尤其与铵态氮肥、酰胺态氮肥和钾肥使用量偏大关系密切。设施栽培条件下，冬季和早春植物钙、镁缺乏，还受土壤温度偏低的影响，应针对不同原因采取相应措施，保证矿质元素的有效吸收。传统园艺生产中普遍存在施肥量偏大和肥料浪费的问题，不仅增加了投入成本，也带来了农业生态系统的环境风险。现代园艺通过采用水肥一体化（fertigation）技术，可以做到精准灌溉，精准施肥（precision fertilization）。

五、空气条件

O_2、CO_2及一些有害气体影响园艺植物的生长发育。在露地生产条件下，空气中的气体组分受大自然调节，一般在正常范围，因而空气条件对园艺植物的影响相对较小。生产中也常采用宽窄行栽培的形式，改善群体通风条件，保持群体冠层（canopy）CO_2的均衡供应；采用中耕或地面覆盖改善土壤的通透性，满足根系对O_2的需求。在设施栽培条件下，设施内气体条件受作物生长和设施内外气体交换的影响，在封闭不通风的情况下，应注意NH_3、氮氧化物及其他有害气体的积累；晴天上午进行CO_2施肥可缓解CO_2亏缺对光合作用的限制。在积水、浇水偏多、浇水偏勤的情况下，土壤或栽培基质通气性变差，作物常发生“沤根”现象，导致生育变差，甚至死亡。

在设施栽培条件下，空气相对湿度通过影响叶片蒸腾而影响作物生长，冬季和早春低温和高湿度环境会影响蔬菜生长和诱发病害；夏季高温和干燥环境也不利于作物生长。智能连栋温室夏季湿帘风机降温系统，具有降温、加湿双重作用，协同调控环境温度与湿度。

复习思考题

1. 试述园艺植物变态根、变态茎和变态叶的特点及作用。

2. 园艺植物种子与植物学种子的概念有何不同？园艺植物种子常包括哪些类型？

3. 根据植物光合作用与呼吸作用原理，可通过哪些途径或措施提高园艺植物的产量和品质？

4. 花芽分化的概念是什么？春化作用包括哪些类型？影响园艺植物花诱导的因素有哪些？

5. 什么是碳氮比学说？采取哪些措施可调节园艺植物的碳氮比？

6. 试述调控园艺植物花芽分化的措施。

7. 园艺植物开花、受精与坐果及果实发育有何特点？

8. 一年生、二年生及多年生园艺植物的生命周期包括哪些生育阶段？多年生木本植物的童期有何特点？

9. 园艺植物休眠有哪些类型？种子休眠和芽休眠各有何特点？导致植物休眠的主要因素有哪些？

10. 试述园艺植物地上部和地下部生长的关系、营养生长和生殖生长的关系。

11. 何谓温周期现象？试述温周期是如何影响园艺植物果实品质的。

12. 高低温导致园艺植物的生理障碍有哪些？

13. 根据植物开花对光周期的反应，可以把园艺植物分为哪些类型？

14. 试述园艺植物不同生育时期对水分的要求。

第三章 园艺植物品种改良

本章提要 本章分5节介绍了园艺植物育种素材、育种途径、品种权保护及品种审定。园艺植物育种的基本途径有引种、选择育种、常规杂交育种、杂种优势育种等，此外还有诱变育种、倍性育种、生物技术育种等。符合品种审定条件的园艺植物新品种可以通过一定的途径申请品种审定或登记，符合品种权授予条件的园艺植物新品种可以通过一定的途径获得品种权。园艺植物新品种受相关法律和法规的保护。

园艺植物品种是经过人工选择培育的形态特征和生物学特性一致、遗传性状相对稳定的植物群体，是优良性状的载体，是园艺生产的重要生产资料。品种改良和选育是园艺科学的重要组成部分。品种选育的基础是育种素材，即遗传资源（种质资源），广泛搜集和挖掘种质资源、创制新种质、研究和利用种质资源是品种选育的基础工作。园艺植物育种途径有引种、选择育种、常规杂交育种、杂种优势育种、诱变育种、倍性育种、生物技术育种等。不同园艺植物生物学特性和繁殖方式不同，育种途径也不一致。园艺植物新品种是育种工作者的劳动成果，其知识产权通过新品种审定和申请品种权而得到相关法律、法规的保护。

第一节 育种素材

品种是由自然进化和人工选育形成的重要生产资料，是园艺植物优质高效生产的基本材料。品种选育必须有基本的育种素材，收集和管理好育种素材是品种选育的基础工作。

一、品种的形成和进化

1. 品种的含义 《中华人民共和国种子法》第九十二条规定的“品种”，是指经过人工选育或者发现并经过改良，形态特征和生物学特性一致，遗传性状相对稳定的植物群体。

《中华人民共和国植物新品种保护条例》第二条规定的“植物新品种”，是指经过人工培育的或者对发现的野生植物加以开发，具备新颖性、特异性、一致性和稳定性并有适当命名的植物品种。

《国际栽培植物命名法规》（第九版）有关“品种”的定义是指为一专门目的而选择、具有一致而稳定的明显区别性状，而且经采用适当的方式繁殖后，这些性状仍能保持下来的一些植物群体。

品种（cultivar，cultivated和variety的缩简复合词）含义可表述为：在一定时期内，主要经济性状符合生产和消费市场的需要，生物学特性适应一定地区的生态环境和农业技术的要求，可用适当的繁殖方式保持群体内不妨碍利用的整齐度和前后代遗传稳定性，并具有某些标志性状的植物群体。

品种是栽培植物特有的类型，是重要的农业生产资料，有其植物分类学归属，通常属于某个种、亚种、变种和变型。根据《国际栽培植物命名法规》（第九版）规定，品种名在学名中用单引号标注。如‘鄂柿1号’柿的学名为：*Diospyros kaki* Thunb.‘Eshi 1’，原写法为 *D. kaki* Thunb. cv. Eshi 1。

2. 品种的形成和进化 人类大约在1万年前开始致力于植物栽培，迄今人工栽培植物约5 000种。自然界分布的各种园艺植物，包括形形色色的栽培品种（类型），均从比较原始的类型演变而来，该过程称为进化（evolution）。从野生植物到栽培植物一般经过采集、管理野生、栽培驯化等阶段。人类采食野生植物的果实、茎、叶、花、种子、地下茎和肉质根等器官充饥，在人类定居之后，一些无毒、风味好、能佐食、易繁殖的园艺植物被逐步移栽到园圃而便于采食。一些野生植物经过人类不断驯化、培育后，可在人工栽培的条件下正常发育，并为人类提供较多的产品，但其进化过程已经不在自然环境下，而在栽培条件下进行，并形成许多栽培种类和品种。

达尔文主义者认为：①所有生物的进化取决于变异、遗传和选择3个基本因素；②遗传和变异是进化的内因和基础，选择决定进化的方向；③自然进化是自然变异和自然选择的进化。在自然进化过程中，选择的主体是人以外的生物和非生物的自然条件；选择的作用是保存和积累对生物种群的生存和繁衍有利的变异；选择的过程决定哪些变异可以保存并能更多地繁衍后代。可遗传变异是进化的原料，通常包含芽变（sport）、种内杂种（intraspecific hybrid）、远缘杂种（distant hybrid）、同源多倍体（autopolyploid）及异源多倍体（allopolyploid）等。

人工进化除利用自然发生的突变和基因重组之外，还通过各种诱变手段提高突变频率，并可促成自然界不可能或很难发生的基因重组，乃至导入特定外源基因。因此，育种学是人工进化的科学。人类积极和主动地进行品种改良并形成品种只有约200年的历史。

二、种质资源及其管理

1. 种质资源的概念 《中华人民共和国种子法》第九十二条规定的“种质资源”（germplasm resource），是指选育植物新品种的基础材料，包括各种植物的栽培种、野生种的繁殖材料以及利用上述繁殖材料人工创造的各种植物遗传材料。种质资源是园艺生产和遗传改良工作的物质基础，其拥有量和研究程度是衡量一个国家或地区育种技术和成就高低的重要标志，是国家安全的重要组成部分。

2. 种质资源管理 人类活动加剧地球环境恶化，许多物种栖息地迅速丧失，物种灭绝速度不断加快。据估计，蕴藏全球70%物种的热带森林，目前仅存900万km^2，且正以每年7.6万～9.2万km^2的速度消失，物种灭绝速度已经是自然状态的1 000倍，全球濒临灭绝的物种达百万。随着生物技术的进步，所有种质资源均有被利用的可能性。因此，地球上生存的所有生物，作为种质资源均存在其保护和利用价值。

我国是世界上园艺植物种质资源最丰富的国家之一。国家果树种质资源圃系统保存了苹果、柑橘、梨、葡萄、桃、李、杏、果梅、柿、枣、板栗、核桃、山楂、猕猴桃、杨梅、龙眼、枇杷、荔枝、香蕉、草莓等20种作物和云南特有果树砧木、新疆名特果树，以及东北寒地果树，涉及31科58属共1.5万余份材料。国家蔬菜种质资源中期库保存有性繁殖蔬菜种质3万余份；水生蔬菜圃建在武汉市农业科学院蔬菜研究所。花卉种质除分布在全国100多个植物园外，还有南宁金花茶基因库、武汉中国梅花种质圃、洛阳牡丹基因库、南京菊花种质圃、沈阳月季种质资源圃等。园艺植物种质资源除田间活体保存（*in vivo*）外，在人工控制环境下的离体保存（*in vitro*）技术已经取得了显著进步。利用种子、细胞（如花粉等）、组织或器官等植物体的一部分，甚至DNA片段进行离体保存的探讨日益广泛和深入，有些技术已经实用化。

收集和保存的种质资源对某些特定的育种目标而言，是否为最适宜的育种素材，必须进行经济性状评价来得出。一般在田间试验条件下，系统调查和记载其形态特征、生育期、产量、品质、抗性等基础数据。此外，对重要种质的特殊性状，还应进行遗传分析，如控制基因多少、显隐性、遗传力强弱等。国际植物遗传资源研究所（International Plant Genetic Resources Institute，IPGRI）一直致力于种质资源的描述评价内容、项目和方法、标准的规范化，已经编制出版100多种作物种质资源描述符，其中包括苹果、柑橘、葡萄、芸薹、萝卜、番茄、豇豆等园艺植物30余种。

第二节 引种和选择育种

引种是满足园艺生产所需种类品种的重要、高效手段，可丰富园艺植物种类、直接应用于生产、以良代劣、保护珍稀资源及促进新品种创制。选择育种利用现有种类自然发生的丰富变异，在变异群体中选优汰劣，适宜结合繁殖过程开展。

一、引种

（一）概念和意义

引种（plant introduction）是将一种植物从现有分布区域人为地迁移到其他地区种植的过程。引种具有简单易行、见效快的特点，是实现良种化的重要手段，但并未创造新的种质，通常作为辅助育种手段。在种质资源缺乏的国家或地区，引进的园艺植物种类和品种往往占较大比例。我国园艺植物种类、品种丰富，但栽培苹果、酿酒葡萄、西洋梨、番茄、甘蓝、马铃薯、石刁柏、西芹、唐菖蒲、大丽花和郁金香等均引自国外。我国幅员辽阔，自然条件复杂、多样，具有引种和利用各种园艺植物种质资源的优越条件。

（二）原理

1. 遗传学原理 适宜的引种是植物在其基因型适应范围内的迁移。如果引进植物适应性较广，环境条件变化在其适应性反应规范之内，或者引入地与原分布区自然条件相差较小，称为简单引种（introduction）；如果引进植物适应性较窄，环境条件变化超出其适应性反应规范，需通过改变环境条件或改良植物适应性才能正常生长发育，称为驯化引种

（domestication）。

2. 生态学原理 气候相似论（theory of climatic analogues）认为木本植物引种成功的关键是其原产地与新栽培区的气候条件有相似之处。主导生态因子论则认为植物生长发育的限制因子决定引种成败与否，如温度（最冷月平均温度、极端最低温度、有效积温和需冷量）、光照（光照度和光照时间）、降水量和湿度（年降水量、降水量四季分布、空气湿度）、土壤（pH、含盐量）和生物因子（菌根、授粉植物、病虫）。

（三）程序与方法

引种一般应按照引种目标确定、少量试引、检疫、驯化选择、多点试验、全面鉴定和逐步推广的程序，根据各类园艺植物生长发育习性灵活应用引种程序和方法。此外，引种时还应注意农业技术的配合。引种成功标准：①不加保护或稍加保护即能正常生长发育；②常规方法能正常繁殖；③产量和品质或经济价值降低不明显。

（四）生物入侵

生物入侵（biological invasion）是指某种生物从外地自然或人为导入后成为野生状态，并表现为难以控制的爆发性生长，导致本地物种多样性丧失和遗传漂变，从而对农林生产、环境和人类健康构成巨大危害的现象。水葫芦、一枝黄花等是生物入侵的典型例子，外来入侵物种在我国每年造成的经济损失近 1 200 亿元。因此，在引种时应该特别注意避免生物入侵现象的发生。

二、选择育种

（一）概念和意义

从现有种类、品种的自然变异中获得新品种的途径，称为选择育种（selection breeding），简称选种。园艺植物选择育种具有需时短、简便易行等特点，如‘纽荷尔’脐橙等许多品种都是通过选种途径获得的。但选择育种不能有目的、有计划地创造变异，作为一种独立的育种途径有局限性。

（二）方法

选择方法有混合选择（bulk selection）和单株选择（individual selection）。

混合选择法又称表型选择法，是根据植株表型性状从混杂群体中选取符合要求的优良单株混合授粉和混合采种，然后播种于同一小区并与对照品种进行比较鉴定的选择方法。对原始群体的混合选择只进行一次，当选择有效时即可繁殖推广，称为一次混合选择法（图 3－1）。对原始群体进行多次混合选择后再繁殖推广，称为多次混合选择法（图 3－2）。

单株选择法又称系谱选择法或基因型选择法，是从原始群体中选择优良单株，自交授粉后进行单株留种，将每一单株后代播种于一个小区成为株系，并与对照品种进行比较鉴定的选择方法。只进行一次选择，以后以各株系为取舍单位，称为一次单株选择法（图 3－3）。在第一次株系圃选留的株系内继续选择单株，分别编号、留种，继续进行谱系选择，如此反复多次进行，称为多次单株选择法（图 3－4）。

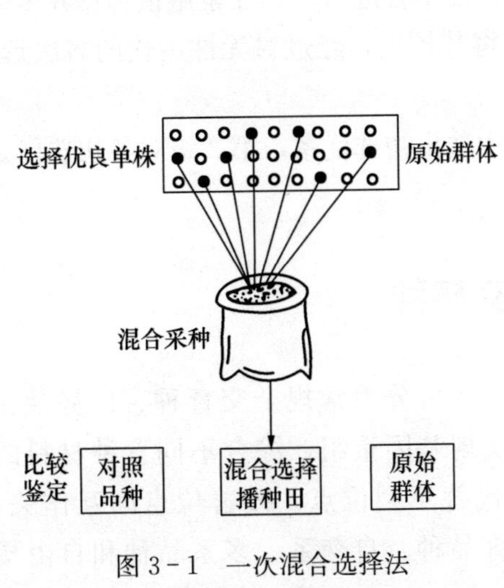

图 3-1 一次混合选择法

（景士西，2007）

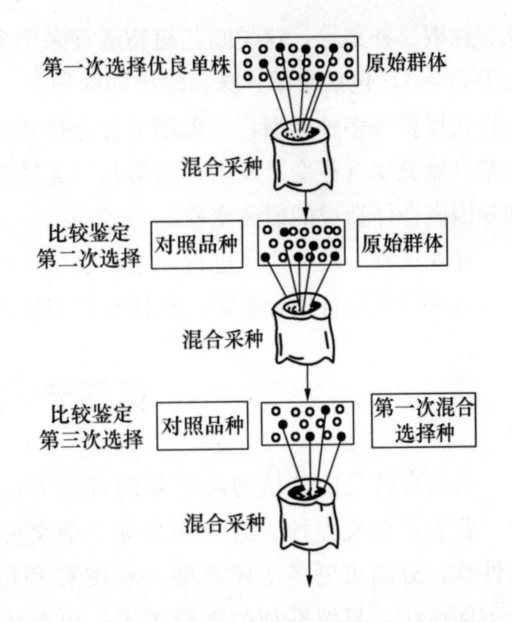

图 3-2 多次混合选择法

（景士西，2007）

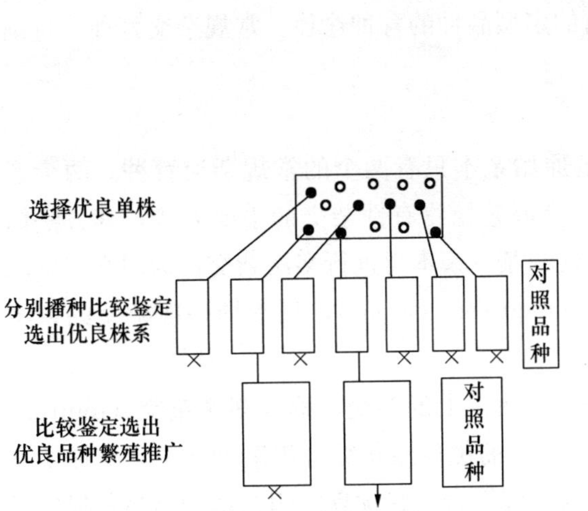

图 3-3 一次单株选择法

（景士西，2007）

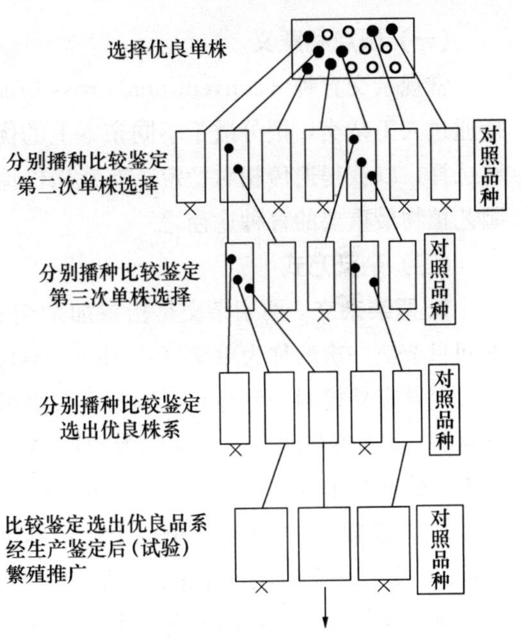

图 3-4 多次单株选择法

（景士西，2007）

自花授粉植物（自然异交率小于5%）多为纯合基因型个体，在栽培或繁殖过程中发生的变异类型，通过少数几次单株选择即可纯合稳定，如豆类及茄果类园艺植物。常异花授粉植物以自花授粉为主，但又伴随相当高的异花授粉率（在5%～50%范围内），如蚕豆、辣椒、芥菜等，这类园艺植物适宜采用多次单株选择法。异花授粉植物（自然异交率大于50%），包括雌雄异株、雌雄同株异花、雌雄同花但自交结实率低、雌雄同花但易同株异花授粉等多种类型，常采用混合选择和单株选择结合进行。无性繁殖植物变异多以体细胞自然突变（芽变）发生，通常利用无性繁殖将其扩繁，经过对无性后代的多次选择，剔除因嵌合体造成的假突变株。

芽变选种一般分两级进行，第1级从生产园中选出初选优系，第2级对各初选优系的无性繁殖后代进行比较鉴定，包括复选和决选。

第三节　杂交育种

杂交育种是园艺植物最重要的育种方法之一，可分为常规杂交育种、优势杂交育种、营养系杂交育种、远缘杂交等。杂交可以实现基因重组，综合不同育种材料的优良性状，分离出更多变异类型，利用有利位点代替不利位点，改善位点间互作关系，产生新性状，打破不利的连锁关系，可育成纯育品种、自交系、多系品种和自由授粉品种等。

一、常规杂交育种

（一）概念和意义

常规杂交育种（conventional cross breeding）又称组合育种（combination breeding），指通过人工杂交，把分散于不同亲本上的优良性状组合到杂种中，对其后代进行多代培育和选择，以获得遗传相对稳定、有栽培价值的定型品种的育种途径。常规杂交育种一直是园艺植物最重要的育种途径之一。

（二）杂交方式

1. 两亲杂交　两亲杂交是指参加杂交的原始亲本只有两个的常规杂交育种。两个亲本间只杂交一次的称为单交（single cross），是园艺植物有性杂交的主要方式，其方法简单、变异容易控制、育种时间较短。杂交后代与某一亲本再进行多次杂交称为回交（back cross），多次参加回交的亲本称为轮回亲本（recurrent parent），只参加一次杂交的亲本称为非轮回亲本（non-recurrent parent）。

2. 多亲杂交　3个或3个以上的亲本进行两次以上的杂交，称为多亲杂交（multiple cross）。多亲杂交的优点在于将分散于多数亲本上的优良性状综合于杂种之中，更加丰富了杂种的遗传基础，增加了变异类型，从而为育成综合性状优良的园艺植物新品种提供了更多的机会。

（1）添加杂交　以两个亲本产生的杂种与第3个亲本再杂交，它们的杂交后代还可分别与第4、5…个亲本再杂交，这种形式的多亲杂交称为添加杂交。添加杂交的亲本数越多，早期参加杂交的亲本性状在杂种遗传组成中所占的比例越小。

（2）合成杂交　4个亲本分别两相杂交后形成的两个单交后代之间再杂交，这种形式的多亲杂交称为合成杂交。

3. 有性杂交技术　开展有性杂交，首先要了解育种对象的开花生物学基本知识，在此基础上，开展杂交工作，图 3－5 展示了月季杂交程序。

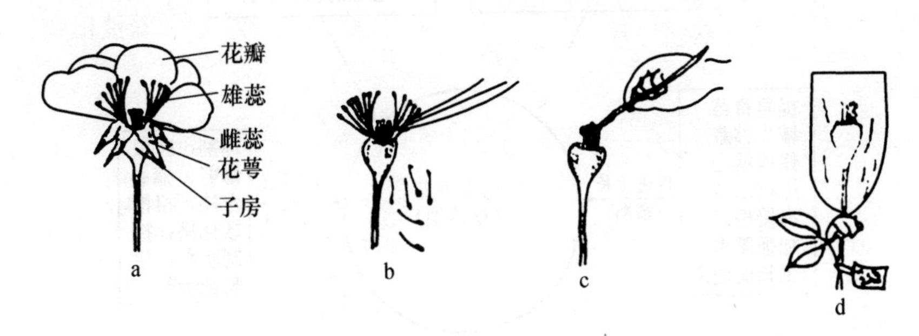

图 3－5　月季的结构和杂交技术示意图

（程金水，2000）

a. 花的结构　b. 去雄　c. 授粉　d. 套袋

①了解育种对象，如花器结构、开花习性、授粉方式、传粉媒介和雌雄蕊成熟进程等。

②培育亲本种株和选择杂交用花。种株生长健壮、典型和无病虫害，亲本花期相遇。杂交用花开花节位或花序适当，选留数量适中、健壮饱满的花蕾。

③采用半透明羊皮纸或硫酸纸进行花序或单花套袋隔离。

④父本花粉采集。在开花前一天采集花蕾、剥取花药，干燥后收集花粉并低温贮藏。

⑤母本去雄授粉。两性花的母本在授粉前一天下午去雄，去雄后立即授粉或第二天授粉。

⑥杂交后的花朵应挂牌标记，并建立档案。

⑦杂交种子收获贮存。

4. 杂交后代的选择　有性繁殖植物的杂交后代选择多采用系谱法（pedigree method）和混合选择法（derived bulk method）。

系谱法基因型稳定速度较快，容易追溯亲本，但程序复杂、费工。混合选择法简便易行，丢失优良基因的可能性小，并可利用自然选择作用使有利性状得到改良，其缺点是与自然选择方向不一致的优良性状难以改良，且高代群体大、选择工作量增加，且无法考证入选系统的历史及其亲缘关系。

绝大多数果树为多年生无性繁殖植物，基因高度杂合，杂种一代的经济性状发生剧烈分离，因此杂种一代必须进行选择。

5. 杂交育种程序　常规杂交育种程序主要包括亲本选配和杂交（原始材料和亲本圃）、选配单株或集群（杂种圃）、选配株系或其混合群体（选择圃）、比较鉴定（品种比较试验圃）、探索栽培方法和确定推广示范（生产试验圃和区域试验圃）、品种审定和推广，以嫁接为繁殖方式的多年生果树、木本观赏植物、部分花卉和甜瓜等还需要做砧木试验。多年生园艺植物有明显的童期，其长短受遗传控制，育种中常采取一些促进提早结果的措施（图 3－6）缩短童期。

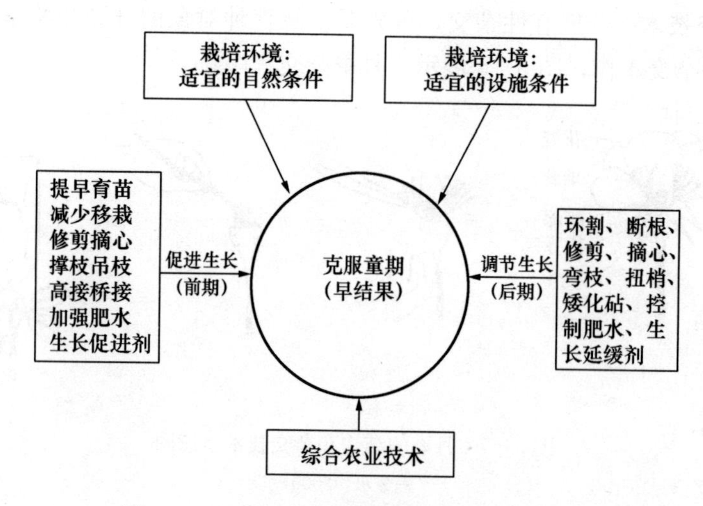

图 3-6 果树和木本观赏植物提早结果的途径

（李光晨，2000）

二、杂种优势育种

（一）概念

杂种优势（heterosis）是指两个遗传组成不同的亲本杂交产生的 F_1 代在生活力、生长势、适应性、抗逆性和丰产性等方面超过双亲的现象。反之，则为杂种劣势。杂种优势和劣势实际上是同一遗传效应的两种极端表现。

杂种优势是一种复杂的遗传现象，杂种优势形成的遗传学基础通常涉及基因的显性（dominance）、超显性（overdominance）和上位性（epistasis）作用等方面的机制。利用自然界普遍存在的杂种优势现象，选育用于生产的杂交品种的过程，称为杂种优势育种（heterosis breeding）。杂种优势育种与常规杂交育种所依据的基本原理和所采用的手段相同，其区别表现在以下 3 个方面：

①常规杂交育种所利用的基因效应是能够稳定遗传给后代的加性效应（additive effect，指位点上的基因与其等位基因不发生互作时的效应）和部分上位性效应（epistatic effect，除加性效应和显性效应外的不同位点的基因间相互作用引起的效应），而杂种优势育种所利用的基因效应既包括能稳定遗传的加性效应，又包括显性效应和超显性效应。

②常规杂交育种首先进行亲本杂交，组合亲本的全部基因，然后经过多代自交或近亲交配，使基因分离、重组并不断纯化，最后选择综合双亲优良性状的或具有超亲性状的基因型相对纯合的品种。杂种优势育种首先将亲本自交，使之成为不再分离的纯合自交系，然后将来源不同的自交系进行杂交，最后选出综合双亲优良性状的或具有超亲性状的、基因型高度杂合的杂种一代。

③常规杂交育种所选育的品种，每年可通过选株留种，也可采用原种采种，其后代不发生基因分离。但杂种优势育种选育出的品种，必须设立专门的制种田，每年用亲本生产杂交一代种子，同时还要设立亲本繁殖田保纯防杂，繁殖父母本种子，以供制种田使用。

（二）杂种优势的度量

1. 中亲优势 中亲优势（mid-parent heterosis）指 F_1 代某一数量性状平均值与双亲（P_1、P_2）同一性状平均值（中亲值，MP）差数比率。

$$H_m=\frac{F_1-(P_1+P_2)/2}{(P_1+P_2)/2}\times100\%=\frac{F_1-MP}{MP}\times100\%$$

式中：H_m——中亲优势指数；

F_1、P_1、P_2——杂种一代和双亲某一性状的实际观测值。

2. 超亲优势 超亲优势（over-parent heterosis）是用双亲中较优良的一个亲本平均值（P_h）作标准，衡量 F_1 代平均值与高亲平均值差数比率。

$$H_P=\frac{F_1-P_h}{P_h}\times100\%$$

3. 超标优势 超标优势（over-standard heterosis）指 F_1 代某一数量性状平均值与标准品种（目前生产上正在推广的品种）同一性状平均值差数比率。

$$H_S=\frac{F_1-CK}{CK}\times100\%$$

4. 杂种优势指数 杂种优势指数（index of heterosis）是用某一数量性状平均值与双亲同一性状平均值的比值度量 F_1 代超过双亲平均值的程度。

$$H_i=\frac{F_1}{(P_1+P_2)/2}\times100\%$$

（三）杂种优势育种的一般程序

1. 自交系的选育 杂种优势育种首先选育自交系，一般方法是系谱选择法，即从优良基本材料中选择优良单株，经过多代连续自交和严格的单株选择获得自交系。系谱选择法基本程序：①原始材料收集、鉴定和选择；②优良单株选择与自交；③逐代自交选择淘汰。

2. 配合力的测定 配合力是指作为亲本杂交后 F_1 代表现优良与否的能力，分一般配合力（general combining ability，gca）和特殊配合力（specific combining ability，sca）。gca 是指一个自交系在一系列杂交组合中的平均表现。sca 是指某特定组合某性状观测值与根据双亲 gca 所预测值之差，用通式表示为：

$$S_{ij}=X_{ij}-u-g_i-g_j$$

式中：S_{ij}——第 i 个亲本与第 j 个亲本杂交组合 sca 效应；

X_{ij}——第 i 个亲本与第 j 个亲本杂交组合 F_1 代某一性状观测值；

u——群体总平均；

g_i（g_j）——第 i（j）个亲本 gca。

3. 配组方式的确定 配组方式指杂交组合父母本的确定和参与配组的亲本数。根据参与杂交的亲本数，分为单交种、双交种、三交种和综合品种 4 种配组方式。单交种是指用两个自交系杂交配成的杂种一代，是目前应用最多的配组方式之一。其他方式的杂种优势和群体整齐度不如单交种，较少采用。

（四）杂交种子生产

选育出优良 F_1 代组合后，需要每年供应 F_1 代种子，主要通过亲本繁殖与保纯和隔离

区内生产 F_1 代种子。F_1 代种子生产方法有人工去雄、化学去雄、利用苗期标记性状、利用雌性系、利用自交不亲和系以及利用雄性不育系制种法等。

综上所述，不同繁殖和授粉习性的园艺植物的交配系统、选择方法、育成品种类型和育种方式，可总结如表 3-1 所示。

表 3-1　不同繁殖和授粉习性园艺植物的育种特点

（景士西，2000）

繁殖、授粉习性	交配系统	选择方法	育成品种类型	育种方式
有性繁殖自花授粉	自交	一次单株选择，改良混合选择	纯育品种、自交系、多系品种	选择育种
	杂交	多次单株选择	纯育品种	常规杂交育种
	自交系或纯育品种互交	配合力测定	杂交种品种、杂交合成群体	优势杂交育种
有性繁殖异花授粉	自然杂交	单株－混合选择、母系选择	自由授粉品种	选择育种
	杂交	系谱法、混合－单株选择、单子传代法	自由授粉品种	常规杂交育种
	多代控制自交	多次单株选择、轮回选择	亲本自交系	优势杂交育种
	自交系互交	配合力测定	杂交种品种、综合品种	优势杂交育种
无性繁殖	自然杂交	一次单株选择营养系后代鉴定	营养系品种	实生选择育种
	杂交	一次单株选择营养系后代鉴定	营养系品种	营养系杂交育种
	无交配	芽变选择营养系后代鉴定	营养系品种（芽变品种）	芽变选择育种

第四节　其他育种途径

通过现代生物技术人工创制的园艺植物育种材料变异范围更广、频率更高，目的性明确，育种效率显著提升。园艺植物现代生物技术育种主要技术手段有诱变育种、倍性育种、细胞工程育种、基因工程育种等。

一、诱变育种

（一）概念和意义

诱变育种（mutation breeding）指利用物理、化学和生物等因素诱发作物产生遗传变异（基因突变和染色体畸变），通过对突变体选择和鉴定，直接或间接培育成生产上有利用价值的新品种的育种途径。但诱变育种难以有效地控制变异方向，且有利突变发生频率较低。

（二）辐射育种

辐射育种（radiation breeding）是利用射线照射引起遗传物质变异，通过选择和培育，从而获得有利用价值的新品种的育种途径。辐射育种中最常用的射线是X射线、γ射线、β射线、中子射线、紫外线和激光等（表3-2）。各种射线通过有机体时，都能直接或间接地产生电离现象，故称为电离辐射；紫外线的能量不足以使原子电离，只能产生激发作用，称为非电离辐射。辐射可能引起染色体畸变（包括染色体断裂、缺失、倒位、易位、重复等）和基因突变（包括氢键的断裂、糖与磷酸基之间断裂、相邻的胸腺嘧啶碱基之间形成新键而构成二聚物，以及各种交联现象）。近年来，利用辐射育种并结合其他途径已获得许多优新类型，如早熟大白菜、加工型番茄、短枝型苹果及樱桃等，有益突变率为0.1%～0.3%。航天育种实际上主要是利用太空辐射进行的辐射诱变育种，但诱变机制不明。

表3-2　用于辐射育种的射线的种类及其特征

（程金水，2000）

辐射种类	辐射源	性　质	能　量	危险性	必需的屏蔽	投入组织的深度
X射线	X光机	电磁辐射，不带电，以光量子发射	通常为50～300 keV	危险，有穿透力	几毫米的铅（极高能的例外）	几毫米至很多厘米
γ射线	放射性同位素为^{60}Co、^{137}Cs及核反应堆	与X射线相似的电磁辐射	达几MeV	危险，有穿透力	需要很厚的防护，如十几厘米厚的铅或1 m左右厚的混凝土	很多厘米
中子（快中子、慢中子及热中子）	核反应堆或加速器，如钋-铍中子源，镭-铍中子源	不带电的粒子，比氢原子略重，只有通过它与被它通过的物质的原子核作用才能观察	从小于1 eV至数百万电子伏	很危险	用轻材料如混凝土做成的厚防护层	很多厘米
β粒子（快速电子或阴极射线）	放射性同位素为^{32}P、^{35}S或电子加速器	电子（＋或－）比α粒子的电离密度小得多	达几百万电子伏	有时有危险	厚报纸	达几厘米
α粒子	放射性同位素	氢核、电离密度很大	2～9 MeV	内照射很危险	一张厚纸	十分之几毫米

（三）化学诱变育种

采用化学诱变剂诱发植物遗传物质变异，根据育种目标对其鉴定、选择和培育而获得新品种的途径，称为化学诱变育种（chemical mutation breeding）。

常用的诱变剂有芥子气、环氧乙烷、烷基磺酸盐、5-溴尿嘧啶、2-氨基嘌呤和亚硝酸等（表3-3）。诱变处理方式有种子、枝条浸蘸，生长点处理等，结合组织培养技术可利用高浓度植物生长调节剂进行愈伤组织或继代苗处理。

表 3-3 用于诱变育种的化学诱变剂的主要效应

（曹家树 等，2001）

诱变剂	对 DNA 的效应	遗传效应
碱基类似物	渗入 DNA，取代原来碱基	A—T═G—C（转换）
羟胺	同胞嘧啶起反应	G—C═A—T（转换）
亚硝酸	交联 A、G、C 的脱氨基作用	缺失 A—T═G—C（转换）
烷化剂	烷化碱基（主要是 G）	A—T═G—C（转换）
	烷化磷酸基团	A—T═T—A（颠换）
	脱烷化嘌呤	G—C═C—G（颠换）
	糖·磷酸骨架的断裂	
吖啶类	碱基之间的插入	移码突变（+，−）

二、倍性育种

（一）概念和意义

通过改变染色体组的数量或结构产生不同变异个体，进而选择优良变异个体培育成新品种的育种途径，称为倍性育种（ploidy breeding），包括多倍体育种和单倍体育种。

（二）多倍体育种

体细胞中含有 3 个或 3 个以上染色体组的生物体称为多倍体（polyploid）。按染色体组来源不同，分为同源多倍体（autopolyploid，指由相同来源的染色体组形成的多倍体）和异源多倍体（allopolyploid，指由不同来源的染色体组形成的多倍体）。

马铃薯和香蕉等是自然形成的多倍体，无籽西瓜等是通过人工诱变获得的。由于多倍体染色体数目增加，其新陈代谢加快、酶活性增强、生活力提高、变异性增加，表现出广泛的适应性和巨大性，但其稔性显著降低，花粉生活力下降。

多倍体诱变的途径有 3 种：

1. 化学诱变剂诱发多倍体 诱变剂通常为秋水仙素（colchicine，从秋水仙属植物的鳞茎或种子中提取的一种剧毒生物碱）。秋水仙素能在细胞有丝分裂过程中阻止纺锤丝和赤道板形成，使复制后应分配在两个新细胞中的 DNA 仍保留于一个细胞中，从而导致染色体加倍。

2. 有性杂交培育多倍体 一是利用 $2n$ 配子（染色体倍性与体细胞相同的花粉或卵）获得；二是利用多倍体亲本杂交获得多倍体。

3. 组织培养获得多倍体 通过愈伤组织、胚乳培养和体细胞融合等技术可以获得多倍体。

（三）单倍体育种

单倍体育种（haploid breeding）是通过单倍体植物（haploid plant，具配子体染色体数的植物）培育形成纯系的植物育种方法。主要通过花药或花粉培养获得的植株，一类由小孢子发育而来，是单倍体；另一类由药隔等体细胞发育而来，是二倍体。由小孢子发育而来的植株通常矮小、生长势弱且不结实，必须通过自然或人工加倍才能正常发育。花粉培养排除了药壁、药隔、花丝等体细胞组织的干扰，在理论和实践上均有特殊的意义。

三、生物技术育种

(一) 概念和范围

1. 概念　生物技术（biotechnology）的含义有 3 种表达形式：

①有效地利用生物及其机能的技术，包括基因操作（重组 DNA 技术）、细胞组织水平的操作（细胞融合、细胞和组织培养、受精卵移植及胚胎分割等）和其他操作（昆虫、微生物、酶的高效利用，DNA 鉴定，生物性新材料开发）。

②以生命科学为基础，利用生物体系和工程原理生产生物制品和创造新物种的综合性科学技术，包括基因工程、细胞工程、酶工程和发酵工程等。

③在 DNA 水平、染色体水平、细胞水平进行遗传分析和遗传改良的技术体系，包括细胞和组织培养，重组 DNA，受精卵移植，DNA 鉴定，水产、昆虫、微生物、酶的利用（新材料开发）等。

2. 范围　植物生物技术包括增殖、保存和育种 3 个部分。增殖技术主要包括苗木脱毒、种苗大量快速繁殖等；保存技术主要包括试管保存、冷冻保存、人工种子（synthetic seed）等；育种技术主要包括胚、胚乳培养，花药、花粉培养，原生质体培养和细胞融合，愈伤组织培养和体细胞无性系变异筛选，DNA 遗传转化，分子标记等。细胞、组织培养技术是植物生物技术的基础。

(二) 常规生物技术育种

1. 胚培养　胚培养（embryo culture）是对一些种子退化或产生未成熟种子的杂交组合而言，幼胚培养是获得杂种后代的必要而又可行的途径。白菜的母本杂交后 20 d 杂种胚开始退化，待胚生长至 0.1～0.4 mm 时取出进行离体培养可获得再生植株。胚培养获得的白菜（$2n=20$）和甘蓝（$2n=18$）杂种（$2n=19$），不能进行正常减数分裂，染色体加倍不可缺少（图 3 - 7）。

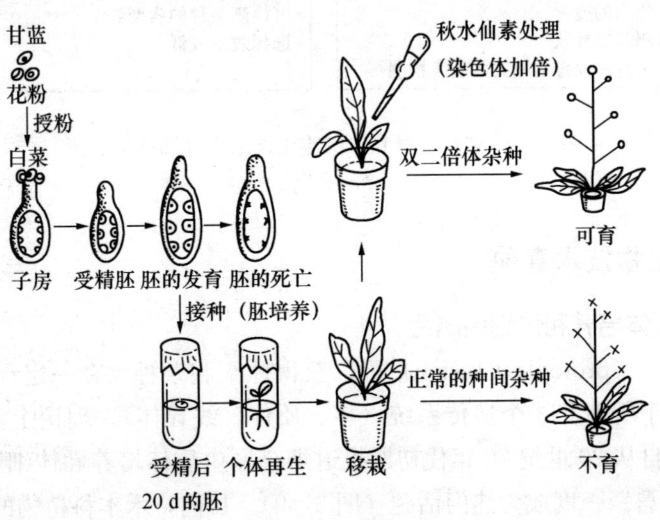

图 3 - 7　甘蓝白菜杂种的育成过程和秋水仙素处理示胚培养和染色体加倍的作用

（参大泽胜次 等，2005）

2. 花药和花粉培养 通过花药培养（anther culture）并使小孢子发育成愈伤组织或胚状体，或通过花粉培养（pollen culture）形成愈伤组织或胚状体，进而再生单倍体植株，经自然或人工加倍后，单倍体纯化成二倍体。我国在这一领域处于国际领先水平，已获得 40 多种花药培养再生植株。

3. 细胞筛选 细胞筛选（cell selection）和体细胞无性系变异筛选（somaclonal variation）是从组织和细胞的再生植株中筛选优变株系的育种途径，首先在细胞阶段施加选择压，然后对再生植株施加选择压。前者称为细胞选择，后者称为体细胞无性系变异筛选（图 3－8）。

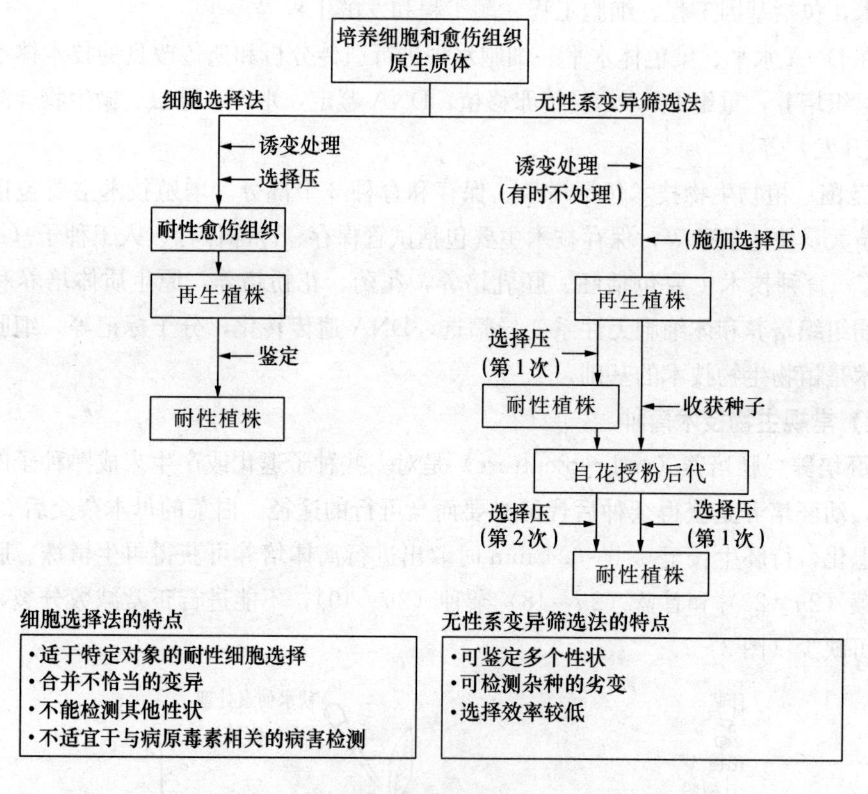

图 3－8 细胞选择和体细胞无性系变异筛选示意图

（参大泽胜次 等，2005）

四、现代生物技术育种

（一）原生质体培养和体细胞融合

原生质体融合（protoplast fusion）可以获得体细胞杂种，在一定程度上克服远缘杂交不亲和性。由于所涉及 3 个遗传系统（核、质体、线粒体），理论上基因重组率较高，可转移基因组。自从 20 世纪 70 年代初期报道烟草原生质体培养和体细胞融合技术以后，80 年代的“番茄薯”一度成为热门话题（图 3－9）。目前，禾本科植物的原生质体再生困难的问题已经获得突破，木本植物原生质体培养和融合技术也获得了长足发展。但通过原生质体融合获得的体细胞杂种由于是非自然多倍体，且劣变多，迄今尚少有通过这一技术直接获得商业品种的报道。

(二) DNA 重组

基因工程是通过 DNA 重组技术对生物进行定向遗传改良的技术体系。传统杂交亲本可供选择的范围有限，而基因工程可能使 DNA 重组在更为广阔的范围内进行，可望创制出划时代的新品种。而且，传统的杂交育种在以野生种为亲本时，在导入有利性状的同时也会导入某些不利基因，而基因工程只导入必要的性状控制位点。此外，基因工程可望使作物品种改良的周期缩短。由于基因工程的这些特点，其已经成为生物技术中最具吸引力的领域。图 3-10 展示了叶圆盘转化过程。

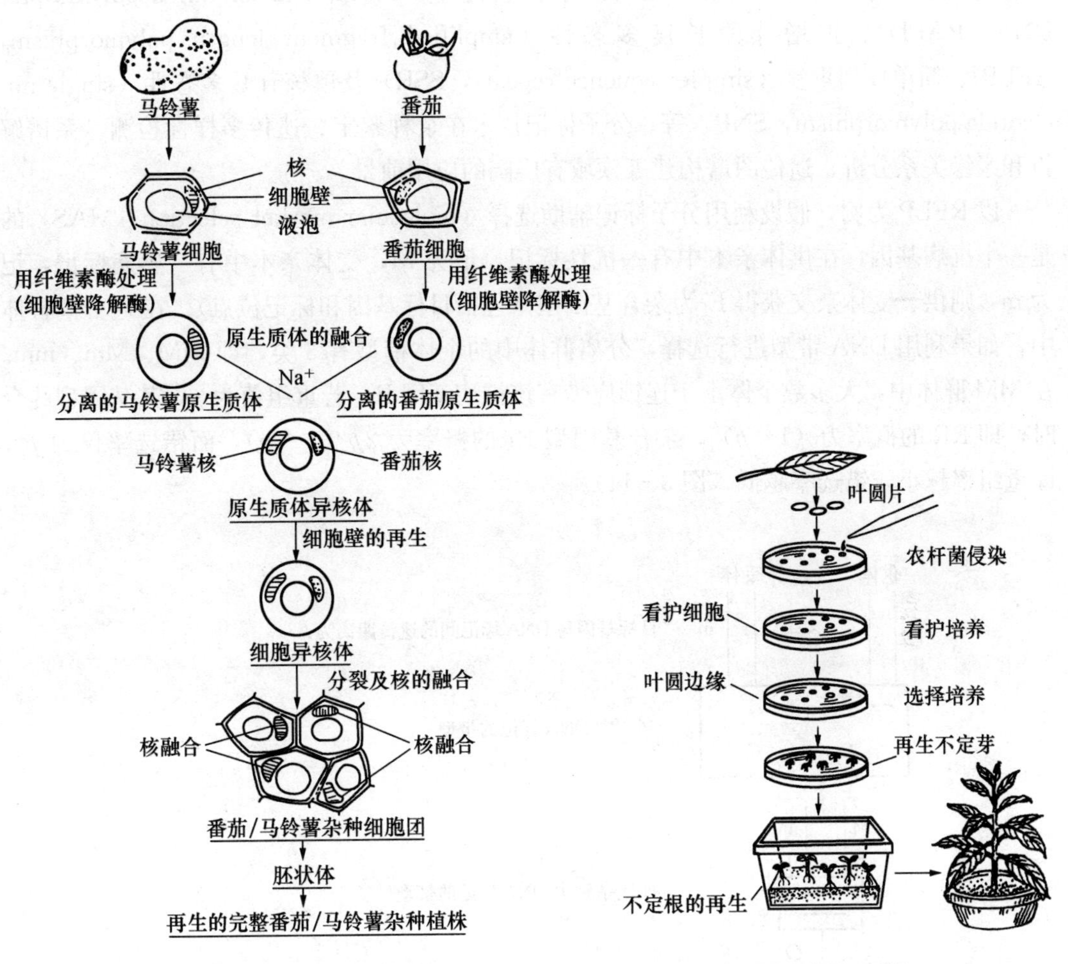

图 3-9 番茄和马铃薯体细胞杂交获得番茄薯示意图
(周维燕，2001)

图 3-10 双子叶植物叶圆盘转化法示意图
(张献龙 等，2004)

目前基因工程品种不断涌现，如耐贮番茄，抗除草剂油菜和大豆，抗虫甘薯、玉米和棉花，多色香石竹等已规模生产。我国转基因耐贮番茄，多色牵牛花，抗虫棉，抗病毒烟草、甜椒、番木瓜等也已进入大田生产阶段。

（三）分子标记辅助选择

分子标记（molecular marker）是以生物大分子，尤其是生物体的遗传物质——核酸的多态性为基础的遗传标记。近十多年来，直接检测DNA的分子标记技术得以迅速发展和应用。与其他遗传标记相比，分子标记具有如下优点：①直接以DNA的形式表现，不受组织类别、发育时期、环境条件等干扰；②数量极多，可遍及整个基因组；③多态性高；④不影响目标性状的表达，与不良性状无必然的连锁遗传现象，表现为中性。

目前较广泛应用的分子标记技术有限制性酶切片段长度多态性（restriction fragment length polymorphism，RFLP）、随机扩增多态性DNA（random amplified polymorphic DNA，RAPD）、扩增片段长度多态性（amplified fragment length polymorphism，AFLP）、简单序列重复（simple sequence repeats，SSR）及单核苷酸多态性（single nucleotide polymorphism，SNP）等。分子标记技术在杂种鉴定、遗传多样性检测、系谱解析和亲缘关系分析、遗传图谱构建等领域有广阔的应用前景。

以RFLP为例，假设利用分子标记辅助选择（molecular marker selection，MAS）的是一个抗病基因，在供体亲本中有一抗性标记，记为M，受体亲本中有一感病标记，记为m，则供、受体杂交获得F_1为杂合基因型（包括目标基因和标记位点）。在F_2分离群体中，如果利用DNA带型进行选择，分离群体中的个体带型有3类，即MM、Mm、mm。在MM群体中，大多数个体由于连锁应带有该抗病基因R，若重组值为p，其基因型纯合时，即RR的概率为$(1-p)^2$，杂合基因型Rr的概率为$2p(1-p)$，而错选率仅为p^2，即重组率越小，错选率越低（图3-11）。

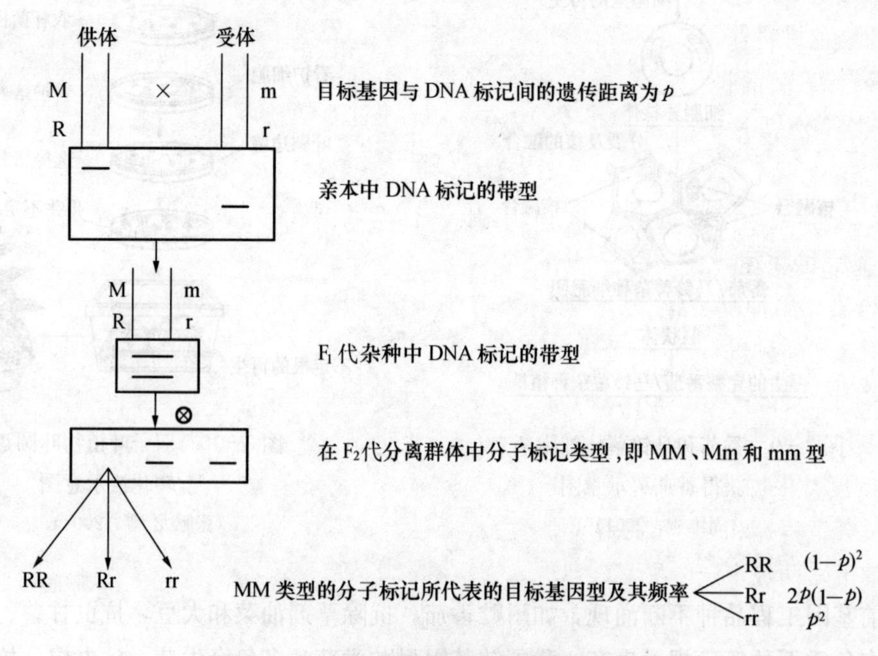

图3-11 分子标记辅助选择的遗传学基础

第五节　品种权保护及品种审定

园艺植物新品种试验、品种权保护和审定工作既是育种的最后环节，同时又是园艺植物新品种推广应用过程中的必需环节，也是联系新品种选育和推广的桥梁。通过品种权保护和审定，可以保证优良植物新品种在最佳时间、区域和限度范围内发挥增产和增效作用，保护育种者和消费者权益。

一、品种权保护

1. 品种权的概念　品种权（cultivar rights）是由国家植物新品种保护审批机关依照相关法律法规，赋予品种权人对其新品种经济和精神专有权利的总称。品种权是知识产权的重要组成部分，是植物新品种保护的核心。目前，国际植物新品种保护联盟（International Union for the Protection of New Varieties of Plants，UPOV）及各成员国都对品种权设置了保护期限，一般为15～20年。最近一些国家对果树新品种的保护期限延长至25年，我国将品种权的保护期限规定为藤本植物、林木、果树和观赏树木20年，其他植物15年。

2. 授予品种权的条件　获得品种权的植物新品种，必须同时具备以下条件：①该品种是国家植物新品种保护名录范围内的品种；②该品种不违反国家法律，不妨害公共利益或者不破坏生态环境；③该品种除必须具备一般品种的特异性、一致性、稳定性外，还应具备新颖性，并有适当命名。

3. 品种权的保护　除利用授权品种进行育种及其他科研活动，以及农民自繁自用授权品种的繁殖材料外，未经品种权人许可，以商业目的生产或者销售授权品种的繁殖材料的，品种权人或者利害关系人可以请求省级以上人民政府农业、林业行政主管部门依据各自的职权进行处理，也可以直接向人民法院提起诉讼。

二、品种审定和登记

（一）品种审定

1. 含义　品种审定（cultivar certification）是指政府主管部门（农业、林业）成立的专门机构对新品种进行区域试验和生产试验鉴定，按规定程序审查并决定该品种能否推广和推广范围的过程。《中华人民共和国种子法》规定，国家实行植物新品种保护制度，主要农作物和主要林木品种在推广应用前应通过国家级或省级审定。

2. 制度　根据《中华人民共和国种子法》，农业部1997年颁发了《全国农作物品种审定委员会章程》和《主要农作物品种审定办法》，农作物品种审定实行国家和省（自治区、直辖市）两级审定制度。农业部设立国家农作物品种审定委员会，各省（自治区、直辖市）人民政府农业主管部门设立省级农作物品种审定委员会。

申请审定的品种应当具备下列条件：人工选育或发现并经过改良；与现有品种（已审定通过或本级品种审定委员会已受理的其他品种）有明显区别；形态特征和生物学特性一

致；遗传性状稳定；具有符合《农业植物品种命名规定》的名称；已完成同一生态类型区2个生产周期以上、多点的品种比较试验。品种试验包括以下内容：区域试验，生产试验，品种特异性、一致性和稳定性测试（简称DUS测试）。

审定通过的品种，可在公告的适宜种植区推广。转基因植物品种的选育、试验、审定和推广，应进行安全性评价，并采取严格的安全控制措施。

（二）品种登记

农业部根据《中华人民共和国种子法》制定的《非主要农作物品种登记办法》，将稻、小麦、玉米、棉花、大豆5种主要农作物以外的其他农作物称为非主要农作物，主要农作物新品种实施审定制度，而非主要农作物新品种无须审定，但在推广前应进行品种登记（cultivar registration）。园艺植物绝大多数都属于非主要农作物，为了规范非主要农作物品种管理，《非主要农作物品种登记办法》规定，应科学、公正、及时地登记非主要农作物品种。应当登记的农作物品种未经登记的，不得发布广告、推广，不得以登记品种的名义销售。

农业农村部主管全国非主要农作物品种登记工作，制定、调整非主要农作物登记目录和品种登记指南，建立全国非主要农作物品种登记信息平台（以下简称品种登记平台），各省（自治区、直辖市）人民政府农业主管部门负责品种登记的具体实施和监督管理，受理品种登记申请，对申请者提交的申请文件进行书面审查。品种登记申请实行属地管理，一个品种只需要在一个省份申请登记，两个以上申请者分别就同一个品种申请品种登记的，优先受理最先提出的申请；同时申请的，优先受理该品种育种者的申请。申请登记的品种应当具备下列条件：人工选育或发现并经过改良；具备特异性、一致性、稳定性；具有符合《农业植物品种命名规定》的品种名称；品种适应性、抗性鉴定以及特异性、一致性、稳定性测试，申请者可以自行开展，也可以委托其他机构开展；登记证书载明的品种名称为该品种的通用名称，禁止在生产、销售、推广过程中擅自更改。

复习思考题

1. 品种和植物新品种的含义是什么？品种名在植物学名中怎样标注？
2. 试述种质资源的概念及其与园艺植物育种的关系。
3. 试述引种的概念及原理。
4. 选择育种有哪些方法？各种方法的适用对象有何不同？
5. 试比较说明常规杂交育种和杂种优势育种的异同点。
6. 诱变育种和倍性育种的主要方法有哪些？
7. 生物技术育种的主要方法有哪些？
8. 如何进行新品种审定或登记？

第四章

园田规划和园艺生产设施与机械

本章提要 园艺生产在园田中进行。园田包括果园、菜园、花园、茶园等，不同园田有不同的特点和要求，因地制宜地规划园田是建园的基础工作。园艺设施是园田的重要组成部分，在园艺生产中，尤其是反季节栽培中发挥着重要作用。园艺是劳动密集型产业，生产机械是园艺生产轻简化的主要依托。本章共3节，第一节阐述了园田规划的一般原则和内容，具体介绍了果园、菜园、花园、茶园的规划；第二节介绍了冷床、温床、塑料拱棚、温室、植物工厂、遮阳网和防虫网及防雨棚等园艺设施的类型和结构，设施环境的特点和调控措施，以及各种园艺设施的配套利用；第三节简要介绍了园艺生产中的耕作机械、生产作业机械、收获机械和采后处理机械。

园田是园艺生产的场所，不仅有园艺作物，还有园艺生产设施和机械。了解园田规划的原则和各种园田规划的内容，了解园艺设施的类型、结构、环境特点和用途，是建园和园艺生产的基础。了解和应用园艺机械是园艺生产轻简化和机械化的需要。

第一节 园田规划

园田规划应因地制宜，遵循合理性、实用实效性、绿色安全性和综合发展的原则，规划内容包括水土保持工程、种植小区、防护林体系、排灌系统、道路、建筑物等。果园、菜园、花园、茶园的规划各有特点。

一、园田规划的原则和内容

（一）园田规划的原则

1. 合理性原则 设施和建筑物的面积比例，道路、渠沟、灌溉设施等建设内容和布局、工程配置等，都要科学合理。

2. 因地制宜原则 要根据当地的地形特点，尽量利用现有地形、地貌，因地制宜，使种植园与周围环境融为一体。既要考虑耕作的方便，又要注意保护生态环境。

3. 实用性和实效性原则 应从生产实际出发，突出生产的目的性，每项建设内容为生产服务，并能发挥最大效益。

4. 绿色和安全生产原则 生产要体现绿色可持续发展理念，充分保障园艺产品质量安全和消费者利益，应按相应的产品生产基地标准选择基地。

5. 综合发展原则 将城市园艺基地建设与出口创汇、加工型园艺生产基地建设、园艺休闲等统筹规划，协调建设，促进基地建设规模化发展、区域化布局、专业化生产。

（二）园田规划的内容

1. 园地平整及标高的确定 果园和茶园多在山地规划，菜园和花园多在平地规划。一般种植园的规划都需在园地平整的基础上进行。

（1）园地平整 应根据地形、地貌实现局部平整即可。一般按分割后的小区域进行平整，每一个小区域相对独立，且做到相对平坦。土地平整一般在路已建成、沟渠或灌溉体系形成后一次性进行。

（2）园地标高 路面标高比原状土高 15 cm 左右，地势低洼的区域可提高 5～10 cm，地势高峻的区域可下浮至原状土。整个建设区域原则上一般只定一个标高，但如果整个建设区域原状土高低不平，且落差大于 30 cm，则应根据实际地形，考虑排水、土地平整和道路成本，依原状土实际在每个小区域交界处升高或降低。

2. 水土保持工程 无论是山地，还是平原、滩涂地的种植园，水土流失和风蚀都是不容忽视的。山地通过修筑拦水坝、梯田、鱼鳞坑等保持水土，平原或滩涂地通过营造防风林保持水土。

3. 种植小区 小区是种植作业的基本单位，一般每个小区面积为 10～30 hm^2，大型园艺植物种植小区较大，小型园艺植物种植小区较小。小区通常为长方形，其长短边的比例为 2∶1 或 5∶（2～3），长边走向应与防护林的走向一致，可减轻风害。山地种植园小区的形状和大小应结合地形、地势确定，考虑耕作方便、等高线走向等。现代化规模经营、专业化程度高的种植园，基本上每个小区种植较单一的园艺作物。

小区划分必须兼顾"园、林、路、渠"综合规划，根据地形、地貌，因地制宜，使小区与周围环境融为一体。山区、丘陵宜按等高线横向划分，平地可按机械作业的要求确定小区形状。

4. 防护林体系 防护林具有降低风速、减轻风雹等灾害、调节小气候、缓和温湿度变化、保持水土和优化生态环境等功能。种植园一般都需要设防护林。

防护林带的有效防风距离为树高的 25～35 倍，通常由主林带和副林带相互交织成网格。主林带是以防护主要有害风为主，一般栽植乔木树种 3～6 行，其走向垂直于主要有害风的方向，如果条件不许可，交角在 45°以上也可；副林带则以防护来自其他方向的风为主，栽植乔木树种 1～2 行，其走向与主林带垂直。林带的间距应根据当地有害风的最大强度设计，通常主林带间隔为 200～400 m，副林带间隔为 600～1 000 m，组成 12～40 hm^2 大小的网格。主林带宽度不超过 20 m，副林带宽度不超过 10 m 为宜。其株行距乔木为 1.5 m×2 m，灌木为（0.5～0.75）m×2 m，树龄大时可适当间伐。

山谷坡地营造防风林时，由于山谷风的风向与山谷主沟方向一致，主林带最好不要横贯谷地，谷地下部一段防风林应稍偏向谷口且采用透风林带，这样有利于冷空气下流。在谷地上部一段，防护林及其边缘林带，应该是不透风林带，而与其平行的副林带，应为网孔式林型。

不透风林带组成树种，上面是高大乔木，下面是小灌木，上下枝繁叶茂，防护范围仅为 10～20 倍林高，防护效果较差，一般少用。透风林带由枝叶稀疏的树种组成，或只有乔木树种，防护范围大，可达 30 倍林高，是果园常用的防护林带类型。

林带的树种应选择适合当地生长，防风效果好，与种植园主要树种没有共同病虫害，生长迅速，具有一定经济价值的树种。林带由主要树种、辅佐树种及灌木组成。主要树种应选用速生高大的深根性乔木，如杨、水杉、榆、泡桐、沙枣、香樟等。辅佐树种可选用柳、枫、白蜡以及部分果树和可供砧木用的树种，如山楂、山荆子、海棠、杜梨、桑、花椒、文冠果等。灌木可用紫穗槐、灌木柳、沙棘、白蜡条、桑条、柽柳以及枸杞等。结合种植园产品防护，林带树种也可用花椒、皂荚、玫瑰等。

5. 排灌系统 大型种植园必须有合理、完善的排灌系统，包括水源、输水和排水管道、供水设施等。

(1) 水源和灌溉系统 水源包括水库、河流以及种植园范围以内的水井、集水池等。应估算其年总供水能力和季节最大供水能力，按种植园的面积和作物需水量确定水源的供水量、供水方式和方法。种植园输水应以地下管道为主，地上渠道输水要注意渠道渗水问题，用水泥、塑料膜铺设渠道。

灌溉有渠灌、喷灌、滴灌等方式。渠灌在生产上最常用，其投资小，但对水资源利用率低。渠道由主渠道和支渠道组成，渠道的深浅和宽窄应根据水的流量而定。平地园田的主渠道与支渠道呈“非”字形，山地园田支渠道与主渠道呈T形。渠道的长短按地形、地块设计，以每块地都能浇上水为准。无论是山地还是平地，都要注意防渗漏。

喷灌较渠灌可节约用水50%以上，并可降低园艺植物冠内温度，防止土壤板结。喷灌的管道可以是固定的，也可以是活动的。活动式管道一次性投资小，但使用比较烦琐。固定式管道使用方便，还可以喷农药。

滴灌系统由主管、支管、分支管和毛管组成。主管直径80 mm左右，支管直径40 mm，分支管细于支管，毛管最细，直径10 mm左右，在毛管上每隔70 cm安1个滴头。滴灌用水比渠灌节约75%，比喷灌节约50%。

(2) 排水系统 排水方式有渠排和井排，其中渠排应用最多。种植园的排水系统一般应独立设计施工，地下排水渠道，毛、支、干、主排渠网系应当完善，能在各种情况下排涝、防涝。土壤透气性良好的园田，排水渠道可与渠灌的渠道结合起来，涝时排水，旱时灌溉。沟渠位置的确定，一是根据土地标高，二是根据区域周边的河道，三是根据实际的排水方向。地势平整、可自然排水的建设区域，根据排水方向确定宽0.8～1 m、深0.8～1 m的主排水高低沟，然后在路两侧根据区域大小、田地高低确定0.6～0.8 m宽的支沟。沟渠确定的要求，一是沟沟相通，过道路需预埋过路管（ϕ650～1 000 mm）；二是设定一定的倾斜落差（一般为0.1%～0.2%）。

6. 道路 种植园道路一般由主路、干路、支路和作业道组成。道路位置确定的原则是，首先确定进入建设区域的主干道，然后根据区域地形在区域两头边缘，离围墙线或河口线1.5 m处设置与主干道垂直的支路，然后根据延长米进行复制。

种植园道路应以建筑物为中心，便于全园的管理和运输。主路是种植园通往外界的最主要道路，一般宽6～8 m，两旁是防护林或排灌渠道。干路和支路一般是小区的边界，宽4～6 m，在防护林下，与排灌渠道并行或排灌渠道设在路的地下。作业道设在小区内，以方便作业。山区种植园的道路设计，要依据地形和坡降，与水土保持工程综合考虑进行规划。

7. 建筑和其他 种植园规划一般都要考虑办公管理室、农用物资库房、农具与机械库、产品采后处理车间、职工休息或住宿房舍、停车场、图书资料及培训教室等建筑。现代种植园，特别是城镇郊区的观光种植园，还应有观光园、寓教园、休闲园的功能，或生产与上述功能兼而有之。种植园规划设计应考虑餐饮、住宿和娱乐活动空间，有宣传园艺专业科技知识的陈列室、放映厅、园艺产品采购中心等。

二、主要园田的规划

（一）果园规划

果树是多年生植物，果园规划十分重要。果园规划主要包括栽植小区的划分、道路排灌系统的规划、采后处理场所和建筑物的设置、防护林的营造等。

1. 栽植小区 果园小区的大小因地形、地势、土壤及气候等自然条件而定。山地自然条件差异大，灌溉和运输不方便，小区面积宜小，一般为1～4 hm^2；平原、高原、地势平坦的地带，小区面积可大至6～12 hm^2。山区、丘陵宜按等高线横向划分；平地可按机械作业的要求确定小区形状；用滴灌方式供水的果园，小区可按管道的长短和间距划分；用机动喷雾器喷药的果园，小区可按管道的长度而划分，原有的建筑物或水利设施均可作为栽植小区的边界。

2. 道路、包装场和建筑物 平原果园道路主要依据种植园的形状规划，山地果园的道路可呈“之”字形绕山而上，但坡度不要超过7°。

采后处理场所尽可能设在果园的中心位置，药池和配药场宜设在交通方便处或小区的中心。如山地果园，畜牧场应设在积肥、运肥方便的稍高处，包装场、贮藏库等应设在稍低处，而药物贮藏室则应设在安全的地方。

3. 排灌系统 果园灌溉有渠道灌溉、喷灌、滴灌等方式。山地果园采用喷灌、滴灌，可以节省造梯田的工程。渠灌规划时渠道的长短按地形、地块设计，以每块地都能浇上水为准。山地果园高差大的地方要修跌水槽，以免冲坏渠道，渠长超过100 m时，应有0.3%～0.5%比降。滴灌规划时分支管按树行排列，每行树1条，毛管环绕每棵树冠投影边缘1周。

盐碱地、黏土地果园应单设排水渠道，要深而宽，为排水洗盐（碱）改良土壤用。涝洼地果园，每个行间都要挖宽而深的排水沟，沟深和宽度视涝洼程度而增减，最终把果园整成“台田”；山地果园挖好堰下沟，防止半边涝。

4. 防护林带 果园常用透风林带，防护范围大，可达30倍林高。林带距果树的距离，北面应不小于30 m，南面10～15 m。为了不影响果树生长，应在果树和林带之间挖1条宽60 cm、深80 cm的断根沟（可与排水沟结合用）。

5. 水土保持 山坡地果园水土保持工程主要有梯田、撩壕、鱼鳞坑等。辽宁锦西喂牛厂果农设置撩壕的经验是“找好水平，随弯就势，平高垫低，通壕顺水”，主张“小树壕小，大树壕大，先栽树后撩壕或先撩壕后栽树皆可”。鱼鳞坑是仅在栽植果树的地点修筑的，结构似一般的微型梯田，适于坡度过陡、地形复杂、不易修筑梯田或撩壕的山坡。

鱼鳞坑以株距为间隔，沿等高线测定栽植点，并以此为中心，由上坡取土垫于下坡，修成外高内低的半圆形土台，台面外缘用石块或土块堆砌。在筑鱼鳞坑的同时，以栽植点为中心挖穴，填入表土并混入适量的有机肥料，而后栽植果树。

6. 授粉树配置和栽植密度　多数果树自花结实能力低，需要配置授粉树。对授粉品种的主要要求是：与主栽品种花期相同、花粉量大并与主栽品种授粉亲和性好、产量与品质符合要求等。授粉树常按行栽植，如每2～4行主栽品种配置1行授粉品种；也可以在同一主栽品种的行中，每隔4～6株栽1株授粉品种，行与行的授粉树错开。

一般授粉品种与主栽品种分行栽植，便于喷药、采收等管理。但密植园，由于树行形成树墙，蜜蜂喜欢顺行飞行，将授粉品种栽植在主栽品种的行内更有利于授粉。另外，有些种类或品种自身花粉发芽率低，最好选配2个授粉树品种。

栽植密度要根据品种特性、树冠大小和砧穗组合来确定，乔化品种大于矮化品种，乔化砧大于半矮化砧大于矮化砧。栽植密度还要考虑土壤状况，土层厚、土壤肥沃的果园，株行距应大于土层浅、土壤瘠薄的果园。栽植密度还与间作计划、整形方式、栽植形式、机械化程度、管理水平等有关。

（二）菜园和花园规划

蔬菜和花卉一般较果树小，种植小区也较果树小，但果树主要为露地生产，设施面积很小，而蔬菜和花卉的设施生产比例较大，因而设施规划布局是菜园和花园规划的重要内容。

1. 道路和栽培设施　菜园和花园道路、沟渠、建筑等规划原则同一般种植园，道路和设施规划应一并考虑。常用生产设施有温室、塑料大棚、育苗设施等，其结构和布局要求详见本章第二节。

2. 排灌系统　以露地生产为主的菜园和花园，排灌系统的设计原则参考一般种植园规划，主要采用明渠或暗渠排灌系统，也可采用喷灌或滴灌方式。以设施生产为主的菜园和花园，灌溉方式以滴灌、微喷灌为主。雨涝地区的露地菜园和花园应设计排水系统。

3. 种植小区和作物配置　蔬菜和花卉多为一二年生植物，种植小区应注意按轮作区规划，以克服连作障碍。如蔬菜一般按茄果类、瓜类、豆类、白菜甘蓝类、绿叶菜类、根菜类、葱蒜类、薯芋类等实行8大区轮作制。轮作区设计应注意不同类作物对土壤养分的要求及其化感作用，以及感染病虫害的特点等。如豆类易染蚜虫，辣椒很忌蚜虫，辣椒不宜与豆类蔬菜间作或近地栽培。

要注意产品不同成熟期、不同用途的种类和品种的合理配置。如大型菜园和花园，大宗菜和花卉应是主栽种类，而销量小的蔬菜和花卉则不宜占太大面积。

（三）茶园规划

茶园多在山区，其规划有显著的特点。

1. 土地区块　凡是坡度在30°以内、土层深厚、土壤呈酸性、比较集中成片的地方可划为茶区，把适宜种植茶的土地尽量建成茶园。坡度过陡的地区和山顶、山脊处宜划为林、牧区；居住点和畜圈附近比较平坦的地块，可种植蔬菜、饲料等作物；沟边、路旁和房屋前后要多种树木。

茶区面积较大的，应根据地形、地势的具体情况，分区划片，合理布置茶行和茶树品种。一般中型茶场要划分为区、片、块3种形式；7 000 hm^2以上的茶场需设立分场；小型茶场只划片、块就可以了。一个区即为一个综合经营单位，可依自然地形划分或以防护林、沟、主干道等作为分界线。在平地或缓坡丘陵地的茶园地块，尽可能划成长方形或扇形，茶行长，便于机械操作。茶区面积一般以0.7 hm^2左右为宜，茶行长度以60 m较为恰当。

2. 道路网 茶园的道路分为干道、支道和步道，它们互相连接组成道路网。干道是连接各生产区、制茶厂和场（园）外公路的主道，要求能通行汽车和拖拉机，一般路宽8～9 m，纵向坡度小于6°，转弯处的曲率半径不小于15 m，能供两辆卡车对开行驶。支道也是茶园划分区片的分界线，其宽度以能通行手扶拖拉机和人力车为准，一般宽4～5 m。步道是茶园地块和梯层间的人行道，宽2～3 m。实行机耕的茶园要留出地头道，以供耕作机械掉头之用。

地势起伏不大的园区，最好沿分水岭修筑干道；山势较陡的宜在山腰偏下部修建干道，路面中间宜略高，两旁要有排水沟，并修好涵洞，以免雨水冲毁路面。坡度较大处的支道、步道修成S形缓路迂回而上，以减少水土冲刷并便于行走；坡度在10°以下的缓坡步道可开成直道。通常，道路占地面积以控制在占茶场总面积的5%左右为宜。

3. 排蓄水系统 茶园应建立设有隔离沟、纵沟、横沟、沉沙坑、蓄水池的排蓄水系统，既可防止雨水径流冲刷茶园土壤，又可蓄水抗旱和解决施肥、喷药用水问题。

隔离沟又称拦山堰、截洪沟，设在茶园上方与荒山陡坡交界的地方，其作用是隔绝山坡上的雨水径流，使之不能侵入茶园，冲刷土壤。隔离沟深、宽各70～100 cm，横向设置，两端与天然沟渠相连或开人工堰沟，把水排入蓄水塘堰，以免山洪冲毁山脚下的农田。

纵沟顺坡向设置，用以排除茶园中多余的地面水。应尽量利用原有的山溪沟渠，不足时可再修一些。纵沟可沿茶园步道两侧设置，要求迂回曲折，避免直上直下；坡度较大的地方，可开成梯级纵沟以减缓水势，防止径流冲毁茶园梯坎和道路。纵沟的大小视地形和排水量而定，以大雨时排水畅通为原则，沟壁可蓄留草皮或种植蓄根性绿肥，以防水沟垮塌。纵沟应通向水池或塘堰，以便蓄水。

横沟又叫背沟，在茶地内与茶行平行设置，与纵沟相连。其作用主要是蓄积雨水浸润茶地，并排泄多余的水入纵沟。坡地茶园每隔10行开一条横沟。梯式茶园在每台梯地的内侧开一条横沟，沟深20 cm，宽33 cm左右。在较长的横沟内，每隔3～4 m筑一个小土埂或挖一个小坑，以便拦蓄部分雨水，使之渗入土中，供茶树吸收利用，并可减少表土随水流失，做到小雨不出园，大雨保泥沙。

沉沙坑是指在纵沟中每隔1.6～3.3 m挖一个坑，深、宽各30～45 cm，长60～70 cm。其作用是沉沙走水，保土保肥，并可减缓水流速度，如果坡度陡、水量大、土质疏松，应多挖一些沉沙坑。在横沟和纵沟交接处以及梯级纵沟的流水降落处都要挖一个沉沙坑。道路两侧纵沟中的沉沙坑要错开位置，以免影响路基的牢固，大雨后要经常把沉沙坑中的泥沙挖起，挑回茶园培土。

蓄水池供茶园施肥、喷药、灌溉之用，一般每0.3～0.7 hm^2茶园要有一个蓄水池。水池与排水沟相连接，进水口挖一个沉沙坑，以免池内淤积泥沙。最好在水池附近修一个肥料池，以便取水沤泡青草肥。对于规模较大的茶场或茶园，还应修建山湾塘堰，以保证生产和生活用水。山湾塘最好设在地势较高的地方，以便于自流灌溉。地下水位高的茶地，要开排除积水的水沟，这种水沟有明沟和暗沟两种，明沟沟深大于 1 m，暗沟则在 1 m以下的土层中，按照自然地形，用石块或砖块砌成。有的地方在上述砌沟部位铺上卵石或碎砖头，隔离地下水，达到排水良好的目的。

4. 防护林　茶园防护林一般设在茶园周围、路旁、沟边、陡坡、山顶以及山口迎风的地方。防护林一般采用杉树、油茶、桉树、油桐、女贞、香樟、棕榈等树种。夏季日照强烈的地区，还应在茶园梯坎和人行道上适当栽种遮阴树，其树冠应高出地面 2.5 m 以上，以免妨碍茶树的生长。

第二节　园艺设施

园艺设施（horticultural structure）是指人工建造的用于园艺植物生产的各种建筑物，又称为保护地设施。设施园艺（horticulture under structure）是指在不适于露地栽培的季节或地区，利用特定的设施，人为地创造适于作物生长发育的环境条件，从事蔬菜、花卉、果树等园艺植物栽培的应用性科学，又称为保护地栽培（protected cultivation），它是园艺学与农业工程学相互交叉的学科，研究内容是各种园艺设施的设计、建造、环境条件的调控及相应园艺植物的栽培技术。要搞好设施园艺生产，不但要了解园艺设施的类型、结构与性能，还要掌握园艺设施环境特点及调控技术。

一、园艺设施的类型和结构

园艺设施的类型很多，有小型的，如冷床；有大型的，如连栋温室、连栋大棚；有简单的，如风障畦；有设备完善的，如智能温室、植物工厂。生产中常用的有冷床、温床、塑料薄膜拱棚、温室、遮阳网和防虫网覆盖、防雨棚等。

（一）冷床

冷床（cold frame）又叫阳畦，是加透明覆盖物和保温覆盖物的畦框床。畦框用土或砖筑成，上面白天覆盖玻璃或薄膜等透明覆盖物，夜间再加盖草苫等保温覆盖物，依靠阳光热源和保温措施提供园艺植物育苗或生产的适宜小环境。在北方，冷床是在风障畦的基础上发展起来的，有抢阳畦和槽子畦，进一步发展了空间较大的改良阳畦。

1. 抢阳畦　抢阳畦由畦框、透明覆盖材料、保温覆盖材料和风障构成。畦框一般北高南低，其高度差因地区不同而有不同。一般北框高 35～60 cm，底宽 30 cm 左右，顶宽 15～20 cm；南框高 20～40 cm，底宽 30～40 cm，顶宽 30 cm 左右；东西两侧框与南北框相接，厚度与南框相同，畦面宽 1.5～1.8 m，畦长 6～10 m。

2. 槽子畦　槽子畦基本结构与抢阳畦相同，只是四周畦框等高，一般为 40～55 cm，宽 30～40 cm，畦面宽及畦长与抢阳畦相同，可以直接从地面向下挖成。

3. 改良阳畦　改良阳畦又叫小洞子、小暖窖，东北也叫立壕子，由风障、畦框、棚顶、覆盖物组成。畦框一般用土或砖构筑而成，北框（即后墙）高约 1 m，厚 0.5 m，山墙最高 1.5～1.7 m，棚顶由棚架与土顶两部分组成。改良阳畦一般宽 2.7～3.0 m，长度视需要而定。土顶用芦苇或作物秸秆作棚底，其上再覆盖 0.1 m 厚的干土，并用麦秸泥封固。覆盖物有塑料薄膜和草苫等。

（二）温床

在阳畦中增加补充加温设备的保护地类型，称为温床（hotbed）。加温的热源有生物酿热（酿热温床）、火炕（火炕温床）、电热（电热温床）等。目前酿热和火炕温床已很少见，以电热温床为主。

电热温床以铺设在床体下面的电热线进行土壤加温，主要设备有电热线、控温仪、交流接触器及断线检查器等。电热线的长度和功率是额定的，使用时不能任意剪切。电热线功率和根数的选择，应根据苗床的功率要求、育苗面积来确定。加温功率密度，一般播种床 80～120 W/m^2，分苗床 50～100 W/m^2。控温仪型号应根据苗床所需总功率进行选择，常用的有 DKW 型、BKW5A 型及 WKQI 型等。电热温床铺设时电热线呈回纹形状布设，不能交叉、重叠、打结，只能并联接入电路。线上铺培养土或摆放育苗钵。

（三）塑料薄膜拱棚

塑料薄膜拱棚（plastic tunnel）是以塑料薄膜为透明覆盖材料，拱圆形顶的保护地设施，通常依其大小分为小棚、中棚和大棚。

1. 小棚 为临时覆盖设施。由拱杆和棚膜构成，生产中有时在棚两侧围护草苫进行保温。拱杆多用轻型材料，如细竹竿、竹片、树条、钢筋等，将拱杆两端插入土中，上面覆盖塑料薄膜。小棚一般高 0.5～1 m，宽 1～3 m，长度根据地块而定，一般长 10～15 m。因小棚多用于冬春季生产，方位宜建成东西向。

2. 中棚 为临时覆盖设施。一般宽 3～4 m，高 1.4～1.8 m，长 10～30 m，拱架由拱杆和拉杆构成，跨度大的可设 1～3 排立柱。拱架多用竹木结构，拱杆和拉杆的间距依据拱架材料强度决定。

3. 大棚 为固定建筑设施，至少在一端有门，类型较多。按拱架材料分为竹木结构大棚、钢筋骨架大棚、钢管骨架大棚、水泥骨架大棚、混合骨架大棚等；按棚内是否有支柱分为有柱大棚、悬梁吊柱大棚和无柱大棚；按棚体跨数多少分为单栋大棚和连栋大棚，连栋大棚按屋顶形状又分为拱圆形连栋大棚和屋脊形连栋大棚（图 4-1）。此外，还有充气式大棚、悬索式大棚等，在生产中较少见。

（1）悬梁吊柱式竹木骨架大棚　这是我国早期种植者自建的传统类型大棚。一般跨度 8～12 m，脊高 2.2～2.4 m，长 30～60 m。中柱为木杆或水泥预制柱。纵向每 3 m 设 1 根，横向每排 4～6 根，其间距 2～3 m。拱架用直径 3 cm 竹竿或 4～5 cm 宽竹片制成，两端插入地下，拱架间距 1 m。悬梁用木杆或竹竿。每拱架下安 30 cm 高的吊柱，支在拱架与悬梁之间，并绑牢加固。拱架上覆盖塑料薄膜，拉紧后四周埋土，在两个拱架之间用 8# 铁丝或压膜线压紧薄膜，两端固定在地锚上。优点是取材方便，造价低。缺点是室内立柱太多，遮光严重，棚内作业和通风不方便，且抗风雪能力差，使用年限短。

（2）钢筋骨架无柱大棚　这是竹木骨架材料改造后的种植者自建型大棚。跨度 6～12 m，高 2～3 m。拱架用钢筋、钢管或两者结合焊接成平面桁架，上弦用 ϕ16 mm 钢筋或钢管，

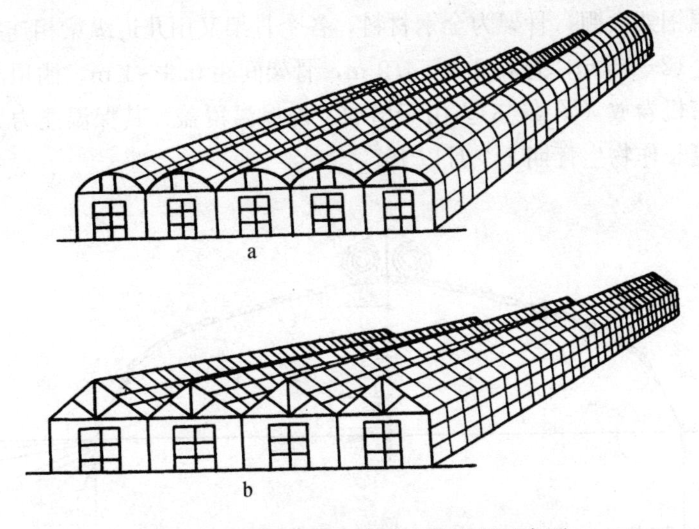

图 4-1　拱圆形及屋脊形连栋大棚示意图

a. 拱圆棚　b. 屋脊棚

下弦用 ϕ12～14 mm 钢筋，拉花用 ϕ10～12 mm 钢筋焊接而成。棚长度 30～60 m，拱架间隔 1～1.2 m，每两拱架间用压膜线固膜。纵向设 5 道拉杆。棚内无柱，光照条件好，作业方便；抗风雪荷载能力强，使用年限 15 年以上。

另外还有水泥骨架大棚、水泥与钢筋混合骨架大棚等。

（3）装配式镀锌钢管大棚　该棚型一般由企业承建，有规格标准。跨度 6～12 m，高 2.5～3 m，长 20～60 m，拱架和拉杆用镀锌钢管制作，两端棚头横竖杆和门等用镀锌方管制作。各种构件均用套管或卡具组装在一起，构成棚体（图 4-2）。薄膜用镀锌卡槽和钢丝弹簧压固，两侧装卷膜器卷膜通风。结构合理，骨架强度高，耐腐蚀，便于安装拆卸，中间无柱，采光、作业性能好，但造价较高。

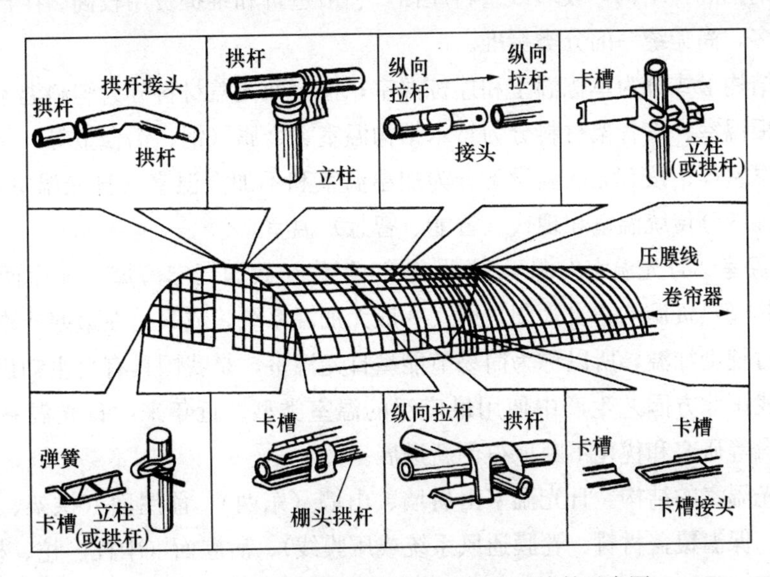

图 4-2　镀锌薄壁钢管装配式大棚及连接件示意图

（4）外保温钢架大棚　骨架为全钢材料，各个骨架又用几道纵梁相连接，棚之间设立1排中柱，跨度12～16 m，脊高3.8～4.0 m，骨架间距0.9～1 m，棚顶部放置草苫或保温被，通过卷帘机卷放（图4-3）。由于增加了外保温覆盖，其保温能力大大增强，比无外覆盖的棚可延长作物生育期2个月以上。

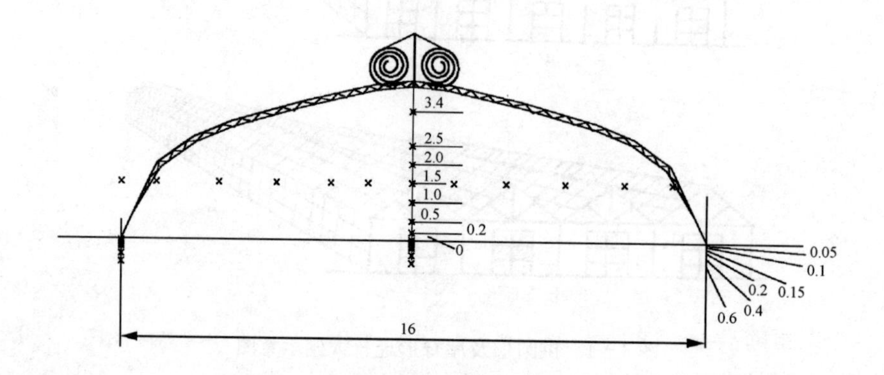

图4-3　16m跨度外保温覆盖塑料大棚示意图

（张亚红）

（四）温室

温室（greenhouse）古代称暖房。一般概念的温室，是以采光覆盖材料作为全部或部分围护结构，配备有一定的温度、光照、湿度等环境调控设备，可在冬季或其他不适宜露地植物生长的季节进行植物生产的固定建筑设施。

温室按应用目的分，有观赏温室、科研温室和生产温室。观赏温室用于陈列各式花卉、树木等供观赏之用，一般设置于公园和植物园内，外形要求美观、高大；科研温室用于科学研究和教学等，对环境条件控制要求较高。观赏温室和科研温室均采用钢结构、铝合金结构或钢铝混合结构，玻璃或塑料屋面，一般造价和维护费用较高。生产温室应用广泛，类型很多，尚无统一的分类标准。

温室按结构形式分为单栋温室和连栋温室；按屋面覆盖材料分为塑料温室、玻璃温室和硬质塑料板温室；按骨架材料分为竹木结构温室、金属（钢、铝合金等）结构温室、钢木混合结构温室等；按有无加温设备分为加温温室和不加温温室（日光温室）；按环境调控设备配套程度分传统温室和现代（智能、智慧）温室。

1. 日光温室　日光温室发源于20世纪80年代初我国辽宁海城，前屋面覆盖材料为塑料薄膜，其光热资源均来自太阳辐射，一般无加温系统，或只是在最寒冷季节、灾害性天气进行临时辅助加温，所以称为简易节能型日光温室，是我国具有自主知识产权的温室类型，也是我国北方园艺生产中使用最广泛的温室类型。近年来，日光温室的结构、类型、建筑材料等研究和优化不断取得创新进展。

（1）日光温室的结构　日光温室由后墙、山墙（东西）、前屋面（拱架、横拉杆、透明覆盖材料、保温覆盖材料、卷膜通风系统或压膜线）、后屋面（中柱、柁、横梁、脊檩、腰檩底层垫板、保温材料、保护层等）、操作间、防寒沟等组成（图4-4）。

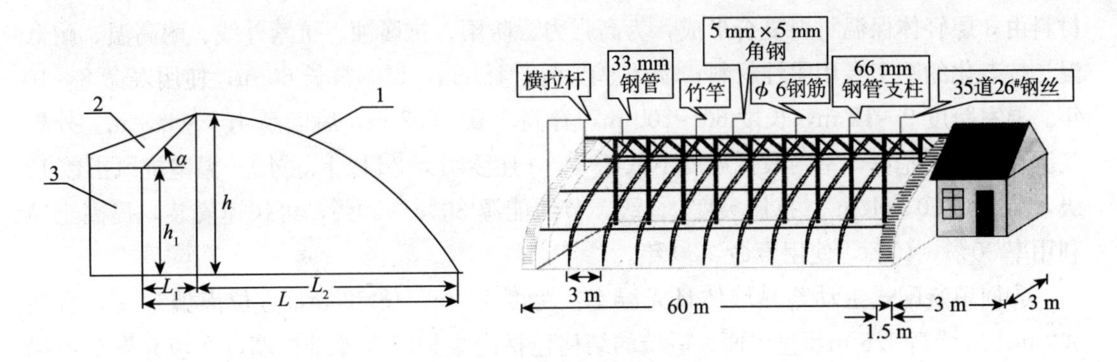

图 4-4 日光温室的基本结构

1. 采光面 2. 后屋面 3. 后墙

L. 跨度 *h*. 脊高 h_1. 后墙高 *α*. 后屋面仰角 L_1. 后屋面投影 L_2. 采光面投影

(2) 日光温室的类型 我国各地的地理位置和自然条件不同，日光温室的高度、跨度等主要设计参数及骨架和墙体等主要建筑材料也有差异，形成了多种类型。根据主要使用季节，可分为冬用型、春用型和冬春兼用型 3 类。冬用型日光温室（现多为半地下式）要求深冬季节室内极端最低气温不低于 10℃，连阴天后出现 8℃左右的低温时间不超过 3 d，在北方的深冬可以生产喜温果菜；春用型日光温室的极端最低气温低于 5℃，在高寒地区深冬难以进行喜温蔬菜的生产；冬春兼用型日光温室，要求极端最低气温在 8℃左右，连阴天后出现 5℃左右低温的时间不超过 3 d。

根据墙体和骨架等主要建筑材料，有土木结构型（土墙和竹木骨架）、土钢结构型（土墙和钢骨架）、砖钢结构型（砖墙和钢骨架）、石钢结构型（石墙和钢骨架）、新结构型（新材料墙体或新型骨架结构）日光温室等。目前，日光温室多向大跨度、大空间、优化屋面和墙体设计方向发展。如以下类型的日光温室：

①大跨度日光温室：如辽沈Ⅳ型日光温室跨度达到 12 m，温室空间较辽沈Ⅰ型日光温室增加了 37.8%，采用立体栽培可使土地利用率提高 40.2%。

②阴阳型日光温室（图 4-5）：可以提高土地利用率，合理利用温室不同部位进行不同种类园艺植物的生产。

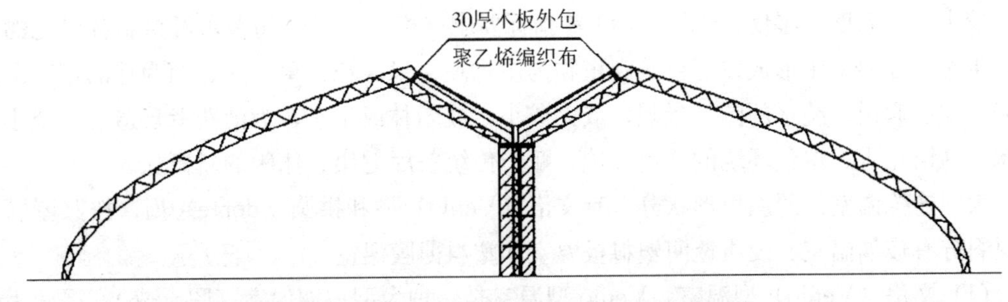

图 4-5 辽沈Ⅱ型（南北棚）日光温室剖面图

③轻质墙体日光温室：前屋面及墙体骨架用镀锌管材工厂化模具生产，活扣连接；墙体内外层由正、反两面分别涂布 PVC 涂层的高强聚酯纤维织物形成，墙体和前屋面保温

材料由3层轻体保温材料复合形成，为高强力、防雨、抗腐蚀、抗紫外线、耐高温、耐低温、抗老化的军工专用柔性材料；墙体厚度小于18 cm，保温被长60 m，使用寿命8～10年。温室跨度9～12 m，长度60～200 m，脊高5.0～5.2 m，后墙高4.1～4.3 m。外界气温在−25℃左右，室内最低温度不低于8℃（连续阴天2d以上除外）。温室抗风指数12级，荷载0.50 kN/m^2，抗震裂度≥9级，节约能源30%～50%，可快速安装，提高土地利用率30%～40%，使用寿命≥30年。

④回填装配式主动蓄热墙体日光温室：跨度10 m，长32 m，方位南偏东5°，脊高5.0 m，后墙高3.6 m，直屋面。后墙的结构包括内维护墙和外维护墙，在填充聚苯乙烯绝热板材、素土或沙子的内维护墙上设有进风口和出风口（用于安装轴流风扇），墙厚度1.3 m，结构为：100 mm聚苯板＋10 mm钢筋网＋1 170 mm相变固化土＋10 mm钢筋网＋10 mm混凝土喷浆涂层（从外向内）。后墙采用空心砌块，具有换热作用，当温室内温度升高到一定值时，空心砌块将通过风道的湿热空气中的热量和湿气交换储蓄到后墙中；当温室室内温度降低时，再通过换热将其储蓄的太阳能释放到温室空气中，蓄热后墙可以有效地提高日光温室室内的温度。

2. 普通加温温室 普通加温温室一般为玻璃温室（glasshouse），四面围护均为透明材料，或者三面围护为透明材料，北面为墙；屋顶为屋脊形或三折面；配备有人工加温和降温系统，有的还配备有调光和加湿系统等。加温多用管道热水或蒸汽加温，降温系统主要为强制通风扇和湿帘墙，还有结合遮光进行降温，用人工光源进行补光，通过喷水或喷雾进行加湿。

3. 大型连栋温室 大型连栋温室是现代农业的标志和重要组成部分，也是工厂化农业不可或缺的农业设施。主要是指大型、可自动化调控的，生物生存环境基本不受自然气候影响的，能全天候进行生物生产的连接屋面温室。它具有覆盖面积大，土地及空间利用率高，生产和环境调控设施较为齐全，环境调节和控制能力强，通风效果好，抗风雪等灾害能力强，便于操作，使用寿命长等特性，已成为现代温室发展的方向。

大型连栋温室按照用途和使用功能可分为生产温室、科研教学温室、检验检疫温室、生态餐厅温室、花卉展厅温室、植物观赏园温室等。生产温室可种植蔬菜、花卉、果树和林木育苗等；科研教学温室主要进行园艺植物栽培、育种、组织培养和脱毒等试验，单元面积较小，对温度、湿度、光照、CO_2等指标要求严格，内部隔间多，可控制各单元的环境；生态餐厅温室中形成以绿色景观植物为主，蔬、果、花、草、药、菌为辅的植物配置格局，配以假山、叠水的园林景观，或大或小，或园林或生态，为消费者营造了一个小桥流水、鸟语花香、翠色环绕的饮食环境，赋予传统餐厅健康、休闲的新概念。

大型连栋温室按照屋顶形状分，有文洛（Venlo）型和拱圆（dome）型；按照屋面透明材料分有玻璃温室、硬质透明塑料板温室和塑料薄膜温室。

（1）文洛（Venlo）型温室 Venlo型温室是一种大型玻璃温室（图4-6），屋面为屋脊形，结构单元跨度6.4～12.8 m，屋面单元跨度为3.2 m，檐高3.0～6.0 m。钢柱及侧墙檩条采用热浸镀锌轻钢结构，屋面梁采用水平桁架结构，屋盖梁采用专用铝合金型材“人”字形对接，天沟用断面相对较小的热镀锌钢或铝合金天沟制作，屋面和侧墙采光材料为 4 mm 厚浮法玻璃；基础通常采用钢筋混凝土独立基础，四周侧墙用砖墙或钢筋混凝土护板连接。具有构件截面小、安装简单、使用寿命长、便于维护等特点。如 XA－100 型和 XA－210 型温室，跨度 6.4～10 m，柱距 1.9 m，顶高 4.75～5.35 m，雨槽下净高 2.13～2.5 m；抗风载 0.50 kN/m²，覆盖材料为进口 PE 长寿膜，双层充气，用 PC 中空板做墙裙。其产品有 A 型和 B 型，A 型骨架由进口 3 层防护温室专用钢管构成，抗雪载 0.30 kN/m²；B 型骨架由国产热镀锌钢管构成，抗雪载 0.225 kN/m²。

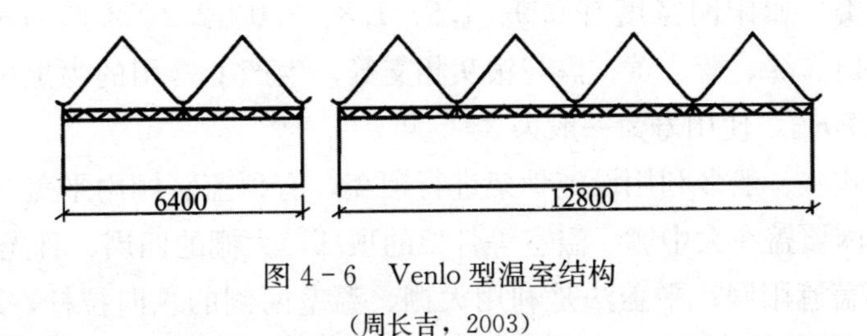

图 4－6　Venlo 型温室结构
（周长吉，2003）

（2）拱圆（dome）型温室　拱圆型温室是一种大型塑料温室。如 GK－80 型温室，跨度 8 m，柱距 4 m，天沟高 3～4 m，脊高 4.67～5.67 m，顶拱梁采用热镀锌钢管，立柱、顶窗采用冷弯矩形钢管制成。抗雪载 0.3 kN/m²，抗风载 0.5 kN/m²，覆盖材料可用单层塑料薄膜或双层充气膜，侧墙可采用 PC 中空板或 PVC 波形板（图 4－7）。

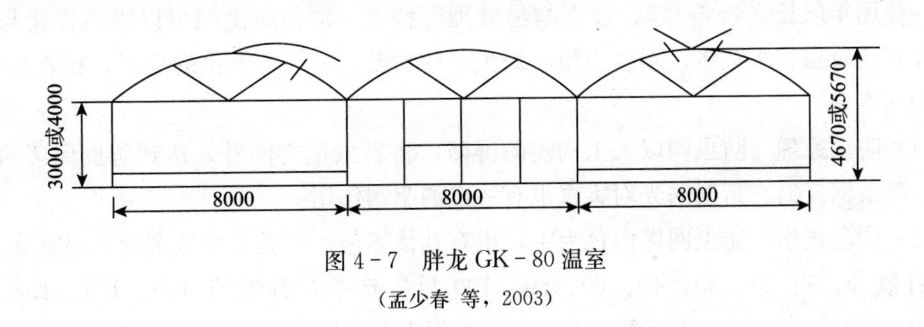

图 4－7　胖龙 GK－80 温室
（孟少春 等，2003）

（五）植物工厂

植物工厂是指利用自然光热资源并借助高精度的温度、湿度、光照、CO_2浓度、营养液等环境控制系统，或利用完全人工环境，实现农作物周年连续生产的高效农业设施系统。

1. 植物工厂的特点　植物工厂作为现代农业发展的高级形式，以人工可控环境和工厂化作业为主要特征。植物工厂利用先进的计算机控制技术，进行程序化、标准化和定量化栽培，可以按照市场需求，实现周年稳定生产；在植物工厂内，由于环境条件适宜，可以缩短植物生长周期；采用机械化设备和自动化控制，节省劳动力，提高作业效率；多层立体栽培提高了土地和设施利用率，节省能源；受地理、气候等自然条件的影响小；能够有效控制病虫害，污染少，保证产品优质；植物工厂是现代高新技术的集合体，是工业反哺农业的集中体现。但是，植物工厂目前生产成本较高。

2. 植物工厂的基本结构和生产体系　植物工厂是一个综合的工程系统，基本结构包括播种育苗室、栽培室、包装室、贮藏室等部分。

植物工厂常用水培、固体基质培、雾培等无土栽培模式。

（六）遮阳网、防虫网和防雨棚

1. 遮阳网 遮阳网又称凉爽纱，是以聚烯烃树脂为主要原料，通过拉丝、绕，然后编织而成的高强度、耐老化、轻质量的网状新型农用覆盖材料，20 世纪 80 年代开始应用，目前广泛应用于花卉、蔬菜、果树的遮阳栽培和育苗。

（1）产品种类 遮阳网宽度有 0.9、1.5、1.8、2.0、2.2、2.5、4.0 m 等多种，颜色有黑、银灰、白、绿、蓝、黄、黑与银灰相交等，生产上常用的为黑色、银灰色两种。遮光率为 25%～90%，使用寿命一般为 3～5 年。

（2）覆盖形式 一般多利用设施骨架进行覆盖，有顶盖、棚内平盖和网膜覆盖 3 种。顶盖法是把遮阳网覆盖在大中棚、温室等骨架的顶部，大棚的四周、日光温室前屋面自地面 1 m 高左右不盖遮阳网；平盖法是利用大棚、温室两侧的纵向拉杆，用钢丝在两纵向拉杆间来回拉紧成一平面，然后在其上铺遮阳网；网膜覆盖是在大棚、温室的顶膜上再加盖遮阳网。此外，还可在作物播种后直接地面覆盖，或在直立性好的作物顶上短时直接覆盖。

2. 防虫网 防虫网是一种采用添加防老化、抗紫外光等化学助剂的聚乙烯为主要原料，经拉丝制造而成的网状织物，具有拉力强度大、抗热、耐水、耐腐蚀、耐老化、无毒无味、使用年限长（4～5 年）、废弃物易处理等特点。覆盖防虫网可以隔离作物与害虫，有效控制菜青虫、小菜蛾、斜纹夜蛾、蚜虫、白粉虱、蓟马等害虫的危害，有效预防害虫传播的病毒病。

（1）防虫原理 防虫网以人工构建的屏障，将害虫拒之网外，达到防虫保菜的目的。此外，防虫网反射、折射的光对害虫也有一定的驱避作用。

（2）产品规格 防虫网以白色为主，也有其他颜色；产品主要依密度和幅宽分类。密度按目数分，有 20、30、40、60、80、100 目等产品，幅宽有 1.0、1.2、1.3、1.5、1.8、2.0、2.5、3.0、4.0 m 等产品，还可根据需要定制。

（3）覆盖形式 在设施上使用，主要覆盖在通风口和进出口处，也可以全面覆盖。在露地作物上使用，可以稍加支撑骨架，平面覆盖。无论哪种覆盖形式，一定要覆盖严实。

3. 防雨棚 防雨棚是指在高温多雨的夏秋季节，利用固定设施骨架或专设骨架，顶上覆盖塑料薄膜，形成顶部防雨、四周通风的简易园艺设施，可以保护园艺作物免受雨水直接淋洗，避免雨季成熟果实裂果和病害流行。还可以在四周加防虫网，构成防雨防虫设施。

（1）结构 防雨棚的结构分为骨架和防雨覆盖物两部分，骨架可专设骨架或借用其他设施骨架，防雨覆盖物一般为塑料薄膜或玻璃。专设骨架宜用装配式热镀锌管制作，其结构和大小依栽培作物而定，如专设蔬菜防雨棚每间跨度 5～7 m，拱距 0.8～1.1 m、肩高 1.2～1.6 m、顶高 2.0～2.5 m，拱管插入土中 0.5 m，也可用水泥混凝土加固，长度因地制宜，以 20～40 m 为宜。棚顶部覆盖 0.10～0.15 mm PEP 薄膜至两肩部，四周开放。棚四周挖好排水沟，沟宽 0.6 m、深 0.3 m，并与田间排水干沟相通，以确保大雨过后水不流入棚内。借用骨架常有拱棚骨架和温室骨架。防雨棚如果配套节水灌溉设备，既节约水源，又可以使水分均衡供应，充分满足园艺作物生长要求。

（2）类型　防雨棚的类型依骨架分，有拱棚型防雨棚、温室型防雨棚、雨伞型防雨棚等。拱棚型防雨棚利用拱棚骨架支撑顶上的塑料薄膜，四周开放或加20～22目防虫网；温室型防雨棚利用温室骨架支撑塑料薄膜或玻璃防雨；雨伞型防雨棚根据栽培作物大小和栽培方式，在作物行内成排设置雨伞式支撑骨架，可以是拱圆形或屋脊形，上面覆盖固定塑料薄膜。

（3）应用　拱棚型和温室型防雨棚主要用于蔬菜和花卉栽培或育苗，雨伞型防雨棚主要用于易裂果的水果栽培，如葡萄避雨栽培。

二、设施内环境及其调控技术

（一）光照条件及其调控技术

万物生长靠太阳，有收无收在于温，收多收少在于光。光照是设施园艺作物制造养分和生命活动不可缺少的能源，也是形成设施小气候的主导因子。

1. 设施内光照的特征　设施内的光照条件主要包括光照度、光照时间、光照分布和光质等4个方面。

（1）光照度　一般设施主要利用自然光，设施内光照度主要受地理纬度、季节、天气、覆盖材料、建筑材料影响，比外界光照弱。一般覆盖条件下塑料薄膜透光率约为外界的40%～60%，玻璃温室透光率在60%～70%。光照不足，常成为冬季设施生产的限制因子。

（2）光质　普通平板玻璃在350～380 nm近紫外光区可透过80%～90%，但不能透过300 nm以下的紫外光；聚乙烯薄膜在270～380 nm紫外光区可透过80%～90%；醋酸乙烯薄膜紫外光透过率与聚乙烯薄膜差不多；聚氯乙烯薄膜紫外光透光率介于玻璃和聚乙烯薄膜之间。各种覆盖材料对红外光波辐射的透过率均较少，因此保温性好，保温能力玻璃>聚氯乙烯薄膜>聚乙烯薄膜。

（3）光照分布　设施内存在光照分布不均现象，水平和垂直方向均有差异。不同设施的光照分布均匀程度不同，一般塑料大棚内光照分布相对较均匀，日光温室内光照分布差异较大，南北方向差异大于东西方向，垂直方向光照由上到下逐渐减弱，差异明显。

（4）光照时间　设施内光照时间主要受季节和保温覆盖时间的影响。冬季太阳出于东南，落于西南，北方大部分地区的日照时数只有11 h左右，而日光温室多在日出数小时后揭保温覆盖，在日落数小时前盖保温覆盖，12月和1月每天光照时间仅6～8 h，影响作物生长发育。春季太阳出于东北，而落于西北，光照时间平均长达13 h，日光温室由于温度升高，草苫等覆盖时间也逐渐缩短，使温室内日照时间延长到11 h左右，基本上可满足作物对光照的要求。塑料大棚和双屋面温室由于没有保温覆盖材料覆盖，其室内光照时间同外界基本相同。

2. 设施内的光照调节　设施园艺生产要求光照充足而均匀。人工调节措施主要包括补光、遮光和光周期调节。补光一般应用人工光源，成本较高，生产上主要用于育苗和高效益作物栽培。设施自然透光率低，调节潜力大。

（1）增加自然光照的措施　首先，选择光照充足、冬季阴雨雪天少、粉尘和烟雾等污染少及没有高大遮阳物的地点建造设施，设计合理的屋面角度和方位，尽量选择遮阴少的建筑材料和透光率高的透明覆盖材料。其次，在使用过程中经常清洁棚面和膜内壁水滴；充分利用日光温室的后墙和地面覆盖反光膜等增加反射光；在保证温度的前提下尽量早揭、晚盖多层保温覆盖物，以延长光照时间和增加透光率；温室在阴天也要揭苫，以利用散射光；调整作物布局，合理密植，通常作物的行向以南北向受光较好，可宽行密植，或用梯田式东西垄栽培。

（2）减弱光照的措施　主要方法是覆盖遮光材料，如遮阳网、防虫网、无纺布、草苫、苇帘、竹帘等。玻璃面涂白或塑料薄膜抹泥浆法也可遮阳降温，如涂石灰水可遮光20%～30%；采用玻璃面流水法可遮光25%，同时降低温度4℃。

（3）人工补光　补光有日长补光和栽培补光。日长补光是通过延长光周期，以抑制或促进作物花芽分化，调节抽薹开花期，打破休眠等，一般只需几十勒克斯的光照度。栽培补光要求光照度在栽培作物光补偿点以上，常用2 000～3 000 lx光照度。人工补光常用的光源有白炽灯、荧光灯、金属卤化物灯、氙气灯、LED灯等。补光时间和强度根据园艺作物种类及补光目的而定。日长补光可用5～10 W/m^2的日光灯或白炽灯，在早晨揭苫前和傍晚放苫后各补光4～6 h，以保证有效光照时间在12～14 h；栽培补光，每天补光时间不宜超过8 h，光照度根据作物种类而定。

（二）温度条件及其调控技术

在设施环境中，温度对作物生育影响最显著。温度条件特别是气温条件的好坏，往往关系到栽培的成败。设施是密闭或半密闭的环境，通过温室效应可以增温。温室效应是指在没有人工加温的条件下，设施内获得并积累太阳辐射能，从而使得设施内的温度高于外界环境温度的一种能力。温室效应增温的原因，一是玻璃或塑料薄膜等透明覆盖物具有容易透过太阳短波辐射，而不易透过地面、墙体及作物表面等发出的长波辐射的特性，这样会使太阳辐射能大量积累在设施内，从而使设施内增温，对温室效应的贡献为28%；二是设施为半封闭的空间系统，其内外空气交换微弱，设施内蓄积的热量不易散失，对温室效应的贡献为72%。如果温室大棚的通风量很大，室内气温则几乎不升高。

1. 设施内温度的特征　设施内温度具有随季节、昼夜和天气节律而变化的特点。

（1）天气和季节变化对温度条件的影响　阴天、雨雪天气，外界自然光很弱，设施得到的能量少，温度低。冬季，特别是11月到翌年2月，外界光照弱，而且太阳高度角小，透光率低，温室内温度低，要做好保温、增温工作。2月以后，11月以前，阳光充足，天气也暖和，这时温室的温度变化剧烈，白天容易出现高温危害。大棚春季应用，晴天白天气温升高很快，既有中午高温危害，又有“倒春寒”低温危害。

（2）气温日变化规律　室内气温变化一般与太阳辐射的变化同步。晴天上午气温上升速度为5～7℃/h，最高温出现在14：00左右；午后随着太阳辐射的减弱，降温速度为4～5℃/h；日落后降温速度为0.7℃/h左右，日出前出现最低气温。北京地区早春大棚内的气温日较差，晴天可达35℃以上，阴天也在15℃左右。

(3) 地温日变化规律 温室、大棚室内地温的变化趋势与气温变化趋势相同，只是变幅小。冬季一般白天气温每升高4℃，15 cm地温升高1℃；夜间气温降温4℃，地温降低1℃，最低地温可比最低气温高4℃左右。

2. 设施内温度的调节 设施内的热量一是来自太阳辐射能，二是来自人工加热。热量的支出方式主要有地中传热、贯流放热、缝隙放热等。地中传热是指热量通过在土壤中横向传导传递到室外土壤中散失的方式。贯流放热是指地面的热以反射和对流的形式传递到温室各围护面（包括墙体、屋顶及棚膜）的内表面，经传导方式传递到外表面，再由外表面以辐射和对流的方式散失到空气中去的放热方式，又称为透射放热。缝隙放热是指热量通过温室的门窗、墙壁的缝隙、棚膜的孔隙，以对流的形式向室外传热。

在生产实践中，如果入射到设施内的太阳辐射热量大于放热量，热量就有节余，节余的热量便成为室内增温热量。另外，太阳辐射热量一定时，设法减少放热损失，或是加温，室内温度也能升高。设施温度调节，包括保温、增温、加温、降温等。

(1) 保温措施 保温措施主要有采用保温比（设施内土地面积与设施围护材料表面积之比）大的设施，尽量避免设施建造缝隙，以减少缝隙放热；保持墙体（后坡）的厚度和墙体（后坡）干燥，以减少贯流放热；设置防寒沟，减少地中传热损失；采用多层覆盖，减少屋面散热损失（通常约占夜间温室热量损失的80%）。

(2) 增温措施 增温措施主要有增大透明覆盖物的透光率；避免土壤过湿，利用白天土壤蓄热，从而使夜间增温；利用后墙和后坡白天蓄热，夜间放热增温；人工加温等措施。

(3) 降温措施 主要有通风降温、遮阳降温、湿帘风机降温、喷雾降温等措施。遮光可减少进入设施内的太阳辐射能，通常遮光20%～40%，温度可降低2～4℃；遮光50%～55%，温度可降低3.5～5.0℃。通风降温是生产上最常用的简便有效措施，可分为自然通风和强制通风。在地面喷水或室内喷雾，利用水蒸发吸热降温。

(三) 湿度条件及其调控技术

1. 设施内湿度的特征 设施内空气湿度与露地差别很大。在不通风的情况下，土壤蒸发和作物蒸腾产生的水汽不易逸出室外，空气相对湿度很高，经常在90%以上。夜间室内气温低，相对湿度可达100%的饱和状态。设施内空气相对湿度的变化与温度呈负相关，晴天白天湿度随室温升高而降低，夜间和阴雪天气随着室内温度降低而升高。相对湿度大时，塑料薄膜内表面会结露而密布水滴，作物体表面也可以结露，极易引发病害流行。早春季节当温度达到5～10℃时，空气相对湿度一般在90%～100%；温度每升高1℃，相对湿度可下降3%～4%；温度上升到20℃，相对湿度下降20%；温度上升到24℃，温度每上升1℃，相对湿度可下降5%左右；温度上升到30℃，相对湿度可下降到40%；相反，温度下降到18℃时，相对湿度可上升到85%左右；温度下降到16℃，相对湿度几乎可达100%。

设施内土壤湿度的特点是：主要受灌溉方式影响；因棚膜气密性好且常处于密闭状态，比露地土壤蒸发量小；土壤水分分布不均匀，低温季节易形成土壤表层湿润、深层干燥的现象；塑料薄膜易结露，水滴归还土壤使塑料薄膜覆盖比玻璃覆盖设施的土壤湿度约高20%。

2. 降低湿度的措施 我国目前的设施主要是寒冷季节利用，设施内高湿是设施生产面临的主要问题，湿度调节的主要任务是降湿，有以下措施：

（1）通风排湿 通风是降低湿度的重要措施，排湿效果最好。但是通风必然引起温度的降低，只能在温度较高时进行，深冬和春季一般可在中午前后短时通风，其他季节要在保证温度的前提下尽量延长通风时间。设施顶部风口排湿效果最好，外部气温高时，可同时打开顶部和前部通风口，便于充分和均匀排湿。

（2）增温降湿 依据增温降湿的原理，在设施密闭时，可以加温降湿。另外，覆盖防雾膜、无滴膜，减少膜表面结露和室内起雾，提高透光率都可提温降湿。

（3）地面覆盖降湿 地面覆盖可以防止土壤水分蒸发，从而降低空气湿度。通常采用畦面覆盖地膜，畦间覆盖稻草或麦秸，可有效降湿。

（4）张挂无纺布吸湿 保温吸湿无纺布可以吸收水分，夜间张挂无纺布，既可保温，又可吸水降湿。

3. 增加湿度的措施 在一些喜湿花卉、食用菌、芽苗菜栽培时，常需要加湿。主要措施是喷雾加湿、地面洒水加湿等。

（四）土壤条件及其调控技术

1. 土壤理化特性及其调控 设施内温度高、湿度大、作物单一、施肥量大且不受雨淋，易出现土壤次生盐渍化、酸化等问题，使土壤理化性质恶化。设施作物施肥量一般比露地高4～6倍。由于施肥量过大，造成NO_3^-、SO_4^{2-}、Cl^-等累积在土壤中，与Ca^{2+}或Na^+结合形成盐而溶解于土壤溶液中，导致土壤盐浓度提高。棚内温度高，有利于土表水分汽化，致使地下水和土层内的水分不断上升，从而使盐分随水分带至表层，加剧了盐分在土壤表层积聚。而园艺设施的半封闭条件减弱了土壤水分的淋洗作用。不当的栽培措施，如浅耕、土表施肥和泼浇，均会加剧盐分向表层积聚。

减轻或防止设施土壤盐类高浓度危害的措施有：实施标准化平衡施肥，少量多次的施肥方法；增施作物秸秆（15 t/hm^2）或有机肥，改善土壤理化性质；地膜覆盖；休闲期灌水洗盐，或种植除盐植物等。理化性状难以修复的土壤可采取换土措施或无土栽培。

2. 土壤生物条件及其调控 设施栽培作物种类单一，连作现象普遍；或一年多次作，土地休闲期短，使得土壤中有益微生物受到抑制，有害微生物累积，连作障碍和土壤生物性状恶化，病虫危害加剧，严重影响作物生长发育。防止和修复措施主要有实行轮作、嫁接栽培、应用土壤生物活化剂、土壤更新或无土栽培等。针对有害生物，可采取土壤消毒措施，如蒸汽消毒、太阳能消毒、药剂消毒等。

（五）气体条件及其调控技术

密闭的设施环境气体与露地常有显著不同，需要人工调控。

1. 设施内CO_2特征及其调控 设施内CO_2浓度变化剧烈，及时调控才能满足作物光合作用需要。

（1）CO_2浓度变化规律 外界大气中CO_2浓度为300～330 mL/m^3，非常稳定。而密闭的设施内，作物呼吸作用释放CO_2，土壤微生物活动和有机物分解也释放大量CO_2，夜间CO_2浓度逐渐增大，到日出前，一般可达500～600 mL/m^3；日出后作物光合作用旺盛，CO_2浓度急剧下降，晴天无通风情况下CO_2浓度可降到100 mL/m^{3}以下，作物发生严重的“碳饥饿”现象；下午光合作用减弱，“碳饥饿”现象会有所缓解；或通风后，CO_2得到室外补充开始慢慢回升，逐渐接近室外水平。

（2）增加CO_2的措施　通风换气可使设施内CO_2浓度达到室外大气水平；增施有机肥，利用微生物分解有机质或人工释放CO_2可显著提高CO_2浓度。常用CO_2发生器或化学反应法（碳酸氢铵与稀硫酸反应）可使CO_2浓度提高到1 000～1 600 mL/m^{3}的适宜水平。

2. 有害气体及其调控　设施是密闭环境，容易产生有害气体，对作物造成危害，应注意调控。

（1）有害气体种类及其危害　NH_3是最常见的有害气体，浓度达到5 mL/m^{3}时，作物叶片就可出现受害症状，表现为中部叶片叶脉间出现水浸状褪绿斑，干枯时呈黄白色或淡褐色，严重时可以造成全株枯死。设施内亚硝酸气体浓度达到2 mL/m^{3}时，作物就可受害，初期叶片出现白色斑点，严重时除叶脉外，叶肉全部变白致死。设施内SO_2和SO_3浓度达到0.2 mL/m^{3}时可致作物受害，首先下部叶片叶缘先端呈水渍状，后变褐，转白，严重时叶片干枯。Cl_2致作物受害的浓度为0.1 mL/m^3，会造成叶绿素分解，叶片黄化。乙烯浓度达到0.1 mL/m^{3}可致作物受害，叶片下垂弯曲，黄化褪绿后变白枯死，严重者可使作物全株枯死。

（2）有害气体发生的原因及预防措施　由于NH_3和亚硝酸气体危害主要由一次性施入过多未腐熟有机肥和碳酸氢铵、尿素等氮肥，加上土壤强酸化引起。所以预防措施有：施用充分腐熟的有机肥，施后深翻；追施氮肥采用少量多次的方法，随水施肥或施后灌水；不用碳酸氢铵作追肥；随时调节土壤pH，促进硝化作用。发生危害后，及时通风和灌水可缓解受害症状。

SO_2和SO_3主要由炉火加温引起，目前一般不用煤火加温，故很少发生。一旦发生要及时放风，并灌水和降温。

乙烯和Cl_2主要由劣质塑料薄膜和塑料管产生，因此，选用符合农用标准的塑料制品就可以避免，遇到危害时首先及时更换劣质材料，并及时通风换气和适当降温灌水。

三、园艺设施的应用

（一）阳畦和温床的应用

阳畦和温床的空间小，一般主要用于园艺植物育苗，也可用于小型作物的保护栽培。用于育苗时，冬季主要用温床育苗，早春和晚秋用阳畦育苗。除育苗外，还可用于花椰菜等采种植株的越冬栽培，或进行一些蔬菜和花卉的春季早熟栽培或越冬栽培。

（二）塑料拱棚的应用

1. 中小拱棚应用　作为临时覆盖形式，小拱棚和中拱棚主要用于园艺植物育苗，以及小型耐寒和半耐寒蔬菜（如韭菜、芹菜、青蒜、白菜、油菜、芫荽、菠菜等）及花卉的越冬栽培，或果菜（如甜瓜、番茄、青椒、茄子、西葫芦等）和花卉春季早熟栽培的前期覆盖。

2. 大棚应用 作为固定设施，大棚主要用于蔬菜、花卉及果树的春季早熟栽培，或蔬菜、花卉的秋季延迟栽培。在北方地区，果菜可以每年生产一茬或两茬，叶菜可生产多茬；各种盆花、切花、观叶植物的栽培都可在大棚内进行；葡萄、桃、杏、李、枣、草莓等进行春季大棚覆盖栽培可提早上市。大棚还普遍用于园艺植物育苗，如各种蔬菜的育苗，草花播种和落叶花木的冬季扦插等。

（三）温室的应用

1. 育苗 通过设置育苗床架，冬季加温、增加保温覆盖，夏季遮阳降温，可实现蔬菜、花卉、果树周年育苗。

2. 蔬菜栽培 在温室内进行蔬菜生产可以不受季节限制，也很少受种类的限制，尤其是加温温室和智能温室。但通常需要从成本效益考虑，合理安排生产种类和季节。日光温室通常主要用于喜温果菜栽培，主要茬次有早春茬、秋冬茬和冬春茬。早春茬一般在初冬播种育苗，1月至2月上中旬定植，3月始收；秋冬茬一般在夏末秋初播种育苗，中秋定植，秋末到初冬开始收获，直到深冬的翌年1月结束；冬春茬一般在夏末到中秋育苗，初冬定植到温室，冬季开始上市，直到第2年夏季，连续采收上市，收获期120～160 d。加温温室和智能温室多采用无土栽培，果菜长季节栽培，叶菜立体栽培、多茬生产。

日光温室还常用于芽苗菜和食用菌类栽培。如豌豆、萝卜、豆苗、苜蓿、花生、荞麦等各种芽苗菜的生产，双孢蘑菇、香菇、平菇、金针菇、草菇等大部分食用菌的生产。

3. 果树栽培 主要在日光温室内进行春早熟栽培，在冬季果树通过低温休眠后，于1～3月扣棚升温，5～7月采收，主要栽培葡萄、桃、李、杏、枣、樱桃、柑橘等果树。也可进行热带果树周年生产，如将番木瓜、火龙果、无花果等热带果树和茶叶引入北方温室栽培，可周年采摘。

4. 花卉栽培 可进行非洲菊、香石竹、马蹄莲、唐菖蒲、百合、月季、菊花、银芽柳等切花花卉的栽培，一品红、蝴蝶兰、小苍兰、球根秋海棠、仙客来、大岩桐、金盏花、牡丹、紫罗兰、桂竹香、散尾葵、南洋杉、杜鹃花、柑橘类、瓜叶菊、报春花等盆栽花卉的栽培，三色堇、旱金莲、矮牵牛、万寿菊、金盏菊、凤仙花、鸡冠花、羽衣甘蓝及多年生宿根和球根花坛花卉的栽培。

第三节 园艺生产机械

园艺是精耕细作的劳动密集型产业，但随着产业发展和劳动力资源的紧缺，园艺生产必须尽可能地实施轻简化生产，而应用机械替代人工作业是实现轻简化的重要途径。目前，我国园艺生产已不同程度地使用机械进行作业，也不断有新的园艺机械研发和用于生产。了解园艺生产机械，对于园艺生产机械化十分必要。

一、耕作机械

土地耕作是园艺生产的基本环节，通过耕整改善土壤性能，为园艺植物的生长创造良好的土壤环境。耕整地的劳动强度大，一般采用动力机械挂接不同的土地耕整机械进行作业。因此，耕作机械主要由动力机械和耕整机械组成。

（一）动力机械

动力机械

拖拉机是园艺生产的主要耕作动力机械，可以拖带各种农机具进行相应的栽培作业，按行走装置不同，可分为轮式拖拉机和履带式拖拉机。轮式拖拉机有两轮、三轮和四轮之分，其中两轮拖拉机常称为手扶拖拉机，三轮和四轮拖拉机通称为轮式拖拉机。手扶拖拉机常采用3～9 kW的柴油机驱动，机身小、重量轻、操作灵活，手把上下、左右可任意调整，适于坡度较缓的小块田地和设施内作业。大型田块耕作需拖带器型较宽的农机具时，一般选用13～44 kW的四轮拖拉机，动力大，可带农机具类型多。履带式拖拉机的功率可达55 kW以上，履带与地面接触面积大，附着性和地面通过性好，适于需要大牵引力的深翻、开荒、平整土地和园田基础建设等作业，但其机体重量大，运行不灵活，综合利用程度较低。

除耕作动力机械外，还有汽油机、柴油机、电动机等动力机械，主要用于驱动灌溉排水机械、植保机械等。

（二）耕整机械

耕整机械

不同园艺植物和耕作制度对土地耕整的要求不同，所使用的耕整机械也各异。常见的耕整机械包括犁和铧、圆盘耙、旋耕机、开沟作畦机和挖坑机等，这些机械多用与拖拉机挂接的方式进行田间作业，挂接与操作的方法也基本相同。

1. 犁和铧 有铧式犁和圆盘犁。铧式犁应用范围最广，按与拖拉机挂接方式的不同，可分为牵引式、悬挂式和半悬挂式3种，耕深达12～42 cm。牵引式犁重量大，灵活性差，多应用于大面积平原旱作地区。悬挂式犁可配置多个犁体，重量轻、机动性好，在小地块及果树行间应用较多。半悬挂式犁介于牵引式犁和悬挂式犁之间，比牵引式犁结构简单、重量轻、机动性好；比悬挂式犁能配置更多犁体，稳定性和操向性好，适用于工作幅宽大的犁，多与大功率的拖拉机挂接。

2. 圆盘耙 常用的为中型悬挂式双列圆盘耙，主要用于旱地犁耕后的碎土，以及播种前或果园的松土除草。由于圆盘耙能切断杂草和作物根茬、搅动和翻转表土，所需动力小，作业效率高，并能以耙代耕，节省能源，避免过度耕翻土壤，而且耙后能使杂草、根茬细碎，与肥料、土壤等充分混合，以促进土壤中微生物的活力和有机质的分解。

3. 旋耕机 旋耕机是一种由拖拉机动力输出轴驱动旋耕刀高速回旋铣切土壤的耕整机械，主要由机架、传动系统、旋转刀轴、刀片、耕深调节装置和罩壳等部件组成，按其刀轴位置可分为卧式、立式和斜置式3种，其中卧式旋耕机应用最广。旋耕机的工作特点是碎土能力强，耕后地表平坦，土肥掺和好，通常旋耕一次即可满足种床或苗床的要求，具有犁耙合一的作业效果；缺点是耕地较浅（10～15 cm），覆盖质量和灭草效果较差，长期旋耕会使下层土壤出现板结，故旋耕不能完全代替犁耕。

4. 开沟作畦机 由左翻和右翻的两个铧式开沟犁、旋耕器和整形板3种主要工作部件及其他辅助部件组成，能一次完成开沟、松碎土壤、混合肥料、整平畦面和畦沟等多个工序。常用于大型苗圃的机械作畦，具有作畦效率高、畦面整齐、畦沟平整的特点，使用时注意调整好开沟犁的开沟深度和整形板的位置。

5. 挖坑机 挖坑机主要用于大型园艺植物，如果树和观赏树木的栽植、果园施肥、埋设桩柱等过程中坑穴的挖掘，常见的挖坑机有悬挂式和手提式。悬挂式挖坑机是以拖拉机为配套动力，钻机悬挂在拖拉机上，由拖拉机的动力输出轴驱动钻头旋转，这种挖坑机主要用于平原地和缓坡地挖掘大坑穴，坑穴直径和深度可达 1 m。手提式挖坑机是以小型汽油机为动力，手提操作，多用于坡度较大的山地，挖掘小直径坑穴。开沟机与犁地机械相似，由拖拉机牵引。

二、生产作业机械

园艺植物生产栽培过程主要涉及种植、地膜覆盖、中耕、喷药、植株调整和施肥等作业，相应的生产栽培用机械包括种植机械、地膜覆盖机械、中耕培土和除草机械、喷药机械、修剪机械和施肥机械等。

（一）种植机械

根据园艺作物种植方式及特点，种植机械主要包括直播机械、育苗机械和栽植机械等。

直播机械

育苗机械

1. 直播机械 直播机械主要有条播机、撒播机、穴播机和精量播种机 4 种类型，可根据需要选择。能够一次性完成开沟、排种、施肥、覆土及镇压等环节。直播机械一般由种子箱、排种器、输种管、开沟器、覆土器、镇压轮等工作部件，以及机架、传动装置、调节机构、行走轮等辅助装置组成。工作时，排种器将种子箱内的种子成群或单粒排出，经输种管流到开沟器开的种沟内，最后由覆土器和镇压轮进行覆土和镇压。

2. 育苗机械 育苗机械有床土或基质加工机械、育苗播种机、精量播种生产线、嫁接机械等。床土加工机械主要用于果树育苗床土破碎及土肥混合。育苗播种机主要有吸嘴式气力播种机、板式育苗播种机和磁力播种机。吸嘴式气力播种机适用于营养盘（钵）单粒点播，由吸嘴、压板、排种板、盛种盒及吸气装置等组成。由于靠气力吸种，在播种过程中不损伤种子，且对中小粒种子的适应性较强。板式育苗播种机由带孔的吸种板、吸气装置、漏种板、输种管、育苗盘、输送机构等组成，能有效地吸附各种颗粒状的种子，也能吸附非颗粒状的种子，如辣椒种子等。可配置各种尺寸的吸种板，以适应各种类型的种子和育苗盘（钵）。精量播种生产线可完成基质混拌、基质提升、混装料箱、穴盘装料、基质刷平、基质压穴、精量播种、穴盘覆土、基质喷水等工艺流程。如 2XB-400 精量播种生产线，全长 4.1 m，宽 0.7 m，高 1.45 m，重 0.5 t，功率 0.5 kW，可对 72、128、288 和 392 孔穴盘进行精量播种，播种准确性高于 95%，生产效率为 8.8 盘/min。嫁接机械主要指能实现自动化嫁接作业，将砧木和接穗嫁接到一起的自动嫁接机，包括用于木本植物嫁接的小型嫁接机，以及用于蔬菜幼苗嫁接的蔬菜自动嫁接机。蔬菜自动嫁接机按嫁接方法不同可分为贴接式嫁接机、靠接式嫁接机和插接式嫁接机；依据嫁接机的尺寸大小不同分为大型嫁接机、中型嫁接机和小型嫁接机。

3. 栽植机械 栽植机械是指将成龄种苗栽植到大田的一类机械，可一次性完成开沟、分秧、栽植、覆土和压实等作业，有主要用于蔬菜和花卉幼苗移栽的机械，也有用于大型园艺植物栽植的植树机械。

幼苗移栽机械按工作部件的不同，分为钳夹式、导苗管式、吊篮式和带夹圆盘式等类型。钳夹式栽植机，对幼苗株距控制准确，栽植后苗体直立性好，但易出现伤苗和漏栽现象。导苗管式栽植机，根据幼苗进入苗沟的方式可分为推落苗式、指带落苗式、直落苗式 3 种，不伤幼苗，适用于大叶片蔬菜幼苗的移栽。吊篮式栽植机，钵苗栽植过程中不受任何冲击，适合于尺寸较大、根系不发达且易碎的钵苗栽植，尤其适合于地膜覆盖后的打孔栽植作业。针对大葱等长秆作物的栽植，则可选用带夹圆盘式栽植机，栽植过程可实现全自动。

栽植机械

植树机按机械化程度可分为人工投苗植树机、半自动化植树机或自动化植树机 3 种类型。植树机主要由开沟器、栽植装置、覆土压实装置、挂接装置、机架等部件组成。其工作过程是首先开出深度和宽度符合栽植技术要求的植树沟，然后将苗木或插条按规定株距放入植树沟中。苗木在植树沟内应处于直立状态，不得有窝根现象。再用下层湿土埋盖苗木根系，压实根系周围的松土。耙松表层土，以减少水分蒸发，必要时也可以在植树的同时进行施肥和喷洒除草剂。

（二）地膜覆盖机械

地膜覆盖机械按用途可分为地膜覆盖机、旋耕地膜覆盖机、播种铺膜联合作业机；按耕作方式可分为畦作地膜覆盖机、垄作地膜覆盖机。生产上常见的主要有小型牵引式垄作覆膜机、旋耕地膜覆盖机两类。小型牵引式垄作覆膜机如 1QF－2 型牵引式垄作覆膜机，主要由机架、行走轮、起落机构和工作部件等组成，工作部件包括整形开沟器、挂膜架、压膜轮和覆土器 4 组部件，可以同时完成原垄整形、开压膜沟、覆膜和覆土等多项作业。

地膜覆盖机械

（三）中耕培土和除草机械

中耕培土和除草机械主要指用于园艺植物栽培期间土壤中耕、除草、培土等作业的机械，包括全面中耕机、行间中耕机和专用中耕机。全面中耕机用于包括播前整地、休闲地管理，化肥和化学药剂的掺和等种床准备作业。行间中耕机用于园艺植物行间的松土、除草、追肥及行间开沟培土等作业，如大葱、马铃薯、生姜等开沟培土机等。专用中耕机用于果园和茶园等的专项作业，如果园中耕除草机。

中耕培土机械

（四）喷药机械

喷药机械指在园艺植物生长期，用于喷施药剂防治有害生物的一类机械。按施药方式的不同可分为喷雾机、喷粉机和喷烟机等类型。喷雾机常见的类型有压力式、风送式和超低量 3 种，压力式喷雾机用于大、中等容量作业，风送式喷雾机用于低容量作业；此外还有机动式和电动式超低量喷雾机。可根据药剂量、作业面积、作业空间进行选择。喷粉机用以喷洒粉状药剂，主要用于设施内等高湿环境下。喷烟机可产生直径小于 50 μm 的固体或胶态悬浮体，可较长久地悬浮在空气中，深入一般喷雾、喷粉所不能到达的空隙处，适用于较为郁闭的作物、果园及设施内有害生物防治。

喷药机械

（五）修剪机械

修剪机械

修剪机械包括用于园艺植株修剪作业的各种动力修剪机具，常用的动力修剪机具有动力链锯、剪枝机、树木修剪机等。动力修剪机具的工作部件主要有链锯、圆盘锯、往复式切割器和修枝剪等，按驱动工作部件动力的不同，可分为机动、电动、液压或气力传动等类型。根据修剪作业特定需要，一些修剪机还可以同时配有多个剪切装置，实现多用途修剪作业和模块化柔性配置，如龙门式葡萄剪枝机和圆盘式红枣修剪机等。

（六）施肥机械

施肥机械

依据肥料种类和特性不同，施肥机可分为固体肥料和液体肥料施肥机两类。固体肥料施肥主要配套播种或土地耕作同时进行，主要有撒肥机和犁底施肥机。撒肥机可在整地前使用，将化肥均匀撒布在地面上，随后经过翻耕，使肥料深埋至耕作层下。犁底施肥机是在传统铧式犁上加装肥料箱、排肥器和导肥管等装置，在对土壤进行翻耕的过程中，完成底肥深施。液体肥料施用设备主要有自压式、压入式、压差式、文丘里式等几种类型。自压式施肥设备的液态肥料主要靠自身势能进入滴灌系统，操作简单，但施肥速度较慢。压入式则需要通过机械泵给液肥加压，使其进入滴灌系统，施肥速度较快。压差式施肥可将施肥系统安装在灌溉管路中，靠施肥罐两侧压差使肥液流入滴灌系统，但不能连续加肥。文丘里式施肥器需与滴灌系统主管并联，靠负压吸入肥液，成本低、安装方便，目前应用较为广泛。

收获机械

三、收获机械

不同园艺作物的产品不同，收获要求也不同，园艺产品收获机械主要涉及果品收获机械、蔬菜收获机械、采茶机械和近年发展研制的果蔬收获机器人等。

（一）果品收获机械

果品的机械采摘是利用机械振动或气动，使果实振摇掉落，由设置于果树下面的承接装置接收，并由输送装置输送至运输车上。机械采果的功效高，但易造成果品和树体损伤。依据工作方式不同，果品收获机可分为推摇式、撞击式、吹气式和吸气式。推摇式果品收获机，利用机械推摇果树，使果树振摇产生惯性力，从而对果柄产生弯曲、扭转、拉扯等作用，当惯性力大于果实与果枝的结合力时，果实就与果枝脱离掉落。撞击式果品收获机，通过撞击部件直接撞击或敲打果枝来振落果实，多用于矮化栽培和篱壁式栽植果树的果实采摘。吹气式果品收获机，利用高速脉动气流吹向果枝，使果枝产生顺气流方向的位移，当气流吹力减小或变向时，果枝反弹，使果实振摇而脱落。吸气式果品收获机，利用气流的吸力将果实吸入采果装置，果实被吸气流吸下后，经采吸口、吸风道进入沉降室，落到输送带上进行收集，树叶等轻小杂物经风机出口吹出。

（二）蔬菜收获机械

根据蔬菜的产品器官可分为地下根和地下茎产品收获机械、茎菜和叶菜收获机械、果菜收获机械 3 类。地下根和地下茎产品收获机械，主要是通过机械挖掘或拔取的方式，将产品器官从土中取出，然后分离地上部和土块，最后进行捡拾，如马铃薯收获机、洋葱收获机、胡萝卜收获机等。茎菜和叶菜收获机械，有切割式和拔取式两种，多为一次性收获，目前应用并不广泛。果菜收获机械有两种作业方式，一种是不切割植株，收获机进入行间摘果，然后分离掉落的茎叶；另一种是先切割植株，送入机器内再摘果，并分离茎叶。无论采用哪一种方法，都为一次性收获，然后再进行分选。分选工作一般用人工法，也可采用机械分选法（利用型孔、型槽）、水选法或光电选法。

（三）采茶机械

目前生产中用的采茶机均为往复剪切式，是基于在修整规整的茶蓬上，对同一平面（或弧面）上长出的新梢进行剪切采摘。采茶机有单人电动采茶机、背负式单人采茶机、双人采茶机和乘坐式采茶机等。单人电动采茶机由直流电机与电池驱动，体积小、重量轻、绿色环保且易操作，一人可独立完成采茶和鲜叶收集作业。背负式单人采茶机是开发较早、技术成熟、生产应用较多的采茶机型之一，由汽油机驱动，操作灵活简单，平坝与山丘区茶园均适用。双人采茶机较单人采茶机效率高，主副把手可调节，结构紧凑，适用于平坝地区较规则的茶园。乘坐式采茶机的采茶作业效率很高，机器外形与功率较大，为减少颠簸及打滑，行走装置多为履带式，在茶蓬两侧的茶沟内行走，主机跨骑于茶蓬上，集自动行走、茶叶采摘、风送集料于一体，但对茶园要求高，茶园与侧沟地面要平整，茶蓬修剪要规整，茶园进出道路要通畅。

（四）果蔬收获机器人

果蔬收获机器人是具有感知能力的自动化机械收获系统，通过编程来完成果蔬的分次精准采收、转运和打包等相关作业任务。收获机器人利用视觉导航技术实现在作物或果树间的移动，采用识别和定位技术对果蔬的生长状态进行识别和定位，通过解决机械手的设计和控制问题，摘取已被识别的果蔬，最终完成果蔬的收获作业任务。目前已研制出的果蔬收获机器人包括番茄收获机器人、甜椒收获机器人、黄瓜收获机器人、草莓收获机器人和柑橘收获机器人等。

四、采后处理机械

园艺产品采收后，需进行适当的加工处理方能进入市场销售。处理过程主要包括修整、清洗、分级等，相应的加工机械则包括根茎叶切除机、清洗机和分级机等。

采后处理机械

（一）根茎叶切除机

根菜类的茎叶以及叶菜和茎菜的根部需要切除掉，再供应市场，有的收获时即已切除，有的则需要在固定加工站进行加工。这类机器按完成工艺过程的不同，可分为搓擦式、拉断式和切割式 3 种。

常见搓擦装置为滚筒式，用于洋葱清选。在滚筒内部装有转轴，轴上有螺旋排列的拨杆。这些拨杆上、下翻动已进入滚筒的洋葱，同时把它推向出口，在此过程中完成茎叶的分离。这种机型生产效率高，适合各种球形产品的处理，但只在茎叶含水量不高时才能发挥它的效能。

拉断式茎叶切除机利用辊轴式分离器的工作原理，其上装有不同工作表面的辊轴。该机器的主要优点是洋葱的定向和分离茎叶作业同时进行，并使用同一工作部件完成，生产效率不受茎叶含水量的影响。

切割装置是切除茎叶或根的常用工作部件，其工作可靠，适应性强。

（二）清洗机

清洗机的功能是将果菜清洗干净。用水清洗果菜的机器有连续式和间歇式 2 种。

连续式清洗机有辊轴式、滚筒式和喷射式 3 种。辊轴式清洗机通常由一对上、下配置并具有不同转速的辊轴组成，辊轴上装有刷子或海绵状橡皮擦子，依靠水与辊轴刷洗果菜，适用于块根及果菜的清洗；滚筒式清洗机有一做旋转运动的滚筒，筒面为筛状，水深至滚筒轴线，果菜放入筒内依靠其互相摩擦进行清洗，易受损伤的果菜不宜使用这种机器；喷射式清洗机是将果菜放在带孔的输送带上，在输送过程中受到高压水的冲洗，适用于形状不规则或容易损伤的果菜。

间歇式清洗机有 2 种，一种是每次清洗一批果菜；另一种是一棵一棵地清洗。其工作原理同连续式清洗机基本相似。

还有一种干洗式清洗机，可对西瓜、甜瓜及番茄等果菜类进行抛光，使其外表光亮，提高外观质量。主要工作部件是无毒泡沫塑料擦或毛刷，它们在摇动和旋转时与加工对象轻柔接触起到磨刷作用。

（三）分级机

蔬菜水果分级机有按形状（大小、长度等）分级的，有按重量分级的，有按色泽分级的。按形状分级的分级机，由于选择的果实大小一致，有利于包装贮存，在果实分级中被广泛采用。按色泽和重量分级的分级机目前较少使用。

1. 按形状分级的分级机 该分级机的工作原理是，利用机械使果实沿着具有不同尺寸的网格或缝隙的分级筛移动，最小的果实先从最小的网格漏出，较大的果实从较大的网格漏出，按网格尺寸的差异，依次选出不同级别的果实。

为减少果实碰撞，提高好果率，有的分级机是利用浮力、振动和网络相配合的办法分级。在选果水槽的上部装设网眼尺寸不同的选果筛，水槽里面装设振动部件。分选时，先将果实送入水槽里面，振动部件振动时，槽中果实获得动能而移动，当果实移动到与其大小相应的网眼时，果实便通过网眼浮出水面，停留在对应的格槽中，再增加给水量，使格中果实从溢水口随水流流到相应的接果水槽中，然后收取，即完成果实分级工序。此外，该方法在分级的同时也可对果实进行清洗和消毒作业。

2. 按重量分级的分级机 该类型分级机是利用杠杆平衡原理进行分级。在杠杆的一端装有承果斗，承果斗与杠杆间是铰链联结。在杠杆的另一端上部由平衡重（弹簧秤或砝码）压住，下部有支撑导杆以保证杠杆为水平状态。杠杆中间由铰链支撑点支撑。当承果斗中的果实重量超过平衡重时，杠杆倾斜，承果斗翻倒，抛出果实。承载轻果的杠杆越过平衡重的位置沿导杆继续前移。当遇到较轻的、小于果实重量的平衡重时，杠杆才倾斜，承果斗翻倒在背后的位置抛出较轻的果实。由此果实可按重量不同被分成若干等级。

3. 按色泽分级的分级机 其工作原理是，果实从电子发光点前面通过时，反射光被

测定波长的光电管接受。颜色不同，反射光的波长就不同。电子系统根据波长进行分析和确定取舍，达到分级效果。

复习思考题

1. 试述园田规划的一般原则和内容。
2. 请分析果园、菜园、花园、茶园园区规划的异同点。
3. 园艺设施有哪些类型？请简要说明各种主要生产设施的特点。
4. 园艺设施环境光照条件有何特点？如何进行人工补光？
5. 园艺设施环境温度条件有何特点？如何调节？
6. 园艺设施环境湿度有何特点？如何调节？
7. 园艺设施内 CO_2 昼夜变化有何特点？如何人工补充 CO_2？
8. 园艺设施生产中土壤及其变化有何特点？如何调节？
9. 如何综合和高效利用各种园艺设施？
10. 园艺设施的透明覆盖材料有哪几种？各有何特点？
11. 简述大型连栋温室的类型及其与植物工厂的区别。
12. 简述遮阳网、防虫网和防雨棚覆盖栽培的特点。
13. 园艺生产中，土地耕整常用机械有哪些？各有何特点？
14. 你知道的园艺生产机械有哪些？简要说明各种园艺生产机械的用途。
15. 你认为园艺植物整形修剪的哪些技术或环节应该且比较容易实现机械化？
16. 试总结果品、蔬菜和茶的收获机械有何不同。
17. 常用园艺产品采后处理和加工机械有哪些？

第五章

园艺生产基本技术

本章提要 园艺植物生产技术，包括繁殖、栽植、肥水管理、整形修剪以及病虫草害防治等基本内容。园艺植物繁殖方式有实生繁殖、嫁接繁殖、自根繁殖、离体繁殖等，其基本原理和技术不同，根据不同作物的生育特点，选择适宜、正确的繁殖方法，才能繁殖大量优质种苗，满足生产需要。在园艺植物种植园的生产中，应根据不同作物的生长发育特性、繁殖方式及生态环境条件栽植建园，合理密植，提高栽植质量；根据不同作物需肥、需水特点，合理进行水肥管理；根据不同作物种类、年龄时期、生育习性及空间光能利用情况，科学整形修剪，进行植株管理；根据不同作物生产过程可能发生的主要病、虫、草害及其发生规律，进行综合防治，才能促进作物优质、高效、可持续生产。

园艺植物生产涉及繁殖、栽植、肥水管理、整形修剪、病虫草害防治等一系列基本技术。根据不同园艺植物的生物学特性，选择高效的繁殖方式和技术，科学栽植，合理进行肥水管理和整形修剪，综合防治病虫草害，建立标准化的园田管理技术规范，是实现优质园艺产品高效生产的技术保障。

第一节　园艺植物的繁殖

园艺植物的繁殖方式分为有性繁殖和无性繁殖两大类。有性繁殖即实生繁殖，是播种种子的繁殖方式。无性繁殖又称营养器官繁殖，即利用植物营养器官的再生能力，培育新的个体的繁殖方式，包括嫁接、扦插、压条、分生繁殖以及组织培养快繁等。

一、实生繁殖

（一）实生繁殖的特点及利用

实生繁殖（seedling propagation）即用种子播种的繁殖，实生繁殖长成的种苗叫实生苗（seedling）。实生繁殖的特点是：方法简便，易于掌握，种子来源广，便于大量繁殖，有一定的杂种优势；实生苗根系发达，生长旺盛，抗性、适应性强，并且在隔离条件下育成的实生苗不带病毒。但是，实生繁殖的多年生园艺植物一般开花结实较晚，后代基因型不一致和表现型差异较大，会失去原有母株的优良性状，出现品种退化问题；同时，实生繁殖也不能用于不结种子的植物，如香蕉、大蒜、山药和许多重瓣花卉等的繁殖。

在园艺植物中，大部分蔬菜和一二年生花卉及地被植物采用实生繁殖，大部分果树和某些木本花卉的砧木用实生繁殖，也可利用具有无融合生殖特性的种子来进行繁殖。

（二）影响种子发芽的因素

种子萌发是在适宜的条件下，胚器官利用种子内贮存的养分进行生长的过程。这一过程能否正常进行，受诸多内外因素影响。

1. 种子休眠特性　种子休眠是指有生命力的种子置于适宜的萌发条件下而不能发芽的现象。休眠有利于植物种子适应外界自然环境条件以保持物种繁衍，但常给实生播种繁殖带来一定的困难。造成种子休眠的原因有种胚发育不完全、种皮或果皮的机械障碍以及内源激素的抑制等。具有休眠特性的种子，需经种子后熟或其他措施处理解除休眠后才能萌发。

2. 种子质量　种子质量是保证出苗和幼苗健壮整齐的前提，也是确定播种量的依据之一。种子质量主要是指种子的生活力和发芽力，它受采种植株营养状况、采种时期和方法、贮藏条件和贮藏年限等条件的影响。优良的种子应该是发育充实、大而重、营养丰富、富有活力、品种纯正而无杂质、无病虫害的种子。

3. 环境因子　只有在适宜的温度、湿度、氧气、光照等条件下，种胚才能萌发，任何一个因子不适合都会影响种子的萌发。

（1）水分　种子只有在湿润的条件下（土壤含水量在10%～16%），才能使种皮、胚或胚乳吸水膨胀，胚生长发育，最后突破种皮，进而萌发生长。

（2）温度　适宜的温度能够促使种子萌发，温度过高或过低均不利于种子的发芽。不同作物的种子萌发要求的适宜温度不同，一般温带植物以15～25℃为宜，亚热带和热带植物则以25～30℃为宜。

（3）氧气　种子发芽时呼吸作用旺盛，因此必须保证通气良好，有充足的氧气供应，如果播种过深或镇压太紧，或者土壤水分过多造成通气性差，有害气体积累，都会影响种子萌发。

（4）光照　光照对种子发芽的影响因植物种类而异，对大多数植物影响较小。但有些植物如莴苣、芹菜、报春花等，种子发芽需要光照，所以它们播种后在温度和水分条件适宜时，不覆土或覆薄土则发芽很快；也有些植物如水芹、葱、苋和飞燕草等，其种子在光照下会严重抑制发芽。

（三）种子播前处理

对于需要后熟解除休眠和因其他原因发芽困难的种子，播种前进行一定处理可以促使其顺利萌发，提高出苗率和种苗质量。

1. 层积处理　层积处理（stratification）是指在适宜的环境条件下，完成种胚的后熟过程和解除休眠促进萌发的一项措施。因处理时常以河沙为基质与种子分层放置，故又称沙藏处理（sand treatment），生产上多用于木本果树砧木及观赏树木种子的处理。

层积处理时所用河沙要清洁，种子与河沙的比例为：大粒种子1：（5～10），中小粒种子1：（3～5）。层积前先将种子水浸2～4 h，待种子充分吸水后捞出。层积时种子与河沙可分层沙藏也可混合沙藏，依种子量的多少将种子沙藏层积于花盆、木箱或地沟中。沙藏种子一般要求在2～7℃的低温，基质保持湿润（以手握成团而不滴水，约为最大持水量的60%）和氧气充足的条件下保存。因此，沙藏期间要注意观察，及时补湿或翻动，防止种子失水变干或过湿而使种子霉烂；要保持适宜的温度，层积期间温度超过有效最低温度（−5℃左右）和有效最高温度（17℃左右）时，种子后熟进程会逆转进入二次休眠而不能发芽；另外，还要保持良好的通气条件，低氧环境也会导致种子二次休眠，或者酒精发酵而失去生活力。

层积后熟所需时间的长短主要取决于种性。一般中小粒种子如山荆子、海棠、杜梨、桂花、月季等需层积30～60 d；大粒种子如山杏、山桃、酸枣需层积60～90 d；有些植物种子层积处理需要时间较长，如板栗、酸樱桃需100～180 d，山楂、桧柏、山茱萸要200～300 d。

2. 化学处理 利用植物生长调节剂或其他化学物质处理种子，可打破休眠或缩短层积处理时间，促进发芽。例如，GA处理可打破桃、甜橙、榛子、番木瓜、大花牵牛、牡丹、马铃薯等种子或繁殖材料的休眠；用GA处理葡萄种子，可显著降低其对层积处理的要求。用乙烯处理可打破草莓和苹果种子的休眠。用氢氧化钠溶液浸泡结缕草种子也可促进其发芽。莴苣高温季节播种时，用100 mg/L 6-BA浸种3 min，可以大大提高发芽率。在GA溶液中加入萘乙酸、硝酸钾、硫脲、硼酸等物质对促进柑橘种子的发芽特别有效。但是要注意，不同化学物质在不同种子上的效果有显著的不同，而且与处理浓度、时间和方法有关。

3. 脱蜡（脂）处理 有些种子外包被蜡质（油脂），播种后很难从土壤中获得水分和氧气，这类种子必须先脱蜡（脂）后再播种。如花椒、玉兰等植物的种子可用草木灰加水拌成糊状，也可将种子混沙、土、草木灰干搓或将种子放入温水、碱水、洗衣粉水、肥皂水中搓洗直至完全脱去外表油脂，以利种子吸收水分和氧气而发芽。

4. 破皮处理 有些种子种皮较厚、较坚硬，阻碍了水分的吸收和通气，需要进行破皮处理。如山杏、山桃、酸枣、美人蕉、荷花等植物的种子可进行人工或机械挤压破壳，也可用干湿交替、冷热交替、冻融交替等方法破壳，以利种子发芽。

5. 浸种处理 对于没有进行层积处理的种子播前可进行浸种（soak）处理，浸种的目的是使种子在短时间内吸水膨胀，促进迅速发芽。一般种子用温水（30℃左右）浸种，每天换水1～2次，浸种1～3 d即可。

6. 催芽处理 催芽处理（pregermination）是将吸水膨胀的种子置于适宜温湿度和通气条件下，促使其迅速、整齐地发芽，目的在于缩短种子播种至出土的时间，提高出苗整齐度。催芽必须在浸种基础上进行，但浸种后不一定都需要催芽。催芽可在恒温箱、温床、温室等场所进行，必须保证适宜和均匀的温湿度条件。一般温度保持18～25℃，湿度以种子湿润而不滴水为度，并经常翻动，保持温湿度均匀。催芽短则1～2 d，长则7 d左右，待部分种子胚根突破种皮（露白）时即可播种。

7. 消毒处理 种子消毒（sterilization）有物理消毒、药剂消毒等方法。药剂消毒是一种简便有效的防虫防病方法，有拌种和浸种等。拌种一般取种子重量0.3%的杀虫剂或杀菌剂，与浸种后的种子充分拌匀，或与干种子混合处理，常用药剂有70%敌克松、50%福美锌、50%退菌特等；浸种即先将种子浸于清水中4～6 h，然后浸入药水中，按规定时间消毒，捞出后立即用清水冲洗，即可催芽或播种，常用药水有福尔马林（100倍水溶液浸种15～20 min）、10%磷酸三钠或2%氢氧化钠（处理15 min）、1%硫酸铜（处理5 min）等。

8. 包衣处理 利用种衣剂（seed coating agent）对种子进行包衣，由于种衣剂中含有植物生长调节剂、微量元素、稀土、肥料、杀虫剂、杀菌剂、生物制剂等活性成分，可促进发芽、防病虫、培育健壮种苗和提高幼苗抗逆性等，是值得重视的一项有效措施。

（四）播种技术

1. 播种时期　生物学特性和自然环境条件是决定播种时期（sowing date）的主要依据。生产中也常通过调节播种期来调节蔬菜、花卉的熟期或花期。一般园艺植物多为春季播种或秋季播种，部分叶类蔬菜可四季播种。春播从土壤解冻后开始，多在3～4月；秋播多在8～9月，至初冬土壤封冻为止。

2. 播种量　播种量（sowing rate）关系到单位面积出苗数、幼苗质量和栽培效益。理论播种量计算公式为：

$$\text{播种量（kg/hm}^2\text{）}=\frac{1\ \text{hm}^2\ \text{计划出苗数}}{1\ \text{kg 种子粒数}\times\text{种子发芽率}\times\text{种子纯净度}}$$

部分园艺植物种子的播种量如表5-1、表5-2所示，生产中，实际播种量还应视土壤与气候条件、种子质量、播种方式和方法等实际情况，做适当调整。

表5-1　木本园艺植物种子的千粒重和播种量

植物名称	千粒重/g	播种量/（kg/hm²）	植物名称	千粒重/g	播种量/（kg/hm²）
海棠	15.2～23.8	15～45	板栗	3 100～6 000	1 125～2 250
西府海棠	16.7～25	3～30	丹东栗	7 150～10 000	2 250～2 625
湖北海棠	8.4～12.5	15～22.5	君迁子（黑枣）	140	60～90
山荆子	4.2～4.8	7.5～22.5	枳	156.3～227.3	300～900
丽江山荆子	8.3～10	15～22.5	酸橘	83.3～142.8	225～675
沙果	22.3	22.5～33.8	红檬	83.3	300
杜梨	14～41.7	15～30	枸头橙	156.3～166.7	225～675
秋子梨（山梨）	52.7～71.4	60～75	枳橙	200～250	525～900
野生砂梨	25～50	30～45	柚子	200～416.7	450～900
豆梨	11.1～12.5	15～22.5	龙眼	1 660～2 000	600～1 875
毛桃	1 250～4 545	300～750	荔枝	3 125	1 500～1 875
山桃	1 667～4 167	300～750	枇杷	1 850～2 000	600～1 500
山杏	555～2 000	375～900	杧果	20 000	5 600～6 000
中国樱桃	90.9～100	22.5～37.5	番木瓜	20	26.3～30
毛樱桃	83.3～125	22.5～112.5	银杏	2 500～3 300	750～1 500
榆叶梅	250	112.5	枫杨	70	27～54
山樱桃	71.4～83.3	52.5～75	白蜡	28～29	15～30
酸樱桃	167～200	45～75	紫穗槐	9.0～12.0	7.5～22.5
甜樱桃	250	75	黄栌	3.6	7.5～15.0
山楂	62.5～100	187.5～525	桑	1.48	4.5～7.5
山葡萄	33.3～50	37.5～60	油松	33.9～49.2	30.0～37.5
核桃	6 250～16 700	1 875～5 025	侧柏	21～22	30.0～45.0
山核桃	3 300～4 500	1 125～2 250	香椿	14～17	7.5～22.5
薄壳山核桃	4 500	1 500～1 875	刺槐	20～22	15.0～22.5
酸枣	178.6～250	60～90	悬铃木	4.9	225

表 5-2 草本园艺植物种子的千粒重和播种量

植物名称	千粒重/g	播种量/(kg/hm^2)	植物名称	千粒重/g	播种量/(kg/hm^2)
大白菜	0.8～3.2	1.875～2.25	萝卜	7.0～8.0	3～3.75
小白菜	1.5～1.8	3.75～22.5	胡萝卜	1～1.1	22.5～30
蕹菜	38.4	45～90	洋葱	2.8～3.7	3.75～5.25
菠菜	8.0～11.0	45～75	大葱	3～3.5	4.5
芫荽	6.85	37.5～45	番茄	3.25	0.6～0.9
冬寒菜	3.67	0.75～1.5	辣椒	5.25	1.2～3.3（育苗）
韭菜	3.45	75	茄子	5.25	0.6～1.5（育苗）
小茴香	5.2	30～37.5	西葫芦	165	3.75～6.75
叶用甜菜	13	1.5～3.0	南瓜	245	3.75～6.00
结球甘蓝	3.75	0.45～0.75	西瓜	60～140	1.5～2.25
球茎甘蓝	3.25	0.45～0.6	甜瓜	30～55	1.5
花椰菜	3.25	0.45～0.6	黄瓜	23	3～3.75
青花菜	3.25	0.45～0.6	苦瓜	139	30～45
莴苣	0.8～1.2	0.75～1.125	丝瓜	100	1.5～1.8
结球莴苣	0.8～1.0	0.3～0.375	豌豆	325	52.5～75.0
茼蒿	1.65	30～60	豇豆	80～120	15～22.5
茎用莴苣	1.2	2.25～3.75	冬瓜	42～59	2.25～3.0
芹菜	0.47	2.25～3.75	菜豆	300～425	37.5～75

3. 播种方式和方法 播种方式、方法对种子发芽和幼苗生长影响很大。

（1）播种方式 播种方式一般可分为大田直播和育苗移栽两种方式。大田直播就是在生产田（平畦、高畦、垄、沟）直接播种，播后间苗、补苗、定苗，就地成苗进行生产。育苗移栽是先在苗床（露地苗床、阳畦、大棚或温室内）、育苗盘或营养钵内播种，集中育苗，培养成苗后再定植大田；或以该实生苗作砧木，接上接穗培养成嫁接苗出圃，果树可培育 2～3 年成大苗后再移栽大田。

按种子状态可分为干种子播种、浸过种的种子播种和已浸种催芽的种子播种。干种子播种一般用于湿润地区或干旱地区的湿润季节，趁雨后土壤墒情合适，能满足发芽期对水分的要求时播种。浸种和催芽的种子须播于湿润的土壤中，墒情不够时，应先浇水再播种。

按播种时土壤状态可分为干播和湿播。干播是播种前不造墒，播种后再浇水。湿播是先浇水，水渗后播种，播种后覆土，或者下雨后趁土壤墒情，抓紧播种。

按播种时操作主体可分为人工播种和机械播种。人工播种是用手工或简单机具将种子播到一定深度的土层内的播种方式，操作简单、工效低，是传统的播种方式。机械播种是利用各种播种机械按照一定的程序将种子或繁殖材料进行播种的方式，各种专用或通用播种机械广泛应用于生产，播种速度快、均匀度好，作业效率高，而且人工成本低、劳动强度小、节约种子，还可便于后期机械管理和采收，是今后规模化种植的方向。

（2）播种方法　有撒播（broadcast sowing）、条播（strip sowing）和点播（穴播）（dibble sowing）等。

①撒播：小粒种子速生性蔬菜的田间密植播种，以及一般蔬菜育苗的母床播种，如韭菜、菠菜、葱等。撒播密度大，出苗量多，但不均匀，管理不方便。撒播可以湿播或干播，前者播后用筛过的细土覆盖，稍埋住种子为宜；后者播后要镇压以利保墒，避免因干旱影响正常出苗。

②条播：大多数种子较小的果树、花卉和一些小株型蔬菜如菠菜、芹菜、胡萝卜、洋葱等可用条播。条播有垄作单行条播、畦内多行条播和双行带状条播等，具体可根据不同种类园艺植物的要求以及栽培目的选用。条播在一定程度上具有撒播的优点，同时因其有一定行距，便于机械播种、中耕管理、嫁接操作等。

③点播（穴播）：多用于种子较大的果树、花卉和一些株型较大的蔬菜如菜豆、马铃薯、茄果类、瓜类等作物种子的播种。穴播种子集中，分布均匀，容易出苗，营养面积大，成苗质量好，但产苗量少。穴播一般都是干播，为了保证土壤墒情，可整好地即覆膜，再行穴播。

4. 播种深度　播种深度依种子大小、气候条件和土壤情况而定。一般播种深度为种子最大直径的2～5倍，大粒种子取低限，小粒种子取高限。如核桃等大粒种子播种深度为5～6 cm，海棠、杜梨等2～3 cm，甘蓝、石竹、香椿等0.5～1 cm。高温干旱时和沙性土壤应适当深播，秋冬播种比春季播种应适当深播。为了满足土壤温湿度条件和解决种子出土困难的问题，在春季可分次覆土和深播浅覆土，在夏季可浅覆土加覆草。

5. 播后管理　包括环境管理和植株管理。

（1）覆盖及灌水　种子发芽要求水分充足、温度适宜，可于播后覆膜、覆草，增温保湿。出苗前若土壤干旱应及时喷水或渗灌，切勿大水漫灌，以防土壤板结闷苗或冲淹种苗。

（2）去掉覆盖物　种子幼芽出土后，尤其是小粒种子发芽后，要逐渐去掉覆盖物。播后覆膜的要及时划膜，揭膜放风降温，以免灼伤幼苗。

（3）间苗移苗　幼苗长出2～4片真叶时可进行间苗、分苗，或直接移栽于大田。移苗太晚易伤根，缓苗期长，太早则成活率低。移栽前要适当蹲苗，移栽前1～2 d灌透水以利带土起苗，同时喷药防病；移栽后灌水，以利根系与土壤充分接触。

（4）中耕除草　为保持育苗地土壤疏松，减少水分蒸发及杂草危害，应勤中耕、勤除草。除草可用人工、机械或除草剂，中耕和除草时应注意防止伤根。

（5）施肥灌水　幼苗生长过程中，要适时适量补肥和浇水。迅速生长期以追施或喷施速效性氮肥为主，后期要增施速效磷、钾肥。由于幼苗根系小，施肥应掌握少量多次的原则。

（6）摘心　对用于嫁接的果树实生砧木苗，在苗高30 cm左右时进行摘心，促进砧木苗增粗，以利嫁接。

二、嫁接繁殖

（一）嫁接繁殖的特点及应用

嫁接繁殖（grafting propagation）是将园艺植物优良品种植株上的枝或芽，通过嫁接技术接到另一植株的枝、干或根上，使其成活形成一新的植株的繁殖方法。通过嫁接方法培育的苗木称为嫁接苗，用来嫁接的枝或芽称为接穗（scion），而承受接穗的植株称为砧木（rootstock）。

1. 嫁接繁殖的特点 嫁接繁殖属于无性繁殖，所以嫁接苗能保持接穗品种的优良性状，而且生长快、开花结果早。嫁接繁殖可利用砧木的某些性状，如抗寒、抗旱、抗病虫、耐涝、耐盐碱等，来增强嫁接苗的抗性和适应性，从而扩大接穗品种的栽培范围，降低生产成本。也可利用砧木来调节果树和花木的生长势，使其树体矮化，满足栽培或消费的需要，还可以嫁接不同花色品种，增加观赏性。嫁接繁殖多数砧木可用种子繁殖，而且接穗品种枝芽量也比较大，故繁殖系数较高。但嫁接繁殖要提前培育砧木苗，花费时间；嫁接技术复杂，要求较高，嫁接苗的寿命比实生苗短。

2. 嫁接繁殖的应用 园艺植物中绝大部分果树用嫁接繁殖，在花卉上多用于木本观赏植物，以及不能采用扦插或种子繁殖的花卉。如用山桃、山杏嫁接梅花、碧桃，用小叶女贞嫁接桂花，用黄蒿、紫蒿嫁接菊花，用榆叶梅实生苗嫁接重瓣榆叶梅等。在果树、花木上，对于自然界的芽变、枝变或杂交育种选育出的优良株系，为了保存变异和早期鉴定均可用嫁接繁殖。在蔬菜上，也采用嫁接育苗技术解决连作土传病害问题，增强作物抗逆性和促进根系生长，如利用南瓜作砧木嫁接黄瓜，用瓠瓜作砧木嫁接西瓜，用野生茄子作砧木嫁接茄子等。

（二）影响嫁接成活的因素

1. 嫁接亲和力 嫁接亲和力（graft affinity）是指砧木和接穗经嫁接能愈合成活并正常生长发育的能力，具体是指砧木和接穗两者在内部组织结构、生理和遗传特性等方面的相似性或差异性。砧木与接穗不亲和或亲和力低的主要表现有：

（1）伤口愈合不良 嫁接后不能愈合，不成活，或愈合能力差，成活率低；或有的虽能愈合，但接芽不萌发；或愈合的牢固性很差，以后极易断裂。

（2）生长结果不正常 嫁接后枝叶黄化，叶片小而簇生，生长衰弱，甚至枯死。有的早期形成大量花芽，或果实发育不正常、畸形、肉质变劣等。

（3）大小脚现象 砧木与接穗接口上下生长不协调，有的“大脚”，有的“小脚”，也有的呈“环缢”现象。

（4）后期不亲和 有些嫁接后愈合良好，前期生长和结果也正常，但若干年后则表现严重的不亲和。如桃嫁接在毛樱桃砧上，进入结果期后不久，即出现叶片黄化、焦梢、枝干衰弱甚至枯死的现象。

近藤雄次将瓜类蔬菜的嫁接亲和性分为嫁接亲和力和共生亲和力。前者指砧木与接穗愈合和成活的能力，后者指嫁接成活后的共生能力，即嫁接成活后能否正常生长和开花结果。嫁接亲和力与共生亲和力有一定的关系，但并非完全一致。南瓜嫁接黄瓜的亲和性不稳定，主要表现为共生亲和力较差。

嫁接亲和力是嫁接成功的基本条件。亲和力的强弱主要取决于砧木与接穗之间亲缘关系的远近，一般亲缘关系越近，亲和力越强。园艺植物中同种不同品种之间和同属不同种之间的嫁接亲和力一般较强，嫁接容易成活；同科不同属的嫁接亲和力弱，一般嫁接不易成活。但有些异属植物之间嫁接能够成活，如榅桲上嫁接西洋梨，栒子、牛筋条上嫁接苹果、梨、山楂等，表现轻度不亲和，有矮化特性。另外，砧木和接穗代谢状况、生理生化特性与嫁接亲和力也有关系。如中国栗接在日本栗上，由于后者吸收无机盐较多，而影响前者的生长，产生不亲和。

2. 嫁接的极性　砧木和接穗都有形态上的顶端和基端，愈伤组织最初发生在砧木切口处，这种特性可影响砧木和接穗接口部的生长。常规嫁接时，接穗的形态基端应和砧木的形态顶端部分相接（即异端嫁接），这一正确的极性关系对接口愈合和成活是有利的；如若将接穗的形态顶端插入砧木的形态顶端，就不能成活，或成活后生长不良，发生早衰枯死。

3. 嫁接时期　嫁接时期主要与砧木和接穗的活动状态及气温、地温等环境因素关系密切。一般砧穗形成层都处在旺盛活动状态时，温带园艺植物在气温 20～25℃，热带园艺植物在 25～30℃条件下愈伤组织形成快，嫁接易成活。生产上要依植物种性、嫁接方法要求，选择适期嫁接。

4. 砧穗质量　砧木和接穗发育充实，贮藏营养物质和水分较多时，嫁接后容易成活。因此，应选择组织充实健壮、芽体饱满的枝条作接穗。草本植物或木本植物的未木质化嫩梢也可以嫁接，如瓜类嫁接，但要求较高的技术和较好的愈合条件。

5. 接口湿度和光照　愈伤组织是一团嫩的薄壁细胞，嫁接时保持较高的接口湿度（相对湿度达 95%以上，但不能积水），有利于愈伤组织的产生。因此，接合部位要包扎严密，起到保湿作用，同时避免风雨天嫁接。光照条件下愈伤组织形成减缓，因此接口部也要尽可能遮光。

6. 嫁接技术　嫁接技术是决定嫁接成活与否的关键条件。嫁接时砧木和接穗切口削面平滑，形成层对齐，接口绑紧，包扎严密，操作过程干净迅速，则成活率高。反之，削面粗糙，形成层错位，接口缝隙大，包扎不严，操作不熟练等均会降低成活率。

7. 伤流、树胶、鞣质的影响　核桃、葡萄等果树根压较大，春季根系开始活动后，地上部伤口部位易出现伤流，若伤流量大，会抑制切口处细胞的呼吸而影响愈伤组织产生及嫁接成活。此外，桃、杏等树种伤口部位易流胶，核桃、柿等切口细胞内鞣质易氧化形成不溶于水的鞣质复合物，都会形成隔离层，影响砧木和接穗的连通而降低成活率。

8. 应用植物生长调节剂　应用植物生长调节剂可促进细胞分裂，有利于嫁接接口愈合，提高嫁接成活率。如苹果春季枝接时以 50 mg/L 吲哚乙酸（IAA）浸泡接穗 24 h，核桃枝接时用 20～50 mg/L 吲哚丁酸（IBA）浸泡接穗 1 min，均有利于接口愈合和嫁接成活。

（三）砧木的选择和接穗的采集

1. 砧木的选择　适宜的砧木应与接穗有良好的亲和力；对接穗生长、结果有良好的影响，如生长健壮、开花结果早、丰产优质及长寿等；对栽培地区的气候、土壤环境条件适应能力强，如抗寒、抗旱、耐涝、耐盐碱等；能满足特殊的需要，如乔化、矮化、抗病虫等；繁殖材料丰富，易于大量繁殖。

砧木依其繁殖方式不同有实生繁殖砧木和营养繁殖砧木；依其嫁接后长成的植株高矮、大小分为乔化砧和矮化砧；依其利用形式分为自根砧和中间砧等。

2. 接穗的采集 接穗应从品种优良、生长健壮、无检疫病虫害、已结果的母树上采集。为保证品种纯正，应尽量从良种母本园已结果的成年母树上采取，接穗应生长发育充实、芽体饱满。

因嫁接时期和方法不同，采用的接穗也不同。春季嫁接多用一年生枝条作接穗，一般结合冬季修剪采集，也可随用随采；冬剪时采集的接穗要按品种打捆，加挂标签，埋于窖内或沟内湿沙中，贮藏期间注意保温防冻（0～5℃为宜），春季回暖后，要控制温度、湿度条件，避免接穗发芽，以提高嫁接成活率，延长嫁接时间；嫁接前用石蜡密封接穗，可大大提高嫁接成活率。夏秋季嫁接多用当年生新梢作接穗，一般是随用随采，采下后立即去掉叶片，保留叶柄，以减少水分蒸发；如当日或次日嫁接，可将接穗下端浸入水中；如隔几日嫁接则应在阴凉处挖沟铺湿沙，将接穗下端埋入沙中并经常喷水保持湿润，或将接穗打捆悬挂在井中水面之上。

需要外埠调用的接穗必须做好贮运工作，尽量低温保湿运输，避免因接穗失水或闷芽影响嫁接成活。

（四）嫁接技术

1. 嫁接时期 北方落叶树种枝接一般在早春树液开始流动后，接穗芽尚未萌动时进行，时间在3月中旬到5月中旬。有些树种在夏季也可进行绿枝枝接。而芽接时期一般以夏秋的7～8月为主。核桃在5月底6月初进行方块形芽接。

芽接技术
（拓展阅读）

2. 嫁接方法 按嫁接用的接穗材料分类，有芽接（bud grafting）、枝接（stem grafting）等方法。

（1）芽接 凡是用一个芽片作接穗的嫁接方法称芽接。芽接方法简单、速度快、嫁接时期长、成活率高，适合于大量繁殖苗木。芽接方法主要有“丁”字形芽接（图5-1）和方块形芽接（图5-2），需要接穗和砧木“离皮”，当砧木和接穗的木质部与韧皮部不易分离时（主要在春季）可采用嵌芽接（图5-3）。

枝接技术
（拓展阅读）

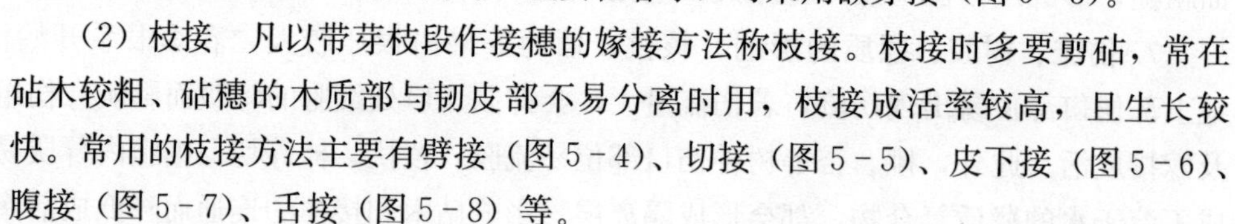

（2）枝接 凡以带芽枝段作接穗的嫁接方法称枝接。枝接时多要剪砧，常在砧木较粗、砧穗的木质部与韧皮部不易分离时用，枝接成活率较高，且生长较快。常用的枝接方法主要有劈接（图5-4）、切接（图5-5）、皮下接（图5-6）、腹接（图5-7）、舌接（图5-8）等。

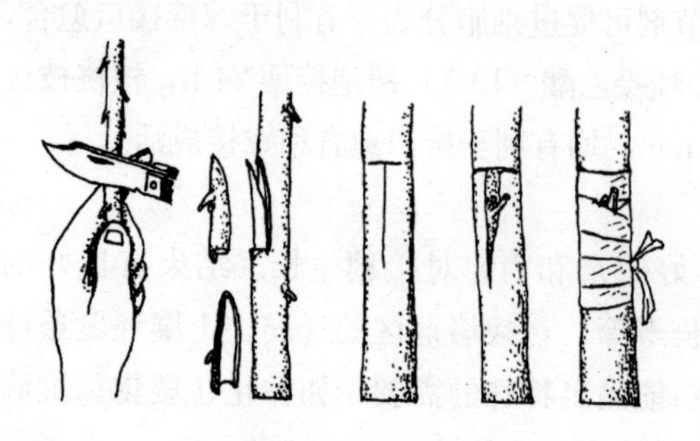
图5-1 “丁”字形芽接

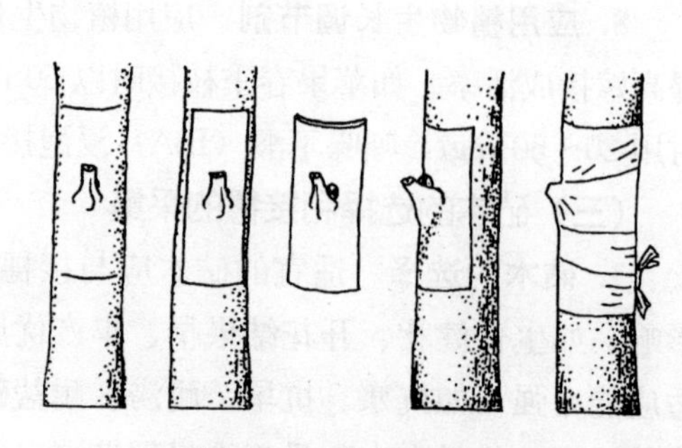
图5-2 方块形芽接

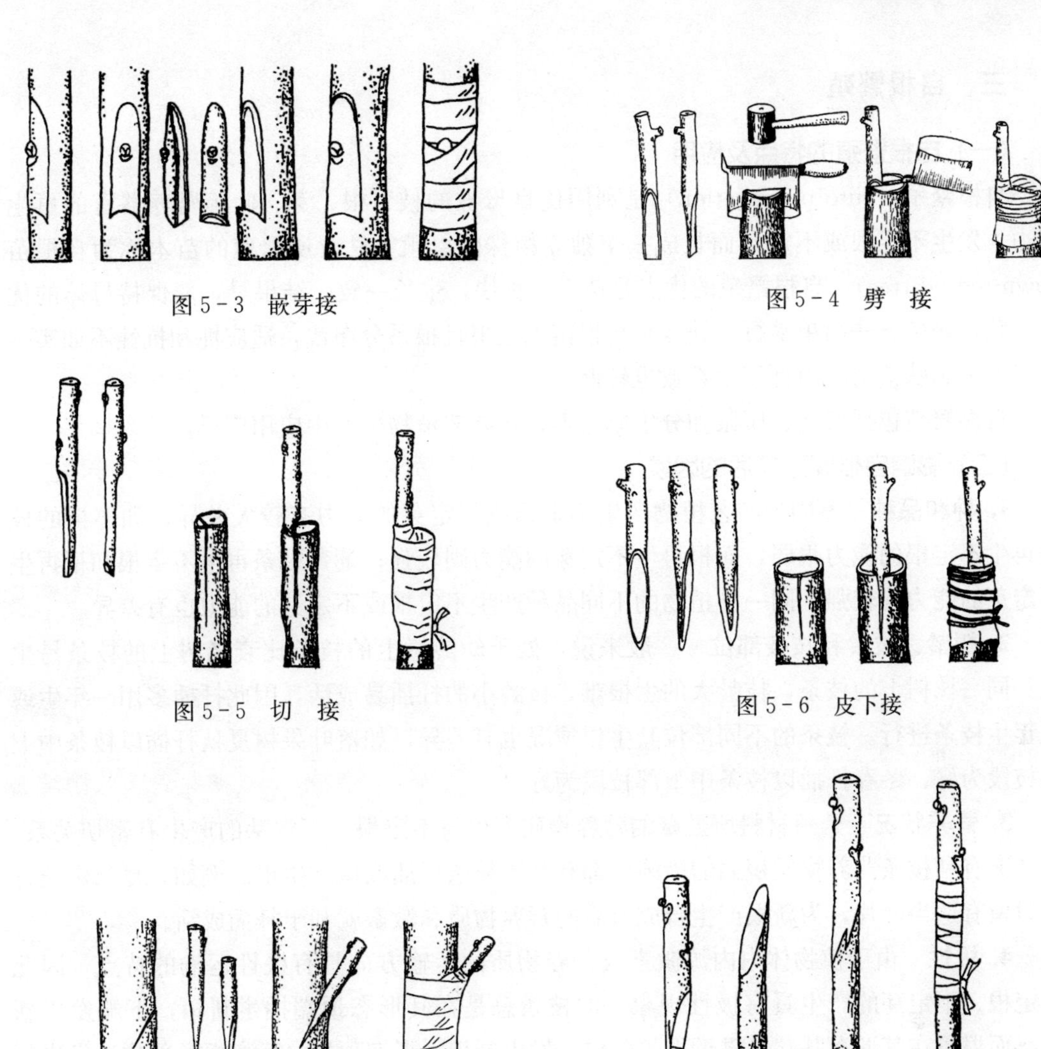

图 5-3　嵌芽接

图 5-4　劈　接

图 5-5　切　接

图 5-6　皮下接

图 5-7　腹　接

图 5-8　舌　接

3. 嫁接苗的管理　主要是检查成活情况、剪除砧木萌芽和嫁接苗的水肥管理及有害生物防控等。

（1）检查成活　芽接后 7～10 d 可检查成活情况，若接芽新鲜且叶柄一触即落，则为成活；枝接后 14～21 d 检查成活，接穗萌芽并有一定生长量时为成活。未成活者应及时补接。

（2）剪砧除萌　夏秋季芽接成活后，在翌年春季发芽前要及时剪去接芽以上的砧木，促进接芽萌发。砧木基部发生的萌蘖应及时除去，以免消耗养分和水分，影响接穗生长。

（3）其他管理　在嫁接成活后，及时解除绑缚物。在嫁接苗生长过程中，要经常进行中耕除草，及时浇水和勤施薄肥，并加强病虫害防治，以保证嫁接苗正常生长。在风大的地区，为防风折枝，可立支柱。

三、自根繁殖

（一）自根繁殖的特点及应用

自根繁殖（auto-propagation）是利用优良母株的枝、根、芽、叶等营养器官的再生能力，发生不定根或不定芽而长成一个独立植株的繁殖方法，所繁殖的苗木称为自根苗（own-rooted tree）。自根繁殖的优点是苗木生长快，生长一致，结果早，能保持母体的优良性状，繁殖方法简单易行；缺点是自根苗无主根且根系分布浅，适应性和抗性不如实生苗或实生砧嫁接苗，而且繁殖系数也较低。

自根繁殖包括扦插、压条和分生繁殖等，在园艺植物生产中应用广泛。

（二）影响自根繁殖成活的因素

1. 种和品种 不同的园艺植物产生不定根或不定芽的能力有较大差异，如枣树的枝条再生不定根的能力很弱，而根再生不定芽的能力则较强；葡萄枝条再生不定根和根再生不定芽的能力均较强。同一种植物的不同品种产生不定根或不定芽的能力也有差异。

2. 树龄、枝龄和枝条部位 一般来说，处于幼龄树上的枝条比衰老树上的枝条易生根。同一株树上的枝条，枝龄大的生根难，枝龄小的扦插易成活，因此扦插多用一年生或当年生枝条进行。枝条的不同部位其生根情况也有差异，如落叶果树夏秋扦插以枝条中上部枝段为好，冬春扦插以枝条中下部枝段为好。

3. 营养状况 繁殖材料所贮藏的营养物质多少与不定根、不定芽的产生有密切关系。生产上有利枝条营养物质积累的措施，都有利于枝条扦插或压条生根。例如，夏秋嫩枝扦插时留有适当叶片，为新根产生合成所需的营养物质和激素就利于扦插成活。

4. 极性 由于植物体内内源激素及营养物质的运输方向具有极性运输的特点，因此不定根、不定芽的产生具有极性现象。即枝条总是在其形态顶端抽生新梢，下端发生新根，而根段在其形态基端（靠近根颈部位）发出新梢，形态顶端（远离根颈部位）发生新根。因此，在扦插时注意不能倒插，否则将难以成活。

5. 温度 一般白天气温达到21～25℃，夜间约15℃时即可满足硬枝扦插或压条生根的需要。北方大部分树木，在春季土温10～12℃时就可以萌芽，但生根要求土温达15～20℃或高于气温3～5℃。因此，扦插成活的关键在于采取措施提高土壤温度，使插条先发根后发芽，否则，先抽生枝叶大量消耗营养和水分，会抑制根系发生，影响扦插成活。

6. 湿度 土壤湿度和空气湿度对扦插、压条生根成活影响很大。一般来说，空气湿度越大越好，高湿可减少枝段和叶片水分蒸腾散失，尤其是绿枝扦插，使叶片不致萎蔫。生产上绿枝扦插时可采用弥雾设备或遮阴等方法，维持较高的空气湿度。扦插、压条繁殖基质的湿度也要适宜，一般维持其最大持水量的60%～80%较好。

7. 光照 光对根系的发生有抑制作用，因此硬枝扦插生根可以完全遮光进行。绿枝扦插为了保证叶片一定的光合能力，为生根提供营养物质，需有适当的光照，但一定要避免阳光直射，可进行搭棚遮阴。

8. 基质 扦插时基质要通水透气性良好，pH适宜，可提供全面的营养元素，且不带有害的真菌和细菌。绿枝扦插对基质的要求比硬枝扦插严格，一般插床基质可选用干净的河沙、蛭石、珍珠岩、苔藓、泥炭等。

（三）促进扦插和压条生根的方法

1. 伤枝处理　扦插、压条繁殖前，对繁殖材料进行环剥（割）、环缢、剥老皮、纵刻伤等轻微伤枝处理，有利于伤枝部位增加营养积累，增强呼吸，提高酶活性，促进细胞分裂及根原体的形成。

2. 黄化处理　对不易生根的枝条在其生长期用黑布或纸条包扎基部，使其黄化，促其薄壁细胞增多，生长素积累，可促进生根。

3. 浸水处理　硬枝扦插前将插条浸水处理 10 h 左右，使之充分吸水，有利于插后根原体形成，促进成活。

4. 药剂处理　对繁殖材料进行药剂处理，加强其呼吸作用，促进细胞分裂，有利生根成活。常用的药剂是植物生长调节剂，如葡萄硬枝扦插时，用刻伤器刻伤枝条后蘸 800～1 000 mg/L NAA-Na 粉，或用 5～20 mg/L IBA 溶液浸 24 h，可明显促进生根；玫瑰以 2～4 年生插条用 500～1 500 mg/L NAA 溶液浸泡其基部 5～6 min，扦插生根率可达 95%以上，繁殖周期可缩短 10～20 d。此外，用维生素 B_1、维生素 C、硼、高锰酸钾等处理插条也有促进生根的作用。

5. 加温处理　早春扦插时因地温低而生根困难，可用阳畦、塑料薄膜覆盖或利用电热床加温处理，促进插条先生根，保证扦插成活。

（四）自根繁殖技术

1. 扦插繁殖　扦插繁殖（cutting propagation）是切取植物的枝条、叶片或根，插入基质中使其生根萌芽抽枝，长成新植株的繁殖方法。扦插繁殖有硬枝插、绿枝插、叶插、芽叶插和根插等方法。

（1）硬枝插　硬枝插是用充分成熟的一年生枝段进行扦插，方法简单易行，繁殖成本低。落叶树木常在早春进行，扦插时将保存良好的枝条剪成长 10～25 cm 的枝段作插条，插条顶端在芽上 1～2 cm 处平截，下端在节上斜剪成马耳形，剪口要平滑，然后斜插于基质或土壤中，插条顶端芽体应露出，或与地面平齐。在园艺植物中，葡萄、无花果、石榴、梅花、月季、翠柏、龙柏、罗汉松等树木常用硬枝扦插繁殖。

（2）绿枝插　绿枝插是在生长季利用半木质化的新梢进行带叶扦插，在柑橘类、葡萄、猕猴桃等果树，大部分花卉树木，以及蕹菜、番茄等蔬菜作物繁殖中均可应用。绿枝插的插条应随剪随插，最好在早晨有露水时采取，并注意保湿，防止失水萎蔫。一般插条长 10～15 cm，上部保留 1～3 片叶，以利光合作用，基部去掉部分叶片，以利扦插和生根。插条可插入基质 1/3～1/2，以斜插为好，扦插密度以叶片互不遮挡为度。绿枝比硬枝生根容易，但绿枝插对空气和土壤或基质湿度要求严格，因此多在室内进行弥雾扦插繁殖，使叶面被有一层水膜，空气相对湿度保持近 100%，保持室内气温在 21℃左右，从而降低蒸腾，使插条保持生活力的时间长些，以利生根成活。

（3）叶插　利用叶的再生机能，切下叶片进行扦插，长出不定根和不定芽，从而形成新的植株的方法称为叶插法。叶插法多用于部分花卉植物，如非洲紫罗兰、大岩桐、苦苣苔、豆瓣绿、玉树、蟆叶秋海棠、千岁兰、球兰、虎尾兰、象牙兰、落地生根等，它们大都具有粗壮的叶柄、叶脉和肥厚的叶片。

叶插可分为全叶插和片叶插。全叶插以完整叶片为插穗，具体可以是平置法，即将去掉叶柄的叶片平铺在沙面上，用大头针或竹签固定，使叶背与沙面密接；也可以是直插法，即将叶柄插入基质中，叶片直立于沙面，从叶柄基部发生不定芽及不定根。片叶插是将叶片分切数块，分别进行扦插，每块叶片上均形成不定芽、不定根。不论何种插法都要保持良好的温度、湿度条件，才能收到较好的效果。

（4）芽叶插　芽叶插是在生长季节用带芽的叶片进行扦插繁殖的方法。应选择健壮的枝条，用刀连同带饱满芽的叶片和部分茎一起切下，将其以45°角斜插于苗床，株行距以10 cm×10 cm为宜。芽叶插应在设施或荫棚内进行，其他要求和管理与绿枝插相似。芽叶插主要用于叶插不易生芽的菊花、山茶、橡皮树、桂花、天竺葵、宿根福禄考等花卉植物上，果树上菠萝也可用其冠芽、吸芽、裔芽或蘖芽带叶扦插繁殖。

（5）根插　根插是利用植物根上能形成不定芽的能力进行扦插繁殖的方法。根插可利用苗木出圃剪下的根段或留在地下的根段，将其粗者剪成10 cm左右长，细者剪成3～5 cm长的插穗，斜插于苗床中，上部覆盖3～5 cm厚细沙，保持基质适宜的温度和湿度，促进其形成不定芽。根插时也要注意不能插倒，否则不能成活。常用于根插易生芽而枝插不易生根的园艺植物，如枣、柿、李、核桃等果树，牡丹、芍药、凌霄、金丝桃、紫薇、梅、樱花、凤尾兰、牛舌草、毛地黄等花卉植物。

2. 压条繁殖　压条繁殖（layering propagation）是在枝梢不与母体分离的状态下，将枝梢部分埋于土中或包裹在能促进发根的基质中，促使枝梢生根，然后剪离母体成为独立新株的繁殖方法。多用于扦插不易生根的园艺植物繁殖，如苹果矮化砧木、榛子、樱桃、猕猴桃、醋栗、穗醋栗、黑树莓等果树，还有木槿、玉兰、夹竹桃、樱花、丁香、海棠等观赏树木。压条繁殖方法有直立压条、水平压条、普通压条和空中压条等。

（1）直立压条　直立压条又叫垂直压条或培土压条。春季萌芽前自地面重剪枝条，促使基部发生萌蘖；当新梢长到20～30 cm时进行第1次培土，培土前可去掉新梢基部几片叶或进行纵刻伤等以利生根，培土厚度为新梢长度的1/2左右；当新梢长到40～50 cm时进行第2次培土，在原土堆上再增加10～15 cm土；每次培土前要视土壤墒情灌水，保证土壤湿润，一般培土后20 d左右生根；入冬前或翌春萌芽前即可分株起苗，起苗时扒开土壤，在靠近母株处留桩短截，可继续进行繁殖。

（2）水平压条　水平压条是在春季萌芽前将母株枝条弯曲到地面呈水平状态，并用枝杈将其固定，为促进其新梢萌发，每隔10 cm左右在芽上方刻伤或环割；待新梢长到20 cm左右时进行第1次培土，新梢长到30～40 cm时进行第2次培土；入冬前或翌春扒开培土，将生根的新株剪离即可。对靠近母株基部的枝条或萌蘖可留1～2个，供再次水平压条用。

（3）普通压条　普通压条是在夏季当新梢长到一定长度时，从母株上选靠近地面的当年新梢，在其附近挖20～30 cm见方的坑，将新梢中部弯曲压入坑底，梢部露出地面，用枝杈固定，并在弯曲处进行环剥、纵刻伤以利生根。然后将坑填平，使新梢埋入土中的部分生根，露在地面的部分继续生长。入冬后或翌春将生根枝条与母株分离即可。

(4) 空中压条 空中压条又叫高枝压条，在生长季进行。方法是选充实的1～3年生枝条，在其适当部位进行环剥或纵刻伤等，再于环剥或刻伤处用塑料薄膜包以保湿生根基质如湿锯末、泥炭等，2～3个月后即可生根。生根后剪离母体即成为一个新的独立植株。

3. 分生繁殖 分生繁殖（division propagation）又叫分株繁殖，是将植物体分生出来的幼植体（根蘖、吸芽、珠芽等），或者植物营养器官的一部分（变态茎等）进行分离或分割，脱离母体而形成新的独立植株的繁殖方法。此法成苗较快，但繁殖系数低。依其繁殖器官类型不同可分为以下几种：

(1) 根蘖分株法 该方法是利用有些植物根上易生不定芽萌发成根蘖苗的特点，将其与母株分离后形成新的植株。园艺植物中枣、石榴、树莓、樱桃、萱草、蜀葵、一枝黄花、金针菜、石刁柏、韭菜、茭白等用此法繁殖。可利用自然根蘖（株丛）进行分株繁殖；也可在发芽前将母株树冠投影外围0.5～2 cm粗的根切断或造伤，促发根蘖，并施肥灌水，秋季或翌春分离母体挖出即可。

(2) 匍匐茎与走茎分株法 有些园艺植物能由短缩的茎部或由叶轴基部长出茎蔓，茎蔓上有节，若节间较短横走地面的称为匍匐茎，如草莓等；若节间较长不贴地面的为走茎，如吊兰等。匍匐茎或走茎节部能生根发芽，产生幼小植株，将其与母体分离可得到新植株。

(3) 吸芽分株法 某些植物根际或近地面茎叶腋间自然发生的短缩、肥厚、呈莲座状的短枝称为吸芽。吸芽下部可自然生根，将其与母体分离即可得到一新植株。园艺植物中菠萝、芦荟、景天、拟石莲花等均可用吸芽分株法繁殖。

(4) 球茎、块茎、根茎分株法 有些园艺植物其地下球茎、块茎、根茎等营养器官有节、有芽，易产生不定根，将其切块或切段用于繁殖即可形成一新的植株。如唐菖蒲、荸荠、慈姑等可用球茎分离子球或切块繁殖；马铃薯、姜、藕、菊芋等可用块茎分割繁殖新株；而美人蕉、香蒲、紫苑等可用其根茎切段繁殖。

(5) 鳞茎分株法 百合、水仙、风信子、郁金香、大蒜、韭菜等的鳞茎鳞叶间可发生腋芽，腋芽会萌发抽生新的鳞茎并从老鳞茎旁离生，将其与母体分离即可得到新植株。

(6) 块根繁殖法 块根是由营养繁殖植株的不定根或实生繁殖植株的侧根，经过增粗生长而形成的肉质贮藏根。在块根上很容易发生不定芽，故可用于繁殖形成新的植株。园艺植物中大丽花是典型的块根繁殖植物，可用整块块根，也可将块根切块繁殖。

四、离体繁殖

离体繁殖（in vitro propagation）又叫植物组织培养（plant tissue culture）繁殖、微繁殖（micro-propagation），就是利用植物组织和细胞全能性的特点，通过无菌操作，把离体的植物器官、组织、细胞等，接种于人工配制的培养基上，在人工控制的环境条件下培养，使之生长发育成为完整的新植株的繁殖方法。离体繁殖中供接种培养的植物材料称为外植体（explant）。

（一）离体繁殖的特点与应用

离体繁殖主要应用于快速大量繁殖无性系种苗；培育无病毒种苗；长期保存种质资

源；生物技术育种，如胚抢救、细胞工程、基因工程、分子标记辅助育种等；植物生物学、遗传学基础研究；生物制药，即细胞次生代谢物的生产等。利用组织培养的方法繁殖园艺植物种苗，具有占地面积小、繁殖周期短、繁殖系数高和可周年繁殖的特点，还可大量繁殖蔬菜作物中的优良自交不亲和系、雄性不育系。很多园艺植物已经实现利用组织培养技术进行快速繁殖，如香蕉、菠萝、柑橘、草莓、桃、苹果、梨、枣、猕猴桃、葡萄、大蒜、马铃薯、兰花、香石竹、马蹄莲、玉簪等。如采用茎尖培养的方法，1个草莓茎尖1年内可育出成苗3 000万株，1个兰花的茎尖1年内可育成400万个小原球茎。

（二）离体繁殖的基本方法

按外植体来源及特性不同，植物组织培养可分为植株培养、胚胎培养、器官（根、茎、叶、种子等）培养、愈伤组织培养、组织（茎尖分生组织、薄壁组织、输导组织）培养、细胞培养、原生质体培养等。由于茎尖中茎的形态已基本建成，遗传性稳定，生长速度快，且微茎尖不带病毒等特点，园艺植物组织培养中常利用茎尖繁殖。茎尖培养的含义比较广泛，包括小到仅0.1～1.0 mm的茎尖分生组织，大到几十毫米的茎尖或更大的芽的培养，茎尖培养繁殖的基本步骤和方法如下。

1. 培养基制备 植物种类、器官组织不同，培养目的不同，适用的培养基也不同。园艺植物茎尖培养多用MS（Murashige和Skoog，1962）培养基作为基本培养基，实际应用中可根据不同植物种类进行修改，或添加其他物质进行优化。如含酚类物质较多的植物，为了防止其外植体褐变，可以在培养基中加入抗坏血酸（维生素C）、聚乙烯吡咯烷酮（PVP）、二硫苏糖醇（DTT）等抗氧化剂；在起始培养时，为了使外植体能够较快生长，需要在培养基中加入一定比例和浓度的细胞分裂素（6-BA、KT、2-iP等）和生长素（NAA、IBA、IAA、2,4-D等）；而在生根培养时诱导不定根的产生，只需要在生根培养基中添加一些促进生根的生长素类物质，一般不再添加细胞分裂素类物质。除MS外，常用的培养基还有White、B_5、Heller等。

需要经常配制培养基时，可先将除蔗糖、琼脂、植物生长调节物质之外的大量元素、微量元素、铁盐和有机物质分别配制成各类母液，放在2～4℃冰箱保存备用。少部分植物生长调节物质（如IAA、GA等）遇热不稳定，不能高压蒸汽灭菌，需要在无菌条件下通过孔径0.25～0.45 μm的生物膜过滤灭菌，然后将其加入高压蒸汽灭菌后温度降到40～50℃的培养基中。调整培养基pH一般用0.1 mol/L的氢氧化钠或盐酸溶液，MS培养基的pH为5.8～6.0。

2. 无菌培养物的建立 包括外植体的选择、消毒、接种和培养。

（1）外植体的选择和消毒 茎尖培养应从田间或温室中健壮无病虫害、生长旺盛的植株上采取外植体，常用春季未萌发的芽和茎尖，大小从1～3 mm茎尖分生组织到数厘米的茎尖。将采到的休眠芽剥除鳞片，茎尖切取0.5～1 cm长，并将大叶除去。消毒一般是在流水中冲洗2～4 h后，在75%的酒精中浸泡10～30 s，然后用2%～5%的次氯酸钠溶液浸泡消毒5～10 min，再用无菌水冲洗3～5次。要求既杀灭微生物，又不伤害外植体。

（2）外植体的分离、接种和培养 在无菌条件下（超净工作台）进行，剥取茎尖时要把芽、茎置于解剖镜下，一只手用镊子将其按住，另一只手用解剖针将叶片去掉，使生长点露出来，通常切下顶端0.1～0.2 mm（含1～2个叶原基）长的部分作培养材料。切取分生组织的大小，由培养目的决定，要脱除病毒，就应尽量小些；如果只注重快速繁殖，则可取0.5～1 cm长的茎尖，也可以取整个芽。

外植体经过严格的消毒、培养基经过高压灭菌后，在超净工作台或接种箱内进行无菌操作接种。接种外植体时要求迅速、准确，外植体暴露的时间尽可能短，防止其变干。接种于培养基MS+6-BA 0.1～1 mg/L+NAA 0.05～0.5 mg/L上的茎尖，置于有光的恒温箱或照明的培养室中进行培养。每天光照12～16 h，光照度1 000～5 000 lx，培养室的温度25℃±2℃。但是有些植物的离体培养需要低温处理以打破休眠，使外植体启动萌发。如天竺葵经16℃低温处理，可以显著提高茎尖培养的诱导率和增殖率。

3. 营养繁殖体的增殖 接种于培养基上的茎尖，其顶端分生组织、侧生芽原基可以产生多个新梢形成芽丛，已分化的芽丛生长30～50 d，或当嫩梢高达2 cm左右时，可将粗壮较大的切下进行生根培养，较小的切割分离或切成小段转入新鲜培养基中进行继代增殖培养，这样一代一代继续培养下去，既可得到较大新梢用以诱导生根，又可维持茎尖的无性系。

4. 生根培养 切下的较大嫩梢转入生根培养基中诱导生根，逐步使试管植株的生理类型由异养型转向自养型。基本的诱导生根方法是将新梢基部浸入150 mg/L或100 mg/L IBA溶液中处理48 h，然后转移至无激素的生根培养基中；或直接移入含有生长素的培养基中培养4～6 d后，转入无激素的生根培养基中；或直接移入含生长素的生根培养基中。上述3种方法均能诱导新梢生根，但前两种方法对幼根的生长发育更有利。

5. 驯化移栽 生根试管苗无根毛，茎叶保护组织不发达，为了适应移栽或最后定植的温室、露地环境条件，提高成活率，试管苗的驯化是必需的，而且需要一个逐渐适应的过程。试管苗的驯化移栽应在植株生根后不久，细小根系停止生长之前及时进行。先将培养瓶移至室外遮阴或温室中闭瓶炼苗7～20 d，遮阴度为50%～70%，再将培养瓶的盖子打开，在自然光照下开瓶炼苗3～7 d，然后将经过强光锻炼的生根苗洗去培养基，移栽于营养钵中（基质为1/3草炭、1/3蛭石与1/3珍珠岩混合），并将营养钵置于温室或塑料大棚内，保持相对湿度85%～100%，日平均温度25℃左右，光照度18 000lx左右，1周后揭去棚膜过渡锻炼，再经过2～4周后即可栽于露地苗圃中。

五、优质种苗繁殖技术

优质种苗是园艺植物高效生产的基础，繁殖优质种苗也是园艺生产的任务之一。种苗繁殖，包括优良品种种子生产，也叫良种繁育（elite breeding; propagation of elite tree species）和商品化秧苗繁殖。园艺生产中常面临品种退化（variety degeneration）的问题，良种繁育就是将优良品种扩大繁殖并推广用于生产的过程，要求在质量上保持优良品种的种性，在数量上满足生产的需求。

（一）品种退化的原因和对策

品种退化是指一个选育或引进的品种，经一定时间的生产繁殖后，会逐渐丧失其优良性状，在生产上表现为生活力降低、适应性和抗性减弱、产量下降、品质变差、整齐度下降等变化，失去该品种应有的质量水平和典型性，以致最后丧失品种的使用价值的现象。狭义的品种退化应限于种性在遗传上的劣变不纯所引发的品种典型性及优良性状的丧失现象，但生产上通常把各种原因引起的品种典型性丧失和生产应用价值下降的现象统称为品种退化。

1. 品种退化的原因 品种退化有遗传性退化和混杂两个方面的原因。

（1）品种遗传退化 遗传上纯度很高的品种有性繁殖时，普遍存在一些不利的等位基因和隐性基因，其在遗传重组过程中会导致品种退化的问题，尤其是留种株过少、连续近亲繁殖或异花授粉作物更易发生。引起品种遗传退化的另一个原因是突变，尽管显效突变不常发生，但微效突变会经常发生，微效突变的逐代积累会引起品种退化。无性繁殖的果树、花木、蔬菜等在生产中微效突变发生较为频繁，而且多为劣变，以嵌合体的形式存在于营养系品种中，在生产和繁殖过程中如果缺乏选择就很容易将一些劣变材料混在一起繁殖，导致品种退化。

（2）缺乏规范选择 优良品种是在严格的选择条件下形成，也需要规范的选择才能保持其种性。在良种繁育过程中，如只进行粗放的片选，不进行严格的去杂去劣等，均会导致品种混杂退化。例如，蔬菜中的天鹰椒品种，生产上人们为了追求高产而选择果大的植株留种，连续选择几代后使辣椒果实都偏大，超过了出口要求的大小，致使出口难、价格低、高产不高效；在短枝型果树品种嫁接繁殖时，若不注意选择而利用徒长性枝条作接穗，其后代表现乔化、结果期延迟和结果少的株率增多，表现出品种退化。

（3）机械混杂 机械混杂是指在种子的收获、接穗的采集、种苗的生产和调运等过程中，工作失误致使其他品种混入，从而造成品种混杂，导致群体性状不一致，影响生产的现象。机械混杂较易发生于种子或枝叶形态相似的品种之间。生产中前茬作物及杂草种子、砧木萌蘖等均可能造成机械混杂。有性繁殖的园艺作物机械混杂还会进一步引起生物学混杂。

（4）生物学混杂 生物学混杂是指品种间、变种间或种间因天然杂交而造成品种退化的现象。在有性繁殖过程中，由于隔离不够，品种间或种间发生一定程度的天然杂交（串花），致使原品种的群体遗传结构发生了变化，造成品种退化，丧失利用价值。例如，结球甘蓝与花椰菜或球茎甘蓝之间的天然杂交后代不再结球；大白菜与小白菜或菜薹之间发生天然杂交后也不再包心；异花授粉的瓜叶菊，如采用混合留种法，后代中较原始的花色（晦暗的蓝色）单株将逐渐增多，艳丽花色单株减少，致使群体内花色性状逐渐退化。生物学混杂是引起有性繁殖作物品种退化的主要原因，尤其是异花授粉作物最易发生生物学混杂，而且一旦发生混杂，其发展速度极快。

2. 防止品种退化的措施 针对品种退化的原因，应采取对应措施防止品种退化。

（1）实施科学的良种繁育制度和程序 为了防止良种混杂退化，必须坚持种子分级繁育制度和良种繁育的基本程序。种子分级繁育制度就是在种子生产中，严格设置专门留种地，按照一定技术规程，逐步扩大繁殖生产不同级别的种子。良种繁殖程序就是种子繁殖阶段的先后、世代高低的形成过程。这种程序各国不完全相同，我国常将种子繁殖程序划分为原原种（basic seed）、原种（original seed）和良种（certified seed）3 个级别阶段。

农作物种子质量分级标准将一般作物种子分为原种、一级良种、二级良种和三级良种等4级，主要是依据种子的纯度、净度和发芽率标准来划分。

（2）严格操作，防止机械混杂　以种子为繁殖材料的繁殖田要合理轮作，不能重茬，以防残留在土壤里的前茬作物种子出苗造成混杂；在收获种子时，从种株的堆放后熟、脱粒、晾晒、清选，以及在种子的包装、贮运、消毒直到播种的全过程中，要专人负责，经常检查，事先对场所、用具进行彻底清洁，做到单收、单脱、单晒、单藏、单独处理，包装和贮运的容器外表面应标明品种、等级、数量、纯度。以营养器官为繁殖材料者从繁殖材料的采集、包装、调运到苗木的繁殖、出圃、假植和运输，同样都必须严格操作，防止混杂，包装内外应同时标明品种，备有记录。注意标签材料和标记用笔应具防湿、防晒作用，不易破碎、不褪色。

（3）隔离留种，防止生物学混杂　有性繁殖作物留种时为了防止生物学混杂，对易于相互杂交的变种、品种或类型之间，必须严格进行隔离。对繁殖少量的原种或保持原始材料，可在开花期采用套袋、网罩、网室等方法进行机械隔离，从而避免相互天然杂交。一般留种可采用分期播种、分期定植、春化处理、光照处理、摘心整枝以及使用植物生长调节剂等措施，使不同品种的开花期相互错开，即进行时间隔离（花期隔离），甚至采用不同品种分年种植留种，做到有效隔离。或将易发生相互杂交的不同留种材料隔开适当的距离种植，即进行空间隔离。空间隔离的留种间隔距离可根据授粉方式和发生天然杂交后的影响大小，以及自然气候条件、品种群体大小确定。蔬菜作物中不同种或变种间易天然杂交，杂交后杂种几乎完全丧失经济价值的异花授粉植物，如甘蓝类的各变种之间、结球白菜和不结球白菜之间等，一般开阔地的隔离距离为2 000 m；异花授粉或自由授粉类蔬菜，不同品种间易杂交，杂交后杂种虽未完全丧失经济价值，但会失去品种的典型性和一致性，如十字花科、葫芦科、伞形科、藜科、百合科、苋科作物等的品种之间，开阔地的隔离距离为1 000 m左右；自花授粉类的蚕豆、辣椒等虽以自交为主，但不同品种之间仍有一定的异交率，为保证品种纯度，隔离距离一般为50～100 m；而豌豆、番茄等自花授粉作物，品种间天然杂交率极低，只需隔离10～20 m即可。观赏植物中不同种类的留种隔离距离也不同，波斯菊、金莲花、万寿菊、金盏花、蜀葵、石竹属等需400 m以上；矮牵牛、金鱼草、百日草等需200 m以上；而一串红、半支莲、翠菊、香豌豆、三色堇、飞燕草等50 m以上即可。

（4）科学选择，防止品种劣变　经常性的科学选择是避免将劣变个体用作留种或繁殖材料的重要措施。有性繁殖的园艺作物，要对每代留种母株或留种田连续进行定向、多次选择，使品种典型性得以保持。对于原种的生产要严格进行株选，入选株数不少于50株，并避免来自同一亲系，以防止品种群体内遗传基础单一；对于生产用种可进行片选，严格地去杂去劣和淘汰病株；采用小株留种时，播种材料必须是高纯度的原种，小株留种生产的种子只能用于生产用种，而不能作为继续留种的播种材料。无性繁殖的园艺作物，主要是淘汰母本园内的劣变个体，或选择性状优良而典型的优株供采取接穗或插条用；由不定芽萌发长成的徒长枝或根蘖易出现变异，不能用作繁殖材料；病虫危害严重或感染病毒的植株，也应予以淘汰。对具有两种花色或叶色的观赏植物，应选择其两种花色或叶色色彩比例最符合要求的植株、花序、花朵留种，或选择典型性枝条作采集插条（接穗）用，否则将会逐渐失去品种的典型特色。

（5）在适合种性保持的生产条件下繁种　要选择适宜的种苗繁殖地。例如，唐菖蒲、马铃薯等可利用不同纬度、不同海拔高度的地区气候特点，采用高寒地留种，能有效地防止品种退化。又如，荷兰曾试验在我国杭州、南京建立郁金香生产基地，均未达预期目的，而西安植物园经3年引种，鳞茎不仅没有退化，反而增大，繁殖率提高。在栽培管理上还可采取一些特殊的技术措施进行处理，如马铃薯的二季作、甘蓝种株低温处理等都有利于保持其种性。

（二）良种繁育程序和快速繁育方法

园艺生产上要尽快地发挥优新品种的作用，必须按科学程序加速良种繁育。加速良种繁育的措施因园艺作物繁殖方式而不同。

1. 良种繁育的基本程序　由原原种生产原种，由原种生产良种或合格种子。原原种是由育种家提供的纯度最高、最原始的优良种子，即育种家育成的遗传性状稳定的品种或亲本的最初一批种子，其典型性最强，植株在良好生长条件下表现的主要特征特性就是该品种或亲本的标准性状，用于进一步繁殖原种种子。原种是由原原种直接繁殖出来的第1代至第3代，或由正在生产中推广的品种经提纯更新后达到国家规定的原种质量标准的种子，用于进一步繁殖良种种子。良种是由原种再繁殖一定代数（1～3代），或由原种级亲本杂交繁殖，符合良种质量标准，供应生产应用的种子。原原种是循环选择的结果（图5-9）。为了防止品种退化，种子生产应采用重复繁殖路线（图5-10）。重复繁殖路线具有以下几个特点：原原种由育种家保存并提供；原种及生产用种由专门的种子生产基地生产；生产用种只用一季，不再留种。

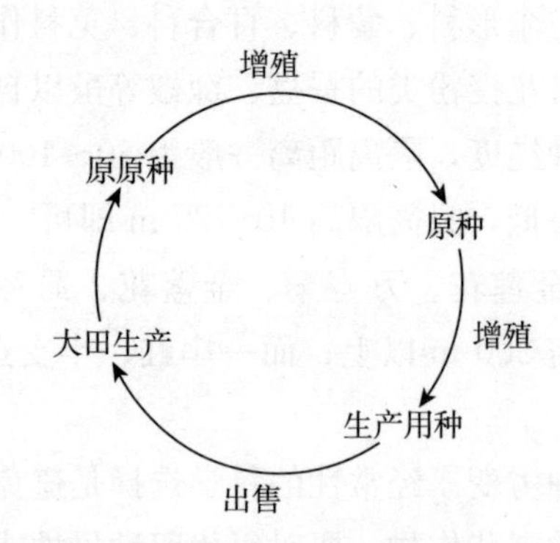

图5-9　种子生产的循环选择线

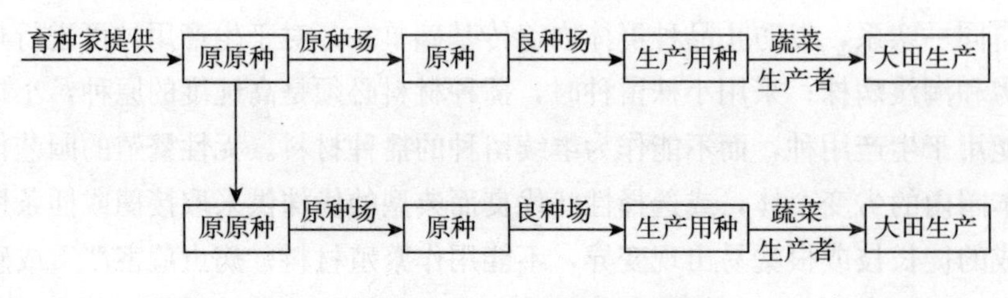

图5-10　种子生产的重复繁殖路线

2. 提高种子繁殖系数的方法

（1）育苗移栽 尽可能避免直播，采用育苗移栽，可节约用种量，提高繁殖系数。

（2）宽行稀植 即加大播种株行距，增大单株营养面积，有利于种株生长发育，不仅可提高单株产种量，而且可提高种子质量。

（3）辅助授粉 进行人工辅助授粉或放养昆虫等，可有效提高坐果率和单果种子数。

（4）加强栽培管理 植株进行摘心处理促发侧枝、多蔓整枝增加分枝等，可提高产种量。合理安排播种期，合理施肥灌水，促进植株生长、开花、结果，均可提高种子的产量和质量。

（5）加代繁殖 利用南北各地自然气候条件的差异，采取北种南繁；或利用栽培设施（温室、大棚等），以及特殊处理（如春化、光照处理），均可增加一年内的繁殖代数，从而提高繁殖系数。

3. 提高营养器官的繁殖系数的方法

（1）扦插繁殖 对无性繁殖的果树、花卉等，在采用常规的营养繁殖方法的同时，可充分利用器官的再生能力进行扦插来扩大繁殖数量。例如，采用嫁接繁殖的桃，可同时采用嫩枝扦插法大量繁殖；分株和枝插繁殖的菊花、秋海棠、大岩桐等，可采用叶插扩大繁殖；扦插繁殖茶花、月季时，可采用单芽扦插提高繁殖系数。生产上应用植物生长调节物质、遮光弥雾设施，更有利于提高器官的再生能力，提高扦插繁殖成活率。

（2）促生繁殖器官 以球茎、鳞茎、块茎等器官进行繁殖的园艺植物，提高繁殖系数就必须提高这些用于繁殖的变态器官的数量。例如，唐菖蒲的球茎、马铃薯的块茎采用切割的方法，可使每个带芽的切块都成为一个繁殖体，从而提高繁殖系数；风信子挖起后在鳞茎基部做放射状切割处理，切口附近可形成大量小球状鳞茎用于繁殖；将仙客来开花后的球茎进行切割处理，使切口发生不定芽，再将长有不定芽的球茎切割分离移植，一个种球可获得 50 株左右的幼苗。嫁接繁殖的园艺植物，可适当多对母株枝条进行短剪，从而增加接穗数量。

（3）组织培养繁殖 可利用茎尖、茎段、腋芽等外植体进行离体快繁。如天津蔬菜研究所马铃薯脱毒微型种薯生产技术，40～50 d 的生产周期，每平方米培养架可生产粒重为 1～2 g 的种薯 1 000 多粒。

（三）无病毒种苗繁殖

随着园艺生产与科研的不断进步，人们对病毒病及其危害的了解和认识越来越深刻，特别在无性繁殖的果树和蔬菜作物上，病毒随营养器官被用作繁殖材料而传播，病毒病已成为影响生产发展的主要障碍之一。目前，繁殖和应用无病毒种苗是控制病毒病的主要措施。

1. 脱毒方法

（1）热处理脱毒 热处理脱毒的基本原理是在稍高于正常温度条件下，使植物组织中病毒可以被部分或完全钝化，而较少伤害甚至不伤害植物组织，实现脱除病毒。热处理可通过热水浸泡或湿热空气处理进行。热水浸泡对休眠芽效果较好；湿热空气处理对活跃生长的茎尖效果较好，且容易进行，既能消除病毒又能使寄主植物有较高的存活机会。热处理温度和时间随植物病毒种类不同差别较大，一般热处理温度在37～50℃，可以恒温处理，也可以变温处理，热处理时间由几分钟到数月不等。如葡萄扇叶病毒在38℃下30 min即可脱除，而卷叶病毒一般需60 d以上，栓皮病毒和茎痘病毒则需时更长。

（2）茎尖培养脱毒　由于病毒在植物体内靠筛管组织进行转移或通过胞间连丝传给其他细胞，因此病毒在植物体内的传递扩散也受到一定限制，造成植物体内部分细胞组织不带病毒，同时植物分生组织的细胞生长速度又快于体内病毒的繁殖转移速度，根据这一原理，利用茎尖培养可获得无病毒种苗。茎尖培养脱毒时，切取茎尖的大小很关键，一般切取0.1～1.5 mm带有1～2个叶原基的茎尖作为繁殖材料较为理想。为了提高茎尖脱毒效果，可以先进行热处理，再进行茎尖培养脱毒。如将盆栽富士苹果苗在30℃下预处理，芽萌发时再在37℃下处理2周，然后切取0.8～1.0 mm茎尖，继代培养4次，可有效脱除苹果凹茎病毒。

（3）愈伤组织培养脱毒　该方法是通过植物器官或组织诱导产生愈伤组织，然后再诱导分化芽，形成植株，从而获得脱毒种苗。其原理可能是病毒在植物体内不同器官或组织中分布不均匀，病毒在愈伤组织中繁殖能力衰退或继代培养的愈伤组织抗性增强。该方法在园艺植物中的马铃薯、大蒜、草莓、天竺葵等植物上已获得成功并应用。

（4）茎尖嫁接脱毒　该方法是将经过热处理的茎尖作为接穗，嫁接在组培无病毒实生砧上获得无病毒植株，是木本果树、观赏树木的主要脱毒方法之一。例如，取梨试管苗长0.5～1.0 mm、带3～4个叶原基的茎尖，进行微型嫁接，可脱去病毒，成活率达40%～70%。

经过热处理或其他脱毒处理获得的脱毒种苗，应该用指示植物、电镜或酶联免疫吸附等方法进行脱毒鉴定。

2. 无病毒种苗繁殖体系

（1）无病毒原种的保存　经过脱毒和病毒检测的植株，可作为无病毒原种保存。保存形式有组培保存和田间原种圃保存。组培保存即将由组织培养获得的无病毒原种保留在培养瓶内不断继代保存，每次保留5～10瓶（4℃），每半年重新培养更新一次。田间原种圃保存是将获得的无病毒原种植株，按一定株行距，定植于未种过同类树木且距同类树木园50 m以上的田间原种圃内保存。田间保存的原种要定期随机抽样检测，发现带病毒植株应连同相邻植株一起剔除。

（2）无病毒种苗繁殖体系　无病毒种苗繁殖体系需经国家或省级主管部门核准，通常为3级场圃制。第1级为无病毒原种保存圃，负责无病毒原种培育、引进、保存和病毒检测；向无病毒母本圃提供无病毒繁殖材料，并负责对无病毒母本圃的繁殖材料做定期检测。第2级为无病毒母本圃，负责保存和繁殖无病毒母本材料，包括无病毒品种母本园、无病毒砧木种子园、无病毒无性系砧木园等；向无病毒种苗繁殖圃提供经检测确认的各种无病毒繁殖材料。第3级为无病毒种苗繁殖圃，是无病毒种苗的专业生产单位，利用由无病毒母本圃提供的各种繁殖材料，繁殖无病毒种苗，向生产单位提供无病毒种苗。

（四）容器育苗和工厂化种苗生产

1. 容器育苗　容器苗（container seedling）是利用各种容器装入（自带）培养基质培

育的苗木。容器育苗适于机械化和规模化育苗，便于播种、分苗、运输和定植，苗木根系发育好，定植时根系损伤少，缓苗快，成活率高，尤其是根系再生能力弱和移栽成活率低的植物，如一些名贵花卉和高档蔬菜宜采用容器育苗。目前容器育苗在园艺生产中普遍应用。

(1) 育苗容器　育苗容器分为无壁容器和有壁容器两大类。无壁容器也称营养钵、育苗土块，其本身既是育苗容器，又是培养基质，使用时一般不用追肥。如稻草泥浆营养钵、黏土营养钵（用含有腐殖质的森林土、黄土和腐熟的有机肥制成）、泥炭营养钵、尿醛育苗板等。有壁容器又称育苗钵，有一次性容器和重复使用容器。一次性容器，即容器虽然有壁，但易于分解，加入培养基质育苗，移栽时连同容器一起栽植即可，如日本的蜂窝纸杯，也可用废旧报纸等做成纸杯进行育苗。重复使用容器，即容器有壁，其材料不易腐烂，加入培养基质育苗，容器可重复使用，移栽时必须将苗木从容器中取出进行栽植，生产上应用的育苗钵种类很多，如塑料制成的塑料钵、塑料筒、育苗箱、育苗格板、育苗穴盘等。可依据不同园艺作物种类选择适宜的育苗容器。

(2) 育苗基质（营养土）　育苗基质一般要求其营养物质丰富，保水透气性好，多次浇水后不易出现板结现象，重量轻，便于搬运，最好用经过火烧或高温消毒杀灭病虫及杂草种子的土壤配制。日本采用烧土杀菌机进行土壤消毒，效果良好。据试验，用80℃左右的温度进行短时间的土壤处理，植物病菌、昆虫、虫卵、大部分病毒及杂草种子死亡，而土壤中有机质不会损失。美国蔬菜工厂化育苗用高温蒸汽对培养基质进行消毒。

配制营养土以森林中腐殖质土为最好，泥炭土、沼泽土也具有含水率高、通气性好的特点，用于容器育苗效果好，应用也较多。但这些材料在大量育苗时用量多，来源不足，故常用山地土、荒坡土、黄土或经消毒处理的、腐殖质含量较高的苗圃地土壤等混合配制营养土。生产中应充分利用当地土壤和肥源。一般营养土中泥土占78%～88%、腐熟有机肥占10%～20%，加过磷酸钙或钙、镁、磷、钾肥1%左右，再加入适量的杀菌剂、杀虫剂即可。

目前园艺生产中普遍采用商品育苗基质，有有机基质、无机基质和混合基质。

(3) 容器育苗技术　容器育苗的方法与一般苗圃育苗方法相同，可进行播种、扦插、移栽等。若播种则所用种子需经过精选并催芽，若扦插其插条也要催根。

容器育苗，尤其是育苗钵育苗，由于苗木生长在有限的容器中，如育苗时间较长则在生长后期常表现出缺肥的状态，而营养土中基肥使用过多又会发生肥料烧苗现象，因此一般多采用追肥方法来补足肥料的短缺。一般追肥要与灌水结合进行，实际中施用液体肥料效果很好，但要控制液体肥料浓度，勤施薄肥，避免肥料烧苗。

容器育苗由于种苗局限在容器内，不能吸收利用土壤里的水分，因此应适当增加灌水次数，露地或干旱地区应更加注意灌水，防止苗木干旱。具体在幼苗期灌水量应足，促进幼苗生根，到迅速生长期后期控制灌水量，使茎秆矮而粗壮，增强适应性；灌水时不宜过急过大，否则水从容器表面溢出而不能湿透底部，而且易使水溅到叶面上影响苗木生长；当容器壁干燥后再行灌水，则有利侧根发生。灌水方法上宜采用滴灌或间用喷灌，滴灌可以节约用水，防止空气中病菌孢子沾染叶面而减少病害发生，同时又使土壤温度降低比较缓慢，有利于根系的发育，尤其是施肥和灌溉同时进行时，更要使用滴灌，以减少肥料的流失。使用喷灌一般只是为了洗掉叶面的灰尘。

2. 工厂化种苗生产 工厂化育苗需要繁殖材料少，育苗期短，能源热效率较高，设备利用率高，幼苗质量好，生产量稳定，是育苗技术发展的方向。其基本要求是主要育苗环境因子可以人工或智能控制与调节；育苗技术规程完全实现标准化、规范化；育苗基本环节或重要环节均实现机械化或自动化操作，形成流水生产线；按育苗程序分阶段作业，按计划时间及秧苗规格成批生产种苗，实现周年种苗生产；工厂成为专业化、机械化、商品化生产种苗的现代企业。为了实现工厂化育苗，需配置各个生产环节的机械，包括培养基质配制、消毒机械或设备，制钵机械系统，种子丸粒化机械，育苗盘或育苗钵运送机械或传送带，播种机械系统，喷水、喷肥、喷药机械及补充CO_2、补光设备，秧苗起取、包装及运输机械，以及育苗环境复合因子控制与调节系统等。

工厂化育苗的一般过程是，在播种室将泥炭、蛭石等培养基质由搅拌机搅拌均匀并装入育苗穴盘中，育苗穴盘经过压印、洒水、播种、覆盖基质、再洒水等多道工序完成播种，再运至恒温（25～26℃）、恒湿（空气相对湿度80%～90%）催芽室催芽出苗。当80%～90%幼苗出土时，及时将育苗穴盘运至成苗室（温室或大棚）的苗盘架上接受阳光“绿化”，直至生长成苗。成苗室可自动调温、调光，并装有移动式喷雾装置，可自动喷水、喷药或喷营养液，以保证种苗生长良好。当幼苗达到成苗标准时，将育苗穴盘运至包装车间的滚动台振动机上，使育苗穴盘锥形穴中的基质松动，以便取苗包装，最后可装箱外运。目前，美国、日本、荷兰等国家的蔬菜、花卉育苗已广泛应用工厂化生产，我国许多地区也已推广应用。

第二节 园艺植物的栽植

栽植（transplant）是指将繁殖的园艺植物种苗移栽于生产园田的过程。栽植是种植园生产的开始，多数园艺植物经过育苗移栽可以提高种苗质量，增加种植茬次，提高土地利用率，提早或改变收获时间，尽快形成景观效果，扩大栽培区域，降低成本，增加经济收入等。

一、栽植密度与栽植方式

栽植密度和栽植方式与园艺植物的生产性能及栽培管理密切相关，因此要结合所栽园艺植物的生长结果习性和当地自然条件及栽培管理水平，科学合理地选择、确定栽植密度和栽植方式。

（一）栽植密度

栽植密度是指单位土地面积上栽植园艺作物的株数，常用株行距来表示。为了提高土地、空间和光能利用率，提倡合理密植，密植的合理性在于园艺作物生育期间其个体、群体既能保证高产又能保证优质，最终实现高生产效益。栽植过密容易导致个体发育不良，管理困难。确定栽植密度的依据如下：

1. 种类和品种　不同园艺植物种类、品种其生长发育特性不同，植株高矮、冠幅、生长势不同，这是决定栽植密度的主要依据。一般植株高大，长势较旺，比较喜光的种类、品种栽植密度宜小，反之宜大。

2. 气候与土地条件　气候、土壤及地形地势等生态条件影响园艺作物的生长，也就影响了栽植密度。一般气候适宜、肥水条件较好时，作物生长发育良好，应适当稀植，以充分发挥单株个体优势，实现高产、优质、高效的目的。相反，气候干旱、土壤贫瘠、肥力低下时植株生长受抑，个体矮小，则应适当密植，增加群体数量以保证产量。

3. 栽培形式和栽植方式　园艺作物有支架栽培、篱壁式栽培、棚式栽培、匍匐栽培、埋土防寒栽培等多种栽培形式，以及长方形、正方形、带状栽植等多种栽植方式，不同的栽培形式和栽植方式都会影响到栽植密度。

4. 栽培技术水平　栽植密度要与管理技术相适应，密植密管，稀植稀管。通常密植要求较高的栽培技术水平，要采取相应的管理措施，来控制植株过度生长或徒长，避免植株个体和群体光照恶化，保证正常的生长发育，才能实现高产、优质、高效的栽培目的。

（二）栽植方式

栽植方式即相邻植株之间的平面构成形式，园艺植物种类繁多，栽植方式也是多种多样，常用的栽植方式有下面几种：

1. 长方形栽植　栽植行距大于株距，相邻株间的平面构成长方形。特点是株距小，便于密植，行间宽，有利于通风透光和作业管理，是园艺作物生产中广泛应用的一种栽植方式，在果树上应用较多。

2. 正方形栽植　栽植株行距相等，特点是稀植时通风透光良好，管理也方便，但若用于密植则光照较差，作业不便，实际应用较少。

3. 三角形栽植　栽植株距大于行距，两行植株错开栽植，这种方式便于密植，可提高单位面积上的株数，相同的栽植距离比正方形可多栽11.6%的植株。但是由于行距小，不便于管理和机械作业，通风透光也差，应用很少。

4. 带状栽植　也称宽窄行栽植。带内由行距较窄的2～4行植株组成，可以是长方形栽植，也可以是正方形或三角形栽植。两带之间的带距（宽行距）为带内小行距的2～4倍，具体宽度依据植株生育期透光要求和方便合理作业而定。这是一种适宜的密植方式，带内栽植较密，可充分利用土地和空间，也可增强群体的抗逆性（防风、抗旱等）；带间较宽，作业方便，透光通气状况也好。在园艺作物生产上应用比较普遍，如畦栽的蔬菜、花卉等。

5. 计划密植　又称变化栽植，是一种有计划分阶段的变化栽植形式，即开始高于正常的密度栽植，以增加单位面积上的株数，提高地面覆盖率和叶面积指数，提高光能空间利用率，提高前期产量；待植株冠幅较大、株间相交时，再间伐和移走一部分植株形成正常栽植密度。实施计划密植的要点是栽植之前做好计划，一般增加的临时株为永久株的1～3倍；管理时对临时株和永久株区别对待，要保证永久植株的正常生长发育，也要充分利用好临时植株。计划密植在果树及蔬菜生产上都有应用。

此外，还有山区丘陵地果树等高栽植，公园、道旁及风景区观赏树木、花卉的单植、丛植、片植、混植等多种栽植方式。

二、栽植时期与方法

（一）栽植时期

栽植时期对提高种苗栽植成活率和促进植株生长发育，对某些园艺作物产量、品质及产品收获上市时间有显著影响。园艺植物的适宜栽植时期主要依据作物种类、品种的生物学特性、当地自然气候条件、栽培条件和栽培目的等来确定。

1. 木本园艺植物的栽植时期 一般落叶果树、观赏树木和木本蔬菜等，可在秋季落叶以后到土壤封冻之前或春季土壤解冻之后到萌芽之前进行栽植，即秋植和春植。秋植有利于根系的伤口愈合，促进新根生长，缩短第2年缓苗期，但在冬春季干寒地区幼株易受冻或抽条。因而冬春较寒冷或秋季少雨地区应以春植为宜，冬季温暖地区可选择秋植。

常绿果树及观赏树木等，在春季和夏、秋季均可栽植，通常以新梢停止生长时栽植较好。栽植时注意去掉一些枝叶，以减少树体水分蒸发散失，栽后充分灌水，促进成活和缓苗。比较难栽植的种类，还可以适当带土栽植，少伤根，以提高成活率。

2. 草本园艺植物的栽植时期 草本的蔬菜和花卉一般可根据实际需要和生产目的随时栽植，但以春、秋两季栽植为多。一般露地生产时，喜温性作物如茄果类、瓜类、水生蔬菜等需在晚霜过后栽植；耐寒、半耐寒性植物如小白菜、甘蓝、芹菜、葱蒜类等，以冬前或早春栽植为主，也可秋季栽植。设施生产时，依设施性能和栽培目的不同，草本蔬菜和花卉栽植可能提早或延后。

（二）栽前准备

1. 种苗准备 包括在栽植时对种苗进行炼苗、分级、修剪等处理。

（1）木本园艺植物　栽前核对种苗种类和品种，确保无误，并按质分级，淘汰杂苗、病苗、弱苗、伤苗，选用优质种苗栽植或分级分片栽植，便于管理；栽前浸根，使其充分吸水，为了促进生根和成活，在浸根时可加入生根促进剂，如生根粉、生长素等，也可浸根后用药剂处理；栽前对根系消毒，防止土传病害；栽前对苗木根系进行修剪，剪除伤根、病根、烂根及失水干枯根，可促进伤口愈合和发生新根，剪短过长的根系，避免其团卷在定植穴内而影响根系下扎和侧根的发生。

（2）草本园艺植物　包括炼苗、囤苗和修整植株等。为了使种苗移栽后能尽快适应新的生长环境，在移栽前3～7 d炼苗，主要措施是减少或停止灌水，加强通风降温。有时，由于气候或土地茬口的原因，种苗不能按期栽植，在苗床继续生长会发生徒长，可采取囤苗措施，即将种苗挖出，带土团囤积在原苗床内，控制地上部生长，使主根受伤后促发侧根。有些种类在栽植前还进行植株修整，去掉烂根和剪除部分过长的根，以促进侧根、新根发生；摘除一些较老叶、病叶和枯萎叶，以减少水分散失；为了促进侧枝发生，有些种类还可摘心。为促进生根成活，促进缓苗和苗木的生长发育，蔬菜及草本花卉种苗根系也可用药剂浸蘸处理。

2. 土地准备 主要是整地和施基肥，有些种类还需提前挖好栽植穴。

园艺植物种植园一般要求土地平整、土壤肥沃，生长期施肥、灌水方便，因此栽植前需进行整地。整地包括平整土地、施有机肥、翻地、碎土（耙耱）、作水渠、作定植畦、覆盖地膜等，最终达到土壤膨松，透气性强，肥力均匀，保肥保水性好，园田干净无杂草、杂物。

多年生木本园艺植物栽植前需挖好定植穴或定植沟。一般稀植时挖定植穴，密植时挖定植沟。定植穴、定植沟的大小依树种而定，高大的深根性树种 80～100 cm 见方，矮小的浅根性树种 40～60 cm 见方。具体要先根据种植园规划的栽植密度要求测量定线、定点，然后人工或机械挖掘，熟土和生土分开放置，再用熟土掺入有机肥回填，熟土不够可从行间取用，掺入有机肥时沟穴下部可用粗有机肥，上部用充分腐熟的精肥，回填后灌水沉实，树穴准备就绪。

（三）栽植

1. 木本园艺植物　多年生木本园艺植物栽植，在已回填沉实的定植穴中部或定植沟内的定植点上再挖一直径 40 cm 左右的小穴，在穴中间培小土堆，并踏实，土堆顶部距地表 20 cm 左右；将准备好的苗木置于小土堆上，使根系舒展，均匀伸向四周，并使苗木枝干垂直，与前后左右相邻植株对齐；然后填土，边填边踏，并轻轻抖动苗木，使根系与土壤紧密接触。栽植深度通常要求与苗木原先所处地表位置相同，栽植太深缓苗慢，栽植太浅影响成活。栽后浇透水，使苗木根系与土壤紧密接触。

2. 草本园艺植物　草本的蔬菜和花卉栽植方法简单，一般按预定的株行距开沟或挖穴，放入秧苗，填土踏实即可，也可利用一些种植机械进行栽植。栽植深度依作物种类而定，一般因植株根系较小，可比秧苗原先所处地表位置稍深。栽后浇定植水，以浸透土壤使秧苗根系与土壤紧密接触。春栽的不宜大水漫灌，以免影响地温和缓苗。

（四）栽后管理

1. 木本园艺植物　包括树体管理和土壤与肥水管理等。

（1）树体管理　包括整修、防寒、防病虫和补栽等。

①整修植株：果树一般要根据树种、品种类型，树形要求及立地栽培条件进行定干处理，即在干高要求基础上加 20～30 cm 的整形带将苗木剪截。观赏树木按实际需要进行树冠整修，同时去掉一些伤枝、病枝等，有利于苗木成活和成型。

②幼树防寒：在北方，无论秋栽还是春栽，均要注意防寒防旱。冬季可埋土防寒，春季可设置风障或套塑料薄膜袋保护，以防冻旱（抽条）发生。

③防治病虫害：幼树树体小，枝、芽、叶稀少，应注意防治金龟子、毛虫、红蜘蛛、蚜虫等虫害和各种病害，以利提高成活率和促进苗木生长。

④检查成活，及时补植：栽后 14～21 d 应检查苗木栽植成活情况，对缺苗的应及时补栽。

（2）土壤和肥水管理　秋栽植株埋土防寒的，在春季要及时出土，避免在土中萌芽而影响成活。栽植后修筑树盘或树行，及时灌水，促进根系与土壤充分接触和发生新根。春季为提高地温和保持土壤水分，可在发芽前树下覆盖地膜，促进苗木成活。及时中耕可保水、增温、抑制杂草滋生、提高土壤肥力，对苗木的根系下扎和生长十分有益。展叶后可连续根外追肥 2～3 次，每次间隔 15 d 左右，以速效氮肥为主。6 个月以后，可以土壤追肥1～2次，要少量多次，勤施薄肥，以复合肥为好。结合追肥或视土壤墒情还需灌水，以保证苗木成活生长良好。

2. 草本园艺植物 主要有查苗补苗、灌水与中耕除草等。

（1）灌缓苗水 定植后5～7 d，幼苗叶片舒展或发出新叶，表明根系开始恢复生长和吸收功能，苗已缓转，这时应浇一次透水，称为缓苗水。缓苗水可降低土壤溶液浓度，促进根系快速生长。

（2）查苗补苗 出现死苗、缺苗现象时，要及时移苗补栽。补栽的秧苗要求是同品种定植时专门留下假植的备用苗。

（3）中耕除草 缓苗水下渗后及时进行中耕，不仅能抑制杂草滋生、保持土壤水分、提高土壤温度，还可促进根系下扎、发生新根、防止徒长、调节地上部和地下部以及营养生长和生殖生长的平衡。

第三节 园艺植物的肥水管理

肥和水是园艺植物生长发育的重要条件，也是土壤生态管理的重要内容，对园艺植物生长发育和产量形成有重要影响，正如农谚所说："有收无收在于水，收多收少在于肥。"肥水管理也决定着园艺产品品质的优劣。

一、园艺植物营养与施肥

（一）园艺植物营养和需肥特点

1. 园艺植物的营养元素 营养元素是植物生长和结果的基础。施肥条件下作物吸收的营养元素来源于土壤和肥料，施肥（fertilization）就是供给植物生长发育所需要的营养元素。园艺植物体内有100多种元素，其中碳、氢、氧、氮、磷、钾、钙、镁、硫9种大量元素和铁、硼、锰、锌、铜、钼、氯7种微量元素为正常生长发育所必需，称为必需元素。植物对这些营养元素的需要量虽然差异很大，但是它们在生长发育过程中都是同等重要和不可替代的。研究发现，除必需营养元素之外的虽非植物必需，但对一些植物生长具有良好作用的元素，主要有硅、钠、钴、硒、铝等，称为有益元素。稀土元素对一些园艺作物生长发育有良好的作用，这些元素包括化学周期表中原子序数为57～71的镧、铈、镨、钕、钷、钐、铕、钆、铽、镝、钬、铒、铥、镱、镥和原子序数为21的钪、39的钇等共17种元素。

园艺植物生长发育所需要的营养元素中，碳、氢、氧主要从大气和水中摄取，其他营养元素称为矿质元素，主要从土壤中摄取。土壤中缺乏植物必需的营养元素时，轻者会影响生长发育，重者表现缺素病症，甚至死亡，必须施肥补充。但是，植物营养元素供应过量同样会影响生长发育，严重时也表现营养元素过多的有害症状。

2. 园艺植物营养诊断 不同种类、品种的园艺植物，同一植物的不同器官（尤其是产品器官），同一器官的不同生育阶段，对营养元素的需求量是不同的；不同土壤类型，同一园地土壤不同季节，营养元素的释放供应是有变化的；再者，各营养元素之间又存在着增效作用或拮抗作用。因而，施肥中注意切勿单一施肥、盲目混施、过量增施，要科学诊断、合理施肥。

营养诊断就是通过土壤分析、植株分析和生理生化指标测定，以及植株的外观形态观察等途径对植物营养状况进行判断，为合理施肥提供依据。

（1）土壤分析 土壤分析是在种植园中随机挖取不同地块、不同土层有代表性的土壤样品，分析土壤质地、有机质含量、pH、全氮和硝态氮含量以及其他矿质营养元素的含量等，并将分析结果与常规数据或丰产优质园土壤分析数据比较，从而判断土壤中营养元素的丰缺状况和肥力水平。尽管土壤营养的实际供给还受天气条件、土壤水分、通气状况以及元素间相互作用的影响，但土壤分析仍是科学施肥的重要依据。

（2）叶分析 叶分析就是随机采取有代表性的叶片进行化学分析，将分析结果与常规（标准）数据或丰产优质园的叶分析数据比较，判断植物的营养状况水平。供分析的叶片，宜在其营养元素变化较小时或营养临界期采取，如北方落叶果树多在春梢停止生长后的7～8月取样，大多数蔬菜在生长中期取样。叶片营养元素含量常因园艺植物种类、品种、年龄、砧木和地区以及立地条件的不同而异，同时叶分析提供的营养元素组成及其比例数据也只表示植物某一时期的静态营养状况，因此叶分析应尽量以当地的园艺植物叶分析结果作参照，并辅以其他分析方法进行比较则更为可靠。

（3）形态诊断 形态诊断是根据植物生长发育的外观形态如叶面积、叶色、新梢长势、果实大小等外观长相或症状来判断植物营养状况。此法简单易行，但有滞后性，补充矿质营养元素是在器官表现明显缺素症状后才能进行。

（4）试验诊断 试验诊断是通过田间试验补充施肥或减少施肥，结合外观诊断来判断植物营养元素盈亏，为施肥提供依据。此法比较客观，但一般费时。最简单的方法是叶片涂抹或喷施一定浓度的营养元素溶液，然后观察其外观形态表现症状是否有变化。

3. 园艺植物的需肥特点

（1）果树的需肥特点 果树在其一生中有幼树期、结果期和衰老期等不同年龄阶段，在不同年龄阶段中果树有其特殊的生理特点和营养要求。在幼树阶段，果树以营养生长为主，此期任务是尽快扩大树冠和根系骨架，此期施肥以氮肥为主，但要注意前促后控，并适当补充钾肥和磷肥，以促进枝条成熟、安全越冬。结果期果树以生殖生长为主，营养生长逐步减弱，结果量由少到多（结果前期）而后又由多变少（结果后期），此阶段氮肥仍不可缺少，且应随结果量增加而逐年增加；磷、钾对果实发育和品质提高作用明显，同样要逐年增加磷肥、钾肥的施用量，另外在盛果期果树容易出现微量元素的缺乏症，也应在施肥中注意补充。衰老期果树，为延缓其生长势衰退过程，结合地上部更新修剪，应增施氮肥，促进树体营养生长的恢复，以延长结果年限。

果树在年周期中有明显的根系生长、萌芽、枝叶生长、花芽分化、开花坐果、果实膨大成熟等不同生育阶段，在营养生长的同时进行生殖生长，并且在树体内贮存养分以备来年果树树体前期生长发育之需。这样果树不仅在不同生育阶段有其特殊的营养代谢特点和需肥要求，而且必须平衡营养生长和生殖生长的需肥要求。若营养生长不良，则花芽由于缺乏营养而不能良好发育，导致果实减产和品质降低；若营养生长过旺或树体徒长，花芽也会发育不良，并且落花落果严重，只有营养生长与生殖生长平衡协调才能实现高产、优质。同时，施肥既要考虑当年的树体营养需要，还要考虑增加树体营养贮藏积累，满足来年生长发育的需要。

果树多数为多年生根深体大的木本植物，在生长发育过程中养分需求量大，因此在建园时改良土壤的基础上，需要进行园地土壤深翻熟化，并重视深施有机肥、复合肥料和微量元素肥料。

果树多为嫁接繁殖，不同砧木对土壤适应性和对土壤养分的吸收有差异，如苹果用八棱海棠作砧木较耐微碱或石灰性土壤，而以山荆子为砧木极易缺铁黄化，用 M_7、M_1 为砧木时能使接穗品种具有较高的营养浓度，而接在 M_{13} 和 M_{16} 上则养分含量较低。因此，要依据砧木类型加强施肥管理。

（2）蔬菜的需肥特点　不同类型蔬菜的生长发育过程和营养需求特点不同。以变态的营养器官为产品器官的蔬菜，如结球甘蓝、结球莴苣、萝卜、洋葱、姜、山药、茭白等，其叶生长期长，是营养供应的主要时期，并且叶生长后期和养分积累前期要均衡施肥。若养分不足导致生长势弱或过早进入营养积累时期，会影响产品器官的发育；若由于养分过盛，多引起茎叶徒长，也会影响产量和品质以及成熟时期。以生殖器官为产品器官的蔬菜（果类菜），如番茄、辣椒、菜豆、黄瓜等，在苗期即进行花芽分化，其茎叶生长与果实发育同步进行，平衡营养生长和生殖生长的需肥矛盾是施肥管理的关键。以绿叶为产品器官的蔬菜（叶菜类），如菠菜、叶用莴苣、茼蒿等，产品器官为普通营养器官，生长期短，生长速度快，产量高，肥水需要集中充足供应。

蔬菜是喜肥作物。如番茄、南瓜、马铃薯、萝卜、菜豆、蚕豆、豌豆以及黄瓜、茄子、甘蓝、花椰菜、菠菜、莴苣等蔬菜单位面积产量高，需肥量大。蔬菜复种指数高，单位土地面积需肥量更大。

蔬菜植物喜硝态氮，需钙量大，含硼量高。一般蔬菜作物以硝态氮供肥，表现生长发育良好，产量高；若以铵态氮供肥，尤其是过多施用铵态氮，会影响钙、镁等元素的吸收。蔬菜又是需钙量大、含硼量高的作物，如萝卜吸收钙量是小麦的10倍，甘蓝吸收钙量是小麦的25倍，根类菜吸收硼量也是小麦的几倍至几十倍。因此，蔬菜很容易缺钙、缺硼。由于钙、硼在蔬菜体内移动性差，利用率低，缺素症往往在其生长旺盛的部位表现严重。生产上大白菜和结球莴苣的干烧心、番茄和甜椒的脐腐病等均是钙缺乏造成的生理病害，而芹菜茎裂病、花椰菜和萝卜的褐心病、甜菜心腐病等是缺硼引起的生理病害。

（3）花卉的需肥特点　花卉种类繁多，观赏器官不同，花色各异，又有露地和棚室栽培之分，因此其营养和需肥特性差异较大，施肥复杂，要求精细。一般花卉苗期需氮多，花芽分化和孕蕾期需磷、钾多。观叶植物如绿萝等不能缺氮，观茎植物如仙人掌等不能缺钾，观花植物如一品红等不能缺磷。红色系花卉在氮素过多或碳水化合物过量的情况下，红色会减退、变淡，当缺铁、锰等元素时，红色花朵会变浅且开花鲜艳时间缩短。钾对花卉的颜色影响更大，如对绿色菊花‘绿云’根施或叶片喷施磷酸二氢钾，其绿色加重；用0.05%～0.1%的钾明矾处理黄月季、红月季，其色泽更加鲜艳，亮丽的色彩保持时间更长。镁、钼、铜等元素对冷色系花卉影响明显，缺乏时其花色变灰、变白，而且花期短、色泽不鲜艳。

花卉植物要求营养全面、营养水平高而持久，施肥以充分腐熟的有机肥和复合肥为佳。而且像杜鹃、山茶、茉莉、栀子等喜酸性土壤的花卉，要选择油渣、饼肥、禽肥和硫酸铵、磷酸二氢钾等酸性肥料，少施或不施厩肥、堆肥和尿素、草木灰等呈碱性的肥料。

（二）园艺植物施肥技术

1. 施肥时期　施肥时期主要根据园艺植物生长发育习性和肥料性质确定。一般园艺植物对营养元素最敏感和吸收最多的时期是在开花前枝叶迅速生长期，这时根系已较大，新根也多，施肥肥效最高，对产量和品质的形成作用最大。速效肥可在植株需肥期稍前施入，迟效性肥则应提早施入。施肥种类应根据不同园艺植物各物候期的需肥特点来定，一般园艺植物年生长周期的前期需较多的氮肥，后期需较多的磷、钾、钙肥，全营养肥料应及早施入。

（1）基肥　基肥是在播种或栽植前的土壤施肥，主要选择充分腐熟的有机肥、肥效持久的复合肥和磷肥等。

（2）追肥　追肥是在园艺植物生长期间的施肥，主要选择速效性化肥，并配合肥效较长的复合肥及有机肥。园艺植物的主要追肥时期有：

①花前追肥：以氮肥为主，多年生果树或观赏树木在萌芽开花前追肥能促进萌芽、开花；一年生蔬菜、花卉在苗期少量多次适当追肥可促进花芽分化。

②花后追肥：以氮肥为主，配合磷、钾、钙及其他营养元素肥料，可以促进坐果和幼果发育。

③产品膨大期追肥：以氮、磷、钾配合施肥，对提高产量和品质有重要作用。

④采前或采后追肥：为进一步提高园艺产品产量和品质，可采前追肥，以追施磷、钾、钙等为主，多年生果树为恢复树势、提高树体贮藏营养水平，结合施有机肥，早熟品种在采后、晚熟品种也可在采前追施氮肥和磷肥。

2. 肥料种类　生产中所用的肥料多种多样，按化学成分划分有：有机肥料、无机肥料和有机无机肥料；按养分种类划分有：单质肥料、复混（合）肥料（多养分肥料）；按肥效作用方式划分有：速效肥料、缓效肥料；按肥料物理状况划分有：固体肥料、液体肥料和气体肥料；按肥料的化学性质划分有：碱性肥料、酸性肥料和中性肥料。按元素种类和特性划分有：大量元素肥料、微量元素肥料、有益肥料（硅肥、稀土元素肥料）、功能成分肥料（硒肥）等，此外还有氨基酸肥料、微生物肥料（固氮菌肥、根瘤菌肥）等。随着肥料工业的发展，肥料种类也越来越多。

3. 施肥量　园艺植物的施肥量应根据植物种类品种、植株发育状况、目标产量、土壤条件、肥料特性等多种因素综合考虑来确定。科学的方法是通过土壤分析以及叶分析等营养诊断手段来确定施肥量，做到缺什么补什么，缺多少补多少。生产上园艺植物种植园基肥（有机肥、无机肥）施入量在总施肥量中应占70%～80%，菜地田一般75～105 t/hm^2，盛果期果园60～75 t/hm^2。追肥所用无机肥的施入量占总施肥量的20%～30%，并且要依作物不同生育阶段分次施用。一些园艺植物氮、磷、钾的施用量及适宜比例如表5-3所示。

表 5-3　一些园艺植物氮、磷、钾三要素施用量及比例

作物种类	施用量/（kg/hm^2）			比例		
	N	P_2O_5	K_2O	N	P_2O_5	K_2O
柑橘	300～375	210～255	210～255	1	0.7	0.7
苹果	150～300	75～150	150～300	1	0.5	1.0
梨	150	75	150～165	1	0.5	1.0～1.1
葡萄	120～150	84～150	108～187.5	1	0.7～1.0	0.9～1.25
桃	150	90	150～180	1	0.6	1.0～1.2
核桃	60～90	90～135	90～150	1	1.5	1.0～1.7
网纹甜瓜	270	135	405	1	0.5	1.5
西瓜	270	135	360	1	0.5	1.3
番茄	150～225	75～90	225～390	1	0.5	1.5
辣椒	120	60	150	1	0.5	1.3
黄瓜	450	180	720	1	0.4	1.6
莴苣	180	67.6	360	1	0.4	2.0
芜菁	60	18	50	1	0.3	2.5
茄子	240	120	600	1	0.5	2.5
草花类	90～225	75～225	75～120	1	0.8～1.0	0.6～0.8
球根花卉	150～225	105～225	180～300	1	0.7～1.0	1.2～1.4

4. 施肥方法

（1）土壤施肥　土壤施肥是主要的施肥方法，必须根据园艺植物根系分布范围、根系的趋肥特性，将肥料施在根系集中分布区域和集中分布层稍深、稍远处。生产上常用的方法有撒施、沟施、穴施和灌溉施肥等。撒施多用于种植密度大、根系分布均匀的园田，将肥料均匀撒布园内，再翻入土中，特点是施肥均匀、施肥较浅。沟施即在根系集中分布区域开沟，施入肥料，沟深为主要根系垂直分布深度，可在单株四周开环状沟、放射状沟，也可以顺行向开条状沟，特点是施肥较深、施入肥料较集中。穴施即在根系集中分布范围内挖穴施入肥料，穴的数量、大小和深度依根系的水平分布和垂直分布范围而定。灌溉施肥即将肥料掺入水中，随灌水施肥，一般用于追肥。管道灌溉施肥，主要是结合滴灌追施化肥，或施用冲施肥、水溶肥等。

（2）根外追肥　根外追肥是利用植株叶片、嫩枝、幼果、枝干等具有吸收能力的特点，将稀释到一定浓度的液体肥料，喷施或涂抹于植物体、器官表面，或者以打点滴的方式注入植物茎干内的追肥方法。常用的是叶面喷施，此外还有枝干涂抹、注射和产品采后浸泡等多种方法。叶面喷施追肥在生长期内均可进行，其优点是见效快，喷后 12～24 h 就可见效，可满足植物对营养元素的急需，尤其是某些微量元素、容易被土壤固定而根系难以吸收利用的营养元素，喷施效果更好。叶面喷施应选无风天气，在 10：00 以前、16：00 以后喷施，均匀喷在叶片背面为好，喷施肥料浓度在 0.1%～0.5%，喷后可持效 10～15 d。

二、园艺植物灌水与排水

水是园艺植物各种器官的组成成分，一般蔬菜产品含水量80%～90%，水果含水量75%～95%。虽然不同种类的园艺植物对水分需求有较大的差异，但在其生长发育过程中都需要一定量的水分，才能保持生理代谢正常进行。生长季节缺水，会使光合作用减弱，生长减缓或停止，轻者会影响生长、结实、产量和品质，严重时会导致植株枯萎死亡。多年生园艺植物休眠期缺水，也会加重冻害，抽干枝芽。但是，过多的水也会导致园艺植物涝害。因此，适时、适量、适法灌溉，及时排水，都是园艺植物栽培的重要管理技术。

（一）灌水时期

生产上应根据不同园艺植物在各生育阶段生长及需水特点，以及土壤水分状况和气候条件，合理确定灌水时期。

1. 果树灌水时期　在果树生育的年周期中，前半期植株萌芽、枝叶生长、开花、坐果等生命活动旺盛，需要充足的水分；后半期为了促进枝蔓成熟，提高抗寒性，则要适当控制水分。一般果树灌水的主要时期如下：

（1）发芽前到开花期　正值越冬后土壤水分缺乏时期，灌水可减轻春旱和晚霜的危害，促进萌芽及新梢生长，迅速扩大叶面积，促进光合作用，有利于开花坐果。在春旱地区，此期充分灌水更为重要。

（2）新梢生长和幼果膨大期　此时期是需水临界期，供水不足会引起新梢生长和果实生长之间的水分竞争，严重时能导致长势减弱，落果加重。

（3）果实迅速膨大期　多数落叶果树果实迅速膨大期常常也是花芽大量分化期，气温较高，蒸发量较大，保证水分供应对当年产量形成及花芽分化均有良好作用。

（4）果实采收后及休眠期　为了提高果实品质及贮藏性，促进枝芽成熟，果实采收前一般不灌水。在果实采收后到越冬前，结合施基肥适当灌水，有利于延缓叶片衰老、增加树体养分积累和促进花芽分化。在土壤封冻前灌冻水有利于树体安全越冬和翌年正常萌芽生长。

2. 蔬菜灌水时期

（1）依不同种类蔬菜的需水特点灌水　白菜、芥菜、甘蓝、绿叶嫩茎菜类、黄瓜、四季萝卜等，叶面积较大而组织柔嫩，但根系入土不深，属消耗水分很多，但对水分吸收力较弱的蔬菜，生产上要经常灌水，保持较高的土壤湿度和空气湿度。西瓜、甜瓜、苦瓜等蔬菜，叶片虽大，但叶片有裂刻，叶表面有茸毛，蒸腾较小，且有强大的根系，因此抗旱，需水少。葱蒜类蔬菜地上部蒸腾作用虽小，但根系分布范围小、入土浅，且几乎无根毛，吸收能力很弱，对水分要求也比较严格。茄果类、肉质直根类、豆类等水分消耗量中等，对水分的吸收能力也是中等。藕、荸荠、茭白、菱等，其茎叶柔嫩，蒸腾作用旺盛，但根系不发达，根毛退化，吸水能力很弱，需在经常蓄水的地方才能栽培。因此，生产上应视不同蔬菜的需水习性进行水分管理。

（2）依蔬菜不同生长发育阶段的需水特点灌水　蔬菜种子发芽要求一定的土壤湿度，才能满足种子吸水膨胀和内含物转化利用，以及根系生长和胚轴生长的需水要求，水分不足势必影响出苗，因此播种前要充分灌水，播后要尽量保持土中的水分。幼苗期叶片较小，蒸腾量小，需水少，但对水分要求严格，加上地面覆盖率低，土壤蒸发量较大，易引起土壤干旱，也需适当灌水。在柔嫩多汁的食用器官形成时，植株生长旺盛，是大量需水时期，应多灌水，使土壤水分达最大持水量的80%～85%。开花期对水分较为敏感，水分亏缺易引起落花落果，水分过多又会导致植株徒长，因此在开花初期适当节制灌水，待第1茬果实坐果后再大量供水。果实生长时需要较多水分，种子成熟时要求适当减少水分供应。

3. 花卉灌水时期 不同种类花卉生长习性不同，其需水要求有很大差异，是进行水分管理的主要依据。旱生花卉，如仙人掌类、景天类、龙舌兰等，具多浆、多肉的茎或叶以及强大的根系，需水量少，即使在生长旺盛时期浇水也要在盆土完全干燥时再浇，宁干勿湿，冬季要求完全干燥。湿生花卉，如一些热带兰类、蕨类和凤梨科花卉，需要生长在潮湿的地方，要求土壤湿度和空气湿度较高，要多浇勤浇，宁湿勿干，一年四季都要保持盆土湿润。水生花卉，如荷花、睡莲等，则需要生活在水中，它们的根或地下茎可以适应氧气的不足。中生花卉，如露地栽培的大部分花卉，对水分的需求介于干生花卉和湿生花卉之间，灌水要见干见湿，即盆栽花卉表土发白时浇水，浇至盆底渗出水为止，冬季温度低于10℃时即要减少灌水次数。另外，一二年生草本花卉对水分需求量大，但根系分布较浅，故灌水要勤；多年生木本花卉，根系发达，分布较深，所以灌水间隔时间可较长；宿根、球根类花卉，尤其是后者，浇水过多会引起地下器官腐烂，因而浇水间隔时间也应较长。

一年中不同生长季节，花卉需水也不同。通常在春天生长初期，生长量较小，耗水量少，隔1～2 d浇水1次即可。入夏以后，气温升高，日照渐长，花卉生长进入旺盛时期，蒸腾强，耗水多，宜每天在早上和午后各浇水1次。冬季温度较低，植株生长缓慢或进入休眠，应少浇水或不浇水。

（二）灌水方法

随着科技和产业的发展，作物灌水方法也不断改进，向着机械化、管道化和节水的方向发展，灌水效果和水分利用效率不断提高。

1. 地面灌水 地面灌水是生产上最常用的传统灌溉方法，包括漫灌、畦灌、沟灌、穴灌等形式。果树及多年生木本观赏植物平地种植园的封冻水、解冻水可用漫灌，灌水充分，有利于更好地稳定土壤温度和湿度；生长季节的灌水最好采用沟灌，能经济用水，防止土壤板结，水经沟底及沟壁浸润根系，有利于根系生长、吸收；山地及水源缺乏的种植园也可用穴灌，用水经济，有效可行。蔬菜及草本花卉多畦栽，灌水多采用开渠畦灌，灌水均匀、充分。地面灌溉虽然简单易行，但存在浪费水资源，易造成土壤板结、肥力下降，山地、丘陵地种植园还会造成土壤冲刷的问题。生产上地面灌水后应及时中耕松土。

2. 喷灌 喷灌是利用喷灌设备将水加压经喷头喷至空中的一种灌溉方法，按其设备移动与否有固定式、半固定式和移动式3种方式。果园喷灌一般树冠以上多采用固定式喷灌系统，喷头射程较远；冠中冠下可采用半固定式或移动式喷灌系统。采用喷灌进行灌水可节约用水，调节种植园小气候，不破坏土壤结构，不受地形限制，高效省工，还可喷肥、喷药。不足是风大时难以做到灌水均匀，且增加水量损失；另外，喷灌增加空气湿度明显，会加重某些真菌病害。

3. 滴灌 滴灌是将水加压经过滤后再通过毛管、滴头，以水滴或细小水流缓慢地输送到根域附近土壤的灌溉方式，目前在经济效益高的园艺作物，尤其是在设施园艺作物上应用较多，具有节约用水、持续供水、维持土壤水分稳定、不破坏土壤结构、不受地形限制、可以施肥、省工高效、有利根系生长吸收等优点。不足之处是滴灌需管材较多，投资较大，管道和滴头容易堵塞，要求过滤设备良好；相对于喷灌不能调节小气候，不能用于喷药。

（三）灌水量

灌水量应根据园艺植物种类、品种及其不同生育时期的生育和需水特点，根据土壤水分状况、天气状况以及灌水方法等多方面的因素来确定。最适宜的灌水量，应在一次灌溉中使园艺植物根系分布范围内的土壤湿度达到有利于植株生长发育的程度。灌水量过少达不到灌水效果，长期易引起根系浅化；灌水量过多，土壤通透性差，不利根系呼吸，影响生育。果树一般适宜的灌水量要在一次灌溉中使水分达到根系分布的主要区域，浸润深度在0.8～1 m，并使土壤含水量达到田间最大持水量的60%～80%。春季灌水要一次性浇透；夏季灌水量宜稍少，但要增加灌水次数，有利于稳定和降低土温。沙土地要少量多次灌水；盐碱地一般地下水位高，灌水量不宜太大，以防返碱。

理论上的灌水量可参考下列公式计算：

灌水量＝灌溉面积×土壤浸润深度×土壤容重×（田间最大持水量－灌前土壤含水量）

灌水量（mm）＝100×土壤容重（g/cm^3）×土壤浸润深度（cm）×［灌后土壤含水量（占干土重%）－灌前土壤含水量（占干土重%）］/灌水有效系数（为0.7～0.9）

应用上述公式计算出的灌水量还可根据植物种类、品种、生育期以及干旱持续时间的长短、日照、气温等因素进行调整。

（四）排水技术

土壤水分过多时影响土壤通透性，根部氧气供应不足，抑制植物根系的呼吸作用，降低水分、矿物质的吸收功能，严重时可导致地上部枯萎、落花、落果、落叶，甚至根系或植株死亡。因此在容易积水或地下水位高的种植园区，在建园时就要做好排水工程的规划设计，修筑排水系统，做到及时排水。

积水一般主要来自雨涝、上游地区泄洪、地下水异常上升及灌溉不当的淹水等。虽然不同种类的园艺植物的耐涝性各有不同，但多数情况下涝害比干旱更能加速植株死亡，涝害发生5～15 d就会使一半以上的栽培植物完全死亡。水生植物地上部怕淹，淹水1～2 d就会引起严重的危害。

目前生产上主要应用明沟排水、暗管排水和井排等排水方式。

1. 明沟排水 明沟排水是广泛应用的传统排水方法，在地表面挖沟排水，主要排除地表径流。在较大的种植园区可设主排、干排、支排和毛排渠，组成4级网状排水系统。明沟排水工程量大，占地面积大，易塌方堵水，养护维修任务重。

2. 暗管排水 暗管排水多在不易开沟的种植园区使用，一般是在地下一定深度内，按一定比降埋设管道，将地下水浸渗入集水井再抽排出去，作用与机井相同，但较节省资金，管理更方便。暗管排水具有不占地，不妨碍生产操作，排盐效果好，养护任务轻，使用年限长等优点。

3. 井排 机井抽水时，井周围的地下水位下降，形成一个以井为中心的降落漏斗，特别是在群井抽水情况下，降低地下水位的效果更为显著，随着地下水位的降低，地面蒸发减少，可降低地表积盐的强度。井排对于内涝积水地排水效果好，黏土层的积水可通过大井内的压力向土壤深处的沙积层扩散。

4. 明沟暗管结合排水 亦称明暗结合排水技术，在布局上是一条明沟、一条暗管（出口在支沟边坡）。明暗结合排水技术的使用条件是支沟深度在 1.5 m 以下，经治理后无滑塌现象，在自流排水条件相对好的一些地区效果最佳。明暗结合排水减少了一级管的埋设，省去抽排集水井，节约耕地，节省电费，管理方便。

第四节　园艺植物整形修剪

整形（training）与修剪（pruning）是园艺植物地上部栽培管理的重要内容，主要通过对植株枝（茎、蔓或梢）、干的调整处理以及对株形、株姿的造就和维持，使植物群体或个体的结构合理美观，植物群体间和个体内透风透光良好，提高空间和光能利用率，使植株营养器官和生殖器官生长均衡，促进更新，延缓衰老，更好地实现栽培目的。园艺植物的整形与修剪，在观赏植物上常叫造型和剪枝，在蔬菜上常叫植株调整。

一、果树的整形修剪

（一）果树整形修剪时期

1. 休眠期（冬季）修剪 落叶果树在落叶后至第 2 年萌芽前，常绿果树在冬季生长停止的时期进行休眠期修剪（dormant pruning）或冬季修剪。果树在休眠期生理代谢活动微弱，器官形态稳定，树体贮存营养水平高，此时进行整形修剪去掉部分枝梢，树体损失营养相对少，且由于地上部与地下部的平衡关系，修剪可以刺激局部生长，表现为剪口下枝芽萌芽力强、生长势旺，生产上有“冬剪长树”之说。有伤流现象发生的一些果树，应注意选择冬剪时期，如葡萄冬剪应在萌芽前 4 周结束。

2. 生长季修剪 果树在生长季的不同发育时期，树体贮存营养水平、器官形态和代谢活动旺盛程度均在不断变化，因此修剪后的反应表现也不相同。相对于休眠期修剪，生长季修剪（growth season pruning）要轻，修剪处理要及时，修剪方法要准确，才能很好地调整树体生长、发育状况和光照状况，否则效果就会变差，甚至会出现相反的效果。

（1）春季修剪　又称延迟修剪或晚剪。在发芽后 7 d 左右进行，主要针对萌芽力较弱的树种、品种和肥水条件较好、生长较旺的幼龄树，目的是提高萌芽率、增加枝量，也缓和生长。晚剪可以是没有冬剪的修剪，也可以是冬剪后的再剪。

花前复剪主要针对结果大树进行，为了做到合理负担，在冬剪的基础上，萌芽后开花前再细致调整果枝和花芽的留量，可相对减少不必要的开花坐果消耗，节约营养，有利花、果、枝、芽的生长发育。

（2）夏季修剪　果树夏季修剪主要在5～7月树体营养转换时期进行。夏季修剪虽减少了光合面积，有整体削弱树势、枝势的作用，但可以及时改善光照状况，调节树体养分分配，抑制生长，促进坐果及果实发育，也可以控制旺长，增加分生短枝，促进花芽的形成。对幼树、旺树、生长量比较大的树种、品种，夏剪更为重要。

（3）秋季修剪　秋剪在8～9月新梢即将停止生长时进行。主要是为了改善树体光照，并使枝梢及时停长，从而提高树体光合积累，促进枝芽的充分成熟和分化，增强树体越冬性，为第2年良好的生长发育创造条件。

（二）果树修剪的方法

1. 冬季修剪　有短剪、疏剪、缩剪、缓放、曲枝、别枝等方法。

（1）短剪（短截）　短剪（cutting back）就是将一年生枝条剪去一部分。短剪对枝条生长有局部刺激作用，越接近剪口刺激作用越明显。短剪能促进分枝，刺激新梢生长，增加冠内枝条密度，使光照条件变差，新梢停长延迟，对以顶花芽结果为主的树种，不利花芽形成，特别是在幼树期间反应更明显；但短剪有利于形成牢固的骨架，是调节大树生长与结果关系的重要方法，对以腋花芽为主的果树更是主要的修剪方法。

短剪有轻、中、重等之分，程度不同，对枝条的作用也不同。轻短剪仅剪去枝条1/5～1/4，剪口下留半饱芽；戴帽剪，剪口落在春秋梢交界的瘪芽上；中短剪剪去枝条1/3～1/2，剪口下为饱芽；重短剪剪去枝条2/3～3/4，剪口下为半饱芽；极重剪，仅剪留枝条基部2～3个瘪芽。一般短剪越重，对剪口附近的芽刺激越大，发出的枝越少而生长势越强，但过重短剪也会削弱生长势。轻短剪及戴帽剪剪量轻，局部刺激作用小，易发出较多的中短枝，也有利于花芽形成。短剪后的反应还受剪口芽质量、枝条质量以及不同树种、品种对修剪的敏感性的影响，所以应视具体情况灵活应用。

（2）疏剪（疏枝）　将一年生枝或多年生枝由基部疏除称为疏剪（thinning out）。疏剪对母枝有削弱生长势的作用；疏剪使冠内枝量减少，从而改善通风透光条件；能缓和生长，改善光照，从而有利于花芽形成；另外，疏剪的伤口还有“抑前促后”的作用。因此，整形修剪中对萌芽力、成枝力强，枝条较密的树种、品种多用疏剪；对旺树、旺枝，为缓和生长、平衡枝势，多用疏剪；疏剪也常用于除去枯死枝、病虫枝、徒长枝、下垂枝和衰老枝。疏剪时要干净彻底，不伤皮、不留桩；避免造成“对口伤”，否则对母枝削弱太重。

（3）缩剪（回缩）　在多年生大枝上，依空间、生长势在适当部位留部分分枝落剪，即剪去多年生大枝的一部分，称缩剪（retraction pruning）。缩剪的反应表现为短剪和疏剪的综合反应，即能减少枝量、改善光照；能促进剪口下枝芽生长，起到复壮更新作用；也可控制某些枝条的生长，这与缩剪程度、留枝强弱、伤口大小有关。整形修剪中改造多年生辅养枝为结果枝组、结果枝组结果后复壮更新、控制骨干枝延伸长度及树冠大小等多用缩剪。

（4）缓放（长放、甩放）　对一年生枝不做任何处理，使其自然生长即称缓放（nonpruning）。缓放有缓和新梢生长、降低成枝力的作用，有增加萌芽、促生中短枝、利于花芽形成的作用，但萌芽力较弱的品种，缓放后易出现"光腿"现象。整形修剪中对幼树、旺树上斜生中庸枝缓放效果好，比较直立、长势较旺的枝条缓放要配合曲枝、别枝甚至伤枝处理，才能达到缓放效果。生长势弱的树、枝条采用缓放易衰老。

（5）曲枝、别枝　曲枝、别枝是将一年生或多年生枝加以弯曲或变向，改变其生长方向和生长状态，以充分利用空间，促进树体结果的措施。曲枝、别枝（curved branch）后可改变顶端优势，缓和枝势，提高萌芽力，降低成枝力，增加中短枝数量，有利成花，同时也可充分利用空间，使枝条分布均匀，光照良好。整形修剪中对一年生发育枝或多年生辅养枝、枝组都可曲枝、别枝，控势促花。应用时应注意防止在新的顶端优势处旺长冒条，而影响曲枝、别枝效果。

2. 生长季修剪

（1）刻芽　用小钢锯条在芽的上方（距芽 0.5 cm 左右）横拉一下，深达木质部，刺激或抑制该芽萌发成枝的措施叫刻芽（bud-notching）。刻芽具有定向发枝的作用，常用于骨干枝的定向培养，刻芽时间一般在立春前后；对萌芽率低的品种，对枝条进行刻芽可以显著提高萌芽率，具体运用时，枝条前端 20 cm 和后端 10 cm 不刻，枝条上部不刻，枝条下部不刻，只在枝条两侧间隔 10～15 cm 刻一下，刻芽时间在萌芽前。

（2）抹芽除梢　从芽萌发到新梢生长初期，去掉瘦弱、病虫、萌蘖及过密枝芽，称抹芽除萌。在新梢长到一定长度时再除去称除梢或夏季疏枝。其主要作用是去劣留优、均匀分布、节约营养、改善光照、促进保留枝芽的生长发育。

（3）摘心　在新梢长到一定程度时，摘除幼嫩的梢尖称摘心（topping）。摘心能暂时抑制新梢生长，改变养分分配流向。一般早摘、重摘能促进其下侧芽萌发，增加分枝，起到以一换多、以长换短的效果；轻摘、晚摘能促使枝梢提前停长，减少生长消耗，有利成花、坐果和增加树体营养积累。

（4）剪梢　剪梢即夏季短剪，是将有成龄叶的新梢剪去一部分。一般剪梢能促进剪口下侧芽萌发，增加分枝，由于比摘心剪得重，故分枝会稍长，分枝部位也较低。

（5）扭梢　生长季对直立、旺梢，为控其生长，促进成花，在新梢长到木质化时，用手将新梢基部扭转 180°，并使新梢上端扭转朝下，称扭梢。扭梢后的成花效果因不同树种、品种有差异，主要用于苹果幼树。

（6）环割、环剥、倒贴皮　将枝梢的韧皮部剥去一圈，称为环剥；只环状割伤枝梢韧皮部，不剥去皮者称环割；将剥离的树皮，颠倒上下位置后再嵌入原剥离处，并包扎愈合，称为倒贴皮。环割、环剥、倒贴皮都是暂时切断韧皮部输导组织，起抑制生长、增加伤口上部营养积累的作用，有利于成花坐果。生长季对旺树、旺枝、成花坐果困难的树，可在旺枝基部进行处理。一般苹果树环割后 7～10 d、环剥后 20～30 d 可愈合，韧皮部恢复输导功能，为安全起见，要控制环剥宽度并进行剥口保护，可用多道环割代替环剥。

（7）开张角度　开张枝梢基角，有利于削弱极性生长、缓和树势、促进花芽分化，更重要的是改善光照条件，防止结果部位外移，增加结果面积。开张角度（spreading branch）的方法有拉枝、拿枝、坠枝、撑枝、别枝等，最常用的方法是拉枝。拉枝的时期可在3月下旬到秋季，以秋季最好。开张的角度可视树或枝的长势灵活掌握，树（枝）势强的，角度可大些，反之宜小些。拉枝开角时，还要注意调节主枝在树冠空间的方位，使主枝均匀分布，合理利用空间。

（三）果树树体基本结构和主要树形

1. 树体基本结构　一般乔木果树地上部包括主干和树冠两部分。树冠由中心干、主枝、侧枝和辅养枝、枝组组成，其中中心干、主枝、侧枝构成树体的骨架，统称骨干枝（图5-11）。

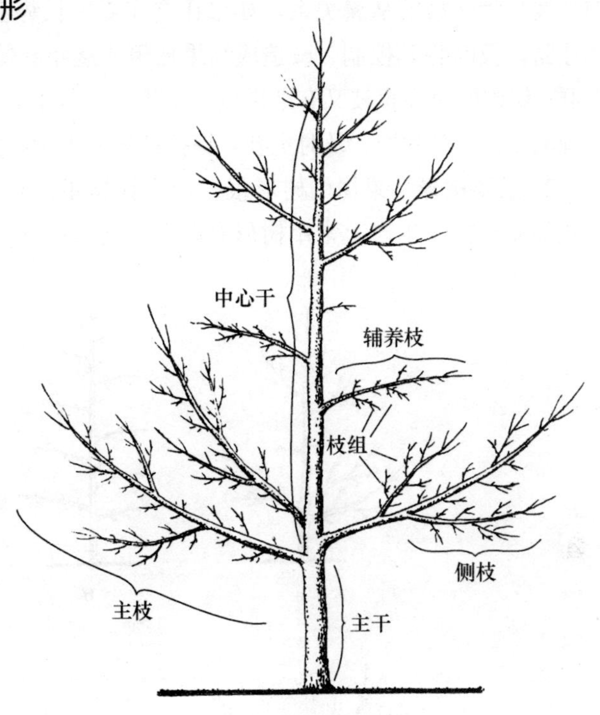

图5-11　果树树体基本结构

果树树体各部分的基本结构，与其生产性能密切相关，生产上根据树种特性、栽培密度和方式以及栽培管理水平设计和建造一个良好的树体结构是十分重要的。

（1）干高　干高是指地面到第1主枝处的树干高度。低干树生长较旺，树干不易发生日烧，抗风；高干树有利于通风透光，缓和生长势，生产中应根据栽培需要确定合适的树干高度。

（2）树冠大小和形状　生产中要依不同树种、品种以及栽培密度、方式等合理确定树冠大小和形状。中小树冠有利于密植，有利于快速成形，有利于早结果；而且构成树体骨架消耗养分少，用于生产果实的营养比例大，有利于丰产和克服大小年结果；小冠树光照良好，有利于提高果实品质，同时小冠树也便于修剪、采收、喷药等各项管理。乔木果树树冠为行距的70%～90%，树冠直径不超过3～3.5 m比较好。树冠形状以扁平梯形较好，其冠表面积大、群体有效体积大、投影叶面积指数高，在冠高3 m的情况下，冠下部同样能获得30%以上的相对光照，有利于丰产和提高果品品质，管理也方便。

（3）骨干枝数目　骨干枝是构成树冠的基本枝，其本身又是非生产性枝，所以应本着能合理充分利用空间，即达到适宜的叶面积系数和地面覆盖率的原则来配备适当数目的骨干枝。现实生产中中等密度的疏层形乔木果树以5～6个主枝为好。骨干枝数目除取决于栽植密度、树形等之外，也与骨干枝大小有关。另外，中心干是否保留及中心干落头开心的时间应根据树种特性和栽培要求具体决定。

（4）主枝分枝角度　主枝分枝角度指主枝与中心干间的角度，是整形修剪中的重要问题，其合适与否关系到主枝的牢固性、生长势，关系到主枝上结果枝组的培养配置、光能利用、结果早晚和生产性能。一般主枝基角以45°～70°比较好，但不同树形有不同的要求，另外，有栽植密度越大、分枝角度越大的趋势。

（5）辅养枝和枝组　辅养枝是除主枝以外着生在中心干上的多年生大枝。幼树、初果期的树应尽量多留辅养枝，以增加枝量，提高叶面积系数，既可辅养树体，又可缓和生长，促进早果和丰产。但在具体留用中注意区别临时性和较永久性的辅养枝，要严格控制辅养枝与骨干枝的从属关系，如果在空间或生长势上与骨干枝发生矛盾，辅养枝要为骨干枝让路，及时将其控制、改造成结果枝组或逐年疏除。结果枝组是成组着生在骨干枝上的枝群，组内既有发育枝又有结果枝，是生产性枝群，在整形修剪中要依树形要求尽早培养、合理配置、充分利用、及时更新，保持结果枝组中庸健壮、紧凑有力，才能生长结果良好。

2. 主要树形　果树的树形很多，应根据不同树种、不同立地条件、不同栽植密度和方式具体选择。生产上常用树形有以下几类（图 5－12）。

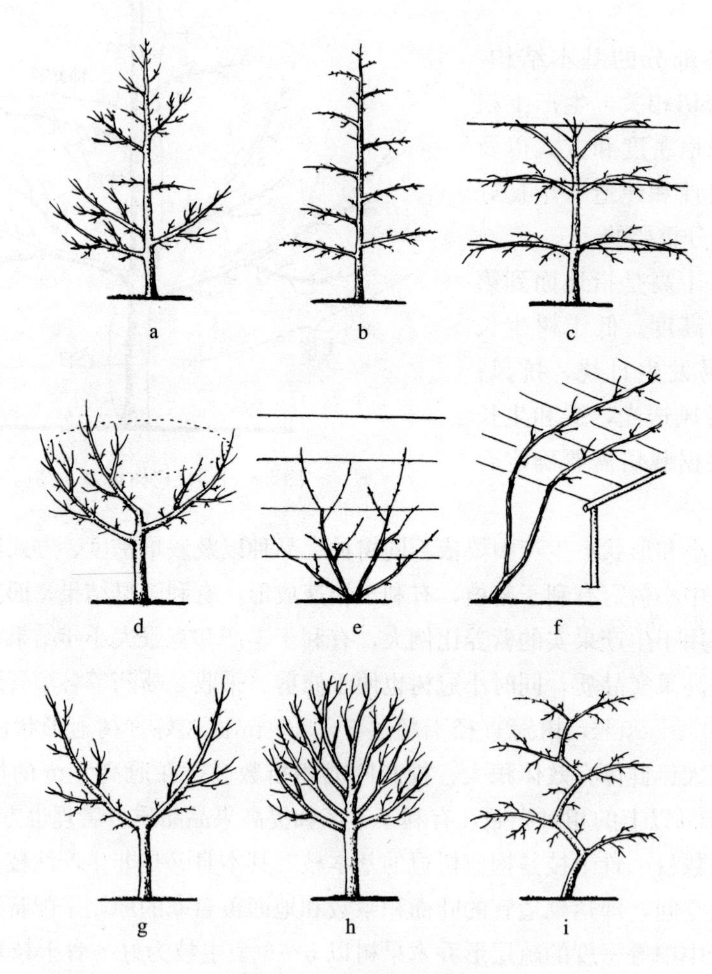

图 5－12　果树主要树形

a. 疏层形　b. 纺锤形　c. 树篱形　d. 自然开心形　e. 篱架形　f. 棚架形　g. Y 形　h. 自然圆头形　i. 折叠扇形

（1）疏层形　适于中等密度栽植的苹果、梨、核桃、枣、山楂、柿、板栗、李及杏等树种。有中心干，其上培养 2 层主枝，第 1 层 3～4 个，第 2 层 2～3 个，主枝角度 70°左右；一般不培养侧枝，在骨干枝上培养配置各类结果枝组。

（2）纺锤形　适宜于栽植密度中等或较密的果园，又可划分为自由纺锤形、细长纺锤形、高纺锤形。其中自由纺锤形中心干强壮，其上培养 10～20 个小型主枝，无明显层次，主枝角度要求 70°～90°，均匀伸向四周，主枝上培养配置中、小型结果枝组。

（3）树篱形　适于栽植密度较高的苹果、梨等树种。有中心干，其上培养 2～3 层主枝，每层主枝 2 个，近水平生长，主枝上培养中、小型结果枝组。

（4）自然开心形　适于干性较弱、较喜光的桃、枣、杏、山楂以及梨、核桃等果树。无中心干，主干上培养 3～4 个斜向上主枝，主枝间距均匀，与垂直线夹角 40°～60°，主枝上也可培养侧枝，在骨干枝上培养配置各类结果枝组。

（5）篱架形和棚架形　篱架形适于葡萄、猕猴桃等藤本果树中生长势中庸的品种类型，棚架形适宜于生长势较强的品种类型。

（6）Y 形　适于高密度栽植的桃、梨及苹果树，一般株距 0.75～1 m，行距 4～6 m，每公顷栽植 1 665～3 330 株，南北行向，每株树只选留两个主枝，东西向呈 Y 形，主枝与地面夹角 45°～60°。视具体株行距情况，在主枝上安排小侧枝或各类结果枝组。

（7）自然圆头形　适于枣、杏、柿等果树，无中心干或中心干不明显，6～8 个主枝不分层，均匀伸向四周，呈圆头状，主枝上培养各类结果枝组。

（四）不同年龄时期果树整形修剪的特点

1. 幼龄树　定植后至大量结果前的果树，树体生长较旺，其地上部树冠扩大和地下部根系伸展都较快。整形修剪的任务主要是促进树冠扩展快速成形，兼顾早果。即按照树形要求，遵循“因树修剪、随枝造型，平衡树势、主从分明，以轻为主、轻中重结合”的原则，同时注意开张角度，处理好竞争枝、辅养枝的关系，依枝就势，逐年进行。具体任务有：定干；选留培养各级骨干枝并建立良好的从属关系和均衡关系；充分利用辅养枝提早结果；及时大量地培养配置结果枝组，最终实现成形和早果并举，适龄结果，适时丰产。

2. 成龄树　成龄果树树冠已形成，生长势逐渐缓和并进入大量结果时期。整形修剪的任务是维持良好的树形、树势，调节好生长与结果的关系，达到高产、稳产、优质、延长盛果期年限的目的。在整形修剪中要注意结果部位的过渡，即从初果期到盛果中期到盛果后期，树体主要结果枝组、结果枝类型的变化；进行细致的结果枝组修剪，实现交替，延长枝组寿命；控制冠高、打开层间、疏剪外围，改善树体光照状况；控制花量，合理负担，并及时更新骨干枝、结果枝组和结果枝以及保持其稳定的生长和结果能力，维持健壮的树势和骨干枝势。

3. 衰老树　衰老树表现产量低、质量差，骨干枝、枝组大量衰枯，树势衰弱，病虫害严重。修剪的主要任务是对骨干枝和大中型结果枝组全面缩剪更新和复壮；用壮枝、旺枝、徒长枝大量更新；培养充实的内膛枝组和背上枝组；大量疏除弱枝及病枝组，减少枝量；并严格控制花果量，集中营养，从而恢复一定的生长和结果能力。

二、观赏植物的整形修剪

在观赏植物栽培过程中，到一定生长阶段都需要整形修剪，合理的整形修剪不仅可使观赏植物形姿优美，提高观赏价值，而且可以调节植株生长发育，促使生长旺盛，开花繁茂，或改变花期，结果丰硕，以及减轻植株负担，更新枝蔓而延长寿命。

（一）观赏植物的整形

观赏植物的造型比较简单，其中以自然形态为主的自然式整形是利用植物的自然株形，稍加人工修整，使其外形或分枝布局更加合理美观；而人工式整形也只是人为通过做弯、立架、诱引等手段对植株进行整形，使其按要求生长成形。观赏植物常见树形或株形有：

1. 单干式 只留 1 个主干，不留分枝。如木本植物中的广玉兰和大叶女贞等树形，草本植物独头大丽花和标本菊等株形。

2. 多干式 留数个主枝，每个枝干顶端开一朵花，如大丽花、多头菊、牡丹等。

3. 丛生式 通过植株自身分蘖或多次摘心、修剪，使之多发生侧枝，全株呈低矮丛生状，开花数多，如灌木花卉和草本花卉等。

4. 悬崖式 依附花架或墙垣使全株枝条向一个方向伸展下垂，多用于小菊类或盆景的整形。

5. 攀缘式 多用于蔓生花卉，使枝条附着在墙壁上或缠绕在篱木上生长，如爬山虎和凌霄等。

6. 匍匐式 自然匍匐在地面生长，使其覆盖于地面或山石上，如铺地柏、旱金莲、络石等。

7. 支架式 通过人工牵引，使植物攀附于一定形状的支架上，形成透空花廊或花洞，多用于蔓生花卉如紫藤和金银花等。

8. 圆球式 通过多次摘心或修剪，使之形成稠密的侧枝，再对突出的侧枝进行短截，使整个树冠呈圆形或扁球形，如大叶黄杨和龙柏等。

9. 象形式 把整个植株修剪成或盘扎成动物或建筑物形状，如圆柏和刺柏等。

此外，还有其他如伞形、塔形、圆锥形、垂枝形、倾斜形、水平式和曲干式等形式。

（二）观赏植物的修剪

观赏植物的修剪方法有些与果树修剪相似。主要有：

1. 摘心 摘除枝梢顶芽即为摘心。摘心的作用有：去除顶端优势，促进侧枝发生；使枝条粗壮；矮化植株，使株形丰满，枝繁叶茂等。如四季海棠、倒挂金钟等将单枝进行摘心，可促进腋芽萌发，形成多枝的丰满株形；一串红、大丽花等常采用摘心增加花数。

2. 疏剪 疏剪是将枝条自基部完全剪除，多用于剔除多余的侧枝和生长不整齐的枝梢，以及枯枝、病虫枝、细弱枝、重叠枝、密生枝、花后残枝等，以调整观赏植物的株形。

3. 短剪 短剪即将枝梢剪掉一部分。对当年生枝条上开花的种类可在春季短剪，促生更多的侧枝。对二年生枝上开花的种类，可在花后短剪枝条，令其重发新枝。如天竺葵、扶桑等，花后生长势减弱，可于枝条基部 2～3 芽处短剪。

4. 曲枝 曲枝是改变枝条生长方向和生长状态，从而达到平衡枝条生长或使枝条分布合理，造就株形的目的。木本植物需用绳索绑缚固定。

5. 抹芽 抹芽就是去除过多的腋芽，限制枝数的增加，节约营养，使养分集中供应给主芽。如大丽花、立菊采用抹芽的方法，可促使花大色艳。

6. 除蕾　有些花卉如大丽花、立菊、芍药等花芽形成较多，现蕾后将顶部以下叶腋中的花蕾摘除，使营养集中供给顶花，可保证顶花质量。

7. 去残花　有些花卉如一串红、飞燕草、金鱼草等，开花后去残花可以延长花期，提高观赏价值。

8. 疏果　观果花卉如佛手、香橼等，早春花谢后往往结果很多，为了节约养分，克服隔年结果现象，在5月下旬生理落果后应摘除一定数量的畸形果和小果，使留下的果生长良好。

9. 摘叶　在生长季尤其是生长后期，遇有黄叶、病虫危害的叶以及遮盖花果的多余叶片，均可随时摘除，以资美观。

三、蔬菜的植株调整

在蔬菜生长发育过程中合理进行植株调整，能平衡营养器官和果实的生长；使产品个体增大，并提高品质；使通风透光良好，提高光能利用率；减少病虫和机械的损伤；可以增加单位面积的株数，提高单位面积的产量。

蔬菜植株调整包括整枝整蔓、茎蔓分布调整、花果管理、产品保护和造型等。

（一）整枝整蔓

整枝整蔓的主要措施有整枝（蔓）、打杈、摘心、树式栽培等。

1. 整枝（蔓）和打杈　番茄、茄子和瓜类蔬菜等，如任其自然生长，则枝蔓繁生，结果不良。为了控制生长，促进果实的发育，调整植株同化器官与结实器官的比例，提高光合效率，保持植株最适果枝数目（如单干或双干），需进行整枝和打杈。保留和培养适当结果枝数的操作称为整枝，常有单干整枝、双干整枝、连续换头整枝等整枝方式，爬地的瓜类则有单蔓、双蔓、三蔓等整蔓方式。在整枝的同时，摘除无用侧枝或腋芽的操作称为打杈。

2. 摘心　摘除顶梢、顶芽的操作称摘心（打顶），主要目的是在有限的季节内避免无效花果的营养浪费，使有效花果得到更多的养分供给。

3. 树式栽培　树式栽培是利用常规草本瓜果蔬菜的无限生长特性，在持续适宜的温光环境下，采用无土栽培模式，结合生理调控和综合农艺措施，使常规瓜果蔬菜长成冠幅几十甚至上百平方米的巨大“树冠”，单株产量达数百甚至数千千克，显著延长草本瓜果蔬菜的结果期和生命周期，达到周年或多年生长的目标。这一技术体系的探索，一方面可以深层次地挖掘蔬菜单株高产潜力，对蔬菜高产优质栽培具有重要指导意义；另一方面，蔬菜树巨大的冠幅和常年持续结果的特性，可以形成独特的视觉观赏效果，为都市观光农业和青少年科普教育提供重要的科技支撑。

（二）茎蔓分布调整

茎蔓分布调整的主要措施有立支架和吊蔓，绑蔓、固蔓和压蔓，摘叶、落蔓和盘蔓等。

1. 立支架和吊蔓　蔬菜多是半直立或蔓性草本植物，生产中需要通过立支架或吊蔓调整其空间分布，支持结果枝。如黄瓜、番茄和菜豆等蔬菜露地栽培需要立支架，使它们向上生长；冬瓜、南瓜、山药等利用支架栽培可大大增加叶面积指数（LAI），更好地利用阳光并使通风良好，减少病虫害，增加密植度，提高单位面积产量。在设施中栽培的果菜，常采用吊蔓的方式调整茎蔓的空间布局。

2. 绑蔓、固蔓和压蔓 支架或吊蔓栽培需要配合绑蔓或固蔓措施，以在支架或吊蔓绳上固定茎蔓，使茎蔓空间分布更加整齐和有规律。有的爬地栽培的果菜，如西瓜、南瓜、冬瓜等，采用压蔓的方式在地面上固定茎蔓，使植株排列整齐，受光良好，管理方便，促进果实发育，增进品质，同时可促发不定根，有防风和增加营养吸收能力的功效。

3. 摘叶、落蔓和盘蔓 果菜长季节栽培时，随着结果部位的上移，下部叶片衰老，或常感染病虫害。为了减少无效养分消耗，改善近地面层通风透光特性，需要及时摘除植株的老叶和病叶。设施长季节栽培的果菜，结果部位过高后给田间操作带来不便，需要落蔓，使植株的开花结果部位在操作人员伸手可及的高度。落蔓前往往要先摘除基部老叶，落蔓时将茎蔓整齐排布。

（三）花果管理

花果管理的主要措施有疏花疏果和保花保果等。

1. 疏花疏果 大蒜、马铃薯、莲藕、百合、豆薯等蔬菜，摘除花蕾有利于地下产品器官的肥大。对番茄、西瓜等蔬菜作物，去掉部分畸形、有病虫的果实，可促进留存的果实正常肥大。果实发育尤其是种子发育时，需要植株供应大量营养物质。如果植株上花果太多，营养竞争激烈，所有果实都得不到充足的养分，会影响果实发育膨大，导致商品产量低，品质差。如果有计划地选留花果，疏除多余的花果，则可以提高商品率和品质。果菜生产中，及时采摘成熟果实，也有疏果效果，可以延长植株生长和采收期，增加产量。

2. 保花保果 在果实生产中，经常遇到环境条件不适宜于自然开花坐果，常需要采取保花保果措施防止落花落果，促进坐果。例如，茄果类设施栽培中，在低温季节或高温季节常落花落果严重，难以坐果，生产中普遍采用生长素点花或喷花处理促进坐果。设施栽培中，由于缺少昆虫授粉，即使在环境适宜的季节，有的果菜也难以自然坐果，可以通过人工授粉、释放昆虫授粉等措施促进坐果。同时通过合理的肥水管理等措施也可保花、保果，增加结果数。

（四）产品保护和造型

产品保护和造型的主要措施有束叶、盖叶和模具造型等。

1. 束叶和盖叶 束叶适用于大白菜和花椰菜等结球叶菜和花菜。一般主要是在临近收获季节时，叶球或花球产品还未充分成熟，为了延长生长期，使产品补充生长以达到商品要求，可将莲座叶拢起，在顶上用稻草等束缚以保护叶球或花球。大白菜束叶可以防寒，促进叶球补充生长和软化，并可使植株间通风透光良好。花椰菜束叶也可以促进花球补充生长，并保护花球洁白柔嫩。但束叶不能过早进行，以免影响莲座叶的光合作用。通常应该在环境温度已基本不适于生长，并且有寒流或降雪之前进行，一般可延迟半个月左右收获。

在花椰菜生产中，为了避免阳光直射导致花球变色，降低商品性，常采用盖叶的方式保护花球。具体方法是，在花球迅速膨大期，将靠近花球的1片较大的莲座叶从基部折断叶脉，盖在花球上，因叶片并未与植株完全断离，可以保持活体状态覆盖保护花球。

2. 模具造型　随着生活水平的提高，人们对食品的追求不仅是好吃，更要好看。蔬菜产品造型是指在西瓜、黄瓜等果实产品生长初期，将幼果置于特制模具中，限制其生长空间，使其在模具中长大，形成人们理想和需求的形状，既具有观赏性，又具有食用价值。

第五节　园艺植物有害生物及其防治

病虫草是园艺植物的有害生物，是园艺生产的主要威胁，明确园艺植物病虫草的主要种类和防治途径，是园艺产品安全生产的任务。

一、园艺植物的主要病害

（一）病毒性病害

病毒性病害是园艺植物的第二大病害，是由病毒、类菌质体或类病毒引起的侵染性病害，是最难防治的一类病害。病毒（virus）是一种极微小的、没有细胞结构的生物，由核酸和蛋白质外壳组成。类菌质体又称类菌原体，是一种介于病毒和细菌之间的最小的单细胞微生物。类病毒是比病毒结构更为简单的、体积更微小的微生物，只有核酸碎片，没有蛋白质外壳。病毒病的主要症状有花叶、黄化、卷叶、畸形、矮化等。常见的病毒病如苹果花叶病、苹果锈果病、柑橘衰退病、柑橘黄龙病、枣疯病、葡萄扇叶病、草莓斑驳病、香石竹斑驳病、菊花矮化病、大丽花病毒病、郁金香病毒病、仙客来病毒病、一串红花叶病、番茄黄化曲叶病、黄瓜花叶病毒病、十字花科病毒病等。

有些观赏植物遭受病毒侵染后，常造成叶和花发生变异，如黄边、黄脉、花叶、绿萼、花冠卷曲等，反而更具有观赏价值。只要这些病毒病对植物本身的生长发育无太大影响，也可加以利用。

（二）细菌性病害

细菌性病害是由细菌引起的侵染性病害。细菌（bacterium）是很小的单细胞生物，不含叶绿素。园艺植物病原细菌都是杆状细菌，且多数在体外有丝状鞭毛，能游动。细菌性病害的症状主要为植物组织坏死和萎蔫，在发病后期常出现脓状物。园艺植物常见的细菌性病害有果树根癌病、桃细菌性穿孔病、柑橘溃疡病、十字花科软腐病、茄科蔬菜青枯病、马铃薯环腐病、黄瓜细菌性多角病、唐菖蒲细菌性疫病、秋海棠冠瘿病、百合立枯病、樱花根癌病等。

（三）真菌性病害

真菌性病害是由真菌引起的侵染性病害。真菌（fungus）是园艺植物最主要的一类病原物（pathogen），真菌性病害在园艺植物病害中占80%以上。它们的主要特征是：营养体通常是丝状分枝的菌丝体，具有细胞核和细胞壁；以各种类型的孢子进行有性或无性繁殖；没有叶绿体，属于异养生物，通过菌丝或菌丝上形成的吸器从寄主细胞中吸收养分。对园艺植物危害较重的有鞭毛菌亚门、子囊菌亚门、担子菌亚门和半知菌亚门的真菌。由鞭毛菌引起的病害如菊花茎腐病、十字花科白锈病和霜霉病、葡萄霜霉病等；由子囊菌引起的病害如苹果白粉病、炭疽病、白纹羽病、苹果树腐烂病、梨黑星病、核果类缩叶病、苹果干腐病、轮纹病、叶片穿孔病、煤污病等；由半知菌引起的病害如桃褐腐病、杜鹃叶斑病、柿角斑病、黑斑病、菊花立枯病、白绢病、炭疽病、苹果褐斑病、轮纹病、月季叶斑病、柑橘疮痂病等；由担子菌引起的病害如梨锈病、苹果紫纹羽病、苹果白绢病、樟树粉实病，由蜜环菌引起的针阔叶树根腐病等。

（四）线虫病

线虫（nematode）又名蠕虫，是一种低等动物，形体微小，一般不到 1 mm，多为不分节的乳白色透明线形体，可穿刺植物吸取汁液，并分泌各种酶或毒素，造成植物发病。习惯上将线虫造成的危害称为线虫病。植物病原线虫多数是专性寄生，且以地下部寄生为主。寄生方式有内寄生和外寄生。线虫除直接对植物造成伤害外，还能传带许多其他病原，并常常为土传病害的先导和媒介，从而诱发或加重病害。线虫病的主要症状有植株生长衰弱，矮小，发育缓慢，叶色变淡甚至萎黄，类似营养不良症状；根部形成瘤肿、丛根或卷曲，有的根部坏死。

线虫广泛存在于土壤和植物体内，几乎每一种园艺植物都有线虫危害，如根结线虫、种瘿线虫、鳞茎线虫、胞囊线虫、根腐线虫、草莓线虫、鸢尾根线虫等。

（五）寄生性种子植物性病害

种子植物中，有少数因缺乏叶绿素或某些器官退化而成为异养的寄生植物。这类寄生性种子植物都是双子叶植物，已知有 2 500 多种。常见的寄生性种子植物有菟丝子、列当、野菰、桑寄生、槲寄生等，它们的主要危害是抑制生长。草本植物受害表现为植株矮小、黄化，甚至整株死亡；木本植物受害时，表现为延迟开花或不开花，落果或不结果，叶片缩小，顶梢枯死，或不同程度落叶等。

二、园艺植物的主要虫害

危害园艺植物的害虫种类繁多，除了一些螨类和软体动物外，绝大多数是昆虫。其中，直翅目、同翅目、鞘翅目和鳞翅目昆虫对园艺植物造成的危害尤为严重。在园艺植物生产中，常根据害虫危害植株的部位和危害方式的不同进行害虫分类。

（一）地下害虫

地下害虫又称根部害虫，危害期间主要生活在土壤中，以发达的咀嚼式口器嚼食危害园艺植物的根部、近地面部分或幼苗，是苗圃和一二年生园艺植物种植园中常见的害虫。我国已知有地下害虫 60 多种，危害严重的有蝼蛄、地老虎、蛴螬、金针虫、叩头甲、蟋蟀、种蝇等。这类害虫分布广泛，其发生与各地区土壤质地、含水量、酸碱度等环境条件有密切的关系。秦岭、淮河以南以地老虎为主，以北则以蝼蛄、蛴螬发生最为普遍。

1. 蛴螬 俗称白地蚕、白土蚕，是金龟子类幼虫的统称，是重要的地下害虫。主要啮食幼苗的地下部分及茎基部的根颈，并可食害萌发的种子，被害部位断口整齐。一年发生一代或几代，以成虫或幼虫在土中越冬。蛴螬的种类很多，危害较重的有苹毛丽金龟（*Proagopertha lucidula*）、铜绿丽金龟（*Anomala corpulenta*）、大黑鳃金龟（*Holotrichia diomphalia*）等。

2. 蝼蛄 俗称土狗、拉蛄等，以若虫和成虫危害园艺植物地下和近地面的种子、根、茎，被害部位呈不整齐的丝状残缺。同时，成虫和若虫常在表土层活动，钻成很多纵横交错的隧道，使幼苗根与土壤分离而死亡。危害较重的有华北蝼蛄（*Gryllotalpa unispina*）和非洲蝼蛄（*G. africana*）。

3. 金针虫 又名铁丝虫、黄夹子虫，是叩头甲类幼虫的总称。咬食刚播下的种子及幼苗的根、茎，使种子不能萌发或幼苗枯死，被害部位不整齐。一般 2～3 年完成一代，以幼虫或成虫在土中越冬。危害较重的有沟金针虫（*Pleonomus canaliculatus*）和细金针虫（*Agriotes fuscicollis*）。

4. 地老虎 又名地蚕、土蚕、切根虫、夜盗虫。幼虫常切断幼苗的根部、幼茎和茎干皮层，使整株死亡，还咬食生长点。以小地老虎（*Agrotis ypsilon*）分布最广，危害最重。一年可发生 2～7 代，以幼虫或蛹在土中越冬。幼虫有假死性和自残性。成虫在夜间活动，对蜜糖和黑光灯有较强趋性。其他还有大地老虎（*A. tokionis*）、黄地老虎（*Euxoa segetum*）等。

（二）刺吸性害虫

刺吸性害虫是园艺植物害虫中较大的一个类群，常见的有同翅目中的蚜虫、介壳虫、叶蝉、粉虱、木虱，半翅目中的网蝽、盲蝽，蜱螨目中的叶螨、瘿螨及缨翅目中的蓟马等。这类害虫的若虫和成虫以刺吸式口器在植物的叶、枝和果实上吸食汁液，造成受害部位褪色、发黄、卷缩、畸形，使树体营养不良，树势衰弱，甚至整株枯萎或死亡，对园艺植物危害严重。

1. 蚜虫 俗称油旱、腻虫、蜜虫，种类多，危害较重的有苹果黄蚜（*Aphis pomi*）、苹果瘤蚜（*Myzus malisuctus*）、棉蚜（*Aphis gossypii*）、桃粉蚜（*Hyalopterus arundinis*）、葡萄根瘤蚜（*Viteus vitifolii*）等。蚜虫繁殖能力极强，一年可繁殖 10～30 代以上。蚜虫的取食部位大多为嫩茎、嫩叶和花蕾，且叶背面较多，常群集危害。除直接危害外，蚜虫分泌的蜜露会引起多种病害的发生，同时蚜虫还可传播病毒病。葡萄根瘤蚜主要危害葡萄的根部，形成根瘤，影响植株发育，甚至造成死亡。

2. 介壳虫 俗称树虱子，种类繁多，分布极广，对园艺植物危害严重。常见的有桑白蚧（*Pseudaulacaspis pentagona*）、草履蚧（*Drosicha corpulenta*）、梨圆蚧（*Quadraspidiotus perniciosus*）、龟蜡蚧（*Ceroplastes japonicus*）、吹绵蚧（*Lcerya purchasi*）、朝鲜球坚蚧（*Didesmococcus koreanus*）等。除固定刺吸危害外，很多介壳虫能分泌蜜露，诱发黑霉病。介壳虫体表常覆盖介壳或各种粉状、绵状蜡质分泌物，防治困难。因种类和环境条件不同，一年可发生数代。

3. 螨类 俗称红蜘蛛、火蜘蛛等。螨类不是昆虫，而是蛛形纲蜱螨目的一些微小节肢动物。在园艺植物上有很多有害螨类，如叶螨、瘿螨、球根粉螨、甲螨等，其中以山楂叶螨（*Tetranychus viennensis*）、苹果全爪螨（*Panonychus ulmi*）、果苔螨（*Bryobia ru-*

brioculus）、朱砂叶螨（*Tetranychus cinnabarinus*）、两斑叶螨（*T. urticae*）等最为常见。害螨除直接使植物出现褪绿、黄点、褐斑、落叶、变形、瘿瘤外，还传播多种病原物，尤其是病毒。螨类体型微小，繁殖能力极强，一年可发生十多代。在高温干旱条件下危害尤为严重。

4. 蝽象 俗称臭虫，危害园艺植物的主要有绿盲蝽（*Lygus lucorum*）、三点盲蝽（*Adelphocoris fasiaticollis*）、苜蓿盲蝽（*Adelphocoris lineolatus*）、梨网蝽（*Stephanitis nashi*）、牧草盲蝽（*Lygus pratensis*）等。主要刺吸危害园艺植物的叶、花、果实及嫩茎，削弱树势，影响果实品质。

5. 粉虱 危害园艺植物的粉虱主要有白粉虱（*Trialeurodes vaporariorum*）、黑刺粉虱（*Aleurocanthus spiniferus*）和葡萄粉虱（*Trialeurodes vittata*）等。粉虱主要刺吸危害植物的叶和果实，并排泄蜜露诱致煤污病的发生。尤其是白粉虱，在温室内终年繁殖，是设施园艺的重要害虫。烟粉虱还传播番茄黄化曲叶病毒。

（三）食叶性害虫

食叶性害虫具有咀嚼式口器，以危害叶片为主，啃食叶肉，在叶面造成孔洞或缺刻，还造成大量落叶、枝干枯死等，是园艺植物常见的害虫，危害严重。食叶性害虫主要有鳞翅目的蛾类如刺蛾、卷叶蛾、毒蛾、蓑蛾、舟蛾、尺蠖、蝶类、天蛾、大蚕蛾等，鞘翅目的金龟子、叶甲、芫菁，以及膜翅目的叶蜂等。

1. 刺蛾 刺蛾俗称洋辣子、洋辣罐、刺毛虫等，以幼虫危害植物的叶片，尤其在苗圃中发生较重。同时，幼虫背、侧大都有刺和毒毛，对人畜亦有毒害。危害园艺植物的刺蛾主要有黄刺蛾（*Cnidocampa flavescens*）、中国绿刺蛾（*Parasa sinica*）、褐边绿刺蛾（*Parasa consocia*）、扁刺蛾（*Thosea sinensis*）等。

2. 卷叶蛾 幼虫有卷叶、缀叶习性，常将叶片吃成网状，有时亦危害花蕾和果实。危害严重的卷叶蛾有顶梢卷叶蛾（*Spilonota lechriaspis*）、苹小卷叶蛾（*Adoxophyes orana*）、褐卷叶蛾（*Pandemis heparana*）、忍冬双斜卷叶蛾（*Clepsis semialbana*）等。

3. 尺蠖 亦名尺蛾、步曲、造桥虫等，以其幼虫的行动姿态而得名，是园艺植物的重要害虫。常见的有枣尺蠖（*Chihuo zao*）、木橑尺蠖（*Culcula panterinaria*）、国槐尺蠖（*Semiothisa cinerearia*）等。

4. 毒蛾 毒蛾以幼虫啃食叶片，有的也啃食果皮。幼虫体表具有特殊的长毒毛，对人畜有害。常见的毒蛾有舞毒蛾（*Ocneria dispar*）、古毒蛾（*Orgyia antiqua*）、桑毛虫（*Porthesia xanthocampa*）等。

5. 蝶类 蝶类以幼虫食害蔬菜、花卉等的叶片。常见的有菜粉蝶（*Pieris rapae*）、花椒凤蝶（*Papilio xuthus*）等。

（四）蛀干性害虫

蛀干性害虫危害的特点是蛀食枝干造成树体中空、树势衰弱、枝条枯死或遇风折断，且除成虫期补充营养、觅偶交配外，其他危害时期隐蔽性很强，难以发现和及时防治。这类害虫主要有鞘翅目的天牛类、吉丁虫类，鳞翅目的木蠹蛾、透翅蛾、夜蛾、螟蛾及膜翅目的茎蜂等。

天牛是园艺植物的重要害虫，常见的有星天牛（*Anoplophora chinensis*）、桑天牛（*Apriona germari*）、桃红颈天牛（*Aromia bungii*）、云斑天牛（*Batocera horsfieldi*）、薄翅锯天牛（*Megopis sinica*）等。

吉丁虫常见的有苹果小吉丁虫（*Agrilus mali*）、核桃小吉丁虫（*Agrilus* sp.）、六星吉丁虫（*Chrysobothris succedanea*）等。

（五）蛀果害虫

蛀果害虫主要钻蛀危害果树及部分果菜的果实，有的也危害花蕾，除造成果实脱落、品质降低外，也影响产品的贮藏、加工和销售，是园艺植物危害最大的害虫之一。这类害虫主要有鳞翅目的食心虫类、双翅目的实蝇类和鞘翅目的豆象类等，以食心虫和棉铃虫最为常见，危害也最为严重。

常见的食心虫主要有桃小食心虫（*Carposina niponensis*）、梨小食心虫（*Grapholitha molesta*）、梨大食心虫（*Nephopteryx pirivorella*）等。

三、园艺植物的草害

杂草（weed）与目标作物争肥、争水、争空间，造成目标作物大幅度减产和质量下降，同时增加生产成本。杂草是多种病原物和农业害虫的中间寄主和越冬场所，能引起或加重病虫害。有些杂草，如毒麦等有毒性，能引起人和牲畜中毒。

（一）杂草种类

全世界有杂草5万多种，生长在农田的约8 000种，常见的有100多种，分布广泛、危害猖獗的有10多种。常见的危害园艺植物的主要杂草有藜、反枝苋、打碗花、稗、马唐、莎草、龙葵、葎草、蒺藜、酸模叶蓼、蒲公英、虎尾草、早熟禾、白茅、繁缕、荠菜、猪殃殃、刺儿菜、狗牙根、小根蒜、香附子、马齿苋、萹蓄、车前等。

（二）杂草的发生

1. 发生时间　杂草一年四季均能发生，但不同的杂草种类，其发生时间不同。

（1）春季发生型　在2～3月发生，如芦苇等。

（2）夏季发生型　在4～6月发生，如稗、马唐、狗牙根等。

（3）秋季发生型　如繁缕等。

2. 影响杂草发生的因素

（1）种子的休眠与寿命　杂草种子多有休眠现象，而营养繁殖器官一般无休眠现象。杂草种子和繁殖体在土壤中的寿命较长，1～5年的有牛筋草、看麦娘等，5～10年的有荠菜、繁缕、苋菜等，20年以上的有狗尾草、龙葵等，30年以上的有藜、马齿苋等。

（2）温度　杂草也同其他植物一样，对温度条件有一定的要求。如大花看麦娘发芽起始温度为5℃左右，最适温度为15～20℃，25℃以上发芽少或不发芽。

（3）埋藏深度　一般在1 cm以内发芽好，埋得越深，发芽越不好。

（4）土壤湿度　土壤湿度也严重影响杂草的发芽，只有土壤湿度适宜，土壤有充足的氧气，发芽才能正常。

（5）光照　有70%种类的杂草发芽需要光的诱导，3%的杂草发芽对光照要求不严格，另有27%的杂草光照抑制发芽。

（6）土壤质地　大部分杂草，尤其是双子叶杂草，在土壤质地较轻的疏松土壤中发芽、生长良好。

（三）杂草的繁殖与传播

1. 杂草的繁殖特性　杂草具有繁殖力强、生长迅速的特点，表现在：

（1）繁殖系数高　杂草的种子数量很多，如马齿苋一年可发生2～3代，每代产种子2万～30万粒。

（2）种子生命力强　杂草种子往往具有很强的生命力，寿命很长，如马齿苋种子在土壤中可维持生命力长达40年之久。

（3）繁殖方式多样　杂草除种子繁殖外，还有多种无性繁殖方式，如狗牙根可用根茎繁殖，香附子可用块茎繁殖，小根蒜可用鳞茎繁殖，野慈姑可用球茎繁殖等。

（4）适应性极强　杂草的适应性极强，分布范围广泛，各种耐热、耐寒、耐旱、耐涝、耐阴、耐贫瘠、耐盐碱的杂草普遍存在。

2. 杂草的传播　大部分杂草混杂在目标作物的种子或种苗中远距离传播。杂草传播的途径多种多样，传播速度快。如一些杂草的种子被鸟类或其他动物食用，动物的消化系统不能破坏其生活力而随粪便排出传播；有些杂草的种子具有翅、茸毛或密度较小，可随风和流水传播，如蒲公英、刺儿菜、白茅等；有些杂草的种子具有钩、刺等附属器官，黏附在动物身上而传播，如苍耳、鬼针草等。

（四）杂草的种群特性

田间杂草种群往往是多个种群同时存在的，随着杂草本身的生长发育以及环境条件的改变、栽培措施的应用，种群会发生变迁和演替。杂草的种群和生长也与生态条件密切相关，在地理分布上有一定的规律性。我国长江以南地区高温多雨，主要杂草种类属于喜温、喜湿植物，如香附子、狗牙根、通泉草等；而长江以北地区，气候比较干燥和寒冷，耐旱杂草占优势，如灰绿藜、野燕麦、刺儿菜等。盐碱地区主要分布一些耐盐碱的种类，如灰绿碱蓬、市藜、地肤等。还有一些杂草对环境条件的适应性很强，广泛分布于世界各地，如芦苇、白茅、稗等。

四、园艺植物有害生物综合防治

“预防为主，综合防治”是植保工作的基本方针，就是从种植园生态系统出发，以预防为主，协调应用农业、生物、物理、化学等手段防治病害、虫害和杂草。要求安全、有效、经济，既把病、虫、草害控制在经济受害水平以下，又使对环境的不良影响最小，以维护种植园生态系统的自然平衡。

（一）植物检疫

植物检疫是按照国家颁布的有关法令，对植物及其产品进行管理和控制，防止危险性病、虫、杂草传播蔓延。植物检疫可分为对内检疫（国内检疫）和对外检疫（国际检疫）。不同国家或地区，其检疫对象是不同的，但其共同的原则是：危害严重而又防治困难的，主要由人为传播的，在本地区尚未发生或仅在局部发生的病、虫、杂草。

植物检疫可采用在现场或产地进行检查、在观察圃进行观察、在实验室内进行检验等方法。植物材料经检疫机关进行抽样检查后，根据检查结果，按照检查的条例规定，签发检疫证书后方可调运。如发现检疫对象，可依据情况分别给予消毒、销毁、加工使用、种子作食用或退回等处理。

我国1997年公布了《中华人民共和国进境植物检疫危害性有害生物名录》，并于2007、2009—2013和2021年等多次对该名录进行了更新；2014年印发了《各地区发生的全国农业植物检疫性有害生物名单》，并在以后逐年更新。

（二）农业防治

农业防治是利用各种农业技术措施，有目的地改变某些环境因子，避免或减轻病、虫、草害的发生，将其控制在经济受害水平之下。

1. 选育和利用抗性品种　选育和利用抗性品种是园艺植物病、虫、草害防治的重要途径之一。园艺植物的不同种类和品种，对病、虫、草害的抵抗能力具有很大差异，有意识地选育和正确利用抗性品种，是防止或减轻病、虫、草害的发生和流行最经济而具实效的办法。

2. 采用不带有害生物的繁殖材料　在生产上，应对繁殖材料进行精选和必要的消毒处理，这是减少病、虫、草害的重要手段。

3. 采用合理的栽培制度和布局　进行合理的轮作可以改变或恶化病原物、害虫和杂草的环境条件，起到中断传播和抑制传播的作用。常用的轮作方式有水旱轮作、粮菜轮作、粮果轮作等。合理的作物布局也可以起到控制作用，如采用成熟期不同的品种，可有效地避开病、虫、草害流行时期。套作、间作、混作还可以恶化杂草光照条件而避免其发生危害。

4. 精耕细作，清洁园地　大多数病原物和害虫都在土壤、杂草或植物病残体中越冬。对园地进行精耕细作，铲除病原物和害虫寄主杂草，在生长季和休眠季节及时清除园地中的病枝、病叶、病果和杂草，集中深埋或烧毁，可以大大减少病原物、害虫和杂草数量；对土壤进行深耕晒垡，可使病原物、害虫和杂草在冬天被冻死或因暴晒失水而死亡；经常中耕可有效减少杂草的发生。

5. 科学肥水管理，充分利用园艺设施　加强肥水管理，利用园艺设施改善环境条件，可以使目标作物早萌发、生长健壮，提高对病、虫、草害的抵抗能力，减轻病、虫、杂草的危害程度。

（三）物理和机械防治

物理和机械防治是指利用各种物理因子、机械设备防治病、虫、草害的技术措施。

1. 机械清选　有些病原物、害虫和杂草混杂在作物的种子或繁殖器官中，采用风选、水选和筛选的方法，可以淘汰或减少混杂在其中的病原物、害虫和杂草。

2. 热处理　用热处理的方法，可杀死某些病原物、害虫和杂草。热处理方法可以处理种子（如温汤浸种）和土壤。如黄瓜温室栽培采用高温闷棚的方法防治霜霉病。

3. 利用光和射线捕杀　晒种和晒土就是利用光能射线杀死种子和土壤中病原物和害虫的一种方法，黑光灯诱捕害虫也是利用光进行虫害防治的办法。随着科学技术的进步，各种高能射线、激光、超声波等在病、虫、草害的防治上应用将越来越广泛。

4. 器械捕杀和诱杀 防治虫害有多种简单而有效的器械工具，如钩杀天牛用的各种铁丝钩，各种梳具、拉网和黏网、黑光灯、金属卤化物诱虫灯、光电结合的高压网灭虫灯、诱蚜色板、避蚜膜，以及诱集害虫前来产卵或越冬的高粱、玉米等作物秸秆等，利用这些器械或设施，可以直接杀死或诱集后集中杀死害虫，达到控制害虫数量的目的。

在生产上，地膜覆盖可造成局部环境高温和机械阻碍作用而抑制杂草生长，温室和塑料大棚在一定程度上可物理阻隔病、虫、杂草的传播。

另外，树干涂胶或刷白、套袋隔离等方法也属于物理防治的范畴。

（四）生物防治

生物防治是利用自然界生物间的矛盾，应用有益的生物天敌或微生物及其代谢产物，来防治病、虫、草害的方法。生物防治的优越性在于对人、畜、植物安全，无污染，不会引起病原物或害虫再增猖獗和形成抗性，对一些病、虫、草害具有长期的控制作用，有良好的生态效益。

1. 微生物的利用 一种微生物对另一种微生物有抑制生长发育甚至消解作用的现象，称为拮抗现象。对其他微生物有拮抗作用的微生物称为拮抗微生物，又称抗生菌。拮抗微生物产生的对其他微生物有拮抗作用的代谢产物称为抗生素。

（1）抗生菌和抗生素的利用 土壤中存在的大量微生物处于一种平衡状态，人工培养抗生菌并施入土壤，可以改变土壤微生物群落之间的平衡关系，达到用有益微生物控制有害微生物的目的。一些放线菌、真菌和细菌产生的抗生素已被广泛用于植物病、虫害的防治，如春雷霉素、链霉素、内疗素、青霉素、四环素、灰黄素等。

（2）寄生微生物的利用 在自然界有多种能引起昆虫疾病的真菌、细菌、病毒、原生动物等。已发现的寄生真菌有530余种，如可感染蚜虫、蝗虫及蝇类的虫霉属，可寄生于鳞翅目、鞘翅目、同翅目及螨类的白僵菌属、绿僵菌属，对粉虱有较高致病力的座壳孢菌属等；能使昆虫致病的细菌有90多种，如生产上广泛使用的苏云金杆菌可防治菜粉蝶、菜蛾、松毛虫、金龟子等多种害虫；能侵染昆虫的病毒有500多种，其中核型多角体病毒、颗粒体病毒、细胞质多角体病毒可使感病虫体组织软化，体壁破裂，并从裂缝处排出无臭混浊液体而死亡。昆虫病毒的专一性极强，使用最为安全。

在杂草防治上也可利用一些寄主选择性强的病原微生物使杂草发病，从而控制杂草。如用菟丝子枯萎菌防治菟丝子。

（3）交叉保护作用的应用 在自然界的许多病原物中都有强毒株系和弱毒株系的存在，在寄主上先接种病原物的弱毒株系，多能限制强毒株系的侵染，减轻强毒株系的危害，这种现象称为交叉保护现象。在番茄花叶病、柑橘的部分病毒病、苹果花叶病、栗干枯病的防治中都成功地利用了交叉保护作用。

2. 天敌昆虫和动物的利用 寄生性昆虫很多，最主要的是寄生蜂和寄生蝇。最常见的捕食性昆虫有蜻蜓、螳螂、猎蝽、花蝽、刺蝽、草蛉、食虫虻、食蚜蝇、步行虫、瓢虫、胡蜂、泥蜂等。此外，大多数蜘蛛、鸟类、两栖类、爬虫类、少数鱼类和哺乳动物（刺猬、蝙蝠）也是重要的捕食害虫的动物。

在杂草防治上，也可利用一些寄主专一的昆虫，如可用一种瘿蚊防治泽兰。另外，也可在水田养鱼和果园放牧抑制杂草，减轻杂草危害。

3. 昆虫激素的利用　利用昆虫激素防治虫害是生物防治的一条新途径，目前应用广泛的有保幼激素和性外激素。

在昆虫体内保幼激素水平极低的幼虫末期和蛹期施用保幼激素，可打乱昆虫正常发育进程，使昆虫出现各种变态类型而死亡。利用保幼激素对豌豆蚜、草莓蚜、烟青虫的防治效果突出。

应用性外激素可以迷惑昆虫，使之找不到配偶而丧失交配的机会，不能顺利地繁衍后代；或诱集害虫，加以捕杀。

4. 不育昆虫的利用　利用射线或化学药剂处理昆虫，或利用杂交培育辐射不育型、化学不育型、遗传不育型昆虫，然后大量释放这种不育的个体，使之与野外自然昆虫进行交配，使后代不育。经过累代释放，最终导致有害昆虫种群消灭。

5. 利用基因工程防治　利用基因转移技术，可以把其他植物的抗病、抗虫基因转移到目标作物中，使其获得对某种病、虫害的抗性。另外，可把致病基因转移到病原物或害虫体内，使其感病而死亡。如利用某些细菌体内的一种基因物质，使夜盗蛾产生致命毒素。

6. 生草法和化感作用的利用　从农业生态观点出发，利用一种草本植物来抑制其他杂草的生草防治法在果树生产中已广泛应用。生草法应用较多的是植株低矮、便于管理、生长期长、与目标作物肥水矛盾较小的豆科植物和禾本科植物。生草不但可用于防治杂草危害，同时有利于保水、保肥，还可增加天敌数量，避免病、虫、草害的发生和减轻其危害。

（五）化学防治

化学防治是指用化学农药防治病、虫、草害的方法，具有见效快、效果好、受环境条件影响小、便于机械化操作等优点，但容易造成环境污染和产品中农药残留及重金属离子超标。只要解决好农药残留和防治对象的抗药性问题，化学防治在病、虫、草害的防治上仍将占有重要地位。

农药的种类很多，有杀菌剂、杀虫剂、杀螨剂和除草剂4大类，又有粉剂、可湿性粉剂、乳油、水剂、胶悬剂、缓释剂、超低容量制剂、颗粒剂、烟剂和气雾剂等剂型。农药使用方法有种苗处理、土壤处理和叶面喷洒等。化学防治应注意以下事项：

1. 正确选择农药种类　每种农药都有适宜的防治对象和一定的残留期。使用时，要认真了解每种农药的性质和安全间隔期，尤其是从产品安全生产的角度正确选择和使用，达到防治病虫草害、保护天敌、保护环境的目的。同时要经常更换针对一种防治对象的农药种类，以降低病原物、害虫和杂草的抗药性。

2. 确定正确的用药浓度、次数和方法　根据农药的性质、气候状况和防治对象、保护对象的动态，确定用药浓度、用药次数、用药量和使用方法。如喷雾要选择晴朗、无风的天气进行，并要避开中午的高温时段。

3. 正确混合使用各种农药　由于各种农药的理化性质不同，有些农药是不能混合使用的，而有些农药混合使用可提高药效，并且省工。可以混合的农药，除考虑酸碱性一致外，可长效与短效、触杀与内吸、农药与肥料、农药与展着剂等配合施用。

复习思考题

1. 园艺植物繁殖的主要方式有哪些？各繁殖方法有何特点及如何应用？
2. 影响园艺植物种子发芽的因素有哪些？
3. 如何提高嫁接成活率？
4. 促进扦插、压条生根的技术措施有哪些？
5. 简述无病毒种苗的脱毒方法和繁育体系。
6. 确定园艺植物种植园栽植密度的依据是什么？
7. 试述各类园艺植物的营养特点。
8. 园艺植物生产中主要的施肥时期有哪些？
9. 园艺植物灌水和排水方法有哪些？
10. 简述园艺植物整形修剪的意义。
11. 简述果树整形修剪的时期和方法。
12. 果树生产上常用的树形有哪些？各有何特点？
13. 简述观赏植物整形修剪的主要内容和方法。
14. 蔬菜作物植株调整有哪些措施？
15. 园艺植物主要病、虫、草害有哪些？
16. 如何综合防治园艺植物有害生物？
17. 何谓农药使用安全间隔期？

第六章 果树园艺

本章提要 果树是一类重要的园艺植物，年生长周期中有根系活动、枝叶生长、花芽分化、开花坐果、果实发育成熟等器官生长发育，并在各时期对环境条件有一定的要求，树种不同其生长发育和要求不同。掌握这些生物学特性是合理制定栽培技术的依据。园地选择、规划设计和栽植，是果树丰产优质栽培的基础。果树栽培技术包括土肥水管理、整形修剪及花果管理等，合理运用这些技术，才能获得丰产、优质、高效益。本章较为系统地介绍了仁果类的苹果、梨，核果类的桃、杏、李、枣，浆果类的葡萄、猕猴桃、柿，坚果类的核桃、板栗和常绿果树的柑橘类、香蕉、菠萝、荔枝等15个树种的生物学特性、建园和栽培技术特点。

果树是一类以果实为食用器官的园艺植物，主要为木本植物，也有草本植物；有水果，也有干果；有落叶果树，也有常绿果树。不同果树植物的生物学特性不同，适应的栽培地区不同，栽培技术各有特点，但同类果树在生物学特性和栽培技术上有一定的相似性。

第一节 仁果类

仁果类果树指由合生心皮、下位子房与花托、萼筒发育成内含多粒种子（仁）的肉质果的一类果树。其果实属于假果，食用部位主要是花托。仁果类果树包括苹果、梨、山楂、枇杷、木瓜、榅桲等，在世界和我国果树业中占有极其重要的地位。苹果和梨是温带落叶果树的重要种类，分布地域广，种类和品种繁多，总产量高，供应期长，我国栽培面积和总产量均居世界首位。山楂和枇杷原产我国，在我国有一定的商品栽培规模，但木瓜和榅桲在我国栽培极少。

一、苹果

苹果是我国北方最重要的栽培果树，主要产区是陕西、山东、河南、河北、山西、辽宁、甘肃、江苏、新疆、安徽、宁夏等地，栽培面积和产量均居世界首位。苹果果实色泽艳丽，酸甜可口，清香爽脆，营养较高，富含糖、有机酸和蛋白质，还含有多种维生素及钙、磷、铁等矿物质。苹果除鲜食外，还可加工成果汁、果脯、果酱和罐头，深受消费者欢迎。

（一）生物学特性

1. 根系生长 苹果根系的分布常因树龄、砧木、土壤类型、地下水位及栽培技术而不同。一般根系分布的广度为树冠直径的1.5～3.0倍，垂直分布在1～2 m的土层内。但成年苹果树的根系主要集中在地表下 20～60 cm 的土层中，70%～80%的根系在树冠垂直投影以内。

苹果根系一年中有 3 次生长高峰。当春季土温达 4℃以上时，根系开始生长，一般从 3 月中上旬开始至 4 月上中旬达到高峰，以后随开花和新梢加速生长而转入低潮。第 2 次生长高峰从新梢将近停止生长开始，到果实加速生长和花芽分化以前出现，以后随果实的迅速膨大、花芽大量分化、秋梢开始生长，根系生长又转入低潮。自 9 月上旬至 11 月下旬，花芽分化已到一定程度，果实采收，养分回流积累，根系营养增加，又出现第 3 次生长高峰，此后随着土温下降，根生长逐渐减弱，直到停长休眠。

2. 枝叶生长 苹果树上具有花芽的一年生枝为结果枝。结果枝按长度分为 3 种，5 cm 以下的为短果枝；5～15 cm 的为中果枝；15 cm 以上的为长果枝。无花芽的一年生枝为营养枝。营养枝按生长强弱分为徒长枝、长枝、中枝和短枝。徒长枝是树冠内萌发的垂直生长的枝条；长枝是生长量大，有春梢和秋梢的枝条；中枝是只有春梢而无秋梢的枝条；短枝是生长时间和长度均很短的枝条。

苹果叶芽在春季日平均温度达到 10～12℃时开始萌动，1 个月左右萌芽生长。不同类型枝条的生长期有明显差别，短枝大约 30 d，中、长枝 45～50 d，徒长枝则达 75～90 d 甚至更长时间。苹果的新梢有两次明显的加长生长，从春季萌发抽枝到夏季停止生长形成的一段枝条称为春梢，春梢萌发后生长形成的一段枝条称秋梢。苹果新梢的加粗生长与加长生长同时进行，但前期加粗生长较缓慢，后期加粗生长才加快。加粗生长停止时间也晚于加长生长。

苹果的叶片为单叶，随着新梢的生长而生长。新梢基部叶片生长时间较短，面积较小；中部叶片生长期长，达 15～25 d，叶面积大，达 45～60 cm^2；新梢上部叶片的生长时间又变短，面积变小。

3. 花芽分化 苹果花芽分化分为生理分化、形态分化和性细胞分化 3 个时期。

生理分化期又称花芽分化临界期，是控制花芽分化数量的关键时期。Williams 报道苹果在花后 14～42 d，即大部分短枝形成顶芽起到大部分长梢形成顶芽的这一段时期为生理分化期；许明宪认为陕西杨凌地区从 5 月中旬至 6 月上中旬开始；李绍华报道在盛花后 28～35 d 至 63～70 d 或者在短梢停长后 7～14 d 至 49～56 d 的一段时期。形态分化期从生理分化后 7～49 d 开始到越冬前基本完成，是花器官原基的发育过程。性细胞分化期是花芽形态分化后到翌年开花前这段时间，主要是严寒过后的早春进行花粉和胚囊的发育。

4. 开花、授粉和果实发育 苹果的花芽是混合芽，春季萌动后形成结果新梢，其顶端着生伞形总状花序。我国北方苹果开花期多在 4 月，气温 17～18℃是开花的最适温度。花期的长短与温度和湿度有关，一般为 8～15 d。苹果 1 个花序有 5～7 朵花，中心花先开，边花后开，通常中心花结果较好，果个大，坐果率高。

苹果开花后，经过授粉受精才开始幼果发育。花期温度是影响授粉受精的重要因素，花粉发芽和花粉管伸长的最适温度为 10～25℃。花粉管需经 48～72 h 才能通过花柱到达子房的胚囊内，完成受精作用需 1～2 d。苹果多数品种一般有落花、落幼果和六月落果 3 次落花落果高峰，一些品种还有采前落果。

苹果果实发育分 3 个阶段：

(1) 果实细胞分裂阶段　授粉受精后，果实先端分生组织持续进行 28～49 d 的细胞分裂，幼果代谢旺盛，纵径生长较快。

(2) 果实细胞膨大阶段　果实细胞分裂停止后，细胞体积迅速膨大，此期为果实发育的中后期，横径生长较快。

(3) 果实内含物转化阶段　果实体积基本稳定后，内含物不断转化，是果实品质形成的重要时期。

5. 对环境条件的要求　影响苹果生长发育的主要环境条件有气温、降水量、光照、土壤、海拔和风等。

苹果在年平均气温 7～14℃，生长季（4～10 月）平均气温 12～18℃，夏季（6～8 月）平均气温 18～24℃，冬季最冷月（1 月）平均气温－10～10℃的地区适宜栽培。休眠期苹果可忍耐短期－30℃的低温。年降水量 450～800 mm，且分布比较均匀时可满足苹果生长发育的需要。降水量少的地区需进行灌溉或旱作栽培。

苹果为喜光树种，要求充足的光照，年日照在 2 200～2 800 h 的地区适宜生长，如低于 1 500 h 则红色品种着色不良，品质差，枝叶徒长，花芽分化少，抗性弱。

苹果要求土层深厚，土层不到 80 cm 的地区需深翻改土增厚土层。地下水位应保持在 1.5 m 以下。土壤含氧量要求在 10%以上，含氧量低时根系及地上部的生长均会受到抑制。苹果园土壤有机质含量要求不低于 1%，在 2%以上最好。苹果喜微酸性到中性的土壤，对盐类耐力不高，氯化盐在 0.28%以上受害严重。

海拔影响果树的生长发育。黄土高原产区，苹果栽培在 800～1 200 m 表现早果、优质、丰产、耐贮藏；云、贵、川的特定产区的适宜海拔高度为 1 600～2 500 m，而渤海湾产区的适宜海拔为 200～500 m。另外，在风大地区应建防风林保护。

（二）建园

1. 园地选择　园地选择要慎重考虑苹果树对气候、土壤、地形、地势和社会条件的要求。在冻害、冰雹和大风等灾害性天气频繁发生的地区不宜建园。

园地应尽量选地势较高的平地，山地以背风向阳、坡度在 25°以下的缓坡或斜坡地为宜。土质为壤土，有机质含量较高，土层深厚，地下水位低。沙滩地要做好防风固沙和土壤改良工作；黏重土要做好排水及土壤改良工作。园地选择要避开各类工矿企业和公路两旁易发生污染危害的范围。还要注意避免重茬连作，防止苹果的再植病。

2. 品种选择　目前我国苹果生产上主栽品种及有发展前景的新品种依成熟期不同，早熟品种有早捷、贝拉、萌、藤牧 1 号、松本锦；中熟品种有玉华早富、红津轻、皇家嘎拉、丽嘎拉、烟嘎 1 号、美国 8 号、金冠、新红星、首红、新世界、千秋、华冠、乔纳金、红王将、寒富；晚熟品种有红富士系品种、王林、澳洲青苹、粉红女士、国光、秦冠等。其中澳洲青苹、粉红女士、乔纳金和国光除鲜食外，还有重要加工利用价值。

苹果品种繁多，不同品种对环境条件、栽培技术要求及其经济价值各异，品种选择必须以区域化、良种化为基础，以市场为导向，面向较长期的市场需要进行。一般应遵照省市的苹果区划或发展方案，结合当地的具体情况，选用市场畅销或受欢迎的优良品种进行栽培。值得指出的是，目前我国苹果栽培品种结构不合理，晚熟品种过多，中熟品种偏少，早熟品种缺乏，忽视加工品种的发展，今后应注意解决。

3. 授粉树配置和栽植 苹果有自花不实的特性，单一品种栽植产量很低，所以要配置授粉树。授粉树品种的选择，最好都是经济价值高的主栽品种，而且能互为授粉树（表6-1）。授粉树的栽植方式，最好采用行列式，即每隔3～6行主栽品种栽1行授粉树。另外，近年从国外引进一些从观赏海棠中选育的专门授粉品种，可按照10～15∶1比例在每行两头和株间均匀配置。

表6-1 苹果主栽品种及其适宜的授粉品种

主栽品种	适宜授粉品种
富士系	元帅系、津轻、金冠、千秋、王林、嘎拉
元帅系	富士系、津轻、金冠、嘎拉、千秋
乔纳金	元帅系、富士系、王林、嘎拉、津轻、千秋
嘎拉	元帅系、富士系、津轻、王林、千秋
津轻	元帅系、嘎拉、富士系、王林、千秋
千秋	富士系、津轻、金冠、嘎拉、元帅系
王林	元帅系、富士系、嘎拉、千秋、津轻
藤牧1号	嘎拉、早捷、津轻、美国8号

苹果树栽植时期以秋栽为好，但冬季寒冷地区秋栽幼树易受冻或抽条，春栽效果较好，苗木选用带分枝的大苗。平地果园多采用长方形栽植，山地果园常进行等高栽植。乔化砧苹果树株行距一般采用3 m×5 m、4 m×5 m、4 m×6 m，山地果园宜密，平地果园稍稀。矮化中间砧和矮化自根砧苹果树株行距一般采用1.5 m×3.5 m、2 m×3 m、2 m×4 m、3 m×4 m，常因砧木矮化程度、果园土肥水条件及栽培技术而不同，矮化自根砧建园还要注意支架系统的设置。

（三）栽培技术特点

1. 土壤管理

（1）改良土壤 山地、丘陵地果园采用修梯田、挖鱼鳞坑等方法保持水土，防止雨季土壤冲刷；盐碱地果园通常挖排水沟、引淡洗盐和修台田；沙滩地果园深翻、压土改良土壤结构。苹果园深翻改土有利于根系的生长，深翻深度要达到50 cm左右，方法有扩穴、全园深翻、隔行或隔株深翻等，可在秋季根系生长高峰时结合施基肥进行。

（2）间作 幼龄苹果园树冠未成形前可以进行间作。间作物植株要矮小，一般以马铃薯、红薯、花生、豆类、西甜瓜或其他矮秆蔬菜和药材等作物为宜。间作物应与苹果树有一定距离，常顺行留1～1.5 m的清耕带。

（3）生草和覆盖 在土壤水分较好的成年苹果园可采用生草制，即树行间种植多年生牧草或豆科绿肥，定期刈割，就地腐烂或覆盖树盘，树行内1～2 m宽不生草，进行清耕。适宜的草种有三叶草、小冠花、黑麦草、紫花苜蓿及毛苕子等。

在山区和丘陵旱地苹果园可采用覆盖制，常用麦秸、豆秸、玉米秸及杂草等有机物覆盖树盘，厚度10 cm，有条件时也可采用地膜覆盖。

2. 施肥

（1）施肥量 苹果施肥量应根据树龄、产量、树势、品种、土壤条件和管理水平等多种因素综合考虑确定。生产上一般通过施肥试验和总结丰产园施肥经验提出当地果园施肥量的推荐用量。如山东提出每生产100 kg果实需施氮0.7 kg、磷0.35 kg、钾0.7 kg、土杂肥160 kg；日本提出10～20年生树每株每年施氮（N）0.6～1.2 kg、磷（P_2O_5）0.24～0.48 kg、钾（K_2O）0.48～0.96 kg。营养诊断使果树施肥科学化，因此有条件的果园最好进行土壤分析和叶分析，以了解和判断土壤及树体内各营养元素的不足或过剩情况，从而调节和确定苹果的施肥量和肥料比例。

（2）施肥时期 基肥一般在果实采收后，根系秋冬季生长高峰到来之前，即9月下旬到10月进行。追肥一般有两个主要时期：催芽肥在萌芽开花前进行，可促进萌芽开花，提高坐果率，促进新梢生长和增大叶面积，以速效性氮肥为主；保果肥在5月下旬到6月中旬进行，此期新梢和果实生长快，短枝已停长，并开始进入花芽生理分化期，为树体需肥、需水临界期，施肥目的是保证坐果率，促进果实生长发育和花芽分化。施肥种类以氮、磷、钾配合为主。

（3）施肥方法 土壤施肥应在根系集中分布区进行，常用环状施肥、放射沟施肥、条沟施肥、穴施、全园撒施等，前3种方法施肥较集中，部位较深，后2种方法施肥范围大，但部位浅，应几种方法逐年交替使用。灌溉式施肥适合具有滴灌、渗灌系统的果园采用。叶面喷肥是补充土壤施肥的辅助措施，常用肥料有尿素、硫酸钾、磷酸二氢钾、硫酸锌、硼酸、硫酸亚铁等，喷布浓度一般为0.1%～0.5%，最好在较湿润和无风天气的9：00～11：00或15：00～17：00进行。

3. 灌溉和排水 我国苹果产区多春旱，因此花前花后灌水非常重要，可保证开花整齐、坐果良好和新梢旺盛生长。以后当果园土壤含水量低于田间最大持水量的60%时，应及时灌溉；在落叶后至土壤封冻前应灌1次封冻水，以提高树体越冬能力并防冬旱。可用地面灌溉、地下渗灌、喷灌和滴灌等方式。地面灌溉时应注意节约用水。平地果园雨季降水集中时，应及时开沟排水，地下水位较高的河滩和低洼地果园，更应注意做好排水工作。

4. 整形修剪

（1）主要树形 目前苹果的主要树形有高纺锤形、细长纺锤形、自由纺锤形和小冠疏层形。

①高纺锤形：树高3.0～3.5 m，冠径1.5 m，干高0.8～1.0 m，中央领导干与同部位主枝粗度比为5～7∶1，主枝基部直径不超过2.5 cm，主干上配备小主枝30～45个，无大主枝存在。主枝水平长度不超过1.2 m，开张角度110°左右，不留大中型结果枝组，主枝上直接留下垂状结果枝组，整个树冠呈高细纺锤形状。

②细长纺锤形：树高2～3 m，冠径1.5～2 m，干高60～70 cm，中心干直立健壮，其上均匀着生15～20个小主枝，基角70°～90°，同方位上下小主枝的间距约60 cm，中心干与小主枝的直径粗度比为1∶0.3～0.5，树体修长，呈细纺锤形。

③自由纺锤形：树高3 m，冠径2.5～3.5 m，干高60～70 cm，中心干直立健壮，其

上均匀着生 10～15 个小主枝，基角 70°～90°，同方位上下小主枝的间距约 60 cm，中心干与小主枝的直径粗度比为 1∶0.5，树形似纺锤形。

④小冠疏层形：树高 3～4 m，冠径 2.5 m，干高 50～60 cm，中心干上 5 个主枝。第 1 层 3 个主枝，基角 60°～70°，方位角 120°，各配置 1～2 个侧枝；第 2 层 2 个主枝，其上不着生侧枝。两层间距 100～120 cm，层间配置相对的两个水平着生辅养枝。

（2）夏季修剪　苹果萌芽后至落叶前常用以下方法进行修剪。

①刻伤：萌芽前后进行。强旺枝基部刻伤能控制生长，缓和枝势；弱枝上刻伤能促进生长；芽上刻伤可促进芽的萌发。幼树中心干、主枝上刻伤有利于培养主枝和侧枝，加速整形。长放枝光秃部位芽刻伤能抽枝补空，强旺的长放枝多芽刻伤可提高萌芽率，促生短枝。

②抹芽和疏梢：幼树定干后及时抹除整形带以下萌发的芽利于主枝的萌发和生长。大树抹除剪锯口、树上过密的萌芽及夏秋季疏除过密新梢可节约营养，改善光照，提高留用枝质量。

③摘心：幼树骨干枝的延长枝摘心可促生分枝，加速整形。秋季新梢停长前摘心可促使枝芽充实，利于越冬。大树果台副梢生长过旺时摘心，能保证果实发育。

④拉枝：萌芽后或夏秋季均可进行，多用于幼旺树。主枝角度可开张到 60°～90°，辅养枝可拉平或下垂。拉枝可缓和长势，促进萌芽，增加中短枝数，利于花芽形成和结果。

⑤拿枝：对长旺新梢或一至二年生长放枝进行拿枝处理，可改变枝条的方位和角度，缓和长势，促生中短枝和花芽形成。

⑥扭梢：对树上生长旺盛的直立枝、徒长枝、竞争枝及果台副梢，在半木质化时，从基部扭转 90°～180°，可抑制生长，促进花芽形成。

⑦环剥、环切：对于旺树或旺枝，为了控制生长、促进花芽形成，可于 5～6 月在主干、主枝或辅养枝基部进行环剥或环切。环剥宽度一般为剥口处直径的 1/8～1/10。剥后最好用纸或塑料薄膜包扎伤口，可防止病虫危害及促进伤口愈合。

（3）冬季修剪　苹果落叶后到翌春萌芽前常用以下方法进行修剪。

①短截：幼树中心干、主枝、侧枝的延长枝一般短截到枝条中部或中上部饱满芽处，以迅速扩大树冠。对树冠空间较大处的部分枝条也可短截促进分枝，增加枝量。

②疏枝：对树冠内的竞争枝、密生枝、细弱枝及病虫枝从基部疏除，可使树冠通风透光，减少养分消耗，利于生长和结果。

③回缩：大树当中心干或主枝过高、过长，生长结果不良时，可落头、回缩到适宜部位。主枝、侧枝及大型枝组衰弱时，回缩到角度合适的健壮分枝处以利更新。长放枝已放出较多短果枝或已开花结果后，可回缩到适宜部位的枝条上。多年生下垂的无花枝也应回缩，以增强长势。

④长放：苹果树的中庸枝、斜生枝和水平枝长放，可缓和生长，促生中短枝。中短枝长放易形成花芽。幼树枝条长放可以早结果。

5. 疏花疏果

（1）确定合理留果量的依据　按叶果比、枝果比确定留果量，一般以叶果比 30～

60：1或枝果比3～6：1为宜。目前生产上普遍采用间距留果法，即在树冠空间上每隔20～25 cm留1个果实。

（2）疏花疏果的时期和方法　疏花应在苹果花序分化后至开花期进行。疏果一般从花后7 d开始，花后21 d内完成。生产上疏花疏果的方法有人工法和化学药剂疏除法，人工法虽费工，但效果好。疏花时，先按预定负载量，每隔一定距离留1花序，疏除多余花序，所留花序保留中心花蕾和1～2个边花蕾，其余疏除，坐果后再疏果定果。定果时要求果实在树冠内均匀合理分布，留中心果、大果、好果，疏除小果、畸形果、病虫果和过密果。化学药剂疏除法具有节省人力、节约时间、成本低、速度快等特点，适于大面积集约化生产，是我国未来苹果疏花疏果发展的方向。常见化学疏花剂有石硫合剂、有机钙制剂、植物油等；化学疏果剂有西维因、乙烯利、萘乙酸、萘乙酸钠及同类物质等。生产中应注意选择药剂种类、适宜浓度、施用时期及次数，要注意栽培品种差异、树势差异、花果量、授粉条件、天气状况，要严格用药，先进行小面积试验，再大面积推广。做到化学药剂与人工疏花疏果相结合，提升效果。

6. 果实套袋　苹果套袋，果实着色率高，色泽艳丽，果皮细嫩，光洁无锈，果点小，外观美，并且病虫害轻，农药残留量低，是提高外观品质、生产绿色果品的一项关键技术。

（1）果袋选择　果袋有纸袋和塑膜袋，纸袋又分双层袋和单层袋。苹果纸袋有一定的规格和要求。不同品种，在纸袋的纸质、纸层及颜色上有相应的选择。富士系等较难着色的品种，应选双层袋，其外袋不透水，外灰里黑，内层袋蜡质红色；乔纳金系、嘎拉系等易着色品种，可选用单层袋，其外灰里黑。近年苹果主产区推广塑膜袋，但套袋果着色不理想。

（2）套袋时间和方法　早、中熟品种落花后30 d，晚熟品种落花后40 d为套袋适期。套袋前1～3 d，应细致地喷一次杀菌杀虫剂，使果面均匀受药。套袋时，先使果袋膨起，然后将幼果套入袋内中部，再将袋口从两边挤摺，最后用袋口处扎丝夹住袋口。

（3）除袋时间和方法　早、中熟品种宜在采收前15 d，晚熟品种在采收前20～30 d除袋。除袋时先撕开外袋，经3～5个晴天再除去内袋。

二、梨

梨是我国重要的果树树种之一，栽培历史悠久，分布遍及全国。河北、山东、安徽、四川、辽宁、河南、陕西是我国梨树栽培主要地区，江苏、湖北、新疆、浙江、甘肃、山西等地栽培也很多。梨果实营养丰富，脆嫩多汁，酸甜可口，风味浓郁，为生食之佳品；并可加工成罐头、梨汁、梨酒、梨膏、梨脯等；还有止咳化痰、滋阴润肺、解酒毒等药用功效。

（一）生物学特性

1. 根系生长　梨的根系一般垂直分布深2～3 m，水平分布宽度为冠幅的2倍。但根系的集中分布层在距地面20～60 cm处，80 cm以下根较少。水平分布距主干越近根系越密，越远则越稀，树冠外渐少，且细长而分叉少的根多。

梨树根系一年有2次生长高峰。春季萌芽前根系开始活动，土温6～7℃时开始生长，以后生长加快，地上部中、短梢停长后根系生长最快，形成第1次生长高峰，以后较慢；到采果前后根系生长又加快，出现第2次高峰，以后随温度下降而缓慢生长，落叶后被迫停止生长。

2. 枝叶生长和花芽分化 梨树枝条一般按长短分类，长度在5 cm以下的称短梢（枝），5～20 cm的称中梢（枝），20 cm以上的称长梢（枝）。梨树枝条顶端优势和萌芽力强，成枝力弱，一般枝条先端抽生1～4个长梢，其余为中短梢。长梢生长期60 d左右，中梢40 d左右，短梢仅7～10 d。梨新梢生长主要集中在萌芽后30 d内，与开花和花芽分化对养分的竞争比苹果小，因此生理落果轻，花芽形成易。

梨单叶一般生长期为16～28 d，不同类型新梢全枝叶面积的形成期，中短梢不超过40 d，长梢约60 d。成年梨树各类枝条以短梢为主，其次为中梢，多在4～5月形成，占全树总梢的85%，所以梨树的叶片和新梢形成早而集中。

梨树花芽分化过程基本与苹果相同，但开始分化期早于苹果，新梢停长后不久，一般在5月中下旬至6月中下旬，此期树体营养充足，当外界环境条件适宜时，进入花芽分化。

3. 开花结果习性 梨树开始结果年龄，一般砂梨、白梨3～5年，秋子梨则需5～7年。梨树中短枝多，易形成花芽，可适期结果。树势健壮，开张角度，轻剪长放，加强肥水，可提早结果。

梨树以短果枝结果为主，中长果枝结果较少，果实也较小。结果枝以2～6年生枝的结果能力较强。梨的果台多数能抽生1～2个果台副梢，一般情况下易形成短果枝群，能连续结果。

梨为伞房花序，每序有花5～10朵，开花顺序与苹果不同，外围花先开，中心花后开，先开的花坐果好。梨的开花期比苹果约早10 d，多数品种需异花授粉，单花受精时间约为3 d，以开花的当天和第2天授粉效果好。一些地区梨花期易遭晚霜危害。

梨果实发育分3个时期。第1期为胚乳发育，果肉细胞分裂期（花后30～40 d内），此期幼果生长迅速，纵径生长比横径生长快。第2期为胚发育，果实生长缓慢期（5月下旬至7月中旬）。第3期为种子成熟，果肉细胞迅速增大期（7月中旬至果实成熟），是果实体积和重量增加最快的时期，对果实产量影响大。

4. 对环境条件的要求 秋子梨最耐寒，可耐－30～－35℃低温，白梨可耐－23～－25℃低温，砂梨和西洋梨可耐－20℃左右低温。梨树需寒量为低于7.2℃的时数1 400 h。白梨、西洋梨在年均温大于15℃，秋子梨在年均温大于13℃地区不宜栽培。梨树花期温度低于－1.7℃时花器会受冻。

梨树喜光，年需日照时数在1 600～1 700 h，一天内有3 h以上的直射光为好。梨的需水量多，蒸腾系数为284～401。砂梨需水量最多，在年降水量1 000～1 800 mm地区生长良好；白梨、西洋梨主要栽培在500～900 mm降水量地区；秋子梨最耐旱，对水分不敏感。梨比较耐涝，在地下水位高、排水不良、孔隙率小的黏土中根系生长不良。

梨对土壤要求不严，在沙土、壤土、黏土中均可栽培，但以土层深厚、土质疏松、排水良好的沙壤土为好。梨喜中性偏酸的土壤，pH 5.8～8.5时生长良好，在含盐量0.3%

时即受害。

（二）建园

1. 品种选择 我国梨栽培种主要有白梨、秋子梨、砂梨、新疆梨和西洋梨，传统的优良品种白梨有鸭梨、砀山酥梨、茌梨、雪花梨、库尔勒香梨、苹果梨、秋白梨、冬果梨，秋子梨有京白梨、南果梨、软儿酥梨，砂梨有苍溪雪梨、二十世纪梨、新世纪、晚三吉，新疆梨有库尔勒香梨等，西洋梨有巴梨、伏茄梨等。

几十年来，我国培育和引进了许多梨优良新品种，生产上推广较多的有早酥梨、黄花梨和锦丰梨。正在试栽和推广的有七月酥、八月酥、八月红、翠冠梨、晋酥梨、红香酥、黄冠梨、冀蜜梨、中华玉梨、中梨1号、金花4号、西子绿、寒香梨、蔗梨、玉露香、宁霞、金二十世纪、新高梨、黄金梨、圆黄、大南果、红巴梨、红安久梨、红考蜜斯梨等。

梨栽培品种要求区划明显，不同系统梨品种对气候条件有一定的要求，形成了各自最适宜的栽培区域。建园时要选择适应当地生态条件和市场需求的、不同成熟期、有特色的优良品种进行栽培。值得指出的是，砀山酥梨和鸭梨目前栽培面积过大，今后不宜进一步发展。

2. 授粉品种配置和栽植 梨多数品种异花授粉才能结实，所以建园时必须配置适宜的授粉品种（表6-2）。授粉品种栽植数量不宜过多，一般3～4行主栽品种配置1行授粉品种。

表6-2 梨主栽品种及其适宜的授粉品种

主栽品种	适宜授粉品种
鸭梨	雪花梨、锦丰梨、茌梨、胎黄梨、早酥梨
雪花梨	鸭梨、茌梨、锦丰梨、黄县长把梨
锦丰梨	早酥梨、苹果梨、酥梨、雪花梨
早酥梨	锦丰梨、鸭梨、雪花梨、苹果梨
茌梨	鸭梨、栖霞大香水、莱阳香水、苹果梨
砀山酥梨	锦丰梨、茌梨、紫酥梨、雪花梨
秋白梨	鸭梨、雪花梨、香水梨、花盖梨、南果梨
苹果梨	锦丰梨、朝鲜洋梨、早酥梨、南果梨、茌梨
苍溪雪梨	鸭梨、茌梨、金川雪梨、二宫白
晚三吉	菊水、鸭梨、二宫白、长十郎
京白梨	蜜梨、八里香
巴梨	日面红、三季梨
黄金梨	黄冠梨、黄金梨、幸水
黄冠梨	早酥梨、中梨1号、雪花梨
中梨1号	皇冠梨、早酥梨、鸭梨

在秋冬气温较高的地区，梨树宜秋栽，一般于11月中旬前后栽植；冬季气温寒冷的北方地区，春栽较安全，一般常在3月下旬至4月上旬栽植。平地密植梨园多长方形栽植，南

北行向，其光能利用率高。栽植密度因土壤、气候、砧木、品种和栽培技术条件不同而异。低度密植株行距为（3～4）m×（4～5）m，中度密植株行距为（2～2.5）m×（3.5～4）m，高度密植株行距为1 m×（3～4）m。

（三）栽培技术特点

1. 土壤管理 土壤过沙、过黏时，应沙土掺淤，黏土掺沙。梨树大根受伤后不易恢复生长，所以深翻时注意尽量少伤1 cm粗以上的大根。成年梨园，每年秋季采果后结合施基肥应深刨（15～20 cm）一次树盘，同时进行行间耕翻，疏松土壤。有条件的梨园，应推广果园生草或覆草，增加土壤有机质，提高养分含量，防止水土流失，促进生长结果。梨园幼树期可进行间作，提高土地利用率和增加收入。

2. 施肥 合理施肥是梨树高产优质的基础。确定施肥量时，一般根据多年的试验结果，找出梨果一年的氮、磷、钾需要量及比例。例如，莱阳农学院认为每生产100 kg果实，需施氮0.4～0.45 kg；山西省农业科学院果树研究所调查认为，丰产梨树每生产100 kg果实应施氮0.7 kg、磷0.4 kg、钾0.7 kg；山东梨区总结大面积生产施肥水平认为，每100 kg梨果需吸收纯氮0.225 kg、磷0.10 kg、钾0.225 kg；河北省农林科学院昌黎果树研究所总结密植鸭梨施肥量，每100 kg梨果需纯氮0.3～0.5 kg、磷0.15～0.2 kg、钾0.3～0.45 kg。以上数据可作为确定施肥量的参考。

梨新梢和叶片形成早而集中，同时开花、坐果、花芽的进一步发育都需要大量的营养元素，所以强调秋施基肥，早春追肥。在肥料充足情况下，还可在果实迅速膨大期分次少量追肥。

梨树对氮肥的吸收以4～5月最多；对磷的需求量较少，但最大吸收期在5～6月；对钾的吸收除5月吸收高峰外，在果实迅速膨大期的7～8月吸收量又骤增。梨树吸收营养元素的这些变化为不同时期施肥种类的选择提供了依据。

3. 灌水和排水 梨的抗旱性和耐涝性比苹果强，但需水量比苹果大，一年中需水规律一般是前多、中少、后又多，掌握灌、控、灌的原则，达到促、控、促的目的。生产上按物候期灌水常分为萌芽水、花后水、催果水和冬前水4个时期。灌水量以一次灌水渗透根系集中分布层为宜。方法以开沟渗灌较好，有条件的果园可采用喷灌、滴灌。缺乏灌水条件的果园应加强保墒措施。梨园在雨季要注意排涝防渍。

4. 整形修剪 目前梨树一般采用小冠疏层形、纺锤形、Y形、双臂顺行式棚架等高光效树形。前两种树形与苹果类似，Y形干高0.7 m，南北行向，2个主枝分别伸向东或东南和西或西北方向，主枝腰角70°～80°，树高2～2.5 m。适宜株行距（1～2）m×（3～4）m。

梨树的整形修剪技术基本与苹果相同，但其枝芽特性与苹果不同，应注意以下特点：

①梨顶端优势强，常出现中心干和主枝延长枝生长过快，二级枝发育过弱的现象，造成上强下弱，主、侧枝不平衡。因此，对中心干和主枝延长枝可适当重截，及时换头，弯曲延伸控制。

②梨萌芽力强，成枝力弱，中、短枝多，长枝少，树冠较稀疏。因此，可适当多留主、侧枝，层间距可小。短截时在饱满芽前1～2个弱芽上剪，这样发枝较多而均匀。幼

树期应少疏枝，对直立旺枝可拉平、长放、环剥，使其结果后再改造利用。

③梨骨干枝尖削度小，结果后角度易加大，生长势减弱，所以主枝角度一般以50°～60°为宜。

④梨枝条脆，幼树期易直立生长，生长季拉枝开角时要防折枝。

⑤梨树易形成短果枝群，而大、中枝组较少，所以要及早培养大、中枝组。盛果期后冬剪应注意短截中、长果枝或疏截衰弱短果枝或短果枝群，留作预备枝。

5. 疏花疏果 梨树结果过多会引起品质下降、产量不稳和树势衰弱。为保证优质、丰产及稳产，必须根据树势和栽培管理水平等进行疏花疏果。一般枝果比为（3～4）：1，叶果比为（25～35）：1，果实间距25～30 cm。当花量大、树势强、天气好时，可早疏蕾、疏花，最后定果，并且疏除量大，可全序疏除，留出空台，以便下年结果。当花量小、树势弱、天气不好时，只进行1次定果，并少疏多留，对留用的花序，应留外围早开花。疏果时，先疏病虫果、歪果、小果、锈果，再疏圆形果，保留果柄长而粗、果形大的果。

6. 果实套袋 梨套袋果农药残留量低，果面无锈斑和药斑，果点少、小、色浅，洁净美观，商品率高，肉细耐藏，深受市场欢迎。

梨果多黄绿色，对果袋要求不严格，双层纸袋、单层纸袋、塑膜袋均可，成本也低。一般盛花后25 d套袋，套袋前认真疏果，喷杀菌杀虫剂1～2次，喷后5 d内套完。套袋时要选果形长、萼紧闭的壮果、大果、边果套，每袋1果。采收时果实同袋一起摘下，放入筐中运输，经贮藏后，待装箱出售时再除袋分级。

第二节 核果类

核果类果实可食部分由中果皮发育而成，因其内果皮硬化为核，故称为核果。主要包括桃、李、杏、梅、樱桃、枣等树种。核果类果实不仅外观艳丽、肉质细腻，而且营养丰富，深受广大消费者的喜爱。果实除鲜食外，加工用途也非常广泛，可以加工成果汁、果酱、罐头、果脯、果干等。植株的部分器官还具有一定的药用价值，如桃的根、叶、花、仁均可入药，具有止咳、活血、通便、杀虫之效；常食杏果可防癌抗癌。

一、桃

桃原产我国，是栽培范围较广的树种之一，北起黑龙江，南到广东，西自新疆库尔勒，东到濒海各省都有桃树栽培，以山东、北京、河北、陕西、甘肃、江苏、浙江等地栽培为多。桃果实成熟期长，露地栽培自5月末至11月上旬都有品种成熟，极大地满足了市场需求。桃还是设施栽培的主要树种，在促成栽培条件下，有些品种可提前到3月成熟，对实现鲜果的四季供应有重要作用。

（一）生物学特性

1. 根系生长 桃根系较浅，水平根发达，无明显主根，侧根分枝多。根系分布深广度因砧木种类、品种特性、土壤条件和地下水位等而不同。水平分布一般与冠径相近或稍广。垂直分布因环境条件不同差异较大，在土层深厚的黄黏土，根系分布在10～50 cm土层中；土壤黏重、地下水位高的，根系主要分布在5～15 cm浅层土中。在无灌溉而土层深厚的条件下，垂直根可深入土壤，具有较强的耐旱性。

2. 枝叶生长 桃萌芽展叶1周内生长缓慢，以后随气温上升迅速生长。一般中、短枝迅速生长期短，停止生长较早；长枝迅速生长期长，停止生长较迟。桃芽具早熟性，一年中能多次生长，抽生二次枝和三次枝，整形修剪时可以利用。生长前期新梢上形成的芽质量较差，多为盲芽、弱芽和单芽；生长中期形成的芽多为复芽（双芽、三芽和四芽）；生长后期形成的芽又多单芽。

前期生长的叶片因受养分和温度的影响，叶面积较小，生长期较短，仅36～40 d；生长中期的叶片（第9叶以上），叶面积较大，生长期也较长，可达50～60 d。桃萌芽后叶片内组织分化的速度较快，其光合速率增高时间早于其他果树，能较早积累营养，有利于生长、果实发育和花芽分化。

3. 花芽分化 新梢生长趋于缓慢时即进入生理分化，当单芽具有12～15片鳞片、复芽彼此分离时已进入形态分化，在休眠前完成花萼、花瓣、雄蕊、雌蕊的分化，然后进入休眠，通过一定低温阶段，翌春气温上升到0℃时，花粉母细胞减数分裂，形成花粉，雌蕊形成胚珠和胚囊。花芽内各部分器官的形成约需3个月。

桃花芽每年有两个集中分化期，大致在6月中旬和8月上旬，与两次新梢缓慢生长期基本一致。短果枝分化较早，但分化时间较长；长果枝分化较迟，而分化速度较快；徒长性果枝和副梢果枝分化最晚，6月以前形成的副梢分化的花芽多而充实，7月形成的副梢花芽少而瘦小，夏剪时需加控制。

4. 开花、授粉和坐果 桃为纯花芽，一个花芽只有一朵花。当气温达到10℃以上时，花芽萌动开花，花期最适温度12～14℃。一般花期3～4 d；遇阴冷气候，花期延长，可达7～10 d；如遇干热风，花期缩短到2～3 d。

桃为自花结实率较高的树种，但异花授粉能显著提高结实率。桃在开花后2～3 d可完成授粉受精过程，有的品种花粉无生活力或无花粉，如深州蜜桃、五月鲜、新大久保、砂子早生等，必须配置授粉树。有的品种有生活力的花粉较多，如大久保、离核水蜜，不仅结实率高，也是优良的授粉品种。

桃南方品种群坐果率较高，可达14.7%～29.0%；蟠桃品种群为13.0%～31.0%；黄桃品种群最高达55.3%，其中西北、西南、欧洲黄桃较低，为18.4%～33.2%；北方品种群坐果率最低，仅4.9%～13.0%。

5. 果实发育 桃果实发育有3个时期。第1期为果实第1次迅速生长期：从子房膨大到硬核前，果实体积、重量迅速增长。不同品种增长速度大体相近，可持续36～40 d，约在5月下旬结束。第2期为果实硬核期：果实体积增长缓慢，果核已长到固有大小，达到一定硬度；早熟品种持续1～2周，中熟品种4～5周，晚熟品种6～7周。第3期为果实第2次迅速生长期：果肉厚度明显增加，增加的重量可占总果重的50%～70%，主要是细胞体积、细胞间隙扩大，内含物增加，增长最快在成熟前2～3周。

6. 对环境条件的要求 桃喜冷凉温和的气候，北方品种群要求年平均温度8～14℃，南方品种群12～17℃。一般品种可耐－22～－25℃的低温，个别品种如西北黄桃可耐

−27℃低温，延边珲春桃可耐−30℃低温，但五月鲜、深州蜜桃在−15～−18℃时花芽易受冻。桃根系可忍受−10.5℃的低温。

桃喜光。光照不足时光合产物减少，枝叶徒长，花芽少而质量差，落花落果多，品质差，小枝易衰亡，大枝易光秃，根系发育差而缩短植株寿命。但光线直射骨干枝，土壤干旱时易日灼。

桃耐干旱，在土壤相对含水量20%～40%时仍能正常生长，10%～15%时枝叶开始萎蔫。桃不耐涝，积水24 h生长不良，积水12～15 d会引起植株死亡。

桃对土壤适应性较广，但最适宜于土层深厚的沙壤土，在黏重土壤中易发生流胶病。喜微酸性土壤，以pH 4.9～5.2最适宜，能适应pH 4.5～7.5的范围，pH低于4.5或高于7.5时生长不良，易缺铁黄化。土壤含盐量达0.28%以上时生长不良或部分死亡，桃砧木中以山桃稍耐盐碱。

（二）建园

桃树是喜光、耐旱、怕涝、速生、丰产的果树，应根据其生物学特性选择平原、河滩、台地或山地梯田规划建园。

1. 株行距确定 桃园株行距应综合考虑栽培习惯、管理水平和树形来定。自然开心形树的株行距一般为（3～4）m×（3.5～5）m，两主枝形（Y形或倒“人”字形）、纺锤形树的株行距一般为（2～2.5）m×（4～5）m。

2. 授粉树配置 桃园一般不需配置授粉品种，但栽培品种无花粉则应选择花期相同有花粉的品种作为授粉树，按15%～20%的比例，将授粉树栽植在主栽品种行内。

3. 整地挖穴（沟） 为了创造适宜根系生长发育的环境条件，充分发挥桃树生长快、结果早、高产稳产的性能，栽植密度960株/hm^2以上的宜用丰产沟定植，栽植密度840株/hm^2以下的宜用大穴定植。丰产沟即挖宽1 m、深0.7～0.8 m的通行沟；大穴即挖直径1 m、深0.7～0.8 m的定植穴。无论挖丰产沟或大穴都必须按行向、行距进行放线打点设计，做到行向一致、株行距大小相同。开挖时将表土、底土分开堆放，填土时先将表土和有机肥混匀，随填土随踏实。及时施肥、填土、埋严，有利于蓄水、贮肥、保墒。

4. 定植 桃树按株行距放线打点定植在丰产沟或大穴中间，要求行直株匀，横、竖、斜成直线。无论是秋季定植或春季定植均需浅栽，以根颈与地面平齐为度，深栽易患根腐病。定植后及时灌水，整平树盘或树盘带。在我国北方地区，春季最好采取覆膜提温保墒措施。

（三）栽培技术特点

1. 土肥水管理 桃根系呼吸作用旺盛，要求土壤有较高的含氧量。秋冬落叶前后结合施基肥进行深翻，生长期宜对树盘土壤经常中耕松土，保持通气良好。遇有滞水、积水应及时排除，不使根系受渍。幼年桃园宜间作豆类、绿肥等矮秆作物，成年桃园冬季宜种植绿肥以提高土壤肥力。

桃幼树期需肥量少，施氮过多易引起徒长，延迟结果。进入盛果期后，随产量增加需肥量渐多。综合各地桃园对氮、磷、钾三要素吸收的比例，大体为10∶（3～4）∶（6～16）。每生产100 kg桃果，三要素吸收量分别为0.5 kg、0.2 kg和0.6～0.7 kg。施肥量最好以历年产量变化及树体生长势为主要依据。叶分析的适量标准值分别为 2.8%～4.0%（N）、0.15%～0.29%（P）和 1.5%～2.7%（K）。

全年施肥要求如下：第 1 次为基肥，以有机肥为主，适当配合化肥，特别是磷肥，结合晚秋深耕施入，施肥量占全年总量的 70%以上。第 2 次为壮果肥，以氮肥为主，配合磷、钾肥，在定果后施用。第 3 次在果实迅速膨大前施入，以速效磷、钾肥为主，结合施用氮肥，可促进中、晚熟品种果实肥大，提高品质，并可促进花芽分化。此外，8～9 月晚熟品种采收后进行 1 次补肥，有利于枝梢充实和提高树体贮藏营养的水平。

桃树需水量虽少，但发生伏旱时需进行灌溉。夏季灌溉需安排在夜间到清晨土温下降后，以免影响根系生长，并宜速灌速排，不使多余水分在土壤中滞留。

2. 整形修剪 根据桃的生长习性和喜光要求，常采用自然开心形或纺锤形整形。自然开心形主干高 30～50 cm，其上错落培养 3 大主枝，上下相距 10～20 cm，开张角度 50°～60°，每主枝在背斜侧间隔一定距离培养 2～3 个侧枝，开张角度 60°～80°，然后在主枝、侧枝上培养结果枝组结果。

纺锤形树干高 60～70 cm，中心干直立，结果枝直接着生在主干上，单轴延伸。定植后 2 年始果，3 年成形且丰产。成形后株与株相连形成 2 m 厚的树墙，行间留有较宽（1 m 以上）的通风道，果园通风透光良好，果实个大、色艳、味佳。

桃幼树生长旺盛，应轻剪长放和充分运用夏季修剪技术，以缓和树势，提前结果。夏季修剪包括抹芽、摘心、扭梢和剪梢等工作。及早抹除位置不当的芽；生长前期摘心促发二次枝，加速成形和结果；旺枝扭梢促进花芽形成。此外，对郁闭的幼年树，在 6 月上中旬及 8 月停梢期进行疏梢、剪梢，可改善树冠光照，提高有效结果枝比例。对幼树还应注意结果枝组的培养，以培养中、大型枝组为主，多在骨干枝两侧的中间部位，一般采用先截后放的方法。

盛果期桃树内膛及下部枝条易枯死，结果部位外移快。修剪应逐年加重，要加强枝组和结果枝的培养及更新，注意维持稳定的树势和骨干枝的回缩更新。当枝组上的结果枝下部抽生健壮结果枝，可在其上方进行缩剪；如下部或附近结果枝数量较多，也可将枝组下部的长果枝留 2～3 芽重短截作预备枝，以促进更新。

桃以长果枝结果为主，修剪时，一般对长果枝留 4～7 对花芽短截，剪口必须有叶芽。短果枝和花束状果枝只有顶芽是叶芽，不短截，过多可疏除。中果枝可根据具体情况决定是否短截。结果枝的更新除留足预备枝外，也可将长果枝适当加重短截，使其既能结果又能抽生新梢，形成良好的结果枝，供来年结果。

桃树进入衰老期后外围新梢生长量小，长枝数量锐减，中小枝组大量死亡，内膛秃裸，产量下降。此期除加强枝组的更新修剪外，可在骨干枝 3～6 年生部位缩剪，同时利用徒长枝培养新的骨干枝或大型枝组，继续结果。

3. 花果管理 桃花期遭遇低温阴雨等不良天气时，对自花不结实的品种应进行人工授粉以提高坐果率。生产上常疏果 2 次，定果不迟于硬核期结束。留果数量根据树体负载量，并参考历年产量、树龄、树势等情况而定。疏果时长果枝留果 3～5 个，中果枝 1～3 个，短果枝和花束状果枝留 1 个或不留，二次枝留 1～2 个果。先疏除萎黄果、小果、病虫果、畸形果和并生果，然后再根据留存果实数量疏除朝天果、无叶果及短圆果。化学疏果可节省人力，但效果不甚稳定，并有药害风险，生产上应用还不普遍。

中、晚熟品种套袋可防止果实病虫害，同时也提高果实外观品质和防止裂果。套袋应在生理落果基本结束以后，果实病虫害发生以前进行。为提升套袋果实着色效果，采收前2～3 d应从下部撕开纸袋。

桃果实需充分成熟才宜采收，但水蜜桃变软后不耐贮运，且易腐烂。因此，罐藏桃、外运水蜜桃及硬肉桃宜在果实硬熟期采收。就地供应的鲜销桃，可在完熟期采收。

二、杏

杏原产我国，栽培历史悠久，分布范围很广，集中栽培区为东北南部、华北、西北及黄河流域地区。杏成熟早，对调节初夏鲜果市场具有重要意义。同时，果肉与杏仁加工用途广，深受消费者喜爱。我国的杏鲜果和杏仁产量在世界上占有重要地位。

（一）生物学特性

1. 根系生长　杏树属于深根性树种。成年杏树根系庞大，在土层深厚的立地条件下，垂直根达2～3 m以上。但在土层较薄的河滩地及地下水位较高和土层较薄的土壤上，根系分布较浅，一般为0.5～1.5 m。在正常条件下，根系主要分布在20～50 cm深土层中，占根系总量的82%。根系水平分布宽广，一般根幅可达到树冠的3～5倍。

2. 枝叶生长　一年生枝根据形成的时间可分为春梢、夏梢和秋梢，按枝条长短又可分为长果枝、中果枝、短果枝和花束状果枝。一般30 cm以上为长果枝，15～30 cm为中果枝，5～15 cm为短果枝，短于5 cm为花束状果枝，除顶芽为叶芽外，其他芽均为花芽。一年生枝由节、节间、叶芽和花芽组成，是结果、主枝及侧枝伸展和树冠扩展的主要部位。

新梢生长在初始阶段缓慢，当日平均温度稳定在10℃以上时生长明显加快，并进入新梢旺盛生长期，新叶迅速形成，叶面积增加显著。但随气温的持续升高，一般在7月下旬新梢停止生长并形成顶芽。由于品种、树体生长状况、枝条位置等不同，一年可形成2～3次新梢，形成2～3次生长高峰。

3. 芽和花芽分化　杏树的芽按性质分为叶芽和花芽两种。叶芽呈长三角形，较瘦小。成龄植株和生长势中庸或较弱的幼树上的叶芽，当年一般不萌发，保持休眠状态，第2年春季萌发形成新梢；但生长势较强的幼树上的叶芽，当年即可萌发，形成副梢，有些品种甚至可形成2次或3次副梢。花芽为纯花芽，着生在节上或叶芽的两侧，其形态比叶芽肥大，呈圆锥形。杏树的花芽分化与其他核果类果树相同，也属当年形成花芽、翌年开花结果的类型。

4. 开花坐果　杏花为两性花，单生，每一花芽发育形成一朵花。由于花器官的退化程度不同，可将花分为3种类型：完全花，雌蕊长于雄蕊或与雄蕊等长，可以正常授粉、受精和结实；不完全花，雌蕊短于雄蕊，雌蕊部分退化，有一定的受精和结果能力，但结实能力明显低于完全花，影响坐果率和产量；雌蕊败育花，雌蕊完全退化，不能授粉、受精和结实。

在不同品种、树龄、树势、枝型、营养状况和栽培管理条件下，花各个器官的发育和退化程度及各类型花所占的比例不同。在生产中，不完全花和雌蕊败育花所占比例较大时，往往会造成“满树花半树果”，甚至完全不能形成经济产量。因此，生产中应采用各种农业措施提高完全花的比例。

5. 果实发育 自受精坐果后至果实完全成熟为果实发育期，需 50～80 d。一般早熟品种需 50～60 d，晚熟品种需 70～80 d。果实生长呈双 S 形曲线。

6. 对环境条件的要求 杏树适宜的年平均温度为 6～12℃，对不良温度条件适应性很强，在冬季休眠期间，能够抵抗－30℃低温。生长季节也有较强的耐高温性能，在新疆哈密夏季平均气温高达 36.3℃、绝对最高气温为 43.9℃条件下也能正常生长。

杏是最耐旱的树种之一。在年降水量 350～600 mm 的半干旱和半湿润地区均能正常生长和结实。但在北方半干旱地区，早春干旱往往造成萌芽不整齐、花期短、授粉受精不良、新梢生长量小、树冠扩大缓慢等问题，因此，早春应加强水分供应。杏树耐湿涝能力极弱，生长季节短时间湿涝就会造成植株死亡。故建园时应建立和健全排灌系统，生长季节应注意及时排水。

杏树是喜光树种，西北和华北一些地区，日照时间长，光照强度大，是我国杏树产业发展最适宜的区域。植株表现为新梢生长健壮充实，花芽分化多且质量好，叶片大、厚而浓绿，光合效率高，结实率高，丰产，果实品质优良。

杏树对土壤条件适应性很强，但土层深厚、土壤肥力高、通水透气性良好的土壤条件有利于根系的生长，地上部则表现出生长健壮、丰产优质和连续结果能力强的特点。

杏树对土壤酸碱度也有较强的适应性。最适 pH 范围是 5.6～7.5，但在土壤 pH 为 5.0～8.0 的范围内均无不适应的表现。

（二）建园

杏多数品种为异花授粉，建园时应注意配置授粉树。一般主栽品种与授粉品种的比例为（6～8）：1，如果授粉品种的品质好，市场有一定的需求，可适当提高授粉品种的比例。

平地建园常用株行距为（3～5）m×（5～7）m，坡地和山地果园应适当密植，其定植方式和密度根据地形和梯田修建情况而定。

杏定植时期应以当地的气候和土壤条件为基础。早春定植在树体萌芽之前进行，华北地区为 3～4 月，秦岭、淮河以南地区为 2～3 月。春季定植后随土壤温度升高，植株很快进入生长期，有利于提高成活率。但春季干旱、供水条件差的地区，宜秋季定植。秋季往往土壤湿润，根系伤口愈合较快，春季土壤升温后直接进入正常的生长。

杏定植方法与桃等树种相同。

（三）栽培技术特点

1. 土壤管理 杏园提倡自然生草或间作绿肥，树盘可进行中耕，一般每年中耕 5～6 次，深度 5～15 cm。

自然生草杏园应注意增加肥水用量，以免造成草与树体竞争营养和水分。种植豆科牧草的杏园，结合秋季翻草进行土壤深翻，改善土壤通透性，提高土壤有机质含量和综合肥力。

土壤深翻一般在秋季杏树落叶后到土壤封冻之前或春季土壤解冻后到杏树萌芽之前进行。可在距树干两侧 1 m 以外，结合施基肥开沟深翻，深度 30～50 cm。

2. 施肥 一般每生产 100 kg 杏果需纯氮 0.53 kg、纯磷 0.22 kg、纯钾 0.41 kg。施肥以基肥为主，辅以追肥。基肥主要用有机肥，配合施用适量的速效性氮肥、磷肥、钾肥，施肥量占全年总施肥量的 50%～70%，在采果后至落叶前采用条状沟施或放射状沟施。

在萌芽开花前追施速效氮肥对促进杏树萌芽和开花整齐有良好的效果，在花期喷施 0.3%的磷酸二氢钾和硼砂，能促进坐果和幼果发育，在硬核前追施速效性磷肥和钾肥，有利于减少采前落果，促进果实发育和花芽分化。

3. 灌水 杏树主要分布在西北和华北干旱、半干旱和半湿润地区，春季干旱、夏季雨水集中、冬季少雪是其产区的气候特点。因此，萌芽前结合追肥灌水，有利于萌芽整齐、延长开花期、提高坐果率、促进新梢和根系的生长。果实发育期（5～6 月）适时灌水，有利于新梢生长和果实发育，对提高产量和品质有明显效果。采收后结合追肥灌水，可恢复树势和积累贮藏营养。落叶后土壤封冻前灌水，可以提高树体的越冬能力。

4. 整形与修剪

（1）整形 杏树常见树形有自然圆头形、疏散分层形和自然开心形 3 种。

①自然圆头形：一般干高 60～80 cm，在主干上着生 5～6 个主枝，其中 1 个主枝向上直立生长，其余 4～5 个主枝沿主干四周错落分布并斜向上生长。在各主枝上错落分布 1～2 个侧枝，在侧枝上着生结果枝组。树形呈自然圆头状。

②疏散分层形：一般干高 60～80 cm，在中央领导干基部均匀分布 3～4 个主枝，每一主枝上错落分布 2～4 个侧枝，在侧枝上留结果枝组。在距第 1 层主枝 60～80 cm 的中央领导干上分布第 2 层主枝 2～3 个，每主枝留 1～2 个侧枝或直接留结果枝组。

③自然开心形：干高 50～60 cm，在主干顶端均匀分布 3～4 个主枝，每个主枝上交错分布 2～3 个侧枝，在侧枝和主枝的上部留结果枝组，与桃树的开心形相同。其特点是光照与果实品质好，易成形，早丰产。但杏树的成枝力较弱，易造成主、侧枝基部光秃和结果部位上移。

（2）修剪 幼树枝条直立，生长势强，可以形成 1～2 次副梢，有利于整形。疏散分层形在定植后当年定干，干高 60～80 cm。在定干剪口下保留 3～4 个枝条，用于培养中央领导干和主枝。第 1 年冬剪时，距第 1 层主枝 60～80 cm 处剪截中央领导干，在距基部 60～80 cm 处剪截第 1 层主枝，并采用拉枝、撑枝、拿枝等方法，开张第 1 层主枝角度，其他枝条甩放，抚养主枝和中央领导干。第 2 年的修剪与第 1 年相似，但目的是培养第 2 层主枝、侧枝和结果枝组。

杏树进入盛果期后，主枝和侧枝及结果枝组已形成，树体结构相对稳定，树冠扩展缓慢。修剪主要是对结果枝组的培养更新和树冠延展的控制，以保持树势。因此，修剪量较小，方法简单，但更加细致。

对各级主、侧枝延长头，如果外围仍有发展空间，可以采用轻剪；如果株间空间小或已经郁闭，应采用回缩修剪。对结果枝组的修剪应注意基部预备枝的培养，疏除过密弱枝，改善内膛光照。对基部光秃的结果枝组，应及时在其基部选择生长较好的枝条短截，培养预备枝。

三、李

李种类多，原产地各异。我国原产的为中国李，主要产区是南方的广东、广西、福建、江西、湖南、贵州、四川7省（自治区）和东北的辽宁、黑龙江、吉林3省，而华北、西北和中原地区相对较少。李早熟品种成熟期早，在樱桃、草莓之后上市；晚熟品种耐贮性好，通过贮藏可供应到春节。因此，李对调节和改善鲜果市场供应，满足人们对水果多样化的需求有重要作用。

（一）生物学特性

1. 营养生长 李树根系分布因品种特性、砧木种类和土壤环境而不同。一般认为，李树为浅根性果树，吸收根主要分布在20～40 cm土层中，水平根分布范围常是树冠直径的1～2倍。在辽宁熊岳7月初至7月下旬李树根系迅速生长，8月中下旬根系缓慢或停止生长，其后根系再次旺盛生长，10月下旬至11月上旬根系停止生长而进入休眠。李树在幼年期生长迅速，一年内可抽梢2～3次。进入结果期后，萌芽力强成枝力弱，潜伏芽寿命比桃长，易于树冠更新。

2. 生殖生长 李树花芽分化时期因种类、品种及地区气候条件不同而有差异，一般为6月上旬至10月上旬。在北京地区小核李花芽分化始于6月上旬，7月上旬达到高峰；萼片分化期为7月下旬至8月中旬；花瓣分化期为8月初至8月末；雄蕊分化期为8月中旬至9月初；雌蕊分化期为8月中下旬至9月上旬；而胚珠、胚囊和花粉粒等性器官的发育则在翌年春季，3月中旬开始形成珠心，4月上旬形成胚珠，4月初花粉粒基本形成，4月中旬形成8核胚囊，随即开花。开花早晚因品种和地区不同而异。在华北地区开花期为3月下旬至4月上旬，在东北地区开花期为4月下旬至5月上旬。

李果实生长呈双S形曲线，分为3个时期。第1期为幼果膨大期，从子房膨大开始到硬核前，此期果实生长迅速，纵径比横径增长快；第2期为硬核期，种核自先端和两翼逐渐木质化，此期果实增长缓慢或无明显增长，而胚迅速发育；第3期为果实第2次速长期，果肉厚度显著增加，在采收前15～20 d增长最快，横径比纵径增长快，随后果实成熟。在东北地区幼果膨大期为5月中旬至6月上旬，硬核期为6月上中旬，第2次速长期为6月中下旬至7月上旬。果实成熟期因品种而异，7～9月果实成熟。

3. 对环境条件的要求 李树对温度的要求因种类和品种不同而异。乌苏里李抗寒力最强，美洲李抗寒力较强，杏李抗寒力较弱，而欧洲李则适于温暖气候。在中国李中，生长在北方的巴彦大红袍、东北美丽李、黄干核等抗寒力强，可耐－30～－40℃低温；但生长在南方的芙蓉李、西瓜李等对低温适应能力较差。

李树对光照的要求不如桃严格，日照时间1 600～2 100 h都能正常生长发育。日照不足，生育不良、产量低、品质差。为了高产优质，树冠必须通风透光良好。

李树根系较浅，抗旱性较差，对水分的要求因种类、品种不同有差异。欧洲李和美洲李对空气和土壤湿度要求较高，中国李要求不高。一般适宜的空气相对湿度为50%～

60%，适宜的土壤相对含水量为田间最大持水量的 60%～80%。中国李生长期需水量为 200～700 mm。

李树对土壤要求不严。中国李适应性强于欧洲李和美洲李，无论是北方的黑钙土、南方的红壤土，还是西北高原的黄土，均能良好地生长，但以土层深厚、土质疏松、保水排水良好的土壤为佳。李树对土壤酸碱性的适应力也较强，但喜中性偏酸土壤，pH 4.7～7.0 为宜。

（二）建园

大多数品种自花结实率很低，需配置授粉树。一般情况下，主栽品种与授粉品种的比例为（4～8）∶1。栽植李树时应注意鲜食与加工品种及早、中、晚熟品种的合理搭配。

李树栽植以宽行密植的长方形为好，便于行间间作和机械耕作。在土地条件好的果园，行株距可采用（4～5）m×（3～4）m。在土壤瘠薄的山地、荒滩，行株距可采用（3～4）m×（2～3）m。

李树栽植时期和方法可以参照桃、苹果等树种。

（三）栽培技术特点

1. 施肥管理

（1）施肥时期　基肥秋季施入为好。在施基肥的基础上，生长季节再分期追施一定量的速效肥。追肥时间可为花前追肥、果实膨大和花芽分化期追肥、果实生长后期追肥。

（2）施肥量　李适宜的叶片营养含量为氮 1.8%～2.1%、磷 0.14%～0.23%、钾 1.5%～2.5%、钙 2.4%～4.0%、镁 0.18%左右。一般成龄树可参照产量确定施肥量，如果实产量 9～15 t/hm^2，需施有机肥 30～37.5 t、尿素 375～450 kg、钾肥 300～450 kg、磷肥 600～900 kg。

2. 水分管理

（1）灌水　根据李树一年中各物候期对水分的要求、气候特点、土壤水分含量及施肥状况综合考虑灌水时期。一般可在萌芽开花前、新梢生长期、果实膨大期、果实采收后几个时期灌水。如北京地区每年灌水 4 次：第 1 次 3 月下旬至 4 月上旬，第 2 次 5 月中旬，第 3 次 6 月，第 4 次 10 月末土壤封冻前。

灌水量应根据树龄、树势、土质、土壤湿度、降水量和灌水方法而定。土质黏重、雨水多的地区少灌或不灌；沙地果园保肥保水力差，灌水要少量多次，以免流失肥水。

（2）排水　土壤水分过多会造成缺氧，降低根系吸收机能，严重缺氧时树冠表现出与缺水相同的症状，如叶片萎蔫、枯焦、落叶，甚至整株死亡，因此要注意排水。

3. 整形修剪　根据品种特性，李树可采用自然开心形或细长纺锤形树形。

（1）自然开心形　这种树形适于长势中庸、树姿开张的品种，如吉林 6 号、香蕉李等。在距地面 60～70 cm 处定干。第 2 年春季，在发出的新枝中选留 3～4 个向四周分布均匀的枝条作为主枝。第 1 主枝距地面 40～50 cm，分枝角度 60°，第 2 主枝 40°～50°，第 3 主枝 30°～40°，各主枝相距 10～20 cm。疏除过密枝，选作主枝的适当短截，剪去全长的 1/3～1/2。第 3 年春季，对各主枝的延长枝进行短截，剪去全长的 1/2 左右，并在每个主枝上选 1～2 个位置合适的枝条作为侧枝，短截 1/3～1/2。主枝上着生的 5 cm 以下小枝尽量多留，培养成短果枝和花束状果枝，中、长果枝适当短截。这样，经过3～4年即可成形。

（2）细长纺锤形　此种树形树高2.5 m左右，冠幅1.5m×2.0 m，无主、侧枝。主干高50 cm，在中心干上直接留8～12个枝组，下部枝组较长，上部较短，呈纺锤形。

李树的短果枝和花束状果枝连续结果5～6年后，结果能力明显下降，要及时轮流回缩更新或疏除。徒长枝如有空间利用，应控制其生长，促其转化为结果枝组；下垂骨干枝要回缩，抬高角度。疏除过密枝，保持通风透光。

4. 花果管理

（1）改善授粉条件　有些李树品种自花结实率较低或自花不结实，即使自花能结实的品种，配置授粉树、放蜂、人工授粉，均可改善授粉条件，提高坐果率。

（2）防止低温霜冻　李树开花早，早春低温不利于授粉受精，故适当推迟花期是提高坐果率的一条途径。推迟花期的措施除选用晚花品种外，春季灌溉、枝干涂白有一定效果。另外，在芽膨大期喷500～2 000 mg/L青鲜素（MH）可推迟花期4～6 d。当晚霜来临时熏烟防霜，可提高温度1～2℃，减轻花器冻害。

（3）疏果　疏果分两次进行。第1次在5月中下旬果实豆粒大小时，第2次在6月中旬生理落果后。早熟品种以第1次疏果为重点，生理落果多的品种以第2次为重点。疏果程度应视果实大小和叶果比而定。从叶果比看，通常每16片叶1个果为宜。着果间隔如大石早生等品种为6～8 cm，而大果品种则间隔8～10 cm，大体上每1个短果枝1个果。另外，可根据目标产量确定留果量，一般目标产量早熟品种为20 t/hm^2，晚熟品种为25 t/hm^2。

四、枣

枣原产我国，在我国分布很广，在东经76°～124°、北纬23°～42°的平地、山坡、沙地、高原都有栽培，产量居世界首位。由于地区自然条件不同，各地又形成不同的栽培类型，一般以年平均温度15℃等温线为界，分为南枣和北枣两个生态型。南枣耐高温、多湿和酸性土壤，北枣则耐低温、干旱和盐碱。近年来不断推进优良品种研发与集约化规范管理，枣栽培品种逐渐多样化，栽培面积逐年加大，产量不断提高。

（一）生物学特性

1. 枝叶生长

（1）芽的特性　枣树的芽为复芽，由一个主芽和一个副芽组成，副芽在主芽侧上方。主芽又称冬芽，形成后一般当年不萌发，萌发后长成枣头或枣股。副芽又称夏芽，为早熟性芽，当年萌发形成二次枝和枣吊。枣树主芽潜伏力强，有利于枣树的更新复壮。

（2）枝的特性　枣树枝条分为枣头、枣股和枣吊3种。

①枣头：枣头由主芽萌发形成，是形成树体骨架和结果单位枝的主要枝条。枣头中间的枝轴称枣头一次枝，一次枝上副芽萌发形成二次枝。一次枝的中上部长成的二次枝发育较好，不脱落，呈明显“之”字形，是生枣股的主要部位。

②枣股：枣股是由主芽多年萌发生长形成的短缩状结果母枝，主要生在二次枝上，个

别生在枣头一次枝顶端和侧面。枣股生长很慢，每年顶端主芽萌发向上生长 1～2 mm。枣股上的副芽萌发形成枣吊，每个枣股一般可抽生 2～5 个枣吊。健壮的枣股抽生的枣吊数量多，结实能力强。枣吊的结果能力与枣股着生部位、股龄及栽培管理水平有关，以3～8年生枣股结实能力强。枣股顶端的主芽也可萌发形成枣头，但枣股侧生的主芽发育极不良，仅在受刺激后萌发形成分歧枣股。

③枣吊：枣吊由副芽萌发而来，为枣树的结果枝，当年脱落。枣吊上着生叶片，叶序为 1/2。枣吊主要着生在枣股上，当年生枣头一次枝、二次枝各节也有。枣吊边生长，叶腋间花序边形成，开花、坐果交叉重叠进行。枣吊一般有 10～18 节，长 12～25 cm，最长可达 40 cm 以上。在同一枣吊上以 3～8 节叶面积最大，以 4～7 节坐果较多。

（3）叶　枣叶片较小，有蜡层，无毛，叶形有卵形、长卵形、倒卵形、卵圆形、卵状披针形等。叶柄短，1～6 mm。枣吊上的叶片互生。

（4）枝叶生长动态　与其他落叶果树相比，枣树具有萌芽晚、落叶早的特性。在河北中部，枣树 4 月中旬萌芽，枣头开始生长。枣头一次枝速长期在 5 月上中旬至 6 月中下旬，7 月下旬基本停止生长，生长期 50～90 d。生长曲线为单 S 形。随着枣头一次枝向前延伸，二次枝不断长出和伸长，二次枝各节上枣吊也陆续长出，随着枣吊的生长，叶片展开，叶腋花蕾出现，并开花结果。二次枝的生长期一般为 14～20 d，枣头不同部位二次枝生长期和生长量不同，越靠近枣头一次枝的顶部，生长期越短，生长量越小。二次枝停长后不形成顶芽（个别品种有顶芽），翌春先端回枯。

萌芽后枣股顶端主芽生长 1～2 mm 后停止生长，其上副芽萌发形成枣吊。枣吊开始生长较慢，以后迅速生长，到 5 月中旬生长达到高峰，开花后生长减缓，大部分枣股上的枣吊在 6 月中下旬停止生长，生长期为 50～60 d。随着枣吊的生长，新叶不断出现和生长。枣吊停长后不久，最上部叶片也停止生长。枣吊基部和顶端的叶片较小，中部叶片较大。河北中部，枣 10 月下旬开始落叶，落叶后枣吊也随之脱落。

2. 根系生长　枣树由水平根和垂直根构成根系的骨架。根蘖繁殖的枣树水平根发达，垂直根较差。实生繁殖或用酸枣砧木嫁接的枣树水平根和垂直根都比较发达，根系生长受土壤、立地条件影响较大。

枣树每年春季根系开始生长的时间因品种、地区、年份不同而异。河北保定圆铃枣 4 月初根系开始生长，早于萌芽期；河南新郑灰枣根系生长高峰在 7 月中旬至 7 月末；山西郎枣根系生长高峰在 7 月上旬至 8 月中旬，8 月末生长速度急剧下降，9 月初根系延长生长停止，落叶后根系逐渐进入休眠期。

易发生根蘖是枣树根系的显著特点。在 2～10 mm 粗的根上发生根蘖较多，尤其是当根系受伤或切断时，很容易从受伤和断口处萌生根蘖。

3. 花芽分化　枣树的花芽分化不同于其他落叶果树，其特点是：当年分化，多次分化，随生长随分化，单花分化速度快，分化期短，全树分化持续期长。

枣树每年随枣股和枣头主芽萌发开始进行花芽分化，随枝条的生长陆续分化，枝条停止生长则不再分化。花芽分化与枝条生长同时进行。当枣吊生长 2～3 mm，在生长点侧方出现第 1 片幼叶时，叶腋间就有苞片突起发生，标志着花原始体即将出现。随枝条的生长，不断加深分化程度，当枣吊近 1 cm 时，分化早的花芽即完成了形态分化。在一个枣吊上的花芽是按照基部、中部到顶部的顺序分化。

4. 开花和授粉受精 枣为完全花，花朵小，有黄绿色圆形蜜盘，花盛开时蜜汁丰盛，是典型的虫媒花。枣花粉量大，自花授粉结实率高，一般不用配置授粉树。在花瓣与雄蕊分离时，可自花授粉或经昆虫传粉。很多品种在授粉受精、胚发育一段时间后出现败育现象，成熟果实中没有种仁。

5. 果实发育 枣果实由子房发育而来，子房外壁发育成果皮，子房中壁发育成果肉，子房内壁硬化成果核。枣果实生长发育经历 3 个时期。

（1）迅速生长期 自授粉受精后果实开始生长发育到果核开始硬化。此期细胞迅速分裂，细胞数目迅速增加，分裂期过后，细胞体积迅速增加，果肉细胞间隙逐渐明显，出现果实增长高峰。

（2）缓慢生长期 此期内果皮硬化成核，核内种仁或退化消失或进一步发育饱满。果肉细胞增长缓慢，间隙继续扩大，果实重量和体积不断增长。此期约 4 周，长短因品种而异。

（3）熟前增长期 此期细胞和果实的增长均较缓慢，主要进行营养物质的积累和转化。果实褪绿变白，着色至全红；含糖量不断增加，风味变佳；最后充分成熟，表现出品种独有的性状。

6. 对环境条件的要求 枣树为喜温树种，在北方落叶果树中萌芽最晚，落叶最早。气温升到 13～15℃时开始萌芽；枝条迅速生长和花芽大量分化期要求 18℃以上的温度；日平均温度 20℃以上进入始花期，22～25℃达盛花期；枣树休眠期耐寒力较强，在辽宁熊岳绝对最低温度－30℃、新疆哈密－32℃均能安全越冬。

枣树对多雨湿润和少雨干旱气候均能适应。我国不同枣产区降水量差异很大，但枣树均能正常生长结果。枣为喜光树种，光照不足，生长弱，结果少。枣树耐瘠薄，对地势和土壤要求不严，平原、沙荒、丘陵、山地均可栽植，在各种土壤上均能正常生长。枣树耐盐碱能力强，在 pH 5.5～8.5 的土壤上生长结果正常。

（二）建园

1. 栽植密度 普通纯枣园栽植密度一般为株距 3～4 m，行距 5～6 m；密植枣园株距 2 m，行距 3～4 m；枣粮间作园株距 3～4 m，行距 7～20 m。

2. 栽植时期 枣树一般在春季萌芽前后栽植。冬季气温较高（1 月平均气温在－8℃以上）、冬春风小的地区也可秋季栽植。

3. 栽植技术 选择根系发达、枝条充实、未失水的优良苗木。定植穴直径 80 cm 左右，深 70～80 cm。施足底肥，埋土踏实，使根系与土壤密接。栽后灌足水，水渗后覆盖地膜。栽后注意保墒，防治病虫害。

（三）栽培技术特点

1. 枣粮间作和间作绿肥 枣树萌芽晚、落叶早、枝疏叶小，与农作物间作时，肥水和光照矛盾较小。与单一种植农作物相比，枣粮间作地的风速和夏季气温降低、湿度提高、干热风危害减轻，有利于间作物和枣树的生长发育。间作物可选小麦、谷子、棉花等矮秆作物，或草木樨、柽麻、田菁、三叶草等绿肥，既能防止水土流失、防风固沙、稳定土温，又给枣树提供了肥料。

2. 施肥

（1）基肥 每生产 100 kg 鲜枣约需纯氮 1.49 kg、纯磷 1.0 kg、纯钾 1.3 kg。施肥以基肥为主，追肥为辅。基肥一般在枣果采收后至落叶前施用，常配合枣园深翻进行；以有机肥为主，可掺入少量速效氮、磷肥。每生产 1 kg 鲜枣需施用 2 kg 优质有机肥，以放射状沟施和条状沟施为宜，施肥深度 30～40 cm。

（2）追肥 枣树每年追肥 4 次。第 1 次在萌芽前，以氮肥为主，配以磷、钾肥，能促进枝叶生长和花芽分化。第 2 次在开花前，以氮肥为主，配以适量磷肥，可促进开花坐果，提高坐果率。第 3 次在幼果发育期，在施氮肥的同时，增施磷、钾肥，可促进幼果生长，避免因营养不足而导致大量落果。第 4 次在果实迅速发育期，氮、磷、钾肥配合施用，可促进果实膨大和糖分积累，提高果实品质。肥力较差的园地，成龄大树萌芽前每株追施尿素 0.5～1.0 kg、过磷酸钙 1.0～1.5 kg；开花前追施磷酸二铵 1.0～1.5 kg、硫酸钾 0.5～0.75 kg；幼果生长发育期施磷酸二铵 0.5～1.0 kg、硫酸钾 0.5～1.0 kg；果实迅速膨大期，施磷酸二铵 0.5～1.0 kg、硫酸钾 0.75～1.0 kg。

3. 整形修剪

（1）疏散分层形 该树形有明显中心干，干高 80～120 cm，枣粮间作地干宜高。主枝分 3 层着生在中心干上。第 1 层 3 个主枝；第 2 层 2 个主枝，伸展方向与第 1 层主枝错开；第 3 层 1～2 个主枝。第 1 层层内距 40～60 cm，层间距 80～120 cm；第 2 层层内距 30～50 cm，层间距 50～70 cm。每主枝选留 2～3 个侧枝，侧枝要搭配合理、分布匀称、不交叉、不重叠。树高控制在 3 m 以下。

（2）开心形 该树形干高 80～100 cm，在主干上轮生或错落着生 3～4 个主枝，主枝基角 40°～50°，没有中央领导干，每主枝上配置 2～4 个侧枝，树高控制在 2.5 m 以下。

（3）自由纺锤形 该树形干高 70～90 cm，主枝 5～8 个，轮生排在中心干上，不分层，主枝间距 20～40 cm。主枝上不培养侧枝，直接着生结果枝组，树高控制在 2.5 m 以下。

枣树冬季修剪在落叶后至萌芽前进行，主要方法有疏枝、短截、回缩、刻伤、落头等。修剪要点为：交叉枝、重叠枝、过密枝应从基部疏除，以利通风透光，增强树势；对多年生的细弱枝、冗长枝、下垂枝回缩到分枝处，可使局部枝条更新复壮，增强生长势；对主侧枝的延长枝进行短截，刺激主芽萌发形成新枣头，促进主侧枝的延长枝生长；树冠达到 2 m 左右高度时应落头开心，以改善树冠内部光照。

枣树生长季节修剪在萌芽后生长期进行，主要方法有抹芽、疏枝、摘心、拉枝等。修剪要点为：从枣股上萌发的新枣头或从骨干枝基部萌发的徒长枝，均应在枝条木质化以前及时疏除，以减少营养消耗，改善树冠内部光照；枣头萌发以后，当年生长很快，6 月对当年萌发的枣头在 1/3 处进行摘心，一般弱枝轻摘，强枝重摘或多次摘心，空间大者留 5～6 个二次枝，空间小者留 3～4 个二次枝，以控制枣头生长；从各级骨干枝上萌发出的无用途的芽，随萌发随抹除，以减少营养消耗。

4. 花果管理

（1）开甲　枣树开甲即环状剥皮，可提高坐果率。开甲时期在初花期和盛花期，部位为主干，或主枝基部。方法是在树干上先用镰刀刮一圈老树皮，宽约 1 cm，深度以露出韧皮部为度。再用开甲刀在刮皮处绕树干环切两道，深达木质部，将两切口间的韧皮部剥掉。甲口宽度因树龄、树势、管理水平不同而不同，一般为 0.3～0.7 cm。大树、壮树宜宽；幼树、弱树宜窄。一般要求甲口在 1 个月左右愈合。

开甲后 1 周左右，在甲口内涂杀虫剂，保护甲口，以防虫害。也可于开甲 15 d 后，用泥将甲口抹平，既防甲口虫害，又增加湿度，有利于甲口愈合。也可开甲后在甲口处缠缚塑料薄膜，可保护甲口，有利愈合。对于弱树应停甲养树。

（2）花期喷水　空气相对湿度在 70%以上，枣花粉发育正常，随着湿度降低，花粉萌发率降低。枣树花期遇干旱天气常出现“焦花”现象，花期干旱时喷水可提高坐果率。

（3）花期放蜂　花期放蜂有利授粉，能提高坐果率，增产效果明显。

（4）花期喷植物生长调节剂和微量元素　花期喷植物生长调节剂和微量元素可促进花粉萌发和花粉管伸长，或刺激单性结实，可提高坐果率。常用的植物生长调节剂和微量元素喷施浓度为：GA_3 10～20 mg/kg，2,4-D 10～20 mg/kg，稀土（NL-1）300 mg/kg，IAA 10～30 mg/kg，NAA 20～30 mg/kg，硼酸钠 0.3%。

（5）疏果　花量大的枣树应合理负载，及时疏花疏果。强壮树 1 个枣吊留 1 个果，中庸树 2 个枣吊留 1 个果，弱树 3 个枣吊留 1 个果。木质化枣吊可留果 10～20 个。

第三节　浆 果 类

浆果类果树指由子房或子房与其他花器发育成肉质果的一类果树。其果实柔软多汁，内含多数小种子，糖酸含量和维生素含量丰富，营养价值较高，适于生食，也是加工业的重要原料。浆果类果树种类很多，如葡萄、猕猴桃、柿、草莓、树莓、石榴、无花果、阳桃、人心果、蒲桃、莲雾等，其中葡萄、猕猴桃、柿、草莓在我国栽培较为广泛，种类、品种繁多，总产量较高，其他种类在我国也有一定的商品栽培。

一、葡萄

葡萄是世界重要果树之一，目前年总产量居第 1 位。我国葡萄主要产区是新疆、山东、河北、辽宁、河南、浙江、江苏、安徽、陕西、山西等地。葡萄味美可口，营养价值很高，含糖、有机酸、蛋白质、氨基酸、多种维生素及矿物质等，除鲜食外，还可酿酒、制干、制汁、制罐。葡萄酒是一种营养保健型饮料，营养丰富，风味醇美，适量饮用能减少心血管疾病的发生。

（一）生物学特性

1. 根系生长　葡萄多扦插繁殖，插条埋入地下的一段称为根干。根干上发生很多须根，无垂直粗大的主根。土壤中一般根系垂直分布最密集的范围在 20～100 cm 深度内；水平分布受土壤和栽培条件的影响，土壤条件差，主要分布在定植沟内。

葡萄根系一年有两次生长高峰。春季土温4.5～6.5℃时根系开始活动，12～14℃时根系开始生长，20～25℃生长最旺盛。北京地区根系从5月下旬开始有较明显的生长，6月下旬至7月间达第1次生长高峰，至9月中下旬又出现一次较弱的生长高峰。

2. 茎叶生长　葡萄地上部的茎主要包括主干、主蔓、侧蔓、新梢和副梢。从地面发出的单一的树干称主干，主干上的分枝称主蔓，主蔓上的多年生分枝称侧蔓。带有叶片的当年生枝称新梢，新梢叶腋中发出的二次梢称副梢。落叶后的新梢称一年生枝，如其节上着生花芽又称结果母枝，次年春可抽生结果枝。

葡萄的茎细而长，节上着生叶片，叶片的对面着生卷须或果穗。春季日平均温度10℃时，葡萄开始萌芽，以后新梢生长加快，开花期前后有所减缓，以后生长速度逐渐变慢。葡萄新梢不形成顶芽，只要气温适宜，可一直持续生长到晚秋。

葡萄萌芽率高，成枝力强，萌发的芽大部分能长成长枝，年生长量可达数米。生长季内芽眼会不断萌发，有时形成双梢或三梢。花期前后，主梢上的夏芽陆续萌发形成副梢，副梢上的夏芽还会再萌发，可分枝3～4次甚至更多。葡萄叶片从展叶到长大一般需1个月左右。

3. 花芽分化　葡萄一般在开花前后，主梢上4～6节的冬芽先开始分化下年的花序，随着新梢的生长，冬芽从下而上分化（1～3节上冬芽分化迟），至秋季冬芽休眠时可分化出花序原基。次年春季萌芽展叶后，每个花蕾才依次分化出花萼、花冠、雄蕊和雌蕊。如营养不足，则花序小而分枝少。

葡萄是混合花芽，在短期内也可完成花芽分化的全过程。对新梢适时摘心和除副梢，可缩短花芽分化过程。如果冬芽被迫当年萌发，可以开花结果。许多品种的夏芽边形成，边萌发，边形成花序、开花结果，在生长期较长的地区可以成熟，称为一年多次结果。

4. 开花和结果　葡萄是圆锥花序，一般着生在新梢的3～8节上，可连续1～6穗。每个花序有200～1 500朵花，花很小，绝大多数品种有两性花，自花授粉可以正常授粉受精和坐果。葡萄在日平均气温15℃以下时开花很少，18～21℃时开花量迅速增加，在26～32℃花粉萌发率高，花粉管伸长快，数小时内可进入胚珠。葡萄大多数品种花期为6～10 d，始花后2～3 d进入盛花期，盛花后2～3 d开始出现生理落果现象。

葡萄每个花序花很多，落花落果较严重，花期低温或阴雨天气、生长前期树体内贮藏营养不足、新梢过旺生长均加剧花果脱落。合理施肥、保持树势健壮、喷施植物生长调节剂和微量元素、结果枝花前摘心、疏花序、控制副梢等均有利于提高坐果率。

5. 浆果发育　葡萄坐果后，浆果迅速膨大，其生长发育经历3个时期。第1期为快速生长期，是果实重量和体积增长的最快时期，此期持续35～49 d。第2期为缓慢生长期，种皮迅速硬化，胚发育达最大体积，浆果酸度高，开始糖的积累，色泽出现变化，此期持续14～28 d。第3期为浆果膨大期，浆果体积和重量的增加主要靠细胞的膨大，组织变软，糖积累增加，酸减少，出现品种固有的色泽与香味，此期持续35～56 d。

6. 枝蔓成熟与休眠　葡萄新梢在浆果成熟期已开始木质化和成熟，变为黄褐色，内部积累淀粉等糖类物质，为越冬做准备。秋季落叶后，葡萄植株进入休眠，直到次年树液开始流动时结束休眠。

7. 对环境条件的要求 春季气温10℃时葡萄开始萌芽，生长期最适宜温度为20～30℃，成熟期要求干燥高温，以20～32℃为好，温度低会使品质下降，含酸量高。葡萄不同器官对低温的抗性不同，春季嫩梢和叶片在－1℃时受冻，花序0℃时受冻。秋季叶片和浆果在－3～－5℃时受冻，休眠期成熟的枝蔓芽眼可耐－15～－22℃的低温，根系一般耐－5～－7℃的低温。山葡萄及砧木品种在休眠期内抗寒力很强。

葡萄是喜光树种，除建园时要求选背风向阳的园址外，行株距、整形修剪合理能提高产量和品质。葡萄对降水量适应范围大，但花期阴雨会造成坐果不良，成熟期多雨易引起裂果和果实腐烂。

葡萄对土壤的适应性很强，在各种类型的土壤上均能栽培，但最适宜的是沙质壤土。葡萄较耐盐碱，土壤pH 5.8～7.5时生育表现较好，含盐量0.14%～0.2%时生长正常。

（二）建园

1. 品种选择 目前我国葡萄按用途划分的鲜食优良品种有巨峰、阳光玫瑰、克瑞森、户太八号、甜蜜蓝宝石、乍娜、京亚、无核白鸡心、无核白、无核紫、京早晶、金星无核、红脸无核、里查马特、牛奶、龙眼、红地球、秋黑、圣诞玫瑰、红木纳格、京超、美人指、紫珍香、早生高墨、藤稔等；酿酒优良品种有霞多丽、贵人香、雷司令、白诗南、白玉霓、白羽、黑比诺、赤霞珠、蛇龙珠、品丽珠、梅露特、佳利酿等。

葡萄浆果较不耐贮运，鲜食品种最好在靠近城市的交通发达地区栽培，远离市场、交通不便的地区应选择耐贮运的鲜食品种。选择鲜食品种时，注意选外观美、品质优、市场售价高的品种，还应早、中、晚熟品种合理搭配，以延长鲜果供应期。酿酒品种是由酿酒厂根据酒型需要选择。选择品种时必须认真考虑早果、丰产、稳产、抗性和适应性强、管理简便等问题。

2. 园地选择和栽植 葡萄是适应性很强的蔓性果树，建园范围宽阔，除在条件良好的肥沃平地建园外，更应注意利用山地、河滩、盐碱地，经过土壤改良发展葡萄生产，还可以进行路旁、林旁、庭院和水旁栽植。

葡萄的栽植方式和密度常因地区、架式、品种等而不同。在冬季不需埋土防寒或轻度埋土的地区，葡萄栽植以篱架较为合适，行株距为（2～3）m×（1～2）m；在冬季气候寒冷，葡萄需大量取土防寒的地区，行距应宽些，多采用棚架，一般大棚架行株距为（6～8）m×（1～2）m，小棚架为（4～6）m×（1～2）m。栽培生长势弱的品种，行株距宜小；生长势强的品种，行株距宜大。

我国北方葡萄以春栽为主，在萌芽前后进行。南方地区可在葡萄休眠期任何时间进行定植。栽植前先开深沟或挖大穴，回填时施有机肥，灌水使土沉实；对苗木进行修剪，地上部剪留2～4个芽。栽植深度扦插苗以原根颈与土面平齐，嫁接苗接口离地面15～20 cm为宜。栽后灌一次透水，水下渗后将苗木培一土堆，防止芽眼抽干。

（三）栽培技术特点

1. 土壤改良和耕作 除建园时需对土壤进行改良外，在以后的栽培中还需经常进行深翻扩穴、加肥换土、修筑和维护水土保持工程。目前葡萄园土壤耕作仍以清耕法为主，一年进行几次中耕除草。有条件的地方可进行果园生草或覆草。幼龄园内可间作甘薯、花生、绿豆或绿肥等。

2. 施肥　日本小林章提出生产 100 kg 玫瑰露葡萄需吸收三要素的量为氮 0.60 kg、磷 0.30 kg、钾 0.72 kg。我国辽宁、河北葡萄丰产园施肥经验是：每 1 kg 果施 2 kg 有机肥，每 100 kg 有机肥混入过磷酸钙 1～3 kg，随秋施基肥施入土壤深层；速效磷钾化肥按每 100 kg 果全年追施 1～3 kg。

基肥每年采果后施入，以有机肥为主，与磷、钾肥混合施用，常沟施或撒施，主要施肥部位是植株周围根系密集处。追肥一年需多次，出土至开花前施 1～2 次速效氮肥，坐果后施 1 次氮磷钾复合肥，浆果膨大期施 1 次磷钾复合肥。葡萄对钾的需求量超过氮和磷，因此，钾施用量与氮等同或高出为宜。

3. 灌水和排水　葡萄生长量大，春季需水多，出土后至萌芽前灌水可促进萌芽和新梢生长；花序出现至开花前灌水可促进枝叶生长和花序增大；开花后至浆果着色前灌水 2～4次，有利于浆果膨大；入冬前灌封冻水有利于越冬。

葡萄一年中灌水次数较多，每次灌水最好浸透 40 cm 土层。灌水方法主要是漫灌法，有条件的地方可用喷灌或滴灌。葡萄的耐涝性强，但多雨的南方地区或北方低洼盐碱地葡萄园应注意雨季排水。

4. 整形修剪

（1）架式　葡萄是蔓生植物，需要支架才能获得丰产优质。我国常用篱架和棚架栽培。

①篱架：篱架架面与地面垂直，沿行向每隔一定距离设立支柱，拉数道铁丝引缚枝蔓。篱架是国内外应用最广的一种架式，适于平地、缓坡地栽培生长势中等及较弱的品种。主要有单臂篱架、T 形架（宽顶单篱架）、双“十”字 V 形架、单“十”字飞鸟架等类型。

②棚架：棚架是在垂直的立柱上架设横梁，横梁上拉铁丝，形成水平或倾斜的棚面，葡萄枝蔓分布在棚面上。适于山地、丘陵地、寒地、南方高温多湿地区及庭院栽培应用。架长或行距大于 6 m 者称为大棚架，小于 6 m 者称小棚架，目前生产上小棚架应用较广泛。

（2）整枝形式　葡萄的整枝形式主要有以下几类。

①扇形整枝：植株有主干或无主干，有较长的主蔓，主蔓上着生枝组和结果母枝，有的还分生侧蔓，主蔓数量为 4～6 个或更多，在架面上呈扇形分布。扇形整枝可用于篱架或棚架。当前广泛采用的无干多主蔓扇形，其优点是整形容易、结果早、产量高。

②龙干形整枝：其特点是培养由地面或 1 个主干上发生的 1 至数条主蔓（称龙干），每条龙干从葡萄架后部延伸到架前部。结果枝组按 20～30 cm 距离直接着生在龙干上，枝条实行短梢修剪。按每株龙干的数目分为独龙干形、两条龙干形和多条龙干形。龙干形便于棚架栽培和埋土防寒，整枝技术简单易行。

③水平形整枝：篱架栽培时，有 1 个主干，只在 1 道铁丝上双向分布 2 个主蔓的称单层双臂水平形；在 1 和 2 道铁丝上各双向分布 2 个主蔓称双层双臂水平形。水平棚架栽培

时，有1个与架面高度相近的直立主干。在主干顶部着生2个相反方向的主蔓。水平形适合于冬季不埋土地区应用。

（3）修剪　葡萄生长旺盛，枝密芽多，修剪较其他果树更为重要。

冬季修剪一般在落叶后至次年树液流动前进行。主要目标是调节单株芽眼负载量、结果母枝数及其长度，稳定树势，促进健壮生长，保持旺盛的结果能力。冬剪时将结果母枝剪留1～4节称短梢修剪，5～7节称中梢修剪，8～15节称长梢修剪。对生长势旺、基部芽结实力低的品种，宜采用中、长梢修剪；对生长势中庸或较弱的品种，宜用中、短梢修剪。但由于气候条件和栽培方式差异，同一品种在不同地区应采用不同的修剪方式。

成龄葡萄单株和单位面积冬剪留芽量，一般北方管理较好的鲜食葡萄园，留4～6芽保证1 kg果，如果每公顷30 000 kg果，则留芽120 000～180 000个；南方8～10个芽可保证1 kg果，如果每公顷22 500 kg果，则留芽180 000～225 000个。

夏季修剪经常进行的工作有抹芽、疏枝、摘心、副梢处理、疏花序、掐花序尖、除卷须及新梢引缚等。由于冬季留芽数多，萌发后要根据树势和架面大小去掉一部分新梢。一般是保留结果枝，疏除过多过密的发育枝。开花前将结果枝顶端摘去5～10 cm，能提高坐果率。副梢处理有两种方法：一是结果枝只留顶端一副梢，其余抹去，副梢每次留2～3叶反复摘心；二是抹去花序以下的副梢，花序以上的每次留1叶反复摘心。

二、猕猴桃

猕猴桃是一种藤本果树，在我国栽培产区主要是陕西、河南、四川、湖南、贵州、江西、湖北等地。猕猴桃酸甜适口，营养价值高，丰富的维生素C、钾及微量元素是维持心血管健康的重要营养成分，维生素C还能阻断致癌物质*N*-亚硝基吗啉的合成。除鲜食外，猕猴桃果实还可加工成果汁、果酒、果酱、果脯、罐头等。猕猴桃树形优美，花色艳丽，可用于园林绿化。

（一）生物学特性

1. 根系生长　根系为肉质根，由强大的侧根系组成，主根在苗期已萎缩消失。浅根性植物，根系主要分布在20～60 cm的土层中，水平分布长度为冠径的3倍左右。根系一年有3～4次生长高峰。第1次在伤流期，生长弱；第2次在新梢迅速生长期后；第3次在果实迅速膨大期后；第4次在采果后到落叶前。猕猴桃根系由于根压大，春季伤流较严重，伤流期不能修剪。

2. 枝叶生长　猕猴桃地上部主要包括主干、主枝、侧枝、结果母枝、结果枝和营养枝。营养枝按强弱分为徒长枝、普通营养枝和短枝。徒长枝生长势强，直立，长达3～4 m，节长芽小；普通营养枝长势中等，长1～2 m，芽大饱满；短枝生长细弱，长约20 cm，易枯死。结果枝按长度分为5种：10 cm以下的称短缩果枝；10～30 cm的称短果枝；30～50 cm的称中果枝；50～100 cm的称长果枝；100 cm以上的称徒长性果枝。

中华猕猴桃在武汉地区新梢年生长期约170 d，分3个时期。自展叶至落花为新梢生长前期，约40 d；从果实开始膨大至8月上旬为旺盛生长期，约70 d；从8月中旬至9月下旬新梢基本停止生长，约60 d。各时期生长量分别占全年生长量的17%、70%和13%。

猕猴桃枝条一般长到 80 cm 开始顺时针旋转，缠绕在架面上。枝条生长后期顶端会自行枯死。叶片生长从 3 月下旬开始，4 月上旬展叶，5 月下旬生长最快，到 6 月上中旬基本停长，单叶生长期 38 d 左右。

3. 花芽分化 猕猴桃花芽分化分为生理分化和形态分化两个阶段。生理分化一般在开花前一年的 7 月中下旬至 9 月上中旬；形态分化从开花当年芽萌发开始，到花蕾露白前完成，需 50～60 d。影响花芽分化的因素有树体营养及生理状态、环境因素和栽培管理措施等，一般有利于促进树体营养积累的内外因素都有利于花芽分化。

4. 开花结果习性 猕猴桃为雌雄异株果树，雌花、雄花都是形态上的两性花、生理上的单性花，雌花雄蕊退化，不能授粉。猕猴桃花序为双歧聚伞花序。花芽为混合芽。在春季先抽生新梢，在新梢中、下部叶腋着生花序，一般 1～3 朵。雌花的花序一般顶花发育，侧花退化，多单生在结果枝第 2～6 节。雄花多为聚伞花序，常 3 朵，从花枝基部无叶节着生。美味猕猴桃在南方 4 月下旬至 5 月上旬开花，在北方 5 月中下旬开花，花期 5～12 d。开花主要在白天。

猕猴桃除昆虫授粉外，风也能传粉，一般坐果率高达 90%。结果母枝从基部 3～7 节抽生结果枝，结果枝于基部 2～3 节开始开花结果，一个结果枝一般着生 2～5 个果实。

5. 果实发育 猕猴桃果实发育期为 130～160 d，有 3 个明显阶段。自 5 月上中旬坐果后至 6 月中旬为快速生长期，此期果实的体积和鲜重可达成熟时的 70%～80%；自 6 月中下旬至 8 月上中旬为缓慢生长期；自 8 月中下旬至采收为微弱生长期，此期果实生长量很小，但营养物质积累很快。

6. 对环境条件的要求 猕猴桃要求温暖湿润的气候条件。美味猕猴桃和中华猕猴桃要求年平均温度分别为 13～18℃和 14～20℃，1 月平均温度分别为－4.5～5.0℃和－3.9～4.0℃，极端最低温度分别为－20.3℃和－12.0℃，无霜期分别为 160～270 d 和 210～290 d。美味猕猴桃在春季气温升到 10℃以上时萌芽，15℃以上时开花，20℃以上时结果，秋末气温下降到 12℃以下时开始落叶休眠，冬季 950～1 000 h 低于 7.2℃的低温积累可满足休眠的需要。早春寒冷、晚霜低温、盛夏高温、晚秋的突然降温和早霜常影响猕猴桃生长发育。

猕猴桃是中等喜光树种，喜漫射光，忌强光直射，要求日照时数为 1 300～2 600 h，以自然光照度的 40%～50%为宜。幼苗期喜阴凉，栽后需遮阴保护。猕猴桃喜潮湿，怕干旱，不耐涝，自然分布区年降水量为 600～2 000 mm，空气相对湿度 75%以上。

猕猴桃要求非碱性、非黏重土壤，在土层深厚、疏松肥沃、排水良好、腐殖质含量高、团粒结构好、土壤持水力强、通气性好的土壤上生长好。猕猴桃适宜的土壤 pH 为 5.5～6.5。

（二）建园

1. 品种选择 目前我国美味猕猴桃栽培的优良品种有海沃德、秦美、翠香、亚特、徐香、徐冠、米良 1 号、金魁、贵长、川猕 1 号、华美 1 号等，雄性品种有马图阿、陶木里、周 201、郑雄 3 号、湘峰 83－6 等；中华猕猴桃栽培的优良品种有早鲜、魁蜜、庐山香、红阳、脐红、金艳、华优、金丰、hort－16A、贵蜜、皖蜜、华光 2 号、武植 3 号、翠玉等，雄性品种有郑雄1号、厦亚18号、磨山4号等。

猕猴桃品种选择应因地制宜，选栽优良品种，注意早、中、晚熟品种合理搭配，延长鲜果供应期，还应适当发展加工品种。猕猴桃栽培品种为雌雄异株，因此为主栽品种配置比例适当的雄性品种，才能保证正常授粉受精，提高产量和果实质量。雌雄品种配置比例为（5～8）：1。

2. 园地选择 平地、丘陵地是猕猴桃建园的好场所，山地要选择比较平坦的缓坡地，不宜选择在山顶或其他风口上。高温、干旱威胁严重的山地不宜建园。有大风的地区要设防护林。所选园地应交通方便、地势平坦、土壤肥沃、有灌溉条件，以利树体正常生长，获得高产优质。

3. 栽植 猕猴桃的栽植密度应根据架式、地形、土壤肥力、品种生长势和管理水平确定。目前生产上篱架栽培一般株行距可密一些，山地为3 m×3 m，平地为3 m×4 m。T形长方形栽培一般株行距为3 m×4 m，也可加密为2 m×4 m和1.5 m×4 m。T形正方形栽培一般株行距为3 m×3 m。

在冬季较温暖、无冰冻地区，猕猴桃秋季栽植好，翌春萌发早，抽梢快，生长旺。在冬季严寒、土壤冻结的地区宜春季栽植，约在萌芽前半个月为好。栽植前先挖大穴，一般穴大小为1 m×1 m，深60 cm左右。然后施足基肥，将肥料和表土混匀填入穴中。栽植时剪去干枯根，剪短过长根，将苗木根系在穴中向四周展开，填土踏实。栽植深度以灌水土壤下沉后原根颈与地面平齐为宜。栽植后及时灌透水是保证成活的基本措施。

（三）栽培技术特点

1. 土壤管理 幼龄园每年秋季进行深翻扩穴，结合压秸秆和施有机肥，深度应达50 cm，3～4年全园深翻一遍。成龄园每年秋季或春季进行一次全园耕翻，深20～30 cm，疏松土壤。4～9月杂草生长旺季进行中耕除草4～5次。北方产区高温干旱季节树盘覆草或覆玉米秸秆，避免高温伤害根系。

2. 施肥 施基肥在每年采果后到地冻结前进行，以有机肥为主，加入一定量的速效化肥。幼树环状或条沟状施肥，大树盘施或全园撒施。追肥一年3次，催梢肥在3月上旬发芽前施入，促果肥在花后5月下旬至6月上旬施入，壮果肥在果实开始迅速膨大时的6月下旬至7月上旬施入。追肥以化肥为主，可在树盘内沟施、穴施或撒施。

3. 灌水及排涝 猕猴桃叶片大，蒸发量大，应及时补水。北方产区常年灌水4～5次可满足生长需要，分别在发芽前、花前或花后、幼果膨大期和冬季进行。每次灌水量以渗透到根系分布最多的土层为度。目前生产上灌水方法以漫灌、沟灌为主，有条件的地区可采用喷灌或滴灌。

猕猴桃不耐涝，多雨的地区或低洼地应注意雨季及时排水。

4. 整形修剪

（1）架式 猕猴桃通常采用的架式有T形架、篱架和棚架。T形架是目前最流行的架式，通风透光，病虫害少，投资较少，作业方便，但结果面积小。篱架生产成本低，但受地形限制，结果面小，产量低。棚架的支柱用长横梁架起，枝蔓铺满架面，结果面大，产量高，稳定性好，但成本高，盛果期密闭，通风透光不良。美味猕猴桃生长旺盛，多以中、长枝结果，故采用T形架和棚架为宜；中华猕猴桃以中、短果枝结果为主，既可采用T形架和棚架，也可采用篱架。

（2）整形

①T形架整形：植株栽于两立柱中央，选1～2个壮梢作主干，在第1道铁丝处培养3～4个主蔓，两个相反方向的枝作为第1层永久性主蔓，余下的枝蔓继续生长至架面，然后培养第2层永久性枝蔓。在每个主蔓上每隔40～50 cm留一侧蔓，直到枝蔓占满架面空间。

②水平棚架整形：将植株栽于架中央，选1个生长强壮的枝作主干，待植株生长到架面时，在架下15～20 cm处摘心，分生的2个枝作为主蔓，分别引向架面两端。在主蔓上每隔40～50 cm留一结果母枝，来年结果枝组上每隔30 cm均匀配备结果枝开花结果。

③篱架整形：栽植时用2 m左右的竹竿插在树旁作支架，每树选1个强壮新梢绑于竹竿上作主干培养，在铁丝下10～15 cm处剪截，长出的2个枝梢向铁丝两边绑缚成为主蔓，成单干双臂单层水平形。从主干上再选1个枝梢让其向上生长，于第2道铁丝下短截，培养2个枝梢向铁丝两边绑缚而成单干双臂双层水平形。也可以从第2道铁丝再向上多培养1层主蔓，发展成单干双臂三层水平形。篱架整形在主蔓上每隔30～40 cm留一侧蔓，侧蔓向铁丝架两边下垂，其上抽生结果枝。通过修剪，让主蔓上生长的侧蔓、结果母枝及结果枝相互错开，均匀占满架面。

（3）修剪　猕猴桃修剪按季节分为冬季修剪和夏季修剪。

①冬季修剪：冬季修剪一般从落叶后至次年伤流发生前进行。冬剪可调节树上侧蔓、结果母枝数量和芽数，调节树势，促进萌发新梢，调整生长、结果、衰老和更新的关系。主要采用疏枝、短截和回缩方法。

冬剪时对长势旺盛的徒长枝和徒长性结果枝从12～14芽处剪截，长果枝从盲节后7～9芽处剪截，中果枝从盲节后4～6芽处剪截，短果枝从盲节后2～3芽处剪截。发育枝修剪视其空间枝条的强弱而定，需要时适当保留，过密时疏除。疏除病虫枝、交叉枝和重叠枝。雄株一般不进行冬剪，待第2年开花后再修剪。

②夏季修剪：夏季修剪从伤流结束到秋季来临前进行。夏剪可使枝条分布均匀，通风透光好，枝蔓不相互缠绕，提高果实品质，促进枝芽成熟和花芽分化。

夏剪的方法有抹芽、摘心、短截、疏枝和绑蔓。萌芽前后抹去从主干或主蔓、侧蔓上长出的过密芽，枝条背部的徒长芽，双生芽和三生芽。开花前10 d将结果枝从花序以上5～8节处摘心，发育枝长到80～100 cm摘心，萌发的副梢长到2～3片叶反复摘心。坐果后1～2周内疏除过多的发育枝、细弱的结果枝及病虫枝，短截长旺枝及交叉枝、缠绕枝和下垂枝。生长季节还应及时、多次绑蔓，使枝条在架面上均匀分布。

5. 花果管理　在猕猴桃花期，当虫媒或风媒等自然条件不具备时，可通过花期放蜂、鼓风和人工授粉等措施，促进充分授粉受精和结果。

猕猴桃花量大，坐果率高，为提高果实品质，必须疏花疏果。疏花时保主花疏侧花。健壮果枝留花5～6朵，中等枝留花3～4朵，弱枝留花1～2朵。疏果时，尽可能保留果枝中部果，其个大质优。

猕猴桃果实达到生理成熟后即可采收。采收的标准是以可溶性固形物的含量为依据，美味猕猴桃采收的可溶性固形物含量为6.2%～6.5%，中华猕猴桃为6.0%。

三、柿树

柿树是我国原产果树之一，目前产量高的地区有广西、河北、河南、陕西、福建、江苏、安徽、山东、广东等。柿果实色泽艳丽，味甜多汁，营养丰富。除鲜食外，还可制成柿饼、柿干、柿脯，并有一定的药用价值。柿树是优良的观赏树种，树冠开张，叶大光洁，夏季可遮阴纳凉，入秋碧叶丹果，艳丽悦目，晚秋红叶胜枫叶，不论大田栽培，还是行道庭院、"四旁"种植，都有美化环境的重要作用。

（一）生物学特性

1. 根系生长 北方君迁子砧木根系分布浅，分支力强，细根多，根系大多分布在10～40 cm的土层内，水平根分布为冠幅的2～3倍，根系生长力强，耐瘠薄土壤。南方半野生柿树砧木根系分布较深，侧根和细根较少，耐寒性较弱而耐湿性强。

柿树根系春季开始生长比地上部晚。在山东泰安柿根系一年有3次生长高峰，第1次在新梢停长后至开花前的5月上中旬；第2次在花后至果实快速生长前的5月下旬至6月上旬，此期根系生长量最大；第3次在7月中旬至8月上旬。9月下旬后，随气温的下降，根系逐渐停长。

2. 枝叶生长 柿树枝条分为结果母枝、结果枝、生长枝和徒长枝。着生混合花芽的枝条称结果母枝。春季由混合花芽抽生的枝条称结果枝，结果枝大多由结果母枝顶芽及其以下1～3个侧芽发出。不开花结果的枝条称生长枝，柿树生长枝一般较短而弱，由结果母枝中下部侧芽发出。徒长枝大多由潜伏芽发出，生长时间长，生长量也大，1～2年后即可结果。

柿树在12℃以上萌芽，北方多在4月上旬。新梢生长自展叶开始（4月中旬），以后逐渐加速，至4月下旬生长最快，5月上旬后生长减缓，5月中旬开花前停止生长，长枝生长期为30 d左右。柿树的叶片为单叶，生长期45～55 d。

3. 开花、坐果和果实生长 柿树每一结果枝着生雌花1～9个，以第3～7节上的花坐果率高。结果枝越健壮，结实率越高，果实也大。结果枝结果后一般顶端只能形成叶芽，常出现隔年结果现象，但生长势强、营养水平高的健壮结果枝在结果的同时能形成混合芽，柿树是以壮树、壮枝、壮芽结果为主的果树。

柿树的花有3种类型。雌花一般单生于结果枝的叶腋间，雄蕊退化，不需授粉受精能结成无籽果实，称单性结实，我国柿树栽培品种多属于这一类型。雄花一般1～3朵聚生于弱枝或结果枝的下部，比雌花小，吊钟状，雌蕊退化，雌雄同株而异花，我国栽培柿树少数属此类。两性花在栽培品种上很少有，野生柿树上常见。柿树开花在展叶后30～40 d，日平均温度需17℃以上，开花延续时间多数品种为6 d。

柿树在开花前随枝条的迅速生长花蕾有脱落现象，花后14～28 d生理落果较重，占落果总数的60%～80%，以后落果显著减轻。脱蕾主要是由花芽分化不完全引起；落果主要是由树体营养不足，果实与枝叶或果实之间养分竞争剧烈引起。一些单性结实力低的品种如富有、松本早生等，如果缺少授粉树或花期低温阴雨，使授粉受精不良也会落果。

柿树果实生长全过程需 150 d 左右，有两次生长高峰。第 1 次在坐果后至 7 月中下旬，主要为细胞分裂阶段；第 2 次在成熟前 1 个月左右至成熟，主要是细胞膨大及果内养分的转化。

4. 花芽分化 柿树的花芽为混合芽，大多在新梢停止生长后 1 个月开始分化。镜面柿在河南 6 月中旬出现花原基，7 月中旬进入萼片分化期，以后直至翌年 3 月以前，花器的分化处于停顿状态，3 月下旬分化花瓣，4 月上旬分化雄蕊，4 月中旬分化雌蕊，每一花器的分化期相隔 15 d 左右。

5. 对环境条件的要求 柿树性喜温暖，在年均温 10～21.5℃的地方都可栽培，以年均温 13～19℃的地方最适宜，甜柿（13℃以上）要求的适温比涩柿（10℃以上）高。涩柿冬季温度在－16℃时不发生冻害，能耐短期－18～－20℃的低温；但甜柿耐寒力较弱，－15℃时会发生冻害。

柿树为喜光树种，栽培要求光照充足。对降水量的适应范围较广，在南方年降水量 1 500 mm 的地方生长结果正常；在北方年降水量 500～700 mm 的地方，生长发育良好，产量高，品质优。

柿树对土壤要求不严，山地、平地、沙地均可栽培生长，但以土层深厚、地下水位在 1 m 以下、含有机质多、通气良好的壤土或黏壤土为宜。土壤 pH 在 6～7.5 生长最好，土壤含盐量不得超过 0.3%。

（二）建园

1. 品种选择 柿分甜柿和涩柿两大类，甜柿又分完全甜柿和不完全甜柿。目前我国栽培推广的完全甜柿优良品种有富有、次郎、松本早生、上西早生、伊豆、新秋、阳丰、骏河等；不完全甜柿优良品种有西村早生、禅寺丸。优良涩柿品种有磨盘柿、火晶柿、文山火柿、大红柿、七月早、博爱八月黄、镜面柿、小萼子、眉县牛心柿、绵瓤柿、鸡心黄、荥阳水柿、安溪油柿等。交通方便的城镇附近或工矿区应选择果大、色艳、味美、质优的鲜食品种；交通不便的偏远山区，则应选择果实中等大、果形整齐、果面平滑、出饼率高、饼质好的品种。

柿树多数品种单性结实，不需配置授粉树，但富有、伊豆、松本早生等品种单性结实能力弱，西村早生、甘百目等品种果内种子少则脱涩不完全，均应配置授粉树。甜柿中禅寺丸和赤柿是良好的授粉树。配置时与主栽品种的比例为 1：（8～15）。

2. 栽植 柿树根含鞣质较多，受伤后难愈合，发根难，恢复较慢，因此栽前挖苗时应多保留根系，运输途中防根失水，否则栽植成活率低，生长慢。柿树根系抗寒性不强，较寒冷地区定植和栽培中应注意培土防寒，保护根系。

选用品种纯正、质量优良的苗木栽植。栽植时间南方在 11～12 月进行，北方在春季 3 月进行。滩地和肥沃土地可按（4～6）m×（6～8）m 株行距栽植，瘠薄地或山地可按（4～5）m×6 m 栽植。为了早期丰产高效，可进行计划密植，即在株间、行间或株行间加密栽植，待树冠相接后逐步缩伐或间伐。实行柿粮间作时按株距 6 m、行距 20～30 m 栽植，最好南北行向，以减少农作物遮阴时间，提高光能利用率。柿树栽后要及时灌水、培土，尽早定干，促进苗木成活和生长。

（三）栽培技术特点

1. 土肥水管理 加强土壤管理是柿树丰产的措施之一。土壤瘠薄、质地坚硬的柿园进行深翻扩穴，增厚土层，疏松土壤；生长期注意中耕除草，防止草荒。幼树园可间作花生、甘薯、豆类或矮秆作物。山地、丘陵地柿园应修梯田、挖撩壕，做好水土保持工作。

柿树需氮和钾多，幼树期应偏重氮肥，以促进生长，提早结果。大树注意钾肥施用，尤其在果实膨大后期。柿根细胞渗透压低，施肥时浓度要低，最好少量多次，防止浓度过高伤根。

柿树基肥宜采收前后施入，以有机肥为主，幼树每株施 50～100 kg，大树 100～200 kg。第 1 次追肥在新梢停长后至开花前施入，以氮肥为主；第 2 次在生理落果后进行，以钾肥为主。追肥量因结果多少、树势强弱、土壤肥瘦等情况而异。施肥方法常用环状、条沟及放射状施肥法。根外追肥一般在花期及生理落果期每隔半个月喷 1 次 0.3%～0.5%尿素液，生长季后期喷 0.3%～0.5%的磷酸二氢钾或 0.5%～1.0%的硫酸钾。

柿树灌水时期视土壤干旱和降水情况而定。我国北方地区一般在春季萌芽前灌水，促进枝叶生长及花器发育；开花前后灌水利于坐果；施肥后灌水，可及时吸收利用养分。灌水量为幼树每株 50～100 kg，成年树 100～150 kg。灌水方法有盘灌、沟灌、穴灌等。在无灌溉条件的旱地柿园，可进行树盘覆膜或覆草保墒。

2. 整形修剪

（1）整形 柿树多用自然开心形和主干疏层形，高度密植园可采用 Y 形。

主干疏层形干高 1 m 左右，柿粮间作 1～1.5 m，主枝在中心干上成层分布，第 1 层 3 个，第 2 层 2 个，第 3 层 1 个，上下两层主枝相互错开，层间距离 60～70 cm。各主枝上着生 2～3 个侧枝，两侧枝距离约 60 cm，侧枝上着生结果枝组。

（2）修剪 幼树冬季修剪的主要任务是培养骨架、开张角度、整好树形，应选留好主枝和侧枝，短截骨干枝的延长枝，开张骨干枝角度，缓和长势，促进花芽形成。

成年树冬剪应注意树冠通风透光，控制结果部位外移，加强结果枝的更新。可分年疏除冠内过多的大枝，疏除病虫枝、干枯枝、细弱枝、密生枝及位置不当的徒长枝。结果枝结果后可留基部隐芽重短截或缩剪到下部分枝处，防止结果部位外移。结果母枝过多时，对部分留 3～5 芽短截作为预备枝。回缩过高过长的大枝，促使后部发生更新枝。对短而细弱的枝组先放后缩，增加枝量，促其复壮。

夏季修剪时幼树萌芽后将整形带以下的萌芽全部抹去，大树抹除剪锯口萌芽，生长季疏除大枝上或内膛过密新梢，有利用价值的徒长枝长至 20～30 cm 时摘心，促发二次枝。在落花前后对健壮的幼树或强旺大树进行主干或主枝环剥，宽度 0.5 cm 以下，可促进花芽形成，提高坐果率。在 6～8 月对角度小而强旺的枝条进行拉枝，开张树冠，促进中下部芽充实，利于翌年形成结果枝。

3. 采收 采收根据用途在不同时间进行。作脆食的应在果实达固有大小、皮变黄色时开始采收，甜柿类需待外皮转红而肉质尚未软化时采收品质佳；作软食的以果实黄色减褪而充分变红时采收为好；作柿饼用的柿果，在果皮黄色减褪而稍呈红色时采收最好。

柿果采收常用折枝法和摘果法两种，恰当折枝采果，能促发新枝，回缩结果部位，但若折断母枝过多，会影响翌年产量。柿树采果时应剪去果柄，轻拿轻放，筐内要衬垫软物，盛装不宜过满。

第四节 坚果类果树

坚果类果树主要有核桃、板栗、榛子、银杏、阿月浑子、澳洲坚果等。果实外面多具有坚硬外壳，食用部分多属种子，含水分较少，富含淀粉或脂肪。其中以核桃和板栗两种果树在我国栽培面积较大。

一、核桃

核桃是我国栽培历史悠久的树种之一，在我国分布广泛，种植面积和产量均居世界首位，其中云南、四川、陕西、山西、河北、新疆、贵州、山东是核桃生产大省（自治区），尤以云贵高原中部、太行山区、塔里木盆地、秦岭山区等地最为集中。核桃营养价值很高，核桃仁含蛋白质15%左右，脂肪65%，碳水化合物11%，还含有钙、磷、铁等矿质元素及多种维生素。核桃仁既能鲜食、干食，又可加工成各种饮料、糕点和食用油，具有顺气补血、温肠补肾、止咳润肺、美发润肤、健脑益寿的功效。

（一）生物学特性

1. 根系 核桃为深根性树种，主根发达，侧根水平延伸较广，须根密集。1～2年生实生苗垂直根生长较快，地上部生长较慢；3～4年生幼树侧根数量增加，扩展较快，地上部生长相应加速，以后枝干生长速度超过根系。

早实核桃较晚实核桃侧根发达，细根数量是晚实核桃的3～4倍，有利于养分和水分的吸收，是提早形成雌花芽和提早结果的条件。

2. 枝条 核桃枝条上芽异质性和顶端优势明显，可分为营养枝、结果枝和雄花枝3种。

（1）营养枝 营养枝是指只着生枝叶不开花结果的枝条，又可分为发育枝和徒长枝两种。发育枝是由上年的叶芽萌发而来，不着生雌花芽，顶芽为叶芽，萌发后只抽生枝条，不开花结果，是扩大树冠和形成结果枝的基础；徒长枝是树冠内多年生枝上的休眠芽（或潜伏芽）受到外界刺激萌发抽生出来的旺枝，生长快，节间长，但枝叶不充实，易消耗大量营养，如控制得当，也可形成结果枝组。

（2）结果枝 着生混合花芽的结果母枝，翌年春萌发出顶端着生雌花芽的枝条称为结果枝。按长度可分为长果枝（大于20 cm）、中果枝（10～20 cm）和短果枝（小于10 cm）。长10～20 cm、粗1 cm左右的结果母枝，坐果率高。

（3）雄花枝 雄花枝是指生长细弱，仅顶芽为叶芽，其余均为雄花芽的枝条。多在老弱树和树冠内膛弱枝上形成。雄花枝多是树弱或劣种的表现。

3. 芽 核桃的芽分为混合花芽（雌花芽）、雄花芽、叶芽和休眠芽。

（1）混合花芽 芽体肥大，近圆形，鳞片紧包，萌发后抽生结果枝。晚实品种混合花芽着生在一年生枝顶部1～3节，单生或与叶芽、雄花芽上下呈复芽状生于叶腋间。早实品种除顶芽为混合花芽外，其余2～4侧芽也为混合花芽。

（2）叶芽（营养芽） 叶芽主要着生在营养枝顶端及叶腋间，结果母枝混合花芽以下，单生或与雄花芽叠生。叶芽呈宽三角形，具棱，在一枝中由下向上逐渐增大，萌发后形成营养枝。早实品种叶芽较小。

（3）雄花芽 裸芽，实为一雄花序，多着生在一年生枝的中部或中下部，单生或叠生。短圆锥形，鳞片极小，不能被覆芽体，伸长生长后形成雄花序。

（4）休眠芽（潜伏芽） 休眠芽扁圆瘦小，一般不萌发，寿命长，多着生于枝条的中部和基部，位于雄花芽和叶芽的下方。潜伏芽潜伏力和萌发力强，受到刺激后萌发，有利于枝条的更新复壮。

4. 花芽分化 早实品种一般播种后2～3年开始结果；晚实品种开始结果年龄较晚，如用优良品种嫁接，2～3年也可结果。核桃进入结果期后，每年花芽分化需要经过一系列生理生化的变化、营养物质的积累、内源激素的平衡等过程，也受遗传物质的制约和栽培技术的影响。

（1）雌花芽分化 核桃的雌花芽为混合花芽，其分化过程为分化始期、雌花原基出现期、总苞和花被原基出现期，整个分化期需10个月左右。在枝条贮藏营养较多、光照和温度适宜的条件下雌花芽才能分化出来，其分化的多少与栽培管理水平有密切关系。正常情况下，在中短枝停长后3～7周（6月中下旬至7月上旬）开始生理分化，中短枝停长后4周开始形态分化，雌花原基出现为10月上中旬。入冬前可分化出苞片、萼片、花被原基，休眠期停止分化，翌年3月中下旬继续完成花器各器官的分化，直至开花。

（2）雄花芽分化 核桃的雄花芽5月在叶腋间形成，翌春分化完成，到散粉约需12个月。雄花芽在整个夏季变化很小，5月上旬至6月中旬为雄花芽发育期，6月中下旬至翌年3月为休眠期，4月继续发育，直到伸长为柔荑花序。

5. 开花授粉 核桃为雌雄同株异花，开花期极不一致，即使在同一株树上，雌雄花期亦不一致，称为雌雄异熟，又分为雌先型、雄先型和同时型。在生产上只有雌雄花同时开放才有利于授粉受精和坐果，因此，栽植时应选择雌雄花同时开放的不同品种搭配栽植。

核桃属风媒花，存在雌雄异熟及花粉生活力低等问题，而且天气状况与授粉及坐果关系密切。雌花柱头呈“倒八字”展开并有黏液分泌时是授粉的最佳时期。凡雌花期短、开花整齐者，其坐果率高；反之则低。雌花期5～7 d，坐果率达80%～90%；雌花期8～11 d，坐果率为70%；雌花期12 d以上，坐果率仅为36.9%。核桃花粉粒较大，飞翔能力较差，因此授粉树距离以100 m内为宜。

核桃有孤雌生殖现象，这对生产有重要影响。

6. 果实发育 果实由子房发育而来，从柱头枯萎到总苞变黄开裂，坚果成熟为止，称为果实发育期。核桃果实发育过程呈双S形曲线，大体可分为3个时期：

（1）果实速长期 一般在雌花开放后1～1.5个月内，是果实生长最快的时期，其生长量约占全年总生长量的85%，日平均绝对生长量达1mm以上。

（2）果壳硬化期 又称硬壳期，需 20 d 左右。果壳从基部向顶部变硬，种仁由浆状物变成嫩白核仁，果实大小基本稳定。

（3）种仁充实期 从硬壳到成熟，历时 50～60 d。果实已达应有大小，核桃仁中淀粉、糖、脂肪含量及坚果重量不断增加，总苞颜色褪绿转黄出现裂口即成熟。树体营养状况与核桃仁质量有密切关系。

核桃在迅速生长期落果现象比较普遍，但因各地栽培条件和年份不同也有差别。一般落果为 10%，多者可达 50%。幼果横径生长到 1～2 cm 时落果最多，到硬壳期一般不再落果。

7. 对环境条件的要求 核桃属喜温树种，可耐极端最低温度－25～－30℃，极端最高温度 38℃。但低于－26℃时，枝条、雄花芽及叶芽易受冻害；幼树在－20℃出现冻害。核桃适宜在年平均温度 8～16℃、无霜期 150～240 d 的地区种植。

核桃属喜光树种。光照不足，枝条不充实，花芽分化不良，花量少，坐果率低。盛果期更需充足光照，要求全年日照量不少于 2 000 h；日照量不足 1 000 h，则核壳和核仁发育不良；雌花期光照不良，易造成落果。

核桃根系分布深而广，吸水力强，比较耐旱。无灌溉条件的地区，年降水量在 500 mm 以上，且分布均匀，即能满足核桃对水分的需求。但核桃生长发育需要大量的水分，尤其是新梢生长期和果实发育期，土壤干旱会抑制生长发育。核桃不耐涝，降水过多或长期积水也影响生长发育，严重时出现焦梢，叶片变黄，甚至窒息死亡。

核桃要求土层厚度不小于 1 m，土层过薄不利于根系生长，甚至形成“小老树”，不能正常生长和结果。核桃适宜结构疏松、保水透气良好的沙壤土或壤土。土壤含盐量不超过 0.25%能正常生长，最适土壤 pH 为 6.5～7.8。在土层深厚、水分良好的地块，生长结果良好。

（二）建园

1. 栽植时期 为防止核桃越冬抽条，以早春栽植为好。否则，缓苗期长，当年生长慢。

2. 栽植方式 分集中连片成行栽培和果粮间作两种栽培形式。集中连片栽植，在土层深厚、土质良好、肥水条件较好的地区，行株距应稍大，以 8 m×（6～9） m 较为合适，密度 45～195 株/hm^2；在土层较薄、土质及肥力较差的坡地、沙荒地、盐碱地，行株距应小，以 6 m×（5～7） m 为宜，密度 240～330 株/hm^2。在果粮间作地区，可采用株距 7 m，行距 14～21 m。梯田栽植可随弯就势每台 1 行，不严格要求距离。

3. 幼树越冬防寒 我国北方地区 1～2 年生核桃幼树越冬均有抽条现象，应在土壤结冻前将苗木压倒埋土，或将枝干涂抹凡士林，或用塑料薄膜缠包，以防抽条。

（三）栽培技术特点

1. 土壤管理 土壤管理为核桃根系生长创造良好条件，以保证核桃生长发育健壮，开花结果良好。

（1）土壤翻耕 方法有土壤深翻熟化和刨树盘两种。深翻时期以采收后到落叶前为宜，深度 50～60 cm，结合深翻施入秸秆、杂草等。深翻时不宜伤根太多，尤其是粗度

1 cm以上的根。不宜深翻的树下，可于春、夏、秋刨松树盘土壤，对核桃开花坐果、枝叶生长和果实发育、秋季树体营养积累均有良好效果。

（2）水土保持　核桃不怕深埋，但怕根系外露，所以栽植于山地梯田和坡地的核桃，为保证植株健壮生长，必须修建水土保持工程，防止水土流失。如可在梯田外沿、鱼鳞坑、水平沟含蓄水分的地方种植灌木，加固水土保持工程，防止雨水冲刷。

2. 施肥及灌水

（1）土壤施肥　每生产 100 kg 核桃果实需吸收氮 1.47 kg、磷 0.19 kg、钾 0.47 kg、钙 0.16 kg、镁 0.04 kg。基肥应在采果后到落叶前施。幼树可环状施肥，成年树放射状施肥。幼树每株施厩肥不少于 25～50 kg，初结果期树 50～100 kg，盛果期树 100～200 kg。追肥分开花前、幼果膨大、果实硬壳 3 个时期施为宜，前两期以补充氮肥为主，硬壳期以含磷、钾的复合肥为主。

（2）叶面施肥　叶面施肥可在开花期、新梢速长期、花芽分化期及采收后进行。生产上常喷施 0.3%～0.4%尿素，0.5%～1%过磷酸钙浸出液，0.2%～0.3%硫酸钾，0.1%～0.2%硼酸。

（3）适时灌水　一般在每次土壤施肥后均应及时灌透水并保墒。另外，在萌芽前后、雌花分化前（6 月上中旬）、秋施基肥后也应灌水。

3. 整形与修剪

（1）整形　核桃生产中主要采用疏散分层形和自然开心形的树形。

①疏散分层形：中心主干上留 6～7 个主枝，分 3 层上下错开。第 1 层 3 个主枝，第 2 层 2 个，第 3 层 1～2 个。主枝角度不小于 60°。第 1～2 层间距离 1.5～2 m（早实品种 1～1.5 m），第 2～3 层间距离 0.8～1 m（早实品种 0.5～0.8 m）。第 1 层主枝各选留 3 个侧枝，第 2 层主枝各选留 2 个侧枝，第 3 层主枝各选留 1～2 个侧枝。

②自然开心形：无中心干，主干上留 2 个、3 个或多个主枝，每个主枝选留 2～3 个侧枝。

（2）修剪　核桃修剪应避开伤流期，以秋季采果后叶片变黄前进行修剪为宜。

①初果期修剪：任务是继续培养主、侧枝，充分利用辅养枝早期结果，对辅养枝采取“有空就留、无空就疏”的原则修剪。对于徒长枝如需保留，可于夏季重摘心，促其分枝，形成枝组。此外，应及时剪除病虫枝、干枯枝、过密枝、交叉枝、并生枝。

②盛果期修剪：应注意及时落头，打开“天窗”，引光入膛；保持主枝和侧枝枝头优势，继续控制背后枝；对外围过密枝、重叠枝及时疏枝或适当回缩修剪；继续培养结果枝组和老枝组更新复壮；对内膛出现的徒长枝，酌情适当疏除和选留。

③放任树修剪：多表现大枝过多，通风透光不良，产量低，品质差。掌握因地制宜，不强求树形的原则，适当分年疏除少量过密的大型骨干枝。对于中型枝以互不影响生长，透光良好，有利萌生新枝为前提，拉开空当，适当疏除和回缩部分过密中型枝。对外围冗长枝要疏弱留强，回缩多年生衰弱枝和焦梢枝，抬高枝芽角度，复壮树势和枝势。

二、板栗

板栗原产我国，在我国分布十分广泛，栽培生态区包括华北、西北、长江中下游、西南、东南等地区，我国板栗产量占世界总产量的60%以上。鲜栗干物质中含淀粉50%～60%、糖20%～25%、蛋白质7%～9%、脂肪2%～7.4%，还含有钙、磷、铁等矿质元素和多种维生素。板栗可生食、熟食（糖炒或蒸煮菜用），还可加工成糕点、罐头、栗子羹、栗子脯等。

（一）生物学特性

1. 根系　板栗为深根性树种，根深可达1～1.5 m，侧根和细根多分布在20～60 cm土层中。一般根系半径为树冠半径的2.5倍，具有较强的耐旱和耐瘠薄能力。

板栗幼嫩根上常共生菌根，可增强根的吸收能力，扩大吸收面积。适于菌根繁殖的土壤条件是有机质多，pH 5.5～7，通透性强，含水量25%～50%，地温15～32℃。

板栗根破伤后，皮层与木质部易分离，愈合和再生能力均较弱，需较长时间才能发出新根。因此，栽植和土壤耕作时切忌伤根过多，以免影响苗木成活和对水分、养分的吸收。

2. 芽　板栗的芽按性质可分为叶芽、完全混合花芽、不完全混合花芽和休眠芽。

（1）叶芽　幼旺树的叶芽着生在旺盛枝条的顶部和中下部，结果期树的叶芽则多着生在各类枝条的中下部。芽体小，近钝三角形，茸毛较多，萌芽后形成各类发育枝。

（2）完全混合花芽　着生于枝条顶端和其下2～3节，芽体肥大，饱满，芽形钝圆，茸毛较少，萌发后抽生果枝。

（3）不完全混合花芽　着生于完全混合花芽的下部或较弱枝顶端和下部，芽体比完全混合花芽略小，萌发后形成雄花枝。着生完全混合花芽和不完全混合花芽的节不具叶芽，因此花序脱落后形成盲节，不能抽枝，修剪时应注意。

（4）休眠芽　着生在各类枝条的基部短缩节位，芽体极小，一般不萌发而呈休眠状态，寿命长，当枝干折伤或修剪刺激时则萌发徒长枝，有利于大枝更新。

3. 枝　板栗的枝分为发育枝、结果母枝、结果枝和雄花枝4种。

（1）发育枝　发育枝由叶芽或休眠芽萌发而成，是形成树冠骨架的主要枝条。根据生长势的不同，可分为徒长枝、普通发育枝和细弱枝3种。徒长枝生长旺盛，节间长，组织不充实，是老树更新和缺枝补空的主要枝条，也可培养成结果枝组。普通发育枝生长健壮，是扩大树冠和结果的基础，可转化为结果母枝，次年抽枝开花结果。细弱枝生长较弱，不能形成混合花芽，或只发出雄花枝。

（2）结果母枝　着生完全混合花芽的一年生枝称为结果母枝，主要是由生长健壮的发育枝和结果枝转化而来。结果母枝顶芽及其下2～3芽为混合花芽，萌发后抽生结果枝，下边的芽只能形成雄花枝和细弱枝。

强壮的结果母枝在较长的尾枝（结果枝上果柄着生处前端一段称尾枝或果前梢）上有1～3个饱满的完全混合花芽，次年萌发1～3个结果枝，结实力最强，下年还能抽生结果枝继续结果。弱结果母枝尾枝短，仅着生1～2个较小的完全混合花芽，次年抽生结果枝数少，结果力差，一般不能连续结果，使结果部位外移。有的结果母枝当年没有尾枝，来年由枝条下部的芽抽生结果枝、雄花枝和发育枝，而母枝上部自然干枯。

（3）结果枝　由结果母枝抽生，具有雌雄花序，能开花结果的枝条称结果枝。从结果枝基部第2～4节到第8～10节，每个叶腋间着生雄花序。在近顶端1～4个雄花序基部着生雌花序，由受精雌花序发育成球果。

结果枝基部数节落叶后，叶腋间留下几个小芽，中部各节因着生雄花序，其脱落后均无芽成为盲节。果柄着生处的前端一段为尾枝，尾枝的叶腋间都有芽。尾枝的长短、粗细及芽的质量与品种、结果枝强弱及是否连年结果有关。

（4）雄花枝　雄花枝由分化较差的混合花芽形成，大多比较细弱，枝条上只有雄花序和叶片，不结果，当年也不能形成结果母枝。在管理好、营养充足时，15～30 cm长的雄花枝有可能转化为结果母枝。

4. 花芽分化　板栗为雌雄同株异花，但雌雄花分化期和分化持续日数相差很远，分化速度也不一致。雄花序在新梢生长后期由基部3～4节自下而上分化，分化期长而缓慢。雄花序原基出现期以6月下旬至8月下旬最盛，但翌春3月仍可观察到雄花序的形态分化过程。雌花序是在翌春萌芽前开始形态分化，至萌芽后抽梢初期迅速完成，分化全过程仅40～50 d。雌花序形态分化期在4月中下旬。但没有上年雄花序原基的形成，就没有第2年雌花序的分化，这一过程能否顺利进行又与枝条营养状况有关。加强管理，提高树体营养水平，有利于花芽形成。

5. 开花、授粉及结实　板栗雄花序为柔荑花序，较雌花序多。雄花分为两类：一类缺乏雄蕊不能产生花粉，为雄性不育型；另一类有雄蕊，但花丝长度在5 mm以下的花粉少或极少，花丝长度在5～7 mm的花药才有大量花粉。每总苞内常有雌花3朵，一个果枝可连续着生1～5个雌花序，其中基部两个花序成熟。

板栗雌雄花开放时期不同。雄花序先开放，几天后两性花序开放。花期较长，可持续17～18 d，有的可达30 d。雄花开放后8～10 d雌花开放。雄花盛花标志为花丝伸直，整个花序呈鲜黄色。一个花序最佳传播花粉的时间为3～5 d。雌花盛开的标志是心花和边花柱头出齐并成45°角或略反曲，授粉适宜期是柱头露出9～13 d。板栗为异花授粉，风媒花。自花授粉结实率低，落果多且果实小。建园时应配置授粉树。

6. 果实生长发育　胚珠受精后，子房开始发育。在枝条迅速生长期，幼果生长缓慢；枝条停止生长后，幼果开始迅速生长，果实体积增长达到高峰。采收前20～30 d，体积增长缓慢，而种仁增重极为明显。采收前十几天，种仁增重达到高峰。

在栗果发育过程中，前期主要是总苞的增长和干物质的累积，后期干物质形成重点转向种仁。在果实成熟时，总苞内及种皮内的营养物质也部分转向种仁。因此，前期总苞和种皮的营养积累是后期果实充实的基础。

果实采收前，总苞刺由绿变黄，顶端呈“一”字形或“十”字形开裂；外种皮由淡青色或乳白色变为红色或红褐色，栗果成熟。

7. 对环境条件的要求　板栗为喜光树种，开花期要求光照充足，空气干燥凉爽。北方板栗较抗旱耐寒，南方板栗较耐湿热。生长最适年均温度为10～15℃，生长期（4～10月）气温在16～20℃、冬季不低于－25℃的地方适宜栽培。

板栗较抗旱，但生长期对水分仍有一定的要求，在新梢和果实的生长期供给适量水分可提高产量和品质。板栗适宜土壤含水量为30%～40%，超过50%易发生烂根，低于

12%树体衰弱，栽培时应注意灌水和排水。

板栗对土壤要求不严格，除极沙、极黏土质外均能生长，但以砾质土和沙壤土为好。为喜酸需钙植物，土壤pH是影响栽植的重要因子。板栗可在土壤pH为4.5～7.5范围内生长，以pH 5.5～6.5最适宜，pH 7.5以上则生长不良。

（二）建园

1. 栽植密度 栽植密度应根据土地条件、管理水平和品种特性综合确定。土层深厚的河滩地，栗粮间作，株行距宜大，可4 m×6 m；土层较浅、土质较差的岭岗地、坡地，树体生长较小，株行距宜小，可3 m×4 m或2 m×5 m、2 m×6 m。早实性品种，短截基部芽结果好的品种，树冠紧凑、节间密的品种，栽植密度均可大一些。

2. 授粉树配置 板栗自花授粉结实率低，应选授粉坐果率高，且花粉粒大、质优的品种作为授粉树。北方品种以石丰、燕山短枝、红栗、海丰、燕红互为授粉树坐果率高。

授粉树一般可按1∶1或1∶2比例按行配置。板栗虽为风媒花，但其花粉容易结块，飘逸性能差，所以授粉树不宜相隔太远。

3. 栽植方式

（1）利用坐地苗嫁接建园 即整地后先栽实生苗，1～2年后按授粉树配置比例进行嫁接。也可以利用自然野板栗就地嫁接，按株行距保留砧木，清除杂树杂草，这样成园早，节省育苗及栽植人力。

（2）种子直播嫁接建园 按栽植密度定穴，每穴2粒种子，及时防虫除草，提前嫁接。这样的苗木根系发达，比较耐旱，长势旺。

（3）栽植嫁接苗建园 优点是园相整齐，缺点是缓苗期长。选用催芽断胚根育苗法或药剂处理催芽法育苗，抑制直根，促进侧根和须根生长，培育嫁接苗移栽。暖湿地区可在冬前移栽1～2年根龄的嫁接苗，成活较好。

（三）栽培技术特点

1. 土壤管理 采用扩穴或全园深翻法，深翻土壤60 cm左右，熟化园土，促进生长和栗实发育。深翻以秋季为好，结合施基肥进行，翻后灌水。

有条件的栗园，可树下覆草和行间生草。覆草每年进行1次，保持厚度15～20 cm，3年后可把草翻入土壤。生草适于土壤瘠薄、水土流失严重、有机质少的栗园。当草长到40～50 cm高时，可将其割下覆盖于树冠下，每年割1～2次，亦可于采收前将草翻入土壤。

2. 施肥

（1）基肥 基肥在采收前后秋施为好。以有机肥为主，加速效氮磷钾复合肥，可促进雌花形成和树体营养的积累。施用量根据土壤肥力、管理水平不同而不同，一般每生产1 kg板栗需优质有机肥8～10 kg，或成龄大树每株100～150 kg，结果幼龄树每株50 kg。

（2）追肥 追肥以速效氮肥为主，配合磷、钾肥及绿肥压青。追肥时间在早春和夏季，但高产园或基肥不足园在萌芽时应追施1次速效氮肥。4～5月开花和新梢速长期追1次速效氮肥，每株1～1.5 kg，配合磷肥0.5 kg；7～8月果实膨大期追施1次氮磷钾复合肥，每株1.5～2 kg，配合硼肥。春季将绿肥和杂草压青，压青时可加入动物粪尿，以加速绿肥腐烂。

3. 水分管理 板栗虽耐旱，但性喜暖湿，要达高产稳产，各生长发育期须充分供水，可在萌芽期、新梢速长期和果实膨大期灌水。无灌溉条件的贫瘠干旱山地栗园，应选用抗旱品种，采用保水抗旱栽培措施，如树盘覆草、覆膜，穴贮肥水，施用保水剂，叶面喷抗蒸腾剂等。

4. 整形修剪

（1）树形 自然生长的栗树有的干性强、分枝角度小、树姿直立，也有的干性弱、分枝角度大、树姿开张。对土肥水条件好、土层较厚、生长旺及干性强的直立品种，应采用主干疏层延迟开心形树形；对土层较薄的丘陵山地或干性弱的开张性品种，应采用自然开心形树形。

①自然开心形：此树形主干高40～60 cm，不留中心干，全树3个主枝，层内距25～30 cm，均匀伸向3个方向，开张角度45°。每主枝上留侧枝3个，第1侧枝均留于同方位且距主干60 cm左右；第2侧枝距第1侧枝50 cm，均位于第1侧枝对侧；第3侧枝距第2侧枝40～50 cm，与第1侧枝同侧。所有侧枝与主干的角度均应大于主枝与主干的角度。树高控制在2～3 m。

②主干疏层延迟开心形：此树形主干高60～80 cm，有中心干。5个主枝疏散分布在中心干上，第1层3个主枝，与中心干角度50°，层内距30 cm；第2层1个主枝，角度40°～45°，层间距80 cm左右；第3层1个主枝，角度40°，层间距60 cm左右。第2～3层主枝交错插于第1层主枝的空间。第1层每主枝留2个侧枝，第1侧枝距中心干50 cm。7年生进行落头，树高控制在4 m左右。

（2）修剪 幼树的修剪主要是扩大树冠，加快成形，培养结果母枝，实现快长树早结果。幼树有发生3～4个并列强枝的习性，可按疏1缓2或疏1截1缓2的比例疏剪，为保持各枝的长势平衡和开张角度，可采用疏直留斜、疏上留下、疏强留中的方法，对顶端延长枝以下的细弱枝，除保留部分作辅养枝外一律疏除。

多年生枝修剪，按照不同树形结构的要求，对所选的主侧骨干枝以外的密生枝、徒长枝，如与主侧枝发生重叠、对生，要从基部疏除或控制，以保证主侧枝的正常生长，并注意开张主侧枝的角度。

为使密植树早期丰产，对幼树旺枝长到30 cm左右摘心，不仅促进分枝，而且可使部分品种如华丰、华光等当年发生的二次枝上能形成混合芽，并进行二次开花结果。

结果期树重点是调整树体结构和平衡树势，促生强壮结果母枝，解决内膛光照不良的问题。要分期疏除交叉、重叠、并生的过多大枝，培养结果母枝，达到结果母枝留量合理、树势稳定、结构良好和丰产、稳产的目的。

第五节 常绿果树

常绿果树是指终年具有绿叶的果树，其老叶在新叶长出后脱落，年生长周期中无明显的休眠期。常绿果树栽培于我国南方，历史悠久、种类很多，其果实营养丰富、风味独特，适于鲜食，并可用于加工。其中柑橘类栽培面积最大，总产量最高，是我国最重要的亚热带果树，香蕉、菠萝、荔枝、杧果、枇杷、龙眼、杨梅栽培也较多，是重要的热带和亚热带果树。

一、柑橘类

柑橘类果树是芸香科柑橘属、枳属和金柑属果树的统称，主要种类有宽皮柑橘、甜橙、柚、葡萄柚、柠檬、金弹、山金柑和枳等。柑橘类水果是世界上产量最高的水果，目前年产量已经超过1亿t。我国是世界上产柑橘最多的国家，其次是巴西、印度、墨西哥、西班牙和美国。柑橘类水果营养丰富，色、香、味兼优，既可鲜食，又可制成以果汁为主的各种加工制品。

（一）生物学特性

1. 根和根系　柑橘类果树以嫁接繁殖为主，多用实生砧木。砧木的主根和侧根形成根系的骨架，侧根分生出大量的须根，须根是吸收水分、矿质营养和合成活性物质的活跃部分。柑橘是内生菌根（endomycorhizae）植物。

柑橘类根系分布依种类、品种、砧木、繁殖方法、树龄、环境条件及栽培技术不同而异。柚、酸橙、甜橙较深，枳、金柑、柠檬、香橼、宽皮柑橘较浅；椪柑较深，蕉柑较浅；实生的较深，压条、扦插的较浅；土层深厚、疏松或地下水位低的根系深，土质黏重或地下水位高的根系接近地表分布。一般柑橘类根系水平分布宽度为树冠直径的2～3倍，深约1.5 m，须根多分布在10～60 cm的表土层，占总根量的80%以上。

柑橘类根系生长晚于地上部，一年有3～4次生长高峰，且其生长高峰与地上部有相互消长的关系。

2. 芽、枝和叶　芽、枝和叶是地上部营养器官。

（1）芽　柑橘类枝条每一叶腋里都有复芽，由主芽及1～3个副芽构成，修剪上利用复芽可促进萌发更多的新梢。顶芽有自枯性，当新梢生长停止后，嫩梢先端能自行脱落，削弱了顶芽优势，枝梢上部数芽常同时萌发生长，构成丛生性强的特性。柑橘类主干和老枝上具潜伏芽，受刺激后能萌发成枝，根部也可在受刺激后形成不定芽而成新梢。

（2）枝　柑橘类枝梢依发生时期分为春、夏、秋、冬梢。春梢在2～4月发生，发梢整齐而量多，梢较短，节间较密，叶较小。春梢能发生夏梢、秋梢，也可成为翌年结果母枝。夏梢在5～7月发生，萌发不整齐，生长旺、枝粗长、叶大而厚，发育充实的也可成为来年的结果母枝，但大量萌发会加剧落果。秋梢在8～10月发生，长势和叶大小均介于春梢、夏梢之间。早秋梢可成为良好的结果母枝；晚秋梢枝叶不充实，在北缘产区易受冻害。冬梢为立冬前后抽生的枝梢，长江流域极少抽生，华南幼树较易抽生。冬梢会影响夏梢、秋梢的养分积累，不利于花芽分化，一般应减少其发生。

枝梢依其一年中是否继续生长分为一次梢、二次梢、三次梢。一次梢一年只抽生1次，如一次春梢或夏梢、秋梢，以一次春梢为主。二次梢是指在春梢上再抽夏梢或秋梢，也有在夏梢上再抽秋梢的。三次梢是在一年中连续抽生春、夏、秋梢3次枝条。在华南地区，幼树春、夏、秋、冬均抽生枝梢，且1枝梢上可连续抽梢3～4次，柠檬达4～5次；

结果树可抽生春、夏、秋3次枝梢；衰老树只抽生1次春梢。在华中地区，幼树抽生春、夏、秋3次梢；盛果期壮树一般抽生2次梢；结果过多的树及老树，一般仅抽生春梢。枝梢抽生次数和质量是衡量柑橘类树体营养状态及来年产量的重要标志。

枝梢按性质可分为营养枝、结果枝和结果母枝。仅抽生枝叶进行营养生长的枝梢称为营养枝，直接开花结果的枝梢称为结果枝，抽生结果枝的枝梢称为结果母枝。结果枝一般由结果母枝顶芽或附近数芽萌发而来，分为有叶结果枝和无叶结果枝两大类。有叶结果枝发育充实，一般坐果率高，尤其是甜橙、蕉柑的有叶顶花果枝，不仅当年结果良好，强壮者次年还可成为结果母枝。无叶结果枝的结果率低，但老树此类果枝多，对结果也很重要。无叶花序枝是柠檬和柚的可靠结果枝，金柑的结果枝为无叶单花枝。柑橘类的春、夏、秋一次梢及某些二次梢只要健壮充实，都可能成为结果母枝。树冠上各种结果母枝的比例常因种类、品种、树龄、生长势、结果情况、气候条件和栽培管理的不同而变化。一般生长弱的成年树或柑橘生长的北部地区春梢形成结果母枝比例高，而生长旺盛的幼树或温暖地区夏梢或秋梢形成结果母枝比例高。

（3）叶　柑橘类果树除枳为三出复叶外，其余均为单身复叶。柚类叶片最大，橙类、柠檬及宽皮柑橘等次之，金柑最小。叶片寿命一般为17～24个月。一年中当新梢萌发后有大量老叶掉落，尤以春季开花末期落叶为多。柑橘类叶光合效能低，在最适条件下为苹果的1/3～1/2，在生产上扩大树冠叶面积、提高光合速率、保护叶片、延长叶龄等，均为增强树势、提高产量和品质的重要措施。

3. 花芽分化　柑橘类果树花芽分化时期因种类、品种、栽培地区的气候条件而异，亚热带地区大多数柑橘种类是由秋冬季果实成熟前后至第2年春季萌芽前进行。同一品种在同一地区也因年份、树龄、营养状态、树势、结果情况等而有差异，在同一植株上以春梢分化较早，夏梢、秋梢次之。花芽分化进行与否，取决于树体枝芽内碳水化合物的积累和蛋白质的多少，以及内源激素的种类、数量和比例等，创造一定的低温、干旱等外界环境条件及环剥、断根、弯枝和生长调节剂施用，可促进花芽分化。

4. 开花结果　亚热带地区的柑橘类一般在春季开花，开花迟早和花期长短依种类、品种和气候条件而异。华南地区花期较早且长；而华中地区较迟、较短。如华南的甜橙一般在3月上中旬开花，花期长30～40 d；湖南的甜橙4月中旬开花；温州蜜柑在4月末至5月初开花，整个花期约10 d。

柑橘类果树有完全花和退化花，通常雄蕊先熟。一般授粉后约30 h花粉管即可到达胚珠，再经18～42 h完成受精。柠檬从花粉萌芽至花粉管到达胚珠的最快天数，春花为8 d，夏花为3 d，冬花为15 d。柑橘类果树多自花授粉结实，也有少数品系自花不易结实。温州蜜柑、南丰蜜橘、华盛顿脐橙及一些无核柚、无核橙能单性结实，其原因是这些品种的子房壁含有较多的生长素，或经花粉刺激后产生较多的生长素，能满足果实发育的需要。

5. 果实发育　柑橘类果实发育首先是果皮增厚，然后以果肉（汁胞）增大为主，最后果皮、果肉呈现品种固有色泽、风味而成熟。

（1）细胞分裂期　此期主要是果皮和砂囊的细胞不断分裂使果实增大。细胞分裂从开花开始，直至砂囊充实整个瓤囊后才停止。果实增大主要是因为果皮增厚，种子生长极缓慢，并伴有落果高峰出现。

（2）细胞增大前期　此期整个果实的砂囊和海绵层都进行细胞的增大，但砂囊增大缓慢，主要是果皮海绵层继续增厚，果皮停止增厚后转入细胞增大后期，种子成长也较快，生理落果逐渐减少直至完全停止。

（3）细胞增大后期　此期果皮海绵层逐渐变薄，砂囊迅速增长，含水量迅速增加，种子内容物充实硬化。此期特点是果实横径比纵径生长快，是快速增大和增重时期，也是水分影响果重最明显的时期。水分对果实大小、重量起决定性影响。

（4）成熟期　随着果实成熟，果皮叶绿素在乙烯作用下不断分解，类胡萝卜素合成增多，呈现出品种固有色泽。果皮色素层表面几层细胞在果实成熟时仍有分裂能力，应减少氮、钾和水分供应以免浮皮果产生。果实组织中原果胶分解为可溶性果胶，使组织松散软化。果实体积和鲜重、干重、水分、矿物质、可溶性固形物均逐渐增加，而酸类成分逐渐减少，果实表现出品种固有风味。

6. 对环境条件的要求

（1）温度　我国柑橘类多分布于年平均温度15℃以上地区，绝对最低温度不低于－11℃。一般认为，－9℃是栽培温州蜜柑，－7℃是栽培甜橙、柚的安全北限。不同种类和品种的耐寒力有差异，低于所能忍受的低温便会冻死。适宜柑橘生长的年平均温度为16.5～23℃，≥10℃的年积温为4 000～8 000℃，冷月均温在6～13℃，最低气温历年平均在－4～1℃。

柑橘类有较强的耐热能力，柑类和葡萄柚能耐受51.7℃骤热。但高温会抑制枝梢和根系生长，造成果皮着色不良、果汁少等弊病。如温州蜜柑在广东韶关以南品质不良，经济栽培价值不高。

（2）光照　柑橘类果树较耐阴，但其高产、优质仍需较好的光照条件。光照充足，枝叶生长健壮、花芽分化良好、病虫害少、糖和维生素C含量高、果实着色好、耐贮藏。光照不良则枝细长、叶薄易黄落、花少且畸形花多、落花落果严重、果实着色差、含糖量低、病虫害较多。但光照过强，在高温和干燥的共同作用下，会引发灼伤、早衰及品质低劣等现象。华南许多地区选择北坡或东北坡栽培柑橘类，生长结果良好、寿命长。

（3）水分　柑橘类作为常绿果树，需水量大，年降水量以1 200～2 000 mm为宜。降水量不足的地区需灌溉栽培，但降水过多的地区易出现涝害和光照不足等问题。

（4）土壤条件　柑橘类要求土壤质地良好，疏松肥沃，有机质含量在1.5%以上，以土层深厚，活土层在60 cm以上，地下水位不低于100 cm，土壤含盐量0.2%以下，土壤中性至微酸性，坡度为20°以下的缓坡地为宜。山地、丘陵建园时宜修筑水平梯田。

（二）建园

2～3月春梢萌芽前定植，容器苗和带土移栽不受季节限制。一般栽植密度为宽皮柑橘495～945株/hm^2、橙类405～850株/hm^2、柚210～405株/hm^2。

低洼平原地筑墩抬高定植。在定植之前1～2个月，按株行距要求，将墩底挖深30 cm，填压基肥，施入有机肥或绿肥25～30 t/hm^2。墩高80 cm，沉实后保持60 cm，墩基直径 2 m，上口直径 1.2 m。丘陵坡地，在梯面中心稍外侧利用机械挖直径 1 m、深 0.8 m定植穴，或宽 1 m、深 0.8 m 定植沟，背沟排水，将腐熟的有机肥或土杂肥与穴土拌匀，回填到穴深 20～30 cm 时，再填入团粒结构好的细土，定植穴填土高于畦面 20 cm 左右。

回填土沉降稳定后，在上述定植墩或穴的中心，挖深 30 cm 左右的穴，将苗木根系和枝叶适度修剪后放入穴中央，舒展根系，扶正，一边填入细土，一边轻轻提苗，踏实，使根系与土壤密接，做树盘。在根系范围浇足定根水。栽植深度以根颈露出地面 5 cm 为宜。未筑墩的，定植穴填土应高于畦面 20 cm 左右。结合整形修剪剪除部分叶片，减少根部供水负担。设立支柱，保水保肥，防治病虫害并及时抹除不定芽或徒长枝梢，培养良好树形。

（三）栽培技术特点

1. 土壤管理 土壤管理包括深翻、生草、培土、中耕等。

（1）深翻扩穴，熟化土壤 秋梢停长后进行，从树冠外围滴水线处开始，逐年向外扩展 40～50 cm，深度 40～60 cm。回填时混以绿肥、秸秆或经腐熟的畜禽肥、堆肥、饼肥等，表土放在底层，心土放在上层，然后将穴内灌足水。

（2）生草栽培 间作物或草类应与柑橘类无共生性病虫害，浅根、矮秆，以豆科植物和禾本科牧草为宜，可补充柑橘园土壤肥力、改善土壤理化性状，以园养园。春季于梅雨季节生草，出梅后及时刈割翻埋于土壤中或覆盖于树盘。

（3）覆盖与培土 高温或干旱季节，树盘内用秸秆等覆盖，厚度 15～20 cm，覆盖物应与根颈保持 10 cm 左右的距离。培土在冬季进行，可培入塘泥、河泥等土壤，厚度 3～10 cm。

（4）中耕 可在夏、秋季和采果后进行，每年中耕 2～3 次，保持土壤疏松。中耕深度 10～15 cm，坡地宜深，平地宜浅。雨季不宜中耕。

2. 施肥 施肥可采用土壤施肥和根外追肥。土壤施肥可采用环状沟施、条沟施和土面撒施等方法。环状沟施在树冠滴水线处挖沟（穴），深度 20～40 cm。如条沟施，则每年东西、南北对称轮换位置施肥。土面撒施的肥料以颗粒缓释肥为主。速溶性化肥应浅沟（穴）施，有微喷和滴灌设施的柑橘园，可进行液体施肥。根外追肥是在不同的生长发育期，选用不同种类的肥料进行，以补充树体对营养的需求。

（1）幼树施肥 应勤施薄施，以氮肥为主，配合施用磷、钾肥。春、夏、秋梢抽生期施肥 4～6 次，顶芽自剪至新梢转绿前增加根外追肥。8 月下旬至 10 月停止施肥。11 月施越冬肥。1～3 年生幼树单株年施纯氮 100～400 g，氮、磷、钾的施用比例以 1：0.3：0.5 为宜，施肥量应逐年增加。

（2）结果树施肥 以每产果 1 000 kg 施纯氮 7～10 kg，氮、磷、钾的施用比例以 1：（0.6～0.9）：（0.8～1.1）为宜。微量元素以缺补缺，进行叶面喷施，按 0.1%～0.3% 浓度施用。采果肥（基肥）施用量占全年的 40%～60%，以有机肥为主；芽前肥施用量占全年的 15%～25%，以氮、磷肥为主；稳（壮）果肥施用量占全年的 20%～40%，以钾、氮肥为主，配合施用磷肥。微量元素肥在新梢生长期施用。

3. 整形修剪

（1）树形 自然开心形适宜于温州蜜柑等品种。干高 40～60 cm，主枝 3～4 个在主干上错落有致地分布。主枝分枝角度 30°～50°，各主枝上配置副主枝 2～3 个，一般在第 3 主枝形成后，即将类中央干剪除或扭向一边作结果枝组。

变则主干形适宜于橙类、柚类、柠檬等。干高 30～50 cm，选留类中央干，配置主枝 5～6 个。主枝间距 30～50 cm，分枝角度 45°左右。主枝间分布均匀有层次，各主枝上配置副主枝或侧枝 3～5 个，分枝角度 40°左右。

（2）不同年龄时期修剪 幼树期以轻剪为主。中央干延长枝和各主枝、副主枝延长枝中度至重度短截，轻剪其余枝梢，避免过多的疏剪和重短截。

初结果树抹除夏梢，促发健壮秋梢。对过长的营养枝留 8～10 片叶及时摘心，回缩或短截结果后的枝组。剪除所有晚秋梢。

盛果期树及时回缩结果枝组、落花落果枝组和衰退枝组。对骨干枝过多和树冠郁闭严重的树，采用大枝修剪法修剪。夏剪主要有摘心、抹芽、短截、回缩等。对当年抽生的夏、秋梢营养枝，通过短截或疏除其中部分枝梢，调节翌年产量，防止大小年结果。一般树高控制在 3 m 以下。

4. 病虫害防治 采用种植防护林、选用抗病品种和砧木、间作和生草栽培、清洁果园、摘除虫蕾等农业措施，减少病虫源，提高树体自身抗病虫能力；用黑光灯和频振式杀虫灯诱杀吸果夜蛾、金龟子、卷叶蛾，糖、醋、酒液加农药诱杀拟小黄卷叶蛾等；用黄板、蓝板诱集蚜虫、蓟马等；人工捕捉天牛、蚱蝉、金龟子等；种植中间寄主木防己诱集嘴壶夜蛾成虫产卵杀灭幼虫；利用天敌尼氏钝绥螨防治螨类，用日本方头甲和湖北红点唇瓢虫等防治矢尖蚧，用松毛虫赤眼蜂防治卷叶蛾等；必要时使用低毒、低残留农药控制病虫害。

二、香蕉

香蕉为芭蕉科芭蕉属植物，原产亚洲南部和东南部。芭蕉属植物分 5 组，其中的真芭蕉组是该属中最大的组群，包括尖叶蕉和长梗蕉。主要的栽培香蕉类来自二者的变异或杂交，其中来自前者的基因组用 AAA 表示，后者用 BBB 表示。我国的香牙蕉（香蕉）为 AAA 组群，大蕉和粉蕉为 ABB 组群，龙牙蕉为 AAB 组群。香蕉世界年产超 1 亿 t。商品生产多用香芽蕉，我国台湾、广东、海南、广西、福建、四川、云南、贵州等地均有栽培，以台湾、广东和海南较多。

香蕉营养丰富，鲜果肉质软滑、香甜可口，是广受欢迎的热带水果。果实除鲜食外，还作为粮食、蔬菜，且可加工淀粉、罐头、果酱、果泥、蕉干、炸蕉片、酿酒等，茎叶可作饲料或肥料。

（一）生物学特性

香蕉为多年生常绿大型草本单子叶植物。无主根，正常植株有 200～300 条须根，根系主要分布在 10～30 cm 土层，干高、叶大、根浅，易遭台风和强风危害。地下茎为粗大的球茎，根、茎、叶、花、果及吸芽（繁殖用）均由此长出。叶片长圆形，亮绿色。花单性，穗状花序下垂。果序由7～8段至数十段果梳组成。果黄绿色，长圆形，微弯，略具3棱。周年可开花，因种植时间不同，开花时间亦不一样。

香蕉喜高温多湿，生长温度为20～35℃，年均温21℃以上地区为主要分布区。香蕉植株水分含量高，叶面积大，蒸腾量大，故需水量也大。最适生长于年降水量1 800～2 500 mm，且雨量分布均匀的地区，月平均降水量以200～300 mm最适宜，不得少于50 mm，肉质根须注意雨季排水。香蕉要求充足的阳光，光照度从2 klx增至10 klx时，光合作用迅速增强，但在10～30 klx的光照度下，光合效率增加缓慢。对土壤适应性强，以冲积土或腐殖质壤土最适；土壤pH 4.5～7.5都可种植，但以pH 6.0最适宜。

（二）建园

1. 蕉园选择 选择交通方便、排灌良好、通风透光、无污染源的广阔平坦地或丘陵山地建园，无周期性低温，以土层深厚肥沃、中性或微酸性的壤质土为宜，并用机械深翻40 cm以上，达到深、松、软、平的要求。

2. 选用优良品种 常见栽培品种有广东香蕉2号、立叶高脚顿地雷、巴西蕉、仙人蕉等。

3. 培育壮苗 香蕉采用无性繁殖，种苗有吸芽苗和组培苗。生产上应大力推广工厂化育苗。

吸芽苗有褛衣芽（立冬前抽生的吸芽，披鳞剑叶，过冬后部分鳞叶枯死如褛衣，故名）、红笋（春暖后抽生的吸芽，叶鞘红色，故名）和隔山飞（由收获后较久的旧蕉头抽出的吸芽，又称水芽）3种，以褛衣芽苗为优。

组培苗生长整齐，运输方便，假植袋苗以6～10片叶时种植为宜。组培苗易产生变异，初期纤弱，抗逆性差，生长初期应精心管理。

4. 适时栽种，合理密植 运用香蕉试管苗种植前，先在塑料大棚内用营养袋培育2～3个月，待种苗有8～10叶时再定植，一般在2～3月定植，株行距2.0 m×2.5 m，栽植密度1 950～2 100株/hm^2。

（三）栽培技术特点

1. 合理施肥 应针对新园和旧园特点施肥。

（1）新蕉园施肥 除定植前有足够的有机肥作基肥外，在定植后15 d开始，每隔7～10 d施1次动物粪肥，并叶面喷施和土壤浇施各1次高钾液肥，上半年施肥4次左右。在长出25片叶后要重施花穗肥1～2次，培育壮秆大花穗。新建现代蕉园建议采用水肥一体化技术。

（2）旧蕉园施肥 如土质适宜，可把全年用量的迟效肥和60%速效肥在2月末施入，其余40%速效肥分别在5月间施用。第1次施肥要在新根发生前，结合深翻，把畜干粪（鸡、猪、牛、羊粪晒干）、饼肥、土杂肥、绿肥等有机肥，配合过磷酸钙、碳酸氢铵、氯化钾等化肥混合后深埋。第2次施肥在蕉株旺盛生长期的5～6月，以速效三元复合肥及钾肥为主，并叶面喷施高钾肥2～3次。

2. 防风套袋护果 香蕉中苗期时用竹竿插入蕉株边45 cm深度，用布条捆绑2～3处；抽蕾后及时用尼龙绳、竹竿加固以抵御风害。断蕾后喷布防病、拉长丰满剂，并及时用蓝色聚乙烯袋套入蕉串护果保温。

3. 综合防控病虫　推广脱毒种苗，增施有机肥和磷、钾肥，加强栽培管理，提高自身抗性。苗期喷施3～4次杀虫杀菌剂防病虫，冬、春季用低毒低残留农药撒施土壤2～3次防地下害虫和线虫；中大苗期重点防治象鼻虫、斜纹夜蛾、蚜虫等害虫；抽蕾期药肥兼用防病虫。

4. 科学采收贮运　香蕉果指饱满度达7～8成时即可采收，采收后对果穗进行处理的程序为：采收果穗运往处理点→落梳整理→精选分级→洗涤→防腐处理→晾干→包装→入库贮运。

三、菠萝

菠萝又称凤梨，为凤梨科凤梨属多年生单子叶草本植物，原产中、南美洲。果实由多数小果聚合而成，一般果重1.0～1.5 kg，营养丰富，果汁不仅维生素C含量高，且具特有香味。果肉含凤梨酵素（bromelin），可分解蛋白质，帮助人体消化，饭后食用，有益健康。此外，尚有清热、利尿、解毒、生津止渴之功效。菠萝鲜食肉色金黄、香味浓郁、甜酸适口、清脆多汁，还可制成多种加工制品，在医药、酿造、纺织及制革工业上用途广泛，深受消费者的欢迎。

菠萝广泛分布于南北回归线之间，是世界重要水果之一，有80多个商品生产国和地区，主产国为哥斯达黎加、菲律宾、巴西、泰国、印度尼西亚、印度、尼日利亚、墨西哥和哥伦比亚等。我国是菠萝十大主产国之一，主要产区在广东、海南、广西、台湾、福建、云南等地。

（一）生物学特性

1. 生物学特性　菠萝为热带多年生草本果树，高约1 m。茎肉质单生；叶剑状草质，簇生于茎上；纤维质须根系，无主根；头状花序，顶生，完全花；异花授粉，松果状肉质复果由许多子房聚合在花轴上而成。菠萝根系分布浅，90%集中在10～25 cm的土层，根系可区分为气生根和地下根。菠萝植株矮小，受风危害较小，但6级以上大风也可造成伤害，强风会吹断果柄，吹倒植株，而冬季冷风冷雨会造成菠萝烂心。

2. 对环境条件的要求

（1）温度　菠萝喜温暖湿润，忌低温霜冻。在15～40℃都能生长，但以24～27℃最适宜，10℃生长缓慢或停止生长，持续低于5℃即有寒害，1～2℃停留1～2 d尚可生存，太长则严重受害。相对于其他热带草本果树（如香蕉、番木瓜），菠萝对低温及短暂霜冻有较强的忍耐力。

菠萝不同品种开花对温度的反应不同，日平均气温16℃开始开花。干旱酷热也会抑制花朵开放，或导致开花不完全。果实成熟期的长短及品质优劣与温度关系很密切。抽蕾至成熟期平均气温每升高1℃，成熟期天数减少5～8 d。若气温高、日照强、水分充足，则成熟期短、品质好。所以，一般夏秋果比冬春果成熟期短，且风味好。

（2）光照　因原产热带雨林和热带高原地区，菠萝具有较强的耐阴性，喜漫射光，忌直射光，但丰产优质仍需充足的光照。

（3）水分　菠萝比较耐旱，但生长发育要求充足的水分。菠萝每天蒸散量约 4.5 mm，即使含水量较高的土壤，只要 3～4 周无降水，土壤中的水分也会耗尽。菠萝属浅根好气作物，水分过多，土壤湿度太大，会引起土壤通气不良，妨碍养分吸收利用，严重的会造成根群腐烂死亡。因此，降水量不足或过多或不均匀，应通过排灌加以调控。

年降水量 1 000～1 500 mm，且降水时间分布比较均匀（月降水量 100 mm）的地区比较适宜菠萝生长。地下水位 30～50 cm 有利于根系生长。秋冬季短时干旱，有利于花芽分化和增强植株抗寒能力，但过分干旱，植株会变得萎黄、果梗干枯、果心龟裂，还将导致早熟、果小、不饱满、果肉色淡、水分少、风味差，并诱发凋萎病，可减产 20%左右。若冬春较长的低温干旱，会导致植株抗寒能力降低，不利于花芽分化，花蕾发育不良，甚至滞化。月降水量小于 50 mm 时，需进行灌溉补充水分。

（4）土壤　菠萝对土壤有较广泛的适应性，但不宜中性或碱性土、黏性或无结构的粉沙土，要求土壤 pH 5～6。

（二）建园

1. 栽培品种　菠萝有不同类型的品种，应根据栽培地区和栽培目的等选择。

（1）卡因类　卡因类又名沙拉越，法国探险队在南美洲圭亚那卡因地区发现而得名。栽培极广，约占全世界菠萝栽培面积的 80%。植株高大健壮，叶缘无刺或叶尖有少许刺；果大，平均单果重 1.5 kg 以上，圆筒形，小果扁平，果目浅，苞片短而宽；果肉淡黄色，汁多，甜酸适中，可溶性固形物 14%～16%，高的可达 20%以上，酸含量 0.5%～0.6%，香味淡，纤维稍多。为制罐头的主要品种。

（2）皇后类　皇后类是最古老的栽培品种，有 400 多年栽培历史，为南非、越南和我国的主栽品种之一。植株中等大，叶比卡因类短，叶缘有刺；果圆筒形或圆锥形，单果重 400～1 500 g，小果锥状突起，果目深，苞片尖端超过小果；果肉黄至深黄色，肉质脆嫩，糖含量高，汁多味甜，香味浓郁，以鲜食为主。

（3）西班牙类　西班牙类植株较大，叶较软，黄绿色，叶缘有红色刺，但也有无刺品种；果中等大，单果重 500～1 000 g，小果大而扁平，中央凸起或凹陷，果目深；果肉橙黄色，香味浓，质硬汁少，纤维多，供制罐头和果汁。

（4）杂交种　杂交种植株高大直立，叶缘有刺，花淡紫色，果形欠端正，单果重 1 200～1 500 g；果肉色黄，质爽脆，纤维少，清甜可口，可溶性固形物 11%～15%，酸含量 0.3%～0.6%，既可鲜食，也可加工罐头。

2. 育苗　菠萝常用整形素催芽繁殖、营养体繁殖和组织培养 3 种方法育苗。

（1）整形素催芽繁殖　5～11 月选具 40 cm 长的绿叶，通常卡因类 40 片叶、菲律宾品种 35 片叶的植株。每株用 250 mg/L 乙烯利加 1%尿素与 0.5%氯化钾混合液 25 mL 灌心催芽，处理后 5 d 和 12 d 分别再用 1 200～1 500 倍和 600～750 倍整形素溶液 25 mL 灌心。

（2）营养体繁殖　常用小苗培育，即利用田间的吸芽、冠芽、裔芽分类假植于苗圃培育后出圃。利用采果后留在果柄上的小托芽生长培育成苗，利用老茎切块分株繁殖和更新地老茎繁殖。

（3）组织培养育苗　用 1/2MS 培养基，在室温 30℃、光照 12 h 或自然光照培养室内培养。

3. 定植　选好园地，选择坐北朝南、阳光充足、水源丰富、交通方便之地作商品生产基地。种前对瘠薄土壤进行改良，施足基肥；选壮苗种植。栽植密度，卡因类45 000～60 000株/hm^2，皇后类60 000～75 000株/hm^2。

（三）栽培技术特点

1. 肥水管理

（1）施肥量　一般每公顷施氮（N）633 kg、磷（P_2O_5）402 kg、钾（K_2O）578 kg，其比例为1∶0.62∶0.9。

（2）施肥时期　通常12月至翌年2月抽蕾前施促蕾肥（基肥）；采果后7～8月施壮芽肥；在促蕾肥、壮芽肥之间施壮果催芽肥；每年4、6、7、9月各施1次叶面肥，5、8月各施2次追肥，用1%尿素加0.5%硫酸钾溶液。

（3）水分管理　要及时排灌，防涝抗旱。

2. 其他管理　适当除芽和留芽，应用植物生长调节剂催花。在小花全部谢花后，用50 mg/L赤霉素加0.5%尿素液喷果，过20 d喷第2次，喷70 mg/L赤霉素加0.3%尿素液，以提高果重和品质。在果实发育到七成熟时，可用300 mg/L乙烯利喷果催熟。

（四）采收和加工

采收时期与鲜食或加工、近销或远销有关。一般近销或鲜食的以1/2小果转黄采收为宜，远销或作加工原料的以小果草绿或1/4小果转黄时为采收适期。

菠萝既可鲜食，又可加工，可加工成糖水菠萝罐头、菠萝果汁等，鲜果还可速冻。

四、荔枝

荔枝为无患子科荔枝属植物，原产于我国南部，以广东、广西、福建、四川、台湾、云南等地栽培最多。每年6～7月果实成熟时采收，剥去外壳，取假种皮（荔枝肉）鲜食或干燥后备用。果实心脏形或球形，果皮具多数鳞斑状突起龟裂片，呈鲜红、紫红、青绿或青白色，假种皮新鲜时呈半透明凝脂状，多汁，味甘甜。荔枝含有丰富的糖分、蛋白质、多种维生素、脂肪、柠檬酸、果胶以及磷、铁等，是有益人体健康的水果。

（一）生物学特性

荔枝树高可达20 m。根系强大，压条繁殖苗无主根，成年后逐渐形成深而广的根群；嫁接苗主根深而发达，进入结果期后逐渐分生侧根。须根上有菌根真菌共生，形成内生菌根。树冠开阔，冠幅可达30～40 m。树皮棕灰色，枝干多弯曲下垂。羽状复叶互生或对生，革质，色浓绿，长圆形或圆披针形，长6～12 cm。圆锥花序顶生，花小、杂性。核果状果实圆形、卵圆形或心脏形，直径2.5～4.5 cm，成熟后深红色。外果皮革质，有瘤状突起（龟裂片是品种分类的主要依据）。可食部分是假种皮，乳白色或黄蜡色，半透明。种子多为椭圆形，褐赤色有光泽，优良品种核小或退化。

荔枝喜光，要求长日照。23～26℃为生长最适温度，日平均气温达17℃以上新叶开始伸展，10℃以下基本停止生长，－4℃时发生冻害，花期气温低于8℃时花药不开裂，但1月花芽分化的关键季节需15℃以下0℃以上的低温。生长结果期一般需水分较多。以土层深厚、排水良好、富含有机质的酸性（pH 4.5～6.0）沙壤土为宜。潜伏芽多，壮年结果树枝条每年抽梢3～4次，形成浓荫的叶层，花芽在早春抽生的新梢顶部腋芽中形成，雌雄花同株异熟，雌花授粉受精后70～90 d果实成熟，裂果易发生在假种皮快速生长阶段（花后60～80 d）。

（二）建园

1. 选园开垦 荔枝对土壤的适应性很强，山地、丘陵地是发展荔枝的主要地区。宜选择山坳谷地及土层深厚、疏松肥沃，水、电、路较方便的山地，山地坡度不宜超过20°。面积较大的荔枝园要经过规划，综合考虑防风林、种植小区、道路布置、排洪系统设置及建筑物和栽培品种的规划，但重点应抓好果园水土保持工程即修筑等高水平梯田，4°以下的缓坡地可不开梯田而等高种植。

2. 品种配置 荔枝主要栽培品种有100多个，分为早熟、中熟和晚熟3种类型，其中以香甜、核小的中熟种糯米糍、桂味、妃子笑和晚熟种香荔等最为名贵。品种配置应结合各品种的特性，如低湿地可选种黑叶等耐湿耐涝品种。另外，需搭配种植一定数量的授粉树，因荔枝是雌雄异花果树，且雌雄花异熟，导致授粉成果率比龙眼低很多。例如，以黑叶为主的可混栽10%的早红、大造等。

3. 定植 应选经过嫁接的一年生苗或高压苗，生长发育良好、根系发达的壮苗。一般在春季定植，此时气温回升快，雨水充足，生长快，成活率高。山地果园种植密度以300～375株/hm^2为宜，也可矮化密植栽培。定植时先挖深0.8 m、宽1.0 m的大穴，分层压入植物秸秆、绿肥、土杂肥及石灰，回土填到高于原土层20 cm。定植后应充分灌水，进行树盘覆盖，并立支柱防风。

（三）栽培技术特点

1. 土壤改良

（1）深翻改土 果园表层土壤要达到40 cm左右，通气良好，根系主要分布层的土壤有机质含量达1%左右。扩穴深翻要在树冠下挖放射状沟，沟宽40 cm，深30 cm，沟中施腐熟有机肥和土杂肥，2～3年内完成全园扩穴深翻。

（2）中耕 每年中耕除草3次，第1次在5月，第2次在8月，第3次在10月，可用除草剂喷杀。结合11月的翻耕，把杂草深翻在土层里。

2. 施肥

（1）基肥 在7月荔枝采收前后应及时施基肥，要以有机肥为主，并配合少量的磷肥。施用量按每50 kg产量施有机肥15 kg、复合肥1.5 kg，产量高的树施肥量还可以相应增加。在近树冠滴水线处要挖深沟施肥，后填土覆盖，隔年更换位置。

（2）追肥 追肥以速效肥为主，根据树势强弱、产量高低以及是否缺少微量元素等确定施肥种类、数量和次数。一般在抽穗前、开花前、坐果后、果实膨大期施肥，应以钾、磷肥为主，氮肥为辅。第1～2次施肥是为了壮穗、壮花；第3次施肥促坐果、防落果，可结合根外追肥，喷施微肥；第4次施肥是壮果，要以钾肥或复合肥为主，结合根外追肥，以增加树体营养积累，促进果实着色。追肥可在小雨时地表撒施，或浅沟施或穴施。

（3）根外追肥 喷施应在早晨或傍晚进行，喷施部位应以叶背为主，每隔7 d左右喷

1 次。常用肥料种类和浓度为尿素 0.2%～0.3%，磷酸二氢钾 0.2%～0.3%，硼砂 0.1%～0.3%，硫酸镁 0.2%。

（4）套种绿肥　在树冠覆盖较小的地方，套种爬地花生、箭筈豌豆、光叶苕子等矮生草本绿肥，忌套种木薯、甘蔗、瓜类等。

3. 科学管水　在开花期或果实生长成熟期，如果过于干旱应灌水，气温过高时要给树冠喷水。雨水过多时要开沟排水，防止雨后积水，降低空气湿度，防止霜霉病和裂果发生。

4. 修剪

（1）树冠覆盖率　树冠覆盖地面 75%左右，两树冠相隔 1 m 以上，树冠透光率 15%左右。

（2）枝量　以树冠结果母枝 10 枝/m^2左右为宜，母枝径粗 0.5 cm 为壮梢（不同品种有差异）。

（3）花量　荔枝理想坐果要求每梢都具花穗，穗壮、花量适中。

（4）树冠　要求紧凑，形成立体结果的树冠。小树下垂枝离地面 30 cm 左右，大树下垂枝离地面 1 m 左右。

（5）控制树高　一般小树树冠高不超过 2 m，大树树冠高不超过 4 m，以利管理和采收。从幼苗期开始合理整形，注意压顶回缩。

5. 结果期管理

（1）疏花穗、疏花蕊、壮花蕊　抽穗时，喷施壮穗、控穗、疏花药剂，促使抽出短花穗（穗长 15 cm 左右），花量少，雌花比例增多，推迟开花。

（2）适时追肥，提高坐果率　花期前后喷 0.3%尿素和 0.2%磷酸二氢钾溶液，花期喷 0.1%硼砂溶液。

（3）防治病虫　预防为主，综合防治。加强栽培管理，注意保护天敌，选用高效生物制剂和低毒化学农药，并注意轮换用药，改进施药技术，最大限度降低农药用量。

6. 套袋树管理

（1）套袋树选择　树型矮，一般树高 2 m 以下，应选择管理好、树势壮、产量较高的树。

（2）套袋技术　套袋用纸袋种类很多，要选择木浆纸、耐水性强、能抗日晒雨淋、不易变形的白色纸袋，纸袋规格有 15 cm×20 cm 或 20 cm×25 cm（视果穗大小而定）。荔枝套袋适期一般掌握在果穗勾头时（下垂）至果实着色前进行。在 8：00～11：00 及 16：00～18：00 套袋为宜。摘袋后要及时采摘果实，以防日灼，可上午摘背阳的西面袋，下午摘东面袋，或者采摘果后再除袋。

（3）套袋后的肥水管理　采果后要施足基肥，以腐熟有机肥（圈肥、鸡鸭粪肥、饼肥）为主，混施适量复合肥和微量元素。追肥重点时期是开花坐果期和果实膨大期，后期追肥要以钾肥为主，有利增加单果重和果实着色，追肥要在套袋前进行。

（4）合理整形　套袋荔枝树的修剪重点是控制枝量，以利通光透气。树高则难整理、套袋，通过回缩办法使营养供应集中，加快恢复长势，达到壮果的目的。

（5）疏花疏果　荔枝开花期间（第 1 批雄花开放 1/3 时）疏剪 2/3 花穗，或用化学药剂疏蕾。在套袋前去除果形不正、果形小的果实和虫果，‘兰竹’定果每穗10粒，‘乌叶’定果每穗15粒果实。

（6）防治病虫　荔枝病虫害主要有果蛀虫、霜疫霉和炭疽病。在套袋前后喷药防治病虫害，尽量用微生物农药、植物源农药和矿物源杀虫杀菌剂或昆虫生长调节剂，保护并利用天敌。

复习思考题

1. 简述苹果和梨生长发育动态及开花结果习性的异同点。
2. 苹果和梨建园时为何要配置授粉树？简述果树授粉树的配置要求。
3. 简述苹果常用砧木类型和特点。
4. 南方部分地区秋季易出现梨二次开花现象，简述其原因及危害。
5. 以仁果类或核果类为例，简述品种选择、栽植密度等建园要求以及主要栽培管理技术要点。
6. 简述桃果实生长发育特点及整形修剪要求。
7. 简述桃园涝害对树体的影响和主要防涝及灾后护理措施。
8. 简述杏花器官类型及如何提高坐花坐果率。
9. 简述李的花果管理技术要点。
10. 简述枣树枝芽特性和花果管理技术要点。
11. 简述葡萄架式和整枝形式。
12. 简述葡萄夏季整形修剪技术要点。
13. 简述南方葡萄园避雨栽培优点和主要技术措施。
14. 比较葡萄和猕猴桃开花结果习性的异同点。
15. 简述柿落花落果的原因和保花保果的措施。
16. 比较核桃和板栗枝芽类型及开花结果习性上的差异。
17. 简述板栗出现空蓬的原因和应对措施。
18. 柑橘枝梢有哪些类型？简述标准化优质丰产栽培技术要点。
19. 简述柑橘防寒栽培技术和冻后护理措施。
20. 简述香蕉育苗的主要类型。
21. 比较香蕉和菠萝建园的特点。
22. 简述荔枝坐果期栽培管理技术要点。
23. 试列出当地主栽果树优良品种或地方良种。
24. 简述果园花期自然和人工授粉的主要方式。
25. 简述提高果树果实外观质量的技术措施。
26. 简述果树发生“大小年”现象的原因和应对措施。
27. 从品种、环境因素、栽培技术措施等方面，试述果树优质丰产的实现途径。

第七章 蔬菜园艺

本章提要 本章分节系统介绍了11类26种蔬菜的生物学特性、品种类型和栽培季节、栽培技术等，包括茄果类的番茄、茄子和辣椒，瓜类的黄瓜、西葫芦和西瓜，豆类的菜豆和豇豆，结球芸薹类的大白菜、结球甘蓝和花椰菜，绿叶嫩茎类的芹菜和莴苣，葱蒜类的韭菜、大葱、大蒜和洋葱，肉质直根类的萝卜和胡萝卜，薯芋类的马铃薯和姜，水生类的莲藕和茭白，多年生类的芦笋和金针菜，以及芽苗菜类。

蔬菜是人们日常餐食必不可少的一类园艺植物，主要为草本植物，也有木本植物，还有低等植物菌藻地衣类。蔬菜的食用器官有叶、茎、根、花、果。按照农业生物学分类主要有茄果类、瓜类、豆类、结球芸薹类、绿叶嫩茎类、葱蒜类、肉质直根类、薯芋类、水生类、多年生类、芽苗类、菌藻地衣类等，同类蔬菜一般有相似的生物学特性和栽培技术，但也有因不能归入以上类而单列为其他蔬菜的，如鲜食玉米、黄秋葵、百合等，它们的生物学特性和栽培技术可能各不相同。本章按照农业生物学分类介绍主要类别的主要蔬菜栽培技术。

第一节 茄果类

茄果类蔬菜主要包括番茄、茄子、辣椒，还有香艳茄、酸浆等，均为茄科植物，以浆果为食用器官，结果期长，产量高，适应性强，在蔬菜生产、供应和人们生活中占有重要地位。

茄果类蔬菜起源于热带，在长期发育过程中形成了许多与起源地环境条件相适应的生物学特性，在栽培技术上也有许多共同点：喜温暖气候，不耐霜冻；喜较强的光照，但对日照长度反应不敏感，夏、秋季节均可栽培；根系比较发达，有一定的耐旱力，但因结果期长、生长量大、产量高，应供给充足的水肥；从苗期开始花芽分化，苗期环境条件直接关系到花芽的数量和质量，低温寡照往往导致后期发生畸形果，因此培育壮苗是早熟、优质和丰产的基础；合轴分枝或假二叉分枝，侧枝发生力极强，营养生长与生殖生长的矛盾比较突出，生产上应及时进行植株调整，调节营养生长和生殖生长的平衡；有共同的病虫害，不宜连作，应与非茄科蔬菜实行3～5年轮作。

一、番茄

番茄又称西红柿、洋柿子、番柿，原产于南美洲的安第斯山地带，属茄科番茄属一年生草本植物，是世界上栽培最普遍和最重要的蔬菜之一，但栽培历史短，在我国仅有一百多年的栽培时间。番茄每100 g鲜果实中含蛋白质0.6～1.2 g、碳水化合物2.5～3.8 g、维生素 C 20～30 mg，还含有胡萝卜素和番茄红素等，酸甜多汁，生熟食俱佳，亦可作为观赏植物。番茄产量高，效益好，在露地和设施中广泛栽培，四季生产，周年供应。

（一）生物学特性

1. 植物学特征 番茄根系分布深而广，盛果期主根可深入土壤 1.5 m 以下，横展达 2.5 m，但育苗移栽后大部分根群分布在 30～50 cm 土层。番茄根系再生能力强，主根受伤后易发生侧根，茎上易发不定根，因而移植和扦插繁殖容易成活，并且培土后可以扩大根群。

茎多为半蔓性或半直立性，少数类型为直立性，生产中常支架或吊蔓栽培。顶芽分化花芽，合轴分枝，构成主茎，分有限生长型和无限生长型。茎的分枝能力极强，每节都能抽生侧枝，侧枝生长旺盛，也能再生侧枝。为了促进正常生长和坐果，必须进行整枝、打杈。茎、叶都能分泌一种黄色汁液，具有特殊气味。

单叶，羽状深裂或全裂，有普通、皱叶、薯叶 3 种叶型。叶片的裂刻大小、形状、颜色及分布的疏密程度因品种而异，可作为区别品种的依据。

总状或聚伞形花序，每花序一般 6～8 朵花，多的可达 20～30 朵或更多。完全花，正常花为短花柱花，花药自裂，自花授粉，一般不易自然杂交。有限生长型的品种，主茎第 6～7 节着生第 1 花序，以后每隔 1～2 叶形成 1 个花序，2～4 层花序封顶；无限生长型的品种，主茎第 8～10 节着生第 1 花序，以后每隔 2～3 叶形成 1 个花序。

浆果皮薄、色艳、汁多、味鲜，果实大小、形状、色泽因品种而异，果色有红、粉红、黄、绿、白等，果有大、中、小型和圆、扁圆、桃形之分。果肉由中果皮和胎座组织构成，优良的品种果肉厚、种子腔小。种子扁平，短卵形，表面被银灰色茸毛。千粒重 3.25 g，寿命 4 年，使用年限 2～3 年。

2. 生长发育周期 分为发芽期、幼苗期、开花坐果期和结果期。

（1）发芽期 从种子萌发到第 1 片真叶出现（破心）为发芽期，需 7～9 d，催芽后播种需 3～5 d。发芽顺利与否，主要取决于温度、湿度、通气状况及覆土厚度等。

（2）幼苗期 从第 1 片真叶出现至现蕾，需 50～60 d。花芽分化以前为基本营养生长阶段，需 25～30 d；以后进入花芽分化和发育阶段，需 25～30 d。

（3）开花坐果期 从第 1 花序现蕾至第 1 朵花开花坐果，约 10 d，是以营养生长为主向以生殖生长为主的过渡，此阶段营养生长与生殖生长的矛盾突出，因此是协调二者关系的关键时期。

（4）结果期 从第 1 花序坐果到拉秧为结果期，时间长短因品种和栽培条件差异很大。此期营养生长与果实发育同步进行。

3. 对环境条件的要求 番茄具有喜光、喜温、怕霜、怕热、耐肥、半耐旱等特性。在气候温暖、光照充足、阴雨天较少的条件下，生长健壮，产量高，品质好。

适宜生长的温度为 20～25℃，15℃以下生长缓慢，10℃以下生长停止，长时间 5℃以下可能引起冷害，致死低温为－1～－2℃。15℃以下、35℃以上授粉受精不良，易导致落花落果。在适宜温度范围内，昼夜温差以 8～10℃为宜。夜温持续低于 8℃或高于 20℃，易造成落花或形成畸形果。根系生长最适地温为 20～22℃，最低地温为 8～10℃，最高地温为30℃。种子发芽的最低温度为12℃，最适温度为25～30℃。幼苗期最适温度白天为20～25℃，夜间10～15℃。开花坐果期最适温度白天为25～28℃，夜间为16～20℃，28℃以上的高温会抑制番茄红素及其他色素的形成，影响正常着色。

番茄属喜光性作物，维持正常生长发育需要30～50 klx以上的光照度，8 klx以下难以开花坐果，光补偿点为2 klx，光饱和点为70 klx。番茄对光周期要求不严，多数品种属日中性植物，11～13 h的光照有利于植株生长发育。

番茄枝叶繁茂，蒸腾系数800左右，消耗水分多，特别是在结果期，水分不足会导致产量明显下降。但因根系发达，吸水力较强，属于半耐旱性蔬菜，以土壤相对含水量60%～80%、空气相对湿度45%～55%为宜。空气湿度过高易诱发叶部真菌性病害。

番茄喜CO_2，空气CO_2浓度应不低于300 mL/m^3，设施栽培应注意通风换气，CO_2施肥以800～1 000 mL/m^{3}的浓度为宜。番茄对土壤条件要求不太严格，但喜肥耐肥，以土层深厚、排水良好、pH 6～7的肥沃壤土栽培为好。每生产1 t番茄，需吸收氮（N）3.54 kg、磷（P_2O_5）0.95 kg、钾（K_2O）3.89 kg。

（二）品种类型和栽培季节

1. 类型和品种 番茄属（*Lycopersicon*）包括普通番茄（*L. esculentum*）、多毛番茄（*L. hirsutum*）、秘鲁番茄（*L. peruvianum*）、奇士曼番茄（*L. cheesmanii*）和细叶番茄（*L. pimpinellifolium*）等复合种群，每个复合种群又分为若干变种。目前栽培的番茄都属于普通番茄，又包括5个变种。

（1）普通番茄变种（*L. esculentum* var. *commune*） 即栽培番茄，植株茁壮，分枝多，匍匐性，叶多果大，果形扁圆。

（2）大叶番茄变种（*L. esculentum* var. *grandifolium*） 又称薯叶番茄，叶大，有浅裂或无缺刻，叶形似马铃薯叶，蔓中等匍匐，果实与普通番茄相同。

（3）樱桃番茄变种（*L. esculentum* var. *cerasiforme*） 植株高大，茎细长，叶小，叶色淡绿。果实小，呈圆球形，形如樱桃，果径约2 cm。

（4）直立番茄变种（*L. esculentum* var. *validum*） 茎矮壮，节间短，植株直立，栽培中不需支架。叶片小，叶色浓绿，叶面多卷皱。果实与普通番茄相似，果柄短，产量较低，很少栽培。

（5）梨形番茄变种（*L. esculentum* var. *pyriforme*） 生长健壮，叶较小，浓绿色。果小，形如洋梨，2心室。

按生长习性，番茄又分为有限生长型和无限生长型两类。有限生长型又称自封顶型，植株主茎生长到一定节位后以连续花序封顶，主茎上果穗数增加受到限制，植株较矮，生长期较短，结果性能好、结果比较集中，适于早熟栽培，目前栽培较少。代表品种如红果中的红福99、金田大红201F1、纳普3号、纳普1号，粉红果中的浙粉201、金粉早冠和粉达等。无限生长型，植株高大，分枝性强，果型大，产量高，品质好，多为中晚熟品种，目前栽培较多。代表品种如红果中的倍盈、齐达利、拉比和思贝德等，粉果中的金棚、中杂、仙客、京番、东农等。

2. 栽培季节 番茄从出苗到开始采收需2 000～2 200℃积温，结果期按30～45 d计还需 700～1 000℃积温。所以，栽培一茬番茄至少需要 2 700～3 200℃积温。番茄不耐霜冻和高温，无霜期内避开高温，满足积温要求均可露地栽培。因而，我国南方露地栽培茬次多；北方露地栽培一般分为春、秋两茬，春茬早春育苗，晚霜后定植，秋茬早霜前 110～120 d 育苗。设施栽培茬次较多而灵活，一般用塑料拱棚覆盖可进行春早熟和秋延后栽培，利用温室可进行春早熟、秋延后和越冬茬栽培。

番茄设施栽培

（三）设施栽培技术

1. 品种选择 秋延后栽培应选择具有较强耐热性和抗黄化曲叶病毒的品种；秋冬茬和越冬茬应选择耐低温弱光的中晚熟品种；春提早栽培应选耐低温、抗病、优质的早中熟品种；冬春茬应选择耐低温弱光和高湿的品种。

2. 播种育苗 番茄普遍采用育苗移栽，培育壮苗是栽培的关键环节。壮苗标准是：茎秆粗壮，节间短，苗高 25 cm 左右，6～7 片展开真叶，叶深绿色，第 1 花序现蕾，根系发育好，抗逆性强，无病虫害。

（1）育苗期的确定 育苗期应保证 1 000～1 200℃有效积温。春季育苗按适宜日均温 20℃计算，则苗期需 50～60 d，分苗后缓苗和定植前秧苗锻炼约需 10 d，所以适宜育苗期一般为 60～70 d，在有 2～3 片真叶时分苗。秋季番茄育苗期温度高，幼苗生长快，育苗期需 40 d 左右。

（2）育苗设施配套使用 春季和冬季番茄育苗期一般采用设施育苗，温床或温室播种，阳畦或塑料拱棚分苗；秋番茄育苗期在夏季，多在露地或遮阳防雨棚育苗，苗期较短，不分苗。育苗培养土用充分腐熟的有机肥和洁净的园土配制，应疏松、肥沃、无病虫害，播种床培养土的肥土比例一般为 6∶4，分苗床为 5∶5 或 4∶6。分苗宜用育苗钵，育苗钵直径以 10 cm 以上为好。

（3）种子处理和播种 为了防病和促进早出苗，一般都进行浸种催芽，以温汤浸种效果好，催芽至 2/3 种子“露白”为宜。母床落水播种，撒播，播后覆土 1 cm 左右。

（4）苗床管理 苗床管理的主要任务是调节温度、光照和湿度，主要措施是揭盖床、通风、补温、补水等。

冬春季节育苗温度管理最关键。播种后出苗前可昼夜保持 25℃左右，无须光照，并保持土壤和空气湿润；当 20%～30%幼芽出土时，应及时将夜温降至 20℃，并注意白天见光，防止形成“高脚苗”。齐苗后按正常昼夜温差管理，并尽量增加光照度和光照时间；分苗后缓苗期要求高温、高湿和弱光条件，以利缓苗。缓苗后再按正常昼夜温差和光照管理，定植前 7～10 d 逐渐撤除覆盖物和增加通风，加强秧苗锻炼。

3. 整地作畦 深翻整地，施足底肥。定植前结合整地施基肥，可施腐熟畜禽肥（或土杂肥）15～75 t/hm^2、复合肥或过磷酸钙 375 kg/hm^2、饼肥或花生麸 750～1 500 kg/hm^2。起垄，垄顶宽 85 cm、底宽 95 cm，垄沟宽 25 cm，高 25～30 cm。垄面中央铺设滴灌带，在垄面上铺 1.6 m 宽地膜。连作障碍突出的设施，可采用有机基质栽培或营养液培。

4. 定植 温室越冬茬定植密度 30 000～33 000 株/hm^2，早春茬大架栽培密度 30 000～36 750 株/hm^2，小架栽培密度 60 000～66 000 株/hm^2。每垄双行、垄上株距 35～50 cm。

定植后及时进行灌溉。

5. 环境管理　缓苗期适当提高温度以促进番茄幼苗快速恢复生长。白天保持28～30℃，夜间温度15～18℃，地温18～22℃。湿度过大可开小风排湿，有萎蔫现象可适当遮阳。新叶抽生表明缓苗结束。缓苗后至坐果前，以促根控秧为主，应注意通风降温。白天室温22～26℃，夜间15～18℃，中午前后超过30℃时及时通风。中耕2～3次，以促根控秧。随温度降低要加强保温措施，夜间最低温度不可低于6℃。

进入坐果期，温度保持白天20～30℃、夜间13～15℃，最低夜温不低于8℃。冬春茬和越冬茬栽培由于深冬季节低温寡照气候，最好实行"四段变温"管理，即午前见光后尽量使温度达到25～28℃，以促进植株的光合作用；午后随着光合作用的逐渐减弱，通过通风等措施使温度降至20～25℃；前半夜保持14～17℃，以促进光合产物运输；后半夜降至10～12℃，以减少呼吸消耗。最低温度不应低于6℃，避免35℃以上的高温。立春后温度要控制在白天25℃左右、夜间13～15℃。4月后，加强通风，防止高温灼果、烧秧。

6. 肥水管理　番茄定植后3～5 d视土壤干湿情况和天气状况浇1次缓苗水，中耕蹲苗。第1穗果直径达3 cm左右时，进行第1次追肥浇水，追施尿素300～375 kg/hm^2。第2、3穗的第1果直径达到3 cm时，分别进行第2、3次追肥。越冬茬2月中旬至3月中旬，15 d左右浇1次水。3月中旬以后7～10 d浇1次水，每浇2次水需追施1次磷酸二铵225～300 kg/hm^2。滴灌条件下缓苗后至开花期选用高氮型滴灌专用肥的完全水溶性肥料，每次施113～150 kg/hm^2，间隔7 d左右滴灌追施1次。开花后至拉秧期间，选用高钾型滴灌专用完全水溶性肥料，每次施45～75 kg/hm^2，间隔10 d左右滴灌追施1次。定植至开花期间，每次滴灌水量45～75 m^3/hm^2，间隔1～2 d 1次。开花后至拉秧期间，每次灌水量120～180 m^3/hm^2，间隔1～2 d 1次，可根据番茄长势、需水规律、天气情况、棚内湿度及番茄不同生育阶段进行调整。越冬期间，以控为主。

7. 植株调整　植株调整包括吊蔓、固蔓、整枝、打杈、摘心和花果管理等一系列措施。

番茄植株调整

（1）吊蔓、固蔓　设施内调整番茄茎蔓分布一般采取吊蔓和固蔓措施。当株高30 cm左右时及时吊蔓，生长期间，每隔30 cm左右缠蔓1次，或用固蔓夹固蔓1次，使茎蔓均匀有规则分布，以利于通风透光和便于人工生产操作。

（2）整枝、打杈　番茄整枝方式有单干整枝、双干整枝或多次换头等。单干整枝只留主干顶芽，所有侧枝长到4～7 cm时摘除；双干整枝除留主干外，再留第1花序下的1个侧枝，其余侧枝全部摘除。多次换头一般是主枝留4穗果，顶部果穗以上留2片叶摘心，然后选留果穗下1个强壮侧枝换头生长。日光温室越冬茬番茄和冬春茬番茄目前多采用单干整枝。

打杈即去除多余侧枝，一般与整枝同步进行。栽培中应尽早打杈，去掉过多的侧枝，保持茎叶生长与果实发育之间的平衡。打杈应选晴天进行，以利于伤口愈合，防止病原菌感染。

（3）摘心和摘叶　无限生长型番茄可根据栽培目的在确定所留最后1个果穗的上方留2～3片叶摘去植株顶芽，称摘心或打顶。在生长中后期，为了利于通风透光、节约营养和防病，在基部果实采收后，可及时摘除基部的衰老叶和病叶。

（4）花果调整　每个花序选留5～6个花蕾，及时疏掉不需要保留的花。植株果实长到直径2 cm左右，每个果枝选留4个健壮、果形端正和发育良好的幼果。

低温弱光可造成落花落果。一般可通过激素蘸花、熊蜂授粉、振动授粉等方式进行保花保果。激素蘸花一般是在晴天10：00前，对即将开放的花朵（每穗花开3～4朵时）用防落素蘸花或2,4-D点花处理，要严格掌握浓度，避免重复处理，以免引起畸形果。在温度适宜时最好利用熊蜂授粉或振动授粉促进坐果。

番茄病害

（5）病虫害防治　主要病害有晚疫病、早疫病、叶霉病、灰霉病等，害虫有蚜虫、白粉虱、蓟马、红蜘蛛等。应以防为主，采取农业、物理、生态、生物等措施综合防治。

8. 收获　番茄果实成熟过程一般分为白熟期、转色期、成熟期和完熟期4个时期，早熟品种需40～50 d，中晚熟品种需50～60 d。温度较高时，天数缩短。果实成熟后应及时采收，以保持其商品性。在正常情况下，第6～7穗果始花时，第1穗果开始采收。选择晴天上午进行采收，一般冬季八九成熟时采收，夏季六七成熟时采收。大果番茄每周采收2～3次，小果番茄隔天采收1次，具体根据外界气候条件和作物长势而定。

（四）露地番茄栽培技术

1. 品种选择　主要根据栽培季节、栽培目的和消费习惯等选择品种。春季栽培应选耐低温、长势强、结果性好、抗病、优质的中晚熟品种；夏秋栽培前期高温多雨，病害严重，后期受霜冻威胁，生长季节短，需选抗病、耐热、不易裂果的中熟品种。

2. 培育壮苗　采用营养钵土壤或穴盘基质育苗。春季露地番茄营养钵育苗一般由当地终霜期往前推60～70 d即为适宜播种期，穴盘育苗苗龄缩短约15 d；各地夏秋季的气候条件不同，适宜的播种期也不一样。长江中下游地区秋茬一般7、8月育苗，8～9月初定植。

3. 整地作畦　前茬收获后，深耕25 cm以上，结合耕地施入有机肥60～75 t/hm^2、过磷酸钙450 kg/hm^{2}或磷酸二铵225～300 kg/hm^2。春季以灌溉为主，一般作平畦，畦宽1.2～1.6 m，长8～10 m。秋季多需要排水，采用高畦或垄栽。

4. 定植　春番茄一般在晚霜过后，地温稳定在10℃以上时，选择无风晴天定植；定植深度以地面与子叶相平为宜，徒长苗可卧放在定植穴内，将其基部数节埋入土中，既促进不定根的发生，防止定植后风害，又避免深栽影响发根；小水定植，以利缓苗；定植密度因品种、整枝方式、土壤条件、栽培目的和季节等而异。一般早熟品种比晚熟品种密，单干整枝比双干整枝密。

秋番茄一般至少在早霜来临前45～60 d定植，选阴天或下午进行，并适当深栽；小架中熟品种行距50 cm，株距26～33 cm，密度60 000～75 000株/hm^2；大架中、晚熟品种行距60～70 cm，株距33～40 cm，密度45 000～60 000株/hm^2。

5. 中耕除草　掌握早中耕、深中耕的原则。封行前中耕3～4次，先深后浅，平畦栽培的结合中耕培土成半高垄。可在定植后结合中耕进行除草。

6. 追肥和灌水 田间灌水掌握结果前控、结果后促，春季前期少浇、秋季前期小水勤浇的原则。春季定植后底墒较差时，可浇缓苗水，随后适当控水蹲苗。蹲苗时间长短依品种、长势、土壤和雨水等情况而定。早熟品种、长势弱的不宜过度控水，以免引起坠秧。蹲苗结束后到第 1 穗果核桃大小时，应浇 1 次催果水，促进果实膨大和植株生长。进入盛果期后，随着植株生长和结果数量增多，应经常保持土壤湿润，防止土壤忽干忽湿。

番茄生长和结果期应多次追肥。在第 1 穗果核桃大小时施催果肥，施复合肥 300 kg/hm^2 左右。在第 1 穗果即将采收和第 2、3 穗果膨大期，即进入盛果期，可参照前次用量再施追肥 1～2 次。番茄结果期还可补充叶面肥，一般交替喷 0.2%～0.3%尿素和 0.3%磷酸二氢钾。

7. 植株调整 番茄的植株调整主要有支架绑蔓、整枝打杈和花果管理。

（1）支架绑蔓 在第 1 花序开花前，或在株高 30 cm 时支架绑蔓，以防止倒伏。常用“人”字架或四角锥形架。搭架后随即绑蔓，要松紧适度。

（2）整枝打杈 露地番茄栽培多用单干整枝，一般视气候情况和生产需求留 5～6 层果，第 6 层花序出现后摘心，并保留 2～3 片叶子。

（3）花果管理 每穗果可留 4～6 个，及时摘除畸形果和病残果，提高商品率。

8. 收获 根据市场消费特点，在果实达到商品成熟度时及时采收，产品分级后上市。

二、茄子

茄子为茄科茄属一年生或多年生草本植物，原产于东南亚热带地区，在我国的栽培历史已超千年。每 100 g 鲜果实中含蛋白质 0.93～1.30 g、糖 2.3～3.8 g、无机盐 0.4～0.7 g，以及较多的维生素、钙等。茄子生长期长，产量高，食用方法多样，可炒、烧（煮）、清蒸、拌食，还可加工成酱茄子、腌茄子或制成茄干等，深受消费者喜爱。

（一）生物学特性

1. 植物学特征 主根粗壮，可深达 1.3～1.7 m，侧根发达，横幅 1 m 以上，但主要根群分布在 33 cm 土层内；根系木质化较早，再生能力差，不定根发生能力较弱，不宜多次移植。幼苗期茎草质，成苗后逐渐形成粗壮、直立的木质化茎，高 60～100 cm，连续假二叉分枝，每级分枝间隔 2～3 叶，分枝多而有规律，姿态开张；茎的颜色与果实颜色、叶色相关，一般紫茄品种的嫩茎、叶柄和叶脉都带紫色，白茄和绿茄品种的嫩茎及叶柄为绿色。单叶互生，叶片肥大，长 15～40 cm，有长叶柄；叶形有圆、长椭圆和倒卵圆形，一般叶缘呈大波状，叶面较粗糙而有茸毛，叶脉和叶柄有刺毛；叶色深绿或紫绿。完全花，多单生，或 2～4 朵簇生；花白色或紫色，花瓣 5～6 枚，基部合生成筒状，开花时花药孔开裂散出花粉；花萼宿存，有芒刺。自花授粉率高，天然杂交率 3%～6%；根据花柱长短可分为长柱花、中柱花及短柱花，长柱花和中柱花的受精能力较强，短柱花受精结果能力差。由于由顶芽分化花芽，花和果实均着生在茎分杈处，由基部向上，开花结果数呈几何级数增加，各级分枝处结的果实依次称为门茄、对茄、四母斗、八面风、满天星（图 7-1）。果实为浆果，长形、圆形或卵圆形，以嫩果食用。胎座组织特别发达，其海绵薄壁组织为主要的食用部分。圆茄果肉细胞排列比较致密，果实硬；长茄果肉疏松，果实软。食用果实有紫、红、白、绿等色，成熟后果皮均变为黄色或黄褐色。单果有种子500～1 000粒，种子扁圆形，外皮光滑而坚硬，呈鲜黄色，千粒重3.16～5.30 g，寿命6～7年，使用年限2～3年。种子发育成熟晚，留种果应充分成熟后采收，并经后熟。

图 7-1 茄子的分枝结果习性

1. 门茄 2. 对茄 3. 四母斗 4. 八面风

2. 对环境条件的要求 茄子喜温，怕寒，较耐高温，比番茄生长速度慢，要求温度高。种子发芽的适温为30℃，25℃以下发芽缓慢且不整齐，15℃以下难以发芽，变温条件下发芽整齐一致。生长发育最适温度为20～30℃；气温降至20℃以下则授粉受精和果实发育不良；低于15℃则生长缓慢，易落花；低于13℃则生长停止，遇霜冻则植株枯死；超过35℃，茎叶虽能正常生长，但花器官发育受阻，短柱花和畸形果比例升高。

光饱和点为40 klx，光补偿点为2 klx。光照强、光照时间长，生长旺盛，花芽分化和开花早。反之，则苗易徒长，花芽分化和开花晚，长柱花减少，中、短柱花增多，果实着色不良，产量下降。

茄子对土壤要求不严格，吸收能力强，比较耐肥，在土层深厚、含有机质多、保水保肥力强的土壤中生长良好。适于微酸至微碱性（pH 6.8～7.3）土壤，较耐盐碱。每生产1 t茄子，需吸收氮（N）3～4 kg、磷（P_2O_5）0.7～1.0 kg、钾（K_2O）4.0～6.6 kg。需水量较大，适宜土壤含水量和空气相对湿度均为70%～80%。缺水时，植株生长发育缓慢，易出现短柱花，果实发育也不好，果面粗糙无光泽。

（二）品种类型和栽培季节

1. 类型和品种 常按果形将茄子栽培种（*Solanum melongena*）分为圆茄（*S. melongena* var. *esculentum*）、长茄（*S. melongena* var. *serpentinum*）和卵茄（*S. melongena* var. *depressum*）3个变种。

（1）圆茄变种 植株高大，茎秆粗壮，叶片大，长势旺。果实大型，圆球形、椭圆球形或扁圆球形，肉质紧密，多为中、晚熟品种。属于北方生态型品种，适于温暖干燥、阳光充足的夏季大陆性气候条件。代表品种有京茄6号、京茄黑骏、博美特、圆丰1号、天津快圆茄、大苠茄、冀杂类型、大紫圆茄、牛心茄等。

（2）长茄变种 植株长势中等，分枝多而较细，叶较小而狭长。果实细长、棒状，单株结果数多，但单果重较小，果皮较薄、肉质细嫩松软，多为中、早熟品种。主要分布于长江流域和东北，现华北和西北也多栽培，是我国茄子的主要栽培类型。代表品种有美引长茄、农友长茄、HA-1726图拉德、布利塔、四川墨茄、竹丝茄、长丰3号、长丰4

号、早墨长茄、黑美长茄8号、引茄1号、吉茄4号等。

(3) 卵茄变种　植株低矮，茎叶细小，分枝多而开张，长势中等或较弱。着果节位低，果实较小，呈卵圆、椭圆或灯泡形，果皮较厚，肉质较松，多为早、中熟品种，产量较低，但耐低温和高温的能力较强，主要分布于东北、华北及华东各地。代表品种有北京灯泡茄、沈阳灯泡茄、荷包茄、小卵茄、西安绿茄等。

2. 栽培季节　茄子怕霜、喜温、较耐热，无霜期内均可栽培，栽培季节和茬口因地而异。一般北方地区春茬露地栽培定植期根据当地晚霜期来定，在断霜后、耕作层10 cm土壤温度达12～15℃时开始定植。华南地区可全年栽培；长江流域、华北地区终霜后露地育苗和定植；东北、西北等地区于终霜前在保护地育苗，春末夏初定植。

日光温室栽培主要分早春茬、秋冬茬和越冬茬一大茬。早春茬12月上旬至翌年1月上旬播种育苗，翌年2月下旬定植；秋冬茬7月上中旬播种，7月底8月初定植，12月初拉秧；越冬茬一大茬在8月中旬至9月中旬播种，9月中下旬至10月中下旬定植，翌年7月下旬拉秧。塑料大棚茄子可进行春提早和秋延后栽培。

(三) 日光温室越冬茬一大茬栽培技术

日光温室越冬栽培由于需要跨越寒冷的冬季，栽培难度较大，需要精心管理。

1. 品种选择　宜选择耐寒、耐弱光、适合密植、抗病丰产的品种。如天津快圆茄、青选长茄、布利塔、二苠茄、园杂2号、茄王、北京六叶茄等。

2. 培育壮苗　茄子种皮较厚，具蜡质，浸种催芽较难。一般采用温汤浸种，再在20～30℃清水中浸种10～12 h，然后25～30℃催芽，5～6 d后，当70%种子萌芽时即可播种。一般8月中旬至9月中旬播种育苗，9月中下旬定植。采取嫁接育苗，选择抗枯萎病、耐低温的砧木，如野茄2号、托鲁巴姆。砧木种子比接穗早播20 d左右。当砧木苗具4～5片真叶，接穗苗具3～4片真叶及茎粗达到0.3 cm时开始嫁接。生产中常常采用劈接法，嫁接后应注意温度、湿度及光照管理，促进伤口愈合。

3. 定植　多行土壤栽培，也可基质栽培。9月中下旬至10月中下旬，嫁接苗有7~9片真叶、株高20～25 cm、门茄现蕾时即可定植。双行定植，定植深度与原栽培面持平，定植前浇足水。

4. 定植后管理　包括环境和植株的管理。

(1) 环境管理　缓苗期闭棚保持较高的温度和湿度促进缓苗，一般不超过32℃，不通风或小通风。缓苗后保持白天25～30℃、夜间15～18℃、昼夜温差10℃为宜，下午低于25℃时关闭通风口。深冬季节加强保温，保持最低温度不低于13℃，必要时补光加温。

(2) 肥水管理　定植后根据土壤湿度和天气状况决定灌水量，保持土壤湿度70%左右，避免浇水过多引起沤根。2月底气温回升后根据天气状况逐渐增加灌水量，使用滴灌的要经常检查滴灌管防止堵塞。

茄子对养分吸收量大。在定植后10～20 d内，先中耕松土，随水冲施尿素75～120 kg/hm^2。在第1朵花出现后，施催果肥1次，可随水冲施尿素150 kg/hm^2，过磷酸钙225 kg/hm^2，硫酸钾150 kg/hm^2。进入盛果期，加强肥水管理，一般每周浇1次水，并随水追肥。

（3）植株调整　一般采用双干整枝法，即将第1次分枝下的侧芽全部去除，只留第1次分枝，以后侧枝若再长出新的分枝，依据长势留第1个果实摘心。门茄瞪眼期后摘除下部的病叶、老叶及侧枝，以利通风透光。

（4）花果管理　冬季温度较低时不利于坐果，可用2,4-D点花或防落素喷花处理，以防落花落果。点花时用海绵或毛笔蘸配好的药液涂抹花柄中部长约1.5 cm，再涂抹花柱。药液中加少许墨汁或广告色做标记，以防重复点花。结合点花，摘除僵果、病果和畸形果。僵果和畸形果形成的原因主要是苗期低温寡照、移栽后缓苗慢或后期高温。紫色茄子冬季栽培过程中常常出现果实着色不良的现象，主要由低温寡照引起，可通过清洁棚膜或补光，合理密植、及时摘除下部老叶、病叶等措施增加光照，以及加强保温来解决。

（5）病虫害防治　常见病害为疫病和黄萎病，害虫有红蜘蛛、蚜虫、白粉虱等。害虫首先通过设施放风口加防虫网、悬挂黄色诱虫板、利用瓢虫等捕食性天敌或寄生性天敌丽蚜小蜂等进行防治。病害首先通过抗病品种、轮作、科学肥水管理等预防，再结合其他综合措施防控病虫害。

5. 采收　在果实达到商品成熟时注意适时采收。茄子果实发育过程中，每个萼片边沿下面有一条浅白色带，果实生长越快，这条浅色带越宽。当这条浅色带逐渐变窄小，颜色不显著时，应立即采收。

（四）露地栽培技术

1. 培育壮苗　将种子进行温汤浸种或热水烫种后浸泡6～8 h，催芽后即可播种。播种后盖1～1.5 cm厚的细土，苗床宁干勿湿，防止出现“高脚”苗。培育适龄壮苗。

2. 整地施基肥　忌连作，选用近3～5年未种植同科作物的地块。在前茬收获后结合翻地施有机肥75 t/hm²以上。定植前精细整地，打垄或作成平畦。

3. 定植及密度　春季晚霜后定植，定植期稍晚于番茄，以地温稳定在13～15℃时定植为宜。定植密度，一般早熟品种45 000～52 500株/hm²，中晚熟品种35 000～45 000株/hm²。

4. 田间管理　定植缓苗后及时中耕，将苗周围的表土铲松，以提高地温，促进根系生长，一般中耕2～3次。灌水的原则是先控后促，即在门茄坐果前要控制灌水，坐果后逐渐增加灌水量。具体做法是：定植缓苗后如土壤干旱，可轻浇缓苗水，浇后及时中耕，结合中耕进行培土，适当蹲苗；当门茄长到直径3 cm以上、果实开始迅速膨大时结束蹲苗，灌1次催果水，结合灌水追施催果肥，最好是将优质农家肥施于植株基部并培土，如用化肥可施尿素200～300 kg/hm²，配合适量磷肥。以后随着气温上升，肥水施用量增加，尤其当对茄和四母斗相继膨大时，肥水需求达到高峰，一般每4～6 d灌水1次，使土壤含水量保持在80%左右，结合灌水多次追施速效性化肥。雨季注意排水防涝，夏季灌水以早、晚为宜。对生长期长的茄子，应加强雨季后的肥水管理，防止植株早衰。

茄子的分枝比较有规律，多以常规整枝方法为主，即将门茄以下的主茎基部侧枝全部打掉。随着果实的采收，可将植株下部的老叶、黄叶、病叶摘除，以改善通风透光条件，减轻病害的发生。

5. 收获　当茄子达到采收的标准时，要及时采收，以免降低其商品性。一般在开花

25 d后为采收最佳时期。

三、辣椒

辣椒为茄科辣椒属一年生或多年生草本植物，均作一年生栽培，在我国种植历史悠久，分布广泛。辣椒每100 g果实中含维生素A 1.12 mg、维生素C 63.6 mg、维生素B_1 0.03 mg、维生素B_2 0.02 mg、蛋白质0.64 g、粗纤维0.58 g、糖2.80 g，还含有辣椒素，可助消化。辣椒以鲜果或干果供食，既可用于做菜，又可作为调味品，产品耐贮运。

（一）生物学特性

1. 植物学特征 辣椒根系不如番茄和茄子发达，根量少，入土浅，一般深30 cm，主要根群分布在10～15 cm表土层，根系弱，再生能力较差。株高30～150 cm，茎直立，易木质化，枝条脆，易折断，茎有无限分枝和有限分枝两种类型，二叉或三叉分枝，早期分枝规律很强。叶片卵圆形，互生，深绿色，全缘，叶面光滑，嫩叶可以食用。花着生在茎分杈处，有单生和簇生两种，完全花，花白色，自花授粉。浆果，果内有较大的空腔；果形有圆形、羊角形、细条形等；按辣味的浓淡可分为甜椒、辣椒、微辣椒等。种子黄色，扁圆形，千粒重4.5～6 g，寿命4年，使用年限2～3年。

2. 对环境条件的要求 辣椒原产于南美洲热带雨林地区，具有喜温、怕涝、喜光而又较耐阴、不耐干旱的特点。对温度的要求介于番茄和茄子之间，较接近于茄子。种子发芽适宜温度为25～32℃，低于15℃不易发芽。生长适宜温度为20～30℃，成株可耐8～10℃低温或35℃左右高温，长期低于5℃植株死亡。开花授粉适宜的温度白天20～25℃，夜间16～20℃。盛果期适温为25～28℃，35℃以上高温和15℃以下低温均不利于果实发育。

辣椒要求中等强度的光照，对日照长短不敏感。适宜光照度为25 klx，光饱和点30 klx，光补偿点1.5 klx，比番茄和茄子耐阴性强。光照过强，不利于生长发育。

辣椒既不耐旱，又不耐涝，以土壤相对含水量55%为宜，土壤含水量过低或过高均生长不良。长期干旱或土壤积水，根系呼吸受阻，植株萎蔫，严重时死亡。空气相对湿度以60%～80%为宜，过高或过低都易造成落花落果。适宜中性或微酸性土壤（pH 5.6～6.8），对肥力要求较高，以土层深厚、排水良好、肥沃疏松的沙壤土为好。每生产1 t辣椒，需氮（N）5.8 kg、磷（P_2O_5）1.1 kg、钾（K_2O）7.4 kg。

（二）品种类型和栽培季节

1. 类型和品种 辣椒属（*Capsicum*）有绒毛辣椒（*C. pubescens*）、浆果状辣椒（*C. baccatum*）、分枝辣椒（*C. frutescens*）、黄灯笼辣椒（*C. chinense*）和一年生辣椒（*C. annuum*）等5个种。栽培辣椒绝大多数为一年生辣椒种，又分为灯笼椒（*C. annuum* var. *grossum*）、长辣椒（*C. annuum* var. *longrum*）、簇生椒（*C. annuum* var. *fasciculatum*）、圆锥椒（*C. annuum* var. *conoides*）、樱桃椒（*C. annuum* var. *cerasiforme*）5个变种。

（1）灯笼椒 果型较大，近圆形，植株粗壮高大，果味甜或不辣。如世界冠军、茄门甜椒、吉林三道筋、济南甜椒、北京大柿子椒、兰州大圆椒、早丰1号、北京铁把黑、锦州油椒等品种。

（2）长辣椒　植株中等稍开张，果多下垂，果角长形，先端尖，常弯曲，辣味强，多为中、早熟种，按果实形状可分为短羊角椒、长羊角椒和线辣椒。

①短羊角椒：果实短羊角形，果肉较厚，味辣。如珍贵椒王等品种。

②长羊角椒：果实长羊角形，也叫牛角椒。果肉较厚或稍薄，坐果数较多，味辣。如运驰（37-82）、超前大椒、奥运冠椒、寿光羊角黄、羊角红1号、红丰9号等品种。

③线辣椒：果实细长，线形，稍弯曲或果面皱褶，辣味很强，多干制作调味品食用，也可鲜食。如改良型辣丰3号、卓越、大长今、条椒王等品种。

（3）簇生椒　植株低矮丛生，茎叶细小开张，果实簇生，辣味极强，多作干椒。如七星椒、邵阳朝天椒、天宇3号、天宇5号、绿宝天仙等品种。

（4）圆锥椒　叶中等，果小，向上直立或斜生，果圆锥形，辣味强。如鸡心椒、黑弹头等品种。

（5）樱桃椒　植株与圆锥椒相似，果小，朝天生，呈樱桃状，有红、黄、紫各色，味极辣，可作干椒，也可观赏。如樱桃辣、日本五彩樱桃椒、黑珍珠、幸运星等品种。

2. 栽培季节　北方露地辣椒一般每年栽培1茬，在2月中下旬至3月中下旬播种，晚霜后定植，多采用地膜覆盖，在秋末霜冻前拉秧。

塑料大棚栽培一般可进行春提早或秋延后栽培。北方地区春提早栽培可于12月至翌年1月在日光温室中育苗，苗龄80～90 d，3月定植，5月开始采收。秋延后栽培，西北地区一般于7月中旬播种，8月中旬定植，9月中旬开始坐果。

日光温室有越冬茬、早春茬、秋冬茬3种栽培茬口。越冬茬栽培在北纬40℃及其以北地区于8月下旬至9月上旬播种育苗，11月上旬定植，翌年7月末拉秧，深冬和早春的低温寡照期是栽培管理的重点时期。早春茬栽培在立春前80～90 d育苗，立春前后定植。秋冬茬于7月中下旬育苗，9月上旬定植，陆续采收到春节前结束。

（三）日光温室越冬茬栽培技术

在冬季极端低温天气少、光照充足及昼夜温差大的地区可以进行日光温室越冬茬辣椒栽培。但由于栽培周期长，对温度的控制和田间管理的要求较高。

1. 品种选择　各地根据市场需求的类型，尽量选择耐低温弱光、优质抗病的品种，如陇椒、寿光羊角椒、迅驰、亮剑等。最好采用嫁接栽培，砧木可选用长势旺盛、抗病抗逆性强、根系发达的瑞旺1号、瑞旺2号、PFR-K64、塔基等。

2. 培育壮苗　8月中下旬至9月上旬播种育苗，11月上旬定植，最好采用嫁接苗。一般情况下，砧木播种5～10 d后再播接穗种子，2～3片真叶时分苗。当砧木有5～7片真叶，接穗有4～5片真叶、茎粗2～3 mm且呈木质化时即可进行嫁接。常用劈接或切接法。嫁接后3～4 d尽量遮光，保持温度白天25～28℃，夜间20～22℃为宜，湿度90%以上，3 d后逐渐通风见光，保持温度白天24～26℃、夜间16～18℃；嫁接口愈合后逐渐加大通风，20 d左右即可定植。

3. 整地施基肥　定植前深翻土壤，可扣棚7～10 d，利用太阳能进行棚室消毒。结合整地施充分腐熟的农家肥120～180 t/hm²、三元复合肥225～300 t/hm²、硫酸钾225～

300 t/hm²。深翻耙平后起垄，垄总宽 140 cm，垄顶宽 95～100 cm，底宽 110～115 cm，垄沟宽 25～30 cm，高 25 cm，垄面覆盖地膜。垄顶上安装滴灌软管，每垄铺设 2 根。

4. 定植 在垄上双行定植，株距 30～35 cm，密度 42 000～45 000 株/hm²。定植深度与原穴盘苗栽培面持平即可。定植后覆土进行浇灌，保证充足的水分。

5. 定植后管理 包括环境管理和植株管理。

（1）环境管理 定植后保持室内白天温度为 27～30℃，以促进快速缓苗。缓苗后最高温度超过 30℃时及时放风降温。随着外界温度降低，要逐渐缩小通风口和缩短通风时间，可维持昼温在 25～28℃、夜温 18～20℃，开花坐果后适当降低夜温，但不宜低于 12℃。寒冬季节要通过早揭晚盖保温被的方式防寒保温，夜间温度过低时可进行人工补温。温室内土壤或基质的湿度应保持在 60%～65%，开花结果期则应控制在 70%～80%。生长过程中要经常清洁棚膜，及时清除下部老叶，以增加光照。

辣椒缓苗

（2）肥水管理 定植 7～10 d 后，根系开始生长。若土壤较干，可浇 1 次缓苗水并配施少量磷酸二氢钾。果实 3 cm 大小时要及时浇水施肥，促使果实膨大。

（3）植株调整 大果型辣椒一般每株留 2 个主干，每个主干再保留 2 个侧枝，使植株保持 4 个生长枝结果。及时整枝摘心，剪除摘完果的空枝和细弱枝，以利于通风透光。门椒开花前吊秧，或在顺行方向的植株两侧拉 2 道铁丝固定植株，以防倒伏。适时采收门椒，及时拔除门椒以下的侧枝、老叶、病叶。下部果实采收后，及时拔除植株无效侧枝、老叶、病叶，以利通风透光，防止病害发生。

辣椒吊秧

（4）保花保果 前期外界温度低，坐果能力差，可在花半开时用 15～20 mg/L 的 2,4-D涂抹花柄，或用 25～30 mg/L 防落素喷花。

（5）病虫害防治 常见病害有病毒病和疫病等，害虫有蚜虫、白粉虱、蓟马、烟青虫等，注意采用综合措施防控。

6. 收获 辣椒采收标准以花谢 15～20 d 后，果皮转深绿色、有光泽时为好。门椒适当早采，以免坠秧；生长中后期，尽量延迟采收，以提高效益。采收应在中午前进行，以利于伤口愈合。

（四）青椒露地栽培技术

1. 育苗 青椒育苗时期和技术与茄子相近。露地栽培一般在冬春季节育苗，冷床育苗苗龄 80～90 d，温床育苗苗龄 70～75 d。播前温汤浸种 7～8 h，25～30℃催芽，出苗期间保持土温 24～25℃，不低于 17℃。分苗时苗子大小要一致，每钵 2 苗。苗期管理技术与茄子相似。

2. 整地施基肥 青椒实行 3～5 年轮作，选择能灌能排、疏松肥沃的壤土或沙壤土栽培，结合深翻施优质厩肥 75～105 t/hm²、过磷酸钙 225～300 kg/hm²。作高垄或平畦。

3. 定植及密度 青椒定植时期与茄子大致相同。一般行距 50～60 cm，穴距 25～33 cm，每穴双苗，密度 90 000～120 000 株/hm²。

4. 田间管理 根据青椒喜温、喜水、喜肥及高温易得病、水涝易死秧、肥多易烧根的特点，定植至采收前主要抓促根促秧；开始采收至盛果期抓促秧攻果；进入高温季节着重保根保秧，防死秧；后期应加强管理，增加结果量。

始收以前，应轻灌水、早追肥、勤中耕、小蹲苗。缓苗水轻浇，浇后及时中耕保墒。结合第 2 水再轻施肥，及时中耕，蹲苗 10 d 左右。蹲苗结束后及时灌水追肥，及时摘除第 1 花序下的侧枝。

始收至盛果期，早收门椒，及时灌水，经常保持土壤湿润，争取在高温季节来临前封垄，进入盛果期。封垄前应培土保根，培垄高度约 13 cm，注意防虫防病。

高温干旱季节应及时灌水，始终保持土壤湿润，防止病毒病发生。灌水宜早晚浇，忌中午浇。雨涝时注意排水，暴雨后“涝浇园”。高温期过后应加强管理，促进二次结果盛期的形成。

5. 采收 青椒多以鲜青果为产品，一般以果实充分肥大、皮色转浓、果皮坚硬而有光泽时采收的产量高，品质较好。

第二节 瓜 类

瓜类蔬菜是指葫芦科（Cucurbitaceae）中以果实为食用器官的栽培种群，有甜瓜属的黄瓜、甜瓜和越瓜，南瓜属的南瓜（中国南瓜）、笋瓜（印度南瓜）、西葫芦（美洲南瓜），冬瓜属的冬瓜和节瓜，西瓜属的西瓜，葫芦属的瓠瓜，丝瓜属的普通丝瓜和有棱丝瓜，苦瓜属的苦瓜，佛手瓜属的佛手瓜，栝楼属的蛇瓜等。其中，黄瓜、西瓜、甜瓜和南瓜遍布世界各国，冬瓜、丝瓜、苦瓜、瓠瓜和佛手瓜等主要分布在亚洲。我国以黄瓜、西瓜、西葫芦和冬瓜栽培为多。

瓜类蔬菜起源于热带和亚热带地区，同属葫芦科，在形态、生态和生产技术方面有许多相似或相同点。

①根系发达（黄瓜除外），但易木栓化，再生能力差，栽培中多用营养钵育苗，不分苗，苗龄较短。茎多为蔓性，攀缘或爬地生长；茎上易生不定根，栽培中多行搭架或压蔓；茎上易发生侧枝，栽培中应根据不同种类采取不同的整枝方式。花器较大，基本为雌雄异花同株，大多数瓜类蔬菜性型具有可塑性，低温短日照条件有利于雌花形成，通过环境条件的控制可促进雌花形成。

②喜温或耐热，不耐寒，整个生长发育期都要求较高的温度，温带地区露地栽培需在无霜期内进行。

③以果实为产品，连续开花结果，分批采收，一般产量较高，生产中调节好营养生长与生殖生长之间的矛盾，维持秧果营养平衡是优质丰产的关键。

④属同科作物，有多种共同病虫害，在栽培中忌连作，需注意轮作倒茬。

一、黄瓜

黄瓜古称胡瓜，为一年生草本植物，原产东南亚热带地区，栽培历史悠久，种植广泛，是世界性蔬菜，在我国已有 2 000 多年的栽培历史。食嫩果，每 100 g 果实中含碳水化合物 1.6～2.4 g、蛋白质 0.4～0.8 g、钙 10～19 mg、磷 16～58 mg、铁 0.2～0.3 mg、维生素C 4～16 mg。既可生食，又可熟食，还可用于加工，产量高，在蔬菜生产和供应中均占重要地位，南北各地普遍栽培。

（一）生物学特性

1. 植物学特征 黄瓜根系入土浅，主要吸收根群分布在25 cm左右的耕层内，横向分布范围30～50 cm，吸水吸肥范围小，根系易木栓化，再生能力差。茎蔓性，一般长2～2.5 m，最长可达8 m以上；茎粗约1 cm，中空，抗风力差；茎上有卷须，可缠绕，栽培一般需支架，并及时绑蔓固定；茎的分枝能力因品种而异，多数品种分枝能力弱，一些晚熟品种侧枝较多，需整枝。叶掌状，单叶面积较大，一般约400 cm^2，大者可达600 cm^2左右；叶片薄而柔嫩，表皮生有刺毛，蒸腾作用强。花生于叶腋，基本为雌雄异花同株，也有部分雌雄异株类型，偶尔出现两性完全花；雄花多簇生，雌花多单生，也有双生、三生的。瓠果，多为长棒形，果面平滑或有棱、瘤、刺，刺有黑、白、褐色之分；幼果多为绿色，少数品种为黄色或白色。黄瓜具有单性结实习性，但品种间差异较大。一般每个果实内含100～300粒种子，种子扁平，长椭圆形，黄白色，千粒重25～40 g，寿命5年，使用年限2～3年。

2. 生长发育周期 黄瓜的生长发育周期可分为发芽期、幼苗期、甩条发棵期和结果期4个时期，露地春黄瓜全期90～120 d，温室栽培长达240 d以上。

从种子萌动至第1片真叶显露（破心）为发芽期，在25～30℃条件下一般需5～6 d，主要靠消耗种子本身的营养生活；第1片真叶显露至第4片真叶展平为幼苗期，约30 d，绝对生长量较小，但新叶和花芽分化较多；从第4片真叶展平至第1雌花坐瓜为甩条发棵期，又称初花期或开花坐果期，约15 d，此期生长加速，节间伸长较快，植株由直立状态转变为蔓生状态，是生长中心逐渐由以营养生长为主转向营养生长和生殖生长并进的转折期，生产上应促进根系生长，并使第1雌花果实坐稳，防止“跑秧”现象的发生；由第1雌花坐瓜到拉秧为结果期，历时30～60 d或更长，其特点是茎叶生长和果实发育齐头并进，管理应以平衡秧果关系为中心。

3. 对环境条件的要求 黄瓜性喜温暖，不耐寒冷，整个生长发育期生长适温为15～32℃，其中白天20～32℃，夜间15～18℃。种子发芽适温25～30℃，低于20℃发芽缓慢，低于12℃不萌发，高于35℃发芽率降低。幼苗期适宜温度，白天22～25℃，夜间15～18℃。开花结果期适温，白天25～30℃，夜间18～22℃。黄瓜可忍耐35～40℃高温，在35℃左右时同化量与呼吸消耗平衡，随温度增高，光合产量下降，呼吸消耗增大，植株生长发育不良；40℃以上光合作用急剧衰退，代谢机能受阻，生长停止，持续时间过久，植株就枯死。但在高湿条件下，黄瓜植株可忍耐短期45～50℃的高温，生产中利用这一特点进行高温闷棚防病。黄瓜耐低温能力弱，在10～12℃低温下生长缓慢或停止，5℃即有受冷害的危险，但经低温锻炼的幼苗甚至可以耐短时间2～3℃的低温。根系生长适宜地温为25℃；8℃以下根系不能伸长；12℃以下根系生理活动受阻，下部叶片变黄；14℃以上根毛才能发生；地温38℃以上时，根系停止生长，并引起腐烂或枯死。

黄瓜根系吸水能力弱而叶片蒸腾量大，具有喜湿不耐旱的特点，要求较高的土壤含水量和空气湿度。最适土壤相对含水量为80%～90%，尤其在开花结果期，须经常保持土壤湿润，空气相对湿度以70%～90%为宜。黄瓜根系需氧量较高，怕涝，如果土壤湿度过大而温度又低时，容易发生沤根和猝倒病。

黄瓜光补偿点为2 klx，光饱和点为55～60 klx，最适光照度为40～60 klx，为喜光作物，但对弱光也有一定的适应性。要求富含有机质、通气良好、pH 5.5～7.2、肥沃的轻质壤土。一般每生产1 t黄瓜，吸收氮（N）2.8 kg、磷（P_2O_5）0.9 kg、钾（K_2O）3.9 kg、钙（CaO）3.1 kg、镁（MgO）0.7 kg。因根系吸肥能力弱，一般施肥量较大。

4. 花芽分化和性型决定 黄瓜一般在第1片真叶刚出现时就开始花芽分化，第1片真叶展开时已有5～6节花芽分化，第4片真叶展开时，前10节花芽性型已确定。花芽分化初期表现为两性，以后受植株内部或外部条件的影响，才有雌雄性别的分化。若条件有利于雌蕊发育，则雄蕊退化而形成雌花；反之，则形成雄花。

较低的温度，主要是低夜温有利于黄瓜雌花的形成。一般15℃以下的低夜温可以降低第1雌花节位，增加雌花数。短日照有利于雌花形成，长日照则促进雄花形成。一般8 h的短日照可增加雌花数目，雌雄比例增高；若给以12 h以上的日照，则雄花显著增多，雌花减少。较高的土壤湿度和空气湿度有利于雌花形成，增加CO_2浓度也可促进雌花形成。幼苗期喷洒100～150 mg/L的乙烯利，可以有效促进雌花形成，使雄花形成晚而少。NAA、IAA、2,4-D、CCC等植物生长调节剂也有促进雌花形成的作用，GA_3则促进雄花的形成。

（二）类型和品种

黄瓜类型和品种

各国黄瓜品种类型有较大差异。国外栽培的主要有欧美型、北欧型、南亚型和小型水果黄瓜，我国主要栽培华南型、华北型和小型水果黄瓜。

1. 华南型 蔓叶较壮大，根群强健，果实短粗，皮厚，光滑，无刺或少刺，耐热性较强，较耐弱光。分布于我国长江以南地区。代表品种如早青2号、翠绿、燕白等。

2. 华北型 茎节间和叶柄较长，根系细长、再生力较弱，果实细长，皮薄，有棱瘤、白刺，耐热性差，但较耐低温。主要分布于黄河流域和北方各地。代表品种如长春密刺、农城3号、津春3号、津优3号、京绿10号、津春4号、中农8号、农城新玉1号等。

3. 小型水果黄瓜 多为雌性系，果实短棒状，长12～15 cm、粗3 cm，果面多无刺瘤，主要生食。代表品种如戴多星、戴安娜、夏多星、康德、中农19、申绿系列、新农城1号、春光2号等。

（三）栽培季节和茬次

黄瓜喜温、怕寒、不耐热，露地栽培必须在无霜期内进行。南方一般栽培春、夏、秋3茬，华南等热带地区亦可在冬季栽培；北方地区多行春、秋两茬栽培，东北和西北高寒地区只进行春夏茬栽培，配合中小棚、大棚、温室等保护地栽培，可以周年生产，早春和秋延后多用大棚栽培，冬季多用日光温室栽培。

（四）露地黄瓜栽培技术

1. 品种选择 春露地黄瓜宜选用较耐低温、较早熟、丰产性好、抗病性较强的品种；夏秋黄瓜生长期正值高温多雨季节，病害严重，产量低，栽培难度较大，应选用耐热、抗病、高产的品种。

2. 育苗 春露地黄瓜栽培多于当地断霜前35～40 d设施播种育苗，适宜苗龄为4叶1心，育苗期管理的关键是前期保温防寒，后期防寒兼防高温。播种至出土，白天30℃左右，夜间20℃以上；出土至破心，白天20～22℃，夜间12～15℃；破心以后，白天22～25℃，夜间13～18℃；定植前5～7 d炼苗，白天15～20℃，夜间12～13℃。

秋露地黄瓜采用露地育苗，苗龄20～30 d。一般于早霜来临前90～120 d播种，苗期注意防暴雨、防病虫。

3. 整地施肥 选2～3年未种过瓜类作物的地块，春黄瓜于冬前深翻地25～30 cm，结合深翻施优质有机肥75 t/hm^{2}以上。春季解冻后，浅耕细耙，整平地面作畦。南方宜作高畦，北方多用平畦或垄。畦宽1.2 m左右，长10 m左右；垄距60 cm，高20 cm。作畦时施磷酸二铵225～375 kg/hm^2。秋黄瓜以少施基肥、多施追肥为原则。

4. 定植 春黄瓜在晚霜期过后，10 cm地温稳定在12℃以上时定植，宜浅栽，有利于缓苗和发棵，定植深度以营养土块表面与地面齐平为宜。一般行距60 cm，株距25～30 cm，栽植密度60 000株/hm^{2}左右。秋黄瓜以直播为主，育苗移栽的应在傍晚大水定植，适当深栽和密植。

5. 田间管理 定植缓苗期和缓苗后中耕2次。缓苗后，如果土壤干旱，可轻浇1次缓苗水，并随即插竿绑蔓，以后每隔3～4叶绑1次蔓。至根瓜坐住前，一般进行蹲苗，以防茎叶徒长，促进根系发育和开花坐果。根瓜坐住后浇1次透水，以后逐渐增加灌水量，小水勤灌，保持土壤湿润，但不得积水。追肥主要在结果期进行，根瓜采收前后追第1次肥，以后原则上每隔1水追1次肥。前期温度较低时，可追施粪肥等有机肥，以后以速效氮肥为主，并适当配合磷、钾肥。施肥一般结合灌水进行。黄瓜喜肥又不耐肥，因此每次施肥量不宜过大，以防烧根。如施用尿素，每次以150 kg/hm^{2}左右为宜。

6. 采收黄瓜 以嫩瓜供食，应适时采收。一般在开花后8～12 d采收，即皮色从暗色转为有光泽，花瓣不脱落时采收为佳。采收过晚，一则影响上层果实发育，降低产量；二则降低果实品质。根瓜一般应适当早采收。

（五）大棚春黄瓜栽培技术

1. 品种选择和育苗 宜选用早熟、耐寒、单性结实力强、丰产、抗病的品种。多用穴盘育苗，日历苗龄30～40 d。

2. 整地定植 前作收获后，冬前尽早深翻土地，使土壤充分熟化。结合深翻地，至少施优质厩肥75 t/hm^2，然后翻耕耙细并作畦。定植前15～25 d覆盖棚膜闭棚增温，当棚内10 cm地温达10℃以上、气温不低于15℃时，应尽早定植。定植方法多用暗水栽苗法，但覆土要浅，以利根系发育和缓苗。栽植密度一般为45 000～60 000株/hm^2。

3. 田间管理 重点是肥水管理、温湿度调节和植株调整。

（1）肥水管理 定植后，及时中耕、松土，提高地温，促发新根。缓苗后，若土壤干旱，轻灌1次缓苗水，然后中耕蹲苗。根瓜坐住后，开始灌水追肥，灌水相对露地较少，追肥宜少量多次。前期可追施粪肥等有机肥，中后期追施速效化肥，追肥结合灌水进行。

（2）温湿度调节 缓苗期间，棚温不超过35℃一般不通风，以提高地温，减少植株水分消耗，促进缓苗。缓苗后，随着棚温的增高，逐渐通风降温排湿。缓苗后至结瓜前，白天保持24～28℃、夜间13～17℃，棚温达25℃时开始通风。结瓜期白天保持25～30℃，不应高于35℃，夜间13～18℃。外界夜温达15℃以上时可大通风，夜间也需通风。通风原则是由小到大逐渐进行，不能过猛，以防“闪苗”。棚内相对湿度宜保持在60%～80%。

（3）植株调整　伸蔓期搭架或吊蔓，每7～10 d绑蔓或缠绕1次。主蔓伸长后应及时去掉第1雌花以下的侧枝，上部侧枝可留1～2片叶摘心，随时摘去卷须、老叶、枯叶和病叶。

（六）日光温室冬春茬黄瓜栽培技术

1. 品种选择　应选择早熟、耐低温、耐弱光、节成性好和单性结实率高的品种。

2. 嫁接育苗　选用南瓜砧木嫁接，可提高黄瓜耐低温和抗枯萎病的能力，使根系强健。现多用插接法，嫁接后缓苗阶段保持高温、高湿和弱光条件，育苗35 d左右，有3～4叶时即可定植。

3. 整地定植　定植前30 d左右深翻地，重施基肥。一般施优质腐熟有机肥150 t/hm^2以上，最好施用鸡粪等，并配合施过磷酸钙750 kg/hm^2，充分培肥土壤，并在定植前封闭温室，利用高温或药剂消毒。一般于11月中旬至12月初定植，按小行距40～50 cm、大行距70～80 cm开沟，密度约45 000株/hm^2，暗水定植，结合覆土形成半高垄，并在小行垄沟上加盖地膜。定植时苗嫁接口处一定要露在地上，并与地面保持3 cm以上的距离。

4. 田间管理　定植后，外界温度逐渐降低，管理的中心任务是合理调节温湿度。白天不通风或少通风，夜间及时加盖草帘，同时要保持塑料薄膜的清洁，提高透光率。一般白天温室内气温不超过30℃不通风，夜间最低气温应控制在10℃以上。春季随着温度增高，通风量逐渐加大，草帘早揭晚盖。

采用滴灌或膜下沟灌，冬季至早春灌水量和灌水次数要严格控制。春季温度渐渐升高，生长量亦大，灌水次数和灌水量逐渐增加。追肥主要在结果期进行，根瓜采收前后随灌水追肥1次，以后原则上每隔1水追1次肥，前期氮肥宜用硝酸铵，每次追施225 kg/hm^2，以后可用尿素，每次150 kg/hm^2，并适当配合硫酸钾、磷酸二铵等化肥。

增施CO_2可有效促进黄瓜生长发育，增强抗病性，提高产量，改善品质。一般于晴天上午进行，施用浓度一般为1 000 mL/m^3左右。

采用吊绳吊蔓，20片叶后可逐渐打去下部老叶、黄叶、病叶，并落蔓，以延长生长和结果期，提高产量。

二、西葫芦

西葫芦又名美洲南瓜，以嫩瓜供食，是露地早春上市最早的瓜类蔬菜，适应性强，生长快，尤其对于解决春淡起到一定作用。

（一）生物学特性

1. 植物学特征　西葫芦根系强大，主要根群分布在10～30 cm的耕层内，横向扩展范围为 40～70 cm。叶片掌状五裂，缺刻深，叶面积大，叶面有较硬的刺毛，叶柄长而中空，易受机械损伤。茎具五棱角及沟，叶腋易生侧枝，生长过程应进行植株调整。雌雄同株异花，虫媒花，异花授粉。果实形状多呈圆筒形，果皮颜色有绿、墨绿、黄、白，有或无斑点、条纹，果面圆滑或稍有纵棱，果实大小与品种及采收期有关。种子种皮周围有不明显的狭边，千粒重 165 g，寿命 4～5 年，使用年限 2～3 年。

2. 对环境条件的要求　西葫芦比其他瓜类蔬菜耐低温能力强，生长发育适宜温度为 18～25℃。种子发芽适宜温度为 25～30℃，低于 13℃发芽困难，高于 35℃幼芽细弱。开花结果适宜温度为 22～25℃，32℃以上花器不能正常发育，15℃以下发育不良，11℃以下及 40℃以上停止生长。根系伸长最低温度为 6℃，适宜温度为 15～25℃。对日照要求不太严格，但喜欢较强光照。短日照下雌花数增加，雌花节位降低。西葫芦耐旱性虽强，但由于生长速度快，叶面积大，需水多，要求较高的土壤相对含水量和空气湿度，一般均保持 80%～85%。要求土层深厚、营养全面，每生产 1 t 果实，需氮（N）5.47 kg、磷（P_2O_5）2.22kg、钾（K_2O）4.09 kg。

（二）类型和品种

西葫芦按照植株蔓的特性分为矮生、半蔓生和蔓生 3 种类型，以矮生型栽培最为普遍。

1. 矮生型　节间短，生长速度快，抗寒性强，早熟，第 1 雌花生于 3～8 节，以后每节或隔 1～2 节出现雌花，蔓长 0.3～0.5 m。主栽品种如花叶西葫芦、早青一代、黑美丽、灰采尼、长青王、长绿、翠青等。

2. 半蔓生型　节间较长，蔓长 0.5～1 m，主蔓 8～10 节前后生第 1 雌花，属中熟种，栽培少。

3. 蔓生型　节间长，主蔓 10 节以后开始结瓜，蔓长 1～4 m，抗热性强，耐寒性差，晚熟。如长蔓西葫芦、扯秧西葫芦。

（三）栽培季节和茬次

矮生型西葫芦生长发育期 100～135 d，其中幼苗期 30～45 d，由定植到开始收获约需 30 d，收获期一般 40～60 d。露地春茬栽培，气温达 15℃以上即可直播或定植；秋茬因病害严重，栽培难度大，很少栽培；设施栽培以春季中、小拱棚覆盖为主，也有秋延后和温室越冬栽培。

（四）栽培技术

1. 育苗　春茬栽培多用设施育苗，苗龄 30 d 左右。因叶片肥大，需 10～12 cm 见方的营养面积。播种至出土，白天 25～28℃，夜间 18～20℃；出苗后，白天 20～25℃、夜间 10～15℃。苗期一般不灌水，幼苗具 3～4 片真叶时即可定植。

2. 整地定植　深翻约 30 cm，施足基肥。基肥以有机肥和磷肥为主，并配施总需肥量 2/3 的钾肥。定植前整地作畦，一般畦宽 1～1.6 m。露地春茬于断霜后，10 cm 地温稳定在 10℃、气温达到 15℃时定植。覆盖栽培的，定植时间参考棚内温度指标，宜选晴天上午，用坐水稳苗法定植。矮生型行距 80～100 cm，株距 40～50 cm，密度 20 000～30 000 株/hm^2；蔓生型密度 12 000 株/hm^2。

3. 田间管理 定植后坐瓜以前控制肥水，以中耕蹲苗为主，促进根系发育。然后结合灌水及时中耕培土，控秧促根，促进坐果。待根瓜 10～12 cm 长时开始灌催瓜水，以后适时灌水，保持土壤湿润。追肥结合灌水进行，以氮肥为主，配合适量钾肥，每次施尿素 150 kg/hm^{2}左右。

覆盖栽培的，定植后 3～5 d 内不通风，维持白天 20～30℃、夜间 15～20℃和较高的空气湿度，以利缓苗。缓苗后可以揭膜小通风，一般棚温高于 25℃时通风，棚温低于 15℃时闭棚，外界气温不低于 15℃时可以大通风。

一般矮生型不必整枝，蔓生型仅留主蔓结瓜，及时摘除侧枝，并在蔓尖快爬满畦面时摘心。当主蔓伸至 1 m 时还要压蔓，可压 3～4 次。生长后期打掉基部部分老叶，改善通风透光条件。采取人工辅助授粉或植物生长调节剂处理，保花保果。待瓜坐稳，可用 GA 处理，加速瓜条发育，提高单瓜重。

4. 采收 西葫芦一般谢花后 7～10 d 即可收获。根瓜适当早收，以后在果皮硬化前收获。

三、西瓜

西瓜原产于非洲南部的卡拉哈里沙漠，经西域引入我国，故名“西瓜”。西瓜以成熟果实供食，每 100 g 果肉含总糖 7.3～13.0 g，并含丰富的矿质元素和多种维生素，甘甜多汁，营养丰富，能消暑解渴，深受喜爱，各地均有栽培。

（一）生物学特性

1. 植物学特征 西瓜根系强大，主根入土深达 1 m 以上，横向伸展可达 3～5 m，主要根群分布在 10～30 cm 土层内，吸肥、吸水能力强，具有较强的耐旱能力。根系易木栓化，受伤后不易发生新根，且不耐涝，宜直播，育苗移栽时需采取护根措施。茎蔓性，主蔓长 3 m 以上，分枝能力强，茎叶繁茂，茎上有卷须，节上可生不定根，生产中需进行整枝和压蔓。单叶互生，基生叶龟盖状，其后发生的叶为掌状深裂，一般 5～7 裂，叶色深，具茸毛和白色蜡质，是耐旱生态型。花黄色，单生，雌雄异花同株。早熟品种于主蔓 6～7 节发生第 1 雌花，以后每隔 3～5 节再生雌花；晚熟品种于 10～13 节发生第 1 雌花，以后每隔 7～9 节再发生雌花。子蔓发生的雌花节位较低。果实椭圆或圆形，小者 1.5 kg 左右，大者 15～20 kg，一般 4～10 kg。果皮颜色有深绿、浅绿、黑、白等，纯色或有深绿色纹理。食用部分为胎座，成熟后有大红、粉红、白、黄之别。种子有黑、棕、白、红等色，千粒重大粒种子平均为 100 g，中粒种子为 40～60 g，小粒种子 20～25 g。种子寿命 5 年，使用年限 2～3 年。

2. 生长发育周期 从播种至第 1 真叶显露为发芽期，在 25～30℃条件下约 10 d。由第 1 片真叶显露至“团棵”（5～6 片真叶）为幼苗期，需 25～30 d。由“团棵”至主蔓留瓜节位雌花（一般第 2 雌花）开放为伸蔓期，在 20～25℃条件下需 18～20 d。从结果部位雌花开花至果实成熟为结果期，早熟品种约 30 d，中熟品种约 35 d，晚熟品种 40 d 以上。该期又可分为坐果期、膨果期和成熟期。坐果期由雌花开放至果实褪毛为止，需 4～6 d，是决定果实坐住与否的关键时期；膨果期从褪毛开始到果实大小基本确定（定个结束），在适温条件下需 18～26 d，是决定产量高低的关键时期；成熟期是从定个至果实成熟，需 5～10 d，是决定西瓜品质的关键时期。

3. 对环境条件的要求 西瓜喜温、耐热、不耐寒，生长发育最适温度 25～35℃，适应温度范围为 10～40℃，大的昼夜温差有利于果实膨大和糖分积累。发芽期、幼苗期、伸蔓期、结果期的适宜温度分别为 28～30℃、22～25℃、25～28℃、30～35℃。种子发芽下限温度为 16～17℃，根毛发生的临界温度为 10～38℃，低于 18℃果实发育不良，成熟期推迟，品质下降，果实发育需活动积温 800～1 000℃。

西瓜喜强光，需要充足的光照。光补偿点为 4 klx，光饱和点为 80 klx。在 10～12 h 以上长日照条件下生长发育良好，产量高，品质佳。

西瓜耐旱不耐涝，适宜空气相对湿度 50%～60%，土壤相对含水量 60%～80%。结果期以前需水较少，若水分多，易使蔓叶徒长，影响开花坐果。膨果期是需水的重要时期，如果水分不足，则果实膨大缓慢，果个小，产量明显降低。进入果实成熟阶段，则需降低土壤水分，否则会降低含糖量，影响品质，而且会引起果实开裂。单株一生耗水 1 t 左右。根系需氧量高，故不耐淹渍。

西瓜对土壤适应性较广，在沙土、壤土和黏土上都能种植，在 pH 5～8 的范围内生长发育正常，但以土层深厚、通透性良好的中性沙质壤土栽培最好。西瓜耐盐性较强，土壤含盐量低于 0.2%时，均可基本正常生长。每生产 1 t 西瓜，吸收氮（N）2.47 kg、磷（P_2O_5）0.89 kg、钾（K_2O）3.02 kg。增施磷、钾肥或施用磷、钾含量较高的饼肥，能提高西瓜的含糖量。在植株形成营养体时吸收氮最多，进入结果期以后吸收钾最多。

（二）类型和品种

西瓜依用途分为果用和籽用两大类。籽用西瓜也称“打瓜”，与果用西瓜相似，唯蔓叶较小、分枝多，每株留瓜 2～3 个，单瓜重 1～4 kg，皮厚瓤少，味淡，以采收瓜子为主，单瓜有种子 400 余粒，千粒重 100 g 左右。果用西瓜蔓长、叶大，单果重 5～20 kg，小者 2～3 kg，瓜瓤发达，汁多味甜，栽培极为普遍。根据细胞染色体的多少又可分为二倍体普通西瓜、三倍体无籽西瓜和四倍体少籽西瓜。其中，二倍体普通西瓜栽培普遍，按其熟性又分为早熟、中熟和晚熟 3 个类型。

1. 早熟品种 从开花到果实成熟需 25～30 d，单果重较小，生长发育期短，易坐果。代表品种有京欣 1 号、世纪春蜜、郑杂 9 号、苏蜜 1 号、春蕾、黑美人、金美人、巧玲、小宝贝等。

2. 中熟品种 从开花到果实成熟需 30～35 d，果实中等大小，生长势较强。如西农 8 号、抗病黑巨霸、新红宝、春风等。

3. 晚熟品种 从开花到果实成熟需 40 d 以上，果个大，茎叶生长旺盛，坐果晚，生长发育期长，产量高。如红优 2 号、小子马兰、菊城无子 3 号、黑旋风等。

（三）栽培季节和茬次

西瓜喜温耐热，无霜期内均可栽培，以露地栽培为主，春播夏秋季收获。其次是地膜覆盖和中小拱棚早熟栽培，日光温室和大棚小型西瓜吊蔓栽培也发展很快。露地和地膜覆盖栽培时，应把果实发育成熟期安排在当地高温季节。一般在地温稳定在 15℃以上时直播或定植。

（四）栽培技术

1. 整地作畦 选择有排灌条件的沙壤土或沙土。露地栽培与大田作物或花生、甘薯、白菜、萝卜等实行3～5年轮作，在幼年果树和茶树行间也可套种西瓜。在秋耕的基础上，定植前施肥后再耕翻1次，将地平整好作畦。北方多用平畦栽培，作成大小畦，小畦畦宽60～70 cm，瓜沟在小畦内，紧邻小畦作80～120 cm宽的大畦，供瓜爬蔓用。南方一般采用深沟高畦，以便排水。基肥以土杂肥等有机肥为主，冬前耕翻时，可施用未腐熟的厩肥和塘泥，定植肥施充分腐熟的有机肥22.5～37.5 t/hm^2，加过磷酸钙600～750 kg/hm^{2}和硫酸钾600 kg/hm^2。

2. 直播或育苗移栽 直播的可干种子播种，或浸种催芽后播种。春季一般于当地断霜后，地温稳定在15℃以上时播种。播种方法按预定的行株距，开深3～4 cm、长约13 cm的播种沟，在沟内灌水，每沟按等距平放4粒种子。播后覆土，出苗后，间苗3次，3～4片真叶时定苗。

育苗移栽的方法基本同黄瓜，但浸种时间较长，温汤浸种一般浸种12～24 h。苗床温度较高，一般白天保持30℃左右，夜间不低于17℃，苗床内湿度要小。日历苗龄30～35 d、具有3～4片真叶时即可定植。设施栽培常采用嫁接育苗，以南瓜、笋瓜或瓠瓜为砧木，多用插接法。在无霜期结束后，地温稳定在15℃以上时定植，定植技术参照黄瓜。定植密度，一般早熟品种双蔓整枝12 000～15 000株/hm^2，中晚熟品种双蔓整枝9 000～10 500株/hm^2。

3. 田间管理 在伸蔓前期应以促为主，伸蔓后期应以控为主，促进开花坐果。

（1）中耕除草 直播定苗后或育苗定植后，地面覆盖率低，易生杂草，应勤中耕除草，以利保墒和提高地温。中耕主要在植株周围进行，逐渐扩大范围。

（2）水肥管理 直播的西瓜定苗以前灌水要少次小量，采用开沟“暗灌”法，选上午灌水。定苗或定植以后，灌水结合施肥进行。坐瓜节位雌花开花期不灌水，以防落花和化瓜。坐瓜后开始浇大水，但在果实迅速膨大前只浇瓜畦，保持土壤见湿见干，不浇加畦。果实褪毛至定个，保证水分充足均衡供应，一般3～5 d灌1次水，在瓜畦和加畦一齐浇，水量也要加大。收获前5～8 d停止灌水，促进果实内含物转化，提高品质。

追肥一般每公顷施饼肥750～1 050 kg、尿素150～225 kg、硫酸钾150～225 kg，或复合肥150～600 kg。追肥多于“团棵”期和果实褪毛后进行。“团棵”期追肥以有机细肥和复合肥为主，配合速效性氮肥；结果期追肥以速效氮肥和钾肥为主，促进果实膨大；生长后期可叶面喷施微肥，增进品质。

（3）整枝、打杈 西瓜早熟品种密植栽培可采用单蔓整枝；早熟和中熟品种一般栽培多用双蔓整枝或三蔓整枝，即在植株基部3～8节叶腋处再选留1条或2条健壮侧蔓作为副蔓，与主蔓共同生长，其他侧蔓全部摘除；大型晚熟品种一般多用三蔓整枝。南方有些地区栽培西瓜不整枝，只剪去下部枯黄老叶，主要通过施肥来控制生长和结果。

（4）倒秧、压蔓 当蔓长33 cm时，进行倒秧，即在瓜根地边挖小沟，把瓜秧轻轻向南推倒，压在沟内，并在根际进行培土。随着蔓的伸长，还需压蔓，即用泥土将秧蔓固定，使茎叶合理分布，可防风害、增加不定根和调节瓜秧长势。一般共压3次，每隔30～40 cm压1次，在结果处前后两个叶节不压，以免影响瓜的发育。侧蔓不留瓜时也参照主蔓节数进行压蔓。压蔓有明压和暗压及轻压和重压之分，应根据瓜秧长势灵活应用。

温室和大棚栽培的小型西瓜常不压蔓，但采用牵引吊蔓调节茎蔓分布；中小拱棚栽培时，还常采用带杈树枝固定瓜蔓。

(5) 留瓜、定瓜　中晚熟西瓜一般1株只留1个瓜，少数早熟品种可留2～3个。留瓜节位直接影响西瓜的上市期、产量和品质。一般从主蔓第2～3个瓜中选留1个，同时在侧蔓上选留第1～2雌花备用。当幼瓜长到鸡蛋大小、开始褪毛时进行定瓜，即在主、侧蔓上预留的幼瓜中选留1个生长势强的令其生长，并摘除其余幼瓜。

西瓜栽培方式

(6) 垫瓜、翻瓜　爬地栽培的，当瓜长到拳头大小时，把瓜下面的土垫高拍成斜坡，并把瓜顺直摆放在斜坡上；也有用草圈垫瓜的。在果实定个以后，每隔3～5 d将果实翻动1次，共翻2～4次，使果实着色均匀。

(7) 晒瓜、盖瓜　瓜小时应晒瓜，瓜近成熟时要用杂草或茎叶盖瓜，以防日烧。

(8) 人工授粉　一般在7：00～9：00进行，以促进坐瓜。

4. 收获　西瓜从播种到收获，需80～120 d，采收时期对品质影响极大。鉴定果实的成熟度有多种方法：一是计算坐果日数或积温数；二是观察形态特征，如在瓜的附近几节的卷须枯萎、果面光滑并具有光泽、纹理清晰、果粉退去等，都是成熟的特征；三是听音和手感，用手指弹果实，声音发浊为成熟的特征，或用手托瓜，拍其上部，手心感到颤动，表示瓜熟。上述几种方法综合应用，更为准确可靠。

第三节　豆　类

豆类以嫩豆荚或鲜豆粒作菜用，还可用种子生产芽苗菜，产品食用方法多样，味道鲜美。

豆类在我国栽培历史悠久。按照起源地及对温度的要求可分为两类：一类起源于热带，宜在温暖季节栽培，为喜温性蔬菜，不耐低温和霜冻，如菜豆、豇豆、扁豆、刀豆、毛豆等；另一类起源于温带，宜在温和的季节栽培，具有半耐寒性，忌高温干燥，如豌豆和蚕豆。多数豆类对光照长度要求不严，肥水管理有“干花湿荚、攻荚水、攻荚肥”的原则。

豆类根系发达，但易木栓化，受伤后再生能力差，生产上多行直播，育苗时需缩短苗龄。豇豆、菜豆和扁豆根瘤不发达，蚕豆和毛豆根瘤比较发达。豆类茎多木质，有矮性、蔓性和半蔓性。种子发芽时吸水量大，播种要求土壤墒情好。

豆类蔬菜有共同的病虫害，而且连作时常因根瘤菌分泌有机酸而增加土壤酸性，连作障碍明显，生产上应实行2～3年轮作。

一、菜豆

菜豆又称芸豆、梅豆、四季豆、玉豆等，原产墨西哥等中南美洲地区，16世纪传入我国，各地均有栽培。菜豆以嫩豆荚食用，每100 g食用荚含蛋白质1.1～3.2 g、碳水化合物2.3～6.6 g，还有丰富的维生素和矿物质。菜豆除鲜食外，还可脱水、速冻、冷藏、制罐等；种子入药，有滋补、解毒、利尿、消肿等功效。

（一）生物学特性

1. 植物学特征 菜豆根系发达，分布深而广，主根可深达90 cm以上，侧根横展半径60～80 cm，主要根群分布在15～40 cm深土层内，吸收能力强，对土壤要求不严格。茎有缠绕性，无须绑蔓。矮生类茎高30 cm左右，节间短，有5～7节，易生侧枝，直立；蔓生类茎长2～3m，较细弱，有50～60节，侧枝少，自第3～4节开始旋蔓，需要支架。子叶肥厚，出土后不久即脱落；基生叶为对生单叶，心脏形；以后的真叶是由3片小叶组成的复叶，叶柄长10～25 cm，其基部茎节处左右两边有2片舌状小托叶。花梗发生于叶腋间或茎的顶端，其上着生2～8朵花。开花顺序因类型不同而异。矮生类上部花序先开放，渐次到下部花序，花期20～25 d；蔓生类下部花序先开，由下而上渐次开放，花期30～35 d。同一花序基部花先开，渐至先端。蝶形花，多自花授粉。荚果，扁平或圆筒形，嫩荚主要食用部分为内果皮。种子肾形，无胚乳。种皮颜色多样，为区别品种的重要特征。种子千粒重300～425 g，寿命3年，使用年限1～2年。

2. 生长发育周期 可分为发芽期、幼苗期、抽蔓期和开花结荚期。

从播种到第1对基生真叶出现并展开为发芽期，春季露地播种需12～15 d，温室播种需10～12 d，夏秋播种需7～9 d。从第1对基生真叶展开到蔓生菜豆抽蔓前，矮生菜豆第3片复叶展开为幼苗期，需10～15 d。幼苗期主要进行根、茎、叶的生长，不断扩大营养体，同时开始花芽分化。从开始抽蔓到开花前为抽蔓期，一般为30～40 d。蔓生菜豆主茎节间迅速伸长，逐渐长成长蔓并缠绕生长，同时花芽不断分化和发育；矮生菜豆无明显的抽蔓期。从开始开花到生长发育终止为开花结荚期，一般为30～60 d。菜豆落花落荚严重，平均每一花序结荚率为20%～30%，多者40%～50%，防止落花落荚、提高结荚率是该时期的关键。

3. 对环境条件的要求 菜豆喜温暖，怕热，且不耐低温和霜冻，栽培适温为10～25℃。成株在30℃以上生长细弱，2～3℃低温可能引起失绿症，0℃停止生长，－1℃受冻。种子在10℃左右开始发芽，发芽适温20～30℃，低于10℃和高于40℃都不易发芽。幼苗期适温18～25℃，临界地温为13℃。花芽分化和发育适温20～25℃，15℃以下和30℃以上花芽发育不良，花粉畸形无活力，花蕾易脱落等。开花结荚期适温为18～25℃；15℃以下花粉发芽率低，10℃以下开花不完全；30℃以上高温和干旱易产生落花落荚现象，35℃以上授粉不良，昼夜高温几乎不能开花结荚。

菜豆要求中等强度光照，光饱和点35 klx，光补偿点1.5 klx。多数品种为日中性，但也有短日性和长日性品种。菜豆成株根系强大，吸收能力强，有一定的耐旱能力。喜湿润，但不耐积水。生长适宜的土壤相对含水量为60%～70%，空气相对湿度80%。播种后遇低温高湿，易发生烂种现象。开花期雨水或水分过多，落花落荚增多。花期干旱，也会引起落花落荚。结荚期高温干旱，荚果粗硬，品质变劣。菜豆对土壤条件要求不高，以pH 6.2～7.0为宜，耐盐碱能力弱。每生产1 t豆荚，从土壤中吸收氮（N）10.2 kg、磷（P_2O_5）4.4 kg、钾（K_2O）9.7 kg。

（二）类型和品种

菜豆根据用途可分为籽用型和荚用型。籽用型以成熟的籽粒作粮食用，主要用于出口；荚用型以嫩荚作蔬菜食用，供应国内市场。

荚用型菜豆依茎的生长习性，又分为矮生种和蔓生种两个类型，也有少数半蔓生类型。豆荚形状有圆棍状和扁条形，豆荚颜色有绿、绿白、白绿、紫和绿带紫纹等。

1. 矮生种 又称地芸豆、油豆角。株高50 cm左右，直立，分枝4～6个，主枝4～8节后开花封顶，属于有限生长类型。早熟，从播种到始收期为40～50 d，收获期短而集中，产量低，品质稍差，适于早熟覆盖栽培或间作套种。品种如常菜豆4号、矮黄金、世纪美人、青菜豆3号、苏菜豆4号、连菜豆、哈菜豆17号、优胜者、云丰等；加工专用型品种如无筋1号。

2. 蔓生种 又称架豆，属于无限生长类型。主蔓长2～3 m，具左旋性，有20～25节，每个茎节有腋芽可抽生侧枝或花序，可陆续开花结果。早熟品种分枝2～4个；晚熟品种分枝4个以上，成熟较晚，产量高，品质好。品种如连农10号、连农923、辽宁北风4号、吉菜豆3号、苏菜豆7号、鄂菜豆、川紫无筋豆、架豆王、秋抗9号、花龙1号、新双丰3号、中花玉豆、河南肉豆、双季豆、秋紫豆、连农特长9号等。

（三）栽培季节和茬次

菜豆不耐霜冻，夏季高温多雨不利于开花结荚，一般应把开花期安排在月平均温度18～25℃的月份，我国大部分地区分春、秋两季栽培。春茬可在晚霜过后，10 cm地温稳定在10℃以上时播种或定植。育苗移栽的苗龄15～20 d，长江流域3月上中旬育苗，3月下旬到4月上旬定植；华南地区1～2月露地播种或育苗。秋茬在早霜来临前100 d左右播种。

菜豆设施栽培以春季拱棚覆盖早熟栽培为主。

（四）栽培技术

1. 品种选择 春季栽培应选日中性或长日性耐低温的品种，秋季栽培应选短日性或日中性耐热、抗病的品种，中小棚栽培应选矮生早熟品种。

2. 整地作畦 春菜豆前茬多为秋菜萝卜、芜菁或越冬菜大葱，与辣椒和黄瓜间套作，也可与粮食作物轮作，闲休地冬前要深翻。菜豆根瘤菌不发达，仍要施足基肥，应以磷、钾肥为主，每公顷施商品有机肥45～75 t、过磷酸钙225～300 kg、硫酸钾225～300 kg。秋菜豆以春早熟的西葫芦、黄瓜、西瓜、马铃薯或番茄等为前茬。北方以平畦为主，畦宽1.2～1.6 m，长10 m左右；东北以垄作为主；南方多用高畦。

3. 直播或育苗移栽 春菜豆通常直播，亦可育苗移栽。播前选种，晒种1～2 d。不浸种，或短时（0.5～2 h）浸种不催芽，合墒播种。如土壤墒情不足时，播前灌水造墒，也可按行距开沟，于沟内浇小水，水渗后播种。蔓生菜豆开沟条播或穴播，矮生菜豆多开沟条播。

春菜豆生长发育前期温度低，豆蔓生长缓慢，有利侧枝发育，宜稀植。蔓生种行距60～66 cm，穴距20～30 cm，2行1架，每穴播3～6粒；矮生种每畦3～4行，行距30～40 cm，株距18～30 cm，每穴4～5粒，播种深度3～4 cm，覆土深浅要一致。播种量为45～90 kg/hm^2。

秋菜豆可在春黄瓜或春番茄架下直播，并适当密植，一般密度比春菜豆增加10%。

育苗移栽可使春菜豆提早成熟7～10 d，并能延长收获期。育苗比直播早播15～20 d，多采用营养钵保护根系，每钵播种2～3粒种子，苗期需注意保温和通风。通风过猛会导致叶片失水多而易干枯，骤遇低温又易使幼叶失绿发白。第1片复叶展开时为定植适宜苗态。断霜后，选晴天上午，坐水稳苗移栽。

4. 田间管理 当第1对基生叶出现后，应及时查苗补苗。基生叶提早脱落或部分受伤的幼苗，一般生长发育缓慢，根系明显减少，应及时换栽健苗。直播的在第1片复叶出现后定苗，蔓生菜豆每穴留2苗，矮生菜豆每穴留2～3苗。

在开花结荚以前，管理上以发棵壮根为主。主要措施是控水、中耕、保墒、适当蹲苗。直播菜豆待齐苗后灌1次小水，并及时中耕1～2次；开始抽蔓时，结合插架竿灌水，合墒中耕培土；第1花序开花期一般不灌水，防止枝叶徒长而造成落花。当第1嫩荚3～4 cm长时，应结束蹲苗，逐渐增加肥水，灌水以保持畦面见干见湿为原则。大量结荚期需要充足的水肥，一般5～7 d灌1次水，保持土壤相对含水量稳定在60%～70%。进入高温季节，灌水宜在早晚进行。

苗期追施少量速效性氮肥；结荚期适量施氮肥，配合磷、钾肥，可结合灌水施入商品有机肥。一般嫩荚坐住后，进行第2次追肥，以后每采收1～2次，追肥1次，最好是氮素化肥与商品有机肥交替使用。叶面喷施磷、钾肥增产效果显著。春菜豆进入采收后期，茎叶生长缓慢，结荚渐少，畸形荚增多，应加强肥水管理，促进正常结荚。矮生种结荚早，应早施肥、早灌水。

秋菜豆前期应加强水分管理，防止干旱，调节小气候，施肥以化肥为主。

5. 收获 菜豆开花后12～20 d，豆荚由细变粗，颜色由深变浅，豆粒略显，荚大而嫩，纤维少，糖分和维生素多，品质好，为收获适期，间隔1天采收1次，分级包装后冷藏，可以远距离运输。收获过迟，腹缝线处维管束变粗，中果皮薄壁细胞增厚，品质下降，引起植株早衰。收获时要细心，不要损伤花及幼荚。菜豆产量，一般春播矮生种7.5～9.0 t/hm^2，蔓生种15.0～22.5 t/hm^2。

二、豇豆

豇豆又称带豆，原产亚洲东南部热带地区，在我国栽培历史悠久，南北各地普遍栽培。豇豆食用嫩豆荚，产品富含蛋白质、胡萝卜素和多种维生素，可鲜炒、凉拌、速冻、腌渍、干制、做泡菜等，是重要的夏秋蔬菜。种子可以入药，有健胃补气、滋养和消食功能。栽培豇豆分菜用豇豆和粮用豇豆两类。前者的嫩荚肉质肥厚，脆嫩，菜用品质佳；后者的豆荚皮薄，纤维多，质地硬，种子可作粮用。

（一）生物学特性

1. 植物学特征 豇豆根系较发达，主根入土深达 80 cm 以上，侧根稀疏水平分布 60～100 cm，主要根群分布在 15～40 cm 土层内。苗期根部开始形成根瘤，可固氮，但根瘤不发达。茎蔓生或矮生。蔓生种茎长可达 3 m 以上；矮生种矮小，茎直立，分枝多，呈丛生状。第 1～2 片真叶为单叶，以后为三出复叶；复叶的小叶为阔卵形或近菱形，较菜豆的窄小，表面光滑，叶肉较厚，深绿色，光合能力强，不易萎蔫，基部有小托叶。总状花序，早熟品种 3～5 节、晚熟品种 7～9 节抽生花梗，侧枝 1～2 节处开花。花梗长 10～26 cm，可生 2～5 对花，第 1 对花形成果实后，第 2 对花才开始结荚。豇豆在夜间和早晨开花，中午闭合凋谢，自花授粉。花黄色或淡紫红色，蝶形花。荚长因品种而异，长者 60～90 cm，颜色有深绿、绿白、紫红、赤斑等。种子长肾形，有白、红、黑、褐、紫等色，千粒重 80～120 g，寿命 5 年，使用年限 1～2 年。

2. 对环境条件的要求 豇豆喜温、怕寒、耐热。种子在 10～12℃开始发芽，发芽适温 25～30℃，植株生长适温 20～30℃，开花结荚适温 25～28℃。35℃以上仍能正常生长，但常因授粉受精不良而落花落荚，或使果荚变短，品质粗硬；40℃以上生长发育受抑制。豇豆对低温敏感，10℃以下易出现冷害，接近 0℃时受冻。

豇豆喜光，开花结荚期要求良好的光照，弱光会引起落花落荚。菜用豇豆多为短日照品种，在日照渐短的秋季有利于开花结荚，但多数品种对光周期要求不严。

豇豆耗水中等，具有较强的抗旱能力。但土壤过分干旱，会抑制生长发育，影响产量。对土壤的适应性广，但在排水良好、疏松肥沃的壤土中生长良好。最适宜的土壤 pH 为 6.2～7.0。对肥料的要求与菜豆相似，喜磷、钾肥。

（二）类型和品种

菜用豇豆按生长习性分为矮生种和蔓生种。

1. 矮生种 又称地豇豆。主茎 4～8 节后顶端形成花芽封顶，早熟，茎直立，植株矮小，分枝多，呈丛生状，不需支架。荚长 21～33 cm，横径多在 1 cm 以下，生长期短，成熟早，适于早熟栽培和套作。主要品种如一丈青、五月鲜、早矮青、紫花青、早豇豆、美国无架豇豆、长杆矮豇等。

2. 蔓生种 又称架豇豆、长豇豆。主蔓长 2～4 m，具左旋性，需搭架或与高秆作物套种栽培。叶腋间可抽生侧枝和花序，无限生长，陆续开花结荚，荚长 33～90 cm，嫩荚肉质肥厚、脆嫩，品质优。依荚色，可分为绿荚型、白荚型和红荚型 3 种。绿荚型果荚绿色，细长，肉较厚，质脆嫩，较耐低温，但耐热性差，采收期短，产量较低，品种如铁线青、安豇长青、桂豇 2 号、郑研荚多宝、湘豇 1 号、宝佳豇豆、之豇 844、青丰、大条青、穗丰 8 号、之豇 28－2 等；还有泡渍专用品种成豇 10 号。白荚型果荚白色或淡绿色，肉薄，质地较松软，种子易显露，耐热性稍强，产量较高，品种如丰产 8 号、金帅、鄂豇豆 14 号，雪玉 1 号、一桶天下（四倍体）、丰产 3 号、翠绿 100、珠豇 1 号、宝丰、鄂豇豆 8 号、罗裙带、金山白、五叶子等；红荚型果荚红色或紫红色，较粗短，肉质中等，易老化，产量低，茎蔓和叶柄间也呈现紫红色，品种如绵紫豇、秋紫豇 6 号、紫荚等。

（三）栽培季节和茬次

豇豆喜温耐热，以露地栽培为主，北方多数地区每年栽培 1 茬，4～6 月播种，7～10 月采收。南方可栽培两茬以上，从 3 月到 8 月上旬均可播种，但仍以春豇豆和秋豇豆为主，春播在 3 月下旬到 4 月上旬，秋播在 7 月下旬到 8 月上旬。可与番茄、辣椒、白菜、甘蓝、包心肉芥菜、苦瓜、甜瓜等间套作。

豇豆保护地栽培 2 月下旬至 3 月中旬育苗，3 月中下旬至 4 月上旬定植。

（四）栽培技术

1. 播种育苗 春豇豆由于早春气温低或雨水多，播种后种子容易霉烂，生产上多行育苗移栽。可采用阳畦、小拱棚覆盖育苗，苗龄 20 d 左右。要求培养土肥沃疏松，营养钵直径达 10 cm 以上。播种时灌足底水，每钵播种子 2～3 粒，覆土 2～3 cm。出苗期间白天保持 25～30℃，夜间不低于 15℃；出苗后白天 20～25℃，夜间 12～15℃。第 1 片复叶展开、第 2 片复叶出现时即可定植。夏季和秋季一般均直播，每穴 3～4 粒，覆土 2～3 cm。用种量为 7.5～37.5 kg/hm^2。

2. 整地作畦 豇豆忌连作，应实行 2 年以上轮作。前作收获后及时翻耕灭茬，定植或播种前作成平畦或高畦，畦宽 1.3 m。结合整地或作畦，应施足基肥，一般施商品有机肥 30 t/hm^2、三元复合肥 375～450 kg/hm^2。

3. 定植 春季晚霜过后，10 cm 地温稳定在 12℃以上时即可直播或定植。豇豆根系再生能力较弱，移栽时应尽量保护根系。一般行距 50～60 cm，穴距 20～33 cm，每穴留苗 2～3 个，定植深度与苗坨深度相同，不宜过深，有利缓苗。

4. 田间管理 豇豆植株生长势强，容易出现营养生长过旺而影响开花结荚的现象。田间管理应掌握前期以控为主，防止茎叶徒长；中后期加强肥水管理、防止植株早衰的原则。

齐苗或定植缓苗后，宜勤中耕松土保墒，蹲苗促根，使植株生长健壮。但苗期不可过分缺水，否则易引起基生叶黄化、脱落。以后生长期，应结合灌水勤中耕，结合中耕进行除草。苗期灌水过多容易引起营养生长过旺，第 1 花序着生节位显著升高。土壤干旱时，可在开花以前少量灌水，以后到结荚以前继续严格控制灌水，结荚后逐渐增加灌水。一般来说，架豇豆在抽蔓后支架前，地豇豆在开花前，开始追肥。结荚期每 10～15 d 追肥 1 次。追肥以氮素化肥为主，结合灌水随水冲施。进入结荚期可增加灌水次数，保持畦面湿润；雨季注意排涝。采收盛期还应追肥 1～2 次。

蔓生豇豆在抽蔓时需培土与搭架引蔓，按照逆时针方向引蔓上架。豇豆植株调整主要是进行抹芽、打腰杈和摘心等。第 1 花序下的侧芽及早抹除；第 1 花序以上的侧枝留 2～3 叶后摘心，保留侧枝上的花序，以增加花数；在主蔓长至 15～20 节、达 2～2.3 m 高时摘心，促进各花序上的副花芽发育、开花、结荚。

5. 采收 豇豆一般在开花后 10～20 d、豆粒略显时即可采收。早熟品种一般于播种后 40～50 d 开始采收；中晚熟品种播后 60～80 d 开始采收。采收不要损伤同一花序上其他小花蕾，在嫩荚基部 1 cm 处掐断采收。

第四节　结球芸薹类

结球芸薹类蔬菜属十字花科芸薹属植物，以叶球、花球或球茎为产品，包括大白菜、结球甘蓝、紫甘蓝、皱叶甘蓝、菜花、青花菜、球茎甘蓝、抱子甘蓝、结球芥菜、榨菜等，在我国以大白菜、结球甘蓝、菜花栽培最为普遍。

结球芸薹类蔬菜都喜温和气候，在低温下通过春化阶段，在长日照条件下抽薹开花结籽。其产品形成期最适温度为15～18℃。因为春季早期温度低，后期温度升高且日照变长，春季栽培易发生未熟抽薹现象。甘蓝属绿体春化型，需要10℃左右低温和14 h以上的长日照通过阶段发育，白菜和芥菜为种子春化型，经较短时间15℃以下的低温和12 h以上的长日照即可通过阶段发育。以花球为产品的菜花和青花菜是一年生植物，对阶段发育要求很不严格，播种当年即可抽薹。

结球芸薹类蔬菜以种子繁殖，既可直播，又适于育苗移栽。根系浅，叶面积大，生长量大，产量高，栽培中要加强土、肥、水管理。为异花授粉植物，有自交不亲和特性。有共同的病虫害，在栽培时应实行轮作倒茬。近年主要病害有根肿病、病毒病、霜霉病、软腐病、白斑病、黑斑病等；害虫有菜蚜、菜青虫、菜螟、小菜蛾、猿叶虫、黄曲条跳甲等。

一、大白菜

大白菜又称结球白菜，起源于我国，古名“菘”，在华北、西北和东北普遍种植，山东、河北、河南是全国3大主产区，食用叶球，可以炒食、汤食、做馅，也可生食或腌制。

（一）生物学特性

1. 植物学特征　大白菜为圆锥形根系，浅根性，主根入土60 cm左右，侧根多平行生长，多分布在25～35 cm土层中。营养生长期茎短缩，呈球形或短圆锥形，生殖生长期在高温长日照条件下于茎顶端抽生花薹，高60～100 cm，有1～3次分枝，节和节间明显，有茎生叶。

叶有异形叶性。全株先后发生的叶有子叶、基生叶、中生叶、顶生叶、茎生叶。子叶两枚，对生，肾形，有叶柄。基生叶又叫初生叶，两枚，与子叶垂直排列成“十”字形，长椭圆形，有叶柄。中生叶互生，第1叶环为幼苗叶，叶椭圆形，有叶柄；第2、3叶环为莲座叶，叶阔倒卵形，无叶柄而有叶翼。中生叶是重要的养分制造器官。顶生叶也叫球叶或心叶，互生，从第4叶环起，多至8～9个叶环；叶球抱合方式主要有叠抱、合抱、拧抱和褶抱4种。茎生叶也叫花茎叶，着生于花茎上，互生，叶柄不明显，叶柄部突出呈耳状。

复总状花序，完全花，长角果。种子近圆球形，黄褐色或棕色，千粒重2.5～4.0 g，寿命4～5年，使用年限1～2年。

2. 生长发育周期　分为营养生长阶段和生殖生长阶段。营养生长阶段形成产品器官，生殖生长阶段开花结籽。营养生长阶段又分为发芽期、幼苗期、莲座期、结球期、休眠期5个时期。

从播种至子叶展平为发芽期，约3 d。从子叶展平至团棵为幼苗期，早熟品种17～20 d，晚熟品种20～25 d。当1对基生叶长到与子叶相同的大小，与子叶构成“十”字形时为拉十字期。当第1叶序的叶全部长出后，这些叶子按一定的开展角度有规则地排列，呈圆盘状，俗称“开小盘”或“团棵”，是幼苗期结束的临界特征。从团棵至卷心为莲座期，早熟品种18～20 d，晚熟品种需25～28 d，是生长中生叶第2～3叶环叶子的时期。当莲座叶全部长出后，植株中心幼小的球叶按一定的方式向内抱合，称为卷心，是莲座期结束的临界特征。从卷心至叶球形成为结球期，早熟品种20～30 d，晚熟品种30～35 d。大白菜叶球形成是先长轮廓后充心。当外部球叶生长构成叶球轮廓时，称为抽筒或长框，是结球前期结束的临界特征；结球中期内部球叶迅速生长充实内部，叶球体积也不断增大，称为灌心；结球后期，叶球体积不再增大，只是继续充实内部，球重继续增加。叶球成熟后即进入休眠期，这种休眠属低温强迫休眠。

3. 对环境条件的要求

（1）温度　大白菜属半耐寒性蔬菜，性喜温和凉爽的气候，不耐高温，也不耐严寒。生长日均温为12～22℃，在10℃以下生长缓慢，5℃以下停止生长，能耐轻霜而不耐严霜，－2～－5℃受冻害。

发芽期适温20～25℃，8～10℃可缓慢发芽，26～30℃发芽快但幼芽弱。幼苗期适温22～25℃，虽能适应26～30℃高温，但幼苗生长不良，且易感病毒病。莲座期适温17～22℃，过高时易徒长和诱发病害；过低则生长缓慢，延迟结球。结球期在12～22℃范围内包心良好。休眠期以0～2℃最适宜，过低易遭受冻害，过高则不耐贮藏，易腐烂。在15℃以下可顺利完成春化作用，萌动的种子在3℃经15～20 d就可以通过春化阶段。抽薹期适温12～22℃，开花期和结荚期适宜月均温17～20℃。

大白菜生长期的长短还与积温密切相关。从播种到叶球形成，早熟品种一般需积温1 000℃以上，中熟品种需1 500℃，晚熟品种需1 800℃以上。

（2）光照　当光照达到0.5 klx时大白菜开始进行光合作用，光补偿点为0.75 klx，光饱和点为15 klx。抽薹开花要求长日照条件。

（3）水分　大白菜因叶大，蒸腾量大，根系较浅，对土壤湿度要求较高。发芽期要求土壤保持湿润；幼苗期需水不多，秋播条件下因气温和地温高，以土壤相对含水量90%以上为宜；莲座期要求土壤相对含水量80%；结球期要求土壤相对含水量60%～80%为宜。

（4）土壤和营养　大白菜对土壤要求较严，适于土层深厚、肥沃疏松、保水保肥、排水通气的沙壤土、壤土及轻黏壤土，以中性或微碱性土壤为宜。因大白菜生长期较长，生长速度快，产量高，需肥较多。每生产1 t菜，需吸收氮（N）2.6 kg、磷（P_2O_5）0.65 kg、钾（K_2O）2.0 kg。一般来说，土壤的营养水平应不低于水解氮32 mg/kg、速效磷15 mg/kg、速效钾120 mg/kg。

(二) 品种类型和栽培季节

1. 类型和品种　大白菜亚种可分为散叶变种、半结球变种、花心变种和结球变种 4 个变种（图 7－2），以结球变种普遍栽培。

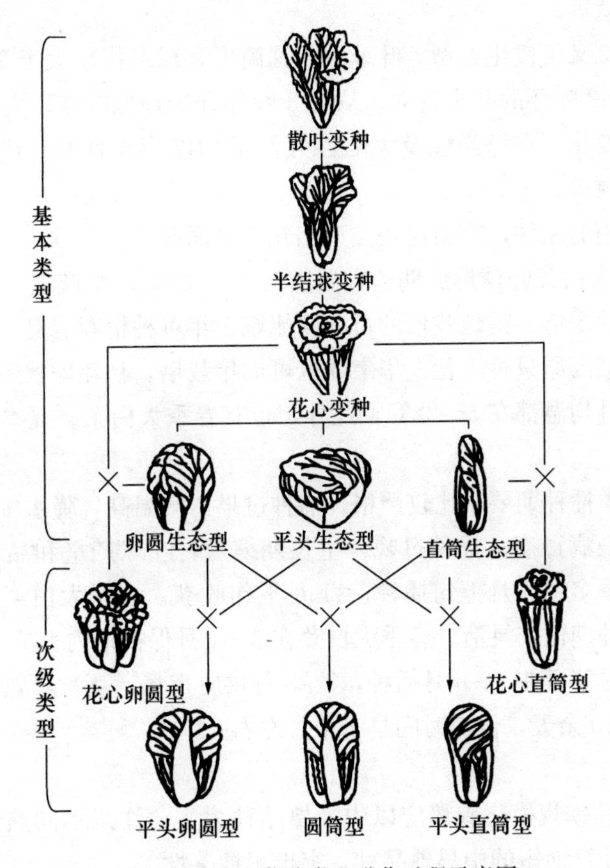

图 7－2　大白菜分类和进化过程示意图

（1）散叶变种　顶芽不发达，以中生叶为产品，耐寒和耐热性强，适于春夏作为绿叶菜栽培。

（2）半结球变种　顶芽较发达，顶生叶抱合成叶球，但包心不实。耐寒性强，适于在东北、冀北、晋北及西北高寒地区栽培。

（3）花心变种　顶芽发达，顶生叶褶抱成球，但其先端向外翻卷，色白或淡黄或黄，呈花心状。较耐热，多用于早秋或春季栽培。

（4）结球变种　顶芽发达，顶生叶全部抱合形成坚实叶球，其顶端半闭合或完全闭合。生长期较长，适于秋季栽培，栽培最为普遍。根据适应气候的不同，又分为 3 个生态型。

①卵圆型：为海洋气候生态型。叶球呈卵圆形，球形指数（纵径/横径）约为 1.5，顶部尖或钝圆，近于闭合，一般为褶抱。生长期 100～110 d，早熟品种 70～80 d。要求雨水均匀、空气湿润、昼夜温差不大、温和而变化不剧烈的气候。代表品种如青杂中丰、鲁

白3号、三园秋宝等。

②平头型：为大陆气候生态型。叶球呈倒圆锥形，球形指数接近1.0，顶部平，完全闭合，一般为叠抱。生长期多为90～120 d，早熟品种70～80 d。要求气候温和、光照充足、昼夜温差大的条件，能适应气候变化剧烈和空气干燥的环境。代表品种如秦白2号、山东7号、三园晚秋等。

③直筒型：为交叉气候生态型。叶球细长圆筒形，球形指数大于3.0，顶部尖，近于闭合，中生叶第1～2叶环的叶半直立，从第3叶环开始拧抱叶球，生长期60～90 d，能适应温湿度的剧烈变化，在海洋性及大陆性气候下均能生长良好。代表品种如津绿75、秦白3号、三园长绿等。

目前生产上应用的品种，多由这些类型相互杂交而成。

2. 栽培季节 大白菜叶球形成期适宜温度为17～22℃，生产上一般都将叶球形成期安排在温度最适宜的季节。露地栽培的黄淮河流域1年可种植春、夏、秋3茬，东北可以种春、秋2茬，青藏高原只种1茬，华南地区可周年栽培。秋茬即秋冬大白菜栽培面积最大，其主要生长期月均温都在5～22℃。此外，也有春季大白菜、夏季大白菜、夏秋早熟大白菜。

秋冬大白菜秋季播种期要求比较严格。播种过早，气温高，降水多，苗生长弱，根系发育不良，容易感染病毒病；播种过晚，生长期缩短，叶球产量和品质下降，常包心不实。黄淮河流域秋季多在8月上旬播种，11月下旬收获。春季大白菜、夏季大白菜、夏秋早熟大白菜的播种期比较灵活。春季大白菜在3～4月保护地内育苗，栽植后于5～6月供应市场；夏季大白菜可在5～6月播种，7～8月供应市场；夏秋早熟大白菜的播种时间可比秋冬大白菜早10余天，供应时间早1个月左右。

（三）栽培技术

1. 品种选择 秋季规模化栽培应以中晚熟品种为主，注意不同熟性的品种搭配。春季栽培应选择生长发育期短的中早熟品种，突出耐抽薹性。

2. 播期确定 秋茬以最迟在−2℃以下寒流来临之前完成结球为原则，根据品种生育期向前推算播期。但播期应避开高温期，北方一般在立秋以后，播种过早会加重病毒病发生，过晚会缩短生长期，使产量和品质下降。春季播种期应避免播种后长时期低温通过春化作用。

3. 整地施基肥 前茬收获后，清除地内及周围杂草，并喷药灭蚜，随即灭茬深翻20～25 cm。翻耕时结合施基肥，可施腐熟厩肥60～75 t/hm^2、过磷酸钙或复合肥375～450 kg/hm^2。厩肥可在耕前先撒施60%，剩余的40%于耙地前施入。

4. 直播或育苗移栽 秋季普遍采用直播，可用条播或穴播。高垄条播时，如墒情不足，可在高垄中间开4～5 cm的浅沟，顺沟浇足水，随即播种覆厚土，播种量2.25～4.5 kg/hm^2，36 h后用钉耙除去浮土，保持盖土1.5 cm左右，播后隔沟灌水，降低地温。穴播时顺行按株距开浅穴浇足水，水渗后随即点播种子，盖细土1.5 cm左右，播种量是条播的1/2。平畦或高垄墒情足时，即可直接播种。

育苗移栽的，播种期比直播提前3～5 d，钵径7 cm以上营养钵育苗，苗期注意遮阴防雨，苗龄 15～20 d。春季栽培时，保温育苗，苗龄 30 d。大白菜一般在幼苗具有 5～6 片真叶时定植。

秋季定植时，最好选阴天或晴天下午进行。春季定植应选晴天上午进行。栽植密度，生长期 60～70 d 的早熟小型品种为 45 000～60 000 株/hm^2；100 d 左右的晚熟大型品种栽 22 500～30 000 株/hm^2，行距 50～80 cm，株距 40～70 cm。

5. 田间管理

（1）全苗措施　秋茬正常情况下，播后 3 d 基本上可齐苗。在北方干旱之年，采取“三水齐苗”措施保全苗。具体做法是：播后当天浇第 1 水，供种子萌发；胚轴顶土时浇第 2 水，湿润土表；齐苗时浇第 3 水，弥土缝护根。直播的应分次间苗、适时定苗。一般分别于“拉十字”、2～3 叶、4～5 叶时进行间苗，团棵时定苗。高温干旱年份适当延迟间苗和定苗。

（2）中耕除草　封行以前可中耕 2～3 次，结合中耕进行除草，具体在每次间苗、定苗和雨后进行。要求“深锄垄沟，浅锄垄背”“湿锄深，干锄浅”“开头浅，中间深，开盘以后不伤根”。待外叶封垄后停止中耕，以免伤根、损叶；若有杂草，可随时拔除。

（3）追肥　一般分别于幼苗期、莲座期、结球期进行 3～4 次追肥，依次称为提苗肥、发棵肥、结球肥和灌心肥。其中，发棵肥和结球肥最关键，应重施。

提苗肥以速效性氮肥为主，在第 1 次间苗后施硫酸铵 105～120 kg/hm^2。发棵肥于莲座初期，当田间有少数植株开始团棵时，埋施硫酸铵或复合肥 150～225 kg/hm^2。结球期是大白菜经济产量的形成期，是需水肥最多的时期。一般于包心前施结球肥，施硫酸铵 225～375 kg/hm^2 和磷、钾肥各 150～225 kg/hm^2。生长发育期长的品种，于抽筒后施灌心肥，施硫酸铵 150～225 kg/hm^2。必要时还可进行叶面施肥。

（4）水分管理　秋茬大白菜在发芽期浇水使播种部位土壤局部湿润，保证顺利出苗。幼苗期可小水勤浇，降低环境温度，一般是中午不浇，早、晚浇。育苗移栽的，栽后 2～3 d 内注意灌水保苗。莲座期灌水以见湿见干为原则，使土壤保持适度湿润、通气，以利于根系生长、叶片增厚、多积累营养，并提高抗病力。中晚熟品种在莲座期末可适当蹲苗。结球期是叶球增重和需水量最多的时期，要保证水分的充分供应。一般于蹲苗后灌 1 次小水，不待地面发干，连灌 2 水。以后要求保持地面经常湿润，在无雨的情况下，每 7～8 d 灌 1 水，直至收获前 15 d 左右停止。

春茬大白菜定植缓苗后，莲座期水分管理的原则是促而不控，结球期水分管理的原则与秋茬相同。

无论是秋季还是春季，雨季应注意及时排涝。

6. 收获　秋茬大白菜，早熟品种以鲜菜供应的，结球紧实时及时收获上市。中晚熟品种在北方以冬贮供应为主，宜于叶球充分成熟，严霜来临前收获；在南方冬季无霜的产地，可以留在田里过冬，根据市场需要随用随收，调节供应。春茬大白菜，在叶球形成后应及时收获上市，以免抽薹。

二、结球甘蓝

结球甘蓝（*Brassica oleracea*）简称甘蓝，又叫圆白菜、洋白菜、卷心菜、莲花白，是甘蓝种中顶芽能形成叶球的变种，二年生草本，起源于地中海至北海沿岸，16世纪通过东南亚传入我国。结球甘蓝球叶质地脆嫩，可炒食、煮食、凉拌、腌渍或制干菜，每100 g鲜菜含碳水化合物2.7～3.4 g、粗蛋白质1.1～1.6 g、粗纤维0.5～1.11 g、维生素C 38～41 mg。

（一）生物学特性

1. 植物学特征 结球甘蓝主根基部肥大，生出许多侧根，并在主根和侧根上发生许多须根。主要根群分布在60 cm表土层内，以30 cm耕层内根群最密集，横向分布半径80 cm。根的再生能力强，适于育苗移栽。营养生长期茎短缩，在莲座期和结球期稍有伸长，叶球内短缩茎越短，则叶球越紧密。叶片宽大、肥厚，光滑或皱缩，无毛，多为灰绿色，有蜡粉，因而有耐旱特征。生殖生长期抽生花茎，花茎分枝，复总状花序，完全花，长角果。种子千粒重3.3～4.5 g，寿命5年，使用年限2～3年。

2. 对环境条件的要求 结球甘蓝喜温和凉爽的气候，有一定的耐寒和耐热能力，在月均温6～25℃的条件下均能正常生长和结球。种子在2～3℃开始发芽，发芽适温18～25℃。具6～8片叶的幼苗能耐较长时间－1～－2℃低温和较短时间－3～－5℃低温，也能适应25～30℃的较高温度。莲座叶可在7～25℃条件下生长，结球期适温15～20℃，超过25℃，特别是在高温干旱条件下，生长不良。叶球成熟期遇－2～－5℃低温易受冻害。

结球甘蓝对光照度要求不甚严格，属长日照植物。在未通过春化阶段的情况下，长日照有利于其生长。适于在湿润环境中生长，以空气相对湿度80％～90％、土壤相对含水量70％～80％的湿度条件下生长良好，尤其对土壤湿度要求严格，不耐干旱，亦不耐淹渍。对土壤要求不严，但以保肥保水、酸性到中性的肥沃土壤栽培最好，可忍受轻度盐碱。喜肥、耐肥，对营养元素的吸收量较高，对氮、磷、钾的吸收比例为3∶1∶4。不同生长发育阶段对营养元素的要求是，早期消耗较多的氮，到莲座期对氮素的需要量达到最高峰，叶球形成期则消耗磷、钾较多。

3. 春化特性 甘蓝为绿体春化型植物，通过春化阶段要求的条件较严，必须有一定大小的营养体、适合的低温条件和较长的低温时间。但品种不同，通过春化阶段的要求有所不同。一般早熟品种在幼苗茎粗达0.6 cm以上时，经过较短时间的低温即可通过春化阶段；中晚熟品种幼苗茎粗在1 cm以上，且需经过30～70 d才能通过春化阶段。通过春化阶段的低温范围一般为0～10℃，在4～5℃通过较快。大多数品种在15.6℃以上不能通过春化阶段。

（二）品种类型和栽培季节

1. 类型和品种 依叶色和性状不同，结球甘蓝（*Brassica oleracea*）可分为普通甘蓝（白球甘蓝，*B. oleracea* var. *capitata*）、紫甘蓝（赤球甘蓝，*B. oleracea* var. *rubra*）和皱叶甘蓝（*B. oleracea* var. *bullata*）等变种。我国主要栽培普通甘蓝，按其叶球形状又可分为3个类型：

（1）尖头型 植株较小，叶球小而尖，呈心脏形，叶片卵形，中肋粗，中心柱长，产量较低，多为早熟小型品种，适于春季早熟栽培，不易抽薹。代表品种如鸡心、牛心等。

（2）圆头型 植株中等大小，叶球圆头状，结球紧实，多为早熟或中熟品种，适于春季露地栽培。代表品种如春宝、中甘 11 号、丹京早生、双金等。

（3）平头型 植株较大，叶球扁圆球形，多为晚熟的大型或中型品种，从定植到收获需 70～100 d，甚至更长时间，适于秋季栽培，也有适于春、夏栽培的。代表品种有黑叶小平头、秋丰、晚丰、西园 10 号等。

2. 栽培季节 东北、华北、西北北部及青藏高原等高寒地区 1 年种 1 茬，多选用晚熟品种，于春末夏初育苗，夏季栽培，秋季收获。华南地区 1 年 2 茬栽培，秋冬甘蓝多用中晚熟品种，早秋播种，冬季收获；春甘蓝用冬性强、抽薹迟的中晚熟品种，秋末冬初播种，幼苗越冬，翌年春末夏初收获。东北、西北的南部，华北大部，长江流域及西南各省等，1 年种植多茬：春甘蓝选用早熟或中熟品种，于冬末春初育苗，春季定植，夏初收获；秋甘蓝选用中晚熟品种，夏季育苗，夏秋季栽培，秋末冬初收获；夏甘蓝选用耐热中熟品种，于春季育苗，夏初定植，夏末秋初收获。

（三）栽培技术

1. 育苗 春甘蓝在南方多行露地育苗，秋播冬栽；北方用设施育苗，可秋播春栽或冬播春栽。控制幼苗大小是预防未熟抽薹的关键措施。一般秋播大致在 10～11 月，冬播在 1～2 月。苗期管理采取先控后促的措施，即分苗前以控为主，分苗后适当灌水、追肥，促进秧苗苗壮生长。定植前，秧苗还需进行降温锻炼，以适应定植后的外界不良生长条件。苗期温度管理应避免长期 10℃以下的低温。

夏甘蓝播种期相对较宽，为延长供应期，应分批排开播种。长江流域多在 3～4 月播种，5～6 月定植，8～9 月上市；华北地区多在 5 月中旬至 6 月下旬播种。因在露地育苗，育苗技术较简单。

秋甘蓝的播种期，按品种生长期的长短，以在当地的收获期为准向前推算。一般在当地收获期前 130～150 d 播种为宜。在无霜期短的高寒地区，1 年栽培 1 茬，多行春播秋收；在无霜期长的地区，多于 6～7 月播种。秋甘蓝育苗期间正值高温季节，且时有阵雨、暴雨，可搭凉棚遮阴防雨。幼苗具 3～4 叶时分苗，育苗期间保持床土湿润，加强病虫害的防治。幼苗具 6～7 叶（需 30～40 d）时即可定植。

2. 整地定植 前茬收获后及时翻地，结合翻地施有机肥 75 t/hm^2、过磷酸钙 750 kg/hm^2。露地栽培多用平畦。春甘蓝以日均温达 6℃以上、秧苗具有 5～6 叶时定植为宜。定植时要选择健壮、未通过春化的秧苗，采用暗水定植。定植密度，早熟品种 60 000～90 000 株/hm^2，中熟品种 30 000～45 000 株/hm^2，晚熟品种 22 500 株/hm^{2}左右。夏甘蓝和秋甘蓝定植宜在阴天或晴天傍晚进行，定植后及时灌水，以利缓苗。定植前整地作畦。

3. 田间管理 南方春甘蓝冬前定植后，应适当控制水肥，避免植株生长过快，到春暖后则要及时灌水、追肥，促进迅速生长，有利推迟和减少未熟抽薹。北方定植后，适值春寒季节，定植时要及时灌水、追肥，定植后加强中耕，以提高土壤通透性和提高地温，促使幼苗发根缓苗。秧苗由紫转绿后，生长速度加快，要及时灌水、追肥。尤其进入结球期后，更要加强肥水管理，促进迅速结球。

夏甘蓝和秋甘蓝定植后处在高温季节，应小水勤浇，经常保持土壤湿润。灌水宜在早、晚土温低时进行。高温期追肥不宜用粪肥，以速效氮肥为好，结合灌水追肥。

4. 收获 春甘蓝成熟期正值春淡季，当叶球充实后，应及时分批收获，及早供应市场，以防抽薹。夏甘蓝成熟后，应及时采收上市，以防叶球开裂和腐烂。秋甘蓝一般与大白菜同时或略晚收获，收获后可随时上市或冬贮。

三、花椰菜

花椰菜（*Brassica oleracea* var. *botrytis*），又称菜花，为十字花科芸薹属甘蓝种的一个变种。原产于地中海东部海岸，约在19世纪初传入我国。花椰菜花球颜色洁白、质嫩、纤维少，含有丰富蛋白质、维生素C、吲哚类衍生物，具有抗癌功效，营养价值高，深受消费者欢迎。我国花椰菜种植面积逐年上升，已成为南方的主要蔬菜和北方淡季供应不可缺少的菜肴。

（一）生物学特性

1. 植物学特征 花椰菜根基部粗大，须根发达，主要分布在30 cm耕层内。根吸收肥水的能力强，适于育苗移栽。营养生长期茎短缩，茎上腋芽不萌发。叶片狭长，披针形或长卵形，营养生长期有叶柄，并具裂片。叶色浅蓝绿，表面有蜡粉。一般单株有20多片叶子，构成叶丛。花球为营养储藏器官，由肥嫩的主轴和50～60个肉质花梗（花序原基）组成。长角果，成熟后爆裂。每个角果含种子10余粒。种子圆球形，紫褐色，千粒重3～4 g。

2. 对环境条件的要求 花椰菜半耐寒，喜凉爽，忌炎热干燥，不耐长期霜冻。种子发芽适温18～25℃，生长适温15～20℃，花球形成适温20～25℃，0℃以下易受冻害。中晚熟品种温度超过25℃时所形成的花球其花枝多松散，品质降低；但早熟品种温度高达25～30℃仍能形成良好花球。开花结荚时期适宜温度与花球生长期相同。当温度达到25℃时花粉发育不良，影响受精结实。

花椰菜喜充足光照，但阳光直射花球常导致花球变黄，商品性下降。因根系较浅，叶丛大，不耐旱也不耐涝，喜湿润环境，营养生长期若干燥又炎热，则叶子小，叶柄及节间伸长，生长不良，影响花球产量及品质。但过湿会引起花枝霉烂。在生长发育的整个过程中需要充足的氮、磷、钾营养，对钙、硼等微量元素需求量较大，喜肥耐肥。

（二）品种类型和栽培季节

1. 类型和品种 花椰菜花球形态有近球形、半圆形、扁圆形；花球色泽有洁白、乳白、黄色、紫色等类型。按照熟性可分为早熟、中熟和晚熟品种。

（1）早熟品种 从定植到采收约70 d以内。植株矮小，叶细而狭长，花球较小且较松散，冬性弱。如津雪70、荷兰春早、夏雪50、瑞士雪球、白峰、津雪88等。

（2）中熟品种 从定植到初收花球需70～90 d。花球较大、紧实。苗期较耐热，冬性稍强。如雪妃、日本雪山、龙峰特大、雪王等。

（3）晚熟品种 从定植到采收需90 d以上。一般植株高大，生长势强，花球大而致密。植株耐寒力强，冬性强。如神良120天、福州100天、洪都17号、超级登丰100

天等。

2. 栽培季节 在华南和东南沿海地区分别选择相应的早中晚熟品种7～11月排开播种，于11月到翌年4月收获。长江流域6～12月播种，于11月到翌年5月收获。但在气候寒冷的季节需在保护设施中育苗。华北地区分春秋两季栽培，春季于12月至翌年1月在设施内播种育苗，3月中下旬定植，5月中下旬开始收获；秋季于6月下旬至7月上旬播种育苗，8月上旬定植，10月上旬至11月上旬收获。高寒地区春秋两季栽培，春季于2月下旬至3月上旬在设施内育苗，4月下旬定植露地，6～7月收获；秋播时间与华北相同，一般多选用早熟品种。

（三）栽培技术

1. 培育壮苗 秋季栽培宜选用耐热、耐寒、耐湿性好、抗病性强、稳产的中晚熟品种；早春最好选用耐寒性强的品种，如8398、圣雪、雪莲、雪球等。种子温汤浸种后在30℃水中浸泡1～2 h，取出晾干后播种备用。选用口径8～10 cm营养钵或50孔穴盘育苗，出苗前温度白天20～25℃、夜间18～20℃；出苗后温度白天12～20℃、夜间8～12℃。定植前1～2 d适当通风炼苗。春季苗龄应掌握在30 d左右、秋季苗龄25～30 d，有5～6片真叶时即可定植。

2. 整地定植 选择排灌方便、土层深厚肥沃的田块。前茬作物清除后，及时翻犁、晒垡。定植前，施腐熟鸡粪或牛粪250～500 t/hm^2，或施沼渣500 t/hm^2，并施三元复合肥（15-15-15）750 t/hm^2，再施含钙、硼等多种元素微肥45 t/hm^2。深翻耙平后作畦。定植密度因品种而异，早熟品种用1.2～1.4 m宽畦种2或3行，株距30～40 cm，密度37 500～45 000株/hm^2；中熟品种用1.3 m宽畦种2行，株距40～50 cm，密度30 000～34 500株/hm^2；晚熟品种株距50～60 cm，密度24 000～27 000株/hm^2。

春季定植选择晴天；秋季定植时期气温较高，要选择阴天或晴天傍晚定植。

3. 田间管理 春季定植缓苗后，进行1～2次中耕保墒，提高地温，随后适当蹲苗，促使根壮苗旺。蹲苗结束后，随水冲施三元复合肥375 kg/hm^{2}或尿素225～375 kg/hm^2，以促进植株迅速生长，形成强大的叶丛。当植株心叶开始拧抱时，再施尿素150～225 kg/hm^{2}和适量钾肥，以促进花球发育。当花球直径达9～10 cm时进入结球中后期，整个植株处于生长高峰期，进行最后一次追肥，以满足形成硕大花球的需要。以后根据土壤墒情每隔5 d左右浇1次水，直至收获。

秋花椰菜定植后应及时浇缓苗水，莲座期之前中耕松土2～3次，以促进根系发育。前期由于地温过高，宜在早晨或晚上浇水，并以小水勤浇的方法降低地温，保持土壤见干见湿。莲座期及花球形成期为需水关键期，一般每隔2～3 d浇1次水，保持土壤见干见湿，促进莲座叶生长及花球增大。在缓苗后及莲座前期结合浇水分2次追施尿素或复合肥225～300 kg/hm^{2}和适量钾肥。前期肥料不足的，在花球形成前期可再追施三元复合肥375 kg/hm^2。为防止裂球及黑斑病的发生，可于花球膨大期叶面喷施0.2%～0.5%硼酸。

在花球横径达到5 cm时，把靠近花球的叶片折断叶中脉覆盖在花球上，避免阳光直射，保持花球洁白干净，提高商品性。

花椰菜主要病虫害有黑腐病、黑胫病、霜霉病、菜青虫、蚜虫等，应综合防治。

4. 收获 当花椰菜花球充分长大，颜色洁白，球体表面平整，边缘尚未散开时即可采收。采收时带3～4片叶，用刀将花球从基部割下，利用小叶保护花球，以免在运输途中被污损。

第五节 绿叶嫩茎类

绿叶嫩茎类蔬菜以柔嫩的叶片、叶柄或嫩茎为食用器官，种类多，多数植株矮小，生长期短，没有严格的采收标准。绿叶嫩茎类蔬菜富含各种维生素和矿物质，是人们喜食的一类蔬菜。我国生产和消费的主要有芹菜、莴苣、菠菜、小白菜（不结球白菜）、芥蓝、芫荽、苋菜、蕹菜、茼蒿、落葵、冬寒菜、叶恭菜等。

绿叶嫩茎类蔬菜按照对温度的要求分为两种类型。第1类有菠菜、芹菜、莴苣、芫荽、茼蒿、小白菜、芥蓝、冬寒菜、叶甜菜等，原产温带，属耐寒或半耐寒性蔬菜，要求温和气候，耐热力弱，通过阶段发育一般要求低温和长日照条件，因此冬春播种时在初夏容易抽薹开花。第2类有苋菜、蕹菜、落葵、番杏等，原产热带，喜温怕寒，要求温暖的气候，不耐寒冷和霜冻，耐热性强。

绿叶嫩茎类蔬菜正常生长都适宜较弱的光照，加之个体矮小，生长期短，适于与其他作物间作、套种。绿叶嫩茎类蔬菜大多为速生性蔬菜，栽植密度大，生长速度快，要求充足的水分和营养。施肥以速效氮肥为主，配合施用少量磷、钾肥，同时经常保持土壤湿润，以促使其形成鲜嫩的产品，提高产量。

一、芹菜

芹菜原产地中海沿岸及瑞典等国的沼泽地带，在我国栽培历史悠久，适应性强，分布广泛，除露地栽培外，还适于设施栽培，四季生产，周年供应。芹菜的食用器官含有丰富的维生素、矿物质，100 g新鲜芹菜中含维生素A 0.08 mg、维生素B_1 0.02 mg、维生素B_2 0.03 mg、尼克酸0.22 mg、维生素C 4.4 mg、钙118 mg、磷44 mg、铁6.3 mg，还含有挥发性芳香油，具有特殊的风味，可以增进食欲。特别是经过软化栽培，叶柄脆嫩，很受广大消费者的欢迎。

（一）生物学特性

1. 植物学特征 芹菜为二年生草本。根系浅，侧根发达，主根切断后可发生多数侧根，既不耐旱，又不耐涝，适宜育苗移栽，也可直播。营养茎为短缩茎。叶片簇生于短缩茎上，二回羽状奇数复叶，小叶3裂，有2～3对，叶柄长而粗，为主要食用部分，有实心和空心两种。叶柄基部具有分生组织，在遮光的条件下仍能分裂、伸长。芹菜花小，白色，复伞形花序，虫媒花，异花授粉。双悬果，暗褐色，椭圆形，表面有纵沟，含有挥发油，外皮革质，透水性差，成熟时沿中缝开裂，悬于心皮柄上，各含1粒种子。以果实为播种材料，千粒重0.47 g，寿命6年，使用年限2～3年。

2. 生长发育周期 营养生长期分为发芽期、幼苗期、外叶生长期和心叶肥大期。西芹各生长时期比本芹长。生殖生长期包括花芽分化期、抽薹开花期和种子形成期。

从播种到子叶展平、真叶顶心为发芽期，一般为10～15 d。从真叶顶心至形成第1个叶序环（5片真叶）为幼苗期，需45～60 d。幼苗期生长缓慢，根系浅，苗细弱，在最初的15 d内仅分化2～3片叶，以后分化速度稍有增加。从第1叶序环形成（定植）至心叶开始直立生长（立心）为外叶生长期，一般20～40 d，主要是根系恢复生长，并陆续长出3～4片新叶，新叶呈倾斜向上生长，以后再发生的新叶则呈直立生长。从心叶开始直立生长至产品器官形成收获为心叶肥大期，需30～60 d。立心以后，生长速度加快，约2 d可分化1片叶，每天长2～3 cm。此期陆续生长新叶，西芹叶柄积累营养而肥大。同时，根系旺盛生长，侧根布满耕层，主根也贮藏营养而肥大。

芹菜为绿体春化型，苗龄30 d以上、苗粗0.5 cm以上时即可感应低温，花芽分化期约60 d。在长日照下抽薹或者开花，从开始抽薹至全株开花结束约60 d。从开始开花至全株种子成熟约60 d。

3. 对环境条件的要求　芹菜属半耐寒性蔬菜，喜温和的气候条件。生长适宜温度为15～20℃。幼苗可耐－5℃低温，半成株可耐－6～－10℃低温，日平均温度21℃以上叶片小、叶柄短细、纤维多。种子在4℃开始萌发，发芽适温15～20℃，25℃以上发芽力迅速降低，30℃以上几乎不发芽。幼苗具3～4片真叶，10℃以下低温，经10～15 d可通过春化阶段。

芹菜为日中性作物，适宜光照度范围10～40 klx，最适13 klx；耐弱光，光补偿点2 klx，不耐强光，光饱和点45 klx。

芹菜叶面积虽小，但因栽培密度大，总蒸腾面积大，加上根系浅，吸水力弱，所以需要湿润的土壤和较高的空气湿度。土壤相对含水量65%～85%为宜，空气相对湿度70%～80%为宜。适宜富含有机质、保水保肥力强的壤土或黏壤土。每生产1 t芹菜，需速效氮0.4 kg、磷0.14 kg、钾0.6 kg。芹菜需硼较多，缺硼时叶柄易脆裂，缺硼土壤应施硼肥。

（二）类型和品种

1. 本芹　又称中国芹菜。叶柄细长，叶片发达，一般长50～100 cm，颜色有绿、白、黄之分，并有空心、实心两种。叶片大小略有差异，绿柄叶片大，白柄和黄柄叶片稍小。主栽品种有实秆绿芹、实秆白芹、津南实芹、白庙芹菜、黄苗芹菜、铁杆芹菜、菊花大叶、春丰芹菜等。

2. 西芹　又称洋芹。原产欧洲，引入我国栽培时间不长。叶柄宽厚发达，多为实心，一般宽3～5 cm，长30～80 cm，单株产量高，一般单株重0.8 kg，高的可达1.2 kg。质脆，粗纤维少，品质佳，在我国作为稀特菜发展很快。西芹依叶柄色泽可分为绿色、黄色、白色及杂型4个品种群。

（1）绿色品种群　绿色品种群为中晚熟型。叶色浓绿，叶柄多圆形，肉厚，纤维少，单株叶数30枚左右，属叶数型。耐寒，抗病，抽薹迟。主要品种有高优它、嫩脆、加州王、佛罗里达683、日本西芹、荷兰西芹、夏帕斯卡、福特胡克等。

（2）黄色品种群　黄色品种群为早熟型。株高而开展，叶片缺刻少，单株叶片16～18枚，属叶重型。叶柄宽而稍薄，纤维多，品质中等，抗病毒能力弱，抽薹早，适夏播冬收，主要作软化栽培。主要品种有金羽、金自白、佛罗里达黄等。

（3）白色品种群　白色品种群叶淡绿，叶柄白绿，植株内部叶柄白色，适软化栽培。主要品种有白羽、白珍等。

（4）杂型品种群　杂型品种群为黄、绿杂交类型，兼有二者的优点。主要品种有康奈尔619、意大利冬芹等。

此外，还有西芹与本芹杂交选育的品种。如玻璃脆是从西芹与实秆绿芹的天然杂交后代中选育的，其叶柄脆嫩，色如碧玉，透明发亮，故而得名。

（三）栽培季节和茬次

芹菜为半耐寒性蔬菜，在南方地区露地可四季生产，周年供应。在北方地区，露地一般栽培春芹菜、早秋芹菜、秋芹菜和越冬芹菜。春芹菜2月下旬至4月中旬播种育苗，5月下旬至7月下旬收获；早秋芹菜4月下旬至5月上旬直播或育苗，8～9月收获；秋芹菜5月上旬至7月下旬播种育苗，10月下旬至11月收获；越冬芹菜7月中旬至8月中旬播种育苗，翌年4月上旬至5月上旬收获。在北方，还利用塑料拱棚等设施进行冬季生产，1～4月上市。

芹菜不同的季节茬次中，以秋芹菜栽培面积最大，成本低，产量高，前茬可以是黄瓜、厚皮甜瓜、豇豆、娃娃菜、茼蒿、萝卜或番茄等。

（四）栽培技术

1. 育苗技术　露地和保护地栽培芹菜一般都采用育苗移栽，并多用露地育苗。春季育苗以保温为主，夏季育苗以降温为主，其余育苗技术基本相同。

芹菜种子细小，应选择疏松肥沃的地块作为育苗地，并施商品有机肥75 t/hm^2，深翻后作成宽1.2～1.5 m的育苗畦。芹菜种子发芽慢，一般浸种催芽后播种。浸种4 h，秋播的需在15～20℃低温下催芽，催芽期间，每天用清水淘洗种子1次，6～7 d可全部出芽。落水播种，撒播，适宜播量为12～18 kg/hm^2，每公顷苗床可移栽6～10 hm^{2}大田。芹菜幼苗期时间长，杂草多，可进行化学除草。为防止土壤板结和免受强光暴雨的危害，畦面应遮阴防雨，或将芹菜与小白菜混播，或在番茄、黄瓜等架下套播育苗。

当幼芽顶土时轻灌1次水，1～2 d后即可齐苗。出苗后轻灌1水，选阴天或下午撤除覆盖物。雷雨过后应及时“涝浇园”，苗期间苗1～2次，最后苗距以3 cm见方为宜。3～4片真叶时顺水追施1次速效氮肥，用量为尿素150 kg/hm^2。

秋芹菜一般苗龄40～50 d、苗高15～20 cm、4～5片叶时定植；越冬芹菜苗龄60～70 d、5～6片叶时定植；春芹菜苗龄50～60 d时定植；早秋芹菜一般直播不育苗。

2. 露地栽培技术

（1）整地施肥　芹菜根系浅，需肥量大，灌水次数多，要求土壤保水保肥力强，故以壤土或黏土为宜。前茬作物收获后及时清园，基肥施商品有机肥75 t/hm^{2}或复合肥300 kg/hm^2，深翻地33 cm，合墒整地作畦，一般作宽1.2 m的平畦。

（2）定植　秋芹菜一般从初霜期向前推80～90 d为定植期，选阴天定植，以利缓苗；越冬芹菜在秋季日平均气温达13℃左右时定植；春芹菜在日平均气温达7℃以上时定植。定植苗带5 cm长根系。定植密度，本芹平畦栽培穴距13～15 cm，每穴2～3株，或穴距

10 cm，单株栽植；本芹沟栽软化栽培的，穴距 10～13 cm，每穴 3～4 株，或采用 10 cm 株距单株栽植；西芹行株距为 25～30 cm。如果直播不移栽，应分次间苗，按株行距定苗。

（3）肥水管理　从定植到缓苗一般需 15～20 d，秋芹菜需经常小水轻灌，保持地面湿润。缓苗以后适当蹲苗，减少灌水，及时中耕，促进发根，当心叶大量生长时，即可结束蹲苗。日温 20℃左右是芹菜迅速生长期，始终保持地面湿润，每灌 2 次清水应结合灌水追肥 1 次，每次施尿素 150～225 kg/hm^2，或商品有机肥 15 t/hm^2。

（4）收获　秋芹菜株高达 60～100 cm 即可陆续收获。拟贮藏的芹菜，在不受冻的原则下可适当延迟收获。收获时连根铲起，削去侧根后扎捆。越冬芹菜应在花薹初抽前及时采收上市。春芹菜一般以幼株上市，有的采取分次收割的方法，每 60 d 左右收割 1 次。早秋芹菜也多以幼株上市，有的采用分次擗叶采收，一般每 30 d 左右擗叶收获 1 次，共可收获 3 次。

芹菜软化栽培时一般行距 30～40 cm、株距 5～7 cm，在秋季月平均气温降到 10℃左右，植株高度在 25 cm 左右时开始培土，培土前要连续浇 3 次大水，每隔 2～3 d 培 1 次土，一般要培土 4～5 次，每次培土厚度以不盖住心叶为宜，最终培土总厚度为 17～20 cm。

3. 设施栽培技术　利用塑料拱棚和日光温室可进行冬春芹菜生产。其整地、定植、灌水、追肥等与露地基本相同，不同之处主要在于设施内温、光、水、气等环境的综合调节，防止芹菜空心现象的发生。

（1）品种和育苗　应选择抗寒性强、叶柄充实、优质抗病、不易抽薹的品种。秋冬育苗采用苗期生长速度较快的芹菜品种，可以缩短 30d 以上生长周期，减少苗期病虫害发生，降低农药使用量。根据计划上市期安排播种期，苗期温度白天 20～25℃，夜间 13～15℃，及时除草和间苗。苗龄 60～80 d、苗高 15～20 cm、5～6 片叶即可定植。

（2）环境调节　根据天气和棚内温度变化趋势，早晨当太阳照到棚上时即可开始通风，阴天当棚温达 20℃时通风，下午当棚内温度降至 10℃即盖膜，使棚温白天保持在 15～20℃，夜间保持在 10～15℃。空气相对湿度保持在 80%左右。

（3）肥水管理　灌水次数应少于露地，灌水后注意通风排湿。追肥时不宜使用挥发性强的碳酸氢铵、氨水等肥料，以免氨气中毒，如结合灌水追肥，更应重视通风降湿及排除氨气。

（4）收获　一般可在定植后 60～70 d、植株充分长大即将抽薹前一次收获；或从定植后 35 d 左右开始擗叶收获，每 20 d 左右擗叶 1 次，每次每株擗叶 1～3 片，最后在抽薹前拔收。

二、莴苣

莴苣原产地中海沿岸，为一二年生草本植物。莴苣有叶用和茎用两种，前者宜生食，清凉可口，又名生菜；后者笋肉翠绿脆嫩，又名莴笋，可生食、熟食，或加工腌制，清凉爽口。莴苣营养丰富，除含大量的胡萝卜素外，茎叶中的白色乳汁含较多的菊糖、苦苣素等特殊成分。

（一）生物学特性

1. 植物学特征 莴苣根系浅而密集，再生能力强，主要分布于20～30 cm表层土壤中。茎用莴苣（莴笋）茎肥大、肉质，是产品器官；叶用莴苣的茎一般短缩。叶互生，叶型因变种和品种而异。头状花序，每花序有小花20朵左右，花浅黄色，子房单室，自花授粉，有时也可异花授粉。果实为瘦果，附有冠毛，是播种繁殖器官，千粒重1.1～1.5 g，寿命5年，使用年限2～3年。

2. 生长发育周期 商品菜生产只经历营养生长期，包括发芽期、幼苗期、发棵期和产品器官形成期。采种时还经历生殖生长期，抽薹、开花、结实。

从播种至真叶露心为发芽期，一般为8～10 d。从真叶露心至第1叶环的叶片全部展开（团棵）为幼苗期，约40 d。越冬茬包括越冬至返青的时间，为130 d左右。从团棵至肉质茎开始肥大或结球莴苣开始包心为发棵期，需15～30 d。从肉质茎开始肥大或结球莴苣开始包心至采收为产品器官形成期，一般为20～30 d。

3. 对环境条件的要求 莴苣喜冷凉，忌高温，半耐寒。种子发芽最低温度4℃，最适温度15～20℃，25℃以上发芽受到抑制，30℃以上种子进入休眠。茎叶生长适温11～18℃，幼苗期对温度的适应性较强，可耐－5～－6℃低温，但结球莴苣对温度的适应性较差，结球适温为17～18℃，21℃以上不易形成商品叶球。莴苣通过阶段发育属于高温感应型，在日均温22～23℃、茎粗1 cm以上花芽分化最快，需30～45 d。花芽分化以后，在5～25℃范围内，温度越高，抽薹越快。开花结实适温为22～29℃。叶用莴苣的耐寒、耐热能力均不如茎用莴苣，越冬、越夏能力差。

莴苣喜中等强度光照，光补偿点1.5～2.0 klx，光饱和点25 klx，长日照加速抽薹开花。因叶大、根较浅，喜湿怕干。喜微酸性土壤，对土壤含氧量要求高，要求表土肥沃、富含有机质、保水力强的土壤条件。

（二）类型和品种

莴苣（*Lactuca sativa*）有皱叶莴苣（*L. sativa* var. *crispa*）、直立莴苣（*L. sativa* var. *longifolia*）、结球莴苣（*L. sativa* var. *capitata*）、茎用莴苣（*L. sativa* var. *angustana*）4个栽培变种。

1. 皱叶莴苣 叶片深裂，叶面皱缩，不结球。代表品种有软尾生菜、绿波等。

2. 直立莴苣 又称散叶莴苣、长叶莴苣、牛莉生菜、罗曼生菜。叶狭长直立，全缘或稍有锯齿，不结球。代表品种有岗山沙拉生菜、华美油麦菜、四季香油麦菜、快客等。

3. 结球莴苣 顶生叶形成叶球，叶球圆球形或扁圆形，叠包，又分为皱叶结球莴苣和光叶结球莴苣两类。代表品种有皇帝、大湖659、奥林匹亚、卡罗娜等。

4. 茎用莴苣 又叫莴笋，以肥大的肉质茎为食用器官。又分为尖叶和圆叶两个类型。尖叶莴笋叶披针形，先端尖，叶面平滑或稍皱缩，叶色绿、紫或白绿等，茎部皮色有白绿或淡绿色，形似棒状，性较耐寒，适于越冬栽培。优良品种有尖叶白笋、北京尖绿叶莴笋、上海尖叶早种、尖叶晚种等。圆叶莴笋叶长倒卵形，顶部稍圆，叶面多微皱，节间密，茎较粗短，适于春秋栽培。优良品种有紫叶莴笋、竹筒青、一品天下红、飘香大花叶、早稻王圆叶、白洋棒、黑牛皮、红尖叶 1 号、圆叶白笋、二青皮、挂丝红、鲫瓜笋等。

（三）栽培季节和茬次

莴苣为半耐寒性蔬菜，产品器官形成要求气候凉爽的季节，因此露地栽培一般主要有春莴苣和秋莴苣两个主要茬次，在保护地内也可以进行秋冬生产，形成 1 年 3 熟的栽培模式。前茬可以是毛豆、大葱、茄子、菜豆、番茄、花椰菜、白菜。春莴笋北方冬暖地区 9～10 月播种育苗，10～11 月定植，翌年 4～6 月收获；北方冬寒地区 12 月至翌年 2 月设施育苗，3～4 月定植，6 月收获。春叶用莴苣各地一般在 2～3 月育苗，3～4 月定植，4～6 月收获。秋莴苣各地一般在 7～8 月播种育苗，8～9 月定植，10～11 月收获。

（四）茎用莴苣（莴笋）栽培技术

莴笋适应性强，喜凉爽，苗期较耐寒，主要在春、秋两季栽培。生产中，如果播期或肥水管理不当，易形成又细又长的产品器官，称为“窜”，防止莴笋“窜”是栽培的关键之一。另外，春莴笋还应防止出现越冬死苗现象，肉质茎膨大后期出现裂茎现象，以及抽薹等问题。

1. 育苗 落水播种，播后覆细土 0.5 cm，再用草帘或树叶遮阴，保持土壤湿润，齐苗后控制灌水，幼苗长到 2 片真叶时，按 4～5 cm 间距间苗，定苗距离 6～8 cm，使幼苗生长健壮。春莴笋苗龄 40 d 左右，秋莴笋苗龄 25～30 d 定植。一般每千克种子所育幼苗可供栽植 2～2.6 hm^2 大田。

2. 定植 春莴笋在冬暖地区多冬栽，冬寒地区多春栽。冬栽的适宜时期以地冻前已缓苗扎根为原则，定植过晚根扎不好，越冬死苗严重。春栽时日均温达 5～6℃、土壤解冻即可。定植前施足有机肥，深耕细耙后作畦。定植前 1～2 d 先在苗床灌水，以便起苗，早熟品种株行距 20～23 cm，中晚熟品种一般行距 30～40 cm，株距 25～30 cm。冬季栽植时可稍深，春栽宜浅。秋莴笋定植密度应比春莴笋稍大。

3. 田间管理 重点是水肥管理，既要保证能在笋茎肥大以前具有充足的营养，又不至于徒长；同时应该适度控苗，防止先期抽薹。春莴笋秋季定植后可浇 1～2 次水并施少量氮肥，以利缓苗。以后加强中耕蹲苗，控制土壤湿度，提高土壤温度和通气条件，使植株迅速扩大根系，增加叶数和扩大叶面积。冬季土壤封冻前适时适量灌好冻水，防止越冬期间受冻。春季适时灌好返青水，之后以加强中耕为主。当植株外部叶片充分长大，心叶与外叶平头时即进入笋茎肥大阶段，应加强灌水并施肥，施肥以速效氮肥为主，还需配合施用少量磷、钾肥料。

秋莴笋定植后及时灌水降温，并轻浇、勤浇，直至缓苗。缓苗后灌水施肥，然后适度蹲苗。团棵时随灌水第 2 次施肥，笋茎迅速肥大时随灌水第 3 次追肥，施速效氮肥和钾肥。

4. 收获 莴笋植株顶端心叶与外叶齐平或显蕾以前为收获适期，此时茎部充分伸长肥大，肉质脆嫩，品质好。收获过早影响产量，过迟茎部养分消耗多，容易空心，茎皮增厚，品质下降。

（五）叶用莴苣（生菜）栽培技术

叶用莴苣既不耐热，又不耐寒，生长发育期 90～100 d。春茬栽培 2～3 月保护地育苗，苗龄 30～40 d、2～3 片真叶时分苗，4～6 片真叶时定植。结球变种株行距 30～33 cm，散叶和直立变种 20 cm 见方。定植后 15～20 d 和 30 d 时各施 1 次肥，每次施尿素 225 kg/hm^2左右，结球期保持土壤湿润。产量一般为 22.5～30 t/hm^2。

秋茬栽培 7 月下旬至 8 月下旬露地播种育苗，选耐热、抗病、抽薹晚的品种，低温浸种催芽，播种量比春季加大。播后注意遮阴、保湿和防雨，苗龄 25～30 d、4～5 片真叶时定植，密度比春茬适当增加，株行距 26～30 cm。其他管理基本同春茬。

第六节　葱蒜类

葱蒜类蔬菜为百合科葱属二年生或多年生草本植物，包括韭菜、大葱、大蒜、洋葱、细香葱、南欧蒜、韭葱、薤等，前 4 种在我国普遍栽培。葱蒜类蔬菜食用膨大的鳞茎、假茎或嫩叶等，产品含有丰富的维生素 C、糖类、蛋白质及各种矿物质，青葱、蒜苗和韭菜还富含胡萝卜素，以及具特殊辛辣味的挥发性有机硫化物，可以增进食欲和预防多种疾病。

葱蒜类蔬菜多数起源于亚洲西部大陆性气候区，在长期发育过程中，形成了许多与起源地环境条件相适应的生物学特性，在栽培技术上也有许多共同点。

①须根系，入土浅，分布范围小，吸水力弱，具有喜湿的生态特点。根系受伤后易生新根，耐移植，营养茎短缩成盘状，称为茎盘。叶由叶鞘和叶身组成，叶鞘闭合成筒状，数个叶鞘套生似茎，称为假茎。居间分生组织位于叶鞘基部，先端收割后可继续生长。叶面积小且表面覆有蜡粉，水分蒸发少，具有耐旱的生态特点。

②喜冷凉气候，耐寒性强，耐热性弱，适于春、秋季节种植。在高温季节里，大蒜、洋葱等进入休眠期，韭菜、大葱生长受到抑制，且品质降低。

③在阶段发育上为低温长日照植物，在低温条件下通过春化阶段，都为绿体春化型。除大蒜和兼采韭薹的韭菜外，生产上应预防未熟抽薹。

④有性繁殖或无性繁殖。种子寿命很短，使用年限 1～2 年。种子发芽缓慢，顶土能力弱。

一、韭菜

韭菜为多年生宿根草本植物，原产我国，在我国普遍栽培，主要以叶食用，有青韭和韭黄，还可食用韭薹、韭花等。每 100 g 鲜韭菜含水分 91～93 g、碳水化合物 3.24 g、蛋白质 2.1～2.4 g、维生素 39 mg，并有特殊香辛味，能够增进食欲。

（一）生物学特性

1. 植物学特征

（1）根　弦状须根，深约 50 cm，水平分布约 30 cm，主要根群分布在 24～30 cm 耕层内，兼有吸收和贮藏功能。根的平均生理寿命约 1.5 年，生长期间根系进行新老更替，新生根部位不断上移。

（2）茎　一年生营养茎呈盘状，向上着生叶鞘和芽，下部着生须根。从第2年开始，茎盘基部不断向上增生，逐渐形成根状茎，又称根茎。根茎较粗壮，可贮存大量营养物质，随着新根茎的不断增生，2～3年后老根茎即逐渐腐朽，通过阶段发育后，茎盘上的顶芽分化成花芽，抽生花茎，称为韭薹，是产品器官之一。

（3）叶　叶簇生，由叶片和叶鞘组成，成株叶数5～9片，其颜色和宽窄因品种而异，是主要的产品器官。叶鞘闭合形成筒状假茎，叶鞘基部膨大，形成葫芦状小鳞茎，组织坚硬，具有贮藏养分的功能。

（4）分蘖　随着植株年龄的增长，体内营养物质不断积累，在靠近生长点的上位叶腋中形成蘖芽，初期蘖芽和原生长点被包裹在同一叶鞘中，以后由于蘖芽的加粗生长，便胀破叶鞘而发育成一株新的分蘖（图7-3）。

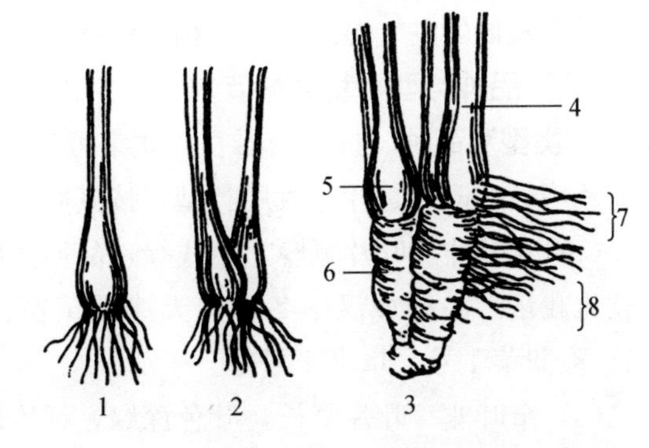

图7-3　韭菜的分蘖和跳根

1. 一年生苗　2. 二年生苗　3. 多年生植株
4. 叶鞘　5. 鳞茎　6. 根状茎　7. 新根　8. 老根

分蘖数与品种、营养状况和株龄有关，也受温度、栽植密度、管理水平等影响。一般春季播种，夏季长出5～6片叶时，便可开始分蘖。以后每年分蘖1～3次，分蘖的时期为春、夏两季，一次分蘖2～3个，随着分蘖的增加，新根不断上移，发生跳根。播后2～4年韭菜分蘖力最强，产量也最高；5～6年分蘖力逐渐衰退；如果管理得当，播种10年的韭菜也能高产。

（5）花　伞形花序，每花序有小花20～50朵，未开放前有总苞包裹。每个花序开花期20 d左右，异花授粉，虫媒花，幼嫩韭薹和韭花均可作菜用。

（6）果实与种子　蒴果，3心室，内含3～5粒种子。种子盾形，黑色，千粒重4～6 g。

2. 生长发育周期　韭菜为多年生蔬菜，第1年一般只进行营养生长，第2年以后营养生长和生殖生长交替重叠进行。从种子播种到第1片真叶展开为发芽期，10～15 d；从第1片真叶展开到定植（5～6片叶）为幼苗期，80～120 d；从定植到第2年花芽分化前为营养生长盛期，一般春季播种，秋季定植，当年养根不割韭菜。当年已能形成分蘖，入冬以后，当外界温度下降到－7℃以下时，地上部枯萎，营养物质回流贮藏于小鳞茎和根部，这个过程称为回根，植株被迫进入休眠期。从花芽分化到种子发育成熟为生殖生长期。韭菜属绿体春化型，当植株营养体达一定大小时，在0.5℃条件下，30 d左右就可通过春化阶段，在长日照下通过光照阶段而抽薹开花。

3. 对环境条件的要求　韭菜耐寒而适应性广。地上部可耐－4～－5℃低温，－7℃时叶部枯萎，进入休眠。地下根茎在－40℃严寒条件下不会受冻害。韭菜不耐高温，气温超过26℃植株生长缓慢，高温、强光、干旱条件下叶片纤维增多，不堪食用。生长适温

12～24℃，发芽最低温度3～4℃，发芽适温15～18℃，幼苗生长适温12℃以上，抽薹开花适温25～30℃。

韭菜对光照度要求中等。光补偿点1.2 klx，光饱和点40 klx。光照过强，纤维增多，品质下降；光照过弱，光合作用弱，叶色黄，叶片细弱，分蘖少，产量低。长日照促进抽薹开花。对土壤适应性强，耐盐力较强，在含盐0.2%的条件下可以生长发育。耐肥力强，需要大量氮肥，适量配合磷、钾肥。每生产1 t商品韭菜，需氮（N）3.69 kg、磷（P_2O_5）0.85 kg、钾（K_2O）3.13 kg。根系根毛少，吸收水分能力弱，喜湿不耐旱，适宜土壤相对含水量80%。叶面积小，角质层较厚，气孔下陷，水分蒸腾量小，具耐旱特点，适于较低的空气湿度，空气相对湿度以60%～70%为宜。

（二）品种类型和栽培季节

1. 类型和品种 按食用器官，韭菜可分为根韭、叶韭、花韭和叶花兼用韭4个类型。目前栽培最普遍的是叶花兼用类型，按其叶片宽窄又分为宽叶韭和窄叶韭。

（1）宽叶韭 叶片宽厚，色浅绿，品质柔嫩，香味稍淡，产量高，易倒伏，适于露地和软化栽培。品种如汉中冬韭、天津大黄苗、北京大白根、寿光黄马蔺、寿光独根红、791、豫韭菜1号、阜丰1号等。

（2）窄叶韭 叶片窄长，叶色深绿，纤维较多，香味较浓，叶鞘细长，直立性强，不易倒伏，耐寒性强，适于露地和囤韭栽培。品种如北京铁丝苗、天津大青苗、太原黑韭、陕西千阳线韭、榆林黑站韭、银川紫根韭、绍兴雪韭、日照线韭等。

2. 栽培季节和方式 韭菜耐寒性强，适应性广，行多年生栽培。我国北方春、夏、秋3季可露地生产青韭；晚秋利用塑料薄膜拱棚覆盖栽培，延后上市；冬季利用温室生产，元旦和春节上市；早春利用拱棚覆盖进行早熟栽培。因此，主要通过不同栽培方式实现周年生产，均衡供应。

（三）露地栽培技术

1. 繁殖方法 有种子繁殖和分株繁殖。种子繁殖植株繁茂，分蘖力强，生长旺盛，寿命长，产量高。分株繁殖于初春或秋末将4～5年生老韭菜全部挖出，掰开分蘖，除去腐老根茎，剪去过长须根，保留幼嫩根茎，重新移栽。其方法简便，成本低，进入收割期快，但繁殖系数较低，生活力弱，分蘖少，寿命短，产量低。生产中一般两种繁殖方法配合使用，用种子繁殖更新复壮，分株繁殖扩大群体。

2. 直播或育苗移栽 可直播或育苗移栽，可春播或秋播。春播者，早春土壤解冻、土温10℃左右即可播种。华北二季作地区多在3～4月播种，一季作地区多在4～5月播种。秋播以气温下降到30℃以下、地温在15～18℃时播种。

韭菜种子出苗慢，须精细整地。一般深耕33 cm，精细耕耙，施足有机肥，作成平畦。直播者按20～25 cm行距条播，播幅5 cm为宜，播种量30～45 kg/hm^2。

育苗移栽者多在春季播种，可条播或撒播，秋季移栽。撒播的幼苗营养面积大，易于培育壮苗，但中耕除草困难；而条播者幼苗营养面积小，但便于中耕除草。韭菜宜用落水播种，播后覆盖粪土1.5 cm以防土壤板结，播种量60 kg/hm^2左右为宜。因种子发芽慢，子叶顶土力弱，出苗期需保持土壤疏松、湿润，防止板结，促进出苗。幼苗出土后，要适时灌水、追肥，并除草、间苗。前期应轻浇勤浇，保持土壤湿润，结合灌水进行追肥。3叶期追1次提苗肥，追施尿素120 kg/hm^{2}左右；5～6叶时再追1次肥；幼苗具有6～7片叶、苗高18～20 cm即可定植。高寒地区及秋播育苗者多在第2年春季定植，冬季不太寒冷及春季育苗者多在秋季定植。

定植前深翻土地，重施基肥75～112.5 t/hm^2，精细整地，畦宽1.3 m，平畦栽培。一般多采用穴栽，行距30～40 cm，穴距15～20 cm，每穴20～30株；小穴定植的，行距18 cm，穴距10～15 cm，每穴6～8株。定植时，挖苗后抖净泥土，按大小苗分级，将鳞茎对齐，过长的须根适当修剪。栽植深度以叶鞘露出地面2～3 cm为宜，栽完后及时灌水，促进根系与土壤密切结合。

3. 田间管理 生命周期中不同时期和年生长周期中不同季节的管理重点不同。

（1）定植当年的管理 定植当年着重养根壮秧，培养健壮的根株，一般不收割。定植后及时灌水，促进缓苗。新叶长出后浇缓苗水，促其发根长叶。然后中耕保墒，保持土壤见干见湿。进入高温雨季注意排水防涝，清除田间杂草，结合肥水管理，应及时中耕除草。中耕深度2～4 cm，雨季连续中耕2～3次。入秋后，当最高气温降到30℃以下、最低气温15℃左右时，是最适宜的生长季节，也是肥水管理的关键时期。一般每7～10 d灌1次水，结合灌水施速效氮肥2～4次，每次施尿素150～225 kg/hm^2。天气渐冷后减少灌水，以防植株贪青，影响养分回流积累。越冬前灌1次冻水，等日消夜冻时盖厚3～4 cm土粪保护越冬。

（2）第2年及以后的管理 从定植后第2年即进入收割期，每年管理上均应处理好收割与养根、本茬与后茬、当年与来年的关系。

①春季管理：越冬后，当平均温度达0℃、植株即将返青时，应及时清除地面的枯叶杂草，耧平畦面，整理畦埂，以提高地温。多年生韭菜可进行剔根、紧撮、培土、客土等一系列管理。剔根于土壤解冻后，植株长到3～5 cm时进行，用竹片将根际土壤剔出，露出根茎，剔出的土于行间晾晒1 d，有提高地温、消灭根蛆、清除株间杂草、促进根系生长等作用。紧撮就是在剔根的基础上，把向外开张的植株拢在一起，有防倒伏和软化叶鞘等作用。培土多用于沟栽韭菜，即将行间细土培于株间，使叶鞘部分处于湿润黑暗的环境，有加速叶鞘伸长和软化的作用。客土就是用田外晒过的细土，于晴天上午覆于行间，每次厚度2 cm，有防止植株倒伏和根茎裸露的作用。

当气温达5～10℃时，韭菜开始返青生长，若土壤墒情不足，应及时浇返青水，结合灌水追施尿素225～300 kg/hm^2。气温达15℃左右时生长迅速，应注意中耕保墒，促进生长。株高15 cm左右时再灌1次水，然后深锄保墒。萌芽后30～35 d，韭菜高达20 cm左右即可收割。第1刀韭菜上市前一般以提高温度为主，灌水会降低地温，抑制生长。第1刀收获之后，结合灌水施肥1次，追施腐熟粪肥15 t/hm^{2}或尿素225 kg/hm^2。第2刀、第3刀收获之后，均应追肥、灌水，补充养分，为下茬生长奠定基础。每次灌水和追肥应在收割后3～4 d，待伤口愈合后进行。

②夏季管理：进入夏季高温季节，韭菜长势减弱，品质下降，应停止收割，以养苗为主，并注意追肥和除草。土壤干旱应及时灌水，随水冲施磷酸二铵300 kg/hm^2，结合灌

水及时拔除杂草，促进韭菜生长。7～9 月是抽薹开花期，自第 2 年开始，韭菜年年抽薹开花，抽薹显蕾期一般不灌水追肥，促进多抽薹，提高韭薹产量。

③秋季管理：进入秋凉季节，韭菜开始旺盛生长，要加强肥水管理和防治韭蛆危害，尤其要处理好收割与养分回流养根的关系。一般结合收割进行追肥和灌水，通过控制收割次数、留茬高度等，促进养根。

④越冬管理：应做好养根和防寒保温工作。入冬前停止收割，应让最后一茬长出的叶生长一段时间，制造并积累营养，并在入冬后，让这些叶子的营养自然回流到根部，而自身自然干枯。冬寒地区，越冬期可盖粪土防寒，保护根茎。

4. 收获 韭菜收割应掌握好时期、次数、留茬高度等。一般分别于春、秋两个旺盛生长期收割青韭。春季收割 2～3 次，秋季收割 2～3 次，全年收割 4～5 次。但在当地韭菜凋萎前 50～60 d 应停止收割，使叶部营养转入根茎中，为翌年生长奠定物质基础。每次收割留茬高度以割茬呈黄色为宜。正如农谚所说“扬刀一寸，强如上茬粪”。

夏季韭菜品质差，一般不收割，但可以分次采收嫩韭薹上市。生长好的韭薹产量可达 4.5 t/hm^2。韭薹采收要及时，应在总苞开裂前采收，产量高，品质好。

二、大葱

大葱为百合科葱属草本植物，原产我国西北部和俄罗斯的西伯利亚，在我国已有 2 000 多年的栽培历史，分布南北各地。大葱幼时可食嫩叶假茎，培土栽培后主要食用假茎（葱白），辛辣芳香，既是调味佳品，又是包子、饺子制馅的重要配料，生熟皆宜。

（一）生物学特性

1. 植物学特征 大葱为须根系，主要根群分布在 30 cm 表土层内，横展半径 20～30 cm，根毛不明显，吸收能力弱，表现喜湿、喜肥，断根后易生新根，耐移植。营养茎短缩，生殖生长期生长锥分化花芽并抽生花薹。叶互生，有叶鞘和叶身两部分。叶鞘相互抱合形成假茎，即葱白；叶身绿色管状。花茎顶端着生伞形花序，花序外面包被一层膜状总苞，其内由 300～600 朵小花组成。花白色，两性花，异花授粉，但自花授粉结实率较高，虫媒花。蒴果，内含种子 6 枚，种子黑色，盾形，有棱，中央断面为三角形，寿命为 1～2 年。

2. 生长发育周期 大葱为二年生植物，一般于春季播种，夏季定植，第 2 年春抽薹开花、结子。营养生长期包括发芽期、幼苗期和假茎形成期。

从播种到子叶出土“直钩”为发芽期，约 14 d。胚根入土后，子叶弯曲拱出地面，称为“立鼻”或“拉弓”；而后，子叶继续伸长，子叶尖端伸出地面，称为“直钩”“伸腰”。从子叶“直钩”到定植为幼苗期，春播育苗为 80～90 d，秋播育苗为 250 d，冬前幼苗从“直钩”到越冬，一般不宜超过 30 d。幼苗 2 叶 1 心能安全越冬，翌年也不会抽薹。从幼苗定植到收获为假茎形成期，又分为 3 个时期：

①缓苗越夏期：北方地区多在夏至前后定植，定植后恢复生长需 10 d 左右，为缓苗期。进入盛夏高温季节，气温高于 25℃，植株生长缓慢，处于半休眠状态，叶片寿命较短，每株功能叶仅 2～3 片。

②假茎形成盛期：越夏后，气温降到 25℃以下时，植株生长加速，叶片寿命延长，每株功能叶增至 6～8 片，而且每片叶面积依次增大，假茎迅速伸长和加粗，是葱白产量形成的主要时期。

③假茎充实期：葱株遇霜冻后，旺盛生长结束，叶身和外层叶鞘的养分向内层叶鞘转移，充实假茎，使假茎继续增重，品质提高。

生殖生长期包括抽薹期、开花期和种子成熟期。假茎充实后期已通过春化，花芽开始分化，每朵花花期 2～3 d，每个花序花期 15 d 左右。从开花到种子成熟需 20～30 d。

3. 对环境条件的要求 大葱喜凉爽气候，也有较强的耐寒性和抗热性。种子在 3～4℃开始萌发，发芽适温为 16～20℃，最高 33℃。植株生长适温为 13～25℃，10℃以下生长缓慢，叶鞘生长适温 13～20℃，幼苗露地安全越冬要求旬均温在－6.5℃以上。幼苗耐寒力差，3 叶以上植株在 2～5℃低温条件下，经 60～70 d 可通过春化阶段。要求中等强度光照，光补偿点 1.2 klx，光饱和点 25 klx。长日照促进抽薹开花。适宜土壤相对含水量 70%～80%，空气相对湿度 60%～70%，尤其是幼苗期及植株旺盛生长期需水量较多。适宜土层深厚肥沃的壤土或沙壤土，适宜土壤 pH 5.9～7.4。每生产 1 t 大葱，需吸收氮（N）2.7 kg、磷（P_2O_5）0.5 kg、钾（K_2O）3.3 kg。

（二）品种类型和栽培季节

1. 类型和品种 按假茎形态可分为长葱白和短葱白两种类型。

（1）长葱白型 假茎高大，长粗比值大于 10，产量高，需良好的栽培条件。代表品种有山东章丘大葱、陕西华县谷葱、辽宁盖平大葱、北京高脚白大葱等。

（2）短葱白型 叶排列紧凑，叶和假茎均较粗短，葱白长粗比值小于 10，较易栽培。代表品种有山东寿光八叶齐、五叶葱、河北隆尧大葱、山东莱芜鸡腿葱等。

2. 栽培季节 食用嫩叶的青葱可分期播种，多茬栽培。但以收获假茎为主的冬葱，对栽培季节要求严格，大多数地区在 9 月播种育苗，第 2 年 5～7 月定植，10～11 月收获上市。

（三）栽培技术

1. 育苗 大葱育苗均在 3 月或 9 月。苗床要精细整理，施足基肥，苗床与大田面积比为 1∶4～6，适宜播种量为 22.5～30 kg/hm^2。落水播种，覆盖厚度 1 cm，播种后 10 d 左右出苗。苗高 7～10 cm 时灌水后结合拔草间苗 2 次，定苗距 5 cm 左右。间苗后撒细土粪弥缝，蹲苗 8～9 d。幼苗期保持土壤湿润，秋季雨水过多时注意排涝，春季育苗旱时及时灌水，以小水轻灌为宜。苗期追肥 2～3 次，有机肥与化肥交替使用，化肥每次施尿素 120 kg/hm^2 左右。秋播育苗的，土壤结冻前灌 1 次封冻水，并覆一层厩肥保暖越冬。第 2 年春季土壤解冻后耧平畦面弥缝保墒，当日均气温达 13℃以上浇返青水，结合返青水最好施腐熟粪肥，促进幼苗生长。定植前 15 d 停止灌水。

2. 整地定植 前茬收获后及时灭茬深耕，施有机肥 75 t/hm^2 左右。采用沟栽，沟距 80～100 cm，宽 33 cm，深 40 cm，沟内挖出的土倒在沟边以备培土之用。当葱苗具 8～9 片真叶、株高 30～40 cm 时定植。按大、中、小 3 级选苗分别定植，可干栽或湿栽。干栽法是先按 5 cm 株距在沟内栽苗，用肥土覆盖约 10 cm 厚，栽完后灌小水。湿栽法是先在沟内填入混合好的粪土 30 cm 左右，然后灌水，水渗后将葱苗按株距用专用木杈顶着根系插入泥中，深浅以不超过叶分杈处为度。

3. 田间肥水管理 定植后至立秋前一般不需灌水，以防高温高湿引起烂根死苗。立秋后气温下降，根系基本恢复，进入叶生长盛期，灌水 2～3 次。干栽的可结合第 1 次灌水在葱沟追肥，施有机腐熟肥料 52.5～60 t/hm^2；湿栽的葱可顺水追施尿素 150 kg/hm^2。8 月下旬和 9 月上中旬分别灌水 1 次，并顺水追施化肥，每次施碳酸氢铵 225～300 kg/hm^2。霜降后减少灌水，收获前 10 d 停止灌水。

4. 培土软化 培土可以软化葱白，延长葱白长度，提高品质。应在葱白形成期分期培土。一般立秋以后，共灌水 3 次，每次灌水之后应培土 1 次，培土高度以培到叶鞘和叶身分界处为度。

5. 收获 当气温降到 0℃左右、大葱完全停止生长，为收获期。收获时于培土一侧挖土，露出葱白后慢慢拔出大葱，抖去泥土，适当晾干后捆成捆贮藏或上市。收获时注意切勿刨断葱白、撞伤叶片，力求茎叶完整。

三、大蒜

大蒜原产亚洲西部高原地区，汉代张骞出使西域引入我国，在我国已有 2 000 多年的栽培历史，南北各地均有分布。国际上普遍食用大蒜鳞茎（蒜头），我国等少数国家还食用蒜苗和蒜薹，产品风味鲜美。每 100 g 蒜头含维生素 B_1 0.24 mg、维生素 B_2 0.03 mg、尼克酸 0.9 mg、维生素 C 0.9 mg、蛋白质 4.4 g、脂肪 0.2 g、糖 23 g，尤其是大蒜素等含硫辛辣物质，具有强烈的杀菌作用，是医疗保健食品。蒜头及其加工品也是我国重要的出口农产品。

（一）生物学特性

1. 植物学特征 弦状须根，入土深约 25 cm，横向分布 30 cm，喜湿、耐肥。营养茎短缩呈盘状，通过阶段发育后从茎盘顶端抽生花茎，又称蒜薹。叶带状，对称互生，下部为叶鞘，叶鞘抱合成假茎。假茎粗细因品种而异，假茎基部叶腋间着生鳞芽，鳞芽逐渐膨大后形成鳞茎，即蒜头。花茎（蒜薹）顶端花苞里有发育不完全的紫色小花和气生鳞茎。气生鳞茎几个至数十个，又称蒜珠或天蒜，其构造与蒜瓣相似，也可作为播种材料。

2. 生长发育 大蒜以蒜瓣进行无性繁殖，从种瓣播种到形成新蒜瓣乃至休眠，完成一个生长发育周期（图 7-4）。春播蒜生长发育周期 90～100 d，在播种当年完成；秋播蒜生长发育周期 220～270 d，跨年度完成。整个生长发育期可分为萌芽期、幼苗期、花芽和鳞芽分化期、蒜薹伸长期、鳞茎膨大期和休眠期。

从播种到初生叶伸出地面为萌芽期，需 10～15 d。从初生叶展开到花芽和鳞芽开始分化为幼苗期，春播蒜约需 25 d，秋播蒜长达 150～180 d。从花芽和鳞芽开始分化到分化结束为花芽和鳞芽分化期，一般为 10～15 d。从花芽分化结束到蒜薹采收为蒜薹伸长期，春播蒜约 30 d，秋播蒜 32～35 d。从鳞芽分化结束到鳞茎采收为鳞茎膨大期，春播蒜 55 d，秋播蒜 55～60 d，但前 30～35 d 与蒜薹伸长期重叠。从采收蒜头到蒜瓣萌芽为大蒜鳞茎

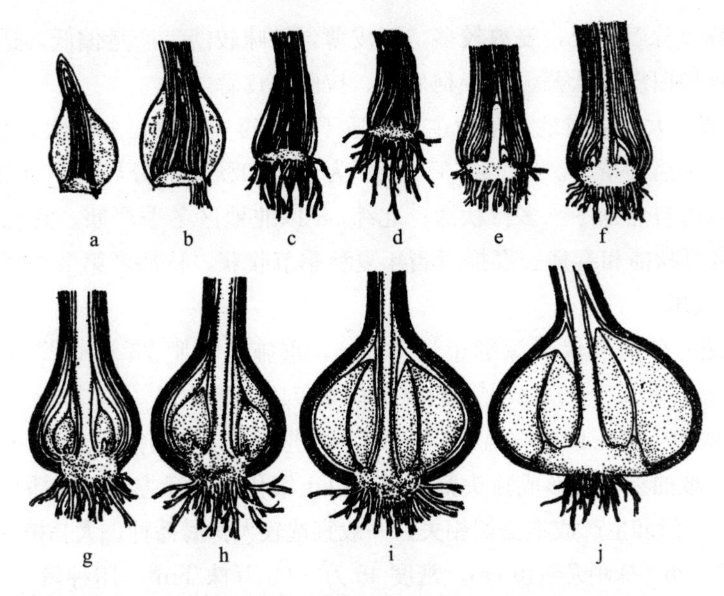

图 7-4　大蒜生长发育过程中鳞茎部位变化纵剖面示意图

a. 萌芽期　b～c. 幼苗期（退母）　d. 花芽和鳞芽分化期

e～g. 蒜薹伸长期和鳞茎膨大前期　h～j. 鳞茎膨大盛期

生理休眠期，需 20～75 d。

二次生长是大蒜的异常生长发育现象，程智慧、陆帼一等（1990）研究建立了大蒜二次生长的分类分级体系，揭示了二次生长发生与品种、种瓣大小、播种期、种植密度、水肥管理、播种前蒜种低温处理、多种栽培因素有关，提出了综合防控措施。

大蒜二次生长类型与分级

3. 对环境条件的要求　大蒜喜凉爽温和气候，耐寒力较强，耐热力差。蒜瓣发芽最低温度 35℃，最适温度 12～20℃，幼苗生长适宜温度 12～16℃，蒜薹生长适温 15～20℃，鳞茎膨大适宜温度 15～25℃，26℃以上进入休眠。一般从蒜瓣萌动到幼苗期，经过 30～40 d 的 0～5℃低温就可通过春化阶段，在长日照和 15～20℃温度条件下可迅速抽薹。大蒜幼苗可忍耐短期－10℃低温。大蒜是典型的长日照植物，抽薹和鳞茎的形成都要求长日照，但品种间有很大差异。大蒜具有耐旱叶型，要求较低的空气湿度。根系入土浅，根毛极少，吸水能力差，喜湿润土壤。萌芽期要求湿度较高，幼苗前期土壤湿度不宜过大，退母期适当增大土壤湿度，抽薹期及鳞茎膨大期都需要充足的水分，鳞茎采收前又要降低土壤湿度，以防引起散瓣。大蒜以 pH 5.5～6 的疏松沙壤土为宜。生产 1 t 蒜头需吸收氮（N）14.83 kg、磷（P_2O_5）3.53 kg、钾（K_2O）13.42 kg。

（二）品种类型和栽培季节

1. 类型和品种　按蒜瓣外皮颜色可分为紫皮蒜和白皮蒜，按蒜瓣大小可分为大瓣蒜和小瓣蒜。

（1）大瓣蒜　蒜瓣数较少，每头 4～8 瓣，瓣体肥大，外皮易脱落，味香辛辣，产量较高，适于露地栽培，以生产蒜头和蒜薹为主。代表品种如改良蒜、苍山大蒜、蔡家坡红皮蒜、阿城大蒜、开原大蒜等。

（2）小瓣蒜　蒜瓣狭长，瓣数较多，蒜皮薄，辣味较淡，产量偏低，适于蒜黄和青蒜栽培。代表品种如白皮马牙蒜、永年狗牙蒜、拉萨白皮蒜等。

2. 栽培季节　大蒜以露地栽培为主，亦适于地膜覆盖栽培。各地大蒜生产每年1茬，分春播和秋播两个播种季节。以北纬35°～38°为春播和秋播的分界线，北纬35°以南地区冬季较暖，大蒜可自然越冬，多行秋播；北纬38°以北地区冬季严寒，宜在早春播种；北纬35°～38°地区可秋播和春播。春播者当年夏秋季节收获，秋播者第2年夏季收获。

（三）栽培技术

1. 整地施肥　冬前或伏天深翻土地30 cm，重施有机肥75 t/hm²。精细整地作畦，畦宽1.3～2.0 m，畦长7～10 m。一般要实行3年以上轮作。

2. 播种　秋播一般在日平均温度20～22℃时进行，以冬前能长出4～5片叶为宜，播种太晚产量低，难抽薹，易形成独头蒜。春播以土壤化冻为标志，顶凌播种。

蒜种大小与产量和生产成本密切相关，一般宜选较大蒜瓣播种。大蒜植株直立，适于密植，一般行距20 cm、株距7～10 cm，密度45万～60万株/hm²，用种量1.5～3.0 t/hm²。合墒播种，按行距开沟，沟深3 cm，深浅一致，沟内按株距摆蒜瓣，同时覆土盖蒜种。

3. 田间管理　不同生育时期管理的重点不同。

（1）萌芽期　秋播的，如果土壤干旱，可轻灌1～2次水；春播的应控制灌水，以免降低地温。苗出齐后，及时中耕，进行蹲苗，促进根系生长。

（2）幼苗期　秋播大蒜出苗到越冬前，以中耕保墒为主，底肥不足可结合灌水追施氮素化肥，越冬前灌1次冻水，并立即覆盖粪土保护幼苗安全过冬。惊蛰之后，蒜苗开始返青，如果干旱可适当灌水并及时中耕。清明前后是退母期，土壤湿度不宜过大，以防烂母。春播大蒜苗期少灌水，以中耕保墒、提高地温为主，于退母前开始灌水。

（3）蒜薹伸长期　花芽分化后，在长日照和较高的温度条件下抽生蒜薹。蒜薹伸长过程先后经过“甩缨”（总苞先端露出叶鞘）、“露苞”（总苞膨大部分露出叶鞘）、“打钩”（蒜薹先端向一旁弯曲），直到“白苞”（总苞变白）。“甩缨”前蒜薹伸长缓慢，“甩缨”后伸长加快；“打钩”时蒜薹伸长速度开始减慢，纤维增多，品质逐渐降低；一般应在“白苞”前采收蒜薹。

此期是大蒜植株旺盛生长时期，也是肥水管理的重要时期。灌水应保持地面湿润，于“露苞”时结合灌水追肥1次，施尿素225 kg/hm²、硫酸钾375 kg/hm²。采薹前3～4 d停止灌水，以免脆嫩断薹。

（4）鳞茎膨大期　采薹后进入鳞芽膨大盛期，叶片和叶鞘中的营养迅速向鳞芽转移，鳞茎加速膨大而叶和假茎逐渐枯黄变软。这一阶段应保持土壤湿润，以减小蒜头膨大阻力。追肥应尽早进行，一般于采薹前施尿素150～225 kg/hm²，收获前5～7 d停止灌水，以防散瓣。

4. 收获　大蒜可以兼收蒜薹和蒜头。当蒜薹总苞变白、顶部开始打弯时应及时采收。采薹应在晴天午后进行，下午气温高，植株有一定柔性，不会因操作不当碰坏植株或叶片，抽薹速度快，质量高。一般蒜薹产量2.25～5.25 t/hm²，高产者可达7.5 t/hm²。早熟品种在抽薹后20 d左右，晚熟品种30 d左右，叶片由绿变黄，假茎松软，蒜头成熟，为蒜头采收适期。收获过早，产量低；收获过晚，蒜头外皮易变黑，蒜头开裂或散瓣。蒜头产量，一般春播蒜 1.13～1.50 t/hm^2，秋播蒜 1.50～ 2.25 t/hm^2。

四、洋葱

洋葱又称圆葱、葱头，原产中亚和地中海沿岸，在 20 世纪初传入我国，现在各地普遍栽培。洋葱以肥大的肉质鳞茎为产品，含有较多蛋白质、维生素，尤其含有硫、磷、铁等多种无机盐，有预防维生素缺乏和心血管硬化的效果，具有适应性强、耐贮运的特点。

（一）生物学特性

1. 植物学特征　弦状须根，无根毛，根系入土 30～40 cm，吸收能力和耐旱力较弱。营养茎短缩成茎盘，生殖生长时期其顶芽分化抽出花薹。叶分为叶身和叶鞘两部分。叶身暗绿色，管状、中空，腹部凹陷，表面有蜡粉，具抗旱的特征；叶鞘抱合成假茎，在生长后期假茎基部和幼芽膨大成肉质鳞茎。在肉质鳞茎中，由叶鞘基部直接膨大的部分称为开放性肉质鳞片，由鳞芽膨大形成的部分称为闭合性肉质鳞片。

洋葱在鳞茎形成当年一般不抽薹开花，次年春季鳞茎栽植后，植株抽薹、开花，每鳞茎的抽薹数取决于所含鳞芽数。花薹筒状，中空，近基部膨大，顶端形成球状花序。每花序有小花 200 朵，夏季结种子。蒴果，含种子 6 粒，种子黑色，千粒重 3～4 g，寿命 1～2 年。

2. 对环境条件的要求　洋葱耐寒且适应性广，生长适温 12～26℃。种子和鳞茎在 3～5℃即能缓慢发芽，12℃以上发芽迅速。幼苗生长适温 12～20℃，但耐寒力强，能耐 −6～−7℃的低温。叶部旺盛生长的适温为 12～20℃。鳞茎膨大期适温为 20～25℃，超过 26℃鳞茎进入生理休眠期。气温较低时，根系发育比地上部快；当温度升高到 10℃以上时，叶部生长比根部快。

洋葱属绿体春化型，春化时间的长短因品种和地区性不同而异。多数品种假茎直径在 0.9 cm 以上、温度在 2～10℃，经过 60～70 d 即可完成春化。但南方短日型品种只需 40～60 d，而北方长日型品种则需 100～130 d。

洋葱属长日照植物。完成春化后，在长日照和 15～20℃条件下才能抽薹开花。长日照也是鳞茎膨大的必要条件，但不同品种鳞茎形成对日照长短的要求差异很大。长日型品种需 13.5～15 h，短日型品种需 11.5～13 h。我国北方多为长日型晚熟品种，南方多为短日型早熟品种。洋葱生长要求中等强度光照，适宜光照度为 20～40 klx。

洋葱因叶耐旱而根喜湿，要求较高的土壤湿度和较低的空气湿度，要求肥沃、疏松、保水保肥力强的土壤，能适应 pH 6.8～8 的土壤，但幼苗期土壤过酸或过碱，易发生黄叶或死苗现象。喜肥，对土壤营养要求较高，每形成 1 t 产品需吸收氮（N）2.06～2.37 kg、磷（P_2O_5）0.70～0.87 kg、钾（K_2O）3.73～4.10 kg。幼苗期以氮肥为主，鳞茎膨大期以钾肥为主。

（二）品种类型和栽培季节

1. 类型和品种　洋葱依形态分为普通洋葱（*Allium cepa* L.）、分蘖洋葱（*A. cepa* L. var. *agrogatum* Don.）和顶球洋葱（*A. cepa* L. var. *viviparum* Merg）3 个类型，按熟

性可分为早、中、晚熟品种，按鳞茎形成时对日照的反应可分为北方生态型、南方生态型和中间型，按皮色可分为黄皮、红皮、白皮3种类型。

普通洋葱类型

（1）普通洋葱　植株生长健壮，侧芽一般不萌发，通常每株只产生1个鳞茎，个体大，品质好，各地普遍栽培，品种很多。

①红皮品种群：鳞茎外皮紫红色或红色，扁圆形或球形，脆嫩多汁，辣味较浓，多为中熟或晚熟种。鳞茎大，产量高，唯休眠期短，萌发较早，品质和耐贮性不如黄皮洋葱。南北方均有栽培，主要优良品种有陕西高桩红皮、上海红皮、西安红皮、北京红皮、广州红皮等。

②黄皮品种群：鳞茎扁圆形或圆球形，外皮黄色，肉浅黄色，肉质细嫩，辣味较淡，带甜味，品质好。与红皮洋葱相比，其产量略低，贮藏性好，含水量少，可用作脱水蔬菜的原料。多属早熟或中熟种。主要优良品种有南京黄皮、东北黄玉葱、天津大水桃、北京黄皮、天津荸荠扁、熊岳圆葱，以及国外的黄丹浮、罗斯托夫、札幌黄、农林1号等。

③白皮品种群：长江流域有栽培，鳞茎扁圆球形，较小，外皮、肉色均为白色。多为早熟品种。味甜，辣味淡，品质优良，但抗病性差，不耐贮藏，产量较低。适于用作脱水加工蔬菜的原料及罐头食品的配料。主要优良品种有哈密白皮、南港白地球、江苏白皮等。

（2）分蘖洋葱　与普通洋葱形态相似，略细小，分蘖力强，每株形成数个小鳞茎，簇生在一起。通常不结种子，以小鳞茎为繁殖材料。个体小，品质差，生长势及耐寒性都很强。

（3）顶球洋葱　在花序上形成许多小气生鳞茎，主要供腌渍用。通常不开花结种子，用气生鳞茎繁殖。其优点是鳞茎休眠期长，耐贮藏，唯产量稍低。

2. 栽培季节　洋葱可露地栽培，更适于地膜覆盖栽培。黄河流域以南多秋播秋栽，翌年夏收；华北平原多秋播，幼苗冬前定植，夏至前后收获；东北多秋播，幼苗囤贮越冬，春栽夏末或早秋收获，或早春保护地播种育苗，春栽夏秋收获。

（三）栽培技术

1. 育苗　因洋葱幼苗生长缓慢，一般均行育苗移栽。秋播育苗的播种期要求严格。播种过早，秧苗过大，易通过春化，引起未熟抽薹；播种过晚，苗弱，抗寒力差。适宜的播种期是预防未熟抽薹的主要途径。幼苗茎粗0.6 cm以下，虽然抽薹率低，但鳞茎个体小，单位面积产量低；茎粗0.9 cm以上的幼苗，极易抽薹；而茎粗在0.6～0.7 cm，虽有少量抽薹，但鳞茎肥大，总产量高。洋葱育苗技术与大葱相似，播种量60～75 kg/hm^2，苗床与大田面积比为1：（8～10）。秋播冬栽的育苗天数为50～60 d，春播春栽的约60 d，秋播春栽的育苗天数为180～230 d。

2. 定植　洋葱应实行3～5年轮作。秋栽以果菜类和早秋菜为前茬，春栽多利用冬闲地。要求土壤精耕细作，施足有机基肥，并加施少量磷肥。北方可作成宽1.6～1.7 m的平畦，南方作成高畦。北京以南各地多秋栽，在平均气温为4～5℃时定植为宜；长江流域一般在11月中下旬，迟者可延至12月上旬。春栽在土壤解冻3～4 cm时定植。

定植前要做好选苗分级，壮苗标准是：叶片3～4片，株高18～24 cm，假茎粗0.6～

0.7 cm。不同级别的苗分别栽植，便于管理。一般行距 20～26 cm，株距 13～17 cm，每公顷可栽 30 万～45 万株。地膜覆盖的定植可先覆盖地膜，而后扎孔栽苗。地膜覆盖有增温保温作用，早春可早栽 5 d 左右，晚秋可延后几天栽植。

定植宜在下午进行。定植深浅与鳞茎膨大关系很大。一般定植深度以 2～3 cm 为宜，沙质土可稍深，黏重土壤应稍浅；秋栽可稍深，春栽应略浅；地膜覆盖栽培要浅一些。

3. 田间管理　秋栽的洋葱，冬前控制灌水，以中耕保墒为主。北方在土壤开始结冻时浇足冻水，并进行覆盖护根防寒。春季返青时，如墒情不足可浇 1 次小水，促其生长。早春地温低，应控制灌水。返青后进入叶生长盛期，灌水应适当增加，但在进入鳞茎膨大期前 10 d 左右应适当蹲苗，以控制叶部生长，促进营养物质向叶鞘基部运输。蹲苗后鳞茎开始膨大，气温也升高，植株生长量和需水量大，是需肥水最多的时期，要勤灌水，经常保持田间湿润，灌水时间以早、晚为好。收获前 7 d 停止灌水，以提高鳞茎品质和耐贮性。

冬前定植的洋葱，结合浇返青水追施复合肥（15－15－15）150～225 kg/hm^2，促使返青发棵。进入旺盛生长期应重施追肥 1～2 次，每次施复合肥（15－15－15）300 kg/hm^2。

4. 收获　当鳞茎已充分肥大、假茎颈部松软、大部分植株倒伏、下部 1～2 片叶枯黄，第 3～4 叶尖端部分变黄时，为收获适期。收获应选晴天进行，收后就地晾晒 2～3 d，使鳞茎表皮干燥。洋葱产量一般为 30～37.5 t/hm^2，高产者达 60 t/hm^2 左右，地膜覆盖栽培产量可达 75 t/hm^2 以上。

第七节　肉质直根类

肉质直根类蔬菜是指以膨大的肉质直根为产品的一类蔬菜，主要包括十字花科的萝卜、芜菁、芜菁甘蓝，伞形科的胡萝卜、根芹菜、美洲防风，菊科的牛蒡、菊牛蒡、婆罗门参，藜科的根甜菜等。肉质直根是由短缩茎、下胚轴和主根上部共同膨大形成的复合器官，可分为根头、根颈和根部 3 部分（图 7－5），各部分的比例因种类和品种而异。肉质直根按解剖结构又分 3 种类型：

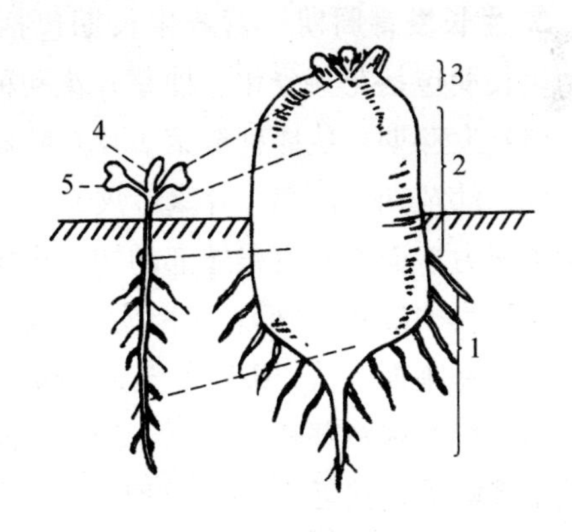

图 7－5　肉质直根类蔬菜的肉质直根

1. 根部　2. 根颈　3. 根头　4. 第 1 真叶　5 子叶

（1）萝卜型　肉质直根的次生木质部发达，为主要食用部分。导管呈放射状排列，其间是薄壁细胞组织，韧皮部所占比例小。萝卜、芜菁、芜菁甘蓝、根芥菜等属此类型。

（2）胡萝卜型　肉质直根的次生韧皮部发达，成为主要食用部分，木质部占比例较小。胡萝卜、根芹菜、美洲防风等属此类型。

（3）根甜菜型　肉质直根内具多轮形成层，并形成维管束环，环与环之间充满薄壁细胞。

萝卜和胡萝卜杈根

肉质直根类蔬菜都起源于温带，耐寒或半耐寒，产品器官的形成要求凉爽的气候和充足的光照，在低温下通过春化阶段，长日照和较高温度下抽薹开花。

多行直播，适于土层厚、排水好、疏松肥沃的壤土或沙壤土栽培，增施钾肥有利于提高产量和品质。土层浅或有石砾，施肥不匀或损伤根尖等，都易造成产品杈根。

从播种到收获的生长过程中，气温由高逐渐降低，日较差大，易获得高产优质的产品。栽培简易、成本低、病虫害较少、产量高。

适应性强，稳产，耐贮运，食用方法多样，可生食、炒食或腌渍、加工，在蔬菜周年供应中占重要地位。

一、萝卜

萝卜原产我国，远在周代时就盛行种植，迄今南北各地栽培面积很大，其产品除含有一般的营养成分外，还含有淀粉酶和芥子油，有助消化、增食欲的功效。

（一）生物学特性

1. 植物学特征　萝卜肉质直根在形、色和单重上的变化很大，外形有圆柱、圆锥、圆球、扁球等形状；外皮有白、绿、红、紫、黑等色；肉色多呈白、淡绿、红或带有程度不同的红紫辐射条纹；单根重小的只有几克，如算盘子萝卜，大的可达 10 kg 以上。茎在营养生长期呈短缩状，簇生叶片，有花叶和板叶之分；生殖生长期抽生花茎，形成总状花序。花色有白、淡红、淡紫等色，全株花期约 30 d。长角果，每荚种子 3～8 粒。种子扁球形，赤褐色，表面无光泽，千粒重 8～13 g，寿命 5 年，使用年限 1～2 年。

2. 生长发育周期　营养生长期包括发芽期、幼苗期、莲座期、肉质直根生长盛期，生殖生长期包括花芽分化、抽薹开花和种子形成。

（1）发芽期　从播种至第 1 片真叶展开，需 5～7 d。

（2）幼苗期　从第 1 片真叶展开至“破肚”，需 15～20 d。幼苗期因肉质直根加粗向外增加压力，而肉质直根外部的初生皮层不能相应地生长和膨大，造成初生皮层破裂，这种现象称为“破肚”，标志着肉质直根膨大的开始，此时幼苗有 4～6 片真叶。

（3）莲座期　从“破肚”至“定橛”，为叶片生长盛期，需 15～20 d，小型萝卜需 5 d。当肉质直根的根头部膨大变宽，如人肩露出地面时，称为“露肩”。到莲座期末，地上部与地下部鲜重比接近 1∶1，这时植株比较稳定，不易动摇或拔出，故称为“定橛”，标志着莲座期的结束和肉质直根将进入生长盛期。

（4）肉质直根生长盛期　从“定橛”至收获，需 40～60 d，小型萝卜 10～15 d。此期叶片生长缓慢，肉质直根迅速膨大。

（5）生殖生长期　萝卜为种子春化型，在低温下通过春化后，长日照下抽薹开花，为一二年生蔬菜。从现蕾至开花需 20～30 d，花期 30～60 d，从开花到种子成熟为 30 d 左右。

3. 对环境条件的要求

(1) 温度 种子在2～3℃开始发芽，发芽适温为20～25℃。幼苗期可耐25℃左右较高温度和短时间－2～－3℃的低温。叶片生长温度为5～25℃，适温为15～20℃。肉质直根生长温度为6～20℃，适温为13～18℃。高于25℃，植株长势弱，产品质量差。当温度低于－1℃时，肉质直根易遭冻害。四季萝卜适应的温度范围较广，为9～23℃。

(2) 光照 在光照充足的环境中，植株生长健壮，产品质量好。光照不足则生长衰弱，叶片薄而色淡，肉质直根小，品质劣。短日照有利于营养生长，而长日照促进抽薹开花。

(3) 水分 生长期如水分不足，不仅产量降低，而且肉质直根容易糠心、味苦、味辣、品质粗糙；水分过多，土壤透气性差，影响肉质直根膨大，并易烂根；水分供应不均，又常导致根部开裂。在土壤相对含水量65%～80%、空气相对湿度80%～90%条件下，才易获得高产优质。

(4) 土壤和营养 适于在土层深厚、富含有机质、保水和排水良好、疏松肥沃的沙壤土上种植。土层过浅、心土紧实，易引起直根分杈。土壤过于黏重或排水不良，都会影响品质。萝卜吸肥力较强，施肥应以迟效性有机肥为主，并注意氮、磷、钾的配合，特别在肉质直根生长盛期，增施钾肥能显著提高品质。

(二) 品种类型和栽培季节

1. 类型和品种 按地理和气象条件的不同，我国萝卜品种可分为华南、华中、北方和西部高原4种生态型。

(1) 华南生态型 分布在南方亚热带和热带，肉质直根细长，皮、肉均为白色，产品含水较多，有少数品种根头微带绿色。该类型可在较高温度下通过春化。代表品种如广东的耙齿、梅花春、冬瓜白等。

(2) 华中生态型 分布在长江流域，形态与华南生态型相似。肉质直根的皮、肉多为白色，也有红皮白肉、红皮红肉的品种，可在温湿度较高的条件下生长，只是通过春化阶段的温度较低。白色品种有浙大长、象牙白、上海白等，红皮品种有笕桥红、一点红、五月红等。

(3) 北方生态型 分布在黄淮流域以北的华北、西北和东北。大多为短粗青皮萝卜，也有红皮、白皮和紫皮的。耐寒、耐旱性较强，耐热性稍差，通过春化要求的温度比华中生态型低。一般肉质直根个体大，含水较少，而淀粉、糖分较多。代表品种，生食的如北京心里美、天津卫青、济南青圆脆等；熟食和加工的更多，青皮的如露头青、露八分、大青皮、国光1号、秦菜1号、秦菜2号、丰光一代、丰翘一代等，红皮的如大红袍、灯笼红、半截红、宝鸡红圆蛋等，白皮的如透顶白等。此外，还有适于春播的水红萝卜等。

(4) 西部高原生态型 分布在青海、西藏和甘肃、内蒙古部分高原地区。耐寒、耐旱，抽薹迟，肉质直根甚大，单个重可达15 kg。代表品种如西藏大萝卜、日喀则紫皮和青皮、甘肃武威冬萝卜等。

按适应的栽培季节又可将萝卜分为秋萝卜、秋冬萝卜、夏萝卜、春夏萝卜、夏秋萝卜、春萝卜、冬春萝卜和四季萝卜等类型。在生产中选用萝卜品种时，一定要根据当地气候选用适应的生态型，并按栽培季节选择适宜的品种。

2. 栽培季节 萝卜栽培的季节因地区和品种类型而差异很大。长江流域以南几乎四季都可生产；北方大部分地区可行春、夏、秋3季种植，多以秋萝卜为主要茬次，栽培面积大，产品供应期长，其他季节生产主要在于调剂市场供应。

（三）栽培技术

1. 整地、施基肥 前茬以施肥多、又非同科的作物为好。腾茬后，经深耕晒垡或冻垡，施入基肥，一般施腐熟有机肥45～75 t/hm^2，并加三元复合肥（15-15-15）150～225 kg/hm^2。中小型品种用平畦，大型品种用高垄，南方多雨地区多用窄高畦种植。

2. 播种 萝卜均为直播。用种量，大型品种穴播，每穴点播6～7粒，需种子4.5～7.5 kg/hm^2；中型品种条播，需9～18 kg/hm^2；小型品种撒播，需27～30 kg/hm^2。一般行株距，大型品种（50～60）cm×（25～40）cm，中型品种（40～50）cm×（15～25）cm，小型品种间距10～15 cm。

3. 田间管理

（1）间苗定苗 幼苗出土后生长迅速，要及时间苗。一般间苗2次，第1次在子叶充分展开时，第2次在3～4片真叶时，“破肚”时定苗。

（2）灌水 播种时应浇透水，秋旱地区常采取“三水齐苗”的措施。幼苗期以控水促根为主，干旱时可适当灌水。叶片生长盛期需水较多，灌水以地面见干见湿为原则。到根部生长盛期，即“定橛”期以后，需充分均匀供水。多雨季节应注意排水。收获前如果土壤干旱，应灌1次水，以防糠心。

（3）追肥 若基肥量足，生长期短的可少追肥。大型种于定苗后、莲座期、肉质直根生长盛期各追肥1次，每次追施硫酸铵150～225 kg/hm^2。

（4）中耕、除草和培土 大中型萝卜从幼苗期到封垄前可中耕2～3次，使土壤保持疏松状态，结合中耕进行除草，后期在根际培土；小型萝卜主要清除杂草。

4. 收获 当肉质直根充分膨大，叶色转淡渐变黄绿时，为收获适期。春播和夏播的都要适时收获，以防抽薹、糠心和老化；秋播的多为中、晚熟品种，需要贮藏或延期供应，可稍迟收获，但需防糠心和受冻，一定要在霜冻前收完。收获后，冬贮萝卜应将根头切去，以免在贮藏过程中发芽。

二、胡萝卜

胡萝卜属伞形科二年生蔬菜，原产于亚洲西部，早在元代就传入我国。由于它适应性强，生长健壮，病虫害少，管理省工，耐贮运，分布遍及全国各地，尤以北方栽培更为普遍，为冬春主要蔬菜之一。胡萝卜肉质直根富含胡萝卜素和糖分，其味甜美，除煮食外，也可鲜食、炒食和腌渍，还可制干、脱水及装罐外销。叶和肉质直根也是良好的饲料。

（一）生物学特性

1. 植物学特征 胡萝卜为深根性蔬菜，肉质直根全部隐入土层中，在疏松土壤中，主根深达1.8 m。根出叶，叶柄长，叶浓绿色，为三回羽状复叶，叶面密生茸毛，具有耐旱特性。花茎高1～1.3 m，多分枝，伞形花序。双悬果，种子扁椭圆形，黄褐色，千粒重 1.25 g，寿命 5～6 年，使用年限 2～3 年。

2. 生长发育周期　营养生长期历时 90～140 d。其中，由播种至真叶露心为发芽期，需 10～15 d；由真叶露心到 5～6 叶期为幼苗期，约 25 d；由 5～6 片真叶至“定橛”为莲座期，约 30 d；由“定橛”至收获为肉质直根生长盛期，为 50～60 d。

胡萝卜为绿体春化型低温长日照作物。一般在幼苗达 10 片叶左右，1～3℃低温下经 60～80 d 才能通过春化阶段，以后在春、夏长日照条件下抽薹开花结籽。

3. 对环境条件的要求　胡萝卜为半耐寒性蔬菜，其耐寒性和耐热性都比萝卜强。4～5℃开始发芽，发芽适温为 20～25℃；幼苗能耐短期－3～－5℃低温和较长时间 27～30℃高温；叶生长适温为 23～25℃；肉质直根肥大期适温 13～20℃，低于 3℃停止生长；开花结实适温为 25℃左右。

胡萝卜属长日照植物，生长期间要求中等强度光照。若光照不足，则叶狭小，肉质直根发育不良，品质不佳。

胡萝卜因根系发达，吸水能力强，而叶面积小，蒸腾耗水少，属耐旱性强的蔬菜。但是，若土壤水分不足，则肉质直根瘦小，且不利于胡萝卜素的形成，根色浅，品质差；供水不匀时，又易导致裂根和表皮粗糙。一般以土壤相对含水量 65%～80%为宜。适宜在土层深厚、排水良好的沙质壤土中生长。土层薄、结构紧实、缺少有机质、易积水受涝的地块，常导致肉质直根分杈、开裂，降低品质。适宜土壤 pH 5～8。每生产 1 t 胡萝卜，需氮（N）3.2 kg、磷（P_2O_5）1.3 kg、钾（K_2O）5.0 kg。

（二）品种类型和栽培季节

1. 类型和品种　胡萝卜按肉质直根颜色分，有紫红、红、橘红、橘黄、淡黄等；按肉质直根形状分，有圆柱形和圆锥形，且各有长短差别。

（1）长圆柱形　根长 17～30 cm，肩部柱状，尾部钝圆，晚熟，生长发育期 150 d 左右。代表品种有陕西透心红、齐头红、野鸡红、河南杞县紫红胡萝卜、南京长红胡萝卜、浙江东阳黄胡萝卜、湖北麻城棒槌胡萝卜、四川津江胡萝卜等。

（2）短圆柱形　根长 10 cm 左右，短柱状，中、早熟，生长发育期 90～140 d。代表品种如华北、东北的三寸胡萝卜。

（3）长圆锥形　根细长，一般长 20～40 cm，先端渐尖，多为中、晚熟。代表品种有天津江米条、济南鞭杆子、北京鞭杆红、汕头红胡萝卜、四川小缨胡萝卜、山西等地的蜡烛台等。

（4）短圆锥形　根长 10～13 cm，中、早熟，冬性强。代表品种有烟台三寸胡萝卜、河南永城小顶胡萝卜等。

2. 栽培季节　根据胡萝卜营养生长期长、幼苗生长缓慢且能耐热、肉质直根喜冷凉而又耐寒的特性，各地区多以秋茬生产为主。长江流域于 7 月下旬至 8 月下旬播种，11 月下旬至 12 月上旬收获；华南地区 7～9 月播种，露地越冬翌春收获；西北、华北 7 月播种，11 月收获；东北及高寒地区 6 月播种，秋末收获。

目前，选用冬性强、生长期短的品种，春播前期中小棚覆盖、夏季收获的春胡萝卜栽培的面积不断扩大。

（三）栽培技术

1. 整地、施肥、作畦 夏秋播种的，多利用小麦、大蒜、洋葱、春甘蓝等茬口，于前作收获后耕翻晒垡备用。南方利用稻田栽培的，应先排水晒白，而后耕翻整地。基肥一般施有机肥 45～60 t/hm²、三元复合肥（15-15-15）225～300 kg/hm²。北方多用平畦，南方宜用高畦。

2. 播种 保证出苗齐全是丰产的关键之一。造成胡萝卜出苗不齐、不全的原因有：①播种材料为果实，果皮较厚，含有挥发油，又有刺毛和革质的种皮，吸水透气性很差。②胡萝卜种子本身发芽率低，一般约 70%。北方无霜期较短的地区常用隔年的种子播种，其发芽率仅 65%左右。新种子由于有休眠性，发芽率也不高。③胚很小，生长势弱，发芽期长，消耗种子养分多，导致幼苗出土能力差。④夏播时气候炎热，蒸发量大，土温高，易干燥；春播时，土温低。两者都不利于发芽。

针对出苗不齐全的原因，首先应注意种子质量，确定适宜播种量，播前搓去果皮刺毛，春播可浸种；其次注意整地和播种质量，使土壤细碎，播后适当覆土，并进行镇压；发芽期保持土壤湿润。

胡萝卜一般播种量为 15～22.5 kg/hm²，平畦撒播或高垄条播。垄距 50 cm 左右，条播 2 行，株距 10 cm 左右，播种深度 1.5 cm 左右。春播胡萝卜可与玉米间作，不仅粮菜兼收，而且胡萝卜生长后期有玉米遮阴降温，有利于肉质直根生长。间作玉米畦宽 90～100 cm，每畦 4 行胡萝卜，畦埂上点播早熟玉米。

3. 田间管理 幼苗出齐后，分别于 1～2 叶、3～4 叶期间苗，苗 4～5 叶时定苗。定苗的距离，撒播的 12～15 cm 见方，条播的株间距 12～15 cm。在间苗、定苗的同时，应结合除草，条播的还应中耕松土。

在夏播少雨地区，播后可连续灌水 2～3 次，保持土壤湿润，以利出苗。幼苗期前促后控，防止叶片徒长。当苗高 16 cm、真叶 4～5 片时，应浇 1 次透水，以促进叶部生长，引根深扎。“露肩”前，要适当控制灌水，继续使根部伸长，抑制侧根发育。“露肩”以后为肉质直根肥大期，需水较多，要保持地面湿润，防止忽干忽湿，否则会形成大量裂根。收获前 10～15 d 停止灌水。

胡萝卜追肥多施速效肥，第 1 次在“定橛”期，以后每隔 15～20 d 再追 1 次，共追 2～3 次，每次施硫酸铵 150～225 kg/hm²，或相当数量的氮肥，适当配合施用钾肥。

4. 收获 秋胡萝卜收获期因地区而异，冬寒地区一般在土壤上冻前应收获完毕，以防受冻；冬暖地区可随收随上市，一直供应至第 2 年春。秋胡萝卜产量 45～60 t/hm²。春胡萝卜于高温雨季来临前应及时收获，以防肉质直根腐烂，产量 22.5～37.5 t/hm²。

第八节 薯芋类

薯芋类包括茄科的马铃薯，旋花科的甘薯，薯蓣科的山药，姜科的生姜，天南星科的芋头、魔芋，豆科的豆薯、葛，唇形科的草石蚕，菊科的菊芋等，产品器官为块茎、块根、根茎或球茎，产品富含淀粉、糖类，既可当蔬菜，又可作粮食、饲料，或作轻工、食品、医药等工业的原料。

薯芋类蔬菜在生物学特性和栽培技术方面有许多共同特点：

①除豆薯外，其他都是无性繁殖，需种量大，繁殖系数低。无性繁殖材料在贮藏及栽培过程中易感染病害和发生品种退化，需要完善的留种制度，加强选种和品种更新复壮。

②由于无性繁殖材料先萌芽，后发根，不定根穿过皮层和表皮才能与土壤接触，因此发根慢，播种后需要较长时间地保持土壤湿润和良好的通气条件，最好催芽后播种。

③要求富含有机质、疏松的土壤，避免土壤积水，培土有利于地下变态产品器官的形成，产品耐贮藏运输。

一、马铃薯

马铃薯又称洋芋、土豆、地蛋、荷兰薯等，茄科茄属，原产于南美洲的秘鲁和玻利维亚的安第斯山区，粮菜兼用，是世界第 4 大粮食作物。马铃薯于 17 世纪传入我国，各地普遍栽培，种植面积占世界的 30%，种植区分布涵盖寒带、温带、亚热带、热带等多种生态区，可实现一年一熟、二熟、三熟或四熟生产。近年来，主粮化战略和“优薯计划”加速了我国马铃薯产业的发展。

（一）生物学特性

1. 植物学特征　一年生草本植物，地上部有茎、叶、花、果实和种子，地下部有茎、根、匍匐茎和块茎。

（1）根　用块茎繁殖的植株没有主根，根群分布浅而广。吸收根系主要着生在种薯与茎的交接处，称为初生根。初生根先水平伸长约 30 cm，然后垂直向下，深度达 60～70 cm，构成主要吸收根系。随着块茎上萌芽的伸长，在芽的叶节上发生匍匐茎的同时，发生 3～5 条匍匐根，围绕着匍匐茎水平生长，长约 20 cm。

（2）茎　有主茎、匍匐茎和块茎。由块茎芽眼中抽生的枝条称为主茎，分地上茎和地下茎两部分。地上主茎三棱形或四棱形，高 40～100 cm，直立或半直立，顶端形成花芽后，叶腋可抽生 4～8 个分枝。主茎基部埋入土中的部分为地下茎，其腋芽萌发后水平伸展，成为匍匐茎，匍匐茎向外生长，入土不深，有 6～8 个节，先端膨大而成为块茎。主茎地下部分每节都能发生匍匐茎，一般栽培条件下，最下 3～4 层能形成块茎。

块茎上有螺旋状排列的半月形叶痕、叶芽眉，芽眉上方凹陷的部分即为休眠芽，称为芽眼。每个芽眼有主芽 1 个、副芽 2 个以上。萌芽时，主芽先萌发，副芽呈休眠状态，如主芽受损伤破坏，副芽就开始萌发。块茎顶部芽眼密集，有顶端优势，以顶芽繁殖，生长发育期一般可提早 10 d，增产率在 10%左右。

（3）叶　初生叶为单叶，全缘，颜色较浓，随着植株的生长，逐渐形成奇数羽状复叶，叶互生，叶面被有茸毛和腺毛，有减少水分蒸发和吸收水分的作用。

（4）花　聚伞花序，花冠合瓣、五角形，柱头短、2～3 裂，花药聚生，黄绿色或灰黄色，自花授粉，但多数品种无受精能力，不能自然结实。早熟品种花数少，花期短，有的品种只孕蕾而不开花；中晚熟品种花序多，花期长。早熟品种第 1 花序盛开，中晚熟品种第 2 花序开放，是植株进入结薯期的重要形态标志。

（5）果实和种子　浆果，球形或椭圆形，每果含种子 80～300 粒。种子扁平，卵圆形，千粒重 0.4～0.6 g。

2. 生长发育周期　马铃薯在生长过程中顺序而有规律地经过 5 个时期 3 个阶段。

从芽眼开始萌动至幼苗出土为发芽期，也是第 1 阶段生长期，约 30 d。主要长成主茎地下部分 6～8 节，即第 1 段茎轴，同时在基部节位上发生主要吸收根系。并且在第 1 段茎轴生长的同时，还有着主茎第 1 段、第 2 段茎、叶的分化和生长。

从出苗至团棵为幼苗期，也是第 2 阶段生长期，为 15～20 d。幼苗期根系继续扩展，匍匐茎先端开始膨大。第 3 段茎轴和叶继续分化生长，顶端第 1 花序开始孕育花蕾，花序下发生侧枝。马铃薯每个叶序环有 6 或 8 片叶，所以当第 6 或第 8 片叶平展时，即为团棵，是幼苗期结束的标志。

从团棵至早熟品种第 1 花序开花、晚熟品种第 2 花序开花为发棵期，约 30 d，也是第 3 阶段生长期，后期将完成生长中心由茎、叶为主向结薯为主的转变。

从第 1 或第 2 花序开花至块茎成熟收获为结薯期，需 30～50 d，是产品器官形成的关键时期。

块茎成熟收获后即进入休眠期。休眠期的长短因品种和环境温度而异，短则 30～60 d，长的可达 150 d 以上。

3. 对环境条件的要求　马铃薯性喜凉爽气候，通过休眠的块茎在 4℃以上就能萌动，芽条生长适温为 13～18℃；27℃发芽最快，但芽条细弱，发根少；超过 36℃则幼芽不萌发，常造成大量烂种。茎叶生长要求较高温度，以 18～21℃为适宜，高于 30℃或低于 7℃茎叶停止生长，遇霜冻枯萎。块茎膨大要求较低温度，适宜温度范围为 15～18℃，超过 21℃块茎生长缓慢，29℃以上块茎停止发育。高温若再伴随干旱，块茎表皮老化粗糙，淀粉含量降低，薯块瘦小，并容易形成链子薯、细腰薯、瘤状薯等各种畸形薯。块茎膨大适宜的土温为 16～18℃。

马铃薯属喜光作物。短日照有利于块茎形成，长日照促进茎叶生长和现蕾开花。一般日照时数在 11～13 h 茎叶发达，块茎产量高。适宜的土壤相对含水量，发芽期和发棵期为 70%～80%，结薯前降至 60%，结薯期 80%～85%，收获前 50%～60%。在土层深厚、结构疏松、排水透气良好、富含有机质、pH 5.5～6.0 的土壤中生长良好。每生产 1 t块茎，约吸收氮（N）4.38 kg、磷（P_2O_5）0.79 kg、钾（K_2O）6.55 kg。

（二）类型和品种

马铃薯品种依生长发育期长短可分为早熟品种（100 d 以下）、中熟品种（100～120 d）、晚熟品种（130 d 以上）；按皮色分有白皮、红皮、紫皮和黄皮等；按肉色分有黄肉、白肉、紫肉等；按用途分有鲜食、淀粉加工专用型、薯片（条）加工专用型。

适于早熟栽培及供两季栽培的主要品种有白头翁、丰收白、克新 3 号、紫玉；一年三熟或四熟采用合作 88、会- 2 号、丽薯号、宣薯 2 号、云薯 304 等品种；适于一季栽培的中、晚熟品种有陇薯 10 号、青薯 9 号、陇薯 7 号、冀张薯 8 号、克新 1 号、克新 2 号、同薯 8 号。加工专用品种有黑美人、东农 305、中薯 16 号、东农 310 等。

马铃薯病毒病是造成产量较低、品种退化的主要原因，采用脱毒种薯是解决此问题的有效手段。

（三）栽培季节和茬次

马铃薯既不耐霜冻，又不耐夏季高温，确定栽培季节的总原则是把结薯期安排在土温16～18℃，气温白天24～28℃、夜间16～18℃的季节。东北、西北及华北的大多数地区为一季作地区；无霜期较长的地区可分春、秋两季栽培。春季终霜前播种，至终霜期正好出苗，夏季高温前收获；秋季于高温过后播种，初霜后收获。

（四）春薯栽培技术

1. 整地施基肥　应与非茄科作物轮作，轮作期至少间隔2年以上。葱蒜类、胡萝卜、黄瓜为较好的前茬作物，可与茄子套种。深耕并重施基肥，基肥宜占总施肥量的3/4，每公顷可用商品有机肥30 t，拌和过磷酸钙375 kg、草木灰3 000～3 750 kg，一部分结合耕地翻入耕作层，一部分在开播种沟时集中沟施。

2. 种薯处理和播种　春马铃薯适宜播种期为晚霜前20～25 d，气温稳定在5～7℃，10 cm地温达到7～8℃时。二季作地区应适时早播，一季作地区可适当晚播。

播种前15～20 d挑选品种纯正的无病块茎作种薯，置于温暖处进行催芽。休眠的种薯可用5～10 mg/L赤霉素溶液浸种1～2 h后催芽。催芽温度为15～18℃，空气相对湿度60%～70%，在暗室中持续7～10 d后可萌芽。芽萌发后，维持温度12～15℃、相对湿度70%～80%和充足光照，经8～10 d后形成长0.5～1.5 cm绿色壮芽。

种薯切块最好在播种前1～2 d进行，使伤口充分愈合。切块时，尽量纵切，每块带1～2个芽眼。切后用凉水冲洗后晾4～8 h。切块一般在20～25 g为宜。切块时注意对刀具进行消毒。

南方一般采用高畦双行栽培，北方多垄栽。栽植密度60 000～90 000窝/hm^2，播种量1 500～2 250 kg/hm^2。利用地膜覆盖，可使春马铃薯提早10～15 d出苗。

3. 田间管理　春马铃薯播种后30 d左右出苗，从出苗到收获生长期仅60 d左右。田间管理应根据各生长发育期特点进行。

发芽期应保持土层疏松并消灭杂草。幼苗期以保根、促匍匐茎为主。出苗后到7～8片真叶前，生长慢，温度低，需水量少，应多中耕，少灌水或不灌水。幼苗后期匍匐茎开始形成后，地上部生长加速，为了促进茎叶生长，形成较大的叶面积，应适当灌水，并依据幼苗生长情况追施速效氮肥或加施磷、钾肥，并继续进行中耕。发棵期少灌水，结合中耕逐步浅培土，即将封垄时开始大培土。结薯期及时摘除花蕾并灌1次大水，以后保持土壤湿润，增施磷、钾肥，配合氮肥，充分满足块茎膨大对肥水的大量需要。结薯后期要注意排涝和防止叶片早衰。

4. 收获　马铃薯成熟时，地上枝叶渐次枯黄，匍匐茎干缩，块茎表皮木栓化。春薯一般产量22.5～60 t/hm^2。收获要抢在雨季前和高温前，选晴天进行。收获时要尽量减少损伤，避免日光暴晒，以免影响贮存。

（五）秋薯栽培技术

秋马铃薯结薯期正值冷凉秋季，薯块不易退化，可以作留种栽培。但前期高温干旱（南方）或高温多雨（北方）易烂种或缺苗，后期低温霜冻，生长发育期不足，影响产量。

生产中应注意抓好以下几个环节：

1. 品种选择 选用早熟、丰产、抗退化或休眠期短而易于打破休眠的品种。

2. 种薯处理 以小整薯作种薯为好，播后不易腐烂。可用赤霉素溶液浸种打破种薯休眠。采用湿沙堆埋催芽法，待芽长 2～3 cm 时播种。

3. 适时晚播 秋薯播种期宜适当延后，这样既有利于保苗，又可使结薯期避开高温季节。但最迟应安排在初霜前 60 d 左右出苗。

4. 肥水管理 秋季的短日照冷凉气候适合薯块生长，结薯早，植株不易徒长，管理上应提前供应肥水，一般用速效肥作底肥和追肥。雨季注意排涝，以防烂种。

5. 分期培土 及时中耕培土，生长前期有利于降低土温，防止土壤板结，促进匍匐茎的发生；后期则有利于块茎肥大和防止块茎受寒。

6. 延迟收获 在不受冻害的情况下，尽可能适期晚收。茎叶枯死后，待晴天上午收获，收后在田间适当晾晒，即可运入室内摊晾数天，堆好准备贮藏。

二、姜

姜又名生姜、黄姜，为姜科姜属多年生草本宿根植物，作一年生栽培。姜起源于我国及东南亚的热带地区，我国自古栽培，除东北及西北高寒地区外均有种植。姜含有辛香浓郁的挥发油和姜辣素，是药食两用植物，是我国重要的经济作物之一，亦有“药用黄金”的美誉，是重要的调味品，营养丰富，食用方法多样。

（一）生物学特性

1. 植物学特征 种姜发芽后发生的根为初生根，是主要的吸收根系，随着根茎的不断分枝，在分枝的基部相继发生 2、3、4 次根。根系不发达，入土不深，仅在表土 33 cm 范围内。地上茎直立，绿色，为叶鞘所包被。地下茎即根茎。种姜发芽出苗后，由苗基部的短缩茎膨大形成初生根茎，俗称姜母。姜母肉质，具有 7～10 节，每节均有芽。活动芽位于根茎外侧，发生新根茎即子姜，由子姜再发生孙姜。按其发生顺序也依次称作 1、2、3…次根茎或姜球。每个根茎均具有生长点，萌芽后分生茎叶，成为新枝，其基部膨大又形成肉质根茎。因此，生姜分枝越多，姜块越大，产量越高。北方地区一般发生 3～4 次根茎，南方地区发生 4～5 次根茎。地下根茎皮为黄色、淡黄色等，在嫩芽及茎节处的鳞片为紫红色或粉红色，常作为品种命名的依据。叶片披针形，绿色，互生，平行脉。在热带可开花，花序穗状，长 5～7.5 cm，苞片边缘黄色，小花绿色或紫色，一般不能结实。

2. 生长发育周期 分为发芽期、幼苗期、旺盛生长期和根茎休眠期 4 个时期。从种姜萌发至第 1 片叶展开为发芽期，需 40～50 d；从第 1 片叶展开至出现 3 个地上分枝（三马杈）为幼苗期，需 65～75 d；从三马杈至收获为旺盛生长期，需 70～75 d；姜不耐低温，遇霜枯死后，根茎进入强迫休眠期。

3. 对环境条件的要求 姜喜温暖湿润的气候条件。幼芽生长适温 22～25℃，16℃开始发芽，28℃以上芽徒长细弱。茎叶生长适温 20～28℃。在根茎旺盛生长期，以白天 25℃、夜间 17～18℃为好。11℃以下植株停止生长，遇霜冻茎叶枯死，地下根茎不耐 0℃低温。姜耐阴，在强光下叶片易枯萎，生长期间遇强光高温应遮阴防晒。姜对土壤湿度要求严格，是需水较多的植物，但雨水过多、排水不良，容易感病枯死。姜喜疏松肥沃的壤土或沙壤土。喜微酸性土壤，但对土壤酸碱度的适应范围较广，适宜的 pH 为 5～7。每生产 1 t 姜，需吸收氮（N）5.22 kg、磷（P_2O_5）1.32 kg、钾（K_2O）5.25 kg。

（二）类型和品种

我国姜的地方品种很多，多以根茎的皮色或芽的颜色、形状或地方命名。南方各地的主要优良品种有浙江嘉兴及余杭的红爪姜、黄爪姜，福建红芽姜，湖北来凤姜、枣阳姜，四川犍为及安徽铜陵的白姜，云南玉溪的黄姜，贵州遵义和湄潭的大白姜，广州的疏轮大肉姜和密轮细肉姜，广西的玉林圆肉姜等。北方栽培较多的品种有山东莱芜及泰安的片姜、陕西城固的黄姜、河南张良姜、辽宁丹东的白姜等。选育的新品种有渝姜 2 号、冀姜 5 号、山东大姜等。

（三）栽培技术

姜不耐霜冻，播种后出苗慢，生长期长，每年种植 1 茬，春季播种，秋末收获，主要在露地栽培。姜生长期长，又不耐强烈阳光，前期可套作春作物或蔬菜，后期间、套作搭架的瓜、豆遮阴。

1. 种姜处理 选择肥大、丰满、皮色光亮、无病虫害的姜块作为种姜，用 1∶200 的波尔多液浸种 20 min 以防姜腐病（姜瘟），或者按 100 kg 种姜加 50%多菌灵可湿性粉剂 40 g 加水到 100 kg 浸种 10 min。播前晒种晒到表面的水分蒸发略发白为好，也可采取晾晒后把姜块置于室内堆放 3～4 d，姜堆上盖草帘，促进养分分解，进行困姜。经过 2～3 次晒姜和困姜，便可开始催芽。当姜芽生长到 0.5～2 cm、粗 0.5～1 cm 时停止催芽。此外，可以采用恒温库控温催芽，催芽初期 5～7 d 温度控制在 25～28℃，不覆盖，上下翻动保持温度均匀。姜种露芽时调温度至 20～23℃，湿度 80%以下，用保温毯覆盖。播前 5～7 d 调温至 18℃左右，炼芽待播。80%姜种芽长 0.7 cm 即可播种。

2. 整地栽植 与水稻、十字花科、豆科等蔬菜作物实行 3～4 年轮作可防姜瘟。因姜的根系不发达，要求深翻、晒垡、施足基肥。软化栽培的嫩姜，深耕应达 33 cm。基肥一般施商品有机肥 75 t/hm^2 左右，施于栽植沟内。终霜期后地温稳定在 16℃以上时播种。长江流域在清明到谷雨间，广东、广西 1～4 月都可播种，北方部分产姜区栽植适期多在立夏前后。

姜地上茎叶的生长量与根茎的生长量成正相关，故要求每块种姜重 100 g 左右，并且要有 1～2 个壮芽，以便地上茎叶生长良好。姜的根茎有向上生长的习性，若根茎露出土面则品质不良，而且表皮变厚。一般除深栽外，还必须培土。已发芽的种姜栽植时，芽宜向上，然后覆盖堆肥、草木灰或细土 6～10 cm；未催芽的种姜可平放或稍向下斜播于土中。种姜栽植以后到新姜收获时，多数不腐烂，仍可供食用，欲在生长期中提早挖取种姜的，栽植时种姜的芽应向畦的中央，以便挖掘。姜的叶鞘抱合成假茎，叶片斜生，披针形，植株直立，地下茎由主茎两侧分蘖，适于密植。一般采用 1 m 宽的高畦，行距为 33～50 cm，开沟 2～3 条，沟深 10～13 cm，株距 16～25 cm。为了降低土面蒸发、减少杂草生长、保持土壤疏松，宜在种植沟上盖稻草、麦秆等覆盖物。

3. 追肥和培土 姜耐肥，一般苗高 13～16 cm 时开始追肥，以后每隔 20 d 左右追施

1次，共施3～4次。除施用粪肥等氮素肥料外，多施钾肥可促进根茎肥大，减少感染病害，特别是制干姜的要适当多施钾肥。

培土时结合施肥和中耕除草。姜出苗后即应浅耕锄草，以后根据生长情况中耕培土3～4次，株高30 cm左右停止中耕，以免伤根。若收嫩姜，培土要深些，使子姜长度增加，质地脆嫩；若收干姜和培养种姜的，则培土可稍浅，使根茎粗壮老健。培土一般3次左右，培土高度13～16 cm。

4. 遮阴 姜喜阴，怕烈日直射，散射光对生长有利。江南地区在姜畦上搭棚架，其上盖油菜秆等遮光，或利用丝瓜、苦瓜等平棚遮阴，疏密以棚下有花荫为度。一般在6月上旬，苗高13～16 cm，并有1～2个分枝时进行。到白露前后，气温渐低，光照度减弱时拆除，故有“端午遮顶，重阳见天”的农谚。北方多在姜畦南侧用谷草插成稀疏的花篱为姜苗遮阴，称为“插姜草”。现一般用高70～80 cm的遮阳网篱笆替代。

5. 灌溉和排水 姜喜湿又怕涝，干旱影响生长，积水易引起姜瘟。出苗后到收获前，特别是7～8月，正是生长旺盛时期，不能缺水，也应注意排水。

6. 收获 生姜的收获，按产品用途，有收种姜、嫩姜和老姜之别。

种姜一般在6月下旬，苗4～5片叶时，小心拨开土壤，在种姜与新姜相连处轻轻折断，将种姜取出。若采收过迟，掘取时损伤根群过多，影响姜株的继续生长和产量。收获种姜，又称“扒老姜”“偷娘姜”。种姜可以提前出售，早收益，但多雨时易造成根茎腐烂，伤口处易感染病菌。现在很少提前收种姜。

从8月起，可陆续采收嫩姜，一般在9～10月采收，收获早的组织柔嫩，含水量多，辣味少，产量低。

收获老姜，一般都在初霜到来之前，地上部茎叶开始枯黄、根茎老熟时进行，这时采收的产量高，耐贮藏，辣味重，可作种姜、调味品或制干姜用。

第九节 水生蔬菜

水生蔬菜有莲藕、茭白、慈姑、荸荠、水芹、芡实、菱、莼菜、蒲菜等十余种，其中以莲藕栽培最为普遍，茭白、慈姑、荸荠、菱等也栽培较多。这类蔬菜一般含淀粉5%～25%、蛋白质1%～5%，以及多种维生素等，可鲜食或加工。莲子、藕粉、糖藕、马蹄粉及芡实等还是很受欢迎的出口商品。

一、莲藕

莲藕为睡莲科莲属中能形成肥嫩根状茎的栽培种，为多年生水生草本植物。原产印度等亚洲南部。在我国栽培约有3 000年的历史。世界上作为蔬菜栽培的还有日本、印度、东南亚各国及俄罗斯南部地区等。莲藕生食或熟食皆宜。老藕中一般淀粉量占鲜重的20%，经过加工，可制成藕粉，切片可做蜜饯。莲子是上等食品，莲梗、莲蓬等均可入药，荷叶又是良好的包装材料。早藕能在伏缺时供应市场，老藕可在春缺时供应市场。适宜水塘、湖荡、低洼田栽植。

(一) 生物学特性

1. 植物学特征 莲藕地下茎各节上环生须状不定根，每节有20多条，新生根为白色，老熟后为深褐色。种藕顶芽萌发后，其先端生出细长的地下茎，粗如手指，先斜向下生长，以后在地下一定深度处成水平生长，称为藕鞭或莲鞭，可早期采食。藕鞭每节都可抽生分枝，即侧鞭，侧鞭的节上又能再生分枝。藕鞭一般多在10～13节开始膨大而形成新藕，也有在20节才形成新藕的。新藕多由3～6节组成，称主藕。其先端1节较短，称为藕头；中间2～4节较长而肥大，称为藕身；最后1节最长而细，称为后把。主藕第2、3节上可抽生1～3节分枝，称子藕；子藕上还可抽生孙藕。藕的皮色有白色和黄白色，散生着淡褐色的皮孔。藕的中间有许多纵直的孔道，其孔道与藕鞭、叶柄中的孔道相通，叶柄的孔道又与荷叶中心的叶脐相接，进行气体交换。

叶称荷叶，叶片圆形或盾形，全缘，绿色，顶生。从种藕上发生的叶片很小，荷梗（即叶柄）细软不能直立，沉入水中，称为荷钱叶或钱叶；抽生莲鞭后发生的第1、2片叶浮于水面，亦不能直立，称为浮叶；随后生出的叶，则随着气温上升，叶面积越来越大，宽60～80 cm，荷梗粗硬，其上侧生刚刺，挺立于水面上，称为立叶，并越来越高，一般高60～120 cm，形成上升阶梯的叶群；其后发生的叶片则越来越小，形成下降阶梯的叶群。新叶初生时卷合，然后张开，卷合方向与藕鞭延伸方向一致。结藕前的1片立叶最高大，荷梗最粗硬，称为后栋叶。植株出现后栋叶时，标志着地下茎开始结藕。最后1片叶为卷叶，叶色最深，叶片厚实，称为终止叶。主鞭自立叶开始到终止叶的叶数，因品种和栽培季节而不同，一般有10～16片。侧鞭开始1～2片为浮叶，以后发生立叶，情况与主鞭相似。

花称荷花。早熟品种一般无花；中晚熟品种在发育良好的莲鞭上，大约自第3片立叶起至后把叶前1叶上，各节与叶并生1花，或间隔数节抽生1花。花单生，白色或粉红色，两性花。花一般自清晨开花，至15：00左右合闭，花期3～4 d。花谢后，留下倒圆锥形的大花托，称莲蓬。每个莲蓬有15～25个椭圆形坚果，内含1种子，即莲子。自开花至莲子成熟需35～40 d。莲子也可作为繁殖材料，但变异较大，一般多用种藕繁殖。

2. 生长发育周期 莲藕的生长发育过程可分为萌芽期、旺盛生长期和结藕期3个时期。

从种藕萌芽开始到抽生立叶为萌芽期，主要依靠种藕贮藏的养分供应。当气温上升到15℃左右，地温在8℃以上时，种藕开始萌芽生长。

从抽生立叶开始到后把叶出现为旺盛生长期。当气温达18～21℃时，植株抽生立叶，立叶发生以后，藕鞭各节生根、生叶，吸收土中营养，进入旺盛生长。在立叶有1～2片以后，藕鞭开始出现第1次侧鞭，以后随着植株茎叶的旺盛生长，发生的侧鞭更多。气温达25～30℃，为植株的茎、叶生长最旺盛时期，藕鞭长达7 m左右，终止叶已出现，新藕开始形成，也正值现蕾开花。

从后把叶出现到藕成熟为结藕期。结藕时间因品种、生长条件而有较大的差异。当气温逐渐下降到24～25℃时新藕充实肥大最快；气温下降到15℃左右时新藕停止肥大，荷叶也凋萎枯黄；初霜来临时植株完全停止生长，藕鞭逐渐枯死腐烂，新藕可随时掘起。

3. 对环境条件的要求 莲藕要求温暖、湿润、无风而阳光充足的气候条件，最喜土层深厚、富含有机质的土壤，以及较稳定的水位。

温度15℃以上开始萌芽生长；茎叶生长旺盛期适宜温度为25～35℃；结藕初期要求较高的温度，以利藕身的膨大，后期则要求较大的昼夜温差，白天气温25～30℃、夜温15℃左右，有利于养分的积累和藕体的充实。

莲藕喜光，生长和发育都要求光照充足，不耐遮阴。对日照长短的要求不严，一般长日照有利于茎、叶生长，短日照有利于结藕。

莲藕萌芽期要求水位以5～10 cm为宜；茎叶生长旺盛期适宜水位为10～20 cm；结藕期水位宜逐渐落浅，以利于藕体膨大；休眠期要求保持5～10 cm的水位，以防藕体受冻腐烂。

莲藕生长以富含有机质的壤土或黏壤土为最适。土壤pH 6.5左右。一般子莲品种对氮、磷的需要量较多，而藕莲品种对氮、钾的需要量较多。

（二）品种类型和栽培季节

1. 类型和品种 按产品器官的利用价值可分为藕莲、子莲和花莲3个类型。

（1）藕莲 又称菜藕，以收获肥大的根状茎为目的。一般根状茎粗3.5 cm以上，开花或少花。依适应水位可分为浅水藕和深水藕。浅水藕适于沤田、浅塘或稻田栽培，水位多在0.33 m以下，最深不超过1 m，一般多属早、中熟品种。如苏州花藕、晚荷，湖北的六月报，重庆的反背肘，广东的海南洲藕、玉藕，杭州花藕，南京花香藕等。深水藕藕入土深，适宜于土层深厚、深水的池塘或湖荡栽培，水位宜0.33～1 m，夏季深水达1.33～1.67 m也可栽种，一般多为中、晚熟品种。如江苏宝应的美人红、小暗红，湖南泡子，广东丝藕等。

（2）子莲 一般较耐深水，成熟较晚，以食用莲子为主。花常单瓣，有红花和白花两种，结实多，莲子大，但藕细小而硬。优良品种有湖南湘莲，江西鄱阳红花、白花子莲，江苏吴江的青莲子。

（3）花莲 荷花极美，供观赏及药用，甚少结实，藕细质劣。优良品种有千瓣莲、红千叶等。

2. 栽培季节 莲藕要求温暖湿润的环境，主要在炎热多雨的季节生长。一般在当地日均温稳定在15℃以上，水田土温稳定在12℃以上时种植。露地条件下，华南地区气温回暖较早，2月下旬就可栽藕，6月开始采收；长江流域一般在4月上旬至5月上旬栽藕，大暑前后开始采收；华北各省在晚霜后栽藕，立秋前后开始采收。因藕从嫩到老都能食用，采收期较长，一般都可陆续采收到翌年4月。近年来，开始应用塑料大棚栽培莲藕，种植期可提前到3月上中旬，5月下旬至6月即可开始采收青荷藕上市。

莲藕的栽培制度大致可分田藕和塘藕两种。田藕即利用稻田及地势较低洼的沤田栽植，塘藕则为浅水湖荡栽植，均以露地栽培为主，而近年来早熟保护地栽培日趋普遍。

（三）栽培技术

1. 藕田选择及整地 莲藕植株庞大，要求肥沃、保水性强的黏壤土，湖荡应选湖泊、河湾水流缓慢、涨落和缓、最高水位不能超过1.33 m、淤泥层较厚的水面。

2. 藕种选择及排藕 种藕一般于临栽前挖起，选择整藕或较大的子藕作种。作种的子藕必须粗壮，至少有 2 节充分成熟的藕身，顶芽完整。种藕在第 2 节节把后 1.5 cm 处切断，忌用手掰，以防泥水灌入藕孔而引起腐烂。

排种密度和用种量因环境条件、品种及供应时期而不同。排藕量以藕头数计算，苏州早藕每公顷排 9 000～10 500 个藕头，晚藕 4 500～6 000 个藕头。早藕行距 1.67 m，株距 1.33 m，每公顷种 3 000 穴，需大藕 2 250～3 750 kg，小藕 1 875 kg。

排藕时，先将藕种按规定行株距及藕鞭走向排在塘面，然后将藕头埋入泥中 10～13 cm 深，后把节稍翘在水面上，以接受阳光，增加温度，促进萌芽。

3. 藕田管理

（1）耘草、摘叶、摘花 在荷叶封行前，结合施肥进行耘草，拔下杂草随即塞入藕头下面的泥中作为肥料。定植后 1 个月左右，浮叶渐枯萎，应摘去，使阳光透入水中提高土温。夏至后有 5～6 片立叶时，这时荷叶茂盛，已经封行，地下早藕开始坐藕，不宜再下田耘草，以免碰伤藕身。耘草时应在卷叶的两侧进行。藕莲以采藕为目的，如有花蕾发生应将花梗曲折（为防雨水侵入不可折断），以免开花结子消耗养分。

（2）追肥 追肥约占全期施肥量的 30%，一般施有机肥 30～45 t/hm^2。排藕后分两次追肥，第 1 次在藕莲生出 6～7 片荷叶正进入旺盛生长期时，第 2 次于结藕开始时施催藕肥。

（3）水位调节 排藕后至萌芽阶段保持浅水，以提高土温，促进发芽。随着立叶及分枝的旺盛生长，逐渐加深水层至 13～17 cm。采收前 1 个月应放浅水位，促进结藕。

（4）转藕梢 夏至、立秋期间藕鞭迅速生长。当卷叶离田边 1 m 时，为防止藕梢穿越田埂，每次耘田时，随时将近田岸的藕梢向田内拨转。生长盛期每 2～3 d 转 1 次；如生长期天气不好，生长缓慢，则 7～8 d 转 1 次，共需拨 5～6 次。藕梢很嫩，转头时应将后把节一起托起，转梢后再将泥土盖好。转藕梢应在中午茎叶柔软时进行，以免折断。

4. 采收与留种

（1）摘荷叶 藕成熟后，荷叶对藕的发育已没有多大影响，挖藕当天早晨可摘去一部分叶，晒干作为包裹材料。或在采收前数日将荷叶摘去，使地下部分停止呼吸，促使藕身附着的锈斑还原，藕皮脱锈，容易洗去，以增进藕的品质。

（2）挖藕 当终止叶出现后，其叶背微呈红色，基部立叶叶缘开始枯黄时，藕已成熟，即可挖收。也可在植株多数叶片尚青绿时挖取嫩藕。

收获的莲藕

人工挖莲藕时，先将藕塘内的水抽干，然后用铁锹和藕铲把淤泥挖出，再顺着荷秆铲下去，将一块块淤泥堆到旁边，找到下面的藕后，靠双脚探测出莲藕根茎走向，两脚再左右配合挤压，待藕上部淤泥大部分被去掉后，再用双手伸进泥里把藕拉出来。取藕时用力要适度，以免断藕，尽量挖出完整无损的藕。

现在挖藕可以借助高压水枪将莲藕旁边的污泥冲散，然后收获整根的莲藕。挖藕时要先用脚慢慢试探藕的位置和深度，这叫“踩藕”，然后用高压水枪对准荷秆下的淤泥冲，冲散莲藕周围的淤泥后，再把莲藕轻轻往上提，收获不被折断或破皮的整藕，否则影响莲藕品质。

湖荡及深水塘藕按一定距离留下新藕作种。先将近田埂约 1.7 m 范围内的藕全部挖出，田中间每隔 2 m 留 0.3 m 不挖，或将新藕前 2 节采去，留最后 1 节子藕作为下一年的藕种。

留种藕田应选黏土藕塘。挖藕种时可根据水面冒出的钱荷来找藕。种藕除选择具有本品种特征的整藕外，还应注意选子藕整齐，朝一个方向生长，后把藕节及藕鞭粗壮的。如后把节变小则表示种性已变劣，必须淘汰。

二、茭白

茭白别名茭瓜、茭笋或菰首，为禾本科菰属多年生宿根水生草本植物。原产我国及东南亚。茭肉一般含有蛋白质 0.4%、脂肪 0.3%、糖 3.5%、粗纤维 1.1%、无机盐等。茭白在老熟之前，有机氮素以氨基酸状态存在，味鲜美。

（一）生物学特性

1. 植物学特征 茭白须根发达，主要分布在地表 30 cm 土层内。营养生长期地上茎呈短缩状，有多节，节上发生 2～3 次分蘖，形成多蘖株丛，称茭墩。主茎和分蘖进入生殖生长期后，短缩茎拔节伸长，抽生花茎，花茎因受黑粉菌的寄生和刺激，其先端数节畸形发展，膨大充实，形成肥嫩的肉质茎，因肉质茎在假茎内膨大，始终保持洁白，故名茭白，将叶鞘剥去，净留食用部分通称茭肉或玉子。地下茎为匍匐状，横生土中，其先端数节的芽向地上抽生分株，称为游茭。叶片长披针形，叶鞘互相抱合形成假茎。叶片与叶鞘相接处有三角形的叶枕，俗称“茭白眼”。冬季地上部枯死，以根株留地下越冬。

2. 生长发育对环境条件的要求 茭白生育经历萌芽期、分蘖期、孕茭期和休眠期 4 个时期。

（1）萌芽期 从越冬母株基部茎节和地下根先端的休眠芽萌发至长出 4 片叶为萌芽期，需 40～50 d。萌芽生长要求温度 5℃以上，以 15～20℃为适宜。为使萌芽整齐，冬季田间必须灌水，保持湿润，萌芽期保持 2～4 cm 浅水为宜。

（2）分蘖期 从主茎开始分蘖至分蘖基本停止、主茎孕茭为分蘖期，需 120～150 d，分蘖适温为 20～30℃。

（3）孕茭期 从茎拔节至肉质茎充实膨大为孕茭期，需 40～50 d。孕茭需有一定的叶数，同时要有黑粉菌侵染花茎，刺激花茎组织畸形膨大成为肉质茎。如果没有黑粉菌，茭白的茎就不会膨大，到夏秋可抽薹开花，甚至结实，这种茎不膨大的茭株称为雄茭，只能剥取其幼嫩的花茎及叶鞘食用。有的花茎被黑粉菌侵染后，茭肉全被厚垣孢子占满而成为黑灰包，不堪食用，这种茭白称为灰茭。肥水条件好的，茭白分蘖受黑粉菌菌丝体侵入，能形成肥嫩的肉质茎，到老也不变灰，这种茭白为正常茭。

孕茭始温为 15℃，适温为 20～25℃，30℃以上则不能孕茭。孕茭还需充足的氮肥、适量的磷、钾肥及一定的水层。充足的阳光和短日照均有利于孕茭。

（4）休眠期 从植株叶片全部枯死到翌春休眠芽开始萌发为休眠期，需 80～150 d。一般气温在 5℃以下时进入休眠，翌春气温上升到 5℃以上时开始萌发。

（二）类型和品种

按采收季节分为一熟茭和两熟茭。

1. 一熟茭　又称单季茭，为严格的短日性植物。在春季栽植后，每年自白露至寒露采收1次。采收时正值农历八月，故又名八月茭。主要品种有一点红、象牙茭、大苗茭笋、软尾茭笋等。

2. 两熟茭　又称双季茭，对日照长短要求不严格。第1熟在栽植当年秋分到霜降采收，为秋茭，产量较低，故为小熟。第2熟在第2年立夏到夏至采收，为夏茭，时值农历四五月，故又称四月茭、五月茭，这一熟产量较高，又称大熟。本类品种产量高，对肥水条件要求也较高。优良品种有杼子茭、小蜡台、中介茭等。

（三）栽培技术

1. 整地　两熟茭前作为早藕或早稻，后作为双季后作稻或荸荠、慈姑。茭白生长期长，植株庞大，需要大量肥料。孕茭期需灌17～20 cm深水，使茭肉软白，因此常为藕之后作，并施足基肥，一般施用有机肥或绿肥45 t/hm^{2}以上。稻田则更应多施，并充分沤烂，做到田平、泥烂、肥足。

2. 栽植　可分为春栽和夏栽。

（1）春栽　一熟茭及两熟茭的晚熟品种，一般于谷雨、立夏间萌芽末期，分蘖苗高50 cm左右，具有3～4片叶时，将老茭田入选的老茭墩，距地面3.3～5.0 cm处连泥挖起，用快刀顺着分蘖着生的趋势，分为7～12小墩。每小墩要求带有老茎及匍匐茎，并有健全分蘖苗3～5个，随挖、随分、随栽。两熟茭，行距为73～80 cm，墩距为73 cm，密度16 500株/hm^2，分大小行，大行作为走道。瘦瘠肥少的田，行距73 cm，穴距67 cm，密度19 500穴/hm^2，每穴栽1小墩，需老墩3 000～4 500墩/hm^2。

（2）夏栽　茭秧于清明、谷雨育苗，立秋前后栽插。此时苗高已有1.5 m以上，并有较多分蘖。栽前先打去基部老叶，然后逐墩起苗。将苗墩的分蘖用手顺势一一扒开，每株带1～2苗。剪去叶梢50 cm左右，以减少蒸发和防止风吹动摇。一般行距47～50 cm，株距27～33 cm，走道宽53～57 cm，密度60 000穴/hm^2。当天起苗，当天栽好，栽入土中深17 cm，以栽没薹管为度。

3. 田间管理

（1）水层管理　萌芽生长期宜浅，保持水位3～5 cm，以便于土温升高，促进萌发。春栽分蘖前期仍然宜浅，保持5～7 cm，以促进分蘖和发根；分蘖后期，一般从大暑前后开始适当灌水，保持10～13 cm，以控制无效分蘖的发生。孕茭期更宜深灌，保持17～20 cm，以促茭白肥墩。孕茭后期应逐渐落浅到3～7 cm，以浅水或潮湿状态过冬，不能干旱。在每次追肥后，宜待肥料吸入土中后再灌水。秋栽茭白，栽植前应保持较浅水位，以利成活，防茭苗漂浮。雨季注意排水，防止薹管伸长，最高水位不宜超过茭白眼。

（2）施足基肥，分期追肥　茭白基肥、追肥约各占50%。基肥一般施有机肥15～30 t/hm^2。新茭田栽植后，当年于分蘖前期和孕茭期分别施用45%复合肥450～750 kg/hm^{2}和300 kg/hm^2，以氮为主。老茭田因夏茭生长期短，于早春萌芽前后追施重肥，施有机肥4 000～5 000kg/hm^2。

（3）摘黄叶、割枯叶、壅根及疏茭墩　茭白生长期一般需中耕3～4次。从定植成活或次年萌芽开始，到小满前后株丛生长茂密时为止，每隔10～15 d耘耥1次，将土壤充分锄松耘细。大暑到白露期间，应摘除植株黄叶2～3次，以利通风，促进孕茭。秋茭采收以后，地上部经霜冻枯死，老茭墩于次年惊蛰萌芽之前，将地上枯叶齐泥割去，留下地下根株。老茭墩根茎密集，分蘖拥挤，清明、谷雨期间，分蘖高33 cm时进行疏苗，将细小密集的分蘖除去，每56～67 cm留一强壮分蘖，同时在茭墩根际压泥壅根，使分蘖散开，改善营养状况。

4. 采收　秋茭在秋分到寒露时采收。早期3～4 d采1次；后期气温低，茭白老化较慢，5～7 d采1次。采收时，于薹管处拧断，削去薹管，留叶鞘40 cm，切去叶片。

夏茭于立夏到夏至采收，3～4 d采收1次，采收时连根拔起，削去薹管，留叶鞘30～40 cm，切去叶片，然后包装。

第十节　多年生蔬菜和芽苗菜

多年生蔬菜是指一次栽种可生长和收获多年的蔬菜，有芦笋、金针菜、竹笋、香椿、枸杞、草莓、朝鲜蓟等，其主要共性是一次种植可生长和采收多年，或以地下根或地下茎越冬，或以整个植株越冬；每年有生长季节和采收季节；大多采用营养繁殖。但多年生蔬菜多为不同科属，生物学特性差异较大，栽培技术也同少异多。多年生蔬菜除鲜食外，还可脱水和罐藏，如黄花菜干、笋干、罐头笋等，为我国消费者所喜爱并出口外销。

芽苗菜泛指利用植物的种子、根茎、枝条等繁殖材料，在黑暗或弱光条件下生长出可供食用的芽苗、芽球、嫩芽、幼茎或幼梢的一类速生速成蔬菜。

一、芦笋

芦笋又称石刁柏、龙须菜，百合科，原产地中海沿岸一带，20世纪初传入我国。以刚萌发的嫩茎为产品，可鲜食或制罐，质地鲜嫩，风味鲜美，柔嫩可口，除了能佐餐、增食欲、助消化、补充维生素和矿物质外，因含有较多的天冬酰胺、天冬氨酸及其他多种甾体皂苷物质，可防癌抗癌，对心血管病、水肿、膀胱等疾病均有疗效。芦笋幼茎在出土前采收的，或用培土法栽培的，色白质嫩，称白芦笋；幼茎出土后见光变绿，称绿芦笋。前者主要用于加工，后者常用于鲜食。

（一）生物学特性

1. 植物学特征　芦笋为多年生宿根植物。根由肉质贮藏根和须状吸收根组成，肉质贮藏根由地下根状茎节发生，寿命长。肉质贮藏根上发生须状吸收根，须状吸收根寿命短，在不良条件下随时都会发生萎缩。芦笋根群发达，但主要根群分布在30 cm耕层内。茎分为地下根状茎、鳞芽和地上茎3种。根状茎有许多节，节上着生鳞芽，鳞芽萌发形成鳞茎产品器官或地上植株。以地下根茎和根越冬，翌年春暖后由地下茎基部的鳞芽抽生地上茎，新生的地上嫩茎即为产品。叶有真叶和拟叶两种。真叶是一种退化了的叶片，着生在地上茎的节上，呈三角形薄膜状的鳞片；拟叶是一种变态枝，簇生，针状。雌雄异株，花小，淡黄绿色，虫媒花。浆果圆球形，种子黑色坚硬，半圆球形，千粒重约20 g，种子易丧失发芽力，生产上宜用新种子。

2. 生长发育周期 从播种或定植大田至植株衰老经历10～20年，生命周期分为幼苗期、幼龄期、成熟期及衰老期4个阶段。从播种到移栽大田为幼苗期，一般需3～4个月。幼龄期从定植大田到投产采笋初期，有效生长时间6～10个月，在热带和亚热带地区的时期较短，在温带和寒冷地带的时期较长。成熟期从开始采笋的翌年算起，至植株衰老和产量呈抛物线下降时的一段时期，在长江流域及其以北地区可达8～12年，在华南地区仅6年。衰老期植株生长势明显减弱，细小笋及畸形笋增加，采笋量大幅度下降。

3. 对环境条件的要求 芦笋对温度适应性很强，既耐寒，又耐热，从亚寒带至亚热带均能栽培。种子发芽始温为5℃，适温为25～30℃，高于30℃发芽率、发芽势明显下降。生长最适温度为25～28℃。在冬季寒冷地区地上部枯萎，根状茎和肉质根进入休眠期越冬；在冬季温暖地区，休眠期不明显。休眠期极耐低温。春季地温回升到5℃时鳞芽开始萌动；10℃以上嫩茎开始伸长；15～17℃最适于嫩芽形成；25℃以上嫩芽细弱，鳞片开散，组织老化；30℃嫩芽伸长最快；35～37℃植株生长受抑制，甚至枯萎进入夏眠。

芦笋属喜光植物，需充足光照，特别是在采笋后地上部生长期间，充足的光照才能保证下一个采笋期的产量和品质。

芦笋真叶片已退化，叶蒸发量少，贮藏根系发达，能耐干旱，但采笋期过于干旱影响产量和品质。芦笋极不耐涝，积水会导致根腐而死亡，故栽植地块应高燥，雨季注意排水。适于富含有机质的沙壤土，在土壤疏松、土层深厚、保肥保水、透气性良好的肥沃土壤上生长良好。能耐轻度盐碱，但土壤含盐量超过0.2%时，植株发育受到明显影响，吸收根萎缩，茎叶细弱，逐渐枯死。对土壤酸碱度的适应性较强，pH 5.5～7.8的土壤均可栽培，以pH 6～6.7最为适宜。

（二）品种类型和栽培季节

1. 类型和品种 芦笋按嫩茎抽生早晚分早熟、中熟、晚熟3种类型。早熟类型茎多而细，晚熟类型嫩茎少而粗。我国品种多引自欧美等国家，目前常用国外品种如UC800、玛丽华盛顿、UC157、荷兰全雄、西德全雄、美国的阿波罗、泽西系列等。国内白芦笋品种如鲁芦笋1号、芦笋王子、硕丰等，绿芦笋品种如88-5改良系、冠军、绿丰等。

2. 栽培季节 芦笋为多年生宿根作物，多作露地栽培，春、秋两季均可播种繁殖，多年生植株每年春季采收。

（三）栽培技术

1. 播种育苗 可分株繁殖和种子繁殖。分株繁殖能保持品种特性，但繁殖系数小，定植后长势弱，产量低，寿命短，一般只作良种繁育栽培。种子繁殖系数大，长势强，产量高，寿命长，适于大面积生产。长江流域在4～5月播种，以4～5 cm地温达10℃以上时为播种适宜期。也可用设施育苗，再移植到苗圃地生长。在生长季长的地区，以芦笋苗生长5～6个月为定植苗标准，来推算播种期。在芦笋没有休眠期的南方地区，除夏季暴雨期外均可播种，但以春季3～4月、秋季9～10月最为适宜。

2. 整地定植 选择土层深厚、富含有机质、保肥保水力强的疏松沙壤土、壤土或冲积沙土，定植前撒施堆肥 37.5～45 t/hm^{2}后耕翻，地面整平后开种植沟。采收白芦笋的沟距 180 cm 左右，采收绿芦笋的沟距约 150 cm，沟宽约 40 cm，深 25～30 cm。再将 3.0 t/hm^{2}左右堆肥均匀施于沟底，与土拌匀，其上撒施三元复合肥 300 kg/hm^{2}及畜禽肥 7.5～15 t/hm^2，肥料上铺土后留沟深 6～9 cm 即可栽苗。定植需在休眠期进行，长江流域宜在秋末冬初秧苗地上部枯黄时定植，或在春季定植。南方无休眠期的地区，应避免高温多雨时定植，一般以 3～4 月或 10～11 月定植为好。

3. 肥水管理 定植后苗高约 10 cm 时可随水施 1 次氮肥（尿素 90 kg/hm^2），以后视生长情况，再施 1～2 次追肥，每次施尿素 150 kg/hm^2。夏季高温干旱，要及时灌水，入秋后结合灌水，追施 1～2 次速效化肥，每次可施尿素 150 kg/hm^2，使株丛茂盛。

定植第 2 年春季出苗后，生长期间施 2～3 次追肥，每次可施尿素 150 kg/hm^2。植株进入秋发阶段，苗回青后追施尿素 150 kg/hm^2，为下年生长打下良好基础。

定植后第 2 年一般不采收嫩茎，第 3 年春季嫩茎采收结束后，在发生绿色株丛时期重点施肥。随着株丛发展，肥料用量要适当增加，每次施磷酸二铵或三元复合肥 225～300 kg/hm^2。

采笋期间应保持土壤湿润，促使嫩茎抽生并粗壮，保障组织柔嫩品质好。高温季节，干旱应及时灌水，大风暴雨应及时排水，避免偏施过多氮肥，必要时需设立支柱防倒伏。

4. 中耕培土 进入采收期后，应培土以增加白芦笋产品长度。在春季地温接近 10℃、即将出笋前 10～15 d，从行间掘土，将土块打细碎后培到根上方。到定植后第 3 年开始采收嫩茎时使培土厚度达 16～20 cm，第 4 年以后培土厚度从 23～26 cm 逐渐增加到 33 cm 以上，以地下茎埋入地下 26～30 cm 为准。可在畦面插上培土标尺，每次按标尺刻度培土，培土后平整表土并稍拍紧，防止漏光和崩塌。嫩茎采收结束，即把壅培的土垄耙掉，使畦面恢复到培土前的高度，保持地下茎在土表下约 16 cm 处。

5. 采收 春季当地温稳定在 10℃以上时进入采收季节。从培土到采笋需 15～20 d，华北各地在 4 月上中旬开始采笋。一般第 1 年采收期以 20～30 d 为宜，第 2 年采收期 30～40 d，以后可延长到 60 d 左右，采收结束应给植株留 90 d 以上的恢复生长时间。

采收白芦笋者，在垄面观察，若发现垄面有龟裂或顶瓦现象，下面即有可采之笋。采收绿芦笋者，于嫩茎高 23～26 cm 时低于土面 3～5 cm 割下。产笋盛期每天早、晚各收 1 次。

二、金针菜

金针菜又称黄花菜、萱草、忘忧草、安神菜、鹿葱、疗愁等，百合科萱草属，原产亚洲和欧洲，在我国已有 2 000 余年的栽培历史。以含苞待放的花蕾为食用器官，嫩叶亦可食用。每 100 g 新鲜金针菜含蛋白质 2.9 g、脂肪 0.5 g、碳水化合物 11.6 g、胡萝卜素 1.17 mg、硫胺素 0.19 mg、核黄素 0.13 mg、尼克酸 1.1 mg、维生素 C 33 mg、钙 73 mg、磷 69 mg、铁 1.4 mg，还含有各种氨基酸。金针菜食用方法多样，干鲜、荤素皆宜，炒、炸、烧、炖汤均可，色、香、味俱佳，还可用于加工金针酒、金针脯、金针饮料、蜜饯金针、酱黄花罐头、黄花猪脚罐头等系列产品。

（一）生物学特性

1. 植物学特征　金针菜根丛生，叶细似兰，含苞待放的花蕾亮黄似金针。不定根从短缩根状茎的茎节处发生，有10～20条纺锤形或绳索状的肉质贮藏根，直径0.5～1 cm，嫩白，可食。根群主要分布在10～35 cm耕层土中，每年轮生新根，老根自然腐朽，栽培上针对这种“跳根”现象应培土围蔸。叶基生，排成2列，条状。聚伞花序，雄蕊6枚，雌蕊1枚。蒴果长圆形，内含约10粒种子。地上部分不耐寒，遇霜冻即枯死，地下部分抗寒能力强，可安全越冬。生长适温为14～20℃，开花适温为20～25℃。对光照适应范围广，耐旱、耐瘠薄。

2. 生长发育周期　金针菜为多年生草本，年生长周期经历春苗期、抽薹结蕾期、夏眠期、秋苗期、冬眠期。开春后幼苗出土到显薹前为春苗期，主要生长叶片；从花薹露出叶丛到花蕾采摘结束为抽薹结蕾期，养分集中供应花薹和花蕾；采蕾结束后进入夏季高温多雨期，植株也进入短暂的夏眠期，是挖蔸分株移栽佳期；夏眠后进入秋季凉爽季节，植株又恢复生长，进行分蘖和秋苗生长；霜冻后植株地上部枯死，进入冬眠期，为强迫休眠，不同品种需要达到不同的蓄冷量，地下部分可在土中安全越冬，翌春再抽生春苗。

3. 对环境条件的要求　金针菜地上部不耐霜冻，遇霜枯死，地下短缩茎和肉质根耐寒力极强，在高寒地区亦能安全越冬。旬平均气温5℃以上幼苗开始出土，叶丛生长适温为14～20℃，抽薹开花期要求20～25℃。对光照适应范围广，可在桑园、果园间作，但在光照条件适宜时产量高。金针菜虽耐干旱，但花薹生长期需水量大，特别是采蕾期，若遇干旱花蕾易脱落，故应保持地面湿润，但忌土壤积水。金针菜对土壤适应性很强，耐旱、耐瘠薄，山坡、平地、梯田、丘陵山区均可种植，从酸性红黄土到弱碱性土都能生长。栽植后1～4年植株需肥量小，分蘖多的老年植株需肥量大，应增施肥料。

（二）品种类型和栽培季节

1. 类型和品种　我国金针菜品种有50个以上，著名的品种有茶子花、大八杈、大菜、大荔黄花菜、大同黄花菜、大鸟嘴、荆州花、秋八尺、小黄壳早熟等。根据采收期可分为早熟、中熟和晚熟品种。早熟品种一般5月下旬采收，中熟品种6月上中旬采收，晚熟品种6月下旬开始采收。

2. 栽培季节　金针菜在我国分布广泛，主产区有甘肃庆阳、湖南祁东、山西大同、陕西大荔、四川渠县、江苏宿迁等。多露地栽培，早春或晚秋土壤封冻前分株繁殖，每年5～6月采收，高产期因管理条件而异，可持续8～15年。1年以上的老株在采蕾期后，每年挖出1/6～1/5作为种苗逐步更新。北方地区采用日光温室种植，3月中下旬至4月上旬即开始采收。

（三）栽培技术

1. 深翻整地　金针菜耐瘠薄、耐旱，对土壤要求不严，山坡或平原地都可栽培。但因其具有肥大的肉质根系，需要疏松的土壤条件才能保证其健壮生长。定植前应深翻30 cm以上，结合深翻，施腐熟优质农家肥75 t/hm^2、过磷酸钙750 kg/hm^2，然后耙耱整平。

2. 繁殖方法　有分株繁殖和种子繁殖。分株繁殖采用较普遍，方法是选健壮、无病害株丛，在花蕾采收完毕到秋苗抽生前，挖取株丛的1/4～1/3分蘖作为种苗，连根从短缩茎切分，剪去衰老根和块状肉质根，将长条肉质根剪短，即可栽植。种子繁殖是快速生产种苗的方法，但种子发芽率低，需先浸种催芽，播后1年才可定植。

3. 定植 秋栽在中秋至深秋栽植较好，最迟应在土壤封冻前进行；春栽在土壤解冻后萌芽前进行为好。宜采用宽窄行栽植，宽行100 cm，窄行67 cm，穴距50 cm，栽植深度10～15 cm。

4. 中耕培土 每年春季中耕2～3次。第1次在幼苗正出土时进行，最后1次在抽薹期进行，并结合中耕进行培土。

5. 肥水管理 施肥的原则是早施苗肥、重施薹肥、补施蕾肥、施足冬肥。金针菜在抽薹期和蕾期对水分敏感，缺水会造成严重落蕾，是水分管理的关键时期，应根据土壤墒情适时灌水2～3次，避免因干旱而减产。

6. 采摘与加工 每年花蕾采收期30～80 d，在花蕾饱满、长度适宜、颜色黄绿、花苞上纵沟明显、蜜汁显著减少时采摘。采后立即加工，利用高温蒸汽热迅速使细胞丧失活性，保持营养物质并加速干燥。先蒸10～30 min，以蒸筛上花蕾高度下降一半、花蕾上密布细小水珠、颜色由黄绿变淡黄、手持花梗基部花蕾略向下垂为度。出锅后置通风处摊晾数小时，再暴晒2～3 d，含水量15%～16%时装包，或在烤房内干燥后包装。每100 kg鲜蕾可加工干制品15～18 kg。

三、芽苗菜

芽苗菜种类很多，有绿豆芽、黄豆芽、黑豆芽、豌豆苗、蚕豆芽、红豆芽、苜蓿芽、萝卜芽、蕹菜芽、白菜芽、芥菜芽、芝麻芽、荞麦芽、小麦芽、花生芽、香椿芽、紫苏芽等。芽苗菜生长期很短，其营养主要来自种子或植物的贮藏器官，一般不需使用肥料和农药，是一类食疗兼备的绿色蔬菜。

（一）生物学特性

1. 形态和生长特性 各种芽苗菜的亲缘关系疏远不同，植物学特征也各异，但食用器官和生长发育也有许多共同点。

①主要为异养生活。芽苗菜完全或主要依靠种子、营养器官贮藏的营养进行生长，因而为异养生活，其生长状况与种子或营养繁殖体关系很大。

②生长速度快，生长期很短，产品器官很幼嫩。芽苗菜的生长期一般为7～15 d，因而产品很幼嫩，富含维生素、氨基酸等营养。如黄豆芽、萝卜芽是在发芽期采收的，豌豆苗是在幼苗期采收的，其产品柔嫩，口感极佳，风味独特，易于消化，是优质、保健、高档蔬菜。

2. 对环境条件的要求

（1）水分 水分是芽苗菜生长最重要的条件之一。浸种时水分保持在种子最大吸水量的50%～70%，豆类需种子最大吸水量的50%，其他种类需70%才可满足发芽需要。在萌发和生长过程中要求60%～70%的空气相对湿度。

（2）温度 温度是芽苗菜生长的重要条件。芽苗菜发芽和生长适温为20～25℃，夜间不低于16℃。当外界平均气温在18℃时，可在露地生产；外界气温不适宜时，应在日光温室、塑料大棚、中棚、小棚、风障阳畦内或有锅炉、暖气等加热设施的房屋内进行。外界气温过高时，应有遮阳网、空调等降温设施。

(3) 通气条件 氧气充足，芽苗菜呼吸代谢旺盛，生长细弱，纤维化严重，影响品质。如果采取控制空气流通的方法，适度降低空气含氧量，就可以减少呼吸消耗，有利于生产出胚轴粗壮、纤维化轻、质地鲜嫩的芽苗菜。但水分过多会引起芽苗无氧呼吸而坏死。

(4) 光照 芽苗菜生长一般要求黑暗或弱光条件，光与芽苗菜的质地和颜色有密切关系。有的芽苗菜如绿豆芽、黄豆芽等以粗壮、质脆、洁白、子叶淡黄为上乘，生产过程中一般不需要强光；而豌豆苗、香椿芽、萝卜芽等不仅要求质脆鲜嫩，而且要求带有鲜艳的绿色，室内应保持2 000～5 000 lx的光照度。

(二) 类型和栽培季节

1. 类型 根据生长的营养来源，芽苗菜主要分为种芽苗和体芽苗两类。前者指利用种子中贮藏的养分直接培育成的嫩芽或苗，如黄豆芽、绿豆芽、蚕豆芽、香椿芽、豌豆苗、萝卜芽、荞麦芽、苜蓿芽等；后者指利用二年生或多年生作物的宿根、肉质直根、根茎或枝条中积累的养分，培育成芽球、嫩芽、幼茎或幼梢，如芽球菊苣、姜芽等。

2. 栽培季节和茬次 芽苗菜生产周期短，可利用多种栽培场所（室外、温室大棚、窑洞等）和形式（假植囤栽、遮光软化栽培、盘栽、盆栽等，土壤栽培、无土栽培，平面栽培、立体栽培）生产，因而一年四季均可栽培。

芽苗类蔬菜多为速生蔬菜。种芽苗在适宜的温度、湿度条件下最快5～6 d即可完成1个生长周期，最慢的也只需20 d左右，平均1年可以生产30茬次，其茬次安排灵活。

(三) 生产设施和栽培技术

1. 生产设施 为了提高产品质量，芽苗菜生产场地应达到清洁、无污染的要求。栽培设施及栽培器材应遵循因陋就简、就地取材、注重实效的原则。目前，一般利用日光温室和塑料大棚、中棚、小棚及闲置厂房、农舍等设施进行生产，还需要以下配套设施。

(1) 栽培架和集装架 设置栽培架可以提高生产场地利用率，充分利用空间。栽培架可用角铁、竹竿、木棍等焊接或钉制而成，架高2 m左右，宽50～60 cm，长1.2 m，可分6层，每层25～30 cm高，每层可放6个苗盘，每架共计摆放36盘。栽培架的设计和制作应注意方便操作、利于采光、结构合理、坚固耐用。集装架与栽培架基本相同，但层间距缩小，便于整盘活体销售时提高运输效率。

(2) 栽培容器与基质 常选用轻质的塑料蔬菜育苗盘，如外径长62 cm、宽23.6 cm、高3.8 cm，或长60 cm、宽25 cm、高5 cm的塑料盘。也可用木板、铝皮等做成这种标准的盘代用。

芽苗菜的栽培基质很多，有白棉布、无纺布、泡沫塑料片、纸张（报纸、餐巾纸、包装纸等）、珍珠岩、蛭石、河沙等，要求无毒、质轻、吸水保水力强，使用后残留物易处理，不污染环境。

(3) 喷淋装置 有喷雾器、喷枪、淋浴喷头、自制浇水壶、细孔加密喷头、微喷装置等，依条件和需要选择。

（4）浸种器具　依据生产规模的不同，可以选用盆、缸、桶、浴缸、砖砌水泥池等，忌用铁质容器。

2. 栽培技术　以豌豆芽苗菜生产为例。

豌豆芽苗菜是以豌豆种子萌发形成的肥嫩幼苗为产品。可以土培，按 3 cm 行距条播，当幼苗具 2～3 片真叶、高 3～5 cm 时整株采收。但目前主要采用苗盘无土栽培。

（1）品种选择　大多数豌豆品种可用于生产豌豆苗，在生产上利用较多的是青豌豆、山西小灰豌豆等品种。

（2）种子处理　主要是浸种和消毒。通过人工或机械处理或盐水漂洗进行种子筛选，去除虫蛀、破损、畸形、霉烂的种子，选取种皮厚、千粒重在 150～180 g、表面光滑饱满、发芽率在 95%以上、纯度和净度高、发芽势及抗病性强、产量高的种子。然后，用 20～25℃清水浸泡 24 h，搓洗掉种子上的黏液，结合浸种进行种子消毒。最后用清水冲净，沥干备播。

（3）播种　在消过毒的塑料盘内铺 1 层浸湿的报纸、无纺布或白棉布等基质，再均匀铺满 1 层浸过种的豌豆种子，播后盖湿报纸或其他基质保湿，然后叠盘，最上面盖干净的湿麻袋以保持黑暗和湿润。

（4）催芽　将播种叠盘后的种盘移入 18～22℃催芽室催芽，每天用 18～25℃水喷淋 1～2 次，保持相对湿度 80%左右，结合喷水剔除坏死霉烂种子，并调换苗盘位置，以使受温均匀。2～3 d 后，芽苗高 1～2 cm 时把苗盘移入培养室。

（5）栽培管理　将催芽后的苗盘分开摆放在栽培架上，保持 18～23℃的温度和散射光条件，低于 14℃应加温，高于 35℃应降温。避免过强光照和直射光，光照度尽量控制在 2 000～3 000 lx。生长期间每天喷淋 1～2 次水，保持相对湿度 80%左右。阴雨、雾雪天气或棚室内温度较低、湿度较大时，喷水间隔时间可长一些，喷水量少一些；晴朗天气，棚室内温度较高、湿度较小时，喷水间隔时间可短一些，喷水量大一些。在苗高 3～8 cm 期间，喷水量要大，要喷透，以盘底流水为宜。苗高 8 cm 以后，根须发达，可用较细的莲花喷头或者喷雾器喷淋，始终保持茎叶湿润，不可积水。

3. 上市标准　豌豆苗的上市标准是：苗高 10～15 cm，下半截乳白晶莹，上半截浅黄绿色，整齐一致，无烂脖，无烂茎，无死叶；顶部复叶刚刚展开，柔嫩鲜亮；具有豆味清香，无异味。

为了保持豌豆苗鲜嫩漂亮和便于存放，各地市场一般都是整盘批发，或者直销供应饭店。割收豌豆苗后的根毡，可以回收作为家畜饲料，或堆沤有机肥。

复习思考题

1. 番茄、茄子和辣椒对环境条件的要求有何差异？
2. 茄果类蔬菜落花落果的原因有哪些？如何保花保果？
3. 试述茄果类蔬菜冬春育苗的技术要点。
4. 试述番茄植株调整的内容和技术要点。

5. 请分析番茄、辣椒和茄子的植物学器官特征与其栽培技术间的关系。
6. 瓜类蔬菜的生物学特性和栽培技术有哪些共性？
7. 黄瓜花芽分化有何特点？如何进行花的性别调控？
8. 简述日光温室越冬茬黄瓜栽培的技术要点。
9. 西瓜的整枝方式有哪些？
10. 西瓜为什么要压蔓？简述西瓜压蔓的技术要点。
11. 菜豆、豇豆、豌豆在生物学特性上有哪些异同点？
12. 请分析豆类蔬菜落花落荚的原因及防控落花落荚的途径和方法。
13. 结球芸薹类蔬菜的生物学特性和栽培技术有哪些共性？
14. 大白菜结球变种包括哪几个基本生态型？其主要区别是什么？
15. 请比较说明防控春结球甘蓝和春大白菜未熟抽薹技术措施的异同点。
16. 请总结说明秋播大白菜从播种到叶球收获，各时期灌水和施肥的技术要点及依据。
17. 绿叶嫩茎类蔬菜有哪些主要种类？它们在生物学特性和栽培技术上有哪些共性？
18. 请分析总结夏秋芹菜育苗的技术要点。
19. 葱蒜类蔬菜有哪些主要种类？其生物学特性和栽培技术有哪些共性？
20. 请分析韭菜分蘖与跳根、跳根与栽培管理的关系。
21. 请分析韭菜栽培中养根与收割的关系。
22. 请分析总结洋葱未熟抽薹的原因及防控措施。
23. 大葱栽培中为何要培土？怎样进行培土？
24. 各地大蒜播种季节和播种期确定的依据是什么？
25. 肉质直根类蔬菜肉质根解剖结构有哪几种类型？各有何特点？
26. 秋播胡萝卜出苗难和出苗差的原因有哪些？生产上如何保证苗齐和苗全？
27. 马铃薯在生长过程中，经过了哪几个时期和哪几个阶段的变化？
28. 请分析姜的生物学特性与田间管理技术的关系。
29. 莲藕生产过程中需要什么样的环境条件？怎样实现莲藕高产？
30. 茭白产品器官形成的条件是什么？
31. 白芦笋和绿芦笋采收和管理方法有何异同？
32. 试述金针菜的采收标准及加工方法。
33. 芽苗菜有哪些类型和主要种类？
34. 请总结说明种芽苗菜生产的技术要点。

第八章
观赏园艺

本章提要 一二年生花卉一串红、矮牵牛、大花三色堇、瓜叶菊、金鱼草，宿根花卉菊花、芍药、鸢尾、香石竹、君子兰，球根花卉郁金香、仙客来、百合、水仙、朱顶红，室内观叶植物花叶万年青、绿萝、巴西木、肾蕨、凤梨，兰科花卉兰属、蝴蝶兰属、兜兰属、卡特兰属，水生花卉荷花和睡莲，木本花卉牡丹、杜鹃、切花月季、梅花、山茶，多浆植物金琥、蟹爪兰、昙花、虎刺梅、石莲花等，都是常见花卉。本章分8节介绍了这8类花卉的共性，并比较系统地介绍了这些种类的形态特征、生态习性、繁殖方法、栽培管理及应用等。第九节还从插花艺术、盆花在室内的陈设、艺栽、花坛等方面介绍了花卉装饰与应用。

花是被子植物的繁殖器官，卉是草的总称。以前狭义的花卉是指具有观赏价值的草本植物。随着人类生活、生产、科学技术、文化水平的不断发展，花卉的使用范围也在不断扩大。现在广义的花卉除了指具有观赏价值的草本花卉外，还包括草本或木本的地被植物、花灌木、开花乔木以及盆景、插花等，即具有一定观赏价值，并经过一定技艺进行栽培和养护的植物，有观花、观叶、观芽、观茎、观果和观根的花卉，也有欣赏其姿态或闻其香的花卉；现在，有一些特殊习性的植物也可以作为花卉被大众观赏栽培，如含羞草、猪笼草等。从低等植物到高等植物，从水生植物到陆生和气生植物，有草本、木本，有灌木、乔木和藤本，种类繁多，范围较广，也经常称之为观赏植物。

我国的花卉栽培历史及文化十分悠久，在人类历史文化的发展中做出了卓越的贡献，被世人称为“世界园林之母”。随着人们物质文化生活水平的不断提高，对花卉的栽培和观赏也提出了更高的要求。

第一节　一二年生花卉

一二年生花卉是一年生花卉和二年生花卉的合称。一年生花卉（annual ornamental plant）是指在一年四季之内完成播种、开花、结实、枯死的全部生活史的植物，又称春播花卉。典型的一年生花卉有鸡冠花、百日草、半支莲、翠菊、牵牛花等。依其对温度的要求可分为耐寒、半耐寒和不耐寒3类。耐寒型不仅苗期耐霜冻，而且在低温下还可继续生长；半耐寒型遇霜冻会受害，甚至会死亡；不耐寒型原产热带地区，遇霜立刻死亡，生长期要求高温。

二年生花卉（biennial ornamental plant）是指在两个生长季内完成生活史的花卉。从播种、开花、结实到死亡，跨越两个年头，第1年只进行营养生长，然后必须经过冬季的低温，第2年才开花结实、死亡。如风铃草、毛蕊花、毛地黄、美国石竹、紫罗兰、桂竹

香、绿绒蒿等。典型的二年生花卉第1年进行营养生长，并形成贮藏器官，它与耐寒型一年生花卉的区别是耐寒型一年生花卉为苗期越冬，来年春天生长。二年生花卉中有些本为多年生，但作二年生花卉栽培，如蜀葵、三色堇、四季报春等。二年生花卉耐寒力强，有的在0℃以下还会生长，但不耐高温。苗期要求短日照，在0～10℃低温下通过春化作用才可继续生长，生长过程则要求长日照，在长日照下开花。

一二年生花卉还具有以下特点：

①种类多、枝繁叶茂、花色鲜艳、观赏效果好，在园林绿地中起到画龙点睛的作用。如一串红、鸡冠花、百日草、万寿菊、三色堇、矮牵牛、金盏菊、雏菊、石竹、美女樱、香雪球等，均是布置各种花坛、花境、花丛、花群的重要材料。由于这类花卉适应性强、应用方便、利用率高，有长期观赏的效果，深受世界各国人们的喜爱。目前新品种不断出现，除园林绿地应用的草花品种外，还有适合盆栽观赏的新品种，如瓜叶菊、报春花、蒲包花、心叶藿香蓟等；有适合切花生产的新品种，如金鱼草、飞燕草、紫罗兰、香豌豆、观赏向日葵、翠菊等。

②繁殖方法以播种繁殖为主，无性繁殖主要用于保存新、优、奇、特品种。春播我国南方一般在2月下旬到3月上旬，北方在3月下旬到4月上中旬。为了提早开花，也可以在温室或阳畦中提前播种。秋播我国南方多在9月下旬至10月上旬，北方在8月下旬至9月上中旬。高寒地区二年生花卉也可春播。传统的育苗方法通常不用进行种子处理，大粒种子在苗床撒播，小粒或微粒种子在种植箱或盆钵撒播。覆土厚度以不见种子即可，微粒种子也可不覆土。苗床在播种前充分灌水，保持床内湿润，播后床可覆盖薄膜或稻草保湿，待幼苗出土后逐渐撤掉。箱播或盆播采用浸盆法供水，使基质湿润，播后箱或盆上盖玻璃或报纸放置阴凉处，待种子发芽后揭去覆盖物，逐步移向有光处。齐苗后及时间除弱苗或杂苗，当幼苗具3～4片真叶时可进行第1次移植，边起苗、边栽植、边浇水。经2～3次移植后，即可定植到花坛中。直根系花卉，如飞燕草、虞美人、矢车菊、花菱草、牵牛花、茑萝、地肤等一般不能移植，或尽量少移植，或采用营养钵或穴盘育苗，以保护根系。

③栽培管理简单，按照季节要求适时播种，进行简单的肥水管理即可正常生长和开花结果。调控开花时间或二次开花，可以通过摘心、抹芽等方法，促使侧枝萌发，增加开花枝数，使植株矮化、株型整齐，提高其观赏效果，同时控制花期。但某些花卉有主枝开花的习性，不能进行摘心。如鸡冠花、凤仙花、观赏向日葵等，主枝花多且大，摘心会降低观赏价值。而三色堇、雏菊、石竹等因本身植株矮小，分枝又多，也不需摘心。

④多用种子繁殖。一般留种应选阳光充足、气温凉爽的季节，此时结实多且饱满。对于花期长、能连续开花的一二年生花卉，采种应多次进行。如凤仙花、半支莲、罂粟花、虞美人、金鱼草在果实黄熟时可采种；三色堇当蒴果上翘，果皮即将发白时即可采取；一串红、银边翠、美女樱、醉蝶花、茑萝、紫茉莉等，需随时留意采收；翠菊、百日草等菊科草花，当头状花序花谢发黄，瘦果松散后采种。金鱼草、三色堇、瓜叶菊、紫罗兰等异花授粉的不同品种间应隔离，以防止品种间混杂。

种子应在低温、干燥的条件下贮藏，忌高温高湿，以密闭、冷凉、黑暗环境为宜。

一串红

一、一串红

一串红（*Salvia splendens*）别名墙下红、象牙红、爆仗红、拉尔维亚，唇形科鼠尾草属，原产于南美巴西，在我国各地庭院中广泛栽培。

（一）生物学特性

1. 形态特征 一串红为多年生亚灌木状草本（图8-1），作一年生栽培。茎直立，钝四棱形，高50～80 cm。叶对生，卵形至心脏形，叶柄长6～12 cm，顶端尖，边缘具牙齿状锯齿。顶生总状花序，有时分枝达5～8 cm长；花2～6朵轮生；苞片红色，萼钟状，当花瓣凋落后其花萼宿存，鲜红色；花冠唇形筒状伸出萼外，长达5 cm；花有鲜红、粉、红、紫、淡紫、白等色。花期一般7～10月，现在也可以全年播种、四季见花。种子生于萼筒基部，成熟种子为卵形，浅褐色，果熟期8～11月。

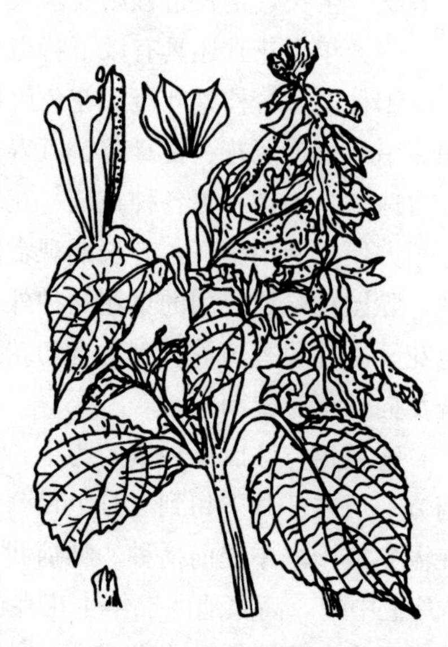
图8-1 一串红

2. 生态习性 不耐寒，生育适温为24℃，当温度为14℃时茎的伸长生长受到抑制。一串红原为短日性植物，经人工培育选出日中性和长日性品种。喜阳光充足，也稍耐半阴，喜疏松肥沃和排水良好的沙质壤土。

（二）栽培与应用

1. 繁殖方法 以播种繁殖为主，可于晚霜后露地苗床播种，或提早在设施内播种。在20～22℃经10～14 d发芽，低于10℃不发芽。也可扦插繁殖，在春、秋两季均可扦插。

2. 栽培管理 苗期注意防猝倒病，幼苗长出真叶后进行第1次分苗，5～6片叶时进行第2次分苗，也可直接移入营养钵，在温室中进行管理；或在4月下旬移入温床或大棚中管理。如需要盆栽的，可在5月上旬将大苗移植到17～20 cm花盆中。北方一般5月下旬可以定植到露地。一串红从播种到开花大约150 d，为了使植株呈丛生状，可以摘心，但摘心将推迟花期，所以摘心时应注意园林应用时期。生长季节可在花前花后追施磷肥，使花大色艳。一串红花期较长，从夏天一直开到第1次下霜，南方可在花后距地面10～20 cm处剪除花枝，加强肥水管理，还可再度开花。一串红种子易散落，在早霜前应及时采收，当花序中部小花花萼失色时，剪取整个花序晾干脱粒。但种子在北方不易成熟，良种繁育应提前播种。

3. 应用 一串红花色艳丽，是花坛的主要材料，可栽于带状花坛或自然式纯植于林缘，还可以进行盆栽作为盆花摆放。

矮牵牛

二、矮牵牛

矮牵牛（*Petunia hybrida*）别名草牡丹、碧冬茄，茄科碧冬茄属，原产南美洲，各地广为栽培。

（一）生物学特性

1. 形态特征　矮牵牛为多年生草本，常作一二年生栽培，北方多作一年生栽培。株高20～45 cm，全株被腺毛。叶片卵形、全缘，近无柄，互生，嫩叶略对生。花单生叶腋或顶生，花萼5裂，裂片披针形，花冠漏斗状，花瓣变化多，有单瓣、重瓣、半重瓣，瓣边有波皱或是不规则锯齿等；花径5～8 cm；花色丰富，有白、红、粉、紫及中间各种花色，还有许多镶边品种等（图8-2）。花期5～10月。果实尖卵形，2瓣裂，种子细小。

图8-2　矮牵牛

2. 生态习性　矮牵牛原产南美洲，不耐寒，不耐霜冻，怕雨涝，喜向阳和排水良好的疏松沙质壤土。

（二）栽培与应用

1. 繁殖方法　矮牵牛主要采用播种繁殖，但一些重瓣品种和特别优异的品种需进行无性繁殖，如扦插和组织培养。

矮牵牛种子细小，幼苗生长缓慢，应在秋季10～11月或夏季6～7月播种。播种后不能覆盖任何介质，待幼苗长出真叶后，进行分苗，一般分两次苗，然后移植到温床中或营养钵中，待晚霜过后，便可移植于露地花坛中。也可以种于17～20 cm花盆中，用作盆花布置。因盆栽有倒伏现象，可在生长期进行修剪整枝，促使开花并控制高度。当蒴果尖端发黄时及时采收种子，防止脱落。因品种退化现象严重，所以应注意选种。现在播种多用杂种一代种子，无须留种。

2. 栽培管理　矮牵牛在早春和夏季需充分灌水，始终遵循不干不浇，浇则浇透的原则，但又忌高温、高湿。维持中等土壤肥力，土壤过肥易过旺生长，导致枝条伸长倒伏。

3. 应用　矮牵牛是花坛及露地园林绿化的重要材料，也可盆栽进行室内观赏，在温室中栽培可四季开花。

三、大花三色堇

大花三色堇

大花三色堇（*Viola × wittrockiana*）别名猫脸花、蝴蝶花，堇菜科堇菜属，原产欧洲，现世界各地均有栽培。

（一）生物学特性

1. 形态特征　多年生草本（图8-3）作二年生栽培，北方常作一年生栽培。植株高10～40 cm，地上茎较粗，茎光滑，单一或多分枝。叶互生，基生叶叶片长卵形或披针形，茎生叶较长，叶基部羽状深裂。花大，腋生，下垂，花瓣5枚，一瓣有短钝之距，两瓣有线状附属体，花冠呈蝴蝶状；花色有黄、白、紫3色，近代培育的三色堇花色极为丰富，有单色和复色品种，花形美，花色鲜艳而富于趣味性。花期3～8月。蒴果椭圆形，果熟期5～7月。

2. 生态习性 性喜光，喜凉爽湿润的气候，较为耐寒，不怕霜。在南方温暖地区，可露地越冬，故常作二年生栽培。要求疏松肥沃、排水良好、富含有机质的中性壤土或黏性壤土。

图 8-3 大花三色堇

（二）栽培与应用

1. 繁殖方法 主要采用种子繁殖，也可扦插和分株繁殖。

2. 栽培管理 一般秋播，在 8 月下旬播种，发芽适温 19℃，约 10 d 可萌发，出苗后经 2 次分苗后就可移植到阳畦或营养钵中。在北方 4 月上中旬可定植于露地，如果栽种过晚，则影响开花。三色堇喜肥沃土壤，种植地应多施基肥，最好是氮磷钾全肥。一般在 5～6 月开花的，种子 6 月末就可成熟，而且早春的种子质量好。7 月以后，由于天气炎热、空气湿度大，开花不良也难结种子。种子应及时采收，否则果实开裂，种子脱落。三色堇良种退化现象非常严重，应注意选种和引种。

3. 应用 三色堇色彩丰富，开花早，是优良的春季花坛材料；也可以盆栽，作为冬季或早春摆花之用。作为早春重要的园林花卉，宜植于花坛、花境、花池、岩石园、野趣园、自然风景区树下等，或作地被植物种植。由于其花形奇特，还可剪取花枝作艺术插花的素材。

四、瓜叶菊

瓜叶菊（*Pericallis hybrida*）别名千日莲、富贵菊、黄瓜花，菊科瓜叶菊属，原产北非大西洋上的加那利群岛。

（一）生物学特性

1. 形态特征 多年生草本（图 8-4）作一二年生栽培，北方作温室一二年生盆栽。叶大，具长柄，单叶互生，肾形或宽心形，硕大似瓜叶，表面浓绿，背面洒紫红色晕，叶面皱缩，叶缘波状有锯齿，掌状脉；叶柄长，有槽沟，基部呈耳状。全株密被柔毛。头状花序簇生呈伞房状生于茎顶，每个头状花序有总苞片 15～16 片，单瓣花有舌状花 10～18 枚。茎直立，高矮不一。花色除黄色外有红、粉、白、蓝、紫各色或具不同色彩的环纹和斑点，以蓝色和紫色为特色。花期从 12 月到次年 4 月。种子 5 月下旬成熟。瘦果黑色，纺锤形，具冠毛。

图 8-4 瓜叶菊

2. 生态习性 喜温暖湿润气候，不耐寒冷、酷暑与干燥，怕霜冻。适温为12～15℃，有的品种花芽分化要求18℃，一般要求夜温不低于5℃、日温不超过20℃。生长期要求光线充足，日照长短与花芽分化无关，但花芽形成后长日照促使提早开花。补充人工光照能防止茎的伸长。

（二）栽培与应用

1. 繁殖方法　以播种为主，也可扦插繁殖。

（1）播种繁殖　3～10月均可播种，5～8个月后开花。种子播于浅盆或木箱中，播种土应是富含有机质、排水良好的沙质壤土或蛭石等基质，并预先消毒。播后覆土以不见种子为度，浸灌、加盖玻璃或透明塑料薄膜，置遮阴处；也可以穴盘育苗。种子发芽适温为21℃，经3～5 d萌发，待成苗后逐渐揭去覆盖物，仍置遮阴处，保持土壤湿润，勿使干燥。

开花过程中，选植株健壮、花色艳丽、叶柄粗短、叶色浓绿植株作为留种母株，置于通风良好、日光充足处，摘除部分过密花枝，有利于种子成熟或进行人工授粉。当子房膨大、花瓣萎缩、花心呈白绒球状时即可采种。种子阴干贮藏，从授粉到种子成熟需40～60 d。

（2）扦插繁殖　重瓣品种为防止自然杂交或品质退化，可采用扦插或分株法繁殖。瓜叶菊开花后在5～6月，常于基部叶腋间生出侧芽，可取侧芽在清洁河沙中扦插，经20～30 d生根。扦插时可适当疏除叶片，以减少蒸腾，插后浇足水并遮阴防晒。若母株没有侧芽长出，可将茎高10 cm以上部分全部剪去，以促使侧芽发生。

2. 栽培管理　幼苗具2～3片真叶时进行第1次移植，株行距5 cm；7～8片真叶时移入口径为7 cm的小盆；10月中旬后定植于口径为18 cm的盆中。定植盆土用腐叶土、园土、豆饼粉、骨粉按30∶15∶3∶2的比例配制。生长期每2周施1次稀薄液态氮肥。花芽分化前停施氮肥，增施1～2次磷肥，促使花芽分化和花蕾发育。此时室温不宜过高，白天20℃，夜间7～8℃为宜，同时控制灌水。花期稍遮阴，置于通风良好、室温稍低、湿度较小的环境中，有利于延长花期。

3. 应用　瓜叶菊株型饱满，花朵美丽，花色繁多，是冬春季最常见的盆花，可供冬春室内布置。

五、金鱼草

金鱼草

金鱼草（*Antirrhinum majus*）别名龙头花、龙口花、狮子花，玄参科金鱼草属，原产地中海沿岸及北非，现世界各地广泛栽培。

（一）生物学特性

1. 形态特征　多年生草本（图8-5）作一二年生栽培。株高15～120 cm，茎直立，微有茸毛，基部木质化。下部叶对生，上部叶常呈螺旋状互生，叶片披针形或短圆状披针形，全缘。总状花序顶生，长达25 cm以上。小花具短梗，花冠筒状唇形，外被茸毛，长3～5 cm，基部膨大成囊状，上唇2浅裂，下唇平展至浅裂；花有紫、红、粉、黄、橙、栗、白等颜色，或具复色，且花色与茎色相关，茎洒红晕者花为红、紫色，茎绿色者为其他花色。花期5～7月。蒴果卵形，孔裂，含多数细小种子。

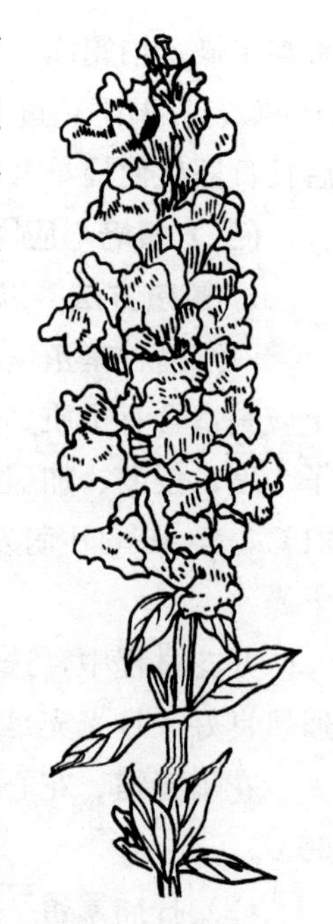
图 8-5 金鱼草

2. 生态习性 喜阳光，也能耐半阴。性较耐寒，不耐酷暑，可在0～12℃气温下生长。为典型的长日照植物，但有些品种不受日照长短的影响。花色鲜艳丰富，花期长。小花由花葶基部向上逐渐开放。喜排水良好、富含腐殖质、肥沃疏松的中性或微碱性土壤，在石灰质土壤中也能正常生长。

（二）栽培与应用

1. 繁殖方法 以播种繁殖为主。秋播或春播于疏松沙性混合土壤中，稍用细土覆盖，覆土切忌过厚，保持湿润，但勿太湿。在15℃条件下1～2周可发芽。若播种前将种子在2～5℃下冷凉处理几天，则有利于提高发芽率。也可采嫩枝进行扦插繁殖。

2. 栽培管理 单干生长的，株行距10 cm×15 cm；多干生长的，株行距15 cm×15 cm。栽植时浇透底水，栽后7 d内及时扶正、浇水。幼苗期浇水以见干见湿为度，花穗形成时应充分浇水，不能出现干燥；在阴凉条件下，应防止过度浇水。在生长旺盛阶段，追施磷酸二铵和磷酸二氢钾复合肥50 g/m^2，也可每7 d喷施1次0.2%磷酸二氢钾，同时注意防治蚜虫及锈病。金鱼草生长发育要求充足的光照，冬季生产应加补人工光照。花芽分化阶段适温为10～15℃，如出现0℃低温会造成盲花现象。营养生长阶段如温度太低，不利于形成健壮花穗，影响开花品质。金鱼草栽培期间应随生长高度逐渐设尼龙网扶持茎秆。采收切花的，最适期是在花穗下部的3朵花开时，尽量选较长茎秆剪下，在早晨和傍晚时采收有利于保鲜。由于金鱼草有向光性，采收后仍应直立放置，吸足水分，防止单侧光长期照射。

3. 应用 金鱼草花色鲜艳丰富，中、高性品种是作切花的良好材料，水养时间持久，也可用作花坛、花境的背景或中心布置。矮性品种可成片丛植于各类花坛、花境。与百日草、矮牵牛、万寿菊、一串红等配置效果尤佳。

第二节 宿根花卉

宿根花卉指地下部器官形态未变态成球状或块状的多年生草本观赏植物。依耐寒力不同，可分为耐寒性和不耐寒性两类。耐寒性宿根花卉原产温带，性耐寒或半耐寒，可以露地栽培，在冬季有完全休眠习性，地上部的茎叶秋冬全部枯死，地下部进入休眠，到春季气候转暖时地下部的芽或根蘖再萌发生长、开花，如芍药、鸢尾等；不耐寒性宿根花卉大多原产温带的温暖地区及热带、亚热带，耐寒力弱，在原产地冬季停止生长，叶片保持常绿和半休眠状态，如鹤望兰、花烛、君子兰等。宿根花卉具有以下特点：

①种类繁多，可满足多种需求。如布置花境、花丛、花群均离不开宿根花卉芍药、鸢尾、萱草、荷兰菊、宿根福禄考、假龙头花、早小菊、火炬花、耧斗菜等；以盆栽观赏，如丽格海棠、新几内亚凤仙、风铃草、非洲紫罗兰、红鹤芋、君子兰等都是一些名贵盆花材料，受到广大消费者的喜爱；菊花、香石竹、非洲菊、六出花、花烛、满天星、洋桔

梗、松果菊等宿根花卉又是重要的切花材料，具有很高的经济价值。

②适应性强。在宿根花卉中，有许多种具有耐寒、耐旱、耐瘠薄、耐盐碱、耐水湿等适应能力。如芍药、鸢尾、萱草、金光菊、假龙头花、一枝黄花、八宝、费菜等耐寒性强，在我国北方露地不需防寒就可以越冬；萱草、鸢尾、景天、蜀葵、玉簪等耐旱性比较强；荷兰菊、金光菊、蜀葵、八宝、费菜等耐瘠薄、耐盐碱；桔梗喜阳，玉簪耐阴；水生鸢尾可在水边生长等。

③繁殖容易。宿根花卉以分株和扦插繁殖为主，也可采用播种繁殖。掌握好栽培季节和方法，均能获得成功。

④栽培管理简单。宿根花卉一次种植，管理得当，可以连年多次开花。因此，种植前应深翻地达 40 cm 以上，多施基肥。一般幼苗期喜腐殖质丰富的疏松土壤，第 2 年以后则以黏质土壤为佳。在育苗期间注意进行灌水、施肥、中耕、除草等养护管理，但定植后管理简单，根据天气变化及时补充水分，苗期、花前、花后各追肥 1 次，秋季叶枯黄时可在植株周围施些腐熟厩肥或堆肥。

⑤观赏期不一，各季均有开花种类，可周年选用。

一、菊花

菊花
（小菊）

菊花（*Dendranthema morifolium*）别名黄花、节华、鞠等，菊科菊属，原产我国，世界各地广为栽培。

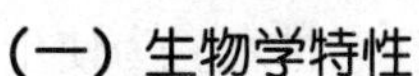

（一）生物学特性

1. 形态特征 多年生宿根草本（图 8－6），株高 30～150 cm。茎基部半木质化，茎青绿色至紫褐色，被柔毛。叶互生，有短柄，叶型大，卵形至广披针形，具较大锯齿或缺刻，托叶有或无。头状花序单生或数朵聚生枝顶，由舌状花和管状花组成。花序边缘为雌性舌状花，花色有白、黄、紫、粉、紫红、雪青、棕色、浅绿、复色、间色等，极为丰富；中心花为管状花，两性，多为黄绿色。花序直径 2～30 cm。种子（实为瘦果）褐色，细小，寿命 3～5 年。

图 8－6 菊 花

2. 生态习性

（1）对温度的要求 性喜冷凉，具有一定的耐寒性，小菊类耐寒性更强。在 5℃以上地上部分萌芽，10℃以上新芽伸长，16～21℃适宜生长，15～20℃花芽分化，但因品种不同临界温度不同。

（2）对光的要求 秋菊是典型的短日照植物，当日照减至 13.5 h、最低气温降至 15℃左右时，开始花芽分化；当日照缩短到 12.5 h、最低气温降至 10℃左右时，花蕾逐渐伸展。超过临界日长会使花芽发育异常。

（3）对土壤及营养的要求 适宜各种土壤，但以富含腐殖质、通气排水良好、中性偏酸（pH 5.5～6.5）的沙质壤土为好。菊花需要大量氮肥和钾肥，在营养生长早期约 7 周内维持高水平氮营养尤为重要。

（二）栽培与应用

1. 繁殖方法 可营养繁殖或播种繁殖。

（1）扦插繁殖 扦插在春夏季进行，以4～5月最为适宜。首先需培养采穗母株，一般选用越冬的脚芽，定植株行距（10～15）cm×（10～15）cm；植株生长到10 cm左右即可摘心，促进分枝；侧枝高达10～15 cm即可采取插穗。采穗时茎段需留有两片叶，使其再发枝，以便下次采穗。母株在栽植床内可保留13～21周，前后采4～5批，超过这一期限会引起芽的早熟，从而失去插穗的作用。

（2）分株繁殖 在清明前后进行，将植株掘出，依根的自然形态，带根分开，另植盆中。

（3）嫁接繁殖 以黄蒿、青蒿、白蒿为砧木，采用劈接法嫁接接穗品种的芽。

（4）播种繁殖 种子于冬季成熟，采收后晾干保存。3月中下旬播种，1～2周即可萌芽。实生苗初期生长缓慢。

2. 栽培管理 菊花栽培管理依栽培方式不同而有别。

（1）盆菊 当苗高10～13 cm时，留下部4～6片叶摘心，如需多留花头，可再次摘心。每次摘心后，可发生多数侧芽，除选留的侧芽外，其余均应及时剥除。生长期应经常追肥，可用豆饼水或化肥等。小苗10 d左右追肥1次，立秋后1周左右追肥1次，且浓度可稍加大，但在夏季高温及花芽分化期应停止施肥或少施肥。菊花需浇水充足，才能生长良好、花大色艳，现蕾后需水更多。在高温、雨水多的夏季，应注意排水。为使生长均匀、枝条直立，常设立支柱。

（2）切花菊 切花菊与盆菊对品种性状要求有很大差异。标准型切花菊要求选择花型规则的中、大型菊，以莲座形、半球形为好；花瓣质地厚实有光泽，花色明快，花茎短壮，花头向上；分枝性弱，直立强韧；叶片平展厚实，叶色浓绿。散射型切花菊宜选小花型的单瓣、复瓣、桂瓣或重瓣花品种，枝秆强韧，分枝角度适中，适宜用来插花。

切花生产应严格根据产花期、各品种自种植到开花需要天数、整形方式、栽培季节等因素确定定植期。定植株行距也应依栽培季节、品种特性、整枝方式而异。如单株2～3枝的标准菊夏秋季栽培的株行距为15 cm×（15～20）cm，冬季（18～22）cm×（18～22）cm。

为了促进分枝、调节生长势和控制花期，需要摘心。单枝的标准菊可以不摘心，从定植到开花时间短；单株多分枝栽培可减少单位面积苗数，但到开花期需要的时间长，适宜的摘心时期是定植后10～20 d。

3. 应用 菊花是优良的盆花、花坛、花境用花及重要的切花材料。花入药，有清热解毒、平肝明目等功效。

芍药

二、芍药

芍药（*Paeonia lactiflora*）别名将离、婪尾春、殿春、没骨花，芍药科芍药属，花中宰相。原产我国北部、朝鲜及西伯利亚，现世界各地广为栽培。

（一）生物学特性

1. 形态特征　多年生宿根草本（图 8-7）。具粗大的肉质根，茎簇生于根颈，初生茎叶褐红色，株高 60～120 cm。叶为二回三出羽状复叶，枝梢部分呈单叶状；小叶椭圆形至披针形，叶端长而尖，全缘微波。花 1～3 朵生于枝顶或于枝上部腋生，单瓣或重瓣；萼片 5 枚，宿存；花色多样，有白、绿、黄、粉、紫及混合色；雄蕊多数，金黄色，离生心皮 4～5 个。蓇葖果内含黑色大粒球形种子数枚。花期 4～5 月，果实 8 月成熟。

图 8-7　芍　药

2. 生态习性　适应性强，耐寒，我国各地均可露地越冬，忌夏季炎热酷暑；喜阳光充足，属长日照植物，也耐半阴；要求土层深厚、肥沃而又排水良好的沙壤土，忌盐碱和低湿洼地。一般于 3 月末 4 月初萌芽，经 20 d 左右生长后现蕾，5 月中旬前后开花，开花后期地下根颈处形成新芽，夏季不断分化叶原基，9、10 月间茎尖花芽分化，10 月末至 11 月初经霜后地上部枯死，地下部分进入休眠。芍药花芽在越冬期需接受一定量的低温方能正常开花，故促成栽培需采取人工冷藏法。

（二）栽培与应用

1. 繁殖方法　可用分株、扦插及播种繁殖，通常以分株繁殖为主。

（1）分株繁殖　常于 9 月初至 10 月下旬进行。分株时每株丛需带 2～5 个芽，顺自然纹理切开，在伤口处涂以草木灰、硫黄粉或含硫黄粉、过磷酸钙的泥浆，放背阴处稍阴干待栽。分株繁殖的新植株隔年才能开花。

（2）扦插繁殖　扦插繁殖的繁殖系数比分株繁殖的大，但新株达到开花的年限较长，常需 4～5 年。枝插于春季开花前 2 周、新枝成熟时进行。切取枝中部充实部分，每枝段带 2 芽，沙藏于沙床中，遮阴、保湿，经 20～30 d 可发生新根，并形成休眠芽，次年春萌芽后植于苗圃或种于花坛。

（3）播种繁殖　种子于 8 月成熟，随采随播，或阴干后用湿沙贮藏，到 9 月中下旬播种。播种苗 4～5 年后可开花。

2. 栽培管理　宜选阳光充足、土壤疏松、土层深厚、富含有机质、排水通畅的场地栽植。种植时芽顶端与土面平齐，田间栽培株行距 50 cm×60 cm，园林种植可用 50 cm×100 cm 株行距。芍药喜肥，每年追肥 2～3 次。夏季酷热宜用遮阳网降温，有利于增进花色。早霜后需及时剪除枯枝。

3. 应用　芍药是布置花境、花坛及专类园的良好材料，在林缘或草坪边缘可作自然式丛植或群植，亦可作切花和药用，有保肝、健脾等多种疗效。花可食用，地下根可以用作药材。

鸢尾

三、鸢尾

鸢尾（*Iris* spp.）别名蓝蝴蝶、扁竹叶，鸢尾科鸢尾属，原产我国云南、四川、江苏、浙江等地，现世界各地广为栽培。

（一）生物学特性

1. 形态特征 多年生草本（图8-8）。地下部分为匍匐根茎、肉质块状根茎或鳞茎。基生叶2列互生，剑形或线形，长20～50 cm，宽2.5～3.0 cm，基部抱合叠生。花梗从叶丛中抽出，分枝有或无，每枝有花1至数朵。花被6枚，外轮3枚平展或下垂，称垂瓣；内花被片直立或直拱形，称旗瓣。内、外花被片基部连合呈筒状。花两性，雄蕊3枚，贴生于外轮花被片，花柱3裂、瓣化，与花被同色。蒴果长圆柱形，多棱。种子多数，深褐色，具假种皮。花期春、夏季。

图8-8 鸢 尾

2. 生态习性 鸢尾类对生长环境的适应性因种而异，大体可分为两大类型。第1类根茎粗壮，适应性广，在光照充足、排水良好、水分充足的条件下生长良好，亦能耐旱，如德国鸢尾、银苞鸢尾、香根鸢尾、鸢尾等；第2类喜水湿，在湿润土壤或浅水中生长良好，如燕子花、溪荪、蝴蝶花、玉蝉花等。

（二）栽培与应用

1. 繁殖方法 根茎类鸢尾通常用分株、扦插繁殖，也可用种子繁殖。

分株法每隔2～4年进行1次，以秋季分株为好。先将地上开始枯黄的叶丛剪掉，地下宿根全部挖出，然后用利刀切截成几块，每块需带2～3个不定芽，立即进行栽植，灌透水。这些分株苗在翌年春季均可开花。为加快繁殖速度，也可利用地下茎进行根插繁殖，即把地下茎切成小段，每段保持2～3个节，埋入素沙土中并保持湿润，其节部可萌发不定芽而成新株。

2. 栽培管理 鸢尾类多数应用于园林花境、花坛、花丛，在草坪边缘、山石旁、池边或浅水中栽种，矮型种可作地被、盆栽观赏。虽然一年中不同季节都可栽种成活，但以早春或晚秋种植为好。地栽时应深翻土壤，施足基肥，株行距30 cm×50 cm，每年花前追肥1～2次，生长季保持土壤充足的水分，每3～4年挖起分割，更新母株。湿生种鸢尾可栽于浅水或池畔，种植深度7～10 cm，生长季不能缺水，否则生长不良。

3. 应用 鸢尾适应性广，色彩多样，适用于花坛、花境、地被、岩石园及湖畔栽种，有的种类可作切花。地下茎可入药，能治跌打损伤、外伤出血及痈疮。国外有用此花制作香水的习俗。

四、香石竹

香石竹（*Dianthus caryophyllus*）别名康乃馨、狮头石竹、大花石竹、麝香石竹，石竹科石竹属，原产地中海区域及西亚，世界各地广为栽培。

（一）生物学特性

1. 形态特征　常绿亚灌木，作宿根花卉栽培（图 8-9）。株高 25～100 cm，茎直立，多分枝，节间膨大，茎秆硬而脆，基部半木质化，全株稍被白粉，呈灰粉绿。叶对生，线状披针形，全缘，叶较厚，基部抱茎。花单生或数朵簇生枝顶，苞片 2～3 层，共 6 枚，紧贴萼筒，萼端 5 裂，花瓣多数，扇形；雄蕊 10 枚，雌蕊 2 枚；花色极为丰富，有红、紫红、粉、黄、橙、白等单色，还有条斑、晕斑及镶边复色；现代香石竹已少有香气。蒴果，种子褐色。

图 8-9　香石竹

2. 生态习性　喜阳光充足的环境，不耐酷暑和严寒，生长适温为 15～21℃，周年生产的适宜温度（昼温/夜温）分别为，夏季 18～21℃/13～15℃，冬季 15～18℃/11～13℃，春、秋季 18～19℃/12～13℃。

（二）栽培与应用

1. 繁殖方法　可用播种、扦插、组织培养繁殖。由于香石竹易罹病害，宜定期用脱毒苗更换，组织培养主要用于脱毒母株的繁殖。播种繁殖用于一季开花类型和杂交育种，以秋播为主，播后 10 d 左右发芽出苗，幼苗需经移植，2～3 个月可以成苗。切花生产中多用扦插繁殖。

2. 栽培管理　香石竹喜空气流通、干燥，忌高温多湿。要求排水良好、富含腐殖质的土壤，能耐弱碱。在雨水较多的地区常需设置避雨设施。避免连作，种植前最好对土壤进行消毒，施足基肥。定植密度与品种分枝性能、摘心方式和种植年限等因素有关，通常作二年生栽培的标准株行距约 15 cm×20 cm，35～45 株/m^2，分枝性强的品种可适当密植。

大花香石竹在花朵初放时采切，即当外轮花瓣开展到与花梗呈垂直状态时；多花型（又称射散型）小花香石竹在有 3 朵花开放时剪切。

3. 应用　香石竹主要用于切花生产，也可盆栽观赏。温室培养可四季开花。

五、大花君子兰

君子兰

大花君子兰（*Clivia miniata*）为石蒜科君子兰属，原产非洲南部，现世界各地广为栽培。

（一）生物学特性

1. 形态特征 常绿宿根花卉（图 8-10）。根肉质，无茎。叶剑形，叶基 2 列交互叠生成假鳞茎。花茎自叶丛中伸出，伞形花序顶生，有花多数；花漏斗形，花被片 6 裂，两轮，有短花筒，橙色至鲜红色；雄蕊 6 枚，花药、花柱细长；子房球形，花柱伸出。浆果。花期为冬、春季。

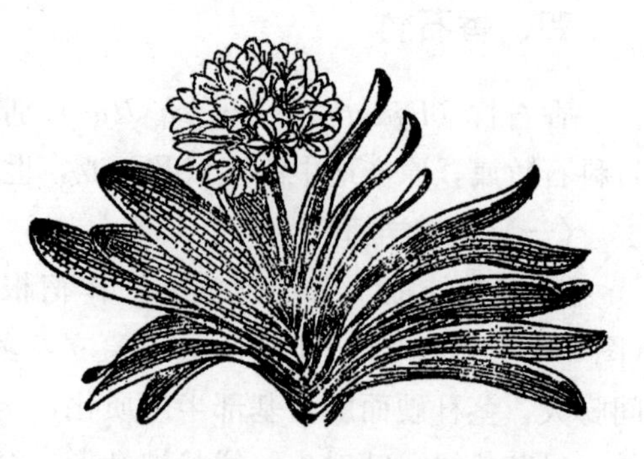

图 8-10 君子兰

2. 生态习性 怕炎热不耐寒，适应周年温和湿润气候，生长适温 15～25℃，低于 10℃或高于 30℃生长受抑制，低于 5℃生长停止，0℃以下受冻。夏季高温叶易徒长，使叶片狭长，并抑制花芽形成。自然花期 1～5 月，果期 8～9 月，通常每年开花 1 次，管理得当每年可开放 2 次。

（二）栽培与应用

1. 繁殖方法 以分株繁殖为主。一年中各季均可进行，但常在春、秋季温度适宜时结合换盆进行，夏季高温季节应避免进行分株。分株前适当控水，分株时将母株周围发生的新株带肉质根切离，切口用木炭粉涂抹，待伤口干后上盆栽植，子株经 2～3 年即可开花。未发生肉质根的吸芽也可从分蘖处割下，扦插于沙床中，待生根后上盆。

2. 栽培管理 从幼苗到成株需 4～5 年，植株叶片可增加到 20 片以上。在生长期由于生长迅速，通常每半年至 1 年换盆 1 次，不断增加花盆容量。如不更换大盆，则肉质根卷曲拥挤，影响营养吸收。君子兰的肥料以有机肥为主，适当配施无机肥。施肥量除随株龄增加而增加，还应随季节变化而调整。春、秋季生长旺盛期可多施，夏季和冬季应少施或停止施肥。

3. 应用 君子兰叶片肥厚，有光泽，花色鲜艳，姿态端庄华丽，花期长，是观叶、观花、观果的优良盆花。有一季观花、三季观果、四季观叶之称。

第三节 球根花卉

球根花卉是地下根系或地下茎发生变态，膨大成球状或块状，成为植物体的营养贮藏器官，使植物度过逆境，待环境适宜时再度生长和开花的多年生草本花卉。其特点如下：

①种类繁多、花大色艳、观赏效果极佳，是园林绿化、盆花和切花生产中不可缺少的种类之一。如郁金香、风信子、欧洲水仙、番红花、石蒜、大丽花、美人蕉等是布置花坛、花境、花丛、花群的较好材料；仙客来、朱顶红、大岩桐、花毛茛、球根秋海棠等是重要的盆花材料；百合、唐菖蒲、马蹄莲、晚香玉、大花葱等是名贵的切花材料。

②繁殖容易，多以分球、鳞片扦插繁殖为主，有些种类如仙客来、朱顶红、新铁炮百合也能用种子繁殖。用种球繁殖在很短的时间内能开花，用种子繁殖需要较长的时间才能开花。

③栽培管理简便，在园林绿化中应用方便。有些种类如百合、石蒜、葱兰等种植 1 次

可以连续观赏3～4年；美人蕉、朱顶红、晚香玉等，在温暖地区也可隔3～4年再分栽1次，不需每年更换，省工省时。在盆花和切花生产中，大多数球根花卉既不需要摘心、抹芽，又不需要修剪，病虫害也较少，只要对种球质量把好关，种好花就成功一半了。

④贮藏运输方便。秋植球根花卉如郁金香、风信子、水仙、番红花、小苍兰等种球多夏季贮藏；春植球根花卉如大丽花、美人蕉、唐菖蒲、石蒜等种球多冬季贮藏。郁金香、风信子、水仙、小苍兰、唐菖蒲等种球充分干燥贮藏；百合、贝母等种球应湿润贮藏；美人蕉、大丽花种球只要外皮干燥，即可用沙堆藏或埋藏，不能过于干燥。

⑤花期控制容易，多采用低温冷藏的方法打破休眠，达到周年生产盆花和切花的目的。不同花卉冷藏的温度不同，如百合3～5℃贮藏42～56 d，郁金香5～9℃贮藏63～70 d，唐菖蒲5℃贮藏28～48 d，朱顶红13℃贮藏56～84 d等。长期保存需要更低的温度，如百合在－2～0℃下冷冻能保存180～360 d。

⑥球根花卉喜疏松肥沃、排水良好、腐殖质丰富的沙质土壤，土层深度在30 cm以上，pH 6～7。大部分花卉种球种植深度是种球的3倍（即覆土约为种球高的2倍），但朱顶红和仙客来应将种球的1/3～1/4露出土面，晚香玉和葱兰覆土至球的顶部为宜。

⑦根系不发达，应重视护根。一般种植后不要移植，若要移植必须先种植到营养钵内。切花栽培时，在满足切花长度要求下，还应在植株上尽量多留叶片，同时应加强肥水管理。

⑧防止种球退化是栽培技术的关键，应在适宜栽培区建立种球繁殖基地，如百合、郁金香适合在冷凉山区繁殖种球。通过组织培养脱毒建立原种圃，保证无病毒种球的供给。防止连作，加强土壤消毒和病虫害防治。

一、郁金香

郁金香

郁金香（*Tulipa gesneriana*）别名草麝香、洋荷花、荷兰花，百合科郁金香属，原产于地中海沿岸和我国西部至中亚细亚、土耳其等地，主要分布在北纬33°～48°范围内。

（一）生物学特性

1. 形态特征　多年生草本（图8－11）。地下鳞茎呈扁圆锥形，外被淡黄色至棕褐色皮膜，茎、叶光滑被白粉。叶3～5枚，带状披针形至卵状披针形，全缘并呈波状。花单生茎顶，花冠杯状或盘状，花被内侧基部常有黑紫或黄色色斑，花被片6枚，花色丰富；雄蕊6枚，花药基生，紫色、黑色或黄色；子房3室，柱头短。蒴果背裂，种子扁平。

图8－11　郁金香

2. 生态习性　郁金香为秋植球根花卉，喜冬季温暖湿润、夏季凉爽干燥的气候，生长适合温度，白天20～25℃，夜晚10～15℃；耐寒性很强，冬季能耐－35℃低温，当温度达8℃以上时就开始生长，根系生长的适宜温度为9～13℃，5℃以下停止生长。对水分的要求，定植初期需水分充足；发芽后应减少浇水，保持湿润；开花时控制水分，保持适当干燥。喜肥沃、腐殖质含量高而排水良好的沙质壤土，pH 7.0～7.5。郁金香属日中性植物，喜光，但半阴条件下也生长良好，特别在种球发芽时需防止阳光直射，避免花芽伸长受抑制。

（二）栽培与应用

1. 繁殖方法 常用分球、播种和组织培养繁殖。

（1）分球繁殖 选周径 8 cm 以下的鳞茎作繁殖材料，种植到高海拔冷凉山区，秋季土壤上冻之前，即土温（15 cm 处）6～9℃时种植最好。我国北方 9～10 月、南方 10～11 月种植。种植过早，导致幼芽出土，不利于安全越冬；种植过晚，不易生根和越冬。因此，以保证根系能良好生长、又不会发芽出土为原则来决定当地的种植日期。开沟点播，种植株行距 10 cm×（20～25）cm，沟深 10～15 cm。周径 3 cm 以下的小球可撒播到种植沟内。覆土厚度 6～8 cm。种植后应适时施肥灌水，待种球萌发、展叶、抽茎，刚刚露出花蕾时，用剪刀剪掉花蕾，使种球得到较多的营养，保证种球发育充实，培养 1 年，大部分鳞茎能成为商品种球。

（2）播种繁殖 郁金香种子繁殖要经过 5～6 年才能开花，主要用于培育新品种，但有时为了解决种源不足的问题，也采用种子繁殖。

（3）组织培养 郁金香组织培养的繁殖系数比鳞茎繁殖高 30～50 倍，且生长迅速。组培苗到开花需 2 年时间，比种子繁殖快。组培繁殖还能培育无病毒种球。

2. 栽培管理

（1）鳞茎的采收与贮藏 当地面茎叶全部枯黄而茎秆未倒伏时采收为最佳时期，挖鳞茎应找准位置，以免损伤种球。刚挖出时，母鳞茎与子鳞茎被种皮包在一起，先不要把它们分开，等晾晒 2～3 d 后，将泥土取掉，再掰开鳞茎进行分级。按新鳞茎大小分级，周径 12 cm 以上者为 1 级，10～12 cm 为 2 级，8～10 cm 为 3 级，6～8 cm 为 4 级，6 cm 以下为 5 级。一般 1 级和 2 级作为商品种球，3 级以下作为种球繁殖用。

鳞茎分级后，先进行消毒，一般用 0.2%苯菌灵水溶液浸泡鳞茎 10 min，取出后阴干。然后再将种球放在四周通气的塑料箱或竹筐内，每箱摆放 2～4 层，箱上留 10 cm 以上空间，便于将箱子摞起来和通气，装箱的种球最好贮藏在熏蒸消毒的冷库内。在库内存放时应分排将箱子或筐重叠起来，每排箱子之间应留空隙或人行道，以利空气流通和翻倒方便。入库后 25～30 d 内保持库温 20℃、相对湿度 65%～70%，花芽分化后逐步将库温降至 15℃，在相对湿度 70%～75%条件下贮存。存放初期应经常通风换气，防止鳞茎发霉腐烂，当温度降至 15℃后可减少通风换气次数。整个贮藏期间应经常翻倒检查鳞茎，随时剔除感染病害发霉腐烂的鳞茎。

（2）定植 郁金香忌连作，应实行 3 年以上轮作制。在定植前 60 d 深翻暴晒，施腐熟有机肥 75 t/hm^2，加复合肥 750 kg/hm^2，耙平后整地作畦，种植时间和方法同以上繁殖技术。

（3）肥水管理 冬前主要是浇水和防寒，雨雪多的地区可不浇水，干旱地区适当浇水，不能积水。种植早、冬前已出苗的，应用稻草、锯末覆盖防寒；没有出苗的不需要防寒。第 1 次追肥在翌年苗出齐后，以氮、磷肥为主，施尿素 150～300 kg/hm^2、磷肥 90～225 kg/hm^2；第 2 次追肥在现蕾期，施复合肥料 75～150 kg/hm^2；第 3 次在开花前，叶面喷施磷酸二氢钾；第 4 次在花谢后，施钾肥 150～225 kg/hm^2、过磷酸钙 150～225 kg/hm^2。

春季气温升高，从出苗至开花是旺盛生长期，需水量大，根据天气情况及时浇水，保持土壤湿润，切忌忽干忽湿。除施肥浇水外，锄草松土也很重要，经常保持土壤疏松，能降低土温并使通气良好。

3. 应用 郁金香是重要的春季球根花卉，其花期早、花色多，可作切花、盆花，在园林中最宜作春季花境、花坛布置或草坪边缘呈自然带状栽植观赏。有一定的药用价值，许多国家将其定为国花。

二、仙客来

仙客来（*Cyclamen persicum*）别名兔耳花、兔子花、一品冠、萝卜海棠，报春花科仙客来属，原产希腊至叙利亚地中海沿岸的低山森林地带，目前世界各国均有栽培。

（一）生物学特性

1. 形态特征 多年生草本（图 8-12）。块茎扁球形，顶部抽生叶片。叶丛生，单叶心状卵形，叶面深绿色，有灰白色斑纹，叶背面暗红色。花单生下垂，开花时花瓣上翻，形如兔耳，故名兔子花，花色有白、粉、绯红、大红、紫红等色。蒴果圆形。

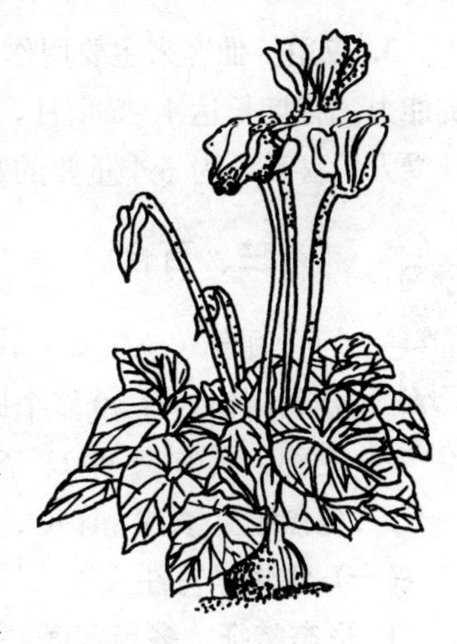
图 8-12 仙客来

2. 生态习性 性喜凉爽、湿润及阳光充足的环境，不耐寒，也不喜高温。生长适温为 15～25℃。喜温暖，怕炎热，夏季不耐暑热，需遮阴，温度不宜超过 30℃，否则植株进入休眠期，35℃以上块茎易腐烂。

栽培土壤切忌过湿，以免烂根和地上部罹病。喜光，但不耐强光，适宜的光照度为 27～36 klx。叶片宜保持清洁，要求排水良好、富含腐殖质的微酸性土壤。花期长，可自 10 月陆续开花至翌年 5 月上旬。

（二）栽培与应用

1. 繁殖方法 因仙客来球茎不能分生子球，一般采用播种繁殖，也可分割块茎或利用组织培养繁殖。播种时期多在 9～10 月。播前用冷水浸种 24 h 或 30℃温水浸泡 2～3 h，催芽后点播在浅盆或浅箱中。苗长出 1 枚真叶时进行第 1 次分苗，以株距 3.5 cm 移栽于浅盆中，盆土按腐叶土、园田土、沙 5∶3∶2 的比例配制。当苗长出 3～5 枚叶时进行第 2 次移栽，移入口径 10 cm 的盆中，并适量施入基肥。进入高温季节，应移到能防雨的凉棚下生长，保持通风凉爽，少浇水，同时停止施肥，以免球茎腐烂。

2. 栽培管理 仙客来花期长，尤其在低温季节，1 朵花能持续开放 30 d，1 盆花可观赏 100～150 d，同时叶、茎也有很高的观赏价值，是一种名贵的观赏盆花。

（1）定植 9 月定植于口径 20 cm 的盆中，球茎露出土面 1/3 左右，多施磷、钾肥，以促进花蕾发生，11月花蕾出现后停止追肥，给予充足光照，12月初至次年2月达盛花期。从播种到开花要98～105 d，需细心管理，比较费工费时。为了缩短生育期，也可于12月上中旬在温室内播种，第2年夏季高温时以幼苗越夏，到11～12月开花。

（2）管理　生长期间，温度保持白天15～20℃、夜间10～12℃，夏季应通风、遮阴降温。最理想的空气相对湿度是常年保持白天60%～70%、傍晚50%。幼苗期适当追液肥2～3次，以腐熟油渣水溶液稀释20倍施用，施肥时应防止液肥玷污叶面和球茎。高温季节将盆移到荫棚下或通风凉爽的地方养护，控制水肥或不施肥不浇水，仅在盆周围的地面洒水，以降低温度，待度过高温期再正常施肥灌水。

（3）开花和出售　花期一般是12月至翌年3月，出售适期是中号盆2～3朵以上、大号盆3～4朵以上、特大号盆5～6朵以上的花开放。

（4）采种　仙客来是自花授粉植物，为了避免长年自花授粉使品种生活力下降，常采用人工授粉。选健壮植株为亲本，在花药未成熟前去雄套袋，进行同品种异株间的人工授粉。授粉后花梗下垂，经过约150 d发育，蒴果成熟。因成熟期不一致，应随成熟随采收。

3. 应用　仙客来主要用作盆花点缀装饰室内。对空气中的有毒气体SO_2有较强的抵抗能力。花期长达4～5个月，花叶俱美，且花期正值冬春，适逢元旦、春节等节日，故极受人们喜爱，为冬季重要的观赏花卉。

三、百合

百合

百合（*Lilium* spp.）别名百合蒜、强瞿、蒜脑薯，百合科百合属。全世界百合属植物约有90多个原生种，主要分布在北半球的温带地区，我国有46种18个变种，其中36种15个变种为我国特有种；日本有15种，韩国有11种，亚洲其他国家（蒙古、印度、缅甸等）共约10种，欧洲约12种，北美洲约24种。

（一）生物学特性

1. 形态特征　多年生草本（图8-13）。地下鳞茎呈阔卵状球形或扁球形，由多数肥厚肉质的鳞片抱合而成，外无皮膜，大小因种而异。多数种地上茎直立，少数为匍匐茎，高50～100 cm。叶多互生或轮生，线形、披针形、卵形或心形，具平行脉，叶有柄或无柄。花单生、簇生或成总状花序；花大，有漏斗形、喇叭形、杯形和球形等；花被片6枚，内、外两轮离生，由3个花萼片和3个花瓣组成，颜色相同，但萼片比花瓣稍窄；花色丰富，花瓣基部具蜜腺，常具芳香；重瓣花有瓣6～10枚，雄蕊6枚，花药“丁”字形着生；柱头3裂，子房上位。蒴果3室，种子扁平。花期初夏至初秋。

图8-13　百　合

2. 生态习性　目前从国外引进的品种一般耐寒性较强，而耐热性差，喜冷凉湿润气候，生长适温白天20～25℃、夜间10～15℃，5℃以下或

28℃以上生长受抑制。尤以亚洲百合杂种系和东方百合杂种系对温度要求严格；而麝香百合杂种系能适应较高的温度，白天生长适温 25～28℃，夜间适温 18～20℃。

喜光照充足，但夏季栽培应遮去全光照的 50%～70%，冬季温室促成栽培时应补光，长日照处理可以加速生长和增加花朵数目。其中亚洲百合杂种系对光照不足反应最敏感，其次是麝香百合杂种系和东方百合杂种系。

在肥沃、富含腐殖质、保水和排水性能良好的沙质壤土中生长最好。对土壤盐分十分敏感，高盐分会抑制根系对水分、养分的吸收，一般土壤总盐分含量（EC 值）不能高于 1.5 mS/cm。亚洲百合杂种系和麝香百合杂种系要求 pH 6～7，而东方百合杂种系要求 pH 5.5～6.5。

（二）栽培与应用

1. 繁殖方法 百合的繁殖方法以自然分球法最为常用，也可分珠芽、鳞片扦插、播种和利用组培快繁。

（1）扦插繁殖 选用健壮无病的鳞茎，剥取鳞片，用 80 倍福尔马林水溶液浸30 min，取出后用清水冲洗干净，阴干后插入苗床，苗床基质选用沙、蛭石或泥炭加珍珠岩等。扦插深度为鳞片长度的 1/2～2/3，间距 3 cm，插后用喷壶浇水，使鳞片和介质密接，苗床温度保持在 15～20℃，介质相对湿度保持在 60%～70%，30～60 d 在鳞片基部产生带根的小鳞茎。

国外采用埋片室内贮藏繁殖，与鳞片扦插相比，管理简单，繁殖系数高，占地面积小，可实现工厂化生产。埋片用装百合鳞茎的塑料箱作容器，下垫塑料膜，以蛭石或泥炭加珍珠岩作介质。先在箱底铺 2 cm 厚介质，上面平铺 1 层消过毒的百合鳞片，再盖 1 层介质，以完全盖住鳞片为度，1 箱可以重复摆放 4～6 层鳞片，最上层鳞片盖 2～4 cm 厚介质，然后用留有通气孔的塑料膜覆盖。将埋好鳞片的箱堆放到能调节温度和保持湿度的暗室内，先用 23℃室温处理 56～84 d（小鳞茎形成阶段），然后降温到 17℃，处理 28 d（地上茎形成阶段），最后把温度控制到 5℃，保持 42～56 d。介质的湿度，每 10 L 蛭石加水 2 L 混匀，保持介质湿润，经常检查补充水分，但水分也不能太多，以防鳞片霉烂。

（2）分球繁殖 利用植株茎基部生长出来的小鳞茎繁殖。多以露地栽培为主，选夏季凉爽、7 月平均气温不超过 22℃的高海拔山区作繁殖地点为宜。每年在秋季或春季百合种植期进行，选品种纯正、无病虫害、周径小、不够切花标准的鳞茎作繁殖材料，种植前先用 80 倍福尔马林水溶液浸渍 30 min，取出后用自来水冲 1 次，阴干备用。将鳞茎按 10 cm×20 cm 株行距开沟定植，沟深 12 cm，种后灌水，覆土 6～8 cm。秋植鳞茎于翌年 3 月下旬或 4 月上旬出苗，春植鳞茎于当年 4 月中下旬出苗，苗出齐后应加强肥水管理，待地上茎出现花蕾时，以专门生产鳞茎为目的的可及时摘除花蕾，以免开花消耗营养。生长过程中应及时连根拔除感病植株，集中烧毁，以免污染健康植株。

（3）组培脱毒繁殖 利用植株的茎尖或珠芽生长点等外植体，接种到 MS 加激素的培养基上，可以直接诱导无病毒种苗。百合组织培养容易成功，繁殖率高，是工厂化生产优质无病毒百合种苗的重要途径。

（4）播种繁殖 播种繁殖通常局限于某些种，如麝香百合和台湾百合多用播种繁殖。

一般春季播种，播后覆盖稻草，温度合适在几周内即可发芽，长出子叶、真叶，到秋季有相当一部分实生苗能开花。

播种繁殖优点很多，能获得大量健壮的无病毒植株，繁殖系数高，育种家采用种子繁殖可获得杂种新类型，但对大多数百合来说，用播种繁殖到开花需 3～4 年时间，所以通常不用播种繁殖。

2. 栽培管理

（1）种球贮藏 田间收获的鳞茎需先进行整理，去除部分老化腐败的鳞片，拔掉萎黄的花茎残体，然后分级，亚洲百合和麝香百合选周径 10 cm 以上的鳞茎作商品种球，分 10～12 cm、12～14 cm、14～16 cm 3 个等级；东方百合选周径 12 cm 以上的鳞茎作商品种球，分 12～14 cm、14～16 cm、16～18 cm、18～20 cm 4 个等级，剩下的小鳞茎留下作繁殖用。分级后的鳞茎放到 80 倍福尔马林水溶液中浸 30 min，取出冲洗后阴干冷藏，用塑料箱作贮存容器，先在箱内铺 1 层塑料布，撒 1 层湿锯末，放 1 层百合种球，一直放到离箱边 10 cm 处，每箱放种球 400～600 个，用塑料薄膜盖起来，塑料薄膜上面扎一些小孔透气，然后放进冷库内贮藏，长期贮藏冷库温度为－1～－2℃，若作促成栽培，可放在 3～5℃下冷藏。

一般亚洲百合杂种系冷冻 1 年对花的品质影响不大；东方百合杂种系和麝香百合杂种系最多冷冻 210 d，时间过长就会发芽变质。冷冻期间也应保持温度恒定，细微的温度变化都会导致鳞茎冻害和发芽。冷冻种球出库后应在 10～15℃条件下逐渐升温，一旦解冻后就必须立即种植，解冻后种球不能再次冷冻。

一般百合鳞茎从田间收获后，低温处理即可打破休眠，处理时间长短视品种及栽培目的而定。亚洲百合鳞茎的休眠期为 60～90 d，大多数品种在 5℃冷藏条件下，经过 28～42 d 处理即可解除休眠；东方百合一般为长需冷性，至少需要处理 70 d 以上。同一品种百合，低温处理时间越长，则从定植到开花所需时间越短。例如，Prominence 品种低温处理 21 d开花所需时间为 127 d，处理 28 d 开花时间为 109 d，处理 35 d 开花时间为 91 d，处理 42 d 开花时间为 88 d。但冷藏期并不是无限的，如果休眠期已打破，鳞茎已开始发芽，再继续贮藏对花的发育有影响。

（2）定植与管理 百合切花生产，不管是露地还是温室栽培，多以地栽为主，将深翻施过基肥、消过毒的土壤，作成宽 1～1.2 m 的畦，按株距 10 cm、行距 20 cm 开沟点种。亚洲百合杂种系，鳞茎周径 10～12 cm，平均种植 50～60 球/m^2；东方百合杂种系和麝香百合杂种系，鳞茎周径 12～14 cm，平均种植 45～55 球/m^2。冬季种植先在沟内灌水，待水落下后种球，然后覆土 6～8 cm。夏季开沟后先播种球，然后覆土 8～10 cm，最后灌水，待水落下后覆草，待芽出齐后将盖草揭掉。

种植后前期 21～28 d 温度保持在 12℃左右，以利生根；后期提高温度，白天保持 20～25℃，夜间 10～15℃，56～105 d 就能开花。冬季生产百合，在花芽长 0.5～1 cm 时开始加光，每天给予白炽灯照射 6～8 h，共处理 42 d，对防止盲花、促进开花有作用。夏季生产应用遮阳网遮光，降低温度。种植后的前 21～28 d 不施肥，如果土壤干燥，可以喷水保持土壤湿润。芽出土后开始追肥。植株生长期间追肥的用量是，每 100 m^2 施硫酸铵

10 kg、磷肥 4.5 kg、硫酸钾 1.5 kg。浇水可结合施肥进行。

(3) 张网、设支架　在畦的四周立支柱，畦面上拉支撑网，百合植株均匀进入网内，并随茎的生长不断提高支撑网，以防倒伏。

(4) 切花上市　3～5 个花蕾的花枝，一般在基部第 1 朵花蕾充分膨胀并着色时采收；10 个以上花蕾的花枝，必须有 3～5 个花蕾着色后才能采收。采收时，最好用锋利的刀子在离地面 15 cm 处，保留 5～6 片叶切割。分级捆扎，百合切花是根据花茎长短、花蕾多少、茎的硬度及叶片、花朵正常程度分级，一般分一级、二级、三级和等外 4 个级，按级捆扎花茎，先将茎基部 10 cm 以下的叶片去掉，然后 10 支一束捆扎。

(5) 贮藏保鲜　将捆扎好的百合花枝用预处理液 STS（2 mmol）在 20℃室温下浸 20 min，然后放置到 2～3℃冷库中，插入已经预冷的清水中，可贮藏 4～48 h。消费者购回家后，可采用 30 g/L 蔗糖＋1 mol/L STS＋200 mg/L 8－HQS 的百合保鲜液配方进行瓶插保鲜。

3. 应用　百合花期长、花姿独特、花色艳丽，在园林中宜片植于疏林、草地，或布置花境。商业栽培常作鲜切花，也是盆栽佳品。

四、中国水仙

中国水仙

中国水仙（*Narcissus tazetta* var. *chinensis*）别名金盏银台、天蒜、玉玲珑等，石蒜科水仙属，原产北非、中欧及地中海沿岸，现在世界各地广为栽培。

（一）生物学特性

1. 形态特征　多年生草本（图 8－14）。地下鳞茎肥大，卵球形，外被棕褐色皮膜。叶基生，狭带状，排成互生 2 列状，绿色、灰绿色或粉棕色，基部有叶鞘包被。花多朵（通常 4～6 朵）呈伞房花序，着生于花葶端部，花序外具膜质总苞，又称佛焰苞；花葶直立，圆筒状或扁圆筒状，中空，高 20～80 cm；花多为黄色或白色，侧向或下垂，具浓香；花被片 6 枚，副冠杯状。蒴果，种子空瘪。中国水仙为三倍体，高度不育，不结果实。

图 8－14　水　仙

2. 生态习性　性喜冷凉、湿润的气候，喜阳光充足，也耐半阴，尤以冬无严寒、夏无酷暑、春秋多雨的环境最为适宜。多数种类亦甚耐寒，在我国华北地区不需保护即可露地越冬。好肥喜水，对土壤要求不甚严格，除重黏土及沙砾土外均可生长，但以土层深厚、肥沃湿润而排水良好的黏质壤土最好，以中性和微酸性土壤为宜。

（二）栽培与应用

1. 繁殖方法　中国水仙为同源三倍体植物，具高度不孕性，虽子房膨大，但种子空瘪，无法进行有性繁殖。通常以自然分球繁殖法为主，即将母球上自然分生的小鳞茎掰下来作为种球，另行栽植培养，从种球到开花需培养 3～4 年。还可通过顶芽繁殖、双鳞片繁殖、组织培养等方法进行繁殖。

2. 栽培管理 中国水仙多在盆中水养，也可露地栽培，并常应用促成栽培技术，使其在元旦或春节开花。

（1）露地栽培 地栽常于10～11月下种。种植前深翻土壤并施足基肥，种植深度10～15 cm，株间距10～15 cm。地栽水仙的管理较粗放，保持土壤稍湿润即可，若植于疏林下半阴环境，花期可延长7～10 d。园林布置用水仙通常每3～4年起球1次。

（2）水养 中国水仙常于室内摆放水养。种球经贮藏运输，鳞茎已完成花芽分化，具进一步发育条件。首先剥除褐色外皮、残根，浸水1～2 d，置浅盆中，用卵石固定鳞茎，球体浸水3 cm左右，保持15～18℃以促进生根。当芽长至5～6 cm时降温至7～12℃，晴天白天不低于5℃时可置室外阳光下，使植株矮壮。也可用控水法控制株高，即白天浸水、见光、降温，夜间排水放在室内，温度12℃左右。还可用生长抑制剂控制株高，如用多效唑（PP_{333}）、矮壮素（CCC）等溶液浸球或注射鳞片。

3. 应用 水仙株丛清秀，花色淡雅，芳香馥郁，花期正值春节，深为人们喜爱，是我国传统的十大名花之一，被誉为“凌波仙子”。既适宜室内案头、窗台点缀，又宜在园林中布置花坛、花境，也宜在疏林下、草坪中成丛成片种植。

朱顶红

五、朱顶红

朱顶红［*Hippeastrum vittatum*（*Amaryllis vittata*）］别名孤挺花、朱顶兰，石蒜科孤挺花属（朱顶红属），原产南美秘鲁、巴西，现在世界各国广泛栽培。

（一）生物学特性

1. 形态特征 多年生草本（图8-15）。地下鳞茎大，球形，直径7～8 cm。叶2列对称互生，6～8枚，带状，略肉质，与花同时或花后抽出。花葶粗壮，直立而中空，自叶丛外侧抽生，高于叶丛，顶端着生4～6朵花，两两对生略呈伞状；花大型，漏斗状，呈水平或下垂开放，花径10～15 cm，花色红、粉、白、红色具白色条纹等；雄蕊6枚，花丝细长；子房3室，花柱长，柱头3裂。花期5～6月。蒴果球形，种子扁平。

图8-15 朱顶红

2. 生态习性 性喜温暖、湿润的环境，较为耐寒。冬季地下鳞茎休眠，要求冷凉干燥，适温为5～10℃。在温带栽培具半耐寒性，在长江流域稍加保护即可露地越冬。夏季喜凉爽，生长适温为18～25℃。喜光，但不宜过分强烈的光照。要求排水良好而又富含腐殖质的沙质壤土。pH在5.5～6.5为宜，切忌积水。

（二）栽培与应用

1. 繁殖方法 以分球繁殖为主。秋季将大球周围着生的小鳞茎剥下分栽，子球培育2年后开花。也可以实生繁殖，种子即采即播，发芽率高，需经3～4年才能开花。

2. 栽培管理 朱顶红球根春植或秋植，地栽、盆栽皆宜。选取高燥并富含有机质的沙质壤土，加入骨粉、过磷酸钙等作基肥。浅植，使 1/3 左右球根露出表土。鳞茎在地温 8℃以上开始发育，花芽分化适温为 18～23℃。初栽时少浇水，抽叶后开始正常浇水，开花前逐渐增加浇水量。

3. 应用 朱顶红花葶直立，花朵硕大，色彩极为鲜艳，适宜盆栽，也可配置花境、花丛或作切花。也可庭院栽培，或配置花坛。

第四节 室内观叶植物

在室内条件下，经过精心养护，能长时间或较长时间正常生长发育，用于室内装饰与造景的植物，称为室内观叶植物（indoor foliage plant）。室内观叶植物以阴生观叶植物（shade foliage plant）为主，也包括部分既观叶，又可观花、观果或观茎的植物。常见的种类如木本类的巴西木、发财树、散尾葵、榕树、袖珍椰子、变叶木、橡皮树、南洋杉等，藤本类的常春藤、龟背竹、绿萝、喜林芋、金鱼藤、口红花、球兰等，草本类的蕨类、亮丝草、花叶万年青、竹芋、绿巨人等。室内观叶植物有如下特点：

①发展史约近百年，世界各国已选育出约 1 600 种耐阴观叶植物，可供家庭居室和公共场所室内摆放。

②室内观叶植物原产热带、亚热带地区，喜温暖湿润气候，有一定的耐阴性，能适应室内微弱的自然光照条件（800～2 000 lx）。

③观叶植物一年四季可供观赏，比观花、观果类植物的观赏期长。

④种类和类型多样，可满足人们对室内装饰美化的多元化追求，既能丰富建筑空间，又能达到赏心悦目的观赏效果。

⑤根系小，在有限的容器内也能生长良好，栽培管理容易，省工省时。

⑥生态习性相似，栽培要领基本相同。栽培基质多为人工配制，要求疏松通气、保水排水性能良好；需经常向叶面或盆周围喷水，以提高空气湿度；需保持环境清新，室内灰尘降落布满叶面时，宜用软布擦拭或喷水冲洗；当根系布满盆后，应及时换盆，防止出现“头重脚轻”现象；通过摘心、抹芽等修剪方法改善和控制株型。

一、花叶万年青

花叶万年青（*Dieffenbachia maculata*）别名黛粉叶，天南星科黛粉芋属，原产美洲热带地区。常绿灌木状草本。株高 1.0～1.3 m，节间长 2～4 cm，茎基较粗壮，稍平卧。叶有鞘，基部叶柄细长，具宽沟，边缘钝；叶片长圆至长椭圆形，全缘，暗绿色，两面有光泽，叶面密布白或黄色不整齐的斑点或斑块。佛焰苞具狭长硬尖，肉穗花序直立，与佛焰苞等长。

花叶万年青喜高温高湿环境，生长适温为 20～27℃，越冬温度需 5℃以上。喜较强光照，但忌阳光直射。生长期要求较高湿度，耐水湿，又较耐旱。要求栽培基质通透性良好。扦插繁殖，切取带芽的茎 1 节，使芽向上平卧基质中，在 20℃下，经 30 d 可生根。若植株基部产生吸芽，亦可分芽繁殖。盆土用腐叶土和沙混合配制。生长期经常喷水，当气温超过 30℃时应向叶面喷水降温，冬季温度不能低于 13℃。每 15 d 施液肥 1 次，于 4～5 月换盆。

二、绿萝

绿萝（*Scindapsus aureus*）别名黄金葛，天南星科藤芋属，原产于所罗门群岛。多年生常绿草质藤本。茎粗 1 cm 以上具有气生根；叶卵状心形，长达 15 cm 以上，绿色有光泽，并镶嵌若干黄色斑块。

喜高温、潮湿环境，耐阴，生长适温 20～30℃，10℃左右可安全越冬，最低能耐 5℃低温。喜肥沃疏松、排水良好的微酸性土壤。以扦插繁殖为主，将茎蔓剪成 3～5 cm 长的茎段扦插，20 d 后便可生根，30～40 d 可上盆。春、夏均可进行扦插。水插也易生根。可用吊盆栽培或桩柱式盆栽。盆土多用腐叶土、泥炭和沙混合而成。生长期每 15 d 施液体肥料 1 次，经常浇水，每天向叶面喷雾 2 次，冬季减少浇水并停止施肥，每年春天换盆 1 次，夏季避免阳光直射，冬季保持 10℃以上温度并置于光线充足处，5～7 月可适当修剪。桩柱式栽培，可用保湿材料包扎桩柱，每盆 4～6 苗，紧贴桩柱定植，植后经常淋湿桩柱。

三、巴西木

巴西木（*Dracaena fragrans*）别名巴西千年木、巴西铁、香龙血树，百合目龙舌兰科龙血树属，原产非洲几内亚。常绿乔木。根黄色，茎干直立有分枝；叶簇生，长披针形，长 30～60 cm，宽 5～10 cm，绿色，中央有金黄色纵条纹，新叶尤为明显；花簇生，呈圆锥形，苞片 3 枚，白色，花被带黄色，有芳香。

喜高温、多湿和半阴环境，生长适温为 20～30℃，在 13℃时即休眠，越冬安全温度为 5℃以上；对光照适应范围很广，喜光照充足，但也十分耐阴；较耐干旱；要求肥沃疏松、排水良好的微酸性土壤。以扦插繁殖为主，宜将树干带节切成 8～10 cm 小段，插于沙床，在生长期 30 d 后即可生根发芽。也可水插繁殖。盆土以腐叶土、河沙和少量腐熟麻酱渣混合配制而成。5～9 月为生长旺盛期，15 d 施肥 1 次，多年生老株每 7 d 施肥 1 次。及时浇水，盆土不能过干或过湿，经常喷雾提高空气湿度。冬季减少浇水和停止施肥。每 1～2 年换盆 1 次。常将茎干锯成 50 cm、75 cm、110 cm 等不同规格的茎段，扦插成活后高、中、低 3 根茎组合成 1 盆，观赏效果更佳。

四、尖叶肾蕨

尖叶肾蕨（*Nephrolepis auriculata*）别名圆羊齿、肾蕨、蜈蚣草、石黄皮，骨碎补科肾蕨属。原产我国长江流域以南等亚洲热带、亚热带地区。多年生草本，附生或地生。根状茎有直立主轴及从主轴向四面横走的匍匐茎。叶簇生，羽状复叶，长 32～58 cm，小叶条状披针形，长 2～3 cm，孢子囊群生于小叶背面每组侧脉的上侧小脉顶端，囊群盖肾形。

喜温暖、潮湿、半阴环境，忌烈日直射。生长适温为 20～26℃，能耐短暂－2℃低温，越冬温度5℃。要求疏松、透气、透水、腐殖质丰富的土壤，盆栽要用疏松透水的植料，可用泥炭土、河沙与腐叶土混合调制。上盆后置遮阴60%～70%的荫棚下培植。生长季节要保持较高的空气湿度，可经常向叶面喷水，每月施肥1～2次，宜淡施薄施。也可以地栽。

常用分株繁殖，宜在春季进行。也可用孢子繁殖，将成熟孢子播于水苔上，水苔保持湿润，置半阴处，即可发芽，待小苗长至5 cm左右即可移植。

肾蕨叶片碧绿，可盆栽作室内装饰；在温暖地区，可以在庭园林下或背阴处片植，或点缀山石。叶片是插花的良好叶材；还可以把叶片干燥，漂白加工成干叶，作为装饰品。

五、凤梨科

凤梨科（Bromeliaceae）植物为单子叶植物，是非常庞大的一类，依形态特征分为50多个属，原生品种约2 500个，主要分布在中南美洲的墨西哥、哥斯达黎加、巴西、哥伦比亚、秘鲁和智利。许多生在热带雨林中，有的生在高山上，还有生于干旱沙漠地区的。

草本，多为有短茎的附生植物。叶硬，边缘有刺，莲座状叶丛，叶大小因种而异。花序呈圆锥状、总状或穗状，生于叶形成的莲座叶丛中央，花色有黄、褐、粉红、绿、白、红、紫等，十分艳丽，小花生于颜色鲜亮的苞片中，有些种彩色的苞片能保持半年以上，有的形态奇异，叶与花的质量很高。凤梨科植物适应气候较广，易栽培，最好植于遮阳网下，依其附生或是陆生的特性，种植在标准的盆土中或是排水良好的混合有机基质中，保持土壤湿润而不积水，持水杯状结构内有水。需肥较其他室内观叶植物少，每月1次稀薄肥即可。水质对凤梨生长影响很大，宜EC值0.1～0.6和pH 5.5～6.5的微酸性水，忌钙、钠、氯离子。施肥适宜氮（N）、磷（P_2O_5）、钾（K_2O）的比例为1.0∶0.5∶（0.5～1.2）。凤梨对铜、锌敏感，施肥时必须注意。一般叶色鲜艳、叶片薄软者较喜阴。叶有灰白鳞片，叶片厚、硬的种类，宜植于全光下。

第五节　兰科花卉

兰花泛指兰科中具观赏价值的种类，因形态、生理、生态都具有共同性和特殊性而单独成为一类花卉。

兰科是种子植物的大科，有20 000～35 000种及天然杂种，人工杂交的超过40 000种。我国原产1 000种以上，并引种了不少属和种。兰科植物广布于世界各地，主产于热带，约占总数的90%，其中以亚洲最多，其次为中南美洲。

兰花为多年生草本，地生、附生及少数腐生，直立及少数攀缘。地生种常具根茎或块茎，附生种常有假鳞茎及气生根。气生根粗短，白色或绿色，具有从空气中吸收水分及固着的功能。单叶通常互生，排成2列，或厚而革质，或薄而软。附生种叶片的近基部常有关节，叶枯后自此处断落；腐生种叶退化为鳞片状。花单生或呈穗状、总状、伞形或圆锥花序。兰科花卉特有结构为蕊柱（column）或合蕊柱（gynostemium），是雄蕊与花柱、柱头结合为一体。蒴果，具极多数微小种子。

兰科植物最大的经济价值为供观赏，主要用作切花或盆栽。

兰属植物

一、兰属

兰属（*Cymbidium*）在自然界约70种，主产我国及东南亚，北起朝鲜、南迄澳大利亚北部、西至印度、东达日本的广大地区均有分布。我国的种类最多，有20余种，主要分布在东南沿海及西南地区。

（一）生物学特性

1. 形态特征 常绿，合轴分枝。具大小不等的假鳞茎，假鳞茎生叶2～10片，多条形或带形，近基部有关节，枯叶由此断落。花序自顶生一年生假鳞茎基部抽出，有花1～50朵。花中大或大，色泽多样，有白、粉、黄、绿、黄绿、深红及复色，有的具芳香。

2. 生态习性 附生或地生。因具假鳞茎，耐旱力强，也是兰花中最耐低温的种类。生长快，繁殖、栽培均较易。花的寿命长，可达10周之久，清水瓶插亦可保鲜同样时间。

（二）栽培与应用

栽培兰花通常选用瓦盆，栽培基质可用疏松保湿的材料，如树皮、陶粒、水苔、腐殖土等中的两种以上混合而成。一般兰花施肥从初春开始，每周1次；盛夏停止施肥，待气温降至25℃时就可继续施肥，直至秋末结束；冬季进入休眠期，不施肥；一般开花期也不施肥。施肥适宜的温度为18～25℃。夏季强光下栽培兰花要求进行适当遮阴，但不同种类对光照要求不同。冬季温度降低应及时移入室内越冬，入冬前施用1次磷、钾肥，可以提高抗寒力。

兰属是兰花中假鳞茎生长最快的种类，通常用分株繁殖。每年可从顶端假鳞茎上产生1～3个新的假鳞茎，第2年又再产生。一般2～3年便可分株，分株常结合换盆进行。先将全株自盆内倒出，在适当位置剪成2至几丛。分剪时每丛最少要留4个假鳞茎才利于以后的生长。

兰属花卉是我国栽培历史最久、栽培最多和最普遍的兰花，也是世界著名而广泛栽培的兰花之一。既是名贵的盆花，又是优良的切花。我国以盆花为主，品种甚多，以浓香、素心品种为珍品。国外喜花多、花大、瓣宽、色艳的品种，目前栽培的多为一些杂交种。

二、蝴蝶兰属

蝴蝶兰

蝴蝶兰属花卉（*Phalaenopsis*）是著名热带兰花，原种40多种，主要产于亚洲热带和亚热带，分布于亚洲及大洋洲的澳大利亚等地森林，我国的台湾、云南、海南也有原生种分布。现代栽培的蝴蝶兰多为原生种的属内、属间杂交种，世界各地均有栽培。

（一）生物学特性

1. 形态特征 多年生常绿附生草本。茎短，单轴型，无假鳞茎，气生根粗壮，圆或扁圆状。叶厚，多肉质，卵形、长卵形、长椭圆形，抱茎着生于短茎上。总状花序，蝶形小花数朵至数十朵，花序长者可达1～2 m，花色艳丽，有白花、红花、黄花、斑点花和条纹花，花期30～40 d。蒴果，内含种子数十万粒，种子无胚乳。

2. 生态习性 蝴蝶兰为附生兰，气生根多附生于热带雨林下层的树干或枝杈上，喜高温多湿，喜阴，忌烈日直射，全光照的30%～50%有利开花。生长适温为25～35℃，在夜间高于18℃或低于10℃的环境中会出现落叶、寒害。生长期喜通风，忌闷热，根系具较强耐旱性。

（二）栽培与应用

蝴蝶兰属具气生根，人工栽培以温室盆栽为主，基质忌黏重不透气，可用疏松保湿的材料，如用树皮、蛇木屑、椰糠、椰壳、陶粒、水苔、细砖石块、腐殖土等其中的两种以上混合而成，栽培容器底部和四周应有许多孔洞，选用木筐、藤筐、兰盆利于根系生长。生长期温度控制在日温28～30℃、夜温20～23℃，高于35℃和低于18℃会引起生长停滞。缓苗期空气相对湿度控制在85%～95%，生长期宜保持75%～80%，通过浇水和使用加湿器维持，栽培期间适时通风。施用薄肥，忌施未腐熟的动物肥料。栽培中时有软腐病、褐斑病及介壳虫、红蜘蛛危害，应定时喷药防治。

大量繁育蝴蝶兰种苗以组织培养法最为常用，花后切取花梗基部数个梗节为繁殖体，1个梗节可长出众多芽叶，扩繁培养后，继而长出气生根。少量繁殖可采用人工辅助催芽法，花后选取1枝壮实的花梗，从基部第3节处剪去残花，其余花枝全部从基部剪除，以集中养分，剥去节上的苞衣，在节上芽眼位置涂抹催芽激素，30～40 d后可见新芽萌发出，待气生根长出后可切取上盆。

蝴蝶兰是世界著名的盆栽花卉，亦作切花栽培。花朵美丽动人，是室内装饰和各种花艺装饰的高档用花，为花中珍品。

三、兜兰属

兜兰属（*Paphiopedilum*）原种有70余种，兜兰又称拖鞋兰，主要产于东南亚的热带和亚热带地区，分布于亚洲南部的印度、缅甸、泰国、越南、马来西亚、印度尼西亚至大洋洲的巴布亚新几内亚。我国也是兜兰的重要原产地之一，原种约17种，分布于我国西南、华南地区。

（一）生物学特性

1. 形态特征 常绿无茎草本，无假鳞茎。叶带状革质，基生，深绿或有斑纹，表面有沟。花单生，少数种多花，花形美丽，唇瓣膨大成兜状，口缘不内折，侧萼片合生，隐于唇瓣后方，中萼片大，位于唇瓣上方，侧生两枚花瓣常狭而长，花色艳丽，花期20～50 d。

2. 生态习性 为地生或半附生兰科植物，生于林下涧边肥沃的石隙中，喜半阴、温暖、湿润环境。耐寒性不强，冬季仅耐5～12℃的温度，种间有差异，少数原种可耐0℃左右低温，生长温度18～25℃。根喜水，不耐涝，好肥。

（二）栽培与应用

兜兰属大部分野生种在原生地无明显休眠期，植株无假鳞茎，根数少，耐旱性差，喜湿好肥。栽培使用的基质应疏松肥沃，选择蛇木屑、树皮、椰糠、泥炭土、腐叶土、苔藓等2～3种混合，各成分比例随种的不同加以调整。盆底加垫木炭、碎砖石块排水。栽培需常施肥浇水，生长期每月施肥 1～2 次，以尿素、复合肥、磷酸二氢钾较为常用，依生长的不同时期调整肥料成分。注意维持土壤、空气湿度，酷暑时应喷雾加湿，忌干热。夏季遮阴 70%～80%，春、秋遮阴 50%，冬季可全日照。依原产地的不同要求不同的越冬温度，原产热带的种要求 18℃以上，原产亚热带的种可在 8～12℃越冬，高海拔山区的原生种可耐受 1～5℃低温。兜兰属采用分株繁殖，花后结合换盆进行分株，一般 2 年进行 1 次。

兜兰属以单花种居多，花姿奇妙动人，盆栽观赏为主。众多野生种很早就被广泛引种栽培，通过长期栽培和人工育种，现已育出许多园艺品种。是世界上栽培最早、最普及的兰花之一。

四、卡特兰属

卡特兰

卡特兰属（*Cattleya*）又称嘉德利亚兰，或卡特利亚兰，有原种约 65 种，全部产于南美洲热带，分布于危地马拉、洪都拉斯、哥斯达黎加、哥伦比亚、委内瑞拉至巴西的南美洲的热带森林中。

（一）生物学特性

1. 形态特征 多年生常绿草本。茎合轴型，假鳞茎粗大，顶生叶 1～2 枚，分为单叶种和双叶种。叶厚革质，长椭圆形，长 20～40 cm，宽 2～3.5 cm。花梗从叶基抽生，顶生花，单生或数朵，花硕大，颜色鲜艳，唇瓣大而醒目，边缘多有波状褶皱。

2. 生态习性 为热带植物，附生兰类，多附生于林中大树干上。喜光照，夏季遮阴 40%～50%，过于荫蔽不利于开花。长年喜温，生长适温 25～32℃，在 16℃以上环境中越冬，不耐寒，温度低于 5℃对植株有致命伤害。喜空气潮湿，空气相对湿度可长年保持 60%～85%，花后有数周休眠期。

（二）栽培与应用

用分株、组织培养或无菌播种等方法繁殖。常用分株法繁殖，花后萌芽前进行。分株时将植株从盆中倒出，除去根部植料，每 3 个芽苗一组切开，伤口涂抹药剂消毒，分别栽植。

野生卡特兰根系多暴露在林中空气中，根上布有小孔，能吸收空气中的游离水并有一定光合作用功能，栽培中常伸出基质暴露于盆外。栽培植料宜疏松透气，在苔藓、蛇木屑、刨花、椰壳、陶粒、碎砖粒等中选 1～3 种混合。光照对卡特兰生长开花有重要影响，夏季直射光应遮阴 40%～50%，其他季节应全光照。栽培中应注意保持空气湿润而通风，忌闷热，维持适宜生长的温度。卡特兰喜薄肥，薄肥勤施有利于开花。施肥多用颗粒复合肥和缓效肥片，定时对叶面喷施速效肥。其根部有小孔、叶有大气孔，具有吸收空气中游离水分、营养的功能，有一定抗旱性和抗瘠薄能力，施肥时忌空气污染，还应防止不洁肥水污染叶片。

卡特兰是名贵兰科植物，是高档盆花和切花材料，虽为热带兰花，但流传甚广。

第六节 水生花卉

水生花卉泛指生长于水中或沼泽地的观赏植物，与其他花卉明显不同的习性是对水分的要求和依赖远远大于其他各类，因此也构成了其独特的习性。

绝大多数水生花卉喜欢光照充足、通风良好的环境。但也有耐半阴者，如菖蒲、石菖蒲等。栽培水生花卉的塘泥大多需含丰富的有机质，在肥力不足的基质中生长较弱。水中的含氧量也影响水生花卉的生长发育，只有极少数低等水生植物在近 30 m 的深水中尚能生存，而绝大多数高等水生植物主要分布在 1～2 m 深的水中，挺水和浮叶类型的花卉常以水深 60～100 cm 为限，近沼生习性的种类则只需 20～30 cm 的浅水即可。

按照生活方式与形态特征可将水生花卉分为 4 大类：

（1）挺水型（包括湿生和沼生） 植株高大，花色艳丽，绝大多数有茎、叶之分；根或地下茎扎入泥中生长发育，上部植株挺出水面。如荷花、黄花鸢尾、千屈菜、菖蒲、香蒲、慈姑、梭鱼草、再力花（水竹芋）等。

（2）浮叶型 根状茎发达，花大色艳，无明显的地上茎或茎细弱不能直立，体内通常储藏有大量的气体，使叶片或植株漂浮于水面。如睡莲、王莲、萍蓬草、芡实、荇菜等。

（3）漂浮型 根不生于泥中，植株漂浮于水面之上，随水流、风浪四处漂泊。如大薸、凤眼莲、槐叶萍、水鳖、水罂粟等。

（4）沉水型 根茎生于泥中，整个植株沉入水体之中，通气组织发达。如黑藻、金鱼藻、狐尾藻、苦草、菹草等。

水的流动能增加水中的含氧量并具有净化作用，所以完全静止的小水面不适合水生花卉的生长，有些植物需生长在溪涧或泉水等流速较大的水域，如西洋菜、苦草等。而在流水中生长的沉水植物，常具有穿孔状的叶片或茎叶呈细丝状，以适应特殊的环境。

一、荷花

荷花

荷花（*Nelumbo nucifera*）别名莲花、中国莲、芙蕖、水芙蓉、水华，睡莲科莲属，原产亚洲热带地区及大洋洲。

（一）生物学特性

1. 形态特征 多年生挺水花卉，地下茎膨大横生于泥中，称藕。藕的断面有许多孔道，是为适应水下生活而长期进化形成的气腔，这种腔一直连通到花梗及叶柄。藕分节，节周围环生不定根并抽生叶、花，同时萌发侧芽。叶盾状圆形，具 14～21 条辐射状叶脉，叶片直径可达 70 cm，全缘，叶面深绿色，被蜡质白粉，叶柄侧生刚刺。花单生，两性，萼片 4～5 枚，绿色，花开后脱落；花蕾瘦桃形、桃形或圆桃形，暗紫或灰绿色；花瓣多少不一，色彩各异，有深红、粉红、白、淡绿及复色等。花期 6～9 月，果熟期 9～10 月。

2. 生态习性 喜湿怕干，喜相对水位变化不大的水域，一般水深以 0.3～1.2 m 为宜，过深时不见立叶，不能正常生长。泥土长期干旱会导致死亡。

荷花喜热喜光。生长季气温需达 15℃以上，最适温度 20～30℃，在 41℃高温下仍能正常生长，低于 0℃时种藕易受冻。在强光下生长发育快，开花、凋谢均早；弱光下开花、凋谢均迟缓。

荷花对土壤要求不严，喜肥沃、富含有机质的黏土，对磷、钾肥要求多，pH 以 6.5

左右为宜。对含有酚、氰等污染物的水敏感。

（二）栽培与应用

1. 繁殖技术 可播种繁殖或分株繁殖。

（1）分株繁殖 选取带有顶芽和保留尾节的藕段作种藕，池栽时可用整根主藕作种藕，缸栽或盆栽时主藕、子藕、孙藕均可使用。栽植前，应将泥土翻整并施入基肥。栽植时，用手指保护顶芽，与地面成20°～30°方向将顶芽插入泥中，尾节露出泥面。缸栽或盆栽时，种藕应沿缸（盆）壁徐徐插入泥中。

（2）播种繁殖 选取饱满的种子，然后对其进行“破头”处理，即将莲子凹端破小口，然后放入清水中浸泡3～5 d，每天换水1次，待浸种的莲子长出2～3片幼叶时便可播种。莲子无自然休眠期，可随采随播，也可贮藏至春、秋两季播种，适宜温度为17～24℃。

2. 栽培管理 荷花栽培时应选择避风向阳的场所，水位应根据苗的大小而定。栽植初期水位不宜过深，随着浮叶、立叶的生长，逐渐提高水位，池塘最深处水位不宜超过1.5 m。秋冬季节进入休眠状态，只需保持浅水即可。

施充足基肥，一般不追肥，如生长期内发现明显生长不良，也可追肥，并掌握薄肥多施的原则，切忌污染叶片。

3. 应用 荷花是我国著名的传统花卉之一，是重要的水生花卉，可装点水面景观，也是插花的好材料。荷花全身皆是宝，叶、梗、蒂、节、莲蓬、花蕊、花瓣均可入药，莲藕、莲子是营养丰富的食品。

睡莲

二、睡莲

睡莲（*Nymphaea tetragona*）别名子午莲、水芹花，睡莲科睡莲属，大部分原产北非和东南亚热带地区，少数产于欧洲和亚洲的温带、寒带地区。

（一）生物学特性

1. 形态特征 多年生水生植物。地下具块状根茎，生于泥中。叶丛生并浮于水面，具细长叶柄，近圆形或卵状椭圆形，纸质或革质，直径6～11 cm，全缘，叶面浓绿，背面暗紫色。花色白，午后开放，花径2～7.5 cm，单生于细长花梗顶端；萼片4，阔披针形或窄卵形。聚合果球形，内含多数椭圆形黑色小坚果。花期6～9月，果期7～10月。

2. 生态习性 喜强光、通风良好、水质清洁的环境。对土壤要求不严，但喜富含腐殖质的黏质土，pH 6～8。最适水深25～30 cm，最深不得超过80 cm。

耐寒的类型春季萌芽，夏季开花，10月以后进入枯黄休眠期，可在不冰冻的水中越冬。不耐寒的类型则应保持水温18～20℃。

（二）栽培与应用

1. 繁殖方法 一般用分株繁殖，也可播种繁殖。在春季转暖开始萌动时，将其块状根茎挖出，用刀切分为若干块另行栽培。种子成熟时易散落，因此在花后需用布袋套头以及时收集种子。

2. 栽培管理 睡莲栽培时应注意保持阳光充足、通风良好。施肥多采用基肥。大面积种植时可直接栽于池中，小面积栽植时可先植入盆中再将盆置于水中。分栽次数应根据长势而定，一般 2 年左右分株 1 次。

3. 应用 可用于美化平静的水面，也可盆栽观赏或作切花材料。亦有一定的药用价值。

第七节 木本花卉

木本花卉主要是指应用在园林绿化中的花灌木或小乔木、传统的盆栽木本花卉及切花生产中的木本花卉。如园林绿化中的牡丹、梅花、石榴、月季等；盆栽类常见的杜鹃花、山茶花、一品红等；切花类常见的如切花月季、银芽柳、蜡梅等。木本花卉有如下特点：

①花色、叶色和果色丰富，是园林绿化美化中的重要材料，可孤植，也可列植、丛植或片植，绿化、美化效果极佳。还可以布置专类园，如牡丹园、月季园、梅园等。一品红、杜鹃花等也是重要的盆花，以年宵花卉销售量最大。切花月季、银芽柳又是重要的切花材料，有较高的经济效益。

②寿命长，栽培管理简便，多以扦插和嫁接繁殖为主。定植前应深翻地，施足基肥，定植后按一般原则进行肥水管理即可。通过整形、修剪控制花期和达到株型优美的效果。

一、牡丹

牡丹（*Paeonia suffruticosa*）别名富贵花、木芍药、洛阳花，芍药科芍药属，原产我国西北部，在陕西、甘肃、四川、山东、河南、安徽、浙江、西藏和云南等地有野生牡丹分布，为我国特产的传统名花，河南洛阳和山东菏泽是我国牡丹的主要生产基地和良种繁育中心。

（一）生物学特性

1. 形态特征 根肉质。落叶半灌木（图 8-16）。高 1～3 m，枝粗叶宽。叶互生，二至三回羽状复叶，先端 3～5 裂，基部全缘，叶背有白粉，平滑无毛。花单生枝顶，两性，花型有多种，花色丰富，有白、黄、粉、红、紫、黑、绿、复色等，有单瓣、重瓣。花期 4～5 月。

2. 生态习性 喜凉恶热，有一定的耐寒性；喜向阳，怕酷暑；喜干燥，惧烈风，怕水浸渍；宜中性或微碱性土壤，忌黏重土壤；最适生长温度为 18～25℃，生存温度下限为－20℃，上限为 40℃。花芽为混合芽，一般在 5 月上中旬开始分化，9 月初形成。植株前 3 年生长缓慢，以后加快，4～5 年生时开花，开花期可延续 30 年左右。黄河中下游流域，2 月至 3 月上旬萌芽，3 月至 4 月上旬展叶，4 月中旬至 5 月中旬开花，10 月下旬至 11 月中旬落叶，进入休眠。1 年生枝只有基部叶腋有芽的部分充分木质化，上部无芽部分秋冬枯死，谓之“牡丹长一尺退八寸”。牡丹花芽需满足一定低温要求才能正常开花，开花适温为 16～18℃。

（二）栽培与应用

1. 繁殖方法 常用分株和嫁接法繁殖，也可播种、扦插和压条繁殖，组织培养快繁技术也有研究。分株法选择生长良好、枝叶繁茂的 4～5 年生母株，于 9～10 月进行。分株时，要求每株有 2～4 个蘖芽。嫁接法多选用实生苗和芍药根作砧木，劈接或切接，9～10 月嫁接。扦插法选择根际萌发的短枝为插条，用 IAA、IBA 或 ABT 生根粉处理，成活率较高。

2. 栽培管理 选择地势高燥、土质疏松的地块种植。以秋分至寒露期间栽培最合适。牡丹喜肥，定植时在坑底填入腐熟有机肥，与表土混合，栽后浇透水。以后每年早春及时浇水，夏季天热时应定期浇水，雨季应注意排水，花前、花后应追肥。栽培 2～3 年后需及时进行整形修剪，每株留 3～5 干为宜，花后需及时剪去残花。常见的害虫有天牛、介壳虫、蚜虫和红蜘蛛，病害有叶斑病、炭疽病和根瘤线虫病。

图 8-16 牡 丹

3. 应用 牡丹雍容华贵，国色天香，艳冠群芳。牡丹无论孤植、丛植、片植都很适宜，在园林中多布置在突出的位置，以建立牡丹专类园或以花台、花坛栽植为好，亦可种植在树丛、草坪边缘或假山之上，居民庭院中多行盆栽观赏。

牡丹还可食用。牡丹花瓣还可蒸酒，制成的牡丹露酒口味香醇，亦有药用价值；根皮可入药，称牡丹皮。

二、杜鹃花

杜鹃花（*Rhododendron simsii*）别名映山红、满山红、山石榴、山踯躅，杜鹃花科杜鹃花属，原产我国长江流域以南各省区，越南也有分布，现世界各地广为栽培。

（一）生物学特性

1. 形态特征 常绿或落叶灌木（图 8-17），稀为乔木、匍匐状或垫状。主干直立，单生或丛生，枝条互生或近轮生。单叶互生，常簇生枝端，全缘，罕有细锯齿，无托叶，枝、叶有毛或无。花两性，常多朵顶生组成总状、穗状或伞形花序，花冠辐射状、钟状、漏斗状或管状，4～5裂；花色丰富，喉部有深色斑点或浅色晕；花萼宿存，4～5 裂；雄蕊 5～10 枚，不等长；子房上位，5～10 室。花期 3～6 月。蒴果，开裂为 5～10 果瓣。种子细小，有狭翅。果 10 月前后成熟。

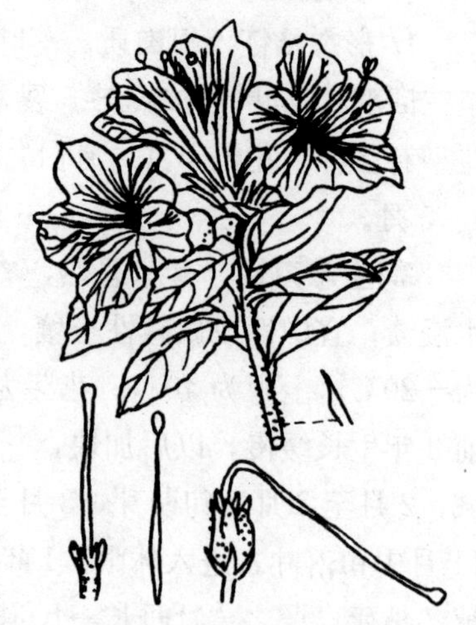

图 8-17 杜鹃花

2. 生态习性 性喜凉爽、温和、湿润的气候。喜半阴环境，忌烈日暴晒，最适光照度 8～28 klx。不耐炎热，35℃以上高温会影响生长；较耐寒，可耐－10℃短暂低温。喜肥沃、疏松、酸性土壤，pH 4.5～5.5 为宜，忌积水。花芽分化需要较高温度，一般适宜 20～27℃，低于 12℃不能形成花芽。早花品种6～7 月花芽分化，中晚花品种 7～8 月花芽分化。花芽形成后进入休眠状态，需要一定的低温刺激才能开花。

（二）栽培与应用

1. 繁殖方法 可用播种、扦插、压条、嫁接和分株等方法繁殖。生产中常用扦插和嫁接繁殖，既利于保持品种性状，又可缩短生产周期。

扦插繁殖宜在春夏间进行，华东地区多在5～6月，华南地区在4～5月，晚花品种可略迟。插穗宜选当年生健壮嫩枝，或上年秋芽形成的半木质化嫩枝，剪成6～8 cm插穗；下端用利刀斜削平滑，摘去下部叶片，留上部2～3叶，插于苗床中。基质宜用河沙或河沙与蛭石混合而成。温度以15～25℃为宜。应保持床土湿润，每天向叶面喷水2～3次，保持较高的空气湿度，特别是西鹃类。扦插期间以遮光50%为宜。常规扦插约30 d生根，西鹃类生根较慢，约需50 d。用100 mg/L IBA或500 mg/L NAA处理插穗2 h再扦插，可促进生根，提高成活率。扦插苗2～3年可开花。

嫁接繁殖宜在生长季节进行。砧木宜用二年生毛鹃品种实生苗，如玉蝴蝶、紫蝴蝶等品种，一般不用白花杜鹃。常用劈接法或靠接法。劈接法在母株上剪取半木质化嫩枝，剪成长3～4 cm接穗，留上部2～3叶，在砧木当年新梢2～3 cm处截取接口嫁接。嫁接后应套薄膜袋，防止蒸腾失水。成活后可去除套袋，120 d左右解去绑扎。靠接易于操作，容易成活，可在生长季节进行。

播种繁殖主要用于繁育新品种和砧木，春、秋播均可。压条繁殖在毛鹃类作绿化苗木生产时也常采用，宜在春、秋两季进行。

2. 栽培管理 杜鹃花品种繁多，应用广泛，其栽培有不同方法。原种和东鹃、毛鹃、夏鹃类长势较强健，适应性较强，管理可较粗放，既可盆栽，在温暖地区也可作园林栽培。西鹃类则娇嫩脆弱，要求温和湿润的条件，畏寒怕热又忌烈日，只作盆栽且应精细管理。西鹃盆栽生长良好的关键是有合适的环境和恰当的营养管理方法。我国南方可用塑料大棚生产，棚高以3～3.5 m为宜，以利通风降温，棚顶可用遮光度70%～80%遮阳网遮阴，冬季当气温下降至10℃左右时加盖薄膜保温防寒，最好在棚内架设喷雾装置；北方地区可用较低的温室遮光栽培。

常规盆栽，用透气透水、腐殖质丰富的土壤，可以用园田土、腐叶土、泥炭土各1份，再加少量饼肥调制而成。盆大小以树冠直径的1/2为宜。定植宜在春季或秋季进行。在生长季节应薄施勤施追肥，可用饼肥沤制成液肥稀释施用，每30 d施肥1次，在花芽分化期间可适当加施磷酸二氢钾，秋季后减少施肥，至开花前30 d停止施肥。生长季节应保持盆土湿润，经常喷淋叶面和地面，提高空气湿度。在北方地区冬季温室加温时，空气干燥，易引起落叶，可通过喷淋地面来提高湿度。

西鹃基质栽培时，选树冠直径1/3～1/2大的容器，选用泥炭、椰糠、木屑等呈酸性反应的材料作基质，可用专用营养液。

修剪对于促进杜鹃花树冠形成、多发枝、多开花有重要作用。幼株长至15 cm左右可截顶，留10～12 cm，生长过程中应将徒长枝及时剪去，以促进分枝，形成株型。成株每年开花后剪去残花并进行中度修剪，促进新枝萌发。新梢长出30 d后，可以喷施2～3次1 000 mg/L B_9溶液，抑制纵向生长，形成紧凑的冠形，并可促进花芽分化。

为满足节日需要，促使杜鹃花提早开花，促成栽培的方法是在花芽充分发育后，于9月末至10月上旬进行低温处理。早花品种在3～5℃，每天8～10 h光照下处理28～42 d，中晚花品种处理42～56 d；然后回温至12～15℃，经14 d；再升温至20～25℃催花，21～28 d就可开花。杜鹃花花瓣娇嫩，破蕾后不能从株面上淋水，宜用盆底灌水法，如果花瓣沾水，则容易腐烂脱落，影响观赏寿命。

3. 应用 杜鹃花为传统十大名花之一，被誉为“花中西施”，以花繁叶茂、绮丽多姿著称。西鹃是优良的盆花；毛鹃、东鹃、夏鹃均能露地栽培，宜种植于林缘、溪边、池畔及岩石旁，成丛成片种植，也可于疏林下散植。杜鹃也是优良的盆景材料。

三、月季

月季（*Rosa hybrida*）别名蔷薇花、玫瑰花，蔷薇科蔷薇属。蔷薇属植物有200余种，广泛分布在北半球寒温带至亚热带，主要由原产我国、西亚、东欧及西南欧等地多种蔷薇属植物反复杂交而来，栽培遍及世界各地。

（一）生物学特性

1. 形态特征 常绿或半常绿灌木（图8-18），直立、蔓生或攀缘，大都有皮刺。奇数羽状复叶，叶缘有锯齿。花单生枝顶，或成伞房、复伞房及圆锥花序；萼片与花瓣为5，少数为4，但栽培品种多为重瓣；萼、冠的基部合生成坛状、瓶状或球状的萼冠筒，颈部缢缩，有花盘；雄蕊多数，着生于花盘周围；花柱伸出，分离或上端合生成柱。聚合果包于萼冠筒内，红色。

图8-18 月 季

2. 生态习性 喜温暖、阳光充足、通爽的环境。开花最适宜温度白天20～28℃，夜间15～18℃。不耐炎热，30℃以上进入半休眠状态，超过35℃易引起死亡；可耐−15℃低温，但低于5℃即停止生长，不开花。要求疏松肥沃、排水良好、pH 6.5～7.5的土壤，酸性土或过碱土均不宜。

（二）栽培与应用

1. 繁殖方法 生产上主要用扦插、嫁接与组织培养繁殖。

（1）扦插繁殖 在温度为15～30℃的季节均可进行。宜用一年生或半木质化嫩枝，剪成长8～10 cm插穗，保留上端1片羽叶中的2～4小叶，插于沙床中，保持湿润，半遮阴，每天向叶面喷水3～4次，约30 d生根。扦插前用IAA、ABT生根粉处理再插，可加快生根，提高成活率。用黏土拌生根粉后，在插穗下端包一小泥团再插于沙床，成活率极高。用全光弥雾插效果尤佳。

（2）嫁接繁殖 多在春、秋季进行。可用多花蔷薇的实生苗作砧木，用T形或“门”字形芽接，接位离地面3～5 cm。近年发展起来的新技术是嫁接与扦插同时进行，在夏秋间取多花蔷薇健壮枝条，剪成长10～12 cm的插穗砧，然后用芽接法或对接法嫁接，嫁接后插穗下端在 500 mg/L ABT 溶液中浸约 10 s，插于沙床，淋透水，白天喷雾保湿，28～35 d 可生根，接芽也已成活。

（3）组织培养 多选取刚谢花后、半木质化枝条的第 3～7 节，除去枝条上叶片，消毒后切成单芽茎段进行培养。

2. 栽培管理 月季的切花品种相当多，应根据当地气候和生态条件及市场要求选择生产品种。南方应选耐热、抗病品种，北方应选适宜温室栽培或较耐寒的品种。切花月季南方地区多用露地栽培，北方多用温室或塑料大棚栽培。

（1）整地作畦 露地栽培应选排水良好、光照充足的场地。月季的根系较深，种植 1 次可产花 5～6 年，整地时应深翻和施足基肥，翻土 40～50 cm，施 3～4 t/hm^2 腐熟有机肥作基肥，与土壤充分拌匀。起高 30 cm、宽 1～1.2 m 畦为宜，畦间留 30 cm 通道。种植前应测试土壤酸碱度，土壤偏酸时可用石灰，偏碱时用石膏粉调节 pH。

（2）定植与主枝留养 定植时间北方以 5～6 月为宜，南方以 8～9 月为佳。定植株行距为 50 cm×50 cm 或 40 cm×60 cm。定植后 90～120 d 为植株养育阶段，关键是预留开花母枝，应随时摘去新梢上的花蕾，并抹去砧木上的顶芽和侧芽。当植株基部抽出竖直向上的粗壮枝条时，留 2～3 枝作开花母枝，并将原来砧木的茎枝剪去。在日本，也有保留新梢和砧木梢，将其压向地面使其沿水平方向伸展，这样可避免与新抽出的开花母枝争夺空间，又可作营养枝向开花枝提供养分，因而有利于提早产花和提高新栽植株早期产花质量。

（3）环境管理 月季生长与开花需要较高的氮和钾，开花时上部叶片氮、磷、钾含量分别为 3%、0.2%和 1%，对钙的需求也较高。地栽月季应将有机肥和速效化肥结合使用，可每 30 d 薄施有机肥 1 次，采花后侧芽萌动时多施速效氮肥，见蕾时多施磷、钾肥。

只要温度适宜，月季可全年开花，越夏与越冬是实现周年化生产的关键。在南方主要是越夏，7～9 月温度高、湿度大，会影响产花并易受病虫危害，高温季节可用 40%～50%遮阳网遮阴降温，并减少或停止产花，定期防病，加强通风，加盖薄膜防雨水，降低空气湿度。在北方冬季应注意防寒，保持温度 5℃以上，并减少肥水；设施栽培保持昼温 20℃、夜温 12℃以上，常规肥水管理即可正常产花。采收一茬花后，到下一茬采花所需要的时间因季节和地区不同而有很大差异。在北方，夏季一茬花生长需 40～50 d，而冬季需 70～80 d；在广州冬春季节需 35～45 d，夏季约 25 d。

智能温室生产常用地床基质栽培，基质可用蛭石、泥炭、陶粒、粗沙、炉渣等或其混合物。株行距 30 cm×30 cm，可根据月季对矿物质的吸收比例配制营养液。

（4）采收与修剪 一般红色或粉色系品种可在花萼反卷呈水平状、花瓣外围有 1～2 片稍张开时采收，黄色系品种可在花萼反卷呈水平状时采收。每日采收时间以 16：00～18：00 较好，采收后按枝长、花径、花色等分级包扎，并进行保鲜预处理以待上市。

月季采收时剪取花枝的部位，不仅影响当茬花的品质，还直接影响整株生长和下茬花的质量。冬季采收，从花枝基部向上数 2～3 叶处剪取；在阳光充足、温度适宜的季节，可只留 1～2 叶剪取。每次产花后长出的新枝，留 4～6 枝，其余的抹去。

切花月季植株的高度会随不断采花而增高，每采一茬花增 5 cm 左右。为避免植株过高，每年应进行1次中等强度的修剪，南方常在4～5月高温来临之前，北方则在春季萌动之前为宜，将采花之后的母枝短截15 cm，使株高控制在50～60 cm。为了保持连续产花，也可在产花季节先剪一部分枝条，留一部分继续长花，待下茬花后再剪低。通常约每3年重剪1次，因原来的母株萌枝力已下降，会影响切花质量，重剪时可留高20～30 cm，以促进重新蓄枝。

（5）病虫害防治　月季常见病害有黑斑病、白粉病等，害虫有蚜虫、红蜘蛛、叶蜂等，应综合防治。

3. 应用　月季有“花中皇后”之美誉，应用非常广泛，深受人们喜爱，被评为我国十大名花之一。根据其不同的生长习性和开花等特点，也各有用途。攀缘月季和蔓生月季多用于棚架的绿化美化，如用于拱门、花篱、花柱、围栅或墙壁上，枝繁叶茂，花葩烂漫；大花月季、壮花月季、现代灌木月季及地被月季等多用于园林绿地，花开四季，色香俱全，无处不宜，孤植或丛植于路旁、草地边、林缘、花台或天井中，也可作为庭院美化的良好材料；聚花月季和微型月季等更适于作盆花观赏；现代月季中有许多种和品种，花枝长且产量高，花形优美，具芳香，最适于作切花，是世界四大切花之一；某些特别芳香的种类，专门采花供提炼玫瑰油或糖渍食用，也可制作茶叶。

四、梅花

梅花（*Prunus mume*）别名柟、杋、春梅、酸梅、红梅、红梅花、干枝梅，蔷薇科李属，原产我国，许多省（自治区）如浙江、福建、广东、台湾、广西、江西、安徽、湖南、湖北、四川、云南、西藏等都有野生梅林或梅树的发现，其中以云南和四川最为丰富。

（一）生物学特性

1. 形态特征　落叶小乔木（图8-19），有枝刺，一年生枝绿色。叶卵形至宽卵形，基部楔形或近圆形，边缘具细尖锯齿，两面有微毛或仅背面脉上有毛，叶柄上有腺体。花1～2朵腋生，梗极短，淡粉红色或近白色，芳香，径2～2.5 cm，早春先叶开放，栽培种有重瓣及白、绿、粉、红、紫等色。核果长圆球形，熟时黄色，密被短柔毛，果味极酸，果肉粘核，核面具小凹点。

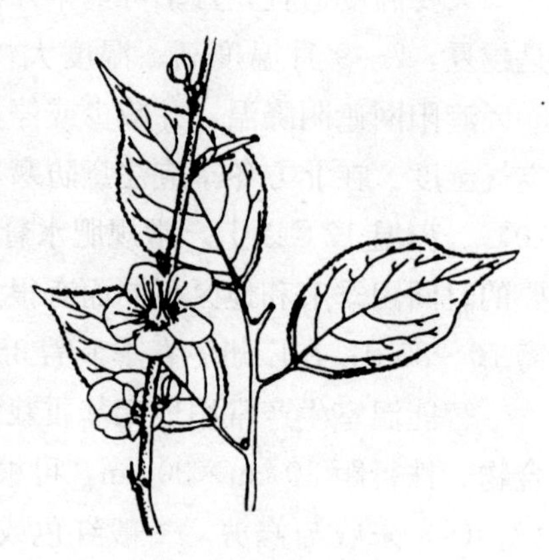

图8-19　梅　花

2. 生态习性　喜温暖而适应性强，但－15℃以下即难以生长。耐酷暑，我国著名的“三大火炉”城市南京、武汉、重庆均盛栽梅花，广州、海口亦有栽培。

性喜土层深厚，但在瘠土中也能生长，以保水、排水性好的壤土或黏土最宜，pH以微酸性最适，微碱土中也能正常生长。在排水不良的土中生长不良，忌积水，积水数日则叶黄根腐而致死。喜阳光，荫蔽则生长不良并开花少。梅花发枝力强，休眠芽寿命长，故耐修剪，适于切花栽培和培养树桩。

（二）栽培与应用

1. 繁殖方法　最常用嫁接繁殖，砧木用梅、桃、杏、山杏、山桃等实生苗，嫁接方法多样。扦插也能生根，成活率依品种而异。播种繁殖多用于单瓣或半重瓣品种，或用于砧木培育及育种。李属的种子均有休眠特性，需经层积、低温或GA处理后才能发芽。

2. 栽培管理　梅花的栽培无特殊要求，可露地栽培、切花栽培、盆栽和桩景栽培。应选择适宜环境才能生长良好。于花后、春梢停止生长后及花芽膨大前施肥3次。

梅花的花芽形成后需一段冷凉气候进入休眠，经过休眠的花芽在气温升高后发育开放。开花时期与温度高低和有效积温有关，故可用温度调控催延花期。一般用增温或加光促其提前开花，低温冷贮延迟开花，具体温度和处理时间应依品种及各地气候通过试验后确定。

3. 应用　梅花是有我国特色的花卉，历代与松、竹合称“岁寒三友”，又与菊、竹、兰并称花中“四君子”。孤植于窗前、屋后、路旁、桥畔尤为相宜，成片丛植更为壮观。

五、山茶

山茶（*Camellia japonica*）别名滇山茶、大茶花，山茶科山茶属，分布于亚洲东部和东南部。栽培观赏类山茶主要为云南山茶，分布于我国云南、四川西南部和贵州西部，生于海拔1 200～3 600 m的阔叶林或混交林中。

（一）生物学特性

1. 形态特征　常绿灌木或小乔木（图8-20），高5～15 m。树皮灰褐色，光滑无毛。单叶互生，革质，多宽椭圆形，长5～10 cm，宽2.5～5 cm，边缘具锐齿。叶面深绿色，背面淡黄绿色。花两性，冬末春初开花，常1～3朵着生于小枝顶叶腋间，无花梗或具极短花梗，花梗卵圆或球形；苞片5～7枚，萼片常5～7枚，分2轮呈覆瓦状排列；花瓣原始单瓣型5～7枚，园艺重瓣品种8～60枚，分3～9轮呈覆瓦状排列，直径4～22 cm，花瓣匙状或倒卵形；花色有大红、紫红、桃红、红白相间等色；雄蕊多数，长2～4 cm，基部合生成筒状或束状，连生于花瓣基部；雌蕊1枚，上位子房，3～5室，每室有胚珠143颗。蒴果扁球形，内有种子3～10粒，黑色，富含脂肪，子叶肥厚，无胚乳。

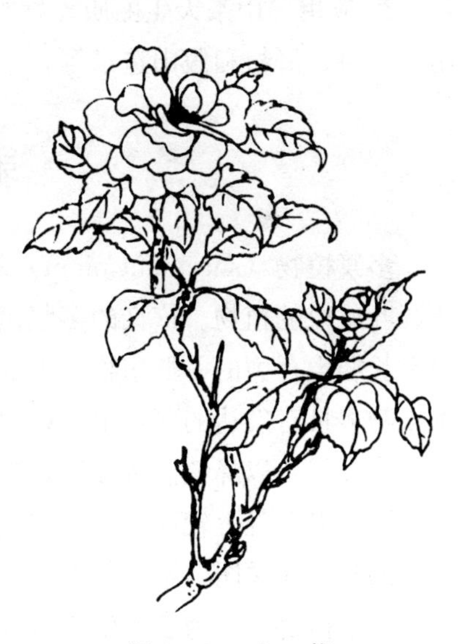

图8-20　山　茶

2. 生态习性　山茶耐阴、喜光。喜温凉气候，最适生长温度为18～24℃，不耐严寒和高温酷暑，高于35℃的炎热和低于0℃的长期寒冷环境会造成灼伤、冻害、落花落蕾和花芽无法分化。抗干旱，不耐湿。喜排水良好、疏松肥沃、富含有机质且pH 5～6.5的壤土。

（二）栽培与应用

1. 繁殖方法 有播种、嫁接、插条和压条等繁殖方法。

（1）播种繁殖 10月蒴果成熟，采后晒干待果皮裂开后，收集暴出的种子，经沙藏后于次年春季播种。

（2）嫁接繁殖 传统采用靠接法，于5月末选择白秧茶（华东山茶中的白花品种）二年生扦插苗或野山茶实生苗作砧木，将盆栽砧木支撑至接穗等高处靠拢，砧木和接穗在接口处各削去2～4 cm，深达木质部，对准二者形成层后用塑料条绑扎紧实，以后晴天常向盆中浇水，防止砧木干死，约90 d后接口愈合，剪去接口以下的接穗和接口以上的砧木部分，下树后盆培或地栽即可。

在云南，由于受干旱期气候的限制，枝接、芽接及切接的效果差；腾冲一带用成年红花油茶作砧木，高头劈接获得成功。

2. 栽培管理 山茶对土壤透气排水性要求较高，盆栽应选用通透性好的素烧盆，人工配制疏松、透气、酸性盆栽土。施足缓效基肥，如牛角蹄片，追施速效肥，以保证生长健壮。特别是从5月起，花芽开始分化，每隔15～20 d施1次肥，共3次，以满足花蕾形成所需的养分。春季干旱要及时浇水，雨季要注意排水。当花蕾长到大豆大小时，应摘去一部分重叠枝和病弱枝上的花蕾，留蕾要注意大、中、小结合，以控制花期和开花数量。夏、秋两季创造半阴半凉而又通风的环境，以确保开花质量。

山茶的主要害虫有茶长绵蚧、茶天牛，病害有茶炭疽病、茶煤污病等，应综合防治。

3. 应用 山茶天生丽质，婀娜多姿，盆栽具有很高的观赏价值。在园林造景中，可用于孤植、群植和假山造景等。

第八节 多浆植物

多浆植物（succulent plant）是指具有肥厚多汁，并且具备储存大量水分功能的肉质茎、叶或根的植物。广义的多浆植物指茎、叶特别粗大或肥厚，含水量高，并在干旱环境中有长期生存力的一群植物。大部分生长在干旱或一年中有一段时间干旱的地区，所以这类植物多具有发达的薄壁组织以贮藏水分，其表皮角质或被蜡层、毛或刺，表皮气孔少而且经常关闭，以降低蒸腾强度，减少水分蒸发。它们之中相当一部分的代谢形式与一般植物不同，多在晚上较凉爽潮湿时气孔开放，吸收CO_2并通过β-羧化作用合成苹果酸，白天高温时气孔关闭，不吸收CO_2而靠分解苹果酸放出CO_2供光合作用之用。

多浆植物大多为多年生草本或木本，少数为一二年生草本植物，但它在完成生活周期枯死前，周围会有很多幼芽长出并发育成新植株。由于科属种类不同，多浆植物在个体大小上相差悬殊，小的只有几厘米，大的可高达几十米，但都能耐较长时间的干旱。

一、金琥

金琥（*Echinocactus grusonii*）为仙人掌科金琥属，又称象牙球、金琥仙人球。茎圆球形，单生或成丛，高1.3 m，直径80 cm或更大，有棱21～37条。刺座很大，密生硬刺，刺金黄色。6～10 月开花。花着生于球顶部黄色绵毛丛中，钟形，黄色，长 4～6 cm，花筒被尖鳞片。果被鳞片及绵毛，基部孔裂。种子黑色，光滑。还有白刺及弯刺变种，弯刺变种称狂刺金琥，刺呈不规则弯曲，较为珍奇。

金琥球体浑圆碧绿，刺色金黄，刚硬有力，为强刺球类品种中的代表种。盆栽可长成很规整的大型标本球，点缀厅堂，更显金碧辉煌。很多爱好者都精心培养一个或数个标本球，以显示其品种收集和栽培技艺的水平。

金琥性强健，容易栽培。喜肥沃并含石灰质的沙壤土。喜阳光，但夏季仍应适当遮阴。越冬温度 10℃左右，并保持盆土干燥。温度太低时，球体上会产生黄斑。在肥沃土壤及空气流通的条件下生长较快，4 年生的实生苗可长到直径 9～10 cm，20～40 年生的植株直径可达到 70～80 cm。栽培中宜每年换盆 1 次。

多用播种繁殖，因种子来源比较困难，也常用嫁接繁殖。可在早春切除球顶端生长点，促其产生子球，子球长到 0.8～1 cm 时即可切下嫁接，砧木用生长充实的量天尺一年生茎段较为适宜。

二、蟹爪兰

蟹爪兰（*Zygocactus truncactus*）又叫锦上添花，为仙人掌科蟹爪兰属草本植物，原产巴西东部热带森林。多分枝，常铺散下垂。茎节扁平，先端截形，绿色或带紫晕，长 4～5.5 cm，宽 1.5～2.5 cm，两端及边缘有尖齿 2～4。刺座上有短刺毛 1～3。冬季或早春开花，两侧对称，花瓣张开反卷，长 6.5～8 cm，粉红、紫红、深红、淡紫、橙黄或白色。果梨形或广椭圆形，光滑，暗红色。

蟹爪兰株形优美，花朵艳丽，在没有直射阳光的房间生长良好，因而深受人们喜爱，是一种非常理想的冬季室内盆栽花卉。蟹爪兰还可入药，治疮疖肿毒。

喜半阴、潮湿环境。盆栽用土要求排水、透气良好的肥沃壤土。夏季要遮阴、避雨，秋凉后可移到室内阳光充足处，同时进行修剪，对茎节过密者要疏剪，并去掉过多的弱小花蕾。冬季室温不宜过高或过低，以维持 15℃为宜。

蟹爪兰是短日照植物，在短日照（每天日照 8～10 h）条件下，2～3 个月就可开花。如果要求 10 月开花，可在 7 月用遮光罩对植株进行短日照处理，每天只见光 8 h，这样 9 月下旬就可开花。

春季剪取生长充实的变态茎进行扦插，很容易生根。如为了培养出伞状的悬垂株形，增加观赏价值，可在春、秋进行嫁接繁殖，砧木多用量天尺或片状的仙人掌。

三、昙花

昙花（*Epiphyllum oxypetalum*）为仙人掌科昙花属多年生灌木，原产墨西哥及中南美洲的热带森林。无叶，主茎圆筒状，木质，分枝扁平叶状，长达 2 m，边缘具波状圆齿。刺座生于圆齿缺刻处，幼枝有刺毛状刺，老枝无刺。夏季在 20：00～21：00 开大型白色花，经 4～5 h 凋谢。花漏斗状，长 25～30 cm，直径 10～12 cm，花筒稍弯曲。果红色，有浅棱脊，成熟时开裂。种子黑色。

可在生长季节剪取生长健壮的变态茎进行扦插，20～30 d即可生根成活。昙花多作盆栽，适于点缀客厅、阳台及庭院。夏季开花时节，几十朵甚至上百朵同时开放，香气四溢，光彩夺目，十分壮观。盆栽要求排水、透气良好的肥沃壤土。施肥可用腐熟液肥加硫酸亚铁。盆栽昙花由于变态茎柔弱，应及时立支柱。

为了改变昙花夜晚开花的习性，可采用昼夜颠倒的办法，使昙花白天开放。

四、虎刺梅

虎刺梅（*Euphorbia milii*）又名麒麟刺或麒麟花，大戟科大戟属，原产非洲马达加斯加岛西部。灌木，高约2 m，分枝多，枝粗1 cm左右，体内有白色乳汁。茎和枝有棱，棱沟浅，具黑刺，长约2 cm。叶片长在新枝顶端，倒卵形，长4～5 cm，宽2 cm，叶面光滑，绿色。花有长柄，有2枚红色苞片，直径1 cm。花期主要在冬春。

虎刺梅喜阳光充足，盆栽选用沙质壤土。在生长期间要随时用竹棍和铅丝做成各种式样的支架，把茎均匀牵引绑扎到支架上，以形成美丽的株形。全株生有锐刺，另外茎中白色乳汁有毒，要注意放置地点，以免儿童刺伤中毒。扦插繁殖，以5～6月进行最好。

五、石莲花

石莲花（*Echeveria elegans*）为景天科石莲花属，原产墨西哥。多年生肉质草本，无茎。叶倒卵形，紧密排列成莲座状，叶端圆，但有一个明显的叶尖，叶长3～6 cm，宽2.5～5 cm，叶面蓝绿色，被白粉，叶缘红色并稍透明，叶上部扁平或稍凹。总状花序，高10～25 cm，花序顶端弯，小花铃状，直径1.2 cm。

株形圆整，叶色美丽，是一种栽培普遍的室内花卉。在气候适宜的地区亦可作岩石园植物栽培。夏季可放于室外培养，冬季放在有阳光的居室或温度不超过10℃的温室，保持盆土稍干燥。可用播种繁殖，但多用扦插繁殖，用莲座状叶丛、叶片扦插都易成活。

第九节　花卉装饰与应用

一、插花艺术

插花艺术是表现植物自然美的造型艺术，它运用艺术构图原理，经过构思、设计、剪裁，将花枝、叶片或其他装饰材料插入适当的器皿或其他固定材料中，创造出艺术品。

插花艺术是自然美与人工装饰美的结晶，是人类对自然景物的再创造，主要是依靠生动优美的形象和作者赋予的情感给人一种感染力，激起美感。学习插花艺术有陶冶情操、提高文化素养、修身养性的作用。可分为礼仪插花和艺术插花。

插花作品制作方便，装饰性强，观赏效果好，普遍受到喜爱，如居室装饰、馈赠亲友、探视病人、婚丧嫁娶用插花已成为时尚。另外，国家的重要活动，如接待外宾、欢迎贵客，在礼仪场所也普遍用插花来烘托气氛，传达感情。大型会议、文艺演出和运动会也少不了插花作品。还有商业用花，如商场开业、宾馆、饭店和办公楼的环境美化，用插花来装饰已经蔚然成风。

当今世界插花流派众多，但从总体上可分为两种，一种是以我国和日本为代表的东方风格插花，另一种是以欧美国家为代表的西方风格插花。

（一）东方和西方插花艺术风格及现代插花艺术特点

1. 东方插花风格特点　东方插花风格的主要特点是以简胜繁、朴实秀雅、丽姿佳态、清雅绝俗，以自然美取胜。

（1）线条美　用花量少，只用几支草本或木本的花枝就能构成一幅丽姿佳态的美景，追求花朵的风韵和姿态，喜欢线条弯曲飘逸。常用青枝绿叶来勾线、衬托。

（2）自然美　崇尚自然，追求简洁清新。构图的3主枝应高低横斜，形成不等边三角形。色彩朴素大方，一般只用2～3种花色，简洁明了。

（3）意境美　一般是作者将自己的心情融入作品中，使插花作品富含深刻的寓意，可以引起欣赏者联想，加深对作品的理解，使作品更具有诗情画意。

（4）综合美　花材、容器、摆放几架和周围环境形成一个统一整体，以提高插花作品的观赏效果。

2. 西方插花风格特点　西方插花风格的主要特点是雍容华贵、富丽豪华、丰满有气派，以人工美和几何美取胜。

（1）图案美　注重几何构图，比较讲究对称的插法，将作品插成三角型、圆型、圆锥型、新月型、L型、S型、扇型等。

（2）形态美　表现花朵排列艺术，实际上是将花朵堆放到一起，称为大堆头插法，形成多个彩色的团块，创造出五彩缤纷、热烈、豪华、富贵的气氛。

（3）装饰美　由于图案规整，色彩浓重、艳丽，装饰效果极佳。

（4）花材美　一般以草本花卉为主，多选色彩艳丽、花朵大的花材，每件作品用花量多，有花木繁盛之感。

3. 现代插花艺术的特点　随着社会的发展和交往，东、西方插花艺术出现相互渗透的局面，彼此不断取长补短，形成了现代插花艺术风格，主要特点是：东、西方插花风格融合，突出点、线、面的有机结合，既达到风姿优美，又色彩绚丽，使传统艺术注入新的时代内容；丰富多样的插花素材；新奇的插制技巧；灵活多样的表现形式；广泛与深刻的创作题材。

（二）艺术插花创作原理

插花有商业插花和艺术插花之别。商业插花多采用对称式几何构图，在取材和择器方面也较自由、随意，插出规律后，每次均可模仿出同样的作品，常用的花篮、花插、花束多属于商业插花。艺术插花有主题，追求精神内涵，同时讲究艺术构图形式，每次创作的作品无法模仿，是插花中的一种高级艺术，下面重点介绍艺术插花。

1. 熟悉植物材料　好的插花作品能把花的风韵、情致、娴雅和内涵表现得淋漓尽致，因此在制作插花前应熟悉植物材料，如各种花卉的寓意、生态习性和表现四季的特性，为创造优秀的作品打下良好基础。

（1）花的寓意　如松代表刚强不屈、万古长青，象征老人的智慧和长寿等；竹代表高风亮节、坚韧不拔、谦虚等；梅代表凌霜傲雪、铁骨红心等；兰代表洁身自爱、高风脱俗、贤惠等；菊代表贞操高洁、健康长寿、孤傲不惧、淡泊豁达等；荷代表廉洁朴实；月季代表青春常在、友情、爱情等；百合代表百事合心、事业有成等；牡丹代表繁荣富强、富贵兴旺等；香石竹代表慈母之爱、亲情等。

我国古代人们就凭借花的寓意进行插花，产生出许多优秀的插花作品，如松、竹、梅插在一起称“岁寒三友”；红枫、黄菊相配，表现不畏风霜；松和鹤望兰相配，寓意延年益寿；玉兰、海棠、牡丹相配，寓意玉堂富贵。

（2）熟悉习性，表现四季　由于生态的差异，各种植物形成了不同的习性。如松喜干旱，荷生水中，梅花耐寒，月季喜温，这些习性不同的植物配置在一起，就很不协调。表现四季景色，也应了解哪些植物代表哪个季节的景色，用得恰当，才不会出差错。

通常，表现春景的材料如桃、李、兰、丁香、月季、海棠、玉兰、牡丹、芍药、杜鹃、迎春、郁金香、金鱼草等；表现夏景的材料如荷、石榴、百合、萱草、晚香玉、桔梗、火炬花、唐菖蒲等；表现秋景的材料如菊、桂、翠菊、鸡冠花、雁来红、观果类植物等；表现冬景的材料如松、柏、梅、银芽柳、南天竹、蜡梅、水仙、一品红等。

2. 创作原理　合理运用平衡、协调、意境、破和焦点等原理。

（1）平衡　平衡是插花构图的最基本原则。无论是对称式插花还是不对称式插花，作品的重心应稳定。通常采用高低错落、上轻下重、上散下聚、疏密有致、虚实结合、仰俯呼应6法，使局部的多样变化达到整体上的平衡。由于花材的质地、色泽和形态不同，给人的感觉轻重也不同，一般大花插在下，小花插在上；盛开花插在下，花蕾插在上；深色花插在下部，浅色花插在上部；球形花插在下部，穗状花插在上部，这样易给人以稳定平衡的感觉。一件完美的插花作品，其花、叶、枝搭配时应有疏有密，疏可走马，密不透风；有虚有实，实中有虚，虚中有实，才能显出画面的丰富多样、深度和广度，给人更多的想象余地，使作品余味无穷。花材之间还应有一定的联系，做到仰俯呼应，互相顾盼，形成一个统一整体。

（2）协调　首先应注意花材性质的协调，如松与梅相配协调，松与柳相配就不协调；松与玉兰相配协调，松与荷花相配就不协调。其次是色彩协调，每一个插花作品应确立一个主色调，可用大朵鲜艳的花作主题，将细小花作陪衬，借以加强色彩的协调。一般每一件作品的色彩有2～3种即可，色彩太多不易协调。插花作品与容器协调，东方式插花选传统古色古香的容器，西方式插花选欧式雕花容器等容易协调。插花作品还应与环境协调，在喜庆的场所多用暖色调的插花作品以示庆贺，在哀悼的场所多用冷色调的作品以示哀思。

（3）意境　意境是指插花作品应表现主题，要蕴藏内涵，要有诗情画意。人们通过欣赏作品，阅读命题，受到很大的感染，并产生联想，引起回味，达到百看不厌的效果，这就是意境的作用。

（4）破　实质上是对比，运用破的手法会使作品更丰富多彩。如作品的色彩过于协调，就显得平淡无味，如果用少量对比色彩破一下，马上就显得有生气。插花中也常运用各种线条表现作品的力度、柔美和动势等。直线表示力量、生气和刚强，曲线表现悠扬、柔美和轻快，斜线表示方向和动势，折线表示转折、上升和下降、前进等。若在插花中较多运用直线，便会产生一种不亲切和不自然的感觉，这时就需要用曲线来破，竖线用横线破。容器的轮廓给人沉重凝固的感觉，多用叶片、穗状花等遮去一部分，也是一种破。

(5) 焦点　好的插花作品必须有一个最吸引人的地方，即是焦点，也可称为“兴趣中心”。一般焦点上插的花称焦点花，焦点花可以是1朵或几朵，但必须是最漂亮的花，插在作品的黄金分割线上，插的角度与垂直线成45°，朝向观赏面。

3. 插花的基本形式

(1) 东方插花的基本形式　有直立型、倾斜型、下垂型、平卧型（图8-21）。其3枝长度与花器大小的关系是：A枝=（花器高+宽）×1.5～2倍；B枝=A枝×2/3；C枝=B枝×2/3。

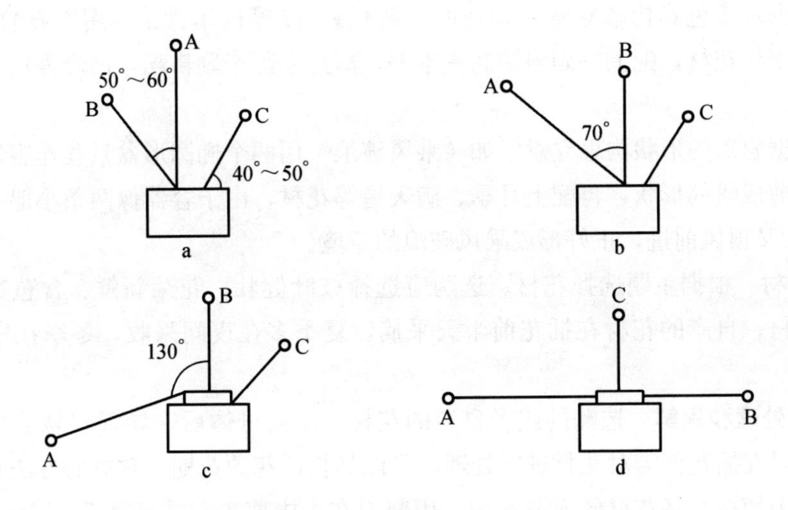

图8-21　东方插花的基本形式

a. 直立型　b. 倾斜型　c. 下垂型　d. 平卧型

(2) 西方插花的基本形式　有全能型、三角型、新月型、L型、S型和扇型（图8-22）。

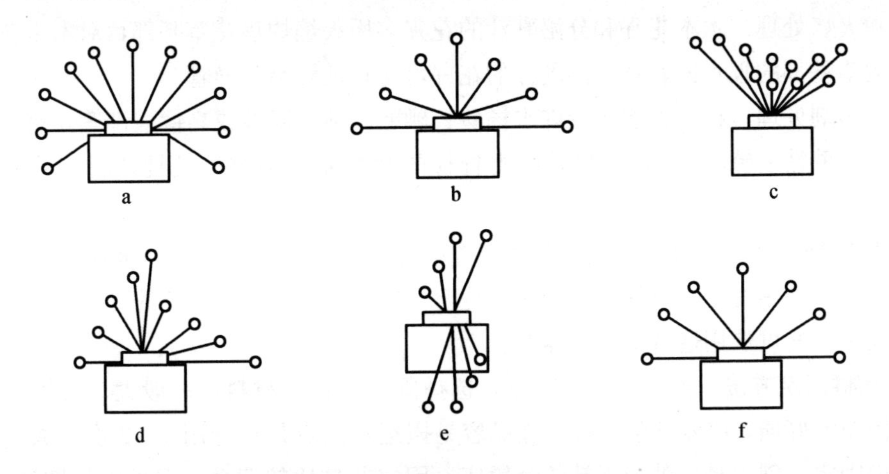

图8-22　西方插花的基本形式

a. 全能型　b. 三角型　c. 新月型　d. L型　e. S型　f. 扇型

（三）艺术插花的制作方法

插花作为一种美的表现，与绘画、诗歌等其他艺术门类的创作一样，插花之前需先构思，有主题、有意境，然后选配花材，再就花材的情况来构图取势，按照美的规律来进行创作，把作者的感情融入插花作品中，形成一件完美的艺术品。

1. 构思立意

（1）根据植物本身的寓意构思立意　如作品《松鹤延年》，用松枝和鹤望兰相配，松有长寿之意，鹤望兰代表仙鹤，又取松鹤的音，正好达到作品的意境。

（2）根据自然景致构思立意　如作品《荷塘月色》，用菖蒲叶及睡莲的花、花蕾和叶插入一个浅蓝色的盆中，形成荷花塘的景色，引人入胜。

（3）根据环境色彩构思立意　如作品《耕耘》，以黑板作背景，用香石竹、唐菖蒲、桃花、红叶李作花材，配上一副眼镜和一本书，寓意老师辛勤耕耘，用母爱培养学生，使桃李满天下。

（4）根据容器的形状构思立意　如《乘风破浪》用两个椭圆形盆景盆作容器，用散尾葵的叶片修剪成帆的形状，再配上月季、满天星等花材，由于容器像两条小船，满天星像浪花，“帆”又顶风前进，正好形成乘风破浪的意境。

2. 选花材　根据主题选择花材。选购应选择枝叶健壮、花朵新鲜、含苞欲放、没有病虫害的花材；自产的花材在插花前半天采摘，夏季多在夜间采收，冬季在中午或黄昏采收。

3. 花材处理和保鲜　选购的或者自产的花材，切离母体后，导管容易被空气或微生物堵塞，所以在插花前需对花材进行处理，可以延长插花的花期。常见的方法有：

（1）水中切枝　将花材放入清水中，用剪刀在水中剪去花枝基部 5～10 cm，可以将进入导管内的空气排出，以利于插后吸水。分泌乳汁的花材不用这种方法。

（2）热水处理　用 80℃热水浸烫草本花卉的茎基部，既可以排出茎内的空气，又可以防止茎组织的分泌物外溢。浸烫时将上部花枝用毛巾或包装纸保护，以免被热气烫伤。

（3）火烧处理　木本花卉和分泌乳汁的花卉多用火焰灼焦花茎基部，对木本花卉来说可以扩大茎基部的吸水面，对分泌乳汁的花卉可防止乳汁堵塞导管。

（4）药剂处理　在水中溶解少许水杨酸、硼酸、阿司匹林或高锰酸钾等，有利于花材保鲜。或用蔗糖、硫酸银和 8-羟基喹啉柠檬酸盐配制成保鲜液处理花材，延长插花的花期。

4. 根据功能选择容器　西式的环境布置插花时多选用欧式花瓶、玻璃器皿；东式的环境布置，多选用古色古香的瓶或陶盆。特定环境需要表现民族特色的可用竹器、漆器或藤器；娱乐场所可选用造型别致的器皿。

5. 花材固定方法　根据容器的特点，选择固定花枝的材料，一般大口容器常用花泥固定，因花泥好插，吸水性强，插花作品容易搬运，缺点是只能用 1～2 次。大口容器也可用剑山固定，剑山是一种带钢针的金属座，固定花枝比较费劲，但可以长期反复使用。小口容器如花瓶，主要用瓶口插架固定，瓶口插架有“十”字形、“井”字形或 Y 形。也可将长枝的基部固定一段横枝再插入花瓶内固定。

6. 花材的修枝和弯枝　修枝就是根据构图的需要，将花枝上的多余枝、叶和过多的花朵剪掉。弯枝就是根据需要将花枝按一定的形状弯曲，有扎缚、切割、揉弯等方法。草本花卉多用细铅丝扎缚花茎，然后用手顺铅丝的方向旋转，形成弯曲度；木本花卉，茎粗硬，采用切割法弯枝，即先在茎弯曲的背面剪切一个伤口，用手轻轻掀开，内加一个木楔，固定弯曲度。一般含水量高的花茎可揉弯，即用手反复揉搓，形成弯曲。

二、盆花在室内的陈设

（一）室内环境特点

1. 光照弱　一般向阳的客厅、卧室等光照度为 1 500～10 000 klx，不向阳的卧室、厨房等光照度为 700～1 500 lx，封闭的走廊、过道、卫生间等光照度为 300～700 lx。

2. 季节温度差异大　除安装空调的房间可长年保持 25℃左右外，北方大部分居室是冬季集中供暖，最低温度集中在供暖前及断暖之后，即每年的 3～4 月和 10～11 月，温度可低到 10℃左右，最高温度集中在 7～9 月，温度可高到 32℃以上。

3. 昼夜温差小，湿度低　室内昼夜温差小，湿度低。除 8、9 月雨季室内相对湿度能达到 50%以上外，其余时间相对湿度多在 30%左右，而大部分室内观叶植物要求空气相对湿度在 60%以上。

由于室内条件限制，室内养的盆花大多数生长不健壮，不是长势弱就是徒长，特别是观花植物开花困难，花朵瘦弱、花期短、花色淡，极大影响了盆花的观赏价值。

（二）室内盆花种类及陈设时间

1. 耐阴类　主要有天南星科的龟背竹、春羽、黄金葛、喜林芋、花叶芋、合果芋、万年青等，棕榈科的棕竹、鱼尾葵、针葵、蒲葵、假槟榔、袖珍椰子、散尾葵，百合科的富贵竹、一叶兰、文竹、巴西木等，蕨类植物以及枸骨、海桐、八角金盘、君子兰等，宜陈设在室内明亮而无直射光的地方，生长季可在室内陈设 30 d 以上，休眠期在室内陈设 60～90 d，然后再转移到温室内养护。

2. 半耐阴类　主要有南洋杉、橡皮树、榕树、山茶、柑橘类、竹芋类、凤梨类、火鹤、花叶万年青、广东万年青、天门冬、吊兰、八仙花、蝴蝶兰、兜兰等，宜陈设在室内明亮处并有一定直射光的地方。生长季可在室内陈设 15～20 d，休眠期陈设 30～60 d，然后再转移到温室内养护。

3. 喜光类　主要有变叶木、杜鹃、一品红、叶子花、仙客来、报春花、朱顶红、瓜叶菊、秋海棠类、仙人掌及多浆植物，宜陈设在室内阳光充足的地方，生长季可在室内陈设 7～15 d，休眠期可陈设 30 d，然后再转移到温室内养护。

4. 极喜光类　主要有菊花、荷花、睡莲、千屈菜、大丽花、美人蕉、荷兰菊、地肤、矮牵牛等，在室内陈设 3～7 d 就应转移到室外养护。

（三）盆花陈设的方式

盆花在室内外的陈设方式，大体上可分为规则式、自然式、镶嵌式、悬垂式及组合式等。

1. 规则式　以图案或几何形式进行设计布局，即利用同等体型、同等大小和高矮的植物材料，以行列及对称均衡的方式组织分隔和装饰室内空间，使之充分体现图案美的效果，以显示庄严、雄伟、简洁、整齐。

2. 自然式 以突出自然景观为主，在有限的室内空间，经过精巧的布置，表现出大范围的景观。即把大自然精华，经过艺术加工，引入室内，自成一景。所选用的植物应反映自然界植物群落之美，可单株、多株点缀，或组织分隔室内空间，模拟自然界的景致而配置。该方式占地面积大，适宜大型公共场所及宾馆，把瀑布、山泉、假山、廊、亭引入厅室，制造出如真山真水的境地。

3. 镶嵌式 在墙壁及柱面适宜的位置，镶嵌上特制的半圆形盆、瓶、篮、斗等造型别致的容器，其上栽上一些别具特色的观赏植物，以达到装饰目的。或在墙壁上设计制作不同形状的洞柜，摆放或栽植下垂或横生的耐阴植物，形成具有壁画般生动活泼的效果。该方式的特点是不占用“寸土寸金”的室内地面，利用竖向的空间配置植物去装饰室内，这对一般家庭的狭窄居室较为适用。

4. 悬垂式 利用金属、塑料、竹、木或藤制的吊盆吊篮，栽入具有悬垂性能的植物（如吊兰、天门冬、常春藤、蕨类等），悬吊于窗口、顶棚或依墙依柱而挂，枝叶婆娑，线条优美多变，可点缀空间，增加气氛。该方式与镶嵌式一样，具有不占室内地面的特点。由于悬吊的植物使人产生不安全感，因此悬吊地点应尽量避开人们经常活动的空间。

5. 组合式 这种陈设方式是指灵活地把以上各种手法混用于室内装饰，利用植物的高低、大小及色彩的不同把它们组合在一起，如同插花一样，随意构图，形成一个优美的图画，但应遵循高矮有序、互不遮挡的原则。高大植株居后或居中，矮生及丛生植株摆放前面或四周，以达到层次分明的效果。

（四）盆花在居室装饰中的应用

1. 大门口的绿化装饰 大门是人们进出的必经之地，是迎送宾客的场所，因此绿化装饰要求朴实、大方、充满活力。通常采用规则式对称布置手法，选用体形高大的植物（如龙柏、棕榈、南洋杉、橡皮树、蜀桧、棕竹等）配置于门内外两边，周围以中小型植物配置2～3层（如月季、一串红、矮大丽花、矮美人蕉、天门冬等），形成对称整齐的花带、花坛，使人感到亲切明快。

2. 门厅的绿化装饰 进门后的空间，分走廊和迎门屏风等，装饰应简洁明快，重点突出屏风前的配置，空间大，一般多采用规则式，后排可以摆放高大常绿的南洋杉、黄杨球、棕榈等作背景，中排放置应时的一串红、八仙花、一品红、菊花、万年青等花木，前排以文竹或天门冬镶边，柱面可悬吊蕨类及吊兰等植物，配合大门口，形成整体的景观效果。空间小可采用组合式使植物高低错落，形成优美的图画，有迎接宾客的效果。

3. 楼梯的绿化装饰 楼梯是连接上下的垂直走廊，其转角平台处是装饰的理想地方，靠角可摆放一盆体形优美、苗条的橡皮树、棕竹、棕榈等植物加以遮挡，或不等高地悬吊1～2盆吊兰、常春藤等植物。在楼梯上下踏步平台上，靠扶手一边交替摆放较低矮的万年青、一叶兰、书带草、沿阶草及地被菊等小盆花，上下楼梯时，给人一种强弱的韵律感、轻松感。也可利用高矮不同的盆花，自上而下、由低到高地摆放，以示楼梯的高差变化，缓和人们的心理感觉，又达到装饰的目的。

4. 客厅的绿化装饰 客厅是接待、团聚、休息、议事等多功能场所，可谓装饰重点。布置力求朴素美观，可选用大型植物，配以时令花卉及适宜的装饰物。

客厅主要以沙发、座椅、茶几、电视或博古架等陈设为主，活动范围较大，应根据陈设格式及墙壁的色调考虑布局。首先用大体型植物（如散尾葵、龙血树、变叶木、叶子花、龟背竹等）装饰墙角及沙发旁，也可设置花架，摆放凤梨科、兰科盆花装饰墙角。茶几摆放盆景或小盆花和插花。博古架是客厅的主要装饰品，依架内位置，可分别摆放盆景、插花、根艺、古玩及收藏的陶瓷艺术品等。窗框上悬吊 1～2 株不同高度的蕨类植物或吊兰、常春藤、鸭跖草等。迎客墙面装一些吊挂植物与挂钟或字画相衬托，使整个客厅气氛融洽，环境怡人。

5. 书房的绿化装饰 书房是以学习为主的场所，需要一个清静、雅致、舒适的环境，内容应简洁大方，具有减轻疲劳、增加情趣的效能。因此，应选用体态轻盈、姿态潇洒、文雅娴静的植物，如文竹、兰花、水仙、吊金钱、吊兰等摆放点缀于书桌、书架一角，或博古架上，配合书籍、古玩等，形成浓郁的文雅气氛，给人以奋发向上的启示。

6. 卧室的绿化装饰 卧室主要是休息、睡眠的地方，室内以冷色调为好，光线也不可太强，要求环境清雅、宁静、舒适、利于入睡，植物配置应协调，少而精，多以 1～2 盆色彩素雅、株型矮小的植物为主，如文竹、吊兰、镜面草、冷水花、紫鹅绒。忌色彩艳丽、香味过浓、气氛热烈的植物，否则影响睡眠。

对于老人居室的装饰，应从方便行动、保护视觉方面考虑，选择管理方便、观赏效果好的植物配置，如松柏类、柑橘类、万年青、一叶兰、兰花及一些仙人掌类植物，形成常年不衰、郁郁葱葱、吉祥如意、平平安安的气氛。

（五）各种会场的绿化装饰

1. 政治性严肃会场 应采用对称均衡的形式进行布置，显示出庄严和稳定的气氛。依会场空间的大小，选用比例恰当，体型、大小尺度合适的常绿植物为主调，适当点缀少量色泽鲜艳的盆花，使整个会场布局协调，气氛庄重。

2. 节日庆典会场 应呈现万紫千红、富丽堂皇的景象。选择色、香、形俱全的各种类型植物，以组合式手法布置花带、花丛及雄伟的植物造型等景观，并配以插花、花篮、盆景、垂吊等，使整个会场气氛轻松、愉快、团结、祥和。

3. 悼念会场 应以松柏常青植物为主体，配以花圈、花篮、花束，用规则式布置手法形成万古长青、庄严肃穆的气氛。与会者心情沉重，整体效果不可过于冷清，以免加剧悲伤情绪，应适当点缀一些白、蓝、青、紫、黄及淡红色的花卉，以激发人们化悲痛为力量的情感。

4. 文艺联欢会场 多采用组合式手法布置，以点、线、面相连装饰空间，选用植物可多种多样，内容丰富，布局应高低错落有致。色调艳丽协调，并在不同高度以吊、挂方式装饰空间，形成一个花团锦簇的大花园，使人感到轻松、活泼、亲切、愉快，得到美的享受。

5. 音乐欣赏会场 要求环境幽静素雅，以自然式手法布置，选择体形优美、线条柔和、色泽淡雅的观叶、观花植物，进行有节奏的布置，并用有规律的垂吊植物点缀空间，使人置身于音乐世界里，聚精会神地去领略和谐动听的乐章。

三、艺栽

艺栽，就是把若干种独立的植物栽种在一起，使它们成为一个组合整体，以欣赏其整体美。由于艺栽色彩丰富、花叶并茂，极富自然美和诗情画意，可予人以一种清新和谐的感觉，达到提高盆花观赏效果的目的。艺栽又称为组合栽培，是一种技术含量高的盆花栽培形式。与盆景相比，无论在植物材料选用上还是器皿类型上，都有更大的随意性，与插花相比，使用上更有持久性。

（一）艺术原理

创作艺栽必须具有园艺栽培和插花艺术两方面的知识，同时还应掌握把两者结合起来的技巧。首先，应根据艺栽主题，选择1～2种主体植物（一般为观叶植物），再选出与主体植物习性相似，但在叶色、叶形上又有一定差异的1～2种植物（一般为观花植物）。其次，选择与植物相协调的容器，要求其色彩、形状、质地能够较好地表达艺栽主题。然后，根据选好的植物、容器，画出草图，应尽可能多地设计几种方案，进行比较，选出较好的方案。最后，根据方案进行制作。若不设计，拿来就制作，不合适再拆，容易使植物伤根，使花枝折断，既浪费时间，又浪费植物材料。艺栽设计遵循以下艺术原理：

1. 均衡和动势 简言之，均衡就是平衡和稳定，是指艺栽造型各部分之间相互平衡的关系和整个作品形象的稳定性。无论是什么样的构图形式，无论植物在容器中处在什么状态下，如直立或倾斜、下垂或平伸，都必须保持平衡和稳定。只有这样，作品整体形象才能给人一种安定感。动势是均衡的对立面，两者是对立统一、相辅相成的。各种对称均衡的造型，虽有端正、稳重的美感，但常显得生硬刻板，其原因就是缺乏动势，在植物的种植上一定要有俯仰、顾盼、曲直、斜垂、张弛等变化所产生的各种动势，所以动势是作品形象生动的主要源泉之一。

例如，《秀色横溢》[绿萝（30 cm）＋仙客来（15 cm）＋变叶木（20 cm）＋高桩白陶盆（4 cm×20 cm）]，由于仙客来和变叶木的叶子较多，体量重，放在盆子上方伸出一些，而绿萝的叶子较少，所以伸出长一些，垂到花盆下方，再加上仙客来的红花，变叶木的橘红叶脉，十分秀丽，秀色装满盆，并溢了出去，因此命名“秀色横溢”。这盆花在构图上达到了均衡，又富有动感。

《彩蝶舞》[白鹤芋（20 cm）＋孔雀竹芋（20 cm）＋常春藤（25 cm）＋藤筐（16 cm×18 cm）]，由于白鹤芋和孔雀竹芋叶片较大，放在容器的上方，而常春藤叶小枝细，放在容器旁边，伸出去长些，既达到均衡又有动势。

2. 对比和协调 对比和协调是盆花艺栽的重要法则之一，处理好这一对矛盾，便能使盆花艺栽中各个部分之间取得紧密而和谐的配合，从而获得整体的美感。对比常常在艺术创作中作为突出主题、塑造鲜明形象或产生强烈刺激感的一种重要的艺术表现手法，它能产生兴奋、热烈奔放、欢庆喜悦的艺术效果。但是，对比过于强烈，就会失去和谐感。协调是对比的对立面，它是缓解和调和对比的一种艺术表现手法，它能使对比引起的各种差异感获得和谐统一，从而产生柔和、平静和喜悦的美感。

例如，《翔鹰回巢》（斑马万年青＋长寿花＋富贵竹＋常春藤＋冷水花），上段以斑马万年青为主体，叶大有花斑，形似飞翔的鹰，下段配上冷水花、长寿花、富贵竹、常春藤等小叶低矮的植物，形成鲜明对比，突出了上段斑马万年青的叶，好像鹰刚飞回自己的巢穴。所以，这盆艺栽产生一种宁静氛围又显出高贵典雅之感，用少量红花打破协调又显出生气。

3. 意境 意境是形、情与情外之境相结合的一种艺术境界，是艺术作品蕴含的内在意境美和精神美的体现，是艺术创作的灵魂。意境使人获得丰富的联想和无穷的回味。意境又通过命名来体现。有些是按植物名称命名，有些是按图案命名，有些是按寓意命名，这样就提高了作品的品位，进一步增强了观赏效果。

例如，《芭蕉树下》（白玉万年青＋仙客来＋常春藤＋彩叶草），白玉万年青形似芭蕉树，仙客来、常春藤、彩叶草如同芭蕉树下的花草，与上面形成鲜明对比，又创造出美丽景色，所以命名为“芭蕉树下”。

4. 焦点 在盆花艺栽中引人注目的位置称为焦点。焦点更容易让人们去欣赏，引起人们的兴趣，所以在盆花艺栽时应注意焦点花的选择与摆放的位置，且花的朝向与人的视线成45°角。

例如，《椰林秀色》（袖珍椰子＋仙客来＋彩叶草）在构图上分高、中、低3层，以仙客来的花作为这盆花的焦点花，同时红色花鲜艳，引人注目，与人的视线成45°角。

（二）植物和容器选择

1. 植物选择 生态习性相近的植物组合在一起表现良好，如花叶万年青属、亮丝草属、合果芋属、喜林芋属、包叶芋属、变叶木属、榕属、龙血树属植物组合到一起表现较好。

观花植物在艺栽中起焦点作用，缺它不行，但一二年生草花寿命短，应选多年生的花期长的观花植物，而且要求耐阴性强，如选用凤梨科的果子蔓属（*Guzmania*）、彩叶凤梨属（*Neoregelia*）、姬凤梨属（*Cryptanthus*）、花烛属（*Anthurium*）等。

为了使艺栽的盆花四季都有花看，可采用更新的办法，将开过花的植株用其他种更换，达到周年有花的效果。

2. 容器选择 花盆、套盆是盆花艺栽的重要容器，其形状、质地、质量要求极为讲究。以往的盆栽采用的多是瓦盆，艺栽则不同，所用的花盆应款式多、质量好、色彩古朴自然。除了实用之外，还要求它能增添盆花艺栽的美感，并能衬托出盆花艺栽的特点和生动姿态。

（三）栽培和管理

1. 种苗繁殖 为了方便艺栽，种苗繁殖时应采用带套扦插或播种繁殖，使繁殖种苗在组合艺栽时均能牢固地带上护心土，保证苗木移栽时成活率达100%，并能缩短缓苗期。由于盆花植物按高度多分为矮株、中株、高株3种规格，因此，在育苗时每种苗木规格应有3种，即5～15 cm、16～25 cm、26～40 cm，以便于组合时协调搭配。

2. 盆土和营养液配制 盆花艺栽基质配制应全面考虑，尽量照顾到盆中各种植物。如珍珠岩（3份）＋草炭（2份）＋园田土（3份）＋河沙（2份）的配方。

为了使盆中的植物在栽后能健康地生长，应经常进行施肥，以浇营养液为主。每升营养液主要成分和用量如：NH_4NO_3 166 mg，$MgSO_4 \cdot 7H_2O$ 370 mg，$CaCl_2$ 440 mg，KNO_3 190 mg，KH_2PO_4 170 mg。

3. 养护管理 养护管理的目的是使盆花艺栽保持较长的观赏期，通常需要控制好温度、湿度和光照，并适时施肥和修剪，观花植物花开过后应及时更新或换新品种替代，及时防治病虫害。

四、花坛

（一）花坛的功能

花坛是在一定范围的畦地上，按照整形式或半整形式的图案栽植观赏植物以表现花卉群体美的园林设施，是园林绿化的重要组成部分，在改善环境、美化生活等方面有着多方面的功能。

1. 装饰美化的作用 色彩绚丽协调、造型美观独特的花坛设置在公共场所和建筑物四周时，能对其起着装饰、美化、突出的作用，给人以艺术的享受。特别是节日期间，增设花坛能使城市面貌焕然一新，增加节日气氛。

2. 引导交通的作用 设置在交叉路口、干道两侧、街旁的花坛有着分割路面，疏散行人、车辆的作用。

3. 提供浏览休憩的场所 利用若干个花坛按一定规律组合在一起，所构成的花坛群，实际上形成了一种小游园，为人们提供了休憩和娱乐的场所。

（二）花坛的类型

1. 按坛面花纹图案分类 有花丛花坛、模纹花坛、造型花坛、造景花坛。

（1）花丛花坛 主要由观花草本花卉组成，表现花盛开时群体的色彩美。这种花坛在布置时不要求花卉种类繁多，而要求图案简洁鲜明，对比度强。常用植物材料，如一串红、早小菊、鸡冠花、三色堇、美女樱、万寿菊等。

（2）模纹花坛 主要由低矮的观叶植物和观花植物组成，表现植物群体组成的复杂图案之美。主要包括毛毡花坛、浮雕花坛和时钟花坛等。毛毡花坛是由各种植物组成一定的装饰图案，花坛的表面被修剪得十分平整，整个花坛好像是一块华丽的地毯。浮雕花坛根据图案的要求，将植物修剪成凸出和凹陷的式样，整体具有浮雕的效果。时钟花坛即图案是时钟纹样，上面装有可转动的时针。模纹花坛常用的植物材料如五色草、彩叶草、香雪球、四季海棠等。

（3）造型花坛 以动物（孔雀、龙、凤、熊猫等）、人物（孙悟空、唐僧等）或实物（花篮、花瓶等）等形象作为花坛的构图中心，通过骨架和各种植物材料组装成的花坛。

（4）造景花坛 以自然景观作为花坛的构图中心，通过骨架、植物材料和其他设备组装成山、水、亭、桥等小型山水园或农家小院等景观的花坛。

2. 按空间位置分类 有平面花坛、斜面花坛、立体花坛。

（1）平面花坛 花坛表面与地面平行，主要观赏花坛的平面效果，其中包括沉床花坛和稍高出地面的花坛。花丛花坛多为平面花坛。

（2）斜面花坛 花坛设置在斜坡或阶地上，也可搭建架子摆放各种花卉形成一个以斜面为主要观赏面的花坛。一般模纹花坛、文字花坛、肖像花坛多用斜面花坛。

（3）立体花坛 花坛向立体空间伸展，可以四面观赏，常见造型花坛、造景花坛是立体花坛。

3. 按花坛的组合分类 有单个花坛、带状花坛、花坛群等。

（1）单个花坛 只有一个独立的花坛，花坛的长宽比为1∶（1～3）。

（2）带状花坛 只有一个独立的花坛，花坛的长宽比在1∶（3～4）或以上。

（3）花坛群 由相同或不同形状的多个花坛组成，一般多设置在大型广场或草地上。花坛群的基底应统一为一种植物，以突出整体感。

4. 按种植形式分类 有永久花坛和临时花坛。

（1）永久花坛 一般园林绿地、机关单位的花坛多是永久性花坛，花坛床固定不变，为防止水土流失，花坛外沿用缘石砌起，床土经常深翻施肥，上面布置的植物可以经常更换，以保证花坛长期的观赏效果。

（2）临时花坛 一般街道、广场、节日期间布置的花坛多为临时性花坛，如天安门广场花坛，多在节日前15 d用各种盆花组合堆放形成花坛，节日过后又要清理搬出广场。

（三）花坛设计

1. 花坛总体布局原理

（1）因地制宜 花坛设计时应因地制宜，选择适合当地生长的植物材料，根据当地的经济实力和民族习惯决定花坛数量、类型和图案、色彩等。

（2）与周围的环境协调 在规则式的庭园内及建筑物前，宜布置较规整的模纹花坛；而在喧闹的街道、广场上，则宜布置花色艳丽的花丛花坛；在园林绿地中多设计花坛群或者造景花坛等。花坛的形状也应与建筑物、道路和广场的形状协调一致。

（3）应有主题 每个花坛应有其主题。例如，国庆花坛应体现国家的昌盛富强，体现国家的政策方针等；五一花坛应体现劳动节的欢快气氛；体育运动会的花坛应体现运动会的会标、吉祥物等。

（4）比例合适 花坛的体量大小应与花坛所处的广场、街道、庭园和建筑物周围的环境比例协调，一般不应超过广场面积的1/3，不小于1/15，以不妨碍交通为原则。

（5）便于花坛施工、养护与管理 花坛设计时应根据现场条件，确定花坛类型，用什么材料建造，建造完成后怎样管理等。

2. 个体花坛的设计

（1）花丛花坛的设计 花丛花坛选用观花草木，要求其花期一致，花朵繁茂，盛开时花朵能掩盖枝叶，达到见花不见叶的程度。为了维持花卉盛开时的华丽效果，必须经常更换花卉植物，所以通常应用球根花卉及一二年生草花。花丛花坛要求色彩艳丽，突出群体的色彩美，因此色彩上应精心选择，巧妙搭配，一个花坛的色彩不宜太多，应主次分明。花坛应大小适度，直径最大不超过20 m，外形几何轮廓较丰富，而内部图案纹样力求简洁。

（2）模纹花坛的设计 最理想的植物材料是各种不同色彩的五色草，其色彩丰富、叶子细小、株型紧密，可以做出2～3 cm线条，组成细致精美的装饰图案。也可选用其他适合于表现花坛平面图案变化、显示出较细致花纹的植物，如植株低矮、株型紧密、观赏期一致、花叶细小的香雪球、雏菊、白叶菊、四季海棠、孔雀草、三色堇、半支莲等，入选花卉应有很长的观赏期。

模纹花坛的色彩设计应根据图案纹样决定，尽量保持纹样清晰精美。图案设计，外形轮廓应较简单，而内部图案纹样应复杂华丽。花坛大小应适度，直径最大一般不超过10 m。

（3）造型花坛的设计　各种主题的立体造型式花坛，其植物的选择基本与模纹花坛相同。各种造型，主要用五色草附着在预先设计好的模型上，也可选用易于蟠扎、弯曲、修剪、整形的植物，如菊、侧柏、三角花等。

（4）造景花坛的设计　根据造景的要求选择各种植物材料，如草本花卉、木本花卉、大型观叶植物，甚至盆栽果树、蔬菜、水生花卉等，都可以用来布置花坛。

（四）花坛施工

1. 平面花坛的施工

（1）整地施肥　栽植之前先翻地，施腐熟有机肥料。种一二年生草花的土层深翻20 cm，多年生花卉的深翻40 cm，然后按设计的高度把坡面耙平，一般平面花坛土面高出地面7～10 cm，中央高向四周坡，坡度4%～10%。

（2）砌缘石　为了防止坛土流失，按花坛外形轮廓砌缘石，一般花坛缘石高10～15 cm，大型花坛缘石最高不超过30 cm。

（3）放线　按花坛内部图案纹样放线，简单图案用白灰撒线，复杂图案用铁丝或胶合板做出纹样，再画到花坛面上。

（4）栽植　按照图案依据先里后外、先左后右、先栽主要纹样后栽次要纹样的原则进行栽植。如果花坛面积较大，可在搁板上作业，以免踏实坛面。栽时应做到苗齐地平。

（5）养护管理　栽完后浇透水，并注意养护管理。永久性花坛一般应保持每年4～11月的观赏效果，因此应更换花卉3～5次，花期长的品种更换次数少些。

2. 立体花坛的施工

（1）做骨架　按设计的造型、比例大小做出骨架，骨架的尺寸应略小于实际造型的尺寸，这样将花栽种完后，正好达到造型尺寸的要求。骨架多用木板、钢筋、铁网和砖石筑成，应考虑到承重后不能变形等。

（2）缠草抹泥　用稻草蘸稀泥拧成草辫子固定在骨架外面，将和好的泥团抹在草辫子上，按形状和尺寸抹平，找出棱角。为防止泥团脱落，外面可用蒲包或麻片包裹，用铁丝固定。

（3）放线栽植　将图案纹样放线画到骨架上，然后将植物栽种到泥里。用竹签穿眼，将根系固定在泥里。栽植密度应大，一般为300～400株/m^2。

（4）养护管理　栽后应立即喷水，水最好喷成雾状，以免将花冲掉，或在骨架上装成固定的微喷头，定期喷雾。刚栽完后还应注意遮阳养护，待苗基本成活后再撤掉遮阳网。为了保证造型面平整，应进行1次修剪。

复习思考题

1. 何谓一年生花卉？何谓二年生花卉？它们都有哪些特点？
2. 什么是宿根花卉？其中的菊花如何栽培管理？
3. 什么是球根花卉？都具有哪些特点？百合主要有哪几种繁殖方法？
4. 试述室内观叶植物的特点。
5. 什么是兰科花卉？国兰和洋兰在栽培上有何区别？
6. 试述水生花卉的栽培管理要点。
7. 木本花卉具有哪些特点？
8. 试述多浆植物日常的栽培管理要点。
9. 什么是插花艺术？东方式插花和西方式插花各自具有哪些特点？
10. 盆花在室内如何进行摆设来装点室内环境？
11. 什么是艺栽？艺栽观赏时应遵循什么原理？
12. 花坛都有哪几大类型？如何设计花坛？

第九章

茶园艺

本章提要 我国是世界上最早发现茶树和利用茶树的国家。在漫长的历史岁月中，中华民族在茶的发现、栽培、加工、综合利用及茶文化的形成、传播与发展上，为人类文明的进步与发展做出了杰出的贡献。本章根据茶叶科学的系统性和完整性，简介了茶叶生产现状，系统介绍了茶树的生物学特性、茶园建设规划与茶树种植、茶园管理措施与要求、茶叶采收原则与方法、茶叶类型与主要茶类加工，同时简介了中华茶文化的内涵。这些知识点的构成，有利于较全面地认识和了解茶叶学科及其所研究的领域。

茶是供饮用的一类园艺产品，茶树是生产茶的木本园艺植物。茶树栽培历史悠久，分布较广，不同茶树品种具有不同的生物学特性和适应性，其栽培技术也不同。不同种类的茶加工工艺和技术不同，不同种类和地区的茶叶蕴藏着丰富的茶文化。

第一节　茶叶生产简介

茶树是一种常绿长寿木本植物，源于我国，茶学亦始于我国。茶叶为近现代世界三大无酒精植物性饮料之一，是我国传统的出口商品。茶产业是我国南方的传统优势产业，茶产业既是一二三产业高度融合的产业，也是绿色生态产业、特色优势产业、脱贫攻坚主导产业和乡村振兴重点产业。

一、茶树栽培简史

茶之为用，在我国已有 3 000 多年的历史。东汉《神农本草经》记载："神农尝百草，日遇七十二毒，得荼而解之"，此处的"荼"即茶。说明茶的发现在神农时代（前 2737—前 2697），并为药用。西汉时，四川一些地区广泛栽培茶树，茶叶已成为商品。从三国时期到南北朝，长江中下游饮茶之风逐渐普遍，栽茶事业随之发展。隋唐以后茶叶生产成为农业生产重要的一项副业。唐宋时代，茶叶已成为日常不可缺少的物品，据《茶经》记载，全国有 8 个茶区，产茶省份达十几个。到南宋时已有 66 州，共 242 县产茶。清代中叶（1669），长江以南各省，尤以东南诸省的茶叶生产有了较大发展，形成了较大面积的茶山。但由于过去茶叶生产随着政治的兴衰而时兴时败，到 1949 年前，全国产量不足 50 000 t。中华人民共和国成立后，茶叶生产得以恢复和发展。2019 年全国茶园面积达 306.52 万 hm^2，茶叶产量达 2 793 400t。

世界各主要产茶国如日本、印度、斯里兰卡、俄罗斯及东非、东南亚一些产茶国，其茶叶的生产与发展都直接或间接与我国茶叶有密切关系。我国对世界茶叶的生产与发展做出了巨大的贡献。

二、茶区分布

茶树（*Camellia sinensis*）在世界上有较广阔的分布区域，从北纬49°的外喀尔巴阡至南纬33°的纳塔耳，从东经150°的新几内亚至西经60°的阿根廷。以北纬6°～49°茶树种植较集中。以亚洲产茶最多，约占全球总生产量的82.7%，非洲占14.6%，美洲、大洋洲和欧洲共占2.7%。在60多个产茶国中，以斯里兰卡、印度、中国、肯尼亚、印度尼西亚、土耳其等为主产国。

我国有世界上最古老、最广阔的茶区。目前东自东经122°的台湾阿里山，西至东经94°的西藏米林，南自北纬18°附近的海南榆林，北至北纬39°的河北太行山南麓都有茶叶生产，但主要生产区集中分布在东经102°以东和北纬32°以南，约200万 km^2 的范围内。我国有产茶省（自治区）20个，分别是浙江、湖南、安徽、四川、福建、台湾、云南、湖北、广东、江西、广西、贵州、江苏、陕西、河南、海南、山东、甘肃、西藏和新疆，其中前18个为主产省（自治区）。我国茶叶产地可划分为4大茶区，即江北茶区、江南茶区、华南茶区、西南茶区（表9-1）。

表9-1 我国茶区简况

茶区	范围	主产茶类	气温/℃	降水量/mm	无霜期/d	生长期/d
华南	闽东南、粤中南、桂南、滇南、海南、台湾	红碎茶、乌龙茶、普洱茶、六堡茶、大青叶茶	年平均18～24 最低月均8～17 极低温-4.5～4.5	1 200～2 000	>300	>300
西南	黔、川、滇中北、藏东南	红碎茶、绿茶、边茶	年平均14～18 最低月均4～8 极低温-7.8～0.9	1 000～1 700	230～340	210～270
江南	粤北、桂西北、闽中北、鄂南、皖南、苏南、湘、赣、浙	红茶、绿茶、青茶、黑茶、黄茶、白茶	年平均15～18 最低月均3～8 极低温-14.2～-4.5	1 100～1 700	230～280	225～270
江北	陇南、陕南、鄂北、豫南、皖北、苏北	绿茶	年平均14～16 最低月均1～5 极低温-18.6～-6.0	800～1 200	200～250	180～225

第二节 茶树生物学特性

茶树作为一种经济植物已被人们利用数千年，在长期的生产实践中，人们对茶树有了较好的认识。茶树和其他植物一样，在其长期的系统发育过程中和人为的栽培环境影响下，形成了自己固有的特征特性。了解这些特征特性是我们正确地制定茶树栽培技术措施、提高栽培经济效益的基础。

一、植物学特征

（一）根

茶树为深根性多年生木本植物。幼树根系为典型的直根系类型，成年后表现为分支状根系，到衰老阶段呈现为丛生状根系。无性系茶树的根系初期与实生苗不同，细根较多，没有主根，随着树龄的增长，则由 1 个或数个细根加速生长，表现出类似直根系或分支根系的形态。茶树主根可深入土中 2 m 以下，吸收根多分布在地表 5～45 cm。

（二）茎

茶树的地上部根据整株形态，有灌木、小乔木和乔木 3 种类型（图 9-1）。乔木型茶树植株高大，分枝部位高，主干和主轴明显，属茶树中较原始的类型，如云南和海南的大叶种。小乔木型茶树植株中等高度，分枝部位较低，主轴不太明显，但主干明显，如大多数南方类型的茶树。灌木型茶树树体矮小，分枝部位低，主干和主轴均不明显，属茶树中较进化的类型，如江南和江北茶区的中小叶种茶树。

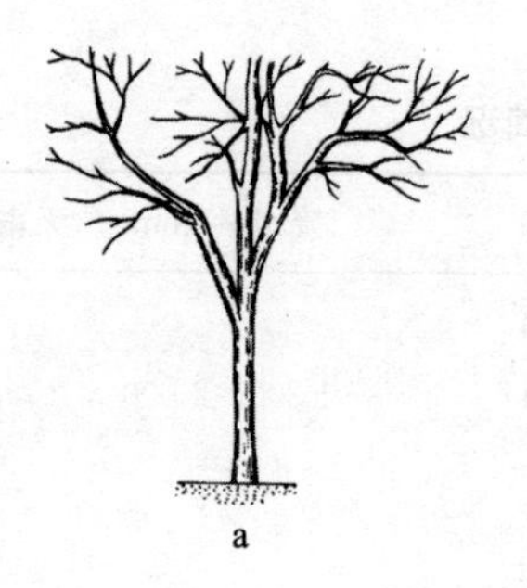

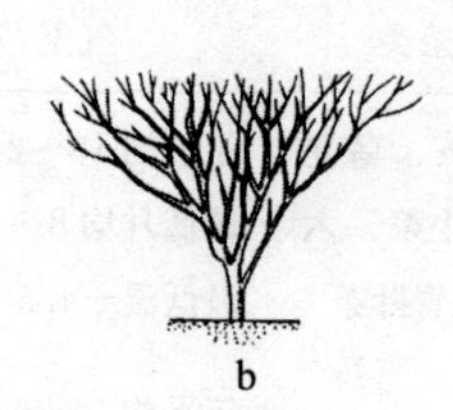

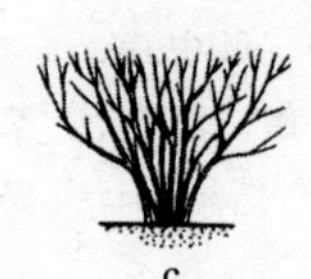

图 9-1 茶树的类型

a. 乔木型 b. 小乔木型 c. 灌木型

由于分枝角度的不同，茶树树冠有直立状、披张状、半披张状 3 种姿态（图 9-2）。直立状分枝角度小（<30°），枝条向上紧贴，近似直立，如政和大白茶、梅占等。披张状分枝角度大（≥45°），枝条向四周披张伸出，如雪梨和大蓬茶等。半披张状（或半直立）分枝角度介于上述两者之间，如槠叶齐、湘波绿和福鼎大白茶等。

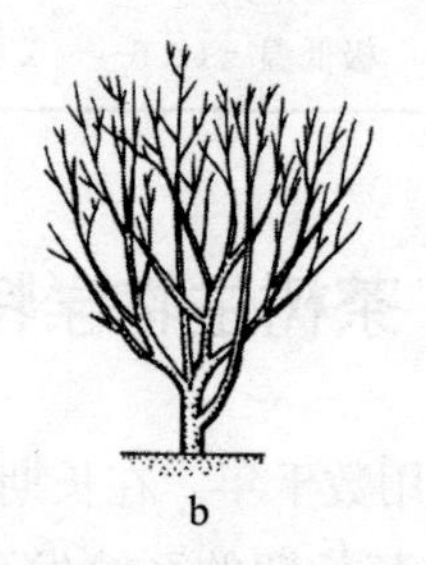

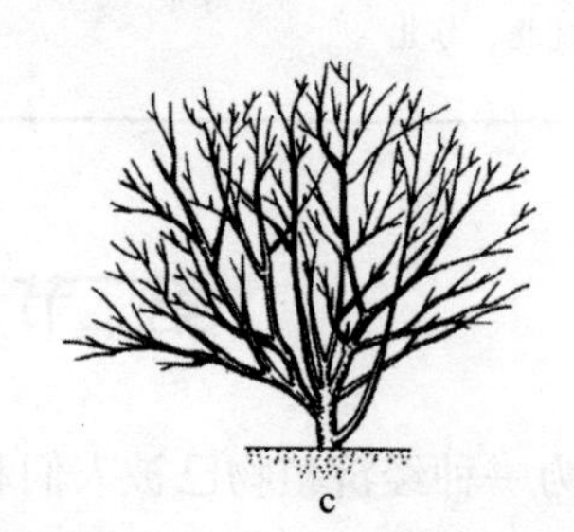

图 9-2 茶树的树冠形态

a. 直立状 b. 半披张状 c. 披张状

在自然生长状态下，茶树的分枝方式有单轴分枝和合轴分枝。在栽培采摘条件下，当树势衰退或过度采摘时还会出现一种“鸡爪枝”的特殊分枝方式，树冠表层出现一些结节密聚而细弱的分枝，形似鸡爪。大量发生“鸡爪枝”时，茶叶的产量和质量都会明显下降。

茶树枝条由营养芽发育而成，未木质化的嫩枝称为新梢，正在伸长展叶的新梢称未成熟梢，被采下后称正常芽叶。停止展叶的新梢称成熟梢（或驻芽梢），驻芽梢被采下后称对夹叶。新梢的长短、粗细、展叶数、芽头和嫩叶背面茸毛多少、色泽等皆因品种和栽培条件而异。

芽叶的轻重、大小、形状、色泽及着生密度等性状均会直接或间接地影响茶叶的产量与质量，一般以柔软、重实、茸毛多、色绿纯正、单位面积内生长数量多，为高产优质茶的主要表征。

（三）叶

茶树枝条上着生的叶片在形态上可分为 3 类，即鳞片、鱼叶和真叶。鳞片硬而细小，它对芽头起保护作用，随着茶芽萌动而逐渐张开，并随枝条的伸长而脱落。冬芽外有 3～5 个小鳞片，夏芽一般缺鳞片。鱼叶因形似鱼鳞或鱼鳍而得名，它为鳞片到真叶的过渡类型，越冬芽可展出 1～3 片鱼叶。鱼叶大小不一，叶色淡，叶柄短扁，叶缘一般无锯齿，侧脉不明显，叶尖圆钝。夏芽萌发而成的新梢有时缺鱼叶，鱼叶和鳞片系发育不完全的叶。真叶属发育完全的叶，在展开之初背面有茸毛缀生，叶色随着叶龄的增长而逐渐加深，即由浅黄、浅绿变成深绿，乃至暗绿。真叶由叶柄和叶片两部分组成，叶片边缘具深浅疏密不一的锯齿，从主脉上分出的侧脉伸展至离叶缘 1/3 处折转与前一侧脉相联合，这是辨别真假茶叶的主要特征之一。

叶片的大小因变种、类型、品种、着生部位、栽培环境和栽培技术水平等不同而异。根据叶片的大小一般将茶树分为大叶种、中叶种和小叶种 3 种类型。叶片的形状有长椭圆、椭圆和卵圆等。叶尖有圆头、钝尖、渐尖和骤尖之分。

（四）花与果

茶树无专门的结果枝。花芽多与叶芽着生于同一叶腋间，居叶芽两侧。同一花轴上着生 1～5 朵花不等，花有单生、对生、丛生等。茶花为两性花，花瓣白色，卵圆形。雄蕊数较多，一般 200～300 枚。

茶果为蒴果。果皮未成熟时为绿色，成熟后变为绿褐色，内含 1～5 粒种子不等。成熟果壳背裂，种子散落地面。成熟种子种皮坚硬而光滑，呈暗褐色；双子叶肥大，白色或嫩黄色。茶籽直径 12～15 mm，单粒重 0.5～2.5 g。

二、生长发育

（一）茶树的个体发育

栽培上将茶树的一生划分为种子期、幼苗期、幼龄期、成龄期和衰老期 5 个生物学年龄时期。

1. 种子期 种子期是指从合子形成至种子萌发前的这段时间，一般为 1～1.5 年，即从当年 9 月或 10 月合子形成到翌年 10 月茶果成熟。茶籽离体前应加强母树培育管理，促进壮籽，离体后则注重贮藏保管和及时播种。

2. 幼苗期 幼苗期是茶籽萌发至幼苗出土后地上部进入第1次生长休止期的一段时期，一般为120～150 d。茶籽入土后，在土壤相对含水量60%～70%，茶籽含水50%～60%，温度10℃以上条件下，15～20 d即可大量萌发。茶苗出土后，鳞片首先展开，随后鱼叶展出，再后是真叶。茶苗展出3～5片真叶时，顶芽即形成驻芽，此时称为第1次生长休止期，苗高5～10 cm，根长10～20 cm。幼苗期的茶树具有可塑性强、抗逆性弱、种间差异不明显等特点。此期应抓好以早出苗、齐苗、壮苗为中心的管理工作。

3. 幼龄期 幼龄期是茶树自地上部第1次生长休止到第1次开花结实（或定型投产）的一段时期，长3～4年。这一时期茶树以单轴式分出一定层次的侧枝，主轴一直明显。根系表现为明显的直根系类型，至本期结束时已具分支根系雏形，即称过渡型分支根系。此期茶树可塑性仍较强，是培养树冠的关键时期，应以定向培养、塑造理想的丰产型树冠为中心，贯彻落实幼树管理和土壤管理等配套技术措施。

4. 成龄期 此期自第1次开花结实（或定型投产）开始至第1次更新改造结束，在栽培条件下长20～30年，在自然生长条件下该时期更长。成龄期茶树在形态上以合轴分枝为主体，少量从根颈部或下部主干上发出的徒长枝为单轴分枝式，采摘条件下“鸡爪”型分枝常有发生，在不修剪或少修剪的条件下分枝级数最终稳定在10～15级。根系为典型的分支根系类型。此期应全面贯彻科学种茶技术措施，达到茶树栽培高产、稳产、优质的目标。

5. 衰老期 衰老期指从第1次更新改造开始到整个茶树死亡为止，因管理水平、环境条件和品种类型而异，一般可达数十年。在栽培条件下，茶树的采摘年限大多为40～60年。衰老期茶树营养生长下降，生殖生长加强，树冠表面“鸡爪”型分枝普遍发生，新生芽叶瘦弱，对夹叶多；地下部演替为明显的丛生根系，吸收根分布范围比成龄期显著缩小。衰老期应因园因树制宜地运用相应的更新改造手段恢复树势。对那些过于衰退、修剪更新难以恢复的茶园宜换种更新，重建新茶园。

（二）茶树的年生育

1. 根系的生育 影响茶树根系在年周期内活动的主要因子有茶树遗传特性、树龄、营养状况、气候和栽培措施等。我国大部分茶区茶树根系在1年内仅有活动强弱、生长量大小之分，而无明显的休眠期。如在长江中下游茶区，茶树根系3月上旬以前生长活动微弱，3月上旬到4月上旬活动比较明显，4月中旬到5月中旬活动相对减缓，以后于6月上旬、8月上旬、10月上旬根系增长较快，尤其在10月上旬活动旺盛。吸收根的死亡更新主要在冬季12月至翌年2月。根系生长活跃的时期也是吸收能力最强的时期，在其生长活跃开始的时期进行耕作和施肥能取得良好的栽培效果。

幼年期茶树侧根和细根的分布多在地表层，5龄以前多在主轴附近，8龄以后在树冠覆盖以外的行间细根比例增高。品种、土壤性状、管理水平和栽培方式等都会影响根系的分布和生长。播种或栽植过密会限制根系的水平扩展，合理施肥能显著地促进根系生长，耕锄不合理则会限制根系的横向扩展。

2. 枝梢的生育 叶芽的生长活动和新梢的长势因植株、芽叶的位置而不同。顶芽处在枝梢顶端，生长活动常占优势，腋芽相对处于劣势；同一新梢上的腋芽中段的1～2个最先萌发，靠近顶芽和最下方的萌发最迟；同一茶蓬中蓬面萌发快于蓬内，蓬面中心萌发快于蓬面边缘。

越冬芽春天萌发期品种间差异明显，萌发早的称早生种，萌发迟的为晚生种，大多数品种为中生种。名优绿茶良种往往是早生种。

茶树叶芽萌发的过程是：芽体首先膨大，鳞片逐渐展开脱落，鱼叶逐渐展开，随后真叶展开。采摘条件下成龄茶树新梢大多展出 3～5 片真叶后便停止展叶，此时顶芽变得瘦小，习称驻芽。从叶芽萌动到驻芽形成为新梢的一次生长过程。驻芽形成后经过 15～30 d（栽培上称休止期），再开始下一次的展叶生长。

长江中下游茶区茶树越冬芽一般在 3 月上中旬开始萌发生长，4 月下旬至 5 月上旬第 1 次生长相继结束，进入第 1 个休止期，5 月中旬或下旬开始第 2 次生长，7 月下旬开始陆续进入第 3 次生长。自 10 月上中旬开始茶树的营养芽相继停止展叶活动，进入冬眠。茶树叶芽在 1 年之内的这种由萌发生长到休止、再生长再休止直至冬眠的活动规律，称新梢生育的节奏性。节奏性强，即有效生长期长。茶树新梢的生长过程呈现为慢—快—慢的变化模式。新梢上叶片的大小从下至上呈小—大—小的变化模式。

凡由越冬芽萌发而成的新梢称头轮梢，由头轮梢上腋芽萌发而成的新梢称二轮梢，由二轮梢上腋芽萌发而成的新梢称三轮梢，其余类推（图 9-3）。一年中茶树这种梢上分梢的现象，习称新梢生育的轮次性。茶树新梢生育的轮次性强是丰产性强的表现。生长在南方温暖湿润区的茶树全年萌发新梢可达 6～7 轮，而我国大多数茶区的茶树一般只萌发3～4 轮新梢。

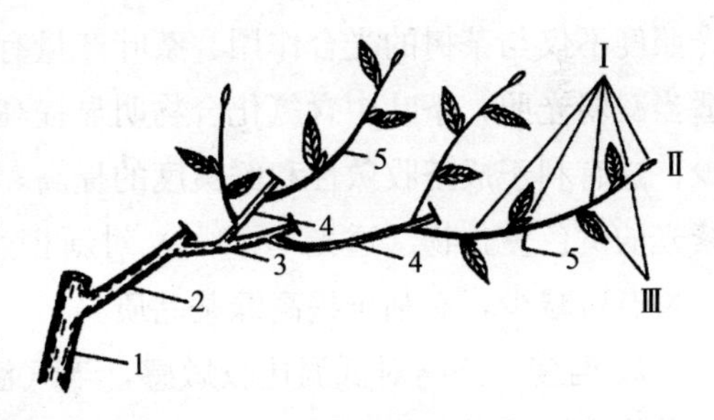

图 9-3 茶树新梢轮次示意图

1. 去年老枝 2. 头轮 3. 二轮 4. 三轮 5. 四轮

Ⅰ. 越冬芽 Ⅱ. 顶芽 Ⅲ. 侧芽

3. 叶的生育 新梢上叶片展开所需的天数视气候条件或季节而异。春、秋气温较低，叶片展开一般需 3～6 d；夏季气温高，仅需 1～4 d。叶片展开的过程可分为初展、开展和展开 3 个阶段。初展指叶片部分离开芽头、边缘内折或部分外卷。若新梢第 1 片叶初展，称 1 芽 1 叶初展，是许多名茶采摘的标准。开展指整个叶片已与芽头分离，但叶缘尚未展平或呈外卷状。展开指叶片完全展开，叶缘展平，叶片着生呈正常角度。茶树叶片自展开后 60 d 内叶面积仍在增大，但光合、呼吸机能在 30 d 左右时已达到成熟叶片的水平。

由于叶龄和叶位等的影响，以第 2 叶中可溶性物质如茶多酚、儿茶素等与品质有关的成分含量最高。正常情况下，茶树叶片的寿命约 1 年，但不同品种或同一品种不同季节生长的叶片寿命有差异。在长江中下游茶区多数品种以 5 月落叶较多。根据品种特性，在茶树大量落叶期的前后应适当注意留叶采。

4. 花果的生育 茶树的花芽发育在当年生或隔年生枝条的叶腋间，位于营养芽的两侧。花芽分化从 6 月开始，一直延续到 11 月。茶树始花期在 9 月底到 10 月上旬，10 月中旬到 11 月中旬为盛花期，11 月下旬到 12 月为终花期。茶花开放与气象因素关系密切，适宜温度为18～20℃，相对湿度为60%～70%，气温降至－2℃花蕾便不能开放。茶花通常在白天8：00～10：00开放最多，开花后2 d内完成授粉，第3天花冠即脱落，柱头变为棕褐色并维持数月而不脱落。茶花为虫媒异花授粉植物，进行有性杂交时一般不必去雄。

受精卵经初步分化后休眠90～150 d，翌年4～5月，随新梢的生长原胚再分化出子叶、胚芽、胚轴和胚根；6～7月，果皮内石细胞增加，硬度增加，外表颜色呈现淡绿→深绿→黄绿→红褐的变化；8～9月，子叶吸收所有胚乳，外种皮变为黄褐色；10月外种皮变为黑褐色，子叶饱满而脆硬，种子成熟。从花芽形成到种子成熟，约1.5年。茶树开花虽然很多，但结实率仅2%～4%。

三、对环境条件的要求

（一）气候环境

1. 光照 茶树原产于我国西南云贵高原，长期生长在光照较弱、日照时间短的环境下，形成了既需要阳光又相对耐阴的习性。光补偿点在1 klx以下，光饱和点为40～50 klx。光照度不仅与茶树的光合作用、茶叶产量有密切关系，而且对茶叶品质也有一定的影响。适当减弱光照，茶叶中含氮化合物明显提高而含碳化合物（如茶多酚、还原糖等）相对减少，这有利于成茶收敛性和鲜爽度的提高。光质对茶树生长也有一定的影响，覆盖除去蓝紫光的黄色覆盖物（透光率79%）对新梢生长有利，叶绿素和总氮量明显增加，茶多酚含量有所减少，有利于提高绿茶品质。

2. 温度 茶树对低温比较敏感，当气温降到－10℃以下，会受到较严重的冻害。大叶种抗寒性弱，只能忍受－5℃左右的低温，中、小叶种忍受低温的能力较强，一般可耐－10℃的低温，在雪覆盖下甚至可忍受－15℃的低温。当气温高于30℃时，茶树新梢生长缓慢，如果日平均气温连续数日在35℃以上，降水又少的情况下，新梢会停止生长，树冠阳面将出现成叶灼伤和嫩梢萎蔫等热害现象。茶树能忍受的短时极端最高气温是45℃。

适宜茶树生长的日平均气温是20～30℃，年平均气温在13℃以上，年活动积温为3 000℃以上。多数茶树品种春天萌发的起点温度为日平均气温稳定达到10℃，秋天当气温稳定低于15℃时新梢停止生长，进入冬眠。茶树根系春天活动的起点温度和秋冬的休止温度均低于新梢，分别为7℃和10℃。

3. 水分 茶树喜温暖湿润的气候，适宜栽培茶树的地区，要求年降水量1 000 mm以上，且月降水量至少有5个月达100 mm以上。降水量最多的时期，茶叶产量也最高。生长季节空气相对湿度在80%～90%比较适宜，低于50%新梢生长受抑制，低于40%对茶树有害。茶树生长最适田间持水量为70%～90%。

4. 空气 除相对湿度要求适宜外，空气中CO_2含量要丰富，土壤含氧量不少于2%，这也是确保茶树正常生育和茶叶丰产的需要。旱季的干热风和严冬的大风，往往加重茶树受害程度。

（二）地形地势

地形地势不同，自然条件也不尽相同。高山上云雾多，空气湿度较大，漫射、反射光多，昼夜温差大，有利于茶叶品质的形成。我国的传统名茶多产于山地，但也并非山越高越好。相对来说，长江中下游茶区茶树种植的适宜高度多在海拔 1 000 m 以下。在一定范围内，随着高度的增加，茶多酚含量减少，茶氨酸等含氮化合物含量增加。一般来说，北向山坡光照较弱、夏季东南季风盛行时降水较少（就高山而言），冬季低温和寒风侵袭厉害，春季温度上升慢，故北坡茶树生长速度较慢，易发生冻害。坡地茶园较平地茶园排水性好，土壤通透性强，酸度稍大，对茶树生育有利，但坡地保水性差，表土剥蚀现象相对严重。所以，坡地茶园必须加强水土保持工程建设。

（三）土壤

茶树对土壤的适应范围相对较广，如红黄壤土、紫色土、冲积土，甚至某些石灰岩风化的土壤上，均能植茶。但欲使茶树枝繁叶茂、高产优质，应选择全土层 1 m 以上、活土层 50 cm 以上，团粒结构良好、pH 4.0～6.5 的土壤，优质茶园土壤有机质要求达 2.0%以上。

第三节　茶园建设

生态茶园

随着社会的进步和发展，人们对茶叶的需求量逐渐增加，野生茶树逐步被人为驯化为栽培型茶树。为促进茶叶生产，加速茶树良种化进程，在茶叶生产的最适宜区和适宜区有计划地规划建设新茶园，对现有质量较差的茶园逐步选用良种进行更新改造，重建高质量的茶园，这是茶产业高效可持续发展的重要基础。

一、园地选择和规划

茶园应选择在最适宜区和部分适宜区有计划地发展。适宜茶区年极端最低气温，中、小叶种不低于－12℃，大叶种不低于－6℃；降水量全年不少于 1 000 mm；海拔在 1 000 m 以下，自然坡度不超过 25°，有相对集中连片的缓坡地带；土壤 pH 4.0～6.5，土层厚度 1 m 以上。

规模较大的新建茶场，规划工作包括制定经营方针、经营内容及规模、土地利用方案，主要建筑物布局及道路、水利和林业 3 大系统的设置，劳力、物资、投资规划以及效益概算和生产管理建制等。具体茶场地段或山头，规划工作的主要内容是：因地种植、片块划分、建园形成。因地种植，即以茶为主，因地制宜；片块划分，即依自然分界线、经营内容和劳力状况等对茶场土地进行适当的分区；建园形成，即 10°以下的缓坡地取自然坡面等高条植式，10°以上的中坡地取水平梯田或梯级式。

二、茶树良种

茶树系长寿作物，一经种植，受用多年，建园时选用良种尤为重要。茶树良种是在一定的自然条件和生产条件下形成和发展起来的，每个品种都有其特有的区域适宜性和茶类适制性，都需要一定的栽培条件，必须根据地区的自然条件和生产茶类选用推广相应的良种。

良种选用，首先应坚持丰产性、优质性和适应性（或抗逆性）等三性兼顾的原则。在河南、陕西、甘肃和山东等茶区，欲建茶园应选用抗寒性特强的品种（表 9-2）。其次，科学地做好品种搭配工作，即应安排好不同品种的适制性搭配、适应性搭配、生育期搭配和品质互补性搭配等，以更好地发挥良种增产、增质和增效的作用。

表 9-2 适宜我国江北茶区的茶树良种

序号	品种名称	树姿	叶类	叶色	茸毛	发芽期	适制性	丰产性	抗逆性	育成地
1	福鼎大白茶	小乔木	中叶	绿	特多	早生	绿茶	高	强	福建
2	黄山种	灌木	中叶	绿	多	中生	绿茶	较高	抗寒强	安徽
3	祁门种	灌木	中叶	绿	中	中生	红绿茶	较高	抗寒强	安徽
4	鸠坑种	灌木	中叶	绿	中	中生	绿茶	较高	抗寒强	浙江
5	云台山种	灌木	中叶	黄绿	中	中生	红绿茶	较高	较抗寒	湖南
6	紫阳种	灌木	中叶	绿	中	中生	绿茶	较高	抗寒强	陕西
7	宜兴种	灌木	中叶	深绿	少	中生	绿茶	较高	抗寒强	江苏
8	龙井 43	灌木	中叶	绿	中	特早	绿茶	高	强	中茶所
9	安徽 1 号	灌木	大叶	绿	多	中生	红绿茶	高	抗寒强	安徽
10	安徽 3 号	灌木	大叶	绿	中	中生	红绿茶	较高	抗病弱	安徽
11	安徽 7 号	灌木	中叶	深绿	中	中生	绿茶	较高	较强	安徽
12	碧云	小乔木	中叶	绿	中	中生	绿茶	高	强	中茶所
13	寒绿	灌木	中叶	绿	多	早生	绿茶	较高	较强	中茶所
14	龙井长叶	灌木	中叶	绿	中	早生	绿茶	高	强	中茶所
15	浙农 113	小乔木	中叶	绿	多	中生	绿茶	较高	特抗寒	浙大
16	峰青	小乔木	中叶	绿	多	中生	绿茶	较高	较强	浙江
17	信阳 10 号	灌木	中叶	绿	多	中生	绿茶	高	强	河南
18	槠叶齐	灌木	中叶	绿	少	晚生	红绿茶	高	强	湖南
19	白毫早	灌木	中叶	绿	多	早生	绿茶	高	强	湖南
20	尖波黄 13	灌木	中叶	黄绿	中	中生	红绿茶	高	强	湖南

注：上述品种为我国三次认定的茶树品种中适宜江北茶区推广的品种。

三、茶树繁殖和栽植

（一）繁殖方法

茶树繁殖方法多种多样，如茶籽育苗、扦插育苗、压条法和分蔸法等。但使用最多的是茶籽直播和扦插法中的短穗扦插。

1. 茶籽直播 茶籽繁殖遗传性较丰富、适应环境能力强、技术简单、苗期管理省工、投资较少，缺点是经济性状混杂，不利于茶叶品质的提高。合格茶籽质量指标是发芽率不低于 75%，粒径在 12 mm 以上，含水率不低于 40%；嫩籽、瘪粒和虫蛀的茶籽及杂物不超过 1%。

（1）开种植沟、施底肥　在整理后的园地上，按既定的行距开深 40～50 cm、宽 30～40 cm（单条植）或 50～60 cm（双条植）的种植沟，施农家肥 75～100 t/hm²、饼肥 1.0～1.5 t/hm²、茶树专用复合肥（氮、磷、钾、镁、锌等总有效成分≥45%）0.5～1.0 t/hm²。

（2）播种时期　除严寒冰冻期外，茶籽自采收当年的 11 月至翌年 3 月均可播种。冬播比春播好，冬播出苗早，成苗率高，并可减少茶籽贮藏手续和成本。春播，在播种前可用 25～30℃温水浸种 3～4 d。在木盘中铺上 3～4 cm 厚的细沙，沙上摊茶籽 7～10 cm 厚，再盖一层沙，沙上盖稻草或麦秸，喷水，保持室温 30℃左右，催芽 15～20 d。当有 40%～50%茶籽露出胚根时，即可取出播种。

（3）播种方法　单条植茶园每穴播 4～5 粒茶籽，播种量 75～90 kg/hm²；双条植用量加倍。播后覆土 3～5 cm，在播种行盖一薄层糠壳、锯木屑、蕨萁等物，以保持土壤疏松。

2. 短穗扦插　茶树扦插繁殖系数大，成活率高，每公顷苗圃可育苗 150 万～250 万株；一丛茶树多的可取插穗 1 000 个以上，节省繁殖材料；不受时间、树龄和品种（少数扦插成苗率低的品种除外）的限制。但短穗扦插繁殖技术性强，成本较高，有时移栽难以确保较高的成活率。

（1）苗圃地准备　扦插苗圃应建在排灌和管理方便、能避免严冬寒风袭击的平坦或缓坡地。以红黄沙壤、壤土或轻黏壤土为宜。先清理地面，深耕 25～30 cm，安排好道路和排灌沟。苗床以东西向为宜，床宽 100～120 cm，畦高 15～20 cm，畦长依地形而定。整畦时应施入适量基肥，一般施饼肥 0.4～0.5 kg/m²。畦面铺 5～6 cm 过筛的红黄壤心土为扦插土，整平后适当压实。在边沿做高 3～4 cm 的埂，便于灌溉保水。苗圃地应搭盖遮阴棚，遮阴棚一般高出畦面约 30 cm，适宜的透光率为 30%～45%。

（2）插穗准备　取穗母树应是适应区域推广的无性系良种。为获得量多质好的插穗，春前应对母树轻修剪，加强肥培管理，以促进新梢健壮生长。当枝条顶芽停止生长，成为上绿下红的半木质化枝条时即可剪取。取枝时留 1～2 叶，取枝最好在 9：00 以前进行，取下的枝条应注意保鲜。插穗的长度标准是 3～4 cm，带有 1 片成熟叶和 1 个腋芽。一般 1 节 1 穗，如节间短于 2.5 cm 时，1 个插穗也可以包含 2 个节，插穗剪口应平滑，略呈斜面，避免伤及腋芽和叶片。剪好的插穗应适当喷雾或遮盖湿布，以防止失水。

（3）扦插　插前 1～2 h，洒水湿润土层 4～5 cm，待畦面土不黏手时画出间距 7～10 cm 的扦插行。插时以拇指和食指轻捏插穗，竖着或稍斜将插茎的大部分插入土中，穗距 2～4 cm。插后应随即将插穗附近的表土压紧，使穗茎与土壤接触，便于发根。最后，洒水于土表，覆盖遮阴帘。

（4）苗圃管理　扦插后 2 个月内的苗圃管理是短穗扦插成败或成苗率高低的关键，其管理的中心任务是保湿防暴晒。2～3 个月后，即插穗发根成活后，则是通过肥、水、保、耕等栽培管理综合措施，促使茶苗健壮生长，及早达到出圃标准。

（5）茶苗出圃　茶苗出圃的最低标准是：苗木高度不低于 20 cm，主干直径不小于 3 mm，根系发育正常，叶片完全成熟，主茎大部分木质化，无病虫害。

茶苗出圃宜在阴天或晴天的早晚进行，如土壤过干可在起苗前 2 d 灌水 1 次，起苗时尽量少伤根、多带土，茶苗出圃后应尽快移栽。取苗时应剔除病、劣、杂苗，并将大小苗分级，分块移栽。长途调运茶苗，途中 2 d 以上的必须包装，泥浆蘸根，保持根部湿润，最好用竹篓或篾篮等装载。

（二）茶树栽植

1. 栽植时期　茶苗一年四季均可移栽，但不同茶区栽植适期不同。长江中下游茶区以晚秋（11 月）和早春（2 月中旬至 3 月上旬）为适期；江北茶区仅以早春为适期；云南茶区因雨季自 6 月始，故栽植适期在 6 月上旬到 7 月中旬；海南则以 7～9 月为适期。

2. 茶行布设　平地茶园以地块最长的一边或干道、支道、支渠为依据，距离 1 m 作平行线，为第 1 条种植行的位置，再按既定行距依次标出整个地块各行茶树的种植位置。坡地茶园宜以山脊线从山顶到山脚的中段沿等高线以视性好、坡面起伏少的某一点作起点，测设等高线作为第 1 行茶树的种植位置，然后按既定行距标出其余茶行的位置。如果坡度变化较大，按行距标出的其余种植行线不等高时，应适当调整行距。若仍不能解决问题时，则应按不同坡面、坡段来布设茶行，并在不同坡面、坡段间加设步道，不必过分强调环山等高。梯级茶园应离梯壁外沿 80～100 cm 布设第 1 条种植行，然后按既定距离向梯级内侧依次定出其余种植行的位置。同一梯级各段不等宽时，各段的茶行数可增减，但最外一条不可成断行。

3. 种植规格　茶树种植规格种类较多，其常规种植中单条成行的行距和株距为（1.3～1.5）m×（0.35～0.40）m，双条成行的行距和株距为（1.5～1.8）m×（0.35～0.40）m。

4. 栽植方法　栽植前开种植行并施足底肥。未全面深垦的土壤，应开深 60 cm 以上、宽 40～60 cm 的种植沟，沟底层土应掘松。茶苗应尽可能多带宿土，未带土的茶苗栽植前最好用泥浆蘸根。栽植茶苗时应使根系在土中保持舒展态，边覆土边紧土，最后填土至根颈部以上 5～10 cm 处，紧土以拔不出茶苗为度。栽后应及时浇足安蔸水，并视天气情况，在 30 d 内再浇 2～3 次水。

5. 种植管理　栽后第 1 年的护理是确保茶苗成活的关键。不良的外界条件，如干旱、水涝、严寒、酷暑，都会直接影响茶树生长，甚至造成死亡。护理的基本措施包括灌水、覆盖、耕作、追肥等。在种植后第 1 个生长年的秋末，对缺苗的应用同龄树苗进行补缺。

第四节　茶园管理

茶树生育、茶叶产量和品质与茶园土壤性状有着密切的关系，要为茶树正常发育和高产优质创造或者维持适合茶树生长的土壤条件，就必须在土壤管理上下功夫。同时，茶树树体管理是指所有直接应用于茶树本身的栽培措施，包括施肥、修剪、病虫害防治、采摘等，但茶叶采摘不仅是一项栽培技术措施，而且也是茶叶加工的开始，采摘的质量将会直接影响加工质量和茶叶的档次。

一、茶园耕作

茶园耕作有浅耕、深耕和深翻改土。浅耕目的在于防除杂草和疏松表土，以增加土壤蓄水耐旱的能力，减少土壤水分和养分的无效消耗，促进根系的吸收、呼吸等生理功能。浅耕技术的运用，应因气候、土壤、地形、杂草滋生、茶树的覆盖度以及其他管理措施等制宜。深耕的主要作用在于提高土壤耕作层，改良土壤理化性，从而扩大土壤的容肥蓄水能力和促进土壤有益微生物的活动。并且深耕对少部分根系的损伤有利于根系的更新复壮。对于建园时未深垦、松土层太浅的茶园，在行间进行深翻改土，是一项大幅度提高产量的根本性措施。深耕时间以10～11月为宜，最好结合施基肥，可隔年或隔2～3年深耕1次。凡有效土层浅薄而板结的茶园，应进行深翻改土。茶季结束后，在茶行间开宽80 cm、深约50 cm的改造沟，以破坏硬盘层为度。施入有机肥75～100 t/hm^2，并拌和0.4～0.5 t/hm^{2}硝酸磷钾肥（22－10－10），最后盖上开沟时翻出的底土。为了避免过分损伤根系，深翻宜隔行进行。深翻改土最好配合修剪改树工作，以提高改造效果。

二、茶园施肥

（一）茶树对营养元素的要求

茶树与其他园艺植物一样，要求完全的营养元素。但对各种营养元素量的要求也有其特点。

1. 氮　茶树叶片中含氮3%～6%，春茶较高，一般在5%以上；夏、秋茶较少，约4%；全株平均为2%左右。茶树是叶用植物，氮肥的增产效应很明显。正常情况下，每增施1 kg纯氮可增加干茶4.5～12.0 kg。当施氮在300 kg/hm^{2}以下时，随着施氮量的增加茶叶产量成比例增加。一般来说，氮素营养水平较高时茶树营养生长较旺，鲜叶原料持嫩性好，含氮化合物较多，宜作绿茶原料；如作红茶原料，应适当增施磷、钾肥。当土壤中氮供应不足时，茶树树势减弱，叶色枯黄，无光泽，新叶瘦小，对夹叶增加，叶质粗硬，成叶脱落早，茶叶产量和品质下降，茶果量增多。成叶中含氮低于2%，春茶1芽2叶中含氮低于4.5%，均表明茶树可能缺氮。

2. 磷　茶树磷（P_2O_5）含量为0.3%～0.5%，芽叶中0.8%～1.2%，根系中0.4%～0.8%。磷不足时，新生芽叶黄瘦，成叶少光泽，呈暗绿色，寿命短；根系生长不良，吸收根木质化提早，变成红褐色，吸收能力明显减弱；整个茶树生长缓慢，产量、品质下降。老叶中磷的含量低于0.4%，春茶新梢顶端第3叶磷的含量低于0.9%，或夏、秋茶第1叶磷含量低于0.5%，均表明茶树可能缺磷。

3. 钾　茶树各器官中钾含量比氮低，但比磷高，为0.5%～3.0%（按K_2O计），芽叶中含量为2.0%～3.0%。缺钾时，茶树生长减慢，产量和品质下降，多有茶饼病、云纹叶枯病和炭疽病等危害。春茶1芽2叶中钾含量低于2.0%，灰分中钾含量低于10%，结合病害特征，可作为茶树缺钾的标志。

4. 钙　茶树钙含量为0.2%～1.2%（按CaO计）。茶园土壤一般不缺钙，如果土壤含钙超过0.5%，对茶树生长有不良影响。

5. 镁 茶树芽叶中镁含量为0.5%～0.8%（按MgO计），根系中达1.0%以上。镁可促进茶树对磷酸盐的吸收、运输和维生素C及维生素A的合成，增强对钙的拮抗作用。如果每100 g土壤中镁的含量低于1 mg，茶树可能会缺镁。

6. 硫 茶树硫含量为0.6%～1.2%（按SO_4^{2-}计）。缺硫则生长受阻，氮代谢无法进行，茶叶产量和品质下降，严重缺硫时会出现与缺氮相似的症状。

7. 铁 茶树铁含量为0.01%～0.40%（按Fe_2O_3计）。缺铁时，叶绿素含量下降，出现明显的黄化叶。茶园土壤一般含铁量较高。

8. 铝 茶树体内铝的含量远远高于大多数植物。新叶中铝含量为1 800 mg/kg，故称茶树为聚铝性植物。铝可促进茶树对磷的吸收，促进茶氨酸转化成儿茶素的代谢，提高红茶品质和增强茶树光合能力，以及对钙的吸收起拮抗作用等。茶园土壤一般不缺铝。

9. 微量元素 锰、硼、锌、钼等元素，茶树需要量很少，但不可缺少。

（二）茶园施肥原则

1. 以有机肥为主，有机肥与无机肥相结合 茶园土壤有机质含量一般在2%以下，对大多数茶园而言，提高土壤肥力的中心任务是增加土壤有机质。而无机肥不仅能补充土壤营养元素，而且能及时解决茶树生长对肥料的需求，故应结合施用。

2. 以氮肥为主，三要素相配合 茶园土壤含氮多在0.1%以下，而每采收1 t茶叶，从土壤中带走50～60 kg纯氮，因此茶园施肥应以氮肥为主。茶叶中磷、钾的含量仅次于氮素，氮、磷、钾含量的比例大致为7∶1∶3，在施氮的基础上适当补充磷和钾是必要的。茶树对氮肥的利用率最高为50%～60%，低的只有20%～30%；对磷的利用率最高为20%～25%，低的仅3%～5%；对钾的利用率最高为45%，低的仅5%～10%。故茶园氮（N）、磷（P_2O_5）、钾（K_2O）三要素肥的施用比例以4∶1∶1或2∶1∶1或3∶2∶1适宜。丰产茶园或绿茶产区氮的比例可适当增大，而幼龄茶园、留种茶园、红茶园区的磷、钾肥比例可适当加大。

3. 重施基肥，分期追肥，基肥与追肥相结合 农谚云“基肥足，春茶绿”，长江中下游及其以北的茶区宜在9～10月施基肥。基肥最好以农家肥为主，适当配合磷、钾肥和速效氮肥或茶树专用复合肥。追肥宜以春季为主，夏、秋季为辅。如分2次追肥，春肥占全年总追肥量的2/3，夏肥占1/3；如分3次追肥，则用肥比例依次为1/2、1/4、1/4。第1次追肥又称催芽肥，一般在3月上中旬进行；第2次在5月上中旬；第3次在6月下旬至7月上旬。4次追肥的最后一次追肥在8月中下旬进行。茶园追肥以速效氮肥为主。

（三）茶园施肥技术

1. 肥料种类 茶树喜铵态氮，故硫酸铵和碳酸氢铵是最适合的氮素化肥。另外，针对茶园土壤有机质含量低、结构性差的特点，应多施有机肥。同时，要注意茶园土壤pH的变化，调整施肥方案。

2. 肥料用量 茶树全年施肥量应依树龄或茶园产量水平而定。1～2龄茶树，年生长量小，用肥量少，随着树龄的增长应相应提高施肥水平。成龄茶园可根据茶树对肥料的利用率和产量水平确定用肥量。在生产潜力大的茶园，纯氮用量超过600 kg/hm^2时，产量不再增加，适用量为 225～300 kg/hm²；在生产潜力中等的茶园，纯氮用量增加到 400～450 kg/hm²时，产量不再增加；在生产潜力低的茶园，纯氮用量增加到 225～300 kg/hm²时，产量不再增加。

3. 施肥时期 追肥应在各季茶树开始萌发生长时进行，并根据肥料性质而定。硫酸铵和碳酸氢铵的肥效快，宜在茶芽萌发到 1 芽 1 叶时施；尿素肥效稍慢，宜在大量芽叶处于鱼叶展到 1 芽 1 叶展时施；饼肥、堆肥等缓效肥料，宜在中秋或稍后作基肥施；根外追肥，宜在 1 芽 1 叶至 1 芽 3 叶时施用。

4. 施肥方法 茶园施肥方法应根据肥料种类和数量、施用时期、天气特点、土壤状况、地形地势以及茶树年龄和长势等而定，常用的施肥方法有：

(1) 穴施 3 龄前茶树根系分布范围小，可于茶蔸侧 15～20 cm 处穴施，一般追肥穴深 10 cm 左右，基肥穴深 20～30 cm，施后覆土。

(2) 深沟施 绿肥与农家肥料，宜开沟深施，在树冠冠缘垂直投影处（未封行的茶园）或行间中线处（覆盖度 80%以上的茶园）开沟 20～30 cm 施肥，施后覆土。

(3) 浅沟施 农家液肥和各种速效化肥，宜浅沟施，开沟的位置与沟深以有利于茶树根系吸收利用、少损伤吸收根为原则，沟深 10～15 cm，随施随盖土。施水肥时，应待沟底已无明显残水时再覆土。

(4) 根外施肥 施用时注意喷施时间、天气情况和浓度。以晴天早晨或傍晚和阴天为宜。喷施浓度切忌过高，适宜的浓度是：尿素 0.5%，硫酸铵 1%，过磷酸钙 1%，硫酸钾 0.5%～1.0%，硫酸镁 0.0%～0.05%，硫酸二钾铵 0.5%，硫酸锰 50～200 mg/L，硼砂、硼酸、硫酸锌和硫酸铜均为 50～100 mg/L，钼酸铵 20～50 mg/L。喷施时，叶背叶面均应喷透。

三、茶园水分管理

每生产 1 kg 鲜叶，茶树耗水 1 000～1 270 kg。在枝叶完全覆盖地面的情况下，夏秋晴朗天气茶树每天蒸腾失水 4～10 mm。我国绝大多数茶园建在山坡上，灌溉条件差，保蓄水是解决茶树供水的重要手段。

（一）茶园保水

1. 增强土壤蓄水 坡地茶园应建在坡度不大、土层深厚、保蓄水能力较强的土壤上，这是增强茶园保蓄水能力的前提条件之一。种前深垦、种后深耕、增施有机肥等，是提高茶园土壤保蓄水能力的有效措施。同时健全保蓄水工程设施，如坡地茶园上方的截洪沟、沟头上方和茶园间的蓄水池以及水土保持林等。

2. 减少水分散失 茶园土壤水分散失的主要途径有地面径流、地面蒸发、植物蒸腾和地下水移动等。减少这些途径的水分散失量，并提高土壤水分或降水利用率，其保水节水措施主要有：行间铺草、合理布置种植行、合理间作、耕锄保水、造林保水等。

（二）茶园灌溉

茶园灌溉常用的有浇灌、流灌、喷灌、滴灌、渗灌等方式，不同灌溉方式各有其特点或适应范围。浇灌适用于 1～2 龄的幼龄茶园和无其他灌溉条件的茶园；流灌投资比喷灌和滴灌小，一次灌溉解决旱象彻底，但水分利用效率低，对地形要求严格；喷灌的节水性好，在灌溉土壤的同时，能对茶园空气起降温增湿作用，但投资较大；滴灌能将水分均匀地滴入茶树根际土壤，增产、节水效果明显，但需一定的投资；渗灌能使水分均匀地分布于一定的土层范围内，以满足茶树对水分的需要，节水效果好，还可以施用液肥，但对管材要求严格，埋设投资也大。

茶园水分管理的任务，除保蓄水和灌溉外，还有排水排湿。理想的茶园水分管理目标是有水能蓄、多水能排、缺水能灌，使茶园土壤水分保持在适于茶树生长的范围。

四、茶树修剪

茶树修剪是在土壤管理的基础上，根据茶树生长发育规律，对树冠进行修剪，从而激发或调整树体内生理矛盾，改变代谢强度或方向，达到一定的栽培目的，即幼龄茶树合理定型，成龄茶树整齐、高效的育芽面，衰老茶树更新复壮，以及有利于提高采茶工效，减轻劳动强度和便于机械采茶等。茶树修剪，依修剪目的及强度的不同，分为定型修剪、整形修剪和更新修剪，这3种修剪方式在栽培茶树一生中的有机配合、交替使用，构成了茶树的修剪制度。

（一）定型修剪

1. 概念 定型修剪是对尚未定型投产的幼龄茶树的修剪，也包括台刈或重修剪后2～3年内茶树的修剪，目的是塑造高产、稳产和方便管理的理想树型。

2. 作用 ①促进单轴分枝向合轴分枝转化，增加分枝数，扩大横向生长；②降低一、二级骨干枝的着生部位，促使树冠重心下移；③增加分枝粗度，调整分枝角度，使骨干枝系统均匀配置；④培养不同模式的树型，以满足不同地形、气候、品种和种植规格的需要。

3. 树型 茶树有高、中、低3种类型。高型树冠树高100 cm左右，适于南方茶区和直立状乔木型或小乔木型大叶种茶树；中型树冠树高80 cm左右，适于中部茶区和灌木型中、小叶种或小乔木型中叶种茶树；低型树冠树高50～70 cm，适合于北方茶区、矮干密植茶园及高海拔易发生冻害的茶园。

茶树冠面形状有弧形和水平形之分。弧形采摘面适合于中等纬度茶区中、小叶种或树型为披张状的茶树；水平形采摘面适合于南方低纬度茶区的乔木型或小乔木型大叶种茶树和顶端优势强的直立状茶树。

4. 修剪技术 幼龄茶树定型修剪，具体做法是：当二年生茶苗高30 cm以上，主干粗3 mm（直径）以上时，进行第1次定型修剪，离地面12～15 cm剪去主枝，不剪分枝；至三年生时进行第2次定型修剪，剪口比第1次提高15～20 cm，至四年生时进行第3次定型修剪，剪口比第2次提高15～20 cm。第1次与第2次用枝剪，第3次用水平剪。

更新修剪后茶树的第1、2次修剪亦称定型修剪。重修剪后的茶树于当年秋末冬初或翌年早春比重修剪高度提高10～15 cm平剪，第2年可打顶养蓬3～4次，第3年早春再提高10～15 cm平剪，并严格执行以留新叶为主的采摘。台刈后的茶树于当年秋可适当打顶采摘1次，翌年早春离地面25～30 cm处进行第1次修剪，并适当疏去瘦弱枝，以后再进行 2 次修剪，第 2 年打顶养蓬采摘 2～3 次，第 3 年严格执行留新叶采摘。

（二）整形修剪

整形修剪是对成龄、正常投产茶树进行的修剪，目的在于修饰树冠，控制树高，方便园间管理和采茶，消除“鸡爪枝”，复壮育芽能力。分浅修剪和深修剪。

1. 浅修剪　主要作用是解除顶芽对侧芽的抑制，刺激茶芽萌发，使树冠面整齐，便于采摘和管理。浅修剪的修剪高度是在上次剪口的基础上提高 3～5 cm，气候温和、肥水条件好、生长量大的茶树修剪稍重，反之要轻。浅修剪一般每年 1 次，多在早春或初夏进行，亦可在晚秋进行。

2. 深修剪　主要作用是控制树高，消除“鸡爪枝”，部分地复壮生产枝的育芽能力，是一种轻度改造树冠的修剪措施。茶树经过多次浅修剪和采摘后，树高增加，树冠面的分枝愈来愈细，形成密而细小的“鸡爪枝”，对夹叶增加，产量、品质已明显下降，深修剪剪去树冠绿叶层的 1/2～2/3，为 15～25 cm，一般每 4～5 年或 3～5 次浅修剪后进行 1 次。深修剪最好在早春（2 月中旬至 3 月上旬）进行，亦可移到春茶结束时进行。

（三）更新修剪

更新修剪的目的是更新复壮，是对树势衰退、产量明显下降的衰老或未老先衰茶树进行的修剪，剪去树冠全部或大部分枝。分重修剪和台刈。

1. 重修剪　主要针对一、二级骨干枝尚健壮、寄生物少、树龄 10～20 年的未老先衰、深修剪难以复壮的茶树。重修剪剪去树高的 1/2，留下 30～45 cm 的枝墩。在正常栽培条件下，重修剪一般 8～10 年进行 1 次较为合理。

2. 台刈　台刈是彻底改造树冠的一种措施，适于骨干枝基本衰退、枝干上寄生物多、重修剪已难以奏效的茶树。离地面 5～10 cm 处剪去全部枝干，要求切口平滑、倾斜，应用锋利的弯刀斜劈或拉削，避免树桩破裂。在正常栽培条件下，台刈与重修剪的更新周期相似，即 10 年左右 1 次。

台刈和重修剪的最佳时间是春茶前，其次是春茶后。

（四）修剪管理

首先，改树必须与改土施肥相结合，修剪茶树必须加强肥培管理，修剪程度越大，施肥量应越大。其次，与合理采摘相结合，浅修剪后的第 1 个茶季，深修剪后的第 1 年必须实行留真叶采；重修剪和台刈后的第 1 年，只能停采养树，或视情况打顶养蓬 1～2 次，第 2 年需严格贯彻执行留真叶采，或仅打顶养蓬 3～4 次，第 3 年仍需以留真叶采为主，留真叶与留鱼叶相结合。再次，与病虫害防治相结合，在修剪改树的同时应配合防治措施，密切监视修剪后茶园内病虫动态，及时防治。另外，还应采取一些其他管理措施，如茶园铺草、灌溉、防冻、耕作等，实行栽培措施优化组合，充分发挥修剪效应。

五、茶树病虫害防治

病虫害对茶叶产量的影响很大。我国已记载的茶树害虫、害螨种类已有 300 余种，病害（包括线虫病）100 余种。茶区常见的害虫有茶毛虫、白毒蛾、茶尺蠖、油桐尺蠖、茶蓑蛾、褐蓑蛾、白囊蓑蛾、茶刺蛾、丽绿刺蛾、扁刺蛾、小卷叶蛾、后黄卷叶蛾、茶丽纹象甲、橘灰象甲、小绿叶蝉、茶蚜、黑刺粉虱、椰圆蚧、长白蚧、蛇眼蚧、茶梨蚧、红蜡蚧、角蜡蚧、茶天牛、茶红颈天牛、蛀梗虫、茶橙瘿螨、叶瘿螨、短须螨和铜绿金龟等。茶园主要叶部侵染性病害有茶云纹叶枯病、茶饼病、茶赤叶斑病、茶白星病、茶苗白娟病，根部病害有根腐病、褐根病、红根病和紫纹羽病等。

茶树病虫防治应以防为主，综合防治。严格执行植物检疫措施，根据病虫害和茶树、耕作制度、有益生物及环境等各种因素之间的辩证关系，从调查茶园生物群落结构入手，以保护和恢复茶园生态平衡为原则，以农业防治为基础，以生物防治为主导，以人工防治、物理防治为补充，增强茶园生态控制能力。建立有机茶园和低农残茶园，严禁使用违禁农药，依靠良好的生态环境和茶树自身的抗病虫害能力来提高自然调控作用。

第五节　茶叶采摘与加工

茶叶采摘是联系茶树栽培与茶叶加工的纽带，它既是茶树栽培的结果，又是茶叶加工的开端。茶树是一种多年生的叶用作物，采摘合理与否，不仅关系到茶叶产量的高低、质量的优劣，而且还直接影响茶树的生长发育情况和能否保持长期高产、稳产和优质。过去茶叶的制作称为制茶，由于茶叶的制造归属于食品加工领域，为了突出茶的自然属性和商品属性，也便于人们的识别和应用，把茶叶的制造统称为茶叶加工。

一、茶叶采摘

茶叶采摘就是采收茶树上的新梢。采茶减少了茶树光合总面积，从而引起经济需求与茶树生存之间的矛盾，应该通过合理的采摘原则、标准和技术解决这一矛盾。我国栽培茶树历史悠久，茶区辽阔，自然条件各异，茶类品种繁多，形成了多种多样的采摘制度，但还缺乏共同的标准，生产实践中应根据茶树生长发育的特点，结合以往的生产经验，合理采摘。

（一）采摘原则

1. 采留结合　正确处理好采与留的关系，是保障茶树健壮生长、决定茶叶产量、提高茶叶品质的关键。必须在采摘的同时，注意适当留叶养树。投产茶园叶面积指数在 2～5 范围内，茶叶产量随指数增大呈直线上升，以 4～5 最好。所以留叶应根据茶树叶片数量而定，量大的应多采少留，量小的应适当增加留叶数，保证光合面积。

2. 分批多次留叶采摘　分批多次留叶采摘是以茶树新梢生育的节奏性、轮次性等客观规律为依据，按采摘标准留叶采，先发先采，后发后采，未达标准的下次采。这种采摘方法可以及时采下应采的芽叶，刺激腋芽的萌发，达到高产、稳产、优质的目的。

3. 因地因时因树制宜　不同品种、不同树龄和不同环境条件，茶树生长发育状况差异很大，而且不同茶类对茶树品种和鲜叶标准要求不同。因此，从新梢上采下的芽叶，必须符合不同茶类对加工原料的要求，同时结合茶树在不同年龄阶段的生长发育特性及当地的具体情况灵活掌握。

4. 采摘管理　茶叶采摘只有在加强茶园肥培管理、密切配合修剪等各项措施的前提下，才能发挥其增产提质效应。同样，肥培管理、修剪技术等也只有在合理采摘的条件下，才能充分显示出其应有的作用。因此，合理采摘必须建立在各项栽培技术措施密切配合的基础上。

（二）采摘标准

采摘标准是指从新梢上采下芽叶的大小标准。我国茶类丰富多彩，品质特征各具风格，对鲜叶采摘标准的要求各异，生产中应根据茶类要求、市场信息，因时因地制宜掌握好采摘标准。

1. 名优茶　高级名优茶对鲜叶原料的要求十分严格，一般是采茶芽和1芽1叶初展以及1芽2叶初展的幼嫩芽叶，在清明前后开采。这类茶的采摘标准要求高、季节性强、耗工多、产量低。

2. 普通红茶、绿茶　我国目前内销和外销的普通红茶、绿茶，鲜叶原料嫩度适中，一般以1芽2叶为主，兼采1芽3叶和幼嫩的对夹叶。这种采摘标准兼顾了茶叶产量和品质，经济效益高。

3. 乌龙茶　我国乌龙茶品质要求有独特的香气和滋味，采摘标准是待新梢基本成熟、顶成驻芽带有4～6片叶时，采下2～4叶梢。这种采摘标准又称“开面采”，采摘过嫩或太老，都不利于乌龙茶品质的形成。

4. 边销茶　我国边销茶花色种类多，采制方法独特。茯砖茶原料的采摘标准是等到新梢基本成熟时，采下1芽4～5叶。南路边销茶为了适应藏民熬煮掺和酥油和大麦粉的特殊饮用习惯，采摘标准是新梢成熟、枝条基部已木质化，留1～2片成叶刈下新梢枝条。

（三）开采期

茶叶采摘有强烈的季节性，茶谚云：“早采三日是个宝，迟采三日便是草”，茶树因采与留的标准不同，开采期不同。手工采茶，开采期宜早不宜迟。实践中，春茶以树冠面上有10%～15%新梢达到采摘标准为开采期；夏、秋季，气温高，芽叶伸展快，以5%～10%新梢达到采摘标准时开采。

（四）采摘技术

1. 徒手采茶　徒手采茶是我国目前生产上应用最普遍的方法。其特点是采摘精细，批次较多，采摘期较长，易按标准采，芽叶质量好，有利于茶树生长发育，特别适合名优茶的采摘。但徒手采摘费工多、工效低。

（1）打顶采摘法　又称打顶养蓬采摘法。适用于2～3龄茶树或更新改造后1～2年的茶树，是一种以养为主的采摘方法，有利于茶树树冠的培养。具体方法是：待新梢长至1芽5～6叶以上，实行采高蓄低、采顶留侧，摘去顶端1芽2～3叶，留下3～4片真叶，以促进分枝，扩展树冠。

（2）留真叶采摘法　适用于树龄较大、树势稍差的茶园，是一种采养结合的采摘方法。具体方法是：待新梢长至1芽3～4叶时，采下1芽2～3叶，留下1～2片真叶。

（3）留鱼叶采摘法　这是一种以采为主的采摘方法，也是投产茶园的基本采摘方法，适合名优茶和大宗红茶、绿茶的采摘。具体方法为：待新梢长至1芽1～2叶或1芽2～3叶时，采下1芽1叶或1芽2叶为主，兼采1芽3叶，留下鱼叶不采。

2. 机械采茶 茶叶采摘是茶园管理中季节性强、技术要求高且费工的一项作业，利用机械采茶逐步代替手工采茶，提高采茶效率和降低采摘成本，是茶叶生产发展的趋势。机械采茶的特点是将采摘面上的新梢不分老嫩大小一起切割下来，采摘强度大，对茶树的机械损伤较重，采下的鲜叶老嫩混杂且多破损。因此，机械采茶要求茶园树型一致、树冠平整、发芽能力强、芽叶生长整齐一致，以便提高机采质量和效率。机采茶园管理应根据上述特点，采取一整套相应的技术措施，培养适应机采的茶园。

二、茶叶加工

（一）鲜叶质量和管理

从茶树上采下的嫩梢（芽叶），作为茶叶初加工的原料统称为鲜叶。鲜叶质量是决定茶叶品质的关键，制茶技术是茶叶品质转化的外在条件。鲜叶管理是指鲜叶从采摘后至付制前的装运、验收分级、摊放贮青等一系列工作。目的在于保持鲜叶的新鲜度和防止鲜叶发热变质，这是保证茶叶品质的前提。鲜叶质量包括物理质量和化学质量。

1. 物理质量 物理质量主要包括嫩度、匀度、鲜度、净度 4 个方面。嫩度是鲜叶的老嫩程度；匀度是指同一批鲜叶原料的一致性；鲜度即鲜叶的新鲜程度；净度即鲜叶中含夹杂物的多少。

2. 化学质量 化学质量是指与茶叶品质关系密切的主要化学成分的含量水平，它们是构成茶叶色、香、味、形品质的基础。只有优质的鲜叶原料，才能制出优质的茶叶，即要求鲜叶原料中与品质有关的化学成分含量丰富、比例协调。茶树鲜叶化学成分的组成包括水分（75%～78%）和干物质（22%～25%），其中干物质中有机化合物包括蛋白质（20%～30%）、氨基酸（1%～4%）、生物碱（3%～5%）、茶多酚（20%～35%）、糖类（20%～25%）、有机酸（3%左右）、脂肪（8%左右）、色素（1%左右）、芳香物（0.005%～0.03%）、维生素（0.6%～1.0%）；无机化合物包括水溶性部分（2%～4%）、非水溶性部分（1.5%～3.0%）。

（二）茶叶加工

我国茶叶加工历史悠久，创造了多种多样的加工方法。秦汉年间已生煮羹饮，魏晋时代亦制饼茶，唐代制作蒸青团茶（绿茶），宋代改制为蒸青散茶，元代蒸青茶发展较快，明代改蒸汽杀青为锅炒杀青。明末清初福建首创红茶制法，嘉靖三年湖南制作黑茶，白茶可能在宋徽宗时代，黄茶创制于公元 1570 年前后，雍正年间福建发明了青茶（乌龙茶）。至 18 世纪末，我国的绿茶、黄茶、黑茶、白茶、青茶和红茶 6 大茶类初加工技术已基本定型，其特征工艺沿用至今，变化不大。

6 大茶类的划分主要是基于茶叶的加工方法、发酵程度和茶叶中多酚类物质的氧化程度。绿茶在加工中没有氧化，黄茶和黑茶为非酶促氧化茶类，红茶为发酵茶，青茶为半发酵茶，白茶稍有氧化。各茶类的初制加工工艺如下：

绿茶：鲜叶→杀青→揉捻→干燥。

黄茶：鲜叶→杀青→揉捻→闷黄→干燥。

黑茶：鲜叶→杀青→揉捻→渥堆→干燥。

白茶：鲜叶→萎凋→干燥。

青茶：鲜叶→萎凋→做青→杀青→揉捻→干燥。

红茶：鲜叶→萎凋→揉捻→发酵→干燥。

1. 绿茶加工　绿茶依加工技术的不同，分炒青、烘青、蒸青和名优绿茶，炒青绿茶又分为长炒青、圆炒青和扁炒青等。以长炒青初加工为例，其加工工艺如下：

（1）杀青　杀青是利用高温抑制鲜叶中酶的活性，主要是制止多酚类化合物的酶促氧化，防止红梗红叶；去除鲜叶青气，显露绿茶清香；蒸发部分水分，便于揉捻成条。当叶温升到80℃时，几乎所有酶都失去催化作用，因此，杀青要迅速使叶温达到80℃以上，以抑制酶的活性。影响杀青的因素有温度、时间、投叶量和鲜叶质量等。杀青适度的特征是：手握茶叶成团，稍有弹性，嫩梗折不断，叶色为暗绿，带有清香。在杀青过程中要防止焦边焦叶和杀青不足的现象。

（2）揉捻　揉捻的目的是卷紧茶条，为干燥成型打基础，同时破损部分叶细胞，便于冲泡。影响揉捻的因素有：揉捻叶温、投叶量、加压和揉捻时间。揉捻中要做到5要5不要：要条索，不要叶片；要圆条，不要扁条；要直条，不要弯条；要紧条，不要松条；要整条，不要碎条。揉捻适度的标准是：三级以上的叶片成条率80%以上，三级以下达60%；揉捻叶细胞破损率在45%～55%为宜。

（3）干燥　干燥是绿茶加工中最后一道工艺，分为二青、三青和辉锅，目的是在揉捻基础上整理条索、塑造外形、发展香气、增进滋味、形成品质、蒸发水分。要求茶条紧结圆直，色泽绿润，香气清高，含水量5%～6%，即用手捏成粉末为适度。

2. 红茶加工　红茶依加工技术不同分红条茶（工夫红茶）、小种红茶和红碎茶。现以工夫红茶的加工为例：

（1）萎凋　萎凋就是适当散失水分，便于揉捻做形，同时促进叶内物质转化，散失青草气。影响萎凋的因素有鲜叶含水量、质量、摊叶厚度、温度、空气湿度和气流速度等。萎凋时间一般为6～12 h。以萎凋叶叶质柔软、紧握成团、松手不散、嫩梗折不断、叶色暗绿、失去青气、透出清香为适度，或以萎凋叶含水量58%～64%为宜。

（2）揉捻　揉捻的目的是破损叶细胞，揉出茶汁，促使多酚类物质氧化，卷紧成条，揉出的茶汁有利于干燥着色和便于冲泡。揉捻适度的标准为：叶片90%以上成条，条索紧卷；用手紧握茶汁外溢，松手不散，叶细胞破损率达80%以上。

（3）发酵　发酵的目的是完成内质变化，达到红茶的品质特点。在该过程中多酚类物质在多酚氧化酶的作用下氧化形成初级产物邻醌，进而氧化为茶黄素，茶黄素转化为茶红素，茶红素又转化为茶褐素。茶黄素是决定红茶汤色亮度、滋味鲜爽度和浓强度的重要成分。茶红素是决定茶汤浓度的主体，收敛性和刺激性小。茶黄素和茶红素的比例直接影响红茶的品质。

影响发酵的因素有温度、湿度、通气等，以室温20～34℃、相对湿度85%～90%为好。发酵程度是当叶温由低到高，然后趋于平稳，并开始下降时；或叶色由绿色转为黄红色或紫红色；或香气由青草气消失转为玫瑰花和熟苹果香时为适度。

（4）干燥　干燥就是利用高温迅速破坏酶活性，终止发酵；蒸发水分，紧缩条索；固定已形成的品质，提高和发展香气。干燥分为一次干燥或二次干燥，在干燥过程中要防止产生高火或干燥不足，以叶色乌黑油润、有浓烈茶香、用手捏成粉末为适度（含水量7%左右）。

3. 湖南黑茶初加工 湖南黑毛茶分为四级，一、二级用于加工天尖、贡尖，生尖原料较老；三级用于加工花砖和特制茯砖，四级用于加工普通茯砖和黑砖。黑毛茶外形条索卷折，色泽黄褐油润；内质香味纯和，且带松烟味，汤色橙黄，叶底黄褐。其初加工分杀青、初揉、渥堆、复揉和干燥等工序。

（1）鲜叶采割 黑茶鲜叶一要有一定的成熟度，二要新鲜。采割标准分四个等级：一级以1芽3～4叶为主，二级以1芽4～5叶为主，三级以1芽5～6叶为主，四级以“开面采”为主。采摘的方法因鲜叶老嫩不一，有的用手采，有的用铜（或铁）扎子采或用刀割，目前多用采茶机采割。

（2）杀青 传统黑毛茶杀青，采用炒茶叉和草把协助进行，使用大口径铁锅，锅直径80～90 cm，倾斜30°安装在高70 cm的灶上，因原料粗老，杀青前要对原料进行洒水灌浆处理，待到嫩叶缠叉，叶软带黏性，具有清香时为杀青适度，迅速用草把将杀青叶从锅中扫出。目前，黑毛茶产区已采用滚筒式杀青机进行杀青，当锅温达到杀青要求时，开始投放鲜叶。操作方法与大宗绿茶杀青基本相同，但杀青温度要高于绿茶，杀青过程中不必开启排风扇，以增加闷炒的作用。当杀青叶色由青绿变为暗绿，青气基本消失，发出特殊清香，茎梗折而不断，叶片柔软，稍有黏性为适度。

（3）揉捻 湖南黑毛茶揉捻分初揉和复揉两次进行。初揉在杀青后趁热揉捻，一般采用中型揉捻机，而复揉采用小型揉捻机。初揉时间15 min左右。复揉时将渥堆适度的茶坯解块后再上机揉捻，揉捻方法与初揉相同，但加压更轻，以10 min左右为好。

当较嫩叶卷成条状，粗老叶大部分折皱，小部分成“泥鳅”状，茶汁流出，叶色黄绿，不含扁片叶、碎片茶、丝瓜瓤茶和脱皮梗茶少，细胞破坏率15%～30%为适度。复揉以一、二级茶揉至条索紧卷，三级茶揉至“泥鳅”状茶条增多，四级茶揉至叶片折皱为适度。

（4）渥堆 渥堆是黑毛茶加工的关键工序，要选择背窗、清洁、无异味、避免日光直射的场地。室温宜在25℃以上，相对湿度在85%左右，茶坯含水量在65%左右。如初揉叶含水量低于60%，可浇少量清水或温水，要求喷细、喷匀，以利渥堆。初揉下机的茶坯，无须解块直接进行渥堆，将茶叶堆积起来，堆成高约1 m、宽70 cm的长方形堆，上面加盖湿布等物以保温保湿。在渥堆过程中，一般不翻动，但如果气温过高，堆温超过45℃时要翻动1次，以免烧坏茶坯。在正常情况下，开始渥堆叶温为30℃，经过24 h后，堆温可达43℃左右。

当茶堆表面出现凝结的水珠，叶色由暗绿变为黄褐，青气消除，发出酒糟气味，附在叶表面的茶汁被叶片吸收，手伸入茶堆感觉发热，叶片黏性减少，结块茶团击打即散为适度。

（5）干燥 湖南黑毛茶传统干燥方法有别于其他茶类，是在特砌的“七星灶”上用松柴明火烘焙。因此，黑毛茶带有特殊的松烟香味，俗称“松茶”。近些年研究表明，木料燃烧时对人体有害的物质被黑毛茶吸收后会造成产品质量安全问题，因此，目前大多茶叶企业已摒弃了这种古老的干燥方式。在自然天气较好的时候，人们采用日光干燥，将黑毛茶平摊在竹帘或彩条布上，利用阳光直接晒干；在雨天，用自动烘干机进行干燥。当黑毛茶茎梗折而易断，叶子手捏成末，含水量 9%～12%，即为干燥适度。由于原料较粗老，加工好的黑毛茶，一般要在原料库房存放 1～2 年进行陈化，然后通过精制，再按照不同产品要求进行拼配，压制成成品黑茶。

第六节　茶 文 化

茶文化意为饮茶活动过程中形成的文化特征，包括茶道、茶德、茶精神、茶联、茶书、茶具、茶画、茶学、茶故事、茶艺等。茶文化起源地为我国。我国是茶的故乡，我国饮茶始于神农时代，距今大约有 4 700 多年了。直到现在，汉族还有民以茶代礼的风俗。汉族对茶的配制是多种多样的：有湖南的姜盐茶、太湖的熏豆茶、苏州的香味茶、蜀山的侠君茶、台湾的冻顶茶、杭州的龙井茶、福建的乌龙茶等。全世界 100 多个国家和地区的人喜爱品茶，各国茶文化各不相同、各有千秋。我国茶文化反映出中华民族悠久的文明和礼仪。第 74 届联合国大会于 2019 年 12 月 19 日通过决议，将每年 5 月 21 日定为“国际茶日（International Tea Day）”。

一、茶文化概述

茶文化从广义上讲可分为茶的自然科学和人文科学两方面，是指人类社会历史实践过程中所创的与茶有关的物质财富和精神财富的总和；从狭义上讲，着重于茶的人文科学，主要指茶对精神和社会的功能。茶文化是中华传统优秀文化的组成部分，其内容十分丰富，涉及科技教育、文化艺术、医学保健、历史考古、经济贸易、餐饮旅游和新闻出版等学科与行业，包含茶叶专著、茶叶期刊、茶与诗词、茶与歌舞、茶与小说、茶与美术、茶与婚礼、茶与祭祀、茶与禅教、茶与楹联、茶与谚语、茶事掌故、茶与故事、饮茶习俗、茶艺表演、陶瓷茶具、茶馆茶楼、冲泡技艺、茶食茶疗、茶事博览和茶事旅游等方面。

（一）茶文化的形成与发展

巴蜀常被称为我国茶叶和茶文化的摇篮。六朝以前的茶史资料表明，我国的茶业最初兴始于巴蜀。茶文化的形成与巴蜀地区的政治、风俗及茶叶饮用有着密切的关系。我国茶文化的形成与发展大致可概括为如下几个阶段：

1. 三国前茶文化的启蒙　很多书籍把茶的发现时间定为公元前 2737—2697 年，其历史可追溯到三皇五帝时期。东汉华佗《食经》中：“苦茶久食，益意思”，记录了茶的医学价值。西汉（前 202）将茶的产地县命名为“茶陵”，即湖南的茶陵县。到三国魏代《广雅》中已最早记载了饼茶的制法和饮用：“荆巴间采叶作饼，叶老者，饼成以米膏出之。”茶以物质形式出现而渗透至其他人文科学而形成茶文化。

2. 晋代、南北朝茶文化的萌芽　随着文人饮茶之兴起，有关茶的诗词歌赋日渐问世，茶已经脱离作为一般形态的饮食走入文化圈，起着一定的精神、社会作用。

3. 唐代茶文化的形成 780年陆羽著《茶经》，是唐代茶文化形成的标志。其概括了茶的自然和人文科学双重内容，探讨了饮茶艺术，把儒、道、佛三教融入饮茶中，首创中国茶道精神。以后又出现大量茶书、茶诗，有《茶述》《煎茶永记》《采茶记》《十六汤品》等。唐代茶文化的形成与佛教禅宗的兴起有关，因茶有提神益思、生津止渴的功能，故寺庙崇尚饮茶，在寺院周围植茶树，制定茶礼，设茶堂，选茶头，专呈茶事活动。在唐代形成的中国茶道分宫廷茶道、寺院茶道、文人茶道。

4. 宋代茶文化的兴盛 宋代茶业已有很大发展，推动了茶叶文化的发展，在文人中出现了专业品茶社团，有官员组成的汤社、佛教徒的"千人社"等。宋太祖赵匡胤是位嗜茶之士，在宫廷中设立茶事机关，宫廷用茶已分等级，茶仪已成礼制，赐茶已成为皇帝笼络大臣、眷怀亲族的重要手段，还赐给外国使节。至于下层社会，茶文化更是生机勃勃，有人迁徙，邻里要"献茶"，有客来，要敬"元宝茶"，订婚时要"下茶"，结婚时要"定茶"，同房时要"合茶"。民间斗茶风兴起，带来了采制烹点的一系列变化。

5. 明、清茶文化的普及 明清已出现蒸青、炒青、烘青等各种茶，茶的饮用已改成撮泡法，明代不少文人雅士留有传世之作，如唐伯虎的《烹茶画卷》《品茶图》，文徵明的《惠山茶会记》《陆羽烹茶图》《品茶图》等。茶类增多，泡茶的技艺有别，茶具的款式、质地、花纹千姿百态。到清代茶叶出口已成为一种正式行业，茶书、茶事、茶诗不计其数。

6. 现代茶文化的发展 中华人民共和国成立后，我国茶叶年产量从1949年的7 500t发展到2019年的279.3万t。茶物质财富的大量增加为我国茶文化的发展提供了坚实的基础。1982年在杭州成立了第一个以弘扬茶文化为宗旨的社会团体——茶人之家，1983年湖北成立陆羽茶文化研究会，1990年中国茶人联谊会在北京成立，1993年中国国际茶文化研究会在湖州成立，1991年中国茶叶博物馆在杭州西湖正式开放，1998年中国国际和平茶文化交流馆建成。随着茶文化的兴起，各地茶艺馆越办越多。至2008年，国际茶文化研讨会已召开了10届，吸引了日、韩、美等国及我国港台地区茶叶人士纷纷参加。各省、市及主产茶县纷纷主办各种茶文化节，如福建武夷山市的岩茶节，云南的普洱茶节，浙江新昌、浙江泰顺、湖北英山、河南信阳、湖南长沙的茶叶节不胜枚举，都以茶为载体，促进和推动本地区经济贸易的发展。

（二）茶政与茶法

历史上一些政法的制定与茶有关，如国茶之征税始于唐代建中年间，宋代更为严厉，成为发展茶叶生产的一大障碍，曾经多次诱发茶农起义。

历史上不少制度的建立也与茶有关，如榷茶制、茶引制与引岸制、贡茶制、茶马互市与以茶制边等。所谓榷茶，即茶的专营专卖，始于中唐时期，到了北宋末期榷茶制改为茶引制。这时官府不直接买卖茶叶，而是由茶商先到榷货务交纳茶引税（茶叶专卖税），购买茶引，凭茶引到园户处购买定量茶叶，再送到当地官办合同场查验，并加封印后，茶商才能按规定数量、时间、地点出售。到了清乾隆年间，改为官商合营的引岸制。引岸制即为凡商人经营各类茶叶均需纳税请领茶引，并按茶引定额在划定范围内采购茶叶，卖茶也要在指定的地点（口岸）销售和易货，不准任意销往其他地区。

贡茶是指产茶地向皇室进贡专用茶。贡茶最早的记载是在公元前11世纪，形成贡茶制，从唐代开始。以茶易马是指边区少数民族用马匹换茶叶。而以茶制边指通过茶叶来控制边区少数民族，强化对他们的统治。这都是我国历代统治阶级长期推行的一种政策。

（三）茶与宗教

茶对于中国人有特殊含义。中国人喝茶并非简单的解渴，在漫长的茶文化发展过程中，中国人已赋予它精神文化上的含义，茶已深深融入传统文化中。受中国传统文化中儒、道、佛三教的影响，形成了独特的中国茶道精神。有人把茶字形容为“人在草木中”，茶生于土地草木之间，承天地之精华，正是中国人发现并利用了茶，并结合自己的审美价值，赋予它天地人三教之道。我国古代思想家有自己的宇宙观和价值观，认为天地间万物的形成和发展都有自身的法则和规律，并把这种规律称为“道”。道是一种看不见摸不着的东西，道构成了世界的本源，一切事物都是由道衍化出来的。而茶这种植物，生于名山秀水之间，得天地之精华，便可成为沟通人与天地宇宙的媒介，所以大约在魏晋时期玄学家开始提升茶的精神内涵，茶除了解渴、药疗功能之外，还具有清淡助兴、沟通天地的作用。也正是在这个时期，儒家以茶养廉，道家以茶求静，佛学以茶助禅，茶的精神内涵已超出其本身的物质层面。

1. 儒家与茶 中国茶道思想融合了儒、道、佛诸家的精华而成，其主导是儒家思想。儒家把中庸和仁礼思想引入中国茶文化，主张通过饮茶沟通思想，创造和谐气氛，增进彼此的友谊。通过饮茶可以自省、省人，以此来加强彼此间的理解，促进和谐，增进友谊。儒家认为中庸是处理一切事物的原则和标准，并从中庸之道引出“和”的思想，在儒家眼里和是中，和是度，和是宜，和是当，和是一切恰到好处，无过亦无不及。反观我们的茶文化，无一不是渗透着和的思想，从采茶、制茶、煮茶、点茶、泡茶、品饮等一整套茶事活动中，无不体现和的思想。在泡茶时，表现为“酸甜苦涩调太和，掌握迟速量适中”的中庸之美；在待客时，表现为“奉茶为礼尊长者，备茶浓意表浓情”的明礼之伦；在饮茶过程中，表现为“饮罢佳茗方知深，赞叹此乃草中英”的谦和之礼；在品茗的环境与心境方面，表现为“朴实古雅去虚华，宁静致远隐沉毅”的俭德之行。

自隋代实行科举仕制后，受儒家思想影响的士子，通过考取功名，进入国家官僚机构，构成我国历史上有特色的士阶层，这些历史上的儒士阶层，都与茶结下了不解之缘。其中最有代表的人物就是苏轼，他以茶喻佳人，并为茶叶立传，留下不少有关茶的诗文。儒家以为茶有德，唐代的刘贞亮把饮茶的好处归纳为“十德”：即以茶散郁气，以茶驱睡气，以茶养生气，以茶除病气，以茶表敬意，以茶尝滋味，以茶养身体，以茶可行道，以茶可雅志。陆羽称茶为“南方之嘉木”“宜于精行俭德之人”。现代茶学家庄晚芳先生也把茶德归纳为廉、美、和、静，均赋予茶节俭、淡泊、朴素、廉洁的品德，寄托思想人格精神。

儒家思想融入茶文化的另一个显著特点是茶礼的形成。我国向来被称为礼仪之邦，礼已渗透到中国人生活的每一个角落，儒家通过礼制来达到维持社会秩序的目的。茶使人清醒，所以茶文化中也吸收了礼的精神。南北朝时，茶已用于祭礼，唐以后历代朝廷皆以茶荐社稷、祭宗庙，以至朝廷进退应对之盛事，朝廷会试皆有茶礼。在民间，茶礼、茶俗中儒家精神表现特别明显，以茶代酒和客来敬茶成为中华民族传统礼仪。

茶礼表达了仁爱、敬意、友谊和秩序。现代我们的日常生活中也讲究茶礼，只不过把议程简约化、活泼化了，而礼的精神却加强了。无论是大型茶话会，还是客来敬茶的小礼，都表现了中华民族好礼的精神。

2. 道家与茶 道家认为天、地、人是平等的，人既不是上天的奴隶，应自己主宰命运，同时也不能不顾自然规律，而应认识自然规律，适应自然。道家崇尚自然，推崇无为、守朴、归真。道家对茶的认识很早，茶产自山野之林，受天地之精华，承土壤之雨露，茶之品格，正蕴含道家淡泊、宁静、返璞归真的神韵，即人法地，地法天，天法道，道法自然。回归自然、亲切自然是人的天性，道家通过茶这种神奇的绿色植物唤起人们对回归自然的渴望，最终达到"天地与我并生，而万物与我为一"的思想境界。

中国传统的文人士大夫虽然接受的是儒家的正统教育，但也不排除道家思想对他们的影响。特别是士大夫们在政治上受到挫折，自己的人生抱负得不到实现之时，道家思想对他们的影响逐渐加深，这时道家的淡泊名利、回归自然的思想开始占上风，所以"达则兼济天下，穷则独善其身"是中国历代文人士大夫普遍遵循的一种处世模式。特别是在明代的文人画中，有许多是描绘文人在野石清泉旁、松风竹林里煮茗论道的场面。如唐伯虎的《品茶图》，画面青山高耸，古木杈丫，山中有一茅舍，一士子品茗读书，并题诗曰："买得青山只种茶，峰前峰后摘青芽，烹煎已得前人法，蟹眼松风娱自嘉。"茶诗中也有大量描写茗山水间的作品，表达了文人们以茶为追求，寄情于山水、心融于山水的思想境界。如苏轼的《汲江煎茶》一诗："活水还须活火烹，自临钓石取深情。大瓢贮月归春瓮，小杓分江入夜瓶。雪乳已翻煎处脚，松风忽作泻时声。枯肠未易禁三碗，坐听荒城长短更。"还如钱起的《与赵莒茶宴》写道："竹下忘言对紫茶，全胜羽客醉流霞。尘心洗尽兴难尽，一树蝉声片影斜。"诗话里无不充分体现了道家的天地人思想，文人与自然融为一体，通过茶这种饮品，去感悟茶道、天道、人道。正因为道家天人合一的哲学思想融入了茶道精神之中，在茶人心里充满着对大自然的无比热爱，茶人有着回归自然、亲近自然的强烈渴望，所以茶人最能领悟到"勿我玄会"的绝妙感受。

道家的另一指导思想是尊生乐生，道家认为人活在世上是一件快乐的事情，为了让自己的一生过得更加快乐，不应消极地等待来生，而是主张适应自然规律，把自己融合在自然中，做到天人合一。

道家对养性与养气很重视，把它们看得比养身还重要，以为只有养性为本，养身为辅，才是真正的养生。由于茶的自然功效很多，一可解毒，二可健体，三可养生，四能清心，五能修身。道家认为，茶乃草中英，食之可以祛疾养生；道家主张静修，而茶是清灵之物，通过饮茶能使自己的静修得到提高，于是茶成为道家修行的必需之物。道家品茶主要从养生贵生的目的出发，以茶助长功行内力。

3. 佛教与茶 佛教传入我国大约在两汉时期，当时在西南的四川一带已有饮茶的记载，传说最早人工种植茶树的还是四川雅安甘露寺祖师吴理真。西晋、南北朝之际是我国佛教发展史上的第一个高峰期，也是茶文化的萌发期，茶已在许多士大夫特别是南渡的士大夫之间流行，并且有以茶养廉、以茶祭祀的习俗。茶也是在这时进入佛教僧侣的圈子，陆羽在《茶经》中多次引述了两晋和南朝时僧侣饮用茶叶的史料。

禅宗修行的内容分戒、定、慧 3 种。所谓戒，即不饮酒，戒荤吃素；定、慧就是要求僧侣坐禅修行，息心静坐，心无杂念，以此来体悟大道。由于长时间坐禅容易产生疲劳，不少僧侣因打瞌睡而烦恼，而茶具有提神益思、生津解渴的药理功效，加上本身所含的丰富的营养物质，对于坐禅修行的僧侣非常有帮助，因此有了茶与佛教的结缘，最早的契机可能是茶的破睡功能。随后，佛教僧侣对茶有了进一步的认识，发现茶味苦中微带甜味，而且茶汤清淡洁净，符合佛教提倡的寂寞淡泊的人生态度，加上饮茶有助于参禅悟道的神奇功能，于是佛教对茶的认识从物质层面而上升到精神层面，发现了茶与禅的内在本质的契合点，然后加以提炼，最终形成了“禅茶一味”的理念。

正因为茶具有清新雅逸的自然天性，能使人静心、静神，有助于陶冶情操、去除杂念、修炼身心，这恰与中国人提倡的清静、恬淡的哲学思想合拍，也符合中国传统儒、道、佛三家追求的内省修行的思想，所以我国历代的文人骚客、社会名流、商贾官吏、佛道人士等都以尚茶饮茶为荣，通过茶这个媒介，通过饮茶的过程来修身养性。中国的茶文化精神是以道家的天人合一、天地人三才思想来提携，以儒家中庸和谐的思想为指导，以佛家普度众生的精神为宗旨，而成为浓缩中国传统思想精华的一个文化体系。

二、中国茶道

“茶道”两字最早出自唐代封演所著的《封氏闻见记》，曰：“楚人陆鸿渐为《茶论》，说茶之功效……又因鸿渐之论广润色之，于是茶道大行。王公朝士无不饮者。”故茶道大概最初为喝茶之道。随着社会经济、文化和科学的发展，茶道含义逐渐拓展和深化，现代茶叶专家吴觉农先生《茶经述评》：“把茶视为珍贵、高尚的饮料。饮茶是一种精神上的享受，是一种艺术，或是一种修身养性的手段。”庄晚芳先生认为：“茶道是一种通过饮茶的方式，对人民进行礼法教育、道德修养的一种仪式。”作家周作人先生在《‘恬适人生’吃茶》一书中写道：“茶道的意思，用平凡的话来说，可以称作忙里偷闲，苦中作乐，在不完全的现实中享受一点美与和谐，在刹那间体会永久。”丁文先生在《中国茶道》一书中将茶道定义为：“茶道是一种文化艺能，是茶事与文化的完美结合，是修养与教化的手段。”

其实，茶道一词无论如何解释都离不开一个“道”字，老子曰：“道，可道，非常道”，“道”的原则就是从事物的本质上去理解，从人们的心灵中去感受，是一种看不见、摸不着的东西。因此，茶道应该是茶的精神、道理、规律、本源与本质，是有形的茶与无形的神的有机结合。

茶道从产生至今，经历了不同的历史时期和文化背景，形成了多种流派。古代以茶为主线可将茶道划分为贵族茶道、雅士茶道、禅宗茶道与世俗茶道。贵族茶道讲究茶之礼，旨在显示富贵；雅士茶道追求茶之韵，重在艺术欣赏；禅宗茶道强调茶之德，意在参禅悟道；世俗茶道发生于茶之味，意在享受人生。

现今，中国茶道融合了佛、儒、道诸家思想的精华。茶道既然是一种精神，就会带有一定的民族意识。日本人将它引申为“和、敬、清、寂”，韩国人则引申为“清、敬、和、乐”。中国茶道同样也渗透了中华民族的文化意识，我国台湾茶人吴振铎先生把它总结为

“清、敬、怡、真”，即清廉洁净、对人亲敬、怡亲和好、真心主善。庄晚芳先生则把这种精神视为茶德，同时也总结出四个字“廉、美、和、敬”，即廉俭有德、美真康乐、和成相处、敬爱为人。

由此可见，中国茶道虽然吸收了佛、道、儒三家的思想精华，但受儒家思想影响最为深刻，集中体现了儒家的中庸与和谐。随着社会的进步、思想的发展，中国茶道融合了现代思想和内容，它更符合国情，有利于社会健康发展。

三、茶艺及表演

（一）茶艺

茶艺是指饮茶的艺术，是茶道的外在表现形式。“茶艺”一词的提出是前几年的事，它包括艺茶、制茶、品茶、论水、择器、意境等内容。中国人饮茶大有讲究，如果只是为了解渴，称为喝茶；如果是细品慢啜，重视物质的功能和保健作用，甚至有一定的操作技能和必备工具，称为品茶；如果进一步升华，讲究茶之质量、冲泡技艺、精论茶具及品茗环境，成为一种专门学问，就可以称得上是茶艺。丁文先生认为：“茶艺指制茶、烹茶、饮茶的技术，技术达到炉火纯青便成为一门艺术。”我国台湾茶艺专家季野先生认为：“茶艺是以茶为主体，将艺术融于生活以丰富生活的一种人文主张，其目的在于生活而不在于茶。”

茶艺精湛必须具备“四要三法”，“四要”指精茶、真水、活火、妙器，“三法”指制茶法、烹茶法、饮茶法。茶艺的第一功夫是识茶，即靠感官器官评定茶叶的质量，包括茶叶的色、香、味、形。其次，好茶还要好水，古人云：“茶者，水之神；水者，茶之体。非真水莫显其神，非精茶曷窥其体”，一语道破茶与水的关系。“四要三法”是茶艺的基础，环境也是茶艺不可忽视的一个环节，即使“四要三法”再精湛，缺乏一个宁静美好的环境也是无法体验茶艺之真谛的。因此，茶艺不仅是一种生活艺术，更重要的是使人们在自然之间享受天地之精华，得到人体的最大平衡。

（二）茶艺表演

以一定的规范和程序进行不同茶类的冲泡和品饮，并赋予一定的文化内涵即是我国通常所说的茶艺表演。它不同于一般的表演，是一门高雅的艺术，浸润着中国的传统文化，飘逸着中国人特有的清淡、恬静的人文气息。因此，对茶艺表演者来说，不仅要讲究外在形象，而且要注重气质的培养。在形象上要具备：①自然和谐，即动作、手势、体态、姿态的和谐以及表情、眼神、服饰整体的自然统一；②从容优雅；③清神稳重。在气质方面要求有深厚的文化底蕴和完美的艺术表达。在服饰方面表演者装扮要清新淡雅，服装得体大方，符合主题。

我国的茶叶种类繁多，历史悠久。在长期的发展过程中，各地、各民族形成了各具特色的饮茶习俗与之呼应，茶艺表演也千姿百态，多姿多彩。目前流行的茶艺表演可分3种。一种是在演出场所由专业人员表演，这类表演往往高于生活，强调以艺为主，以技辅艺，突出茶艺的欣赏功能，可称之为表演性茶艺。另一种表演多发生在茶馆、茶室等场所，表演者和欣赏者多为茶界人士或饮茶爱好者，主要是表演者根据茶类的不同，通过一定的泡茶技巧和选用不同的茶具及泡茶用水，充分展示茶叶的内在质量，这一类表演技艺结合、相得益彰，表演者和欣赏者都可以从中陶冶情操、修养身心，可称之为实用性茶艺，这也是目前最为流行的茶艺表演。还有一种表演发生在寻常百姓中，将品茶和泡茶技巧融合在一起，参加人员多则七八个，少则一两个，以技为主，以艺辅技，自娱自乐，其乐融融，可称之为大众茶艺。其实，茶艺表演的层次和形式可以根据茶类、场所及欣赏角度不同进行调整，但无论形式如何变化，茶艺表演的整个过程都应始终贯彻着茶道精神或茶德，只有这样才能达到茶艺表演的最高境界。

复习思考题

1. 我国分为几个茶区？各茶区主产什么茶类？
2. 简述茶树生长对环境条件的基本要求。
3. 简述茶树的修剪类型和目的。
4. 茶树鲜叶包含哪些化学组成？
5. 茶树品种与鲜叶的适制性关系是怎样的？
6. 地理环境与鲜叶的适制性关系是怎样的？
7. 我国6大茶类划分的依据及其工艺流程是什么？
8. 黑茶渥堆的实质是什么？
9. 茶文化的定义及内涵是什么？
10. 简述茶与宗教的关系。
11. 简述茶艺表演与茶文化创新及传播的关系。

第十章

园艺产品及采后处理

本章提要　园艺产品是人们日常生活重要的必需品，按照质量安全和生产要求，在我国有无公害产品、绿色产品、有机产品和地理标志产品等类别。在采前和采后实施良好的农业规范处理是产品质量的保证。园艺产品采后仍进行着各种呼吸、蒸腾、生长发育等生命活动，这些生命过程是其耐藏性和抗病性所必需的。但生命过程又是一个消耗过程，维持其低消耗而正常的生命过程是贮藏保鲜的基本要求。园艺产品在贮藏过程中会遭受各种生理性病害和病理性病害，生理性病害是由物理和化学因素引起的代谢异常、组织老化、变质等现象；病理性病害是由病原微生物侵染而导致产品品质下降乃至腐烂的病害。园艺产品采后各种商品处理的目的是提高产品商品品质和贮藏效果。园艺产品的贮藏方法主要有简易贮藏、通风贮藏、机械冷藏、气调贮藏等方式。

园艺产品是人类最基本的生活必需品，是维持人类生命和身体健康不可缺少的能量源和营养源。园艺产品的质量安全直接关系到人类的健康及生活质量。园艺产品又是易腐产品，其采后损失是目前世界各国园艺生产面临的突出问题，越来越受到人们的重视。降低和减少园艺产品采后损失，就等于既节省人力、物力，又增加产量。为了保持园艺产品良好的品质，减少采后损失，必须从综合途径入手，做到：①适时采收，避免机械损伤；②迅速预冷，排除田间热；③提供整个贮运、销售过程中适宜的温度条件，延缓产品的成熟和衰老；④保持适宜的相对湿度，减少产品水分损失；⑤选择适当的包装材料，进行良好的包装；⑥进行必要的采后处理，增强产品的保藏性；⑦保持加工厂良好的环境卫生，减少污染。只有做好这 7 方面的工作，才能保证园艺产品从采收到消费者手中具有良好的品质，并能达到持续的供应。

第一节　园艺产品质量安全

产品的质量是其使用价值的体现。园艺产品是具有一定营养价值、可供食用，经过一定生产、加工程序制作出来的食品。作为一种特殊的产品，使用价值体现在其所具有的质量特性上，要衡量、评定及保证园艺产品的质量，有赖于园艺产品生产的标准化及园艺产品质量管理与质量监督。

一、园艺产品质量构成因素

品质是影响园艺产品贮藏寿命和市场竞争力的重要因素。人们通常以大小、形状、表面特征、色泽、新鲜度、风味、营养、质地与安全性等指标来评价产品品质的优劣。大小、形状、表面特征、色泽、新鲜度等属于外在品质，风味、营养、质地与安全性等属于内在品质。园艺产品的化学成分是构成内在品质的最基本要素，同时又是生理代谢的积极参加者，它们在贮运加工过程中的变化直接影响着产品质量、贮运性能与加工品品质。园艺产品中所含有的各种维生素、矿物质和有机酸，是从粮食、肉类和禽蛋中难以摄取的，而且是具有特殊营养价值的物质。

园艺产品的品质构成因素包括色素物质（叶绿素、类胡萝卜素、花青素、类黄酮）；风味物质（挥发性物质、有机酸、鞣质、糖苷、氨基酸、辣味物质）；营养物质（维生素、矿物质、脂肪、蛋白质）；质构物质（纤维素和半纤维素、果胶物质、水分）；酶类（氧化还原酶、果胶酶、纤维素酶、淀粉酶、磷酸化酶等）。

二、基于质量安全的园艺产品类别

园艺产品质量的好坏直接影响其营养价值和食用安全性，特别是随着消费者饮食观念的改变，人们对园艺产品的需求由“吃得到”向“吃得好”转变，对园艺产品的质量安全提出了更高的要求。根据农产品质量安全要求和管理，我国园艺产品主要有无公害产品、绿色产品、有机产品和地理标志产品 4 种。

1. 无公害园艺产品 无公害园艺产品是指产地环境、生产过程和终端产品符合无公害农产品标准及规范，经过专门机构认定，许可使用无公害食品标识的园艺产品。中华人民共和国农业部从 2000 年开始推进无公害食品行动计划，陆续制定了一系列无公害农业标准（规程），但自 2014 年 1 月 1 日起，132 项无公害食品标准已废止，包括水果、蔬菜、可食用花卉等。因此，严格来讲，无公害园艺产品只是特定时期的过渡产品。

2. 绿色园艺产品 绿色园艺产品是指遵循可持续发展原则，在绿色产品生产基地，按照绿色产品生产技术规程生产，经专门的权威机构认定，许可使用绿色食品标志的，无污染的安全、优质、营养类的园艺产品。由于与环境保护有关的事物在国际上通常都冠以“绿色”，为了更加突出这类食品出自良好生态环境的特性，因此定名为绿色园艺产品。

绿色园艺产品是我国农业部门推广的认证产品，分为 A 级和 AA 级两种。其中 A 级绿色园艺产品生产中允许限量使用限定的化学合成生产资料，AA 级绿色园艺产品严格要求在生产过程中不使用化学合成的肥料、农药、食品添加剂和其他有害于环境和健康的物质。从本质上讲，绿色园艺产品是从普通农产品向有机农产品发展的一种过渡性产品。

3. 有机园艺产品 有机园艺产品是指按照有机方式生产，生产过程中完全不用人工合成的农药、肥料、植物生长调节剂、催熟剂、食品添加剂，不使用转基因品种或生产资料的农产品。在标准上相当于或稍高于绿色产品的 AA 级，但在全球范围内并无统一标准。考虑到某些物质在环境中会残留相当一段时间，土地从生产其他园艺产品到生产有机园艺产品需要 2～3 年的转换期，因此在生产数量上进行严格控制，要求定地块、定产量，建立追溯制度。

总之，生产有机园艺产品比生产其他园艺产品难度要大，需要建立全新的生产体系和监控体系，采用相应的病虫害防治、地力保持、品种选育、产品加工和贮存等替代技术。

4. 地理标志园艺产品 地理标志园艺产品是指产自特定地域，产品的品质、声誉或相关特性主要取决于该产地的自然生态环境和历史人文因素，经审核批准以地理名称进行命名的园艺产品。地理标志园艺产品由于其独具的产品品质和人文内涵，有利于提升园艺产品声誉、促进标准化生产、推进园艺产品品牌化。

三、园艺产品质量安全控制体系

园艺产品作为我国出口创汇的重要农产品和老百姓日常生活的必需品，其安全性直接关系到企业的兴衰和百姓的生命健康，也关系到和谐社会的建设。在园艺产品生产过程中不合理使用农药、化肥，从而导致园艺产品农药、硝酸盐污染问题还比较突出，环境污染及多种农业生产资料的应用，使园艺产品存在一定程度的重金属污染。当今，园艺产品供应链具有日益复杂化、国际化和多元化的特点，在园艺产品生产、贮藏、流通、消费等的任何一个环节都可能存在产品质量安全风险。因此，建立园艺产品质量安全控制体系有利于保障园艺产品的安全和人民的健康。

1. 良好农业规范 良好农业规范（good agricultural practice，GAP）是一套针对农产品生产（包括作物种植和动物养殖等）的操作标准，是提高农产品生产基地质量安全管理水平的有效手段和工具。它关注农产品种植、采收、清洗、包装、贮藏、运输过程中有害物质和有害生物的控制能力，保障农产品的质量安全。同时还关注生态环境、动物福利、职业健康等方面的保障能力。

2. 良好操作规范 良好操作规范（good manufacturing practice，GMP）是一种特别注重制造过程中产品质量与卫生安全的自主性管理制度。要求企业从原料、人员、设施设备、生产过程、包装运输、质量控制等方面按国家有关法规达到卫生质量要求，形成一套可操作的作业规范，帮助企业改善企业卫生环境，及时发现生产过程中存在的问题，加以改善。实施GMP，不仅仅是通过最终产品的检验来证明达到质量要求，而是在产品生产的全过程中实施科学的全面管理和严密的监控来获得预期质量。

3. 卫生标准操作程序 卫生标准操作程序（sanitation standard operating procedure，SSOP）是园艺产品企业为了达到GMP所规定的要求，保证所加工的园艺产品符合卫生要求，而制定的指导园艺产品生产过程中如何实施清洗、消毒和卫生保持的作业指导文件，是实施HACCP的前提条件。SSOP的内容主要包括与园艺产品表面接触的水（冰）的安全，与园艺产品接触的表面（包括设备、手套、工作服）的清洁度，防止发生交叉污染，手的清洗与消毒、厕所设施的维护与卫生保持，防止园艺产品被污染物污染，有毒化学物质的标记、储存和使用，雇员的健康与卫生控制，虫害的控制。

4. 危害分析和关键控制点体系 危害分析和关键控制点（hazard analysis and critical control point，HACCP）体系是一种科学、简便、专业性强的预防性园艺产品质量安全控制体系。该体系通过系统性地确定生产过程中的具体危害及其控制措施，从而保证园艺产品的质量安全。对生产基地进行危害分析和关键控制点的确定，即分析和确定园艺产品整个生产过程中对质量安全可能产生的有关危害以及导致危害产生和存在的条件。在园艺产品种植和采后贮运过程中，主要分析从播种到上市、贮藏、运输各个环节中对产品质量安全可能存在的危害，并根据这些危害产生的可能性和原因，提出对应的预防、控制程序和预警预案，并确定关键控制点，对每个控制点制定管理规范和操作标准，从而控制这些危害的发生，保证绿色园艺产品生产过程的安全性。

第二节　园艺产品采后生理和采后病害

作为鲜活的商品，园艺产品采后仍进行着生命和生理活动，并且可能发生生理性或侵染性病害，控制采后生理活动和病害，是园艺产品采后处理或贮藏的主要任务。

一、园艺产品采后生理

园艺产品采收后，仍然进行着各种生命活动，其生命活动的能量来自自身的物质分解过程。由于生命活动的存在，产品具有一定的抗病性（抵抗病菌侵入的特性）和耐藏性（是指在一定的贮藏期限内保持其原有品质而不发生明显不良变化的特性）；同时，生命过程又是一个消耗过程，使产品逐渐衰老变质。因此，园艺产品采收后，应维持其低消耗而正常的生命活动。

（一）呼吸生理

园艺产品采后的呼吸作用是新陈代谢的主导过程，是生命存在的标志，它直接影响产品的品质变化及寿命。植物的呼吸作用有多条途径，以糖酵解—三羧酸循环—电子传递链途径和磷酸戊糖途径为主。呼吸是在许多复杂的酶系统参与下，经由许多中间反应环节所进行的生物氧化还原过程，把复杂的有机物逐渐分解为较简单的物质，并释放能量的过程。

1. 有氧呼吸和无氧呼吸　植物呼吸作用的形式有两种，即有氧呼吸（aerobic respiration）和无氧呼吸（anaerobic respiration）。有氧呼吸是从空气中吸收分子态氧，使呼吸底物最终彻底氧化成水和二氧化碳的过程，这是园艺产品的主要呼吸方式。无氧呼吸不能从空气中吸收氧，呼吸底物不能被彻底氧化，而生成乙醇、乙醛等物质。两种呼吸总的化学反应式为：

$$\text{有氧呼吸}\quad C_6H_{12}O_6+6O_2\rightarrow 6CO_2+6H_2O+2\ 818\ \text{kJ}$$

$$\text{无氧呼吸}\quad C_6H_{12}O_6\rightarrow 2C_2H_5OH+2CO_2+100\ \text{kJ}$$

无氧呼吸释放的能量少，为了获得同等数量的能量，所消耗的呼吸底物远比有氧呼吸多，而且无氧呼吸的最终产物为乙醇和乙醛，这些物质的积累会对细胞产生毒害作用；另一方面，园艺产品器官的内部组织经常处于缺氧状态，气体交换比较困难，其无氧呼吸是对环境的适应。但是，在园艺产品贮藏中，无论任何原因引起的无氧呼吸的加强，都被看作是对正常代谢的干扰、破坏，都是十分有害的。

2. 呼吸漂移　呼吸漂移（respiratory drift）是指果实在某一生命阶段中呼吸强度起伏变化的总趋势。一般根据果实成熟期及后熟期的呼吸变化将其分为跃变呼吸型（climacteric respiration）和非跃变呼吸型（non-climacteric respiration）两类。跃变呼吸型是指果实在生长发育初期呼吸旺盛，随着果实体积的增大，呼吸强度逐渐减弱，在成熟后一个较短的时期内呼吸强度又显著上升，到充分后熟后达到最大，以后又随着进入衰老期而逐渐下降。具有这种呼吸变化的果实称为跃变型果实，后熟中达到的最大呼吸强度称为呼吸高峰。这类果实主要有苹果、梨、桃、杏、李、柿、油桃、番茄、西瓜、甜瓜、香蕉、杧果、番石榴、番木瓜、鳄梨等。

非跃变呼吸型是指果实在生长、发育和成熟期间其呼吸一直缓慢下降，没有突出的呼吸高峰。具有这种呼吸变化的果实称为非跃变型果实，主要包括柑橘类、葡萄、葡萄柚、荔枝、油橄榄、菠萝、黄瓜、可可、蓝莓等。

跃变与非跃变果实的呼吸变化如图 10-1 所示。延长跃变型果实贮藏期的关键就是推迟呼吸跃变的进程。目前，果实跃变期出现的规律及其生物化学变化的研究是采后生理学中最活跃的领域。

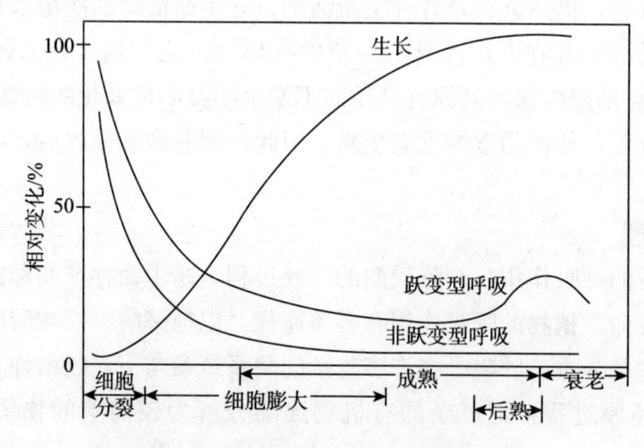

图 10-1 果实生长发育与呼吸变化

3. 影响呼吸的因素 影响呼吸的因素包括产品内部因素和外部因素。内因包括种类、品种、发育年龄和成熟度等；外因包括温度、湿度、空气组成、机械损伤、病害及某些化学物质等。

（1）种类和品种 不同种类的园艺产品呼吸强度差异很大，通常是花及花菜类最大，叶菜类次之，然后是果实，块根、块茎和鳞茎类最小；品种之间，一般晚熟品种的呼吸高于早熟品种，但也有例外的情况。

（2）发育年龄和成熟度 在园艺产品个体发育和器官发育过程中，幼龄时期呼吸强度最大，随着年龄的增长，呼吸强度逐渐下降。块根、块茎和鳞茎类产品，在田间生长期间呼吸强度不断下降，进入休眠期降至最低点，休眠结束，呼吸强度又再次升高。

（3）温度 温度是影响产品呼吸最重要的外界环境因素，在正常的生活温度范围内（5～35℃），温度越低，呼吸越慢，贮藏寿命就越长；相反，温度越高，呼吸强度也就越高。早在 1911 年，Gore 已发现许多果实呼吸强度的增高，与范特霍夫定律相一致，即温度系数 Q_{10} 约为 2.4。换句话说，温度每升高 10℃，果实的呼吸强度便增大 2.4 倍。对跃变型果实来说，高温不仅刺激呼吸跃变提早出现，并使呼吸高峰值加大。

（4）湿度 湿度和温度相比较是次要因素，但仍然会带来影响。一般来说，轻微干燥比湿润可抑制呼吸，如大白菜、菠菜、柑橘等在贮藏前进行适当干燥处理对降低呼吸强度是有效的；葱蒜类在休眠期间，在相对湿度 40％～50％的低湿环境下不但呼吸会受到抑制，而且萌芽也会推迟；然而，甘薯、芋头要求高湿，否则会促进呼吸。

（5）气体成分　气体成分是影响呼吸作用的另一个重要因素。适当降低贮运环境中的O_2分压，增加CO_2分压都能抑制呼吸。但不同的园艺产品对低O_2和高CO_2的敏感程度不同。一般情况下，只有O_2浓度降至5%左右，产品的呼吸强度才会有明显的降低；如果O_2浓度过低则进行无氧呼吸，引起生理障碍。对大多数园艺产品来讲，较适宜的CO_2浓度为1%～5%。CO_2浓度过高同O_2浓度过低一样会引起无氧呼吸，其发生生理障碍的程度更为严重。

气体成分中不容忽视的另一个因素就是乙烯。乙烯是一种成熟激素，它对成熟过程和呼吸具有刺激作用。当环境中乙烯的含量达到一定值（0.1 mg/L）时，就会明显地促进呼吸作用，使果实成熟进程加快，这是果实人工催熟的理论依据。幼小的果实中基本上不存在乙烯，直到果实成熟前期乙烯才有明显的增加。

（6）机械损伤和病害　任何机械损伤，即使是轻微的挤伤和压伤，也会引起呼吸作用的加强，这种由受伤而引起呼吸作用的提高称为伤呼吸（wound respiration）。当病菌侵入产品组织时，呼吸强度也会增加，这与病菌本身的呼吸，以及产品自身的防御反应有关。鲁宾认为，病菌侵入时，抗病品种呼吸强度增加显著，不抗病品种呼吸强度变化较小。

（7）某些化学物质及植物激素　一些有毒物质如一氧化碳、氟化物、丙二酸、二硝基苯酚等，是呼吸酶的抑制剂，这些物质浓度很低时，就会对呼吸过程的某些环节起抑制作用。植物激素已被广泛用来调节园艺产品的采后生理机能，如细胞分裂素具有很高的保鲜效应，其功能之一是抑制某些植物的呼吸作用。6-苄氨基腺嘌呤（BA）对石刁柏、芹菜等有明显的保鲜作用。

（二）蒸腾生理

园艺产品含水量高达65%～96%，采收后容易因蒸腾失水而造成组织萎蔫。新鲜状态的产品，其细胞中水分充足，膨压大，组织呈现坚挺脆嫩状态，显示出光泽并具一定的硬度和弹性，如水分减少，使细胞膨压降低、组织萎蔫、疲软皱缩、硬度降低、光泽消退，产品失去新鲜状态。

蒸腾作用（transpiration）在植物生命过程中具有重要的生理作用。植物在田间生长时，蒸腾失去的水分，可通过根系从土壤中得到补偿，产品收获后蒸腾失去的水分无法得到补充，造成产品失鲜，而且还带来一系列其他的不良影响。

1. 蒸腾对园艺产品采后的影响　园艺产品蒸腾失水最明显的变化是失重和失鲜。失重亦称自然损耗，包括水分和干物质两方面的减少，其中主要是失水。失重造成产品采后重量的减少，如苹果在2.7℃贮藏时，每7 d因蒸腾失水而造成的重量损失约为总重量的0.5%。失鲜是质量方面的损失，可能表现为形态、结构、颜色、光泽、质地、风味等方面的变化，综合影响到食用品质和商品品质。一般当产品水分损失5%时，就失去了原有的新鲜度和外观。如黄瓜、蒜薹、萝卜等失水使细胞间隙空气增多，组织变成乳白色海绵状，称为“糠心”。

失水还会破坏正常的代谢过程。因为失水使细胞液内一些溶质和离子浓度增高，如H^+和NH_4^+等浓度增高到一定程度，会引起细胞中毒。此外，原生质脱水还会使一些水解酶活性增强，加速水解过程，积累呼吸基质，刺激呼吸作用并使氧化磷酸化解偶联，使衰老进程加快。但有些产品适当的失水，使细胞液和原生质浓度略微提高，冰点下降，产品抗寒能力提高；而且脱水使膨压略微下降，组织较为柔软，有利于减少贮运时的机械伤害。

失水还会降低产品的耐贮性和抗病性。蒸腾失水使正常代谢被破坏、水解加强、膨压降低、组织结构改变等，都会影响产品的耐贮性和抗病性。有关资料显示，产品脱水越严重，抗病性越差，腐烂率越高。

2. 影响水分蒸腾的因素 影响水分蒸腾的因素包括产品自身因素和外界因素两方面。内部因素包括种类品种、组织结构、理化特性等。一般情况下，表面积大的产品蒸腾强烈，如叶菜蒸腾量远比其他器官产品高，小个头产品比大个头产品蒸腾快。另外，表皮组织发育完善并具有蜡质的产品水分蒸腾较慢，如完全成熟的产品比幼嫩的产品蒸腾缓慢；马铃薯、洋葱经适当晾晒，形成完好的周皮层、木栓层和膜质化层，使其蒸腾量大为降低。

外部因素包括湿度、温度、气流速度、光照等。一般情况下，湿度低、温度高、气流速度快、有光照都会引起蒸腾加快，反之，则减慢。

3. “出汗”及其危害 园艺产品贮藏及运输过程中，当环境温度降低到露点以下，过多的水汽会从空气中析出而在产品表面凝结的现象称为“出汗”。“出汗”使产品表面湿润，有利于微生物孢子的传播、萌发和侵入，从而使产品腐烂加剧，对贮藏保鲜很不利。防止“出汗”的方法是保持库内温度恒定、气流通畅；避免贮藏湿度过高、产品堆积过多过紧。

（三）成熟与衰老

园艺产品采收之后，其生长发育仍在继续，尤其是幼嫩的蔬菜和花卉其变化远比果实复杂得多。但无论怎样，由于它们离开了母体，其总趋势仍是继续生长、成熟、衰老直到死亡。

园艺产品种类繁多，包括根、茎、叶、花、果等不同器官，它们都有生长、成熟、衰老的过程，但同一植株上不同器官或不同部位成熟并不一定是同时开始的。

果实的成熟（maturation）是指果实发育定形，体积和重量不再增加。果实采收后的成熟现象称为完熟或后熟（ripening）。衰老（senescence）是指果实个体发育的最后阶段，果肉组织开始分解，发生一系列不可逆的变化，最终导致细胞崩溃以至整个器官死亡的过程。通常认为，果实的成熟是不可逆的过程，常把跃变高峰作为跃变型果实后熟与衰老的分界，而非跃变型果实后熟与衰老的分界不明显。

叶片衰老时首先是叶绿素分解，使叶色发黄。其实在叶绿素分解之前，蛋白质的分解就已经开始，所以蛋白质含量的下降是叶片衰老发黄的真正原因。

花是一个具有复杂结构的短命器官，它衰老时各部分（花萼、花冠、雄蕊、雌蕊等）逐渐萎蔫，子房转化为果实。切花保鲜中最重要的是延迟花冠的衰老，现在已知授粉后生长素刺激乙烯产生，这是花瓣衰老的原因，用乙烯处理可以重复这种现象。花衰老时大分子物质（如淀粉、蛋白质等）降解，水解酶活性增强。

（四）休眠与生长

有些园艺产品，如洋葱、大蒜、马铃薯，在采收后进入休眠状态，休眠的方式和休眠期的长短因种类和品种等而异。休眠是生物为适应不良环境的一种保护性反应。休眠时，有机体的生命活动并没有停止，只是新陈代谢降到最低程度。

休眠状态非常有利于产品的贮藏，可根据产品的休眠特性，创造一定的环境条件，使具有休眠性状的产品处于休眠状态，以延长贮藏期。

生产中常用激素处理控制产品休眠，如青鲜素（马来酰肼，MH）对块茎、鳞茎以及大白菜、萝卜的发芽有明显的抑制作用；马铃薯收获后用萘乙酸甲酯或萘乙酸乙酯处理，能明显地抑制发芽，而赤霉素、硫脲、2-氯乙醇等可促进马铃薯的发芽。辐射处理对块茎、鳞茎类发芽的抑制作用也较明显，一般用剂量为60～150 Gy的γ射线照射后，可长期不发芽。

二、园艺产品采后病害

园艺产品采收以后，由于遭受其他生物的侵染或不适宜环境条件的影响，其正常生理过程受到阻碍，导致采后品质降低、腐烂增加甚至死亡的现象，称为采后病害（post-harvest disease）。新鲜的园艺产品柔嫩多汁，采收后及贮运中极易发生各种病害和机械伤害，使产品品质下降。造成采后病害的原因很多，概括起来有侵染性病害（infectious disease）和非侵染性病害两大类，后者亦称生理病害（physiological disorder）。

（一）生理病害

生理病害是由物理和化学因素引起的代谢异常、组织老化、变质腐败等现象。生理病害的症状多为在产品表面出现凹陷斑、水渍斑、褐变（有内部褐变和表皮褐变）、异臭以及不能正常成熟等，使商品价值下降甚至完全丧失。

生理病害发生的原因，有采前因素与采后因素两个方面。采前因素包括栽培管理引起的化学元素含量不当（如缺素症），如土壤中钙含量低可能引起大白菜和甘蓝的心腐病；偏施氮肥或施氮肥过量导致土壤中磷、钾不足，从而使植物抗性下降；强光导致日烧病等。采后因素包括产品贮运过程中不适宜的温度、湿度、空气成分等条件引起的伤害。下面着重介绍由不适宜的低温造成的冷害（chilling injury）。

在贮运过程中多采用接近冰点的低温，以控制成熟和衰老的进程。然而，某些原产于热带的产品对低温敏感，即使冰点以上的温度也容易造成生理失调，产生冷害。环境湿度低、CO_2浓度高，加速冷害症状出现。

冷害的症状为表皮局部组织坏死、变色、呈水浸状，表面发生凹陷斑块或条纹。具体症状和冷害的临界温度因产品种类的不同而存在差异（表10-1）。

冷害的机制有多种学说，其中关于膜相变的提法得到较多的支持。膜相变提出者认为，不适当的低温使生物膜由液晶态转变为固胶态。相变促使膜透性增大、膜吸附酶的活化能提高及原生质滞流3方面生理变化，从而导致细胞内溶质和离子的渗漏，细胞能量短缺，新陈代谢失调，细胞内积累有毒代谢产物，使细胞中毒。如温度低且持续时间长即出现冷害症状；相反，环境温度不是很低，持续时间不太长，转入正常温度之后还有可能使代谢恢复正常。不同种类的产品对轻度冷害的复原能力不同，因此，在低温贮运前，需要根据不同产品对低温的敏感性，确定其贮运适温。

表 10-1　一些低温敏感果蔬的冷害临界温度及冷害症状

种　类	临界温度/℃	症状
香　蕉	<13	表面出现褐色条纹或全部变黑，中心胎座变硬，成熟延迟
柠　檬	10～12	油胞层产生干痕，脱绿缓慢，囊间膜或心皮壁褐变
番　茄	<13	果面出现下陷斑点，种子变褐或变黑，成熟延迟，容易腐烂
茄　子	<7	表面大面积下陷，黄色，腐烂增加
甜　椒	<13	表面水浸状不规则斑点，种子褐色
黄　瓜	<10	表面水浸状斑点
菜　豆	5～7	表面出现下陷的褐色条纹或锈斑
南　瓜	10～13	表面水浸状斑点
甘　薯	<13	表面出现斑点，果肉发硬发白
厚皮甜瓜	3～5	表面水浸状或棕色斑，下陷或不下陷
白兰瓜	10	表面水浸状斑点
西　瓜	10	表面水浸状斑点，果肉红白色

（二）侵染性病害

园艺产品采后侵染性病害症状（拓展阅读）

侵染性病害是由病原微生物侵染而导致产品品质下降乃至腐烂的病害。侵染性病害的种类常以病部所表现的病征来区分。园艺产品采后侵染性病害的病原物主要为真菌和细菌。侵染性病害的发生应具备 3 个基本因素，即病原物（pathogen）、适合的环境条件和易感病的产品（寄主，host），三者缺一不可。

侵染性病害的发生与非侵染性病害的关系是很密切的，两者相互影响，相互作用。非侵染性病害可为侵染性病害开辟侵入途径，诱发侵染性病害。因为遭受非侵染性病害的产品，其抵抗力降低，容易遭受外部病原物的侵染，诱发已经潜伏在体内的病原物的活动。如产品遭受冷害后，病部极易受到交链孢霉的侵染。同样，侵染性病害发生后，可削弱产品对不良环境的抵抗力，从而诱发非侵染性病害。

病原菌从侵染到发病的过程，也是其自身生长繁殖的过程。病原菌生长繁殖的快慢，除与寄主抗性有关外，主要受环境条件的影响。首先是温度条件，温度影响病原菌生长繁殖的速度。在一定温度范围内，随着温度的提高，病原菌生长繁殖加快。真菌发育的适温大都在 20～30℃，最高在 35～40℃，孢子更耐高温；0℃以下的低温通常可以抑制病原菌的发展，但并没有使其活动停止。值得注意的是，某些对低温敏感的产品在 5～10℃下易受冷害，此时对病原菌的抵抗力明显下降，很容易发生侵染性病害。可见在贮运过程中，掌握各种产品的贮运适温非常重要。

其次是湿度。湿度主要影响病原菌的侵入，高湿有利于真菌孢子的萌发及细菌的繁殖和游动。含水量多的产品，往往要求较高的环境湿度才不易失水萎蔫或皱缩，而空气相对湿度较高则病原菌侵入和繁殖加快，这一矛盾是园艺产品保鲜工作中突出的问题。因此采用高湿度贮藏，如相对湿度在95%以上，应与低温或其他有效的防腐措施相结合，才能获得理想的结果。

第三节　园艺产品商品处理

园艺产品采收后，需进行适当的处理（handling）方能变成商品进入市场销售。商品处理包括清洗、修整、分级、包装、预冷等。现代化的商品处理可在包装房设计好的生产线上一次性完成。目前，我国即使不能全面实行商品化流水线作业，亦需使用简单作业机械或流水线的一个部分配合手工作业，完成商品化处理，彻底改变园艺产品的外观品质。在市场竞争日趋剧烈的情况下，尤其是要在国际市场建立信誉，就必须把商品化处理放在重要的位置。

一、分级

分级（sorting or grading）是根据特定的标准进行级别划分，并除去残、次、劣、畸及不合格产品。分级标准有国际标准、国家标准、行业标准、企业标准等。如果品 ISO 9000（international standard organization）、OECD（organization for economic cooperation and development）、GB/T 10651—2008 等标准。园艺产品分级指标包括大小、形状、色泽、风味、质地、病虫伤、机械伤、新鲜度、整齐度、清洁度等，应根据具体产品选择其适合的指标。

二、包装

园艺产品极易遭受损伤，为保证其在贮、运、销中免受各类机械伤害，包装（packing）是必不可少的。包装除了具有保护作用外，还能美化商品，方便贮、运、销，同时在减少产品失水、保持新鲜度及延长贮藏期方面也有一定作用。

（一）包装类型

园艺产品的包装可分为个体包装、销售包装和运输包装3大类。

1. 个体包装　个体包装即单个包装，所用材料一般为包裹纸和低密度聚乙烯袋（塑料薄膜）。包裹纸要求柔软、干净、光滑、无异味，为防止病害及脱水，包裹纸可用二苯胺和矿物油浸渍处理。塑料薄膜保湿、气调、隔离病害效果显著。此外，还有PVC发泡网袋和醋酸乙烯酯收缩包装等。

2. 销售包装　销售包装即按产品的销售特点，将一定数量或重量的产品封装在一定的包装单位中，并在包装上印有品名、数量或重量、产地、保存期以及食用指南等。

3. 运输包装　运输包装主要是用来保护产品免受伤害，因此包装的容器应具有足够的机械强度，经得起反复搬运和堆码。常用的主要有包装箱、包装袋和集装箱等。

（1）包装箱类　包括木箱、纸箱、塑料箱。纸箱是目前园艺产品包装的主要容器，通常多用瓦楞纸箱，规格按贸易习惯和要求而定。硬塑料周转箱在生产中也有一定的应用，其特点是牢固、质轻、不易损坏、可重复使用、便于清洗堆放，但价格昂贵。除以上包装箱外，生产中还有用钙塑单瓦楞纸箱，可重复使用3次以上。

（2）包装袋类　包括麻袋、塑料编织袋等，多用于蔬菜的包装，价格低廉，但无固定支撑面，易在贮运中对产品造成伤害。

（3）集装箱　集装箱是现代化运输容器的主要形式，常用铝合金、钢板及玻璃钢制成。按用途可分为干货、散货、框架和保温集装箱等，用于园艺产品的主要为保温集装箱，它包括有冷源的冷藏集装箱及无冷源的保温集装箱。冷藏集装箱的温度可在－28～25℃之间调节，冷源有外置式（冷气由箱外供给）及内置式（在箱内装制冷机，只需外部供给电源）两种，前一种常用于海运，后者既适应海运又适应陆地运输，有些还可汽车托运。保温集装箱采用聚氨酯等隔热材料，用冰作冷源并装有百叶窗可调节通风，一般可保温72 h以上，温度可在规定范围内波动±3℃。近年来，美国还发展了冷藏气调集装箱，以液氮作为辅助冷源，并调节箱内O_2和CO_2的浓度，在香蕉和草莓的气调运输上取得了满意的效果。

（二）包装方法

包装方法有人工包装和机械包装两种。包装时要求产品在容器内有一定的排列形式，其目的是使产品在容器内不滚动、不相互碰撞、能通风透气、充分利用容器。果实在容器内的排列形式通常采用直线式或对角线式。此外，园艺产品包装时还需加一定的衬垫物如纸板等，以防止碰撞和挤压。

三、预冷

园艺产品采收后，迅速将其温度降低至规定的温度称预冷（pre-cooling）。预冷的目的在于及时排除产品携带的田间热，降低产品温度。采后产品直接进行贮运，第一，会增加制冷设备或低温运输设备的热负荷，使设备寿命缩短；第二，产品温度较高，微生物容易生长繁殖，腐烂损失增加；第三，产品与贮运环境温差大，水分蒸发加剧，造成产品萎蔫和库内凝水；第四，产品温度高，使呼吸增加，成熟衰老加快，贮藏寿命缩短。因此，为了保持园艺产品的品质、新鲜度及贮藏性能，延缓其衰老进程，采后必须及时预冷。据报道，苹果预冷延迟1 d，其贮藏寿命缩短7～8 d；预冷延迟3 d，贮藏寿命缩短30 d。由此可见，预冷直接影响贮藏寿命，应引起重视。预冷有空气预冷、水预冷、真空预冷、压差预冷等方法。

1. 空气预冷　空气预冷（air-cooling）有两种形式，即自然对流预冷和强制通风预冷。自然对流预冷是将收获后的产品直接放入冷藏库内进行冷却。该方法冷却速度较慢，一般需要1 d或更长时间，但操作简单，不需另外增加冷却设备，冷却和贮藏可同时进行。这种冷却方法适用于苹果、梨、柑橘等较耐贮藏的水果，对于易变质腐烂的产品则不宜使用。预冷时要求库内堆码合理，气流畅通，通风均匀。

强制通风预冷是指采用专门的快速冷却装置，通过高速强制冷空气循环使产品温度快速降低。其预冷装置有多种形式，如隧道式、天棚喷射式、鼓风式等。生产中以隧道式预冷采用较多，此法比在冷藏库内静止空气中冷却速度快几倍。具体过程是将产品包装箱放在冷却隧道的传送带上，通过高速冷风区降温，使产品冷却。这种冷却方法适用于各种园艺产品，具有冷却效率高、灵活方便和成本较低等特点。

2. 水预冷　水预冷（hydro-cooling）是用0～3℃水作为冷却介质进行产品冷却。水比空气的比热容大，当产品表面与冷水接触时，产品内部的热量可迅速传至表面而被水吸收，通常可在20～50 min内使产品温度降至要求的温度范围。水预冷装置有喷水式、浸渍式和混合式（喷水和浸渍相结合）等几种，以喷水式应用较多。水预冷具有设备简单、操作方便、冷却速度快、产品预冷后不减重、适用性广等优点；其缺点是促使某些病菌的传播，容易引起果蔬腐烂，特别是已经受伤的产品，发病腐烂更为严重。

3. 真空预冷　真空预冷（vacuum-cooling）是将产品置于特制的真空预冷装置中进行冷却。真空预冷具有降温速度快、冷却效果好、操作方便、不受包装容器和包装材料限制等优点，但成本较高，产品容易失水。

四、其他采后处理

1. 愈伤　园艺产品在采收过程中很难避免各种机械损伤，即使是微小的、不易发觉的伤口，也会招致微生物侵入引起腐烂。经过愈伤后的产品可以抵抗微生物的侵入，并能增加对低温的抵抗力，使贮藏性提高。愈伤（wound healing）主要应用于马铃薯、红薯、洋葱、蒜、芋头及山药等蔬菜上。在愈伤过程中，周皮细胞的形成要求高温高湿，如马铃薯块茎采收后在18.5℃以上，相对湿度90%～100%保持2 d，然后在7～10℃保持10～12 d，其贮藏期可延长50%；山药在38℃和相对湿度95%～100%条件下愈伤24 h，可以完全抑制表面真菌的生长和减少内部组织的坏死；南瓜采收后应在24～27℃放置14 d愈合伤口。此外，有些产品要求低湿度愈伤，如洋葱和蒜头，在收获后要经过晾晒，使外鳞片干燥，一方面可以减少微生物侵染，另一方面对鳞茎的颈部和盘部的伤口有愈合作用，有利于贮藏。

2. 干燥处理　干燥处理（drying）的目的是使产品外表皮适当失水，造成不利于病原物侵入的条件，减少病害的发生。如柑橘类及大白菜采后适当干燥，使外皮或外叶部分失水变软，可减少以后分级包装等处理时可能造成的机械损伤。葱蒜类采收后进行适当晾晒，可使其外部鳞片干燥，形成所谓的“革质”，减少水分的蒸腾，增强耐贮性。干燥一般可在室外稍做晾晒，也可用机械完成，但应避免强光暴晒。

3. 涂蜡　果蔬外表有一层天然的蜡质保护层，通常在处理、洗涤中被部分除去，如用人工方法涂一薄层蜡质，可起到减少蒸发、降低呼吸、抑制病原物侵入等效果，从而延长贮藏期。此外，涂蜡（waxing）还可增加果蔬的光泽，改善外观，提高商品价值。

蜡液多为合成或天然的树脂，如巴西棕榈蜡油、石蜡、松香、虫胶及萜烯树脂等，配制蜡液时常用表面活性剂吗啉作乳化剂。国外大多用油酸和三乙酸胺等加水制成悬浮液使用；此外，还有用淀粉、蛋白质和植物油乳剂等。为了增强防腐能力，也有在蜡液中加入一定量的杀菌剂的。

涂蜡的方法有喷涂、浸涂和刷涂等。

4. 切花预处理　切花与果品、蔬菜比较起来，预处理更为重要。经过预处理，能延缓切花乙烯的生成、防止花叶中所含干物质的转移，提高保鲜效果。切花处理剂多为含银制剂，如LVB、DVB、SVB、AVB（商品名）等都是含银制剂，其中硫代硫酸银（STS）是处理剂Chrysal（AVB）的主要成分；其他预处理剂还有Rosa1、Flora2000（商品名）等。这些含银制剂使用要谨慎，剩余物质的排放要注意保护环境。

切花保存时为抑制微生物的生长和避免阻塞导管，可采用300 mg/L 8-羟基喹啉柠檬酸盐、30 mg/L硝酸银和50 mg/L硫酸铝的混合溶液处理。切花预处理的效果取决于种类、品种、预处理剂、处理时间和浓度。银离子的作用主要是抑制内源乙烯的产生。此外，还有其他预处理方法如药剂洗果、渗钙和激素处理等。

第四节　园艺产品贮藏技术

园艺产品贮藏的基本原理，就是根据产品的生物学特性及其对温度、湿度和气体成分等条件的要求，创造适宜而经济的贮藏条件，以维持产品低而正常的新陈代谢，从而延缓产品品质变化，保持新鲜饱满状态，减少腐烂损失，延长贮藏寿命。

贮藏方法按温度分为两类，即自然降温贮藏和人工降温贮藏。自然降温贮藏主要是利用自然气温来调节贮藏环境温度的贮藏。人工降温贮藏则需各种形式的机械制冷装置（或加冰），来维持贮藏环境适宜的低温。后者不受自然温度的影响和限制，可以较长时间地进行贮藏。

温度是影响贮藏的重要因素，贮藏一般要求较低而稳定的温度。在选用贮藏方式时，首先要了解当地气温的年变化规律，尤其是冬季气温的变化；其次是土壤温度的变化及地势、风向等，这些因素对于贮藏场地的选择、贮藏方式的确定及其相应的管理措施，都有重要的指导意义。

一、自然环境贮藏

（一）简易贮藏

简易贮藏（simple storage）是依靠自然气温的调节，以维持贮藏场所需要的温度，如堆藏、沟藏、窖藏等。其特点是结构设备简单、造价低廉，但不能完全满足产品对温度、湿度的要求，贮藏时间较短、质量较差。我国各地都有一些适宜于本地区气候特点的简易贮藏方式，如山东烟台等地的地沟，四川南充的甜橙地窖，陕北的土窑洞等在当地贮藏中发挥着一定的作用。

（二）通风贮藏

通风贮藏（ventilation storage）是在隔热建筑内，利用库内外温度的差异和昼夜温度的变化，以通风换气的方式来维持库内比较稳定、适宜的温度的贮藏形式。通风贮藏库具有较为完善的隔热建筑和较灵敏的通风系统，贮藏效果明显优于简易贮藏。这种贮藏形式适宜于北方地区，在长江流域以至更南的地区也可发挥一定作用。但是，通风贮藏库仍然是靠自然气温调节库内温度，因此在气温过高或过低的地区和季节，如果不加其他辅助设施，仍难以维持理想的温度条件。

通风贮藏库分地上式、半地下式和地下式3种类型。地上式，库体全部在地面上，受气温影响很大，设计时要注意库墙的保温，进气口和排气口应分别设在库墙底部和库顶，使空气自然对流快，通风降温效果好；半地下式，约有一半的库体在地面以下，因而加大了土壤的保温作用；地下式，库体全部深入地下，仅库顶露出地面，保温性能很好，但进排气口的高差小，空气对流速度慢，通风降温效果差。由此可见，为了在秋季容易获得适当的低温，冬季又便于保温，在温暖地区宜用地上式，寒冷地区需用地下室；如果加上适当的排风装置（如电动排风扇），则地下式或半地下式更好。

二、人工环境贮藏

（一）机械冷藏

机械冷藏是在一个设计良好的隔热建筑中借助于机械制冷系统，维持库内适宜低温的贮藏形式。其优点是不受外界环境条件的影响，可以终年维持冷藏库内需要的低温。冷库内的温度、相对湿度以及空气流通都可以人为控制。机械冷藏库是一种永久性的建筑，建造费用高，因此在建造之前应对地址的选择、库房的设计、冷凝系统的选择和安装、库房的容量及附属部门的安排等慎重考虑。

1. 机械制冷原理　机械制冷就是借助制冷剂在密闭循环系统中蒸发吸热，从而使库内温度下降。整个循环系统主要由压缩机、冷凝液化器、调节阀和蒸发器4个主要部分构成。

机械制冷原理（拓展阅读）

2. 制冷剂　制冷剂（refrigerant）是常温、常压下为气态，加压容易液化的低沸点化学物质。制冷工业中最常用的制冷剂有氨和氟利昂，二者的沸点均较低。目前常用的制冷剂是氨。

3. 冷藏库管理　冷藏库管理主要包括温度、湿度和气体成分的管理。温度控制应根据不同产品所忍受的低温而定，并要注意保持恒定的库温，尽量避免库温波动；湿度按不同产品对湿度的要求（表10-2）进行控制。大多数园艺产品要求较高的贮藏湿度，如果湿度低，可在库内喷雾或直接引入蒸汽；库内气体成分控制主要靠冷风机引入新鲜空气，也有采用自然换气控制的。此外，产品的入库量及堆放对控制库内温湿度及保持气流循环也有影响，一般要求每日产品入库量占库容量的10%左右，以避免库温波动太大；堆放要求货堆离库壁约30 cm，距天花板50～80 cm，离冷风机至少100 cm，货堆之间应适当保留空隙。此外，地面还应铺设地台板，以保证库内冷气流循环通畅。

表10-2　主要果品、蔬菜的适宜贮藏温度、相对湿度、贮藏期和冰点

种类	温度/℃	相对湿度/%	贮藏期	最高冰点/℃
苹果	−0.1	85～90	3～8个月	−1.7
杏	0	85～90	14 d	−1.1
樱桃	0	85～90	14～21 d	−1.8
葡萄	0	85～90	1～3个月	−1.3
桃	0	85～90	14 d	−0.9
梨	−1.1	85～90	3～5个月	−1.6

（续）

种类	温度/℃	相对湿度/%	贮藏期	最高冰点/℃
西洋梨	−1.1	85～90	2～3个月	−1.7
李	0	85～90	28～49 d	−1.3
草莓	0	85～90	7～10 d	−0.8
树莓	0	85～90	5～8 d	−1.1
番石榴	6～8	90	14～21 d	—
橙	1～9	85～90	21～98 d	−1.1
柿	−1.1	90	14～28 d	−1.9
菠萝	7～8	85～90	21～42 d	−1.0
西瓜	4～9	85～90	14～21 d	−0.7
厚皮甜瓜	3～5	90～95	7～14 d	−1.1
石榴	0	90	14～28 d	−3
橘	1～3	85～90	1～2个月	−0.9～1.0
芦笋	0	95	21 d	−0.6
青花菜	0	90～95	7 d	−0.6
菜薹	0	90～95	21～28 d	−0.8
芹菜	0	>95	3个月	−0.2
黄瓜	7.2～10	95	30～34 d	−0.5
茄子	7.2～10	85～90	40 d	−0.8
根用芥菜	0	90～95	21～35 d	−1.0
葱	0	90～95	2～3个月	−0.7
结球莴苣（生菜）	0	95	14～21 d	−0.2
蘑菇	0	85～90	5～7 d	−0.3
香蕉	11～18	85～90	10～15 d	−0.8
绿豌豆	0	95	1～2 d	−1.2
甜椒	7.2～10	85～90	8～12 d	−0.7
葱头	0～1	70～75	5～9个月	—
欧洲防风	0	95	2～4个月	−0.3
番茄	7.2～10	70～80	2～3个月	−0.8
萝卜	0	90～95	2～4个月	−0.7
马铃薯	12.8～15.6	85～90	28～56 d	−0.8
西葫芦	7.2～10	70～80	14 d	−0.5
南瓜	7.2～10	70～75	42 d	−0.1
菠菜	0	90～95	10～14 d	−0.3
甘蓝	0	>95	5～6个月	−0.9
大白菜	0	>95	4～5个月	−0.8
山药	13～15	85～90	3～6个月	—
姜	12～15	90～95	3～6个月	—
百合	5～7	85～90	2～3个月	—
莲藕	5～8	85～90	2～3个月	—
芋头	10～12	85～90	3～4个月	—
慈姑	5～10	85～90	4～6个月	—

（二）气调贮藏

气调贮藏（controlled atmosphere storage，CA）是继机械冷藏后贮藏技术上的又一重大突破，其实质是改变贮藏环境中的气体成分，主要是降低 O_2 的含量、适当提高 CO_2 的含量（O_2 和 CO_2 浓度都有一定指标，经常控制在较小的变化范围之内，表 10－3），以达到推迟后熟和衰老、延长贮藏寿命的目的。

表 10－3　部分果蔬的 CA 贮藏条件

种类、品种	温度/℃	CO_2/%	O_2/%	备注
苹果（元帅）	0～1	1～2	2～3	美国
苹果（金冠）	－1～0	1～2	2～3	美国
梨（巴梨）	0	5	0.5～1	美国（早收）
梨（巴梨）	0	0	0.5～1	美国（晚收）
梨（巴梨）	0	7～8	4～5	日本
柿（富有）	0	8	2	日本
桃（大久保）	0～2	7～9	3～5	日本
板栗（筑波）	0	6	3	日本
香蕉	12～14	5～10	5～10	日本
蜜柑（温州）	3	0～2	10	日本
草莓（达那）	0	5～10	10	日本
番茄	0	5～10	10	日本
白兰瓜（露地）	3	3	0～10	日本
菠菜	0	10	10	日本
食夹豌豆	0	3	10	日本

气调贮藏按照创造气体成分的方法可分为自然调节气体贮藏和人工调节气体贮藏两种。自然调节气体贮藏亦称为限气贮藏（modified atmosphere storage，MA）或自发性气调贮藏，即把产品置于密闭容器内，由于产品自身的呼吸作用而使 O_2 含量降低、CO_2 含量增高的贮藏法。人工调节气体贮藏是调节气体与机械制冷相结合，既要求严格控制环境的气体成分，又要控制环境的温湿度，是现代最先进的贮藏技术，国外已大规模应用于很多园艺产品的长期贮藏，并获得满意的效果。

气调贮藏库是在一个隔热和气密性能良好的冷藏库体内，配上气体调节、温湿度控制及其相应的监测系统的贮藏库。目前我国应用较多的是塑料薄膜非固定封闭系统，大型的有薄膜大帐，小型的如薄膜袋包装。

1. 薄膜大帐贮藏　该法是在地面铺上厚度 0.2 mm 左右的薄膜，再把装箱的产品堆叠起来或码在架上，产品摆好后罩上薄膜大帐子，将帐边和垫底薄膜的四边叠卷压紧即成（图 10－2）。每帐贮藏量 0.5～5 t。薄膜大帐设在普通冷藏库内。

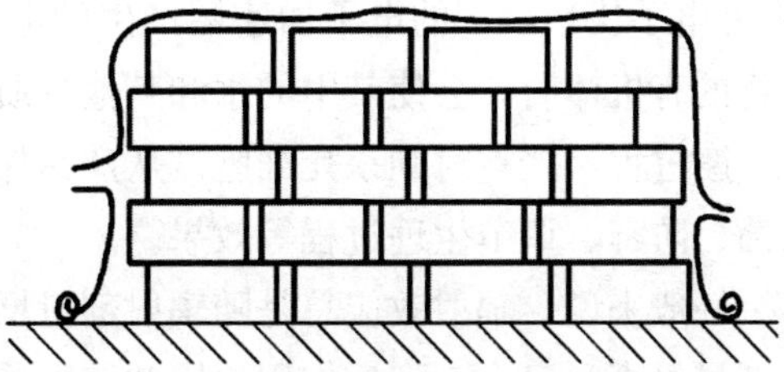

图 10－2　塑料薄膜垛封法示意图

确定气体指标时必须特别注意不同类型产品对低 O_2 和高 CO_2 的敏感性和耐受能力。当 O_2 和 CO_2 达到指标以后，定期检测帐内 O_2 和 CO_2 含量的变化，按实际情况引入适量新鲜空气以补充产品呼吸所消耗的 O_2，过多的 CO_2 可用碱石灰或 CO_2 洗涤器吸除。

2. 薄膜袋包装贮藏 薄膜袋包装贮藏是将产品装在薄膜袋中，扎紧袋口，装筐或装箱放置在贮藏库中。薄膜袋的盛装量为 15～20 kg，每袋为一个单独的气调环境。袋的厚度一般为 0.03～0.06 mm，具体厚度视产品种类、贮藏温度等情况而定，如贮藏温度高、产品呼吸代谢旺盛的薄膜袋应薄，相反则厚。不同种类的产品对小包装贮藏的适应性不同，使用前应考虑产品的适应性。

（三）减压贮藏

减压贮藏（hypobaric storage）又称低压贮藏，是降低环境压力并维持贮藏环境一定低压状态的贮藏方式。减压贮藏的原理是降低贮藏环境的气压，使空气中各种气体组分分压相应地降低，达到延长贮藏的目的。例如，气压降至正常的 1/10 时，空气中的 O_2、CO_2、乙烯等气体的分压相应降至原来的 1/10，这时空气各组成成分的相对比例并未改变，但其绝对含量则降为原来的 1/10，如 O_2 含量只相当于正常气压下的 2.1%。因而，减压贮藏也能创造一个低 O_2 的条件，起到类似气调贮藏的作用。此外，减压贮藏还能促进组织内气体成分向外扩散，特别是组织内乙烯的外扩散，有利于降低内源乙烯（endogenous ethylene）的浓度，推迟成熟。组织内气体向外扩散的速度与该气体在组织内外分压差及其扩散系数成正比，扩散系数又与外部压力成反比。

在减压条件下，组织内其他挥发性代谢产物，如乙醛、乙醇、芳香物质等也都加速向外扩散，这些作用对于防止产品后熟都是很有利的，而且减压越低，作用越明显。减压贮藏不仅可以延迟后熟和衰老、保持绿色、防止软化，还有减轻冷害和一些贮藏生理病害的效应，另外低压条件下可以抑制真菌的生长和孢子的形成。

目前，建造大规模减压贮藏库仍有一定的困难，因此，这种贮藏方法仍处于试验阶段。

三、其他贮藏技术

其他贮藏技术包括辐射、磁场处理或负离子和臭氧处理等，都有一定的消毒或保鲜作用。目前生产上应用的主要是辐射处理，其他方法仅处于试验阶段。

辐射处理（irradiation）主要是利用 ^{60}Co 或 ^{137}Cs 发射的 γ 射线，或由能量在 10 MeV（百万电子伏）以下的电子加速器产生的电子流处理产品。γ 射线穿透力极强，当它穿过生物的有机体时，会使其中的水和其他物质电离，生成自由基或离子，从而影响机体的新陈代谢过程，严重时则杀死细胞。从产品保藏的角度来说，就是利用电离辐射达到杀虫、杀菌、防霉、调节生理过程等效果。

一般来说，辐射效应总是随辐射剂量增大而加强。但实际应用上并非剂量越高越好，如剂量过高，又会起到反作用。因此，每种产品都应有其临界剂量和有效剂量范围。通常新鲜果品和蔬菜不应超过 2～4 kGy，干果要求低于 1 kGy。

复习思考题

1. 名词解释：AA级绿色园艺产品、呼吸作用、呼吸跃变、蒸腾作用、预冷、生理性病害、侵染性病害。

2. 影响园艺产品呼吸的因素有哪些?

3. 影响园艺产品蒸腾的因素有哪些?

4. 试述园艺产品冷害的病症表现及常见果蔬的冷害温度。

5. 影响园艺产品侵染性病害的因素有哪些?

6. 试述园艺产品侵染性病害和非侵染性病害的关系。

7. 园艺产品预冷的方法有哪些？各有何优缺点?

8. 园艺产品采后愈伤的作用有哪些?

9. 园艺产品的贮藏方式有哪些？简述其优缺点。

10. 简述园艺产品气调贮藏的原理和方法。

11. 什么是预冷？园艺产品采后预冷的目的是什么?

12. 蒸腾对园艺产品有何影响?

附　　录

主要园艺植物拉丁文学名和英文名称

中文名称	拉丁文学名	英文名称
苹果	*Malus pumila* Mill.	apple
沙果	*Malus asiatica* Nakai	crab apple
梨	*Pyrus* spp.	pear
白梨	*Pyrus bretschneideri* Rehd.	
西洋梨	*Pyrus communis* L.	
砂梨	*Pyrus pyrifolia* (Burm.) Nakai	
秋子梨	*Pyrus ussuriensis* Maxim.	
山楂	*Crataegus pinnatifida* Bge.	hawthorn, maytree, maybush
桃	*Prunus persica* (L.) Batsch.	peach
油桃	*Prunus persica* var. *nectarina* Maxim.	nectarine
蟠桃	*Prunus persica* var. *platycarpa* Bailey	flat peach
碧桃	*Prunus persica* 'Duplex'	flowering peach
杏	*Prunus armeniaca* L.	apricot
李	*Prunus* spp.	plum
美洲李	*Prunus americana* Marsh.	
欧洲李	*Prunus domestica* L.	
加拿大李	*Prunus nigra* Ait.	
中国李	*Prunus salicina* Lindl.	
杏李	*Prunus simonii* Carr.	
樱桃	*Prunus* spp.	cherry
欧洲甜樱桃	*Prunus avium* L.	sweet cherry
欧洲酸樱桃	*Prunus cerasus* Ledeb.	
中国樱桃	*Prunus pseudocerasus* Lindl.	
梅	*Prunus mume* Sieb. et Zucc.	mume, Japanese apricot
枣	*Zizyphus jujuba* Mill.	Chinese date, jujube
核桃	*Juglans regia* L.	walnut
板栗	*Castanea mollissima* Bl.	Chinese chestnut
银杏	*Ginkgo biloba* L.	ginkgo
阿月浑子	*Pistacia vera* L.	pistachio
榛子	*Corylus* spp.	hazelnut
欧洲榛	*Corylus avellana* L.	large type of hazelnut

（续）

中文名称	拉丁文学名	英文名称
华榛	*Corylus chinensis* Franch.	
平榛	*Corylus heterophylla* Fisch. ex Trautv.	
毛榛	*Corylus mandshurica* Maxim.	
扁桃	*Prunus communis* Fritsch.	almond
葡萄	*Vitis* spp.	grape
山葡萄	*Vitis amurensis* Rupr.	
美洲葡萄	*Vitis labrusca* L.	
欧洲葡萄	*Vitis vinifera* L.	
猕猴桃	*Actinidia* spp.	kiwifruit
美味猕猴桃	*Actinidia deliciosa* Liang et Ferguson	
中华猕猴桃	*Actinidia chinensis* Planch.	Chinese gooseberry
草莓	*Fragaria ananassa* Duch.	strawberry
醋栗	*Ribes* spp.	gooseberry，currant
欧洲醋栗	*Ribes reclinatum* L.	
黑穗醋栗	*Ribes nigrum* L.	black currant
红穗醋栗	*Ribes rubrum* L.	
圆穗醋栗	*Ribes sativum* Syme	
树莓	*Rubus* spp.	raspberry
红树莓	*Rubus idaeus* L.	red raspberry
黑树莓	*Rubus occidentalis* L.	black raspberry
柿	*Diospyros kaki* Thunb.	persimmon，kaki
石榴	*Punica granatum* L.	pomegranate
无花果	*Ficus carica* L.	fig
沙棘	*Hippophae rhamnoides* L.	sea-buckthorn
刺梨	*Rosa roxburghii* Tratt.	roxburgh rose
柑橘	*Citrus* spp.	citrus，orange
宽皮橘	*Citrus reticulata* Blanco	mandarin
甜橙	*Citrus sinensis* （L.）Osbeck	sweet orange，tight skin orange
柚	*Citrus grandis* （L.）Osbeck	pummelo，shaddock，forbidden
葡萄柚	*Citrus paradisii* Macf.	grapefruit
柠檬	*Citrus limon* （L.）Burm.	lemon
黄皮	*Clausena lansium* （Lour.）Skeels	wampee
金柑	*Fortunella japonica* （Thunb.）Swingle	kumquat
金弹	*Fortunella margarita* （Lour.）Swingle "Chintan"	
山金柑	*Fortunella hindsii* Swingle	
圆金柑	*Fortunella japonica* （Thunb.）Swingle	

（续）

中文名称	拉丁文学名	英文名称
阳桃	*Averrhoa carambola* L.	waxberry，carambola，star fruit
蒲桃	*Syzygium jambos* Alston	rose-apple，Malay apple
莲雾	*Syzygium samarangense*（Bl.）Merr. et Perry	wax apple
人心果	*Achras zapota* L.	sapodilla
番石榴	*Psidium guajava* L.	guava
番木瓜	*Carica papaya* L.	papaya，pawpaw，tree melon
枇杷	*Eriobotrya japonica* Lindl.	loquat
荔枝	*Litchi chinensis* Sonn.	litchi
龙眼	*Dimocarpus longan* Lour.	longan
橄榄	*Canarium album* Raeusch.	Chinese olive
油橄榄	*Olea europaea* L.	olive
杧果	*Mangifera indica* L.	mango
杨梅	*Myrica rubra* Sieb. et Zucc.	Chinese strawberry tree，Chinese bayberry
余甘子	*Phyllanthus emblica* L.	phyllanthus
枣椰	*Phoenix dactylifera* L.	date palm
油梨	*Persea americana* Mill.	avocado
腰果	*Anacardium occidentale* L.	cashew nut
椰子	*Cocos nucifera* L.	coconut
香榧	*Torreya grandis* Fort. ex Lindl.	Chinese torreya
巴西坚果	*Bertholletia excelsa* H. B. K.	brazil nut
澳洲坚果	*Macadamia integrifolia* L. S. Smith	macadamia nut
榴莲	*Durio zibethinus*（L.）Murr.	durian，civet fruit
山竹子	*Garcinia mangostana* L.	mangosteen
苹婆	*Sterculia nobilis* Smith	Noble bottle tree
木波罗	*Artocarpus heterophyllus* Lam.	jackfruit
面包果	*Artocarpus altilis* Fosberg	breadfruit
番荔枝	*Annona squamosa* L.	sugar-apple
芭蕉属	*Musa* spp.	Chinese banana
香蕉	*Musa nana* Lour.	banana
长叶蕉	*Musa acuminata* Colla	
长梗蕉	*Musa balbisiana* Colla	
菠萝	*Ananas comosus*（L.）Merr.	pineapple
芜菁	*Brassica campestris* L. ssp. *rapifera* Matzg.	turnip
萝卜	*Raphanus sativus* L.	radish
胡萝卜	*Daucus carota* L. var. *sativa* DC.	carrot
欧洲防风	*Pastinaca sativa* L.	parsnip

（续）

中文名称	拉丁文学名	英文名称
牛蒡	*Arctium lappa* L.	edible burdock
辣根	*Armoracia rusticana* (Lam.) Gaertn.	horseradish
大白菜	*Brassica campestris* L. spp. *pekinensis* (Lour.) Olsson	Chinese cabbage
菜薹	*Brassica campestris* L. ssp. *chinessis* L. var. *utilis* Tsen et Lee	flowering Chinese cabbage
芥菜	*Brassica juncea* Coss.	mustard
结球甘蓝	*Brassica oleracea* L. var. *capitata* L.	heading cabbage
花椰菜	*Brassica oleracea* L. var. *botrytis* L.	cauliflower
青花菜	*Brassica oleracea* L. var. *italica* Plenck	broccoli
芹菜	*Apium graveolens* L.	celery
茼蒿	*Chrysanthemum coronarium* L.	garland chrysanthemum
莴苣	*Lactuca sativa* L.	lettuce
苋菜	*Amaranthus mangostanus* L.	edible amaranth
蕹菜	*Ipomoea aquatica* Forsk.	water convolvulus, water spinach, swamp cabbage
落葵	*Basella* sp.	white malabar nightshade
冬寒菜	*Malva verticillata* L.	curly mallow
菠菜	*Spinacia oleracea* L.	spinach
芫荽	*Coriandrum sativum* L.	coriander
小茴香	*Foeniculum vulgare* Mill.	common fennel
苦苣	*Cichorium endivia* L.	endive, common sowthistle
茄子	*Solanum melongena* L.	eggplant, aubergine
番茄	*Lycopersicon esculentum* Mill.	tomato
辣椒	*Capsicum annuum* L.	chilli, hot pepper, sweet pepper
黄瓜	*Cucumis sativus* L.	cucumber
甜瓜	*Cucumis melo* L.	melon
冬瓜	*Benincasa hispida* Cogn.	Chinese waxgourd
南瓜	*Cucurbita moschata* Duch.	pumpkin, cushaw squash
西葫芦	*Cucurbita pepo* L.	zucchini, summer squash
笋瓜	*Cucurbita maxima* Duch.	winter squash
西瓜	*Citrullus vulgaris* Schrad.	watermelon
丝瓜	*Luffa cylindrica* Roem.	vegetable sponge, luffa
苦瓜	*Momordica charantia* L.	balpear, bitter gourd
瓠瓜	*Lagenaria siceraria* (Molina) Standl.	gourd, calabash gourd
佛手瓜	*Sechium edule* Sw.	chayote
蛇瓜	*Trichosanthes anguina* L.	serpent-gourd, snake gourd
菜豆	*Phaseolus vulgaris* L.	bean, kidney bean

（续）

中文名称	拉丁文学名	英文名称
豇豆	*Vigna unguiculata*（L.）Walp.	asparagus bean，cowpea
毛豆	*Glycine max* Merr.	soybean
豌豆	*Pisum sativum* L.	garden pea
蚕豆	*Vicia faba* L.	broad bean，fava bean
刀豆	*Canavalia gladiata* DC.	sword bean
大葱	*Allium fistulosum* L. var. *giganteum* Makino.	welsh onion
洋葱	*Allium cepa* L.	onion
大蒜	*Allium sativum* L.	garlic
韭菜	*Allium tuberosum* Rottl. ex Spr.	Chinese chive
韭葱	*Allium porrum* L.	leek
马铃薯	*Solanum tuberosum* L.	potato
芋头	*Colocasia esculenta* Schott.	taro
山药	*Dioscorea batatas* Decne.	Chinese yam
姜	*Zingiber officinale* Rosc.	ginger
豆薯	*Pachyrhizus erosus* Urb.	yambean
魔芋	*Amorphophallus konjac* Koch.	giant-arum
菊芋	*Helianthus tuberosus* L.	jerusalem artichoke，girasole
草石蚕	*Stachys sieboldii* Miquel	Chinese artichoke
藕	*Nelumbo nucifera* Gaertn.	lotus root
茭白	*Zizania caduciflora* Hand.-Mazz.	water bamboo
慈姑	*Sagittaria sagittifolia* L.	arrowhead
荸荠	*Eleocharis tuberosa* Roem et Schult.	water chestnut，chufa
菱（两角菱）	*Trapa bispinosa* Roxb.	water caltrop
芡实	*Euryale ferox* Salisb.	garden euryale，gorgon fruit
莼菜	*Brasenia schreberi* Gmel.	water shield
豆瓣菜	*Nasturtium officinale* R. Br.	water cress
蒲菜	*Typha latifolia* L.	common cattail
金针菜	*Hemerocallis citrina* Baroni	common yellow day lily
石刁柏	*Asparagus officinalis* L.	asparagus
毛竹笋	*Phyllostachys pubescens* Mazel. ex H. de Lehaie	bamboo shoot
百合	*Lilium* sp.	lily
香椿	*Toona sinensis* Roem.	Chinese toon
枸杞	*Lycium chinense* Mill.	Chinese wolfberry
黄秋葵	*Hibiscus esculentus* L.	okra
朝鲜蓟	*Cynara scolymus* L.	globe artichoke
蘑菇（双孢菇）	*Agaricus bisporus*（Lange）Sing.	mushroom

（续）

中文名称	拉丁文学名	英文名称
香菇	*Lentinus edodes*（Berk.）Sing.	shiitake
平菇	*Pleurotus ostreatus* Quel.	oyster mushroom
黑木耳	*Auricularia auricula* Underw.	Jew's ear
银耳	*Tremella fuciformis* Berk.	jelly fungi
凤仙花	*Impatiens balsamina* L.	touch-me-not
鸡冠花	*Celosia argentea* L. var. *cristata* Kuntze	cock's comb
一串红	*Salvia splendens* Ker-Gawler	scarlet sage
千日红	*Gomphrena globosa* L.	globe amaranth
翠菊	*Callistephus chinensis*（L.）Nees	China aster
万寿菊	*Tagetes erecta* L.	Mexican marigold
金盏菊	*Calendula officinalis* L.	marigold
瓜叶菊	*Cineraria cruenta* Masson	cineraria
彩叶草	*Coleus blumei* Benth. var. *Verschaffeltii* Lem.	flame-nettle-foliage
雏菊	*Bellis perennis* L.	daisy
金鱼草	*Antirrhinum majus* L.	snapdragon，dragon's month
矢车菊	*Centaurea cyanus* L.	bachelor's buttons，comflower
虞美人	*Papaver rhoeas* L.	corn poppy
石竹	*Dianthus chinensis* L.	Chinese pink，rainbow pink
蒲包花	*Calceolaria crenatiflora* Cav.	slipper wort
半支莲	*Portulaca grandiflora* Hook.	rose-moss
牵牛花	*Pharbitis nil*（L.）Choisy	morning-glory
三色堇	*Viola tricolor* L. var. *hortensis* DC.	pansy，heart's ease
美女樱	*Verbena hybrida* Voss.	garden verbena
紫罗兰	*Matthiola incana*（L.）R. Br.	violet
菊花	*Chrysanthemum morifolium* Ramat.	common chrysanthemum
芍药	*Paeonia lactiflora* Pall.	Chinese herbaceous peony
玉簪	*Hosta plantaginea* Aschers.	fragrant plantain lily
万年青	*Rohdea japonica* Roth et Kunth	evergreen
萱草	*Hemerocallis fulva* L.	day lily
大花君子兰	*Clivia miniata* Regel	scarlet kaffir lily
虎尾兰	*Sansevieria trifasciata* Prain	snake plant，bowstring hemp
非洲菊	*Gerbera jamesonii* Bolus	Transvaal daisy，Barberton daisy
铁线蕨	*Adiantum capillus-veneris* L.	venus-hair fern
吊兰	*Chlorophytum comosum*（Thunb.）Baker.	basket plant，spider plant
小苍兰	*Freesia refracta* Kiatt	freesia
水仙	*Narcissus tazetta* L. var. *chinensis* Roem.	Chinese sacred lily

（续）

中文名称	拉丁文学名	英文名称
风信子	*Hyacinthus azureus* Baker	hyacinth
朱顶红	*Amaryllis vittata* Ait.	barbados lily
郁金香	*Tulipa gesneriana* L.	tulip
唐菖蒲	*Gladiolus gandavensis* Van Houtte	gladiolus
百合	*Lilium brownii* F. E. Br.	Chinese lily
卷丹	*Lilium tigrinum* Ker（*L. sinense* Hort.）	tiger lily
花叶芋	*Caladium hortulanum* Br.	caladium
马蹄莲	*Zantedeschia aethiopica*（L.）Spreng.	calla lily
晚香玉	*Polianthes tuberosa* L.	tube-rose
秋海棠	*Begonia evansiana* Andr.	hardy begonia
仙客来	*Cyclamen persicum* Mill.	cyclamen，sowbread
美人蕉	*Canna indica* L.	scarlet canna
鸢尾	*Iris tectorum* Maxim.	iris
射干	*Belamcanda chinensis*（L.）DC.	black berry lily
大丽花	*Dahlia pinnata* Cav.	common golden dahlia
春兰	*Cymbidium goeringii* Reichb.	spring cymbidium
惠兰	*Cymbidium floribundum* Lindl.	wine-flowered cymbidium
石斛	*Dendrobium nobile* Lindl.	common epiphytic dendrobium
荷花	*Nelumbo nucifera* Gaertn.	Indian lotus
王莲	*Victoria amazonica*（Poeppig）Sowerby	amazon lotus
睡莲	*Nymphaea lotus* L.	white lotus
凤眼莲	*Eichhornia crassipes* Somls	water hyacinth
千屈菜	*Lythrum salicaria* L.	purple loose-strife
肾蕨	*Nephrolepis cordifolia*（L.）Presl	fishbone fern
贯众	*Cyrtomium fortunei* J. Sm.	holly fern
紫萁	*Osmunda japonica* Thunb.	osmunda
卷柏	*Selaginella tamariscina*（Beauv.）Spring.	creeping moss-plant
一品红	*Euphorbia pulcherrima* Willd. et Kl.	poinsettia，Christmas flower
杜鹃	*Rhododendron simsii* Planch.	red azalea
苏铁	*Cycas revoluta* Thunb.	cycad
棕竹	*Rhapis excelsa*（Thunb.）Henry	lady palm，umbrella plam
龟背竹	*Monstera deliciosa* Liebm.	ceriman，monstera
朱蕉	*Cordyline terminalis* Kunth	common iron plant
文竹	*Asparagus setaceus*（Kunth）Jessop	asparagus fern
天竺葵	*Pelargonium hortorum* Bailey	geranium
月季	*Rosa hybrida*	Chinese monthly rose

（续）

中文名称	拉丁文学名	英文名称
玫瑰	*Rosa rugosa* Thunb.	hedge row rose
牡丹	*Paeonia suffruticosa* Andr.	tree peony
蜡梅	*Chimonanthus praecox*（L.）Ling	wax flower，winger sweet
紫薇	*Lagerstroemia indica* L.	crape-myrtle
榆叶梅	*Prunus triloba* Lindl.	flowering almond
樱花	*Prunus serrulata* Lindl.	underbrown Japanese cherry
白兰	*Michelia alba* DC.	
玉兰	*Magnolia denudata* Desr.	yulan magnolia
广玉兰	*Magnolia grandiflora* L.	large flowered southern magnolia
紫丁香	*Syringa oblata* Lindl.	early lilac
夹竹桃	*Nerium indicum* Mill.	oleander
爬山虎	*Parthenocissus tricuspidata* Planch.	Boston ivy，Japanese creeper
常春藤	*Hedera nepalensis* var. *Sinensis*（Tobl.）Rehd.	Chinese ivy
西府海棠	*Malus micromalus* Mak.	midget crabapple
合欢	*Albizzia julibrissin* Durazz.	silk tree
木槿	*Hibiscus syriacus* L.	rose of sharon
茉莉	*Jasminum sambac*（L.）Ait.	Arabian jasmine
迎春	*Jasminum nudiflorum* Lindl.	winter jasmine
桂花	*Osmanthus fragrans* Lour.	sweet osmanthus
山茶	*Camellia japonica* L.	common camellia
大叶黄杨	*Euonymus japonicus* Thunb.	spindle tree
小檗	*Berberis thunbergii* DC.	Japanese berberis
垂柳	*Salix babylonica* L.	weeping willow
毛白杨	*Populus tomentosa* Carr.	Chinese white poplar
雪松	*Cedrus deodara* Loud.	deodar cedar
罗汉松	*Podocarpus macrophyllus* D.	Buddhist pine
侧柏	*Platycladus orientalis*（L.）Franco	Chinese arbor-vitae
圆柏	*Sabina chinensis*（L.）Ant.	Chinese juniper
云杉	*Picea asperata* Mast.	dragon spruce
水杉	*Metasequoia glyptostroboides* Hu et Cheng	dawn redwood
女贞	*Ligustrum lucidum* Ait.	glossy privet
紫竹	*Phyllostachys nigra*（Lodd.）Munro	black bamboo
昙花	*Epiphyllum oxypetalum*（DC.）Haw.	night-blooming cereus
令箭荷花	*Nopalxochia ackermannii* Kunth	nopalxochia
仙人掌	*Opuntia dillenii* Macb.	cactus
蟹爪兰	*Zygocactus truncata*（Haw.）Schum.	crab cactus

（续）

中文名称	拉丁文学名	英文名称
芦荟	*Aloe vera*（Haw.）Berg.	aloe
龙舌兰	*Agave americana* L.	century plant，American aloe
狗牙根	*Cynodon dactylon*（L.）Pers.	bermuda grass
雀麦	*Bromus japonicus* Thunb. ex Murr.	brome grass
地毯草	*Axonopus compressus*（Swartz）Beauv.	carpet grass
野牛草	*Buchloe dactyloides*（Nutt.）Engelm.	buffalo grass
多年生黑麦草	*Lolium perenne* L.	perennial ryegrass
草地早熟禾	*Poa pratensis* L.	kentucky bluegrass，meadow grass
羊茅	*Festuca ovina* L.	sheep fescue
冰草	*Agropyron cristatum*（L.）Gaertn.	wheatgrass

主 要 参 考 文 献

白晓军，2017. 日光温室越冬番茄套种早春娃娃菜高效栽培模式 [J]. 中国蔬菜 (10)：96 - 98.
毕阳，2016. 果蔬采后病害原理与控制 [M]. 北京：科学出版社.
蔡东海，邓汝英，张庆华，2019. 广东豇豆有机栽培技术 [J]. 长江蔬菜 (5)：31 - 33.
曹香梅，2019. 桃果实酯类芳香物质的代谢与调控研究 [D]. 杭州：浙江大学.
陈禅友，胡志辉，郭瑞，等，2018. 豇豆新品种'鄂豇豆 14' [J]. 园艺学报，45 (S2)：2771 - 2772.
陈杰忠，2011. 果树栽培学各论：南方本 [M]. 北京：中国农业出版社.
陈菊芳，2017. 浙中地区高山大棚紫叶莴笋—番茄栽培技术 [J]. 中国蔬菜 (11)：89 - 92.
陈琼，韩瑞玺，唐浩，等，2018. 我国菜豆新品种选育研究现状及展望 [J]. 中国种业 (10)：9 - 14.
陈杏禹，2011. 园艺设施 [M]. 北京：化学工业出版社.
陈之群，曹雪，胡晓丽，等，2018. 大棚马铃薯套种茄子 3 次收获高效栽培技术 [J]. 中国蔬菜 (5)：101 - 103.
陈宗懋，2012. 中国茶叶大词典 [M]. 北京：中国轻工业出版社.
陈宗懋，甄永苏，2014. 茶叶的保健功能 [M]. 北京：科学出版社.
程智慧，2019. 蔬菜栽培学总论 [M]. 2 版. 北京：科学出版社
崔慕华，韩兴华，赵玉云，等，2018. 洋葱全程机械化栽培技术 [J]. 中国蔬菜 (9)：77 - 79.
邓秀新，彭抒昂，2013. 柑橘学 [M]. 北京：中国林业出版社.
邓秀新，项朝阳，李崇光，2016. 我国园艺产业可持续发展战略研究 [J]. 中国工程科学，18 (1)：34 - 41.
董玉惠，王立霞，顾启玉，等，2020. 低温和外源 GA_3 解除大蒜气生鳞茎休眠的效果及生理生化机制的研究 [J]. 植物生理学报，56 (2)：256 - 264.
范国权，高艳玲，张威，等，2019. 马铃薯主要病毒侵染不同品种症状及对产量的影响 [J]. 中国马铃薯，33 (1)：34 - 42.
方开星，姜晓辉，秦丹丹，等，2019. 高氨基酸和高茶氨酸茶树资源筛选 [J]. 核农学报 (9)：1724 - 1733.
高松，刘颖，刘学娜，等，2020. 光质对大葱叶片碳氮代谢的影响 [J]. 植物生理学报，56 (3)：565 - 572.
公茂勇，王燕，徐良，等，2019. 不同种质萝卜肉质根硫苷组分及含量分析 [J]. 南京农业大学学报，42 (3)：413 - 420.
宫元娟，冯雨龙，李创业，等，2018. 韭菜收割机械研究现状及发展趋势 [J]. 农机化研究 (10)：262 - 268.
管勇，陈超，李琢，等，2012. 相变蓄热墙体对日光温室热环境的改善 [J]. 农业工程学报，28 (10)：194 - 201.
郭世荣，2013. 园艺设施建造技术 [M]. 北京：化学工业出版社.
郭亚雯，崔建钊，孟延，等，2020. 设施早熟西瓜和甜瓜的化肥施用现状及减施潜力 [J]. 植物营养与肥料学报，26 (5)：858 - 868.
何丹丹，贾立国，秦永林，等，2019. 不同马铃薯品种的氮利用效率及其分类研究 [J]. 作物学报，45 (1)：153 - 159.
胡永辉，赖红丽，李贺平，等，2020. 西瓜化肥减量增效技术模式 [J]. 中国瓜菜，33 (2)：83 - 85.

湖南省农业厅，2011. 安化黑茶黑毛茶：DB43/T 659—2011［S］. 长沙：湖南省质量技术监督局.
黄秉智，2011. 香蕉优质高产栽培［M］. 2版. 北京：金盾出版社.
黄琳琳，2018. 干旱胁迫和不同氮素水平对苹果根系氮素吸收和代谢的影响研究［D］. 杨凌：西北农林科技大学.
焦娟，魏珉，李岩，等，2018. 我国设施环境及调控技术研究进展［J］. 山东农业科学，50（7）：167-172.
柯行林，杨其长，张义，等，2017. 主动蓄放热加热基质与加热空气温室增温效果对比［J］. 农业工程学报，33（22）：224-232.
兰挚谦，张凯歌，张雪艳，2020. 耕层厚度对黄瓜叶片光合荧光与根系生理特性的影响［J］. 浙江农业学报，32（7）：1196-1205.
李兵，董岩，王玉宏，等，2019. 北方富硒胡萝卜栽培技术规程［J］. 中国瓜菜，32（7）：60-61.
李丰先，陈小花，2018. 干旱半干旱区马铃薯新品种（系）对比试验［J］. 中国马铃薯，32（6）：340-344.
李海燕，董在成，刘绍宽，等，2018. 日光温室秋冬芹菜—早春番茄—夏豇豆高效栽培技术［J］. 中国蔬菜（1）：95-98.
李家慧，徐冬梅，黄海涛，等，2018. 豇豆新品种绵紫豇1号的选育［J］. 中国蔬菜（4）：79-81.
李建明，于雪梅，王雪威，等，2020. 基于产量品质和水肥利用效率西瓜滴灌水肥制度优化［J］. 农业工程学报，36（9）：75-83.
李建召，2019. 脱落酸及相关激素调控梨芽休眠的分子机制研究［D］. 杭州：浙江大学.
李攀龙，李夏夏，杨帆，等，2020. 中国大蒜主产区主要品种鳞茎品质及其与产地土壤养分的关系［J］. 西北农业学报，29（6）：949-957.
李麒，罗飞，王成洋，等，2020. 葫芦科作物苦味物质葫芦素的研究进展［J］. 植物生理学报，56（6）：1137-1145.
李淑菊，丁圆圆，程智慧，2020. 黄瓜耐冷耐湿性及其鉴定研究进展［J］. 中国蔬菜（6）：23-30.
李天来，许勇，张金霞，2019. 我国设施蔬菜、西甜瓜和食用菌产业发展的现状及趋势［J］. 中国蔬菜，（11）：6-9.
李艳艳，金业浒，杨阳，等，2018. 丰产早熟四倍体长豇豆新品种一桶天下的选育［J］. 中国蔬菜（6）：73-76.
李宗珍，2019. 日光温室越冬茬嫁接辣椒高效栽培技术［J］. 中国瓜菜，32（2）：60-61.
李作明，2017. 糯玉米—花椰菜—辣椒—豇豆—菠菜一年五熟间套种栽培技术［J］. 长江蔬菜（5）：30-32.
林艳艳，杨殿林，王丽丽，等，2019. 设施黄瓜土壤化学性质对施肥时间的动态响应［J］. 华北农学报，34（6）：184-189.
刘冰雁，2019. 苹果梨果实解袋后花青苷生物合成相关基因的挖掘与分析［D］. 沈阳：沈阳农业大学.
刘洪光，2018. 盐碱地滴灌葡萄土壤水盐养分运动机理与调控研究［D］. 石河子：石河子大学.
刘甲振，耿爱军，栗晓宇，等，2019. 大蒜播种机单粒取种及补种技术研究现状［J］. 农机化研究（2）：262-268.
刘君璞，马跃，2019. 中国西瓜甜瓜发展70年暨科研生产协作60年回顾与展望［J］. 中国瓜菜，32（8）：1-8.
刘鸣达，王秋凝，魏佳伦，等，2019. 羊粪-菇渣蚓粪与化肥配施对油麦菜产量及品质的影响［J］. 生态学杂志（5）：1-8.
刘勤晋，2014. 茶文化学［M］. 3版. 北京：中国农业出版社.

刘燃，王显凤，廖钦洪，等，2019. 菜用生姜新品种渝姜2号的选育［J］. 中国蔬菜（3）：79-81.
刘仲华，2019. 中国茶叶深加工产业发展历程与趋势［J］. 茶叶科学（2）：115-122.
卢瑞森，2020. 中国-日本森林植物区系广布类群大百合属（*Cardiocrinum*）的物种形成与亲缘地理学研究［D］. 杭州：浙江大学.
骆耀平，2015. 茶树栽培学［M］. 5版. 北京：中国农业出版社.
吕彦超，2018. 辽南地区大蒜—蒜薹—豇豆绿色栽培技术［J］. 现代农业科技（2）：74-78.
马长生，2013. 番茄、辣椒、茄子标准化生产［M］. 郑州：河南科学技术出版社.
马兆红，2017. 从生产市场需求谈我国番茄品种的变化趋势［J］. 中国蔬菜（3）：1-5.
马宗桓，2019. 光照强度对葡萄果实品质及花青苷合成的调控机理研究［D］. 兰州：甘肃农业大学.
毛丽萍，赵婧，仪泽会，等，2020. 不同种植方式和亏缺灌溉对设施黄瓜生理特性及WUE的影响［J］. 灌溉排水学报，39（3）：17-24.
苗锦山，张笑笑，棣圣哲，等，2019. 安丘冬储大葱机械化生产关键技术［J］. 中国蔬菜（12）：93-96.
苗锦山，张笑笑，棣圣哲，等，2019. 大葱穴盘育苗关键技术［J］. 中国蔬菜（6）：101-103.
穆龙涛，2019. 全视场猕猴桃果实信息感知与连贯采摘机器人关键技术研究［D］. 杨凌：西北农林科技大学.
蒲应俊，2018. 面向柑橘机械化收获的树冠振动系统设计与性能试验［D］. 杨凌：西北农林科技大学.
乔志霞，2018. 农业劳动力老龄化对苹果户生产行为影响研究——以陕甘苹果主产省为例［D］. 杨凌：西北农林科技大学.
秦玉芝，周华兰，何长征，等，2017. 紫色马铃薯新品种紫玉［J］. 中国蔬菜（12）：101-102.
曲继松，程瑞锋，王娜，等，2020. 不同光谱条件对越冬型拱棚韭菜生长发育及产量品质的影响［J］. 西北农业学报，29（8）：1-11.
任梓铭，2019. 基于气培体系的石蒜属植物小鳞茎发生及发育机理研究［D］. 杭州：浙江大学.
阮建云，马立锋，伊晓云，等，2020. 茶树养分综合管理与减肥增效技术研究［J］. 茶叶科学（1）：85-95.
阮建云，2019. 中国茶树栽培40年［J］. 中国茶叶（7）：1-7.
沈程文，邓岳朝，周跃斌，等，2017. 湖南茯砖茶品质特征及其香气组分研究［J］. 茶叶科学（1）：38-48.
师建华，李燕，王丹丹，等，2019. 温室冬春茬番茄精量水肥栽培技术［J］. 北方园艺（6）：205-207.
史秀娟，刘振伟，李立国，等，2015. 57份生姜品种对茎腐病的抗性评价［J］. 山东农业科学，47（9）：101-105.
宋雪彬，2018. 菊花品种表型性状的数量化定义及其遗传分析［D］. 北京：北京林业大学.
王宏丽，2013. 相变蓄热材料研发及在日光温室上的应用［D］. 杨凌：西北农林科技大学.
王鸿飞，2014. 果蔬贮运加工学［M］. 北京：科学出版社.
王后新，吴彦强，李天华，等，2019. 大葱种植机械研究现状与展望［J］. 中国农机化学报，40（2）：35-39.
王金武，李响，高鹏翔，等，2020. 胡萝卜联合收获机高效减阻松土铲设计与试验［J］. 农业机械学报，51（6）：93-103.
王刻铭，黄勇，刘仲华，2020. 中国茶叶国际竞争力分析［J］. 农业现代化研究（1）：45-54.
王姝苇，随新平，李萌，等，2019. 生韭菜与炒韭菜挥发性风味物质的对比分析［J］. 精细化工，36（7）：1375-1386.

王淑荣，李劲松，邬大为，等，2018. 冀东地区大棚生姜高产高效栽培技术［J］. 中国蔬菜（11）：92-95.

王志勇，姚秋菊，赵艳艳，等，2018. 豫南地区大棚番茄—大白菜—莴笋周年生产高效栽培模式［J］. 中国蔬菜（2）：100-102.

吴凤芝，2012. 园艺设施工程学［M］. 北京：科学出版社.

吴泽秀，蒋芳玲，刘敏，等，2019. 大蒜花芽分化进程及其解剖结构和形态特征变化［J］. 植物资源与环境学报，28（1）：25-33.

夏涛，2016. 制茶学［M］. 3版. 北京：中国农业出版社.

肖体琼，何春霞，曹光乔，等，2015. 机械化生产视角下我国蔬菜产业发展现状及国外模式研究［J］. 农业现代化研究，36（5）：857-861.

徐昌杰，邓秀新，黄三文，等，2016. 园艺学多学科交叉研究主要进展、关键科学问题与发展对策［J］. 中国科学基金（4）：298-305.

颜鹏，韩文炎，李鑫，等，2020. 中国茶园土壤酸化现状与分析［J］. 中国农业科学，53（4）：795-801.

杨海兴，张晶，李强，等，2019. 兰州高原夏菜芹菜标准化栽培技术［J］. 中国蔬菜（1）：92-93.

杨红光，王冰，彭宝良，等，2019. 国内外洋葱种植现状及机械化收获研究动向［J］. 中国蔬菜（9）：1-6.

杨亚军，梁月荣，2014. 中国无性系茶树品种志［M］. 上海：上海科学技术出版社.

虞富莲，2016. 中国古茶树［M］. 昆明：云南科技出版社.

张宝海，韩向阳，何伟明，等，2019. 日光温室韭菜轻简化高效栽培技术［J］. 中国蔬菜（11）：101-103.

张德学，张军强，闵令强，等，2020. 我国大葱生产全程机械化进程及配套设备概述［J］. 中国农机化学报，41（1）：197-204.

张桂海，王明耀，王学颖，等，2018. 不休眠韭菜设施栽培播种量与产量的相关性［J］. 北方园艺（3）：70-72.

张国森，赵文怀，殷学云，等，2010. 日光温室无土栽培茄子"一接二平三收"高效生产技术［J］. 中国蔬菜（5）：45-46.

张俊峰，颉建明，张玉鑫，等，2020. 生物有机肥部分替代化肥对日光温室黄瓜产量、品质及肥料利用率的影响［J］. 中国蔬菜（6）：58-63.

张清改，2020. 茶文化与政治文化建设融合研究［J］. 理论界（2）：73-78.

张圣平，顾兴芳，2020. 黄瓜重要农艺性状的分子生物学［J］. 中国农业科学，53（1）：117-121.

张素君，李兴河，刘存敬，等，2018. 不同萝卜品质指标的评价［J］. 北方园艺（11）：8-14.

赵坤，张朝明，唐胜，等，2018. 苦瓜—豇豆—包心肉芥菜一年三茬高效栽培新模式［J］. 长江蔬菜（17）：50-53.

赵丽芹，张子德，2014. 园艺产品贮藏加工学［M］. 2版. 北京：中国轻工业出版社.

赵清，张忠义，成铁刚，等，2016. 冀东地区日光温室嫁接辣椒越冬一大茬高效栽培技术［J］. 中国蔬菜（5）：95-96.

赵小娟，叶云，冉耀虎，2019. 基于物联网的茶树病虫害监测预警系统设计与实现［J］. 中国农业信息（6）：107-115.

赵悦，马媛春，王梦谦，等，2019. 茶树树体管理技术研究进展［J］. 江苏农业科学（18）：54-57.

郑雄杰，2019. 柑橘果皮红色性状形成的生化基础及遗传机制［D］. 武汉：华中农业大学.

中华全国供销合作总社，2017. 中华人民共和国供销合作行业标准：GH/T 1124—2016 茶叶加工术语［J］. 中国茶叶加工（Z1）：67-70.

周长吉，2013. 不断创新的山东寿光日光温室（3）——追析寿光“五代”日光温室［J］. 农业工程技术（温室园艺）10：16－20.

朱旗，2013. 茶学概论［M］. 北京：中国农业出版社.

訾慧芳，闫长伟，赵文，等，2020. 西瓜免整枝简约规模化栽培技术［J］. 中国瓜菜，33（4）：85－86.

祖艳侠，郭军，周建军，等，2018. 冬暖式大棚番茄套种豇豆（轮作甜瓜）高产栽培技术［J］. 长江蔬菜（9）：36－37.

LIU Z H，GAO L L，CHEN Z M，et al.，2019. Leading progress on genomics，health benefits and utilization of tea resources in China［J］. Nature，(566).

PALIYATH G，MURR D P，HANDA A K，et al.，2008. Postharvest biology and technology of fruits，vegetables and flowers［M］. New Jersey：Wiley-Blackwell.

RUNKLE E S，PADHYE S R，OH W，et al.，2012. Replacing incandescent lamps with compact fluorescent lamps may delay flowring［J］. Scientia Horticulturae，143（16）：56－61.

WILLS R B H，McGLASSON W B，GRAHAM D，JOYCE D C，2007. Postharvest：an introduction to the physiology and handling of fruit，vegetables and ornamentals［M］. Sydney：UNSW Press.

XIA E H，ZHANG H B，SHENG J，et al.，2017. The tea tree genome provides insights into tea flavor and independent evolution of caffeine biosynthesis［J］. Molecular Plant，10（6）：866－877.

图书在版编目（CIP）数据

园艺学概论／程智慧主编．—3版．—北京：中国农业出版社，2021.8（2024.4重印）

面向21世纪课程教材　普通高等教育农业农村部“十三五”规划教材　全国高等农林院校“十三五”规划教材

ISBN 978-7-109-27827-1

Ⅰ.①园…　Ⅱ.①程…　Ⅲ.①园艺－概论－高等学校－教材　Ⅳ.①S6

中国版本图书馆CIP数据核字（2021）第019507号

中国农业出版社出版

地址：北京市朝阳区麦子店街18号楼

邮编：100125

责任编辑：田彬彬　　文字编辑：史　敏

版式设计：杜　然　　责任校对：刘丽香

印刷：中农印务有限公司

版次：2003年1月第1版　　2021年8月第3版

印次：2024年4月第3版北京第2次印刷

发行：新华书店北京发行所

开本：787mm×1092mm　1/16

印张：25.75

字数：580千字

定价：62.50元
